AF672306

EUL
VERLAG

PLANUNG, ORGANISATION UND UNTERNEHMUNGSFÜHRUNG

Herausgegeben von Prof. Dr. Dr. h. c. Norbert Szyperski, Köln, Prof. Dr. Winfried Matthes, Wuppertal, Prof. Dr. Udo Winand, Kassel, Prof. (em.) Dr. Joachim Griese, Bern, PD Dr. Harald F. O. von Kortzfleisch, Kassel, Prof. Dr. Ludwig Theuvsen, Göttingen, und Prof. Dr. Andreas Al-Laham, Stuttgart

Band 91
Jochen Großpietsch
Supply Chain Management in der Konsumgüterindustrie
Lohmar – Köln 2003 • 254 S. • € 46,- (D) • ISBN 3-89936-145-8

Band 92
Stefan Sekul
Ökologisches Konfliktmanagement
Lohmar – Köln 2003 • 286 S. • € 48,- (D) • ISBN 3-89936-163-6

Band 93
Bernd Bräuer
Wissensmanagementstrategietypen in temporär intendierten Unternehmensnetzwerken
Lohmar – Köln 2003 • 410 S. • € 56,- (D) • ISBN 3-89936-179-2

Band 94
Frank Czymmek
Ökoeffizienz und unternehmerische Stakeholder
Lohmar – Köln 2003 • 266 S. • € 47,- (D) • ISBN 3-89936-180-6

Band 95
Florian Kelber
Turnaround Management von Dotcoms
Lohmar – Köln 2004 • 432 S. • € 56,- (D) • ISBN 3-89936-203-9

Band 96
Wolfgang Irrek
Controlling der Energiedienstleistungsunternehmen
Lohmar – Köln 2004 • 552 S. • € 65,- (D) • ISBN 3-89936-219-5

JOSEF EUL VERLAG

Reihe: Planung, Organisation und Unternehmungsführung · Band 96

Herausgegeben von Prof. Dr. Dr. h. c. Norbert Szyperski, Köln, Prof. Dr. Winfried Matthes, Wuppertal, Prof. Dr. Udo Winand, Kassel, Prof. (em.) Dr. Joachim Griese, Bern, PD Dr. Harald F. O. von Kortzfleisch, Kassel, Prof. Dr. Ludwig Theuvsen, Göttingen, und Prof. Dr. Andreas Al-Laham, Stuttgart

Wolfgang Irrek

Controlling der Energiedienstleistungsunternehmen

Mit Geleitworten von Prof. Dr. Winfried Matthes, Wuppertal, und Prof. Dr. Peter Hennicke, Wuppertal

Bibliographische Information der Deutschen Bibliothek

Die Deutsche Bibliothek verzeichnet diese Publikation in der Deutschen Nationalbibliographie; detaillierte bibliographische Daten sind im Internet über <http://dnb.ddb.de> abrufbar.

Dissertation, Universität Wuppertal, 2003, unter dem Titel: Controlling der Energiedienstleistungsunternehmen im liberalisierten Markt unter besonderer Berücksichtigung eines verstärkten Angebots energieeffizienter Dienstleistungen

ISBN 3-89936-219-5
1. Auflage April 2004

Printed in Germany
Druck: RSP Köln

JOSEF EUL VERLAG GmbH
Brandsberg 6
53797 Lohmar
Tel.: 0 22 05 / 90 10 6-6
Fax: 0 22 05 / 90 10 6-88
E-Mail: info@eul-verlag.de
http://www.eul-verlag.de

Geleitwort Prof. Dr. Winfried Matthes

Der mit der Entwicklung des europäischen Binnenmarktes einhergehende Wandel reiner Energieversorgungsunternehmen zu Energiedienstleistungsunternehmen erfordert aufgrund der erhöhten Vielfalt von Zielsetzungen, Handlungsfeldern und –bedingungen sowie zunehmender Marktrisiken und -chancen auch einen Ausbau der Lenkungssysteme und ihrer Instrumente – des Controlling.

Hauptaufgabe der vorliegenden Dissertation ist es, die Entwicklungsnotwendigkeiten und -möglichkeiten des Controlling eines Energieunternehmens für seinen neu gegründeten bzw. wachsenden Geschäftsbereich „Energiedienstleistungen" zu analysieren, dabei insbesondere auch die generellen zentralen bzw. übergreifenden Anforderungen an das Controlling im Energiedienstleistungssektor primär im Geschäftsfeld des Contracting zu berücksichtigen.

Der Autor berichtet pointiert über die besonderen strategischen Herausforderungen für das Controlling von Energieunternehmen infolge der Liberalisierung der Energiemärkte und die dadurch bedingte Entwicklung von Energieversorgern zu Energiedienstleistern. Mit der Skizze eines allgemeinen Ziel- und strategischen Handlungsmodells entwickelt der Autor die Grundlage für ein Mustermodell eines Energiedienstleistungsunternehmens. Dieses Modell baut auf der Struktur des Ziel- und Handlungsmodells von Energieversorgern auf, berücksichtigt Struktur und Vielfalt von ergänzenden Energiedienstleistungen (energienahe, Energieeffizienz- und Ökoeffizienz-Dienstleistungen) und steht im Kontext zunehmender Kunden- und Marktorientierung. Dabei wird die Rollenentwicklung der früheren reinen Energieversorger um die wachsenden Komponenten von Energieeffizienz-Dienstleistungen prägnant herausgearbeitet.

Als theoretisches Fundament der Entwicklung der Anforderungen an ein Contracting-Controlling entwickelt der Autor ein einschlägiges qualitatives Geschäftsprozessmodell mit intensiv differenzierten Prozess- und Kostenarten, Zahlungsarten, Kostentreibern (Kosteneinflussgrößen) sowie darüber hinaus allen zielbezogenen Einflussgrößen (Aktionsparametern bzw. Performance-Driver). Die Bedeutung externer Faktoren in der Makro- und Marktumwelt, der Kunden und weiterer Nutzer der Energiedienstleistungen sowie des Unternehmens selbst werden als Potenziale mit Kosten- und Erlöseffekten ergänzend analysiert und exemplarisch mit ihren prinzipiellen Wirkungsrichtungen in entsprechend modifizierten Inzidenzmodellen graphisch modelliert. Auf der Grundlage dieser qualitativen Analyse werden sodann die Potenziale für Kostendegressionen und Qualitätssteigerungen skizziert und kritische Erfolgsfaktoren und Schlüsselprozesse auf empirische Erfahrungen gestützt herausgearbeitet.

Die Verknüpfung diverser methodischer Bausteine erfolgt in einer Gesamtkonzeption für das Contracting-Controlling, indem zunächst ein gegliedertes Modulkonzept skizziert wird, das sich als Basisversion versteht, die je nach Bedarf durch spezifische Bewertungs- und Steuerungsverfahren modifiziert oder ergänzt wird.

Die Arbeit von Wolfgang Irrek schließt mit einer klaren Zusammenfassung der Antworten und Ansätze auf die zentrale Frage der Arbeit nach den Ausbau- bzw. Entwicklungsnotwendigkeiten und -möglichkeiten des Controlling eines Energieunternehmens für seinen wachsenden Energiedienstleistungsbereich, dargestellt an einer Modell-Energiedienstleistungsunternehmung.

Wolfgang Irrek analysiert systematisch und intensiv eine Fülle von Problem- und Konzipierungsaspekten des Energiedienstleistungs-Controlling. Sein innovativer Beitrag bezieht sich vor allem auf

- die Analyse der Entwicklung des Energiedienstleistungs-Geschäfts,
- die empirisch fundierte Analyse von Problemen und Anforderungen des Energiedienstleistungs - Controlling, insbesondere des Contracting-Controlling,
- die Entwicklung einer Konzeption für das Controlling von Contracting-Projekten auf der Basis differenzierter Inzidenzmodelle (quasi Muster-Theorien) für die Wirkungsanalyse von Energiedienstleistungs-Einflussgrößen,
- die Orientierung der generellen Gestaltung des Energiedienstleistungs-Controlling, verbunden mit Vorschlägen zur Gestaltung von Energiedienstleistungs-Controlling-Bausteinen und ihrer Verknüpfung, dargestellt am Beispiel des Contracting-Controlling.

Mit diesen fruchtbaren Beiträgen wünsche ich der Arbeit beste Resonanz in Wissenschaft und Praxis.

Wuppertal, im Februar 2004 Professor Dr. Winfried Matthes

Geleitwort Prof. Dr. Peter Hennicke

Der Wandel vom Energieversorgungsunternehmen (EVU) zum Energiedienstleistungs-unternehmen (EDU) hat bereits in den 80er Jahren eingesetzt. Er spiegelte zunächst verstärkte Anforderungen von staatlicher Aufsicht und von Verbrauchern an den Umwelt- und Ressourcenschutz wieder, die vor allem in den USA, in der Folge aber auch in Deutschland zur Umsetzung vielfältiger Aktivitäten zur Energieeinsparung und zur Einführung erneuerbarer Energien geführt haben. „Least Cost Planning", „Demand Side Management" und „Integrierte Ressourcenplanung" waren die Leitideen und Konzepte, mit denen Energieunternehmen die neue Unternehmensphilosophie der Bereitstellung kostenminimaler Energiedienstleistungen begründeten.

Mit der Grund legenden Änderungen der ordnungspolitischen Rahmenbedingungen durch die Einführung direkten Wettbewerbs für leitungsgebundene Energien in Europa und in Deutschland Ende der 90er Jahre hat sich das Umfeld für EDU Grund legend verändert. Neben der zunehmenden Bedeutung von Klimaschutzaktivitäten treten neue Markt orientierte Zielsetzungen und Handlungsfelder (z. B. intensivierte Contracting- und Handelsaktivitäten) die mit erheblichen Marktrisiken, aber auch mit großen Chancen für innovative Unternehmen verbunden sind.

Die geruhsamen Zeiten der betriebswirtschaftlich nahezu risikolosen Versorgung von Verbrauchern gehören damit der Vergangenheit an. Der direkte Preiswettbewerb um die Gunst der Kunden hat inzwischen bei Großverbrauchern eine mit anderen Märkten vergleichbare Intensität angenommen. Aber auch andere Wettbewerbsparameter, wie z.B. die Qualität („grüner Strom") oder auch die Verlängerung der Wertschöpfungskette durch Dienstleistungen rund um das Kerngeschäft Strom haben auch im Haushaltsbereich im Kampf um die Loyalität der eigenen Kunden und zur Steigerung der Wechselbereitschaft beim Konkurrenzunternehmen an Bedeutung gewonnen.

Dieser Wandel im ordnungs- und umweltpolitischen Umfeld führte für die Beschäftigten und für das Management von Energieunternehmen zu einer radikalen Umbruchsituation, wie sie in der Nachkriegsgeschichte bisher einmalig war. Insofern war es zwingend notwendig, auch den Steuerungsprozess und das Controlling von Energieunternehmen an den Wandel der Unternehmensleitbilder und an die ungleich vielfältigeren Handlungsfelder eines EDU anzupassen. Insofern ist es eher erstaunlich, dass sich die betriebswirtschaftliche Literatur lange Zeit mit der Differenzierung der Controllingaktivitäten und mit den neuen Anforderungen an EDU kaum beschäftigt hat. Ein Grund hierfür mag sein, dass die hierfür erforderliche breite interdisziplinäre Kompetenz - neben fundierten Kenntnissen betriebswirtschaftlicher Methoden auch ein genaues Problemverständnis des Stromwettbewerbs und der neuen Dienstleistungsfelder (z.B. Contracting) - in den Fachdisziplinen häufig nicht erworben werden kann.

Insofern ist es ein Glücksfall, dass Wolfgang Irrek über eben diese umfassende Kompetenz über wirtschaftswissenschaftliche Methodik als auch über eine langjährige Projekterfahrung am Wuppertal Institut durch Studien des EU-Binnenmarkt und des Wandel von EDU verfügt. Die vorliegende präzise recherchierte und detailgenaue Publikation kann daher auch mit Gewinn von denjenigen gelesen werden, die sich nur über den Wandel zum EDU und über das Geschäftsfeld Contracting in einem wettbewerbsförmigen Umfeld informieren wollen. Besonderen Gewinn werden jedoch die ExpertInnen aus der Energiewirtschaft und Lehrende sowie Studierende einschlägiger Studiengänge aus dem vorliegenden Werk ziehen, die Praxis orientierte Hinweise für die Umsetzung neuer Controllingkonzepte im Bereich Contracting, aber auch im „Massengeschäft" von Energiedienstleistungen für Kunden im Haushalts- und Kleinverbrauchsbereich erwarten.

Die hier vorgelegte Publikation basiert auf einer herausragenden Promotion an der Universität Wuppertal, die mein Kollege am Fachbereich Wirtschafts- und Sozialwissenschaften, Prof. Matthes, und ich als Gutachter, betreut haben. Wolfgang Irrek hat hiermit Pionierarbeit geleistet. Die Qualität seiner Arbeit verdient es, dass diese Publikation zu einem Standardhandbuch und Nachschlagewerk für das Controlling von EDU wird.

Wuppertal, im Februar 2004 Professor Dr. Peter Hennicke

Vorwort

Die vorliegende Arbeit entstand während meiner Tätigkeit als wissenschaftlicher Mitarbeiter des Wuppertal Instituts für Klima, Umwelt, Energie im Wissenschaftszentrum Nordrhein-Westfalen. Sie wurde im Januar 2003 fertiggestellt und im September 2003 vom Fachbereich Wirtschafts- und Sozialwissenschaften der Bergischen Universität Wuppertal als Dissertation angenommen. Im November/Dezember 2003 wurde sie insbesondere mit Blick auf die zwischenzeitlich erfolgten Entwicklungen im europäischen Gesetzgebungsprozess (EU-Beschleunigungsrichtlinien, Entwurf einer Richtlinie zur Endenergieeffizienz und zu Energiedienstleistungen) und den zwischenzeitlich erschienenen Monitoring-Bericht des Bundesministeriums für Wirtschaft und Arbeit (BMWA) leicht aktualisiert. Für die vielfältige Unterstützung, die mir während ihrer Anfertigung zuteil wurde, möchte ich mich herzlich bedanken.

An erster Stelle danke ich Herrn Prof. Dr. Peter Hennicke, Präsident des Wuppertal Instituts, der die Arbeit angeregt, ihren Fortgang mit großem Interesse verfolgt und wichtige Impulse aus energiewirtschaftlicher Sicht gegeben hat. Die finanzielle und infrastrukturelle Unterstützung sowie die zeitlichen Freiräume, die mir durch entsprechende Vertragsgestaltungen und flexible Arbeitszeiten im Wuppertal Institut gewährt wurden, waren eine wesentliche Voraussetzung für das Gelingen der Arbeit und ihre Veröffentlichung.

Mein ebenso aufrichtiger Dank gebührt Herrn Prof. Dr. Winfried Matthes, Professor für Betriebswirtschaftslehre - insbesondere Rechnergestütztes Controlling - an der Bergischen Universität/Gesamthochschule Wuppertal, gleichzeitig Dekan des Fachbereichs Wirtschafts- und Sozialwissenschaften, für seine fachliche Betreuung aus Controllingsicht. In verschiedenen Gesprächen sowie in seinem Doktorandenseminar hat er die Arbeit durch seine wertvollen Hinweise kritisch begleitet und unterstützt.

Meinen derzeitigen und ehemaligen Kolleginnen und Kollegen im Wuppertal Institut sei für ihre stete Hilfs- und Diskussionsbereitschaft gedankt. Ohne die Erfahrungen und Ergebnisse aus meiner Projektarbeit in der Energieabteilung des Wuppertal Instituts wäre die Arbeit nicht möglich gewesen. Besonders hervorheben möchte ich zum einen Frau Dr. Kora Kristof, ehemalige Leiterin der Abteilung

Energie und jetzige Projektleiterin der Forschungsgruppe Nachhaltiges Produzieren und Konsumieren, für ihre persönliche Unterstützung und ihre äußerst wertvollen Anregungen zur Strukturierung meiner Arbeitsergebnisse, zum anderen Herrn Dipl.-Soz.Wiss. Oliver Wagner, wissenschaftlicher Mitarbeiter der Forschungsgruppe Energie-, Verkehrs- und Klimapolitik, für seine Unterstützung bei der informationstechnischen Umsetzung meiner Grafikideen.

Danken möchte ich vor allem aber auch allen Gesprächspartnern aus Energieversorgungs- und Energiedienstleistungsunternehmen sowie Unternehmensberatungen für ihre Bereitschaft, sich interviewen zu lassen und Projekt- und Unternehmensdaten weiterzugeben.

Mein Dank gebührt darüber hinaus Prof. Dr. Dieter Viefhues-Veensma, Professor für Informatik/Wirtschaftsinformatik an der Hochschule Bremerhaven, der mir in einer schwierigen Phase einen wichtigen Impuls gegeben hat, die Arbeit fortzusetzen.

Frau Dr. Petra Heinrich-Keldenich danke ich für ihre hervorragende Korrekturarbeit.

Schließlich danke ich Claudia, Joran und Nino, meinem Vater, Ursula und Heinz Theisen sowie meinen Freunden, die alle dazu beigetragen haben, dass ich mein Projekt "Dissertation" in etwa 2.750 Arbeitsstunden zu dem vorliegenden Ergebnis führen konnte.

Wuppertal, im Januar 2004 Wolfgang Irrek

Inhaltsüberblick

Inhaltsverzeichnis

Abbildungen

Tabellen

Abkürzungen

AK	Arbeitskreis
ASEW	Arbeitsgemeinschaft kommunaler Versorgungsunternehmen zur Förderung rationeller, sparsamer und umweltschonender Energieverwendung und rationeller Wasserverwendung im VKU
BGW	Bundesverband der deutschen Gas- und Wasserwirtschaft
BHKW	Blockheizkraftwerk
BUIS	Betriebliches Umwelt-Informationssystem
BWIO	Betriebswirtschaftliche Input-Output-Analyse
c	Cent
CFROI	Cash flow Return on Investment
CO_2	Kohlendioxid
CRM	Customer-Relationship-Management (Kundenbeziehungsmanagement)
DB	Deckungsbeitrag
DCF	Discounted Cash flow
DSM	Demand-Side-Management
EBIT	Earnings before Interest and Taxes
EDL	Energiedienstleistung
EDU	Energiedienstleistungsunternehmen
EE	Energieeffizienz
EE-DSM	Energieeffizienz-DSM
EnWG	Energiewirtschaftsgesetz
EUR	Euro
EVA	Economic Value Added
EVU	Energieversorgungsunternehmen
GEMIS	Globales Emissions-Modell integrierter Systeme (Öko-Institut)
GWh	Gigawattstunde
HGB	Handelsgesetzbuch

IBANA	Integrierte Bewertung von Angebots- und Nachfrageoptionen
IPMVP	International Performance Measurement & Verification Protocol
IRP	Integrierte Ressourcenplanung
IT	Informations- und Kommunikationstechnologie
KonTraG	Gesetz zur Kontrolle und Transparenz im Unternehmensbereich
kWh	Kilowattstunde
KWK	Kraft-Wärme-Kopplung
LCP	Least Cost Planning
LED	Leuchtdioden (“Light Emitting Diodes”)
MIPS	Material-Input pro Service-Einheit
MW	Megawatt
MWh	Megawattstunde
n. r.	nicht relevant
PERT	Programme Evaluation and Review Technique
SAFE	Sustainability Assessment For Enterprises
SERVQUAL	Service Quality-Ansatz
SWOT	Strengths (Stärken), Weaknesses (Schwächen), Opportunities (Chancen), Threats (Gefahren)
VDEW	Verband der Elektrizitätswirtschaft
VEA	Bundesverband der Energie-Abnehmer
VfW	Verband für Wärmelieferung
VIK	Verband der Industriellen Energie- und Kraftwirtschaft
VKU	Verband kommunaler Unternehmen

1 Einleitung

1.1 Ausgangslage

Die einschneidenden Marktumbrüche in der Energiewirtschaft zwingen die Energieunternehmen, sich von relativ statischen Energieversorgungsunternehmen (EVU) zu kunden- und wettbewerbsorientierten Energiedienstleistungsunternehmen (EDU) zu wandeln, welche die Bedürfnisse der Kunden erkennen, sie flexibel in attraktive Produkte und Dienstleistungen umsetzen und ihre Fähigkeiten zur Erbringung der Leistungen optimieren. In Zukunft sind darüber hinaus verstärkt Veränderungen in den politischen Rahmenbedingungen zu erwarten, damit eine nachhaltige, d. h. gleichermaßen ökonomische, soziale und ökologische Ziele befriedigende Energiewirtschaft erreicht werden kann. Auf diesem Weg ist u. a. mit einer intensivierten Steigerung der Energieeffizienz und neuen Aufgaben und Arbeitsplätzen im Energiedienstleistungsbereich zu rechnen. Um mit der anstehenden Entwicklung Schritt zu halten, die resultierenden Chancen zu nutzen und mit der Unsicherheit und den Risiken dieser dynamischen Entwicklung adäquat umzugehen, müssen die Energieunternehmen ihr Steuerungsinstrumentarium entsprechend verändern und ergänzen.

Leistungsfähige Ansätze des Dienstleistungs-Controlling sind jedoch weder in der Theorie noch in der Praxis ausreichend entwickelt. Die typischen Dienstleistungsmerkmale wie Immaterialität, Integrativität, Individualität und Irreversibilität der erbrachten Leistungen bedingen fundamentale Besonderheiten im Dienstleistungsbereich, die dessen Controlling vor prinzipiell andere Herausforderungen stellen als in der Industrie.

1.2 Problemstellung

Das bisherige Controlling-Instrumentarium der Energieunternehmen reicht zur angemessenen Unterstützung der Unternehmensführung bei der Entwicklung, Gestaltung und Lenkung eines wachsenden, umsatzstarken, eigenständigen Geschäftsbereichs "Energiedienstleistungen" nicht aus, so die Hauptausgangsthese der vorliegenden Arbeit. Folglich besteht Bedarf an einer theoretisch fundierten und zugleich praxistauglichen Controlling-Konzeption für den Energiedienstleistungsbereich, die in der vorliegenden Arbeit entwickelt werden soll und neue oder zumindest veränderte, entsprechend angepasste Steuerungsschwerpunkte, -instrumente und -verfahren beinhaltet.

Die hier entwickelten Controlling-Konzepte und ihre einzelnen Bausteine sind sowohl für “reine” Energiedienstleistungsunternehmen (EDU) gedacht, die selbst keine Endenergien anbieten, als auch im entsprechenden Dienstleistungsbereich von Energieunternehmen einsetzbar, die sowohl Endenergie als auch Energiedienstleistungen anbieten.

Da die Interdependenzen zwischen Endenergie- und Energiedienstleistungsbereich zusätzliche besondere Herausforderungen für das Controlling dieser Energieunternehmen darstellen und zudem die Veränderungsprozesse im Controlling der sich wandelnden Energieversorger in der Literatur bisher nicht ausreichend analysiert und dokumentiert worden sind, orientiert sich die vorliegende Arbeit an einem fiktiven “Modell-EDU”, dessen bisheriger Leistungsschwerpunkt auf dem Angebot von Endenergie (Strom, Gas, Wärme) liegt, das aber seit einigen Jahren bereits begonnen hat, Energiedienstleistungen verstärkt anzubieten. Das Angebot von Energieeffizienz-Dienstleistungen, d. h. von Dienstleistungen, die den Energieverbrauch der Kunden bzw. Nutzer[1] reduzieren, stellt für dieses “Modell-EDU” nicht nur eine Aktivität zur Vermarktung von Endenergie dar, sondern entwickelt sich - in einem durch entsprechende politisch-administrative Rahmenbedingungen (“Leitplanken”) zusätzlich stimulierten marktlichen Umfeld - zu einem originären, umsatzstarken Geschäftsbereich.

1.3 Zielsetzung

Die untersuchungsleitenden Hauptfragestellungen der vorliegenden Arbeit lauten daher:

- Inwieweit, in welchen Bereichen und in welcher Richtung muss sich das Controlling-Instrumentarium der Energieunternehmen wandeln bzw. das Instrumentarium ergänzt werden, um einen dynamischen, eigenständigen, umsatz-

---

[1] Zur besseren Lesbarkeit werden in der vorliegenden Arbeit zur Bezeichnung einzelner Akteure nur die männlichen Formen verwendet. Gemeint sind jedoch stets Akteure beiderlei Geschlechts.

starken Geschäftsbereich “Energiedienstleistungen” angemessen entwickeln bzw. das Dienstleistungsangebot ausreichend bewerten und steuern zu können?

- Welche zentralen, übergreifenden Steuerungsanforderungen sind darüber hinaus beim Controlling des Energiedienstleistungsbereichs generell zu beachten?

Diese Fragen zu beantworten, ist das Hauptziel der vorliegenden Arbeit. Welche Randbedingungen, d. h. welche politisch-administrativen, wirtschaftlichen und sozialen Prozesse notwendig sind, damit die Marktentwicklung so vonstatten geht, dass Energieunternehmen verstärkt Energieeffizienz-Dienstleistungen entwickeln und erbringen, wird in der Arbeit nur am Rande berücksichtigt. Auch geht es nicht um die marketingorientierte Fragestellung “Wie verkaufe ich mehr Energieeffizienz-Dienstleistungen?”. Vielmehr soll die Arbeit Energieunternehmen bzw. Energiedienstleistern eine generelle Orientierung für die Gestaltung des Controlling im Energiedienstleistungsbereich und konkrete Vorschläge zu einzelnen Controlling-Bausteinen und -Instrumenten bieten. Damit soll vor dem Hintergrund der besonderen Steuerungsanforderungen in diesem Bereich gleichzeitig ein theoretischer Beitrag zum Controlling in wettbewerbsorientierten Dienstleistungsunternehmen geleistet werden.

Ein Schwerpunkt liegt dabei auf der Untersuchung der spezifischen Steuerungsanforderungen und der Entwicklung einer Konzeption eines Projektcontrolling-Systems für das Geschäftsfeld “Contracting”. Gründe hierfür sind die folgenden:

- Erstens lassen empirische Untersuchungen erkennen, dass für dieses Geschäftsfeld sowohl ein außergewöhnliches Marktwachstums-Potenzial als auch besondere Steuerungsanforderungen identifiziert werden können.

- Zweitens fehlt es der Praxis an geeigneten Systemen zur effizienten und effektiven Steuerung komplexer Contracting-Projekte.

- Und drittens lassen sich wesentliche Steuerungsaspekte eines EDU mit dem strategischen Fokus auf der Geschäftseinheit “Energiedienstleistungen” am Controlling komplexer Contracting-Projekte sehr gut veranschaulichen, da sich das Leistungspaket bei diesen häufig aus einer Vielzahl unterschiedlichster Energiedienstleistungen sowie Energielieferungen zusammensetzt.

1.4 Argumentationslinie und Methodik

Die Arbeit beginnt mit der Darstellung der theoretischen und empirischen Hintergründe: Nach einer Klärung des der Arbeit zugrundeliegenden Verständnisses von Controlling-Funktion und -Instrumentarium wird zunächst der Stand der Wissenschaft zum Controlling und zu besonderen Controlling-Problemen im Dienstleistungsbereich referiert (Kapitel 2). Anschließend werden die Veränderungen in den Energiemärkten durch die Liberalisierung sowie die gegenwärtige und zukünftig mögliche Entwicklung im Energiedienstleistungsmarkt skizziert. Im Mittelpunkt stehen dabei die Implikationen für eine strategische Unternehmensführung der Energieunternehmen weg von relativ statischen Energieversorgern hin zu kunden- und wettbewerbsorientierten Energiedienstleistern, beispielhaft an einem fiktiven "Modell-EDU" fokussiert (Kapitel 3). Dabei wird auf verschiedene Umfragen und Analysen sowie Ergebnisse von Pilotprojekten zurückgegriffen, an denen der Verfasser zum Teil selbst beteiligt war. Die dabei gewonnenen Erkenntnisse zu sichten, zu bündeln und zu aktualisieren, ist in der Literatur noch nicht geschehen und ist notwendig, um die strategische Ausgangsposition des "Modell-EDU" zu bestimmen.

Vor diesem theoretischen und empirischen Hintergrund werden die Praxis und die Probleme des Controlling der Energie- bzw. Energiedienstleistungsunternehmen empirisch untersucht (Kapitel 4). Dazu gehört ein Überblick über die Entwicklung der Kostenrechnungs- und Controlling-Praxis der Energieunternehmen im Zuge der Liberalisierung und die Auswertung der Erfahrungen mit der Bewertung und Steuerung des Angebots von Energieeffizienz-Dienstleistungen in der Monopolsituation (Least Cost Planning- bzw. Demand Side Management-Aktivitäten). Kern dieses Kapitels sind zwei Befragungen zur Praxis und den aktuellen und zukünftig erwarteten Problemen des Controlling im Energiedienstleistungsbereich. Die Befragungen - eine standardisierte, schriftliche Kurzbefragung von Führungskräften und leitenden Mitarbeitern aus Energieunternehmen sowie eine vertiefende qualitative, leitfadengestützte, mündliche Expertenbefragung - dienen vor allem dazu, die Problemsituation, vor der das Controlling im Energiedienstleistungsbereich steht, genauer zu analysieren und eine verstärkte Orientierung zu erhalten, wie die Praxis das vorhandene oder in der Einführung befindliche Informations- und Steuerungsinstrumentarium im Energiedienstleistungsbereich und die Notwendigkeit seiner Weiterentwicklung einschätzt.

Abbildung 1 Aufbau der Arbeit

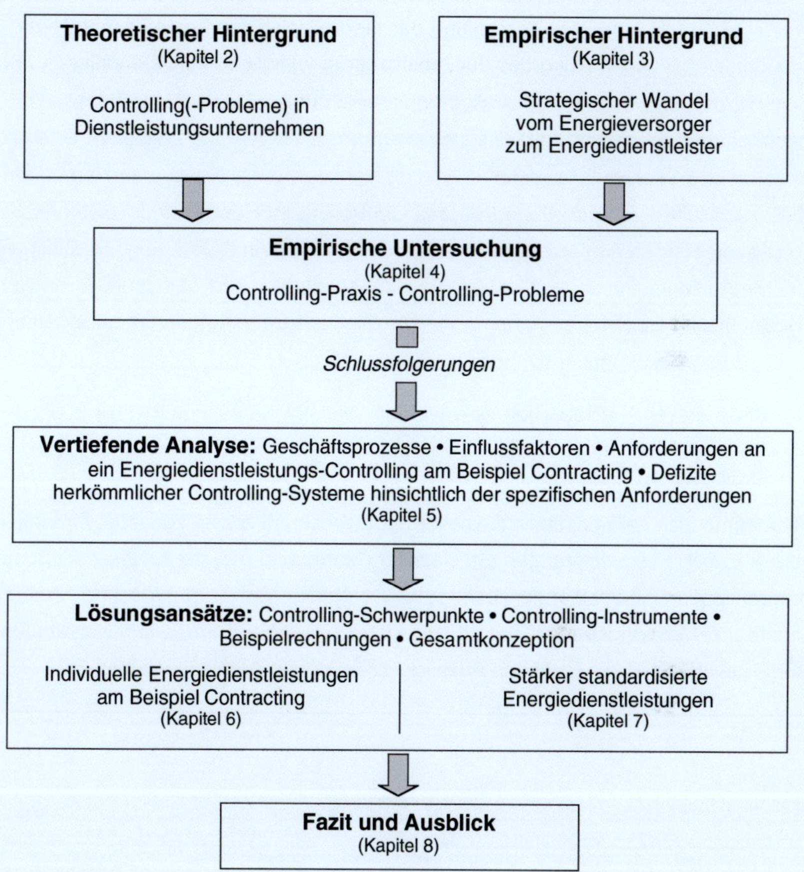

Quelle: Eigene Darstellung.

Die qualitativen Interviews wurden schriftlich protokolliert und in mehreren, das Material immer weiter verdichtenden Schritten ausgewertet. Die Auswertungsschritte hatten dabei die Form einer qualitativen Inhaltsanalyse, die bei den Phänomenen ansetzt und auf das Charakteristische der Controlling-Problematik der

Energiedienstleistungsunternehmen orientiert ist (Grundthemen, typische Bewegungsmuster)[2].

Aus den Ergebnissen dieser empirischen Analyse werden Schlussfolgerungen abgeleitet, die eine vertiefende Analyse der Geschäftsprozesse, Performance-Treiber, Kostendegressions- und Qualitätssteigerungs-Potenziale, kritischen Erfolgsfaktoren und Schlüsselprozesse im Energiedienstleistungsbereich nahe legen, um die spezifischen Anforderungen an das Controlling im Energiedienstleistungsbereich systematisch herauszuarbeiten (Kapitel 5). Diese Analyse erfolgt am Beispiel der Energiedienstleistung "Contracting". Im Anschluss wird überprüft, inwieweit herkömmliche Controlling-Systeme die spezifischen Steuerungsanforderungen im Energiedienstleistungsbereich erfüllen.

Auf Basis dieser Analyseergebnisse werden schließlich Lösungsansätze (Controlling-Konzepte und -Instrumente) zu den besonderen Steuerungsanforderungen im Energiedienstleistungsbereich qualitativ entwickelt und zum Teil anhand konkreter Rechenmodelle veranschaulicht. Dieser Syntheseschritt erfolgt zunächst für individuelle Energiedienstleistungen am Beispiel Contracting (Kapitel 6). Anschließend werden davon abweichende zusätzliche Controlling-Schwerpunkte und -Instrumente im "Massengeschäft" mit stärker standardisierten Energiedienstleistungen vorgestellt (Kapitel 7)[3]. Fazit und Ausblick schließen die Arbeit ab (Kapitel 8).

---

2 Eine genauere Darstellung der Erhebungs- und Auswertungsmethodik erfolgt in Kapitel 4.

3 In einigen Fällen erfolgte eine kommunikative Validierung der in Kapitel 6 und 7 entwickelten Controlling-Konzepte und -Instrumente in Kooperation mit Endenergieanbietern mit stark wachsendem Energiedienstleistungsbereich, "reinen" Energiedienstleistungsunternehmen und Beratungsunternehmen.

2 Controlling in Dienstleistungsunternehmen - Theorie

2.1 Controlling - Verständnis und Begriffsabgrenzung

2.1.1 Die aktuelle Diskussion des Controlling-Begriffs

Diplomarbeiten und Dissertationen widmen sich oft sehr ausführlich dem zum Teil als "verblüffend problematisch" empfundenen Versuch (Schäffer 1996, 23), das in der jeweiligen Arbeit verwendete Controlling-Verständnis zu explizieren und von in der Literatur gängigen Definitionen abzugrenzen (vgl. z. B. Thomas 1996, Mörsdorf 1998). Dabei werden immer wieder die Hauptaufgaben von Controllern neu gedeutet und eine Abgrenzung der Controlling-Funktion von anderen unternehmensinternen und -externen Funktionen vorgenommen.

Tabelle 1 Zusammenfassung der Kritik am koordinationsorientierten Systemansatz

Kritik an ...	**Die wichtigsten Kritikpunkte**
... dem Systemansatz	• Fehlende Systemidee: ordnender Bezugsrahmen (deskriptiv), jedoch kein Beitrag zur Erklärung und Prognose betriebswirtschaftlicher Sachverhalte • Führungsteilsysteme (Planungs-, Kontroll-, Informationssystem etc.; vgl. Küpper 1997, 15) sind eher Klassen von Handlungen als eigenständige Systeme • Weitgehend willkürliche Abgrenzung der Teilsysteme
... der Definition von Controlling als Koordinationsfunktion	• Weite und wenig abgrenzbare Konzeption des Controlling als koordinierende "Metaführung" der Führungsteilsysteme ermöglicht nicht die von den Ansätzen beabsichtigte eindeutige Abgrenzung der Controlling-Funktion • Sowohl das Wort "Metaführung" als auch der Begriff "Koordination" korrespondieren nur bedingt mit der Tätigkeit von Controllern in praxi
... den Einschränkungen der Controlling-Aufgaben	• Je nach Controlling-Auffassung erfolgen unterschiedliche Einschränkungen des koordinationsorientierten Ansatzes zur Bestimmung von Controller-Aufgaben

Quelle: Irrek 2002; vgl. beispielsweise Müller 1996, Schäffer 1996, Weber/Schäffer 2000, Wall 2000.

Die jüngste Diskussion nährt vor allem Zweifel an der **Koordinationsfunktion** als Kern des Controlling[4]. Kritisiert wird damit der in der entsprechenden Literatur der

[4] Zur kritischen Diskussion des koordinationsorientierten Ansatzes vgl. beispielsweise Müller 1996, Schäffer 1996, Weber/Schäffer 2000, Wall 2000; die Kritik wird in Tabelle 1 zusammengefasst.

letzten Jahre vorherrschende koordinationsorientierte Systemansatz[5]. Auf dieser Kritik aufbauend postulieren Weber und Schäffer (Weber/Schäffer 1999a, 1999, 2000; Weber 1999, 2000) einen neuen gemeinsamen Nenner für die unterschiedlichen Sichtweisen des Controlling in Theorie und Praxis. Ihr vallendarscher Ansatz versteht Controlling als eine spezielle Form der Unterstützung der Unternehmensführung bzw. des Unternehmensmanagements, deren Ziel die **Sicherstellung der Rationalität der Führung bzw. des Managements** in unterschiedlichsten Phasen des Führungs- bzw. Managementprozesses ist[6].

Doch auch die letztgenannte Definition von Controlling ermöglicht nicht die damit beabsichtigte eindeutige Bestimmung von Controlling-Funktion und Controller-Aufgaben (vgl. hierzu ausführlicher Irrek 2002). Generelle Zweifel an der Eigenständigkeit einer Teildisziplin "Controlling" innerhalb der Betriebswirtschaftslehre werden daher verstärkt. Darüber hinaus enthält der Rationalitätssicherungsansatz einige Unklarheiten in Bezug auf das dahinter stehende Rationalitätskonzept (vgl. hierzu ausführlicher Irrek 2002) und vernachlässigt bereits seit langem existierende Ansätze[7].

2.1.2 Controlling als Steuerung bzw. Steuerungssystem

"Das Controlling ist aus der Praxis heraus entstanden" (Küpper 1997, 29). Die zunehmende Dynamik und Komplexität von Unternehmensgeschehen und Unternehmensumwelt hat zu einer Differenzierung des Führungssystems geführt (Schäffer 1996, 6), insbesondere auch zu einer zunehmenden Verteilung von Lenkungstätigkeiten (Ulrich/Probst 1991). Die Einrichtung von Controller-Stellen - wie beispielsweise bereits Ende des 19. Jahrhunderts in den USA (Steinle/Bruch 1998, 6) - ist Ausdruck dieses Ausdifferenzierungsprozesses. Hierbei rücken allerdings keine völlig neuen eigenständigen betriebswirtschaftlichen Fragestellungen, Me-

---

5 Zum koordinationsorientierten Ansatz vgl. beispielsweise Horváth 1996, Küpper 1997.

6 Die Bezeichnungen "Management" und "Führung" werden im Folgenden synonym verwendet und meinen die "zielorientierte Gestaltung und Anpassung bzw. Entwicklung sozio-ökonomisch-technischer Systeme (Betriebe und Betriebsaggregate) .. (etymologisch: lat. manu agere = eigenhändig verrichten, führen, vorantreiben; mhd. forari = den Weg weisen)" (Matthes 1986, 283).

7 Vgl. Irrek 2002: gemeint sind z. B. die Ansätze von Schmidt (1986) und Kirsch (1991 und 1992).

thoden und Lösungsansätze in den Mittelpunkt, die eine zusätzliche wissenschaftliche Teildisziplin "Controlling" rechtfertigen würden.

Die vielfältigen theoretischen Ansätze (z. B. Koordinations- oder Rationalitätssicherungsansatz), die dennoch versuchen, aufbauend auf einer mehr oder weniger "willkürlich" (Schäffer 1996, 23) bestimmten Idee vom Controlling-Begriff, eine eindeutige Eigenständigkeit der Controlling-Funktion und einer entsprechenden betriebswirtschaftlichen Teildisziplin "Controlling" zu begründen, heben jeder auf seine Weise wichtige Controlling-Aspekte besonders hervor (vgl. z. B. Irrek 2002 zu den impliziten Leistungen des Rationalitätssicherungsansatzes). Sie scheitern mit ihrem Definitionsversuch aber daran, dass sie entweder so umfassend sind, dass keine Trennschärfe mehr zu anderen Teildisziplinen besteht, oder so spezifisch, dass sie mit der Praxis nicht mehr kompatibel und entsprechend inakzeptabel erscheinen. Der dennoch immer wieder unternommene Versuch einer eindeutigen Definition der Controlling-Funktion und Abgrenzung von Controller-Aufgaben wirkt daher doch oft wie eines der für die Controlling-Praxis nutzlosen "theoretischen ... Sprachspiele" (Weber/Schäffer 1999a, 732).

Vielfach wird Controlling vereinfacht mit Steuerung gleichgesetzt (Schäffer 1996, 23; vgl. auch Matthes 2001). Hierbei wird die Herkunft der Bezeichnung "Controlling" deutlich vom Wort "to control = regeln, steuern" abgeleitet (vgl. beispielsweise Horváth 1996, 26; Küpper 1997, 17; Steinle/Bruch 1998, 6). "Controlling" kann dementsprechend in einem allgemeinen und beliebig umfassenden Verständnis als "Steuerung" bzw. "Steuerungssystem" interpretiert werden, ohne dass eine theoretisch begründete eindeutige Abgrenzung erfolgt. Controlling-Tätigkeiten können in diesem Zusammenhang als Aufgaben im Rahmen des Führungs- und Managementsystems verstanden werden, die beinhalten, Vorgänge der Willensbildung und -konkretisierung und der anschließenden Durchsetzung und Sicherung von Entscheidungen sowie die dafür unerlässlichen Prozesse der Informationsgewinnung, -bereitstellung und -verarbeitung zu steuern bzw. zum Zwecke ihrer Steuerung durch ein geeignetes System zu unterstützen[8].

---

[8] Die Managementphasen laufend innerhalb vermaschter Führungszyklen ab, die nach den Prinzipien eines Regelkreises strukturiert sind. Die weiteren von Matthes (1986) genannten Managementphasen der Willensanpassung und -erneuerung können daher in diesem Zusammenhang als der Beginn einer neuen Regelkreis-Schleife verstanden werden, d. h. als

Der Begriff "Steuerung" wird hier also in einem umfassenden Sinne verstanden und weder mit Kontrolle oder Durchsetzung, noch mit der als "Metaführung" (Weber/Schäffer 2000, 113) interpretierbaren Koordinationsfunktion gleichgesetzt, wie es zum Teil in der Literatur geschieht (vgl. die diesbezüglichen Literaturverweise in Schäffer 2000, 6f.). Steuerung in diesem Sinne enthält zwar sehr viele Koordinations- bzw. Abstimmungsaufgaben, die für eine effektive und effiziente Steuerung notwendig sind und die der Koordinationsansatz mit Bezug auf die zunehmende Dynamik und Komplexität der Unternehmensumwelt zurecht in den Vordergrund gerückt hat, beinhaltet jedoch mehr als Koordination. Beispielsweise können auch gestaltende - Rationalität generierende und nicht nur sichernde - Eingriffe in Planung, Informationsversorgung, Kontrolle und andere Führungsdimensionen dazugehören, die Einstellungen oder Veränderungen am System Unternehmen vornehmen (zur Controlling-Aufgabe der Systemgestaltung vgl. auch Steinle/Bruch 1998, 15).

Entsprechend dem allgemeinen bzw. technischen Sprachgebrauch wird mit Hilfe der Steuerung bzw. des Steuerungssystems das "Fahrzeug" Unternehmen ziel- und kapazitätsorientiert, vorausschauend (zukunftsorientiert) und mit Blick auf mögliche Gefahrenstellen (engpassorientiert) geführt (vgl. auch Vollmuth 1992). Die Steuerungsfunktion kann dabei so gestaltet sein, dass sie der Führung wichtige Informationen meldet (z. B. Warnsignale, um bei der Analogie mit einem Fortbewegungsmittel zu bleiben), Entscheidungen unterstützend vorbereitet (z. B. mit Hilfe eines Navigationssystems) , das Erreichen eines gewählten Ziels sichern hilft (z. B. mittels einer koordinierenden Traktionskontrolle) und in führungsbezogene Problemlösungsprozesse eingebunden wird (z. B. Ausweich- oder Bremsmanöver).

Controlling als "Steuerung" bzw. "Steuerungssystem" ist Teil des Führungssystems, unterscheidet sich aber von der Führungsfunktion im engeren Sinne vor allem dadurch, dass ihr die autonome, dem Unternehmen Ausrichtung und Sinn gebende letzte Entscheidungsgewalt und entsprechende Verantwortung für die Institution Unternehmen als handlungsfähige Ganzheit fehlt. Steuerungsaufgaben

---

eine Anpassung und Erneuerung der Willensbildung und -konkretisierung; die Phase der Willensüberwachung wird unter die Willenssicherung subsumiert.

bzw. Aufgaben der Gestaltung des Steuerungssystems können institutionell von unterschiedlichen Funktionen und auf unterschiedlichen Ebenen im Unternehmen übernommen werden, vom Geschäftsführer eines Einpersonenunternehmens genauso wie vom zentralen Controller, Marketingcontroller, Organisationsentwickler oder Vertriebsleiter eines größeren Konzerns.

Dieses umfassende, nicht eindeutig abgrenzbare, der vorliegenden Arbeit zugrundegelegte Verständnis von Controlling als Steuerung bzw. Steuerungssystem reicht als Verständigungsgrundlage für die wissenschaftliche Beschäftigung mit Steuerungsobjekten, -problemen, -prozessen, -effekten, -instrumenten, -systemen und
-institutionen aus und ist andererseits auch praxistauglich. Die Wissenschaft kann sich Steuerungsaspekten sowohl in den unterschiedlichen Teildisziplinen der Betriebswirtschaft als auch inter- oder transdisziplinär nähern. Ein eigenständiges Controlling-Theoriegebäude ist hierfür nicht erforderlich.

2.2 Controlling-Instrumente

Diesem Verständnis von Controlling als Prozess und Denkweise des Steuerns bzw. Steuerungssystem folgend, sind Controlling-Instrumente als **Mittel der Steuerung bzw. zu ihrer Unterstützung** zu verstehen. Sie stellen somit Elemente des Steuerungssystems dar. Mit ihrer Hilfe können für das Controlling angemessene, führungsrelevante Daten, Verfahren und Systeme zur Verfügung gestellt und das Spannungsverhältnis von Intuition und Reflexion in den einzelnen Phasen des Führungszyklus ausbalanciert werden (Weber/Schäffer 1999a). Je nach Controlling-Aufgabe und Steuerungsebene bedingt durch Kontext, Geschäftsprozesse und Engpässe in der Unternehmung bedarf es unterschiedlicher Controlling-Instrumente. Der Einsatz erfolgt laufend, regelmäßig oder fallweise. Die jeweils zuständige Steuerungseinheit hat dazu aus dem umfangreichen, vorwiegend betriebswirtschaftlichen Instrumenten-Arsenal die geeignete Kombination ("Tool-box", Steinle/Bruch 1998, 380) zusammenzustellen und problem- und situationsadäquat auszugestalten.

2.2.1 Gliederung des Instrumentariums

Eine überschneidungsfreie, eindeutige und vollständige Klassifizierung von Controlling-Instrumenten ist nicht möglich. In der Literatur werden u. a. folgende Einteilungsversuche vorgenommen (vgl. Küpper 1997, 24ff.; Steinle/Bruch 1998, 379f.; Vollmuth 1992):

- **Unterscheidung Methoden/Systeme**
  Methoden werden isoliert in verschiedensten Aufgabengebieten eingesetzt (z. B. Nutzwertanalyse, Netzplantechnik, Target Costing). Sie sind häufig auch Bestandteil umfassenderer Systeme. Controlling-Systeme bestehen in der Regel aus mehreren miteinander verknüpften Teilsystemen (Modulen) und decken bestimmte Aufgabengebiete oder Phasen des Steuerungsprozesses weitflächig ab (z. B. Kosten-, Umsatz- und Ergebnisrechnungssystem, Informations- und Kennzahlensystem).

- **Unterscheidung strategisch / taktisch-operativ**
  Entsprechend der Aufteilung des Planungssystems in Planungsebenen anhand der Eigenschaften Fristigkeit (zeitliche Differenzierung), Planungsumfang, Zielorientierung, Planungsgegenstand und Detailliertheit (vgl. Küpper 1997, 64) werden operative und taktische (bzw. operativ-taktische) sowie strategische Controlling-Instrumente unterschieden.

- **Unterscheidung nach den zu steuernden Größen**
  Controlling-Instrumente können auf die Steuerung einzelner oder mehrerer Größen wie Umsatz, Kosten, Ergebnis, Investitionen, Finanzen, Personal, Bestände ausgerichtet sein.

- **Unterscheidung nach der Art des Einsatzes**
  Hinsichtlich der Art des Einsatzes differenziert man analytische, ideenerzeugende, prognostische und bewertende Instrumente.

- **Unterscheidung nach der Verbindlichkeit der Anwendung**
  Die Controlling-Instrumente lassen sich auch danach gliedern, inwieweit ihr Einsatz im Unternehmen verbindlich ist, d. h. beispielsweise für alle Unternehmensbereiche und -gesellschaften bindend, nur für einen Unternehmensbereich verpflichtend oder vor Ort individuell einsetzbare Instrumente.

- **Unterscheidung nach Anwendungsbereich**
  Controlling-Instrumente sind in einzelnen oder mehreren Controlling-Bereichen einsetzbar, z. B. zentral für das gesamte Unternehmen, funktionszentriert für einzelne Funktionen (Beschaffung, Forschung und Entwicklung, Marketing, Vertrieb, Personal etc.) oder speziell für einzelne Objekt- oder Einsatzbereiche (z. B. Controlling in Handelsbetrieben).

Eine weitere Unterscheidung nach Anwendungsbereichen ist in Tabelle 2 dargestellt. Sie orientiert sich an **typischen Klassen von Führungshandlungen bzw. Führungsprozessphasen** (vgl. auch Küpper 1997, 25; Matthes/Arendt/Pütz 2001; Steinle/Bruch 1998; Weber 1999, Weber/Schäffer 2000). Danach werden isolierte Controlling-Instrumente, die sich einzelnen Handlungsklassen bzw. Phasen zuordnen lassen, von übergreifenden Instrumenten abgegrenzt[9]. Der hinter dieser Klassifizierung stehende Gedanke ist, dass das Controlling Führungsunterstützungsfunktion besitzt und zu diesem Zweck entsprechende führungsrelevante Steuerungsinstrumente einsetzt.

[9] Entsprechend der in Tabelle 1 zusammengefassten Kritik am Koordinationsansatz wird hier nicht von Controlling-(Haupt-)Funktionen oder Führungsteilsystemen, sondern von Klassen von Führungshandlungen gesprochen. Der Einsatz der Instrumente dient zur Führungsunterstützung bei der Durchführung der jeweiligen Führungshandlungen.

Tabelle 2 Gliederung der Controlling-Instrumente nach Klassen von Führungshandlungen

Führungshandlung / -prozessphase		**Controlling-Instrumente (ausgewählte Beispiele)**
Willen bilden	Ziele setzen Probleme erkennen Alternativen suchen	System der Zielvereinbarungen Frühwarnsystem, Risikoanalyse Benchmarking, Portfolioanalyse, ABC-Analyse Stärken-Schwächen-Analyse, SWOT-Analyse, Erfolgsfaktorenanalyse Shareholder-Value-Analyse, Erfahrungskurve Kreativitätsverfahren: z. B. Brainstorming, Synektik
Willen konkretisieren	Prognostizieren Bewerten Pläne erstellen Entscheiden	Prognosemodelle, Szenario- und Simulationstechnik Betriebswirtschaftliche Input-Output-Analyse (BWIO), Netzplantechnik, Zeitreihenverfahren, Trendextrapolation Produktionswirtschaftliche Planungsmethoden Budgetierung im Gegenstromverfahren Projekt- und Produktkalkulation Nutzwertanalyse, Gemeinkostenwertanalyse Wirtschaftlichkeitsrechnung, Investitionsrechnung Lineare Programmierung, Losgrößen-Optimierung Entscheidungsmodelle, -tabellen , -regeln Kommunikations-, Kooperations- und Partizipationsinstrumente
Willen durchsetzen[10]	Anordnen Organisieren Personal führen	Checklisten, Pflichtenhefte Kommunikations-, Kooperations- und Partizipationsinstrumente (z. B. Teamgespräch) Zielvorgaben, Budgetvorgabe Anreiz- und Sanktionssystem
Durchsetzung sichern	Kontrollieren	Überwachungs- und Prüfinstrumente Abweichungsanalysen, Stichprobenanalysen
- übergreifend -	Informationen - gewinnen, - bereitstellen, - aufnehmen - verarbeiten	Informationsbedarfsanalyse Instrumente des Datenmanagements Mind-Map-Technik Kosten- und Erlös- bzw. Leistungsrechnung Finanzrechnung, Systeme der Erfolgsrechnung Verrechnungs- bzw. Lenkungspreissysteme (dynamische) Berichtssysteme, Dokumentation SAFE, $\text{COMPASS}_{\text{radar}}$ (Rohn et al. 2001) Kennzahlensystem

Quelle: Eigene Darstellung in Anlehnung an Küpper 1997, 25; Matthes/Arendt/Pütz 2001; Steinle/Bruch 1998; Weber 1999.

---

10 Im Gegensatz zu Weber (1999) werden die Führungshandlungen im Bereich der Organisation und Personalführung unter den Begriff der Willensdurchsetzung subsumiert, da sie letztlich eben diesem Ziel dienen.

2.2.2 Kurzbeschreibung ausgewählter Instrumente

Für ausführliche Darstellungen einzelner Controlling-Instrumente sei auf die angegebene Standard-Literatur zum Controlling verwiesen[11]. Einige wesentliche Instrumente, die in den nachfolgenden Kapiteln stärker im Mittelpunkt stehen, werden im Folgenden kurz charakterisiert.

2.2.2.1 Kosten- und Leistungsrechnung

Die Kosten- und Leistungsrechnung erfasst, ordnet, verrechnet und wertet Kosten und Leistungen periodisch (BGW/VDEW 1987, 11). In der Regel wird sie in Kosten- bzw. Leistungsarten, -stellen und -trägerrechnung eingeteilt. Es geht dabei um den Zusammenhang zwischen dem Ergebnis einer Produktions- bzw. Dienstleistungsaktivität und dem dafür erforderlichen Faktoreinsatz. Der Begriff der Leistung wird nicht nur im allgemeinen Sprachgebrauch, sondern auch im betriebswirtschaftlichen Schrifttum unterschiedlich definiert und interpretiert (Hummel/ Männel 1986, 397). Oft bezeichnet er das Ergebnis unternehmerischer Aktivitäten, teilweise aber auch den Transformationsprozess selbst. Zunehmend werden Leistungen als Mengenkomponente von Erlösen betrachtet (Weber 1999, 207). Um dies zu betonen, wird häufig umfassend von Kosten-, Leistungs, Erlös- und Ergebnisrechnung gesprochen (Hummel/Männel 1986, 398; vgl. auch die entsprechende Differenzierung in Weber 1999). Kosten sind leistungsbedingter Wertverzehr. Bei dem in der Literatur vorherrschenden, wertmäßigen Kostenbegriff wird dieser Wertverzehr als bewerteter Güter- und Dienstleistungsverzehr interpretiert, beim pagatorischen Kostenbegriff erscheint er als nicht-kompensierte Ausgaben und ist somit letztlich von Auszahlungen abgeleitet .

Die gesamte Kosten- und Leistungsrechnung hat im Rahmen des Controlling zum einen kosten- und erlösrechnungsbezogene Aufgaben, wie die Zuordnung zu Kosten- bzw. Erlösträgern, die Bildung von Kostenkategorien, Kalkulation, Bestandsbewertung und Erfolgsermittlung, zum anderen planungs-, kontroll- und anreizbezogene Inhalte (Kosten, Leistungen, Erlöse und Ergebnisse als Maßgrößen der Zielerreichung, Grundlagen für Planungen, Basis von Kontrollen und Motivati-

[11] Vgl. z. B. Horváth 1996, Küpper 1997, Steinle/Bruch 1998, Vollmuth 1992, Weber 1999.

onsinstrument)(Weber/Schäffer 1999b, 25). Sie kann sowohl als operative Rechnung als auch als strategische Rechnung (vgl. Breid 1994, Maus 1996, Reichmann 1998) ausgestaltet sein. Je nach Aufgabe müssen unterschiedliche Verfahren bzw. Systeme verwendet werden[12].

Nach Küpper (1992, 143) muss die Kosten- [und Leistungs-]rechnung als Controlling-Instrument vier wichtige Anforderungen erfüllen:

- **Führungsorientierung:** Als Instrument zur Unterstützung der Führung steht weniger der Dokumentations- und Abrechnungszweck als der führungsbezogene Informationsbereitstellungszweck im Vordergrund.
- **Bedarfsorientierung:** Entscheidend ist die Ausrichtung auf den Informationsbedarf der Empfänger.
- **Entscheidungsorientierung:** Das Handeln in der Unternehmung wird durch Entscheidungen bestimmt. Die Kosten- und Leistungsrechnung ist deshalb entscheidungsorientiert zu gestalten. Diese Forderung hat ihre Entwicklung in den vergangenen Jahrzehnten maßgeblich beeinflußt (vgl. die Entwicklung der Grenzplan- und der Relativen Einzelkostenrechnung sowie der Periodenerfolgsrechnung im Hinblick auf kurzfristige Entscheidungen und auch die Verbindung von Kosten- und Investitionsrechnung bezogen auf mittel- bis längerfristige Entscheidungen; vgl. z. B. Küpper 1997).
- **Verhaltensorientierung:** Um die Durchsetzung von Entscheidungen gewährleisten zu können, sollte die Kosten- und Leistungsrechnung derart gestaltet sein, dass die Informationsbereitstellung das Verhalten zielgemäß beeinflusst[13].

2.2.2.2 Verrechnungs- bzw. Lenkungspreissystem

Vorgaben in Form von expliziten Verhaltensnormen, Budgets, Zielgrößen oder Verrechnungspreisen sind unterschiedliche Ansatzpunkte für eine gesamtzielorientierte Steuerung der Unternehmung (Küpper 1997, 362). Diese Steuerungsinstru-

---

[12] Zu den Verfahren und Systemen der Kosten- und Leistungsrechnung vgl. ausführlicher die grundlegenden Schriften von Heinen 1985, Hummel/Männel 1983 und 1986, Männel 1992, Schmalenbach 1930 und 1963, Seicht 1995, Steinle/Bruch 1998, Weber 1993.

[13] Vgl. auch die Forderung nach einer verhaltensorientierten Kostenrechnung bzw. einem selektiven Rechnungswesen bei Weber 1996 bzw. Weber/Weißenberger 1996.

mente schließen sich nicht gegenseitig aus. Häufig werden in der Praxis gleichzeitig mehrere von ihnen eingesetzt, wobei sich allerdings nicht jede Kombination als zweckmäßig erweist (Küpper 1997, 363). Verrechnungs- bzw. Lenkungspreise bieten sich als Steuerungsinstrument vor allem dann an, wenn eine hohe Delegation von Entscheidungsrechten, eine differenziert-dezentrale Planung, eine zunehmende Ergänzung von Ergebniskontrollen um Verhaltenskontrollen, ein kooperativer Führungsstil und eine Segmentierung der Unternehmensrechnung beabsichtigt bzw. als notwendig erachtet werden (ebenda). In der Energiewirtschaft gewinnt die im Prinzip der Kostenstellenrechnung zuzuordnende innerbetriebliche Leistungsverrechnung mit der Einführung von Center-Strukturen eine zunehmende Bedeutung[14].

Verrechnungspreise, auch als Transfer- oder Lenkpreise bezeichnet, sind ausgehandelte oder festgelegte Wertansätze für innerbetrieblich erstellte materielle oder immaterielle Leistungen, die von anderen Unternehmenseinheiten bezogen werden - orientiert an Marktpreisen, Grenz- oder Vollkosten oder den Bedingungen der jeweiligen Entscheidungssituation (Horváth 1996, 565ff.; Küpper 1997, 346ff.). Sie steuern den innerbetrieblichen Leistungstransfer und bestimmen so die unternehmensinterne Ressourcenallokation. Letztlich stellen sie sicher, dass Einzelentscheidungen auch im Sinne der Gesamtunternehmung vorteilhaft sind (Horváth 1996, 565).

Verrechnungspreise können den folgenden Zwecken dienen (ebenda):

- **Lenkung**, d. h. Koordination dezentraler Entscheidungen in Teilbereichen einer Unternehmung,
- **Erfolgsermittlung** einzelner Unternehmungseinheiten (z. B. Center-Erfolgsrechnung),
- **Ermittlung von Preisgrenzen** für Einsatz- bzw. Absatzgüter,
- **Bestandsbewertung**,

---

[14] Dies geht beispielsweise aus den folgenden Veröffentlichungen hervor: Balzereit 1997, Dorprigter 1997, Rieg 1997, Wolle/Kett/Spitzer/Franke 1997, Thiel 1999, VDEW-AK "Controlling" 1999, Accenture/Justus-Liebig-Universität Giessen 2000.

- **Preiskalkulation**.

Allerdings tritt möglicherweise die Anreiz- bzw. Lenkungsfunktion in Konflikt zu der Erfolgsermittlungsfunktion von Verrechnungspreisen, wenn der Einsatz nicht voll ausgelasteter Bereiche aus Lenkungsgründen mit einem Verrechnungspreis von Null bewertet wird, dies jedoch im Hinblick auf die Beurteilung des Bereichsbeitrags zur Gewinnerzielung problematisch erscheint (Küpper 1997, 347).

2.2.2.3 Budgetierung

Nach Horváth (1996, 222) ist ein Budget ein formalzielorientierter, in wertmäßigen Größen formulierter Plan. Dieser wird einer Entscheidungs- und Verantwortungseinheit für einen bestimmten Zeitraum mit einem festgelegten Verbindlichkeitsgrad vorgegeben. Planung und Budgetierung sind zwar eng miteinander verknüpft, jedoch nicht gleichzusetzen. Während die Planung eher an Sachzielen, an realen Objekten und Aktivitäten ausgerichtet ist, beschäftigt sich die an Formalzielen orientierte Budgetierung mit den Erfolgs- und Liquiditätsaspekten von Handlungsalternativen (Thomas 1996, 78f.). Die Budgetierung umfasst den Prozess der Aufstellung, Verabschiedung und Kontrolle von Budgets sowie der Abweichungsanalysen (Horváth 1996, 225). Sinn und Nutzen der Budgetierung sind stark abhängig vom gewählten Budgetierungsverfahren (Thomas 1996, 81). Wenn beispielsweise im Sinne eines "ex-post-plus"-Vorgehens (Weber 1999, 138 und 208) bisherige Haushaltsansätze gleichbleibend bzw. nur geringfügig verändert (z. B. inflationiert) fortgeschrieben werden ("Fortschreibungsbudgetierung", Küpper 1997, 306), führt dieses vergangenheitsorientierte Vorgehen zu Unflexibilität gegenüber Umweltänderungen, zu einer nicht bedarfsgerechten Aufgabenstruktur und damit zu Unwirtschaftlichkeiten (Thomas 1996, 79ff.). Dieses Procedere wurde in öffentlichen Haushalten, aber auch in EVU in der Vergangenheit häufig angewandt. Generell lassen sich die Budgetierungsverfahren in problemorientierte und verfahrensorientierte Techniken einteilen (Küpper 1997, 298ff.). Erstere sind einzelnen, überschaubaren Problemen zugeordnet. Zu den verfahrensorientierten Techniken gehören inputorientierte Methoden wie die o.g. Fortschreibungsbudgetierung oder die Gemeinkostenwertanalyse sowie outputorientierte Verfahren wie beispielsweise das Zero-Base-Budgeting, bei dem für jede Entscheidungseinheit Ziele, Leistungsniveaus und die zugehörigen Arbeitstätigkeiten und Kosten ermittelt werden (vgl. auch Küpper 1997, Weber 1999).

2.2.2.4 Kennzahlensystem

Kennzahlen fassen komplexitätsreduzierend wesentliche betriebliche Daten zusammen. "Als Messinstrument geschäftlicher Aktivitäten bilden die Kennzahlen so eine wichtige Entscheidungsgrundlage für schnelles und flexibles unternehmerisches Handeln" (Steinle/Bruch 1998, 492). Im Gegensatz zu Indikatoren, die den Erkenntnisgegenstand nur ausschnittsweise abbilden, weil sich die zu erfassende Realität einer vollständigen und operationalen Abbildung entzieht, erfolgt die Informationsverkürzung bei Kennzahlen willentlich (Weber 1999, 218). Sie können unterschiedliche Funktionen übernehmen (Steinle/Bruch 1998, 491):

- **Operationalisierungsfunktion:** Konkretisierung von Zielen und dem Grad der Zielerreichung,
- **Anregungsfunktion:** Erkennen von Auffälligkeiten und Veränderungen,
- **Kontrollfunktion:** Feststellen von Soll-Ist-Abweichungen,
- **Vorgabefunktion:** Definition von Zielgrößen,
- **Steuerungsfunktion:** Vereinfachung von Steuerungsprozessen.

Wesentliche unternehmens-, bereichs- und geschäftsfeldbezogene Kennzahlen des "Modell-EDU" werden in Kapitel 6.2.6.3 vorgestellt und erläutert.

2.2.2.5 Berichtssystem

Das betriebliche Berichtswesen stellt eine Brücke zwischen der Entstehung und der Verwendung von Information dar, die je nach Grad der Zentralisation im Unternehmen organisatorisch auseinanderfallen (Steinle/Bruch 1998, 485). Richtlinien für Berichtserstellung und unternehmensinterne Weiterleitung müssen Zuständigkeiten und Termine festlegen, Begriffe, Verfahren und Methoden definieren und ein Codesystem bestimmen. Als Berichtstypen können starre Standardvorlagen, als Melde- und Warnsysteme funktionierende Abweichungs- oder abrufbare Bedarfsberichte unterschieden werden (Küpper 1997, 149). Für ein aussagekräftiges, effizientes Berichtswesen muss geklärt werden, wozu (Berichtszweck), was (Berichtsgegenstand bzw. Informationsart), wer (Stelle), wann (Erscheinungsweise bzw. auslösendes Ereignis), wie (Datenträger, Verdichtungsgrad) berichten soll, wobei die folgenden Merkmale beachtet werden sollten (Steinle/Bruch 1998, 488; Thomas 1996, 94):

- **Einfachheit** in Handhabung und Übersichtlichkeit (Knappheit),
- **Empfängerorientierung**,
- **Richtigkeit und Vollständigkeit**,
- **Nutzenstiftung** (Wichtigkeit) und
- **Aktualität** (Rechtzeitigkeit).

2.2.2.6 Abweichungsanalyse

In der eng auf die Planung bezogene Abweichungsanalyse, die zur Führungsprozessphase der Willenssicherung gehört, wird ermittelt, wie stark ein zu prüfender Wert von dem Norm- bzw. Zielwert (Plan-, Soll- oder Normalwert oder eine Mischung von Plan- und Vergangenheitswerten) abweicht und welche Ursachen diese Differenz bewirken. Bei der Ursachenermittlung ist zu berücksichtigen, dass es nur bedingt möglich ist den jeweiligen Ursachenschwerpunkt zu erforschen, so dass hier "intuitives Einschätzungsvermögen" (Weber 1999, 336) gefragt ist. Abweichungsgründe könnennicht nur im kontrollierten Prozess (Ausführungsursache), sondern auch in einer fehlerhaften Ermittlung der zu prüfenden Größe (Erfassungsursache) oder in einem Fehler bei der Festlegung der Normgröße (Planungsursache) liegen (vgl. hierzu ausführlicher Küpper 1997, 182ff.). An die Ermittlung der Abweichungen und die beliebig differenzierte Untersuchung ihrer Ursachen unter Berücksichtigung der Interdependenzen des Leistungserstellungsprozesses sollte sich eine Beurteilung der Beeinflussbarkeit der Abweichungen und der Wirkung von Anpassungsmaßnahmen anschließen (feedforward- anstatt ausschließlicher feedback-Orientierung; vgl. auch Weber 1999, 337f.; Thomas 1996, 179ff.). Hierzu sind Instrumente der Prognose und der Bewertung heranzuziehen, wie sie in der Planung verwendet werden (Küpper 1997, 177ff.).

Das grundsätzliche Problem bei der Abweichungsermittlung stellt das Zurechnungsproblem dar. (Horváth 1996, 467). Kosten und Erlöse sind das Produkt von

Menge und Preis. Folglich setzen sich Abweichungen aus drei Komponenten zusammen (ebenda):

- **Mengenabweichung** (Primärabweichung) = gegenüber der Planvorgabe eingetretene Mengenänderung x Planpreis,
- **Preisabweichung** (Primärabweichung) = gegenüber der Planvorgabe eingetretene Preisänderung x Planmenge,
- **Sekundärabweichung** = Mengenänderung x Preisänderung.

Eine theoretisch eindeutige Zurechnung der Sekundärabweichung auf die Bestimmungsfaktoren Preis und Menge ist nicht möglich. Allerdings existieren verschiedene Annäherungsmethoden, beispielsweise die alternative, die kumulative oder die differenziert kumulative Abweichungsanalyse (vgl. Küpper 1997, 185ff., sowie die dortigen Literaturverweise).

2.2.2.7 Frühaufklärungssystem

Ein Frühaufklärungssystem (Krystek/Müller-Stewens 1993) hat in Anlehnung an Weber (1999, 210ff.) prinzipiell die Aufgabe, potenzielle oder bereits eingetretene, interne oder externe Gefährdungen und Chancen des Erreichens der Unternehmensziele so rechtzeitig aufzuzeigen, dass es dem jeweiligen Entscheidungsträger möglich ist, drohende Gefahren abzuwenden oder bereits eingetretene in ihren Auswirkungen zu mildern sowie die sich bietenden Chancen zu nutzen. Frühaufklärungssysteme helfen darüber hinaus, Zusammenhänge zwischen Einflussvariablen (Performance-Treibern) zu erkennen und die Entscheidungsträger frühzeitig im Hinblick auf mögliche krisenhafte bzw. besonders chancenreiche Zustände oder Prozesse sowie die Notwendigkeit strategischen Handelns zu sensibilisieren. Ein Frühaufklärungssystem wird grundsätzlich entweder eher operativ oder strategisch (erfolgspotenzialorientiert) ausgestaltet (Krystek/Müller-Stewens 1993, Krystek/Zur 1991). Vielfach werden eigen- oder fremdorientierte, betriebliche oder überbetriebliche Kennzahlen-, Hochrechnungs- oder Indikatorsysteme verwendet, um zukünftige Entwicklungen frühzeitig zu antizipieren. Ein besonderes Problem stellt dabei die Identifikation, Erfassung, Dokumentation und Handhabung "schwacher Signale" dar, die auf eine sich anbahnende Entwicklung nur verschwommen hindeuten (Krystek/Müller-Stewens 1993).

2.2.2.8 Analyse von Risiko und Unsicherheit

Frühaufklärungssysteme stellen auch einen Baustein unternehmerischen Risikomanagements und -Controllings dar (vgl. beispielsweise Baetge 1998, Daube 1998, Guserl 1998, Bozem 1999), welches in den letzten Jahren zunehmende Bedeutung erlangt hat, nicht zuletzt aus prüfungs- und haftungsrechtlicher Sicht vor dem Hintergrund der Anforderungen des KonTraG (Gesetz zur Kontrolle und Transparenz im Unternehmensbereich) sowie auf Grund einer verstärkten Marktdynamik insbesondere bei Energieunternehmen. Bestandteil des Risikomanagements ist die ggf. mit Frühaufklärungssystemen verknüpfte Analyse zur Identifizierung und Quantifizierung von Risiken bzw. Unsicherheit.

Die Begriffe "Risiko" und "Unsicherheit" werden in der Literatur uneinheitlich verwendet bzw. unterschiedlich definiert (Baetge 1998, Bozem 1999, Dederichs 1993, Napiwotzki 1997). Für die vorliegende Arbeit wird zwischen Risiko, Unschärfe und Unsicherheit im engeren Sinne unterschieden. Die stochastische Unsicherheit wird als **Risiko** bezeichnet. Beim Risiko sind Wahrscheinlichkeiten prinzipiell ermittelbar (z. B. ist empirisch das Risiko des Eintretens eines Autounfalls versicherungsmathematisch bestimmbar). Hiervon zu differenzieren ist die **Unsicherheit im engeren Sinne**, bei der die Wahrscheinlichkeiten für das Eintreten eines Ereignisses nicht berechenbar sind. **Unschärfe** (engl. Fuzzyness) bezeichnet schließlich als sichere Ereignisse angesehene Phänomene, deren Zugehörigkeit zu einer sie beschreibenden Klasse bzw. Menge nur in Abstufungen angegeben werden kann (z. B. "schwache Konjunktur", "mangelnde Kreditwürdigkeit", vgl. Dederichs 1993, 32f.)[15].

Risiken können in vielerlei Hinsicht systematisiert werden. In der Literatur ist häufig die Einteilung in Bonitäts-, Marktpreis-, Liquiditäts-, rechtliche und Betriebsrisiken zu finden (vgl. Daube 1998, 92). In der Praxis haben sich eine Reihe von Verfahren herausgebildet, die den Versuch unternehmen, identifizierte Unsicherheit und Risiken in quantitativen Analysen zu berücksichtigen. Derartige Analysen sind z. B. Investitions- oder Unternehmenswertrechnungen. Zur Auswahl stehen u. a. (vgl. Horváth 1996, 503f.):

---

[15] Zum Verhältnis von Unschärfe und Wahrscheinlichkeit bzw. von Wahrscheinlichkeitstheorie und der Theorie der unscharfen Mengen vgl. ausführlicher Napiwotzki 1997, 95ff.

- **Pauschale Korrekturverfahren**, die versuchen die Unsicherheit durch prozentuale Auf- oder Abschläge auf den Kalkulationszinsfuß oder auf die erwarteten Rückflüsse zu erfassen,
- **Differenzierte Prognoseverfahren bzw. Sensitivitäts-, Szenario- und Simulationsrechnungen**, die die Auswirkungen von vermuteten Datenänderungen auf das Ergebnis der Rechnung ermitteln,
- **Wahrscheinlichkeitstheoretische Analysen**, die anstelle von festen Zahlenwerten Wahrscheinlichkeitsverteilungen verwenden. Dies gilt für die Risikoanalyse im engeren Sinne und auch für Analysen unter Verwendung bestimmter Entscheidungsregeln bzw. -kriterien (z. B. Bayes-Regel).

Das genannte Instrumentarium der Prognoseverfahren wird im Folgenden separat vorgestellt, da hierauf in späteren Kapiteln ausführlicher eingegangen wird.

2.2.2.9 Prognosemethoden und -modelle

Eine Prognose ist eine bewusste Aussage über das Eintreten bestimmter Tatbestände von realen Systemen in der näheren oder ferneren Zukunft, d. h. über zukünftige Systemzustände und Umweltsituationen, Entwicklungen und Ereignisse, Wirkungen und Verhaltensweisen (Mag 1995, 74), die sowohl auf Beobachtungen (empirische Fundierung) als auch auf einer Theorie (sachlogische Begründung) beruht (Hansmann 1995, 269). Die Prognose ist als zentraler Bestandteil von Planungsprozessen ein grundlegendes Element einer antizipativen Unternehmenssteuerung (Dederichs 1993, 20; Napiwotzki 1997, 15). Die Prognose fragt danach, was sein **wird** (passiver Erwartungs- oder Rezeptionscharakter), in der Planung werden darauf aufbauend zielorientierte **Soll**-Aussagen gemacht (aktiver Gestaltungscharakter) (Mag 1995, 74). Je nach Ausgangssituation, Datenlage und Zielsetzung sind unterschiedliche Prognosemethoden und -modelle geeignet, in problemadäquater, ausreichend flexibler und effizienter Weise aussagekräftige zukunftsbezogene Aussagen zu generieren. Zu unterscheiden sind (vgl. Matthes/ Arendt/Pütz 2001):

- **Qualitative Prognoseverfahren**, die wie die Delphi-Methode auf Expertenmeinungen basieren.

- **Quantitative, formale und kausale Prognoseverfahren**, die mit Hilfe von Prognosefunktionen versuchen, den Zusammenhang zwischen zu prognostizierenden Parametern und ihren Einflussgrößen auf der Grundlage von Vergangenheitswerten abzubilden.
- **Simulationsverfahren**, die mit Hilfe von kalkülgestützten Abbildungsmethoden oder Szenarien Entwicklungsverläufe der Entscheidungsalternativen und -wirkungen beschreiben und prognostizieren. Hierbei werden alternative Zukunftsbilder und ihre möglichen Folgen entwickelt.

2.2.2.10 Kommunikations-, Kooperations-, Partizipationsinstrumente

Der Controller als Berater, Moderator, Katalysator oder Coach (vgl. auch Kapitel 6.2.7) sollte über ein umfangreiches Repertoire an für diese Rollen geeigneten Instrumenten verfügen. Letztlich dient der Einsatz von Kommunikations-, Kooperations- und Partizipationsinstrumenten dazu, Gelegenheiten zur Verständigung und Aktion in den Prozessen der Willensbildung, -konkretisierung, -durchsetzung und -sicherung zu schaffen und dadurch diese Vorgänge erfolgreicher zu gestalten.

Die Art und Weise der **Kommunikation** spielt sowohl in den internen Unternehmensprozessen als auch nach außen natürlich eine herausragende Rolle. Kommunikation bedeutet jedoch nicht gleich Partizipation oder Kooperation, sondern erfolgt manchmal auch einseitig, wenn Informationen weitergegeben werden, ohne die Reaktion darauf zu erfassen bzw. wahrzunehmen.

Partizipation geht sowohl über einseitige Kommunikation als auch über einfaches Erkunden von Interessen und Meinungen (Mitarbeiterbefragungen, Marktforschung etc.) hinaus. Ein Partizipationsprozess im engeren Sinne liegt dann vor, wenn Dritte an einem zentralen Planungs-, Entscheidungs- oder Umsetzungsprozess aktiv teilhaben, d. h. in einer formal definierten Form oder in einem informellen Verfahren mitwirken bzw. aktiviert und eingebunden werden.

Um eine **Kooperationsbeziehung** handelt es sich, wenn mindestens zwei verschiedene Akteure etwas gemeinsam aushandeln, planen, entscheiden oder umsetzen. Dabei sind die Teilnehmer prinzipiell gleichberechtigt, aber natürlich mit unterschiedlichen Rollen und Gewichten, je nach Bereich, aus dem sie kommen[16]. Die kooperierenden Akteure sind häufig selbst bereits in dem jeweiligen Aufgabenfeld tätig; Ziel ist es daher, Aktivitäten miteinander zu verknüpfen und vorhandene Potenziale im Sinne des mehr oder weniger gemeinsam getragenen Prozesses zu nutzen.

Die vielfältigen Kommunikations-, Kooperations- und Partizipationsinstrumente werden hier nicht im Einzelnen vorgestellt. Für die vor allem in öffentlichen bzw. teilöffentlichen Planungsprozessen verwendeten, aber oft auch auf den Unternehmensbereich übertragbaren Instrumente sei auf Bischoff/Selle/Sinning (1995) verwiesen. Steinle und Bruch (1998, 580ff.) erläutern insbesondere Techniken der Visualisierung, Präsentation und Moderation sowie der Kommunikation und des Konfliktmanagements als spezifische Interaktionstechniken des Controlling. Küpper (1997, 268ff.) und Horváth (1996, 115) machen des Weiteren auf die Koordinationsaufgabe aufmerksam, die unternehmensinternen Kommunikationsbeziehungen zu regeln.

2.2.3 Gestaltung und Einsatz im Sinne eines "zukunftsorientierten Controlling"

In der Literatur wird hinsichtlich der Gestaltung und des Einsatzes von Controlling-Instrumenten insbesondere diskutiert, inwieweit zukünftig ein umfangreicherer, differenzierterer, verfeinerter ("big controlling", Reichmann 1998, 14) oder ein weniger umfangreicher, einfach gehaltener Instrumenteneinsatz im Sinne eines schlanken Controlling erforderlich ist. Um auf diese Frage näher einzugehen, werden im Folgenden zunächst die in der Literatur genannten Tendenzen und Perspektiven des Controlling zusammengefasst.

Die andersartigen Steuerungsanforderungen durch die zunehmende Globalisierung und Unternehmenskonzentration, die höhere Marktdynamik, veränderte Führungsmechanismen, die zunehmende Berücksichtigung anderer - auch nicht-monetärer - Zielgrößen sowie den Trend zu mehr dezentraler Selbst-Steuerung ("Em-

---

[16] Anmerkung: hier taucht das Wort "Beteiligen" auf, Beteiligung ist also ein notwendiger Begleiter von Kooperation, Beteiligung i.w.S. ist jedoch nicht mit Partizipation im oben beschriebenen engeren Sinne gleichzusetzen.

powerment")[17] werden in der jüngeren Literatur als Gründe dafür genannt, dass sich das Controlling wandeln muss, wobei das "zukunftsorientierte Controlling" (Krystek 1995, 29) durch die folgenden Attribute zu charakterisieren sei[18]:

- engpassorientiert,
- prozessorientiert,
- kontinuierlich verbessernd,
- vernetzend, beratend, moderierend,
- strategisch-antizipativ/früherkennungsorientiert, vorausschauend,
- flexibel,
- erfolgsfaktor- oder kernkompetenzgerichtet,
- differenziert-dezentralisiert, partizipativ,
- funktionsübergreifend,
- schlank und verständlich,
- effizient und wirksam (orientiert am Nutzen-Kosten-Verhältnis),
- orientiert an den internen Kunden (dienstleistungsorientiert),
- lern-/marktorientiert-kommunikativ,
- vertrauens- und ergebnisorientiert,
- Informations- und Kommunikationstechnologie- (IT-)unterstützt,
- selbstgestaltend.

Auf der einen Seite werden also differenziertere und erweiterte Steuerungsanforderungen genannt, auf der anderen Seite wird ein schlankes und verständliches Controlling gefordert. Wie passt dies zusammen?

---

17 Zur Selbst-Steuerung vgl. z. B. Steinle/Bruch 1998, 1053; Weber 1999, 393ff.; Weber/Schäffer/Prenzler 2001, 38ff.

18 Die folgende Aufstellung basiert auf Horváth 1996, Kohlgrüber/Klemmer/Knauf 1997, Krystek 1995, Steinle/Bruch 1998 und Weber 1999.

Damit sie den veränderten Steuerungsanforderungen gerecht werden, müssen die Steuernden - insbesondere die institutionalisierten Controller - über ein umfangreiches Instrumenten-Repertoire verfügen. Aus diesem Instrumentenkasten wählt die verantwortliche Steuerungseinheit nur die jeweils geeigneten, problem- und situationsadäquaten, mehr oder weniger differenzierten, effizient und wirksam einsetzbaren Tools aus. Die Sicherstellung geeigneter Daten, Verfahren und Systeme für einzelne Probleme bzw. Steuerungsaufgaben reicht allein nicht aus. Darüber hinaus muss - insbesondere für "diagnostische Steuerungsaufgaben" (Weber/Schäffer/Prenzler 2001, 34ff.)[19] - ein konsistentes, koordiniertes Planungs-, Kontroll- und Informationssystem zur Verfügung stehen. Dieses sollte im Sinne eines laufend und unternehmensweit eingesetzten, rahmengebenden Basissystems einfach und verständlich gehalten (hohe, aber gut begründete Komplexitätsreduktion) sowie flexibel an veränderte Unternehmens- und Umweltbedingungen anpassbar sein[20]. Möglichkeiten zur Verschlankung des Planungs-, Kontroll- und Informationssystems schlagen beispielsweise Krystek (1995) und Weber (1996; vgl. auch Weber/Weißenberger 1996) vor.

Basis sollte also ein schlankes, relativ wenig differenziertes Basissystem sein. Andererseits sollten jedoch die Kapazität und das Know how vorhanden sein, um fallweise (oder auch für einen bestimmten längeren Zeitraum) weitergehende Instrumente einzusetzen, die quasi in Reservestellung in einem umfangreichen Arsenal differenzierter Steuerungsinstrumente prinzipiell zur Verfügung stehen bzw. auf die bei Bedarf relativ schnell zugegriffen werden kann.

---

19 Weber, Schäffer und Prenzler (2001, 34ff) unterscheiden mit Bezug auf Simons (1995) "diagnostische" von "interaktiven" Steuerungsaufgaben, deren Zusammenspiel als "kreatives Spannungsverhältnis von stabilisierenden und expansiven Kräften" beschrieben werden könne (Weber/Schäffer/Prenzler 2001, 38).

20 Inwieweit ein derartiges Basissystem dezentral oder zentral organisiert sein sollte, muss kontextabhängig für jedes Unternehmen separat entschieden werden. Die prinzipiellen Vorzüge einer Dezentralisierung - beispielsweise die grundlegende Denkweise des Controlling in sämtliche Bereiche der Unternehmung hineinzutragen und so das gesamte Entscheiden und Handeln auf die Unternehmensziele auszurichten - müssen hier nicht erörtert werden. Dezentralisierung kann auf der anderen Seite unklare Kompetenzabgrenzungen, zusätzlichen Koordinationsbedarf, einen Komplexitätsanstieg anstatt deren Reduktion, die Gefahr von Doppelarbeit sowie eines Controlling-Vakuums an Schnittstellen zwischen zentralem und dezentralem Controlling mit sich bringen (Krystek 1995, 27).

Damit lässt sich nach Steinle und Bruch (1998, 1053) von einem "kraftvoll-schlanken" anstatt "katektisch-schlanken" Controlling sprechen, nur ein solches stellt "valide Erfolgsbeiträge" ihrer Ansicht nach sicher.

2.3 Controlling in wettbewerbsorientierten Dienstleistungsunternehmen

2.3.1 Der Dienstleistungsbegriff

Als "Dienstleistungen" werden in der Literatur vielfach selbständige, marktfähige Leistungen bezeichnet, die sich durch ihre Immaterialität von der Herstellung materieller Sachgüter (Produkte) abheben (vgl. beispielsweise Vikas 1992). Zusätzliche Kriterien für den Dienstleistungscharakter einer Leistung sind (vgl. beispielsweise Wietfeld 1998, Reckenfelderbäumer 1998):

- Integration externer Faktoren in die betrieblichen Leistungserstellungsprozesse, d. h. das Erbringen der Leistung erfordert einen zusätzlichen, außerbetrieblichen Produktionsfaktor, z. B. kann ein Haarschnitt nur unter Mitwirkung des Abnehmers der Leistung erbracht werden (**Integrativität**),
- mangelnde Standardisierbarkeit (**Individualität**) und
- keine Wiederverkäuflichkeit oder Rückgängigmachung (**Irreversibilität**).

Jedoch gibt es genügend Gegenbeispiele für Leistungen, die üblicherweise als Dienstleistungen bezeichnet werden,

- bei denen das Ergebnis eher materieller Art ist (z. B. Sprengung einer Fabrik, Reparatur eines Autos),
- bei denen der externe Faktor kaum eine Rolle spielt (z. B. Imbissstube: die Zubereitung des Essens erfolgt unabhängig von der Person des Gastes - Ausnahmen sind spezielle Sonderwünsche),
- die wiederverkäuflich bzw. wieder rückgängig machbar sind (z. B. viele Leasing-Geschäfte: geleastes Gut lässt sich oft relativ leicht zurückgeben und die Leasing-Rate zurückzahlen) oder

- in gewisser Hinsicht standardisierbar sind (z. B. standardisierte Versicherungsdienste).

Eine eindeutige Unterscheidung von Dienst- und Sachleistungen ist nicht möglich.

Auch Meffert kommt - nach dem Versuch der Differenzierung anhand einer dreidimensionalen Leistungstypologie mit den Dimensionen Immaterialitätsgrad, Interaktionsgrad und Individualisierungsgrad - zu dem Schluss, dass "eine eindeutige Abgrenzung zwischen Dienst- und Sachleistungen für die überwiegende Mehrzahl von Absatzobjekten allerdings nicht möglich [ist]" (Meffert 1998, 51). Meffert und Bruhn (1997) ergänzen, dass weder eine eindeutige Negativdefinition durch Abgrenzung zu Sachleistungen noch eine eindeutige Definition des Dienstleistungsbegriffes durch konstitutive Merkmale möglich sei, was "nicht zuletzt auf die hohe Komplexität und Heterogenität des Untersuchungsgegenstandes 'Dienstleistung' zurückzuführen [ist]" (ebenda, 30).

Nach Wind (1997) sollten aus Marketingsicht Unternehmen ihre Leistungen generell als Problemlösungsofferte und nicht als Produktangebot allein und daher die von ihnen hergestellten Produkte als Teil eines integrierten Sach- und Dienstleistungsangebots verstehen. "In der Zukunft wird jedes Unternehmen ein Dienstleistungsunternehmen sein", lautet die These von Meffert/Bruhn (1997, 515). Die eigentlichen Waren verändern sich zur "Plattform für Dienstleistungen" (Rifkin 2000, 138), die entsprechend vermarktet und vertrieben werden.

Darüber hinaus ist aus ökologischer Sicht zu beachten, dass Dienstleistungen "mit Hilfe technischer Geräte, Transportleistungen und Energie angeboten [werden], die wiederum mit erheblichen Material-, Energie- und Schadstoffströmen verbunden sind" (Forschungsverbund Öko-effiziente Dienstleistungen 1998, 11). Daher sind sie keineswegs als "immateriell" charakterisierbar. In der Realität fasst man die Begriffe Dienst- und Sachleistung in Bezug auf den Immaterialitätsgrad daher als kaum anzutreffende Extremausprägungen eines Kontinuums auf (Meffert 1998).

Um den Begriff der "Dienstleistung" trotz dieses anscheinend bis heute unlösbaren Problems einer eindeutigen Abgrenzung zum Sachleistungsbegriff auf reale Unternehmensleistungen anwenden zu können, wird im Folgenden von einer "Dienstleistung" auch dann gesprochen, wenn zwar die Herstellung eines materiellen Sachgutes integrierter Bestandteil des Leistungsangebots ist und die Leistungserbringung mit dem Ge- oder Verbrauch materieller Güter verbunden ist, aber alle Leistungsbestandteile, die nicht direkt mit der Sachguterstellung zusammenhängen, nicht allein der Vermarktung des erstellten Produktes dienen, sondern die Leistung einen eigenständigen Charakter erhält. Zur Erläuterung ein Beispiel: Der Verkauf von Energiesparlampen (Sachgut) inklusive Direktinstallation vor Ort mit Nutzerberatung zum energiesparenden Verhalten (Dienstleistungen).

Eine "Dienstleistung" sei ferner, wenn zwar das Angebot eines Sachgutes im Vordergrund steht, jedoch zur Erstellung des Sachgutes externe Faktoren sowie verschiedenste immaterielle Leistungen in den betrieblichen Leistungserstellungsprozess integriert werden müssen (z. B. bei Nutzwärme-, Nutzkälte-, Nutzlichtangeboten).

2.3.2 Typische controllingrelevante Merkmale von Dienstleistungen - Immaterialität, Integrativität, Individualität und Irreversibilität

2.3.2.1 Immaterialität

Die Immaterialität der Leistungen führt dazu, dass "ein Produktionsprogramm mit homogenen, räumlich und zeitlich vergleichbaren Leistungen .. nur schwer zu definieren [ist]" (Vikas 1992, 1043). Diese Nichtfassbarkeit der Dienstleistung bedingt ihren Intangibilitätscharakter. Dieser erschwert die Realisierung von Erlösen am Markt, "denn wer zahlt schon gern für etwas, was nicht wahrnehmbar ist" (Pepels 1996, 9). Erforderlich ist daher eine Tangibilisierung der abstrakten Dienstleistungen, d. h. eine Konkretisierung über (vgl. ebenda)

- das Umfeld, in dem die Dienstleistung erbracht wird,
- Kleidung und Accessoires des dienstleistenden Mitarbeiters,
- Arbeitsmittel, wie Kundenkarten, Hinweiszettel etc., oder
- die Leistungsobjekte, die etwa durch Aufkleber, Anstecker o.ä. indizieren, dass an ihnen Leistungen vollzogen wurden.

Die Intangibilität hat zwei konkrete Konsequenzen, zum einen die Nichtlagerfähigkeit, zum anderen die Nichttransportfähigkeit von Dienstleistungen, d. h. die Gebundenheit der Leistungserbringung an einen Standort, wo Angebot und Nachfrage zusammentreffen.

2.3.2.2 Integrativität

Gerade auch bei vielen Energiedienstleistungen (EDL) ist darüber hinaus die Mitwirkung des Kunden sowie weiterer Marktpartner bei der Leistungserstellung erforderlich. Im Gegensatz zu den internen sind die externen Faktoren vom Dienstleister nicht autonom disponierbar (Pepels 1996, 16). Dies erfordert explizit eine kunden- und marktorientierte Unternehmensführung mit entsprechendem Controlling. Während die Produktion von Sachgütern zumindest vorübergehend auch ohne Kundenbeteiligung erfolgen kann und deren Mangel erst beim Absatz offensichtlich wird, fallen bei Dienstleistungen Produktion und Konsum zusammen.

Der Kunde muss dabei selbst einen externen Faktor einbringen, beispielsweise das zu reparierende Auto in der Werkstatt, den kranken Zahn für den behandelnden Arzt, relevante Unternehmensdaten, den Zugang zum Schaltschrank für Datenaufnahme und Messungen im Rahmen einer Energieanalyse oder die kundeneigene Energieanlage für ein Betriebsführungs-Contracting. Der Kunde ist also Co-Produzent, "Prosumer" bezeichnet dabei den Endverbraucher (Pepels 1996, 16). Das Ergebnis bzw. die Qualität des Dienstleistungsprozesses hängt in der Folge maßgeblich auch von den Kompetenzen und dem Willen zur Mitwirkung des Kunden ab bzw. von den Interaktionsprozessen zwischen Kunde und Dienstleister.

2.3.2.3 Individualität

Ein weiteres typisches Merkmal von Dienstleistungen ist ihre Individualität, die sich u. a. durch die Interaktion mit dem jeweiligen Kunden bzw. seiner Objekte ergibt. Individualität ist auf der einen Seite erwünscht, denn dem Kunden sollen bedarfsgerechte Leistungen angeboten werden, die durch ein entsprechendes "Customizing" eine möglichst hohe Attraktivität für den Kunden aufweisen und in der Folge verstärkt nachgefragt werden. Auf der anderen Seite lassen sich durch ein möglichst hohes Maß an Standardisierung Kostenvorteile realisieren. Insofern besteht hier ein Zielkonflikt zwischen der Rentabilität und der Akquisitionswirkung eines Dienstleistungsangebots. Standardisierungen sind denkbar bei (Pepels 1996, 20ff.):

- Potenzialen, z. B. durch Gewährleistung gleichbleibender oder bestimmte Mindeststandards erfüllender Leistungsabgaben mittels Wartung, Garantie von Toleranzen o.ä. bei Sachkapital oder etwa der Einhaltung von Mindestqualifikationen bei Humankapital;
- Prozessen, z. B. erzielbar mittels Dokumentation von Arbeitsabläufen und Anforderungen an einzelne Prozessschritte;
- Leistungsergebnissen, z. B. möglich mit Hilfe eines Pflichtenkatalogs bzw. Lastenhefts;
- dem externen Faktor mittels Abgrenzung homogener Marktsegmente und entsprechender Normierung der Kundenerwartungen, -kompetenzen und -motivationen;
- situativen Faktoren wie Ort (physische und soziale Umgebung der Leistungserbringung), Zeit (Sprechzeiten, Wartezeiten etc.) und Arbeitsmittel.

2.3.2.4 Irreversibilität

Erbrachte Dienstleistungen sind nicht rückgängig zu machen. Eine Frisierleistung ist naturgemäß ebenso wenig umtauschbar wie die für einen bestimmten Betrieb erstellte Energieanalyse. Bei der Sachgüterproduktion ist häufig ein bestimmter Ausschuss- bzw. Fehleranteil einkalkuliert. Die Irreversibilität von Dienstleistungen verlangt dagegen, von Beginn an die gewünschte Qualität zu erbringen.

2.3.3 Allgemeine Controlling-Probleme und -Besonderheiten im Dienstleistungsbereich

Die genannten typischen Merkmale von Dienstleistungen bedingen die in der Literatur von verschiedensten Autoren festgestellten, branchenunabhängigen, fundamentalen Besonderheiten im Dienstleistungsbereich, die dessen Kosten- und Leistungsrechnung und Controlling vor prinzipiell andere Herausforderungen stellen als in der Industrie (vgl. Fickert/Meyer 1995, Meffert/Bruhn 1997, Reckenfelderbäumer 1998, Vikas 1992), zumindest aber andere Schwerpunktsetzungen im Controlling erforderlich machen (Küpper 1998). Nach Meffert und Bruhn (1997,

520) sind leistungsfähige Ansätze des Dienstleistungs-Controlling weder in der Theorie noch in der Praxis ausreichend entwickelt, die

- die Probleme der Bewertung von Herstellkosten,
- die Verbindung von Herstellkosten mit Erlösdaten zu einem optimalen Einsatz des Leistungspotenzials sowie
- die Zurechnung bzw. den Umgang mit beschäftigungsfixen Kosten

zufriedenstellend lösen. Diese drei Aspekte werden im Folgenden näher erläutert.

Die **Bewertung und Steuerung von Herstellkosten** ist im Dienstleistungsbereich insbesondere auf Grund der Immaterialität der erbrachten Leistungen sowie der Integration des externen Faktors in den Erstellungsprozess ein Problem. Die Herstellkosten können je nach Einfluss der externen Faktoren unvorhersehbar schwanken (vgl. ausführlicher Kapitel 5.5.4 zum Einfluss des externen Faktors Kunde bei Contracting-Dienstleistungen). Dies ruft entsprechende Planungs-, Kontroll- und Dokumentationsprobleme hervor (Reckenfelderbäumer 1998, 399). Immaterialität, Integrativität und Individualität sind ursächlich dafür, dass die qualitative Fixierung der Leistungen und damit geeigneter Kalkulationsobjekte Schwierigkeiten bereitet (Kostenträgerproblem). Ferner ist deshalb die Quantifizier- bzw. Zählbarkeit der individuellen Leistungen - d. h. von Leistungen mit Ausbringungsmenge "eins" - nicht gegeben (Quantifizierungsproblem)(ebenda, 399f.).

Zum **optimalen Einsatz des Leistungspotenzials** im Wettbewerb ist neben einer geeigneten Bewertung und Steuerung der Herstellkosten die Verbindung dieser Kosten mit Erlösdaten notwendig. Außerdem erfordert ein über die Erlösrechnung hinaus erweitertes Leistungs-Controlling ein adäquates Informationssystem, dessen Erstellung auf ähnliche Schwierigkeiten stößt (Friedl 1998).

In Dienstleistungsunternehmen dominieren die Personal- und Infrastrukturkosten der Leistungsbereitschaft, die kurz- bis mittelfristig fix sind. Große Teile der Fixkosten stellen zudem im Hinblick auf die angebotenen Dienstleistungen gleichzeitig Gemeinkosten dar. Probleme für Kostenrechnung und Controlling sind die unmittelbare Folge dieses **Fixkosten- und Gemeinkostenphänomens** (Reckenfelderbäumer 1998, 398).

Reckenfelderbäumer (1998, 399) sieht über die von Meffert und Bruhn (1997) genannten Aspekte hinaus weitere Besonderheiten und daraus resultierende Steuerungsprobleme im Dienstleistungsbereich, vielfach bislang nur unzureichend gelöst:

- Fehlen industrieller Kostenstellenstrukturen (Kostenstellenproblem) und
- schwankende Nachfrage (Kapazitäts- und Leerkostenproblem).

Die Trennbarkeit der betrieblichen Funktionen von Fertigung, Beschaffung, Vertrieb, Verwaltung, Forschung und Entwicklung) sei bei Dienstleistern oft nicht gegeben. Beispielsweise weisen seiner Ansicht nach alle beratenden Tätigkeiten gleichzeitig zumindest produktions- und absatzwirtschaftliche Komponenten auf. Insofern bedürfe es in Dienstleistungsbereichen anderer Formen der Kostenstellengliederung (**Kostenstellenproblem**).

Aufgrund der Immaterialität der erbrachten Leistungen produziert der Dienstleistungsanbieter nicht bzw. nur sehr bedingt auf Lager. Da die Nachfrage nach vielen Dienstleistungen z. B. saisonalen, wochentagsbedingten oder tageszeitlichen Schwankungen unterliegt, stellt sich für das anbietende Unternehmen das Problem, die Kapazitäten bedarfsgerecht zu steuern und dabei Leerkosten, die in nachfrageschwachen Zeiten erheblich sein können, zu minimieren (**Kapazitäts- und Leerkostenproblem**)(Reckenfelderbäumer 1998, 399).

Küpper (1998) macht zudem auf ein weiteres besonderes Steuerungsproblem im Dienstleistungsbereich aufmerksam: Die **personalintensive Leistungserbringung** verlangt, gerade dem Personal-Controlling besondere Aufmerksamkeit zu widmen. Entsprechend erlangen insbesondere die Beziehungen zwischen der Erfolgs- und Finanzrechnung auf der einen Seite und dem Personalführungs- und -entwicklungssystem und dessen Anreiz-, Motivations- und Qualifizierungskomponenten auf der anderen Seite eine besondere Bedeutung und müssten im Rahmen des Controlling entsprechend berücksichtigt werden. Ergänzend ist anzumerken, dass die Ressource Personal in vielen Dienstleistungsbereichen auch deshalb besonderes Gewicht bekommt, weil das Erbringen der Dienstleistungen stark von den verfügbaren **Informations- und Wissensressourcen** abhängt. Diese erfordern ein über ein herkömmliches Personal-Controlling hinausgehendes Steuerungsinstrumentarium.

2.3.4 Fazit

Leistungsfähige Ansätze des Dienstleistungs-Controlling sind weder in der Theorie noch in der Praxis in ausreichendem Maße entwickelt. Ihre Erarbeitung stößt auf Schwierigkeiten, bedingt durch die folgenden, branchenunabhängigen allgemeinen Besonderheiten und Steuerungsprobleme des Dienstleistungsbereichs:

- Schwierigkeiten in der quantitativen Bewertung der Kosten der individuellen und integrativen Leistungserstellung im Rahmen der Planung/Kalkulation, Dokumentation und Kontrolle,
- Problem der qualitativen Fixierung der individuellen und integrativen Leistungen,
- eingeschränkte Möglichkeiten der Steuerung der Einflüsse externer Faktoren,
- hoher Anteil der Bereitschaftskosten,
- schwankende Nachfrage,
- Fehlen industrieller Kostenstellenstrukturen,
- personalintensive Leistungserstellung,
- vielfach hohe Bedeutung verfügbarer Informations- und Wissensressourcen.

Diese potenzial-, prozess- und kundenbezogenen Steuerungsbesonderheiten bzw. -probleme resultieren aus den typischen Dienstleistungsmerkmalen Immaterialität, Integrativität, Individualität und Irreversibilität. Sie betreffen auch das Controlling der sich zu EDU wandelnden Energieunternehmen und könnten neue oder zumindest veränderte Steuerungsinstrumente für den EDL-Bereich der Energieunternehmen erfordern, was in der vorliegenden Arbeit näher untersucht wird.

3 Energiemarktliberalisierung - Neue Herausforderung für eine strategische Unternehmensführung

3.1 Strategische Führung in Zeiten von Marktumbrüchen

Die Energiewirtschaft ist im Wandel. "Biggest shake-up since the war" (Jones 1998), so oder ähnlich lauteten Schlagzeilen der Medien bei der **Marktöffnung** im Jahre 1998. Nach Jahrzehnten mit nahezu unverändernden Monopolstrukturen wurden in den 90er Jahren und insbesondere mit der im April 1998 in Kraft getretenen Neuregelung des Energiewirtschaftsrechts gravierende Umgestaltungen sichtbar. Oesterwind/Pfaffenberger/Hasse (1996, 9) sprechen im Zusammenhang mit der weiterhin anhaltenden Umorientierung und Umstrukturierung der Energiewirtschaft sogar von einem "Paradigmen-Wechsel in der Energieversorgung".

Strategische Führung ist gerade in einer derartig einschneidenden Umbruchsituation notwendig. Ansonsten "besteht die Gefahr, dass ... Unternehmen, die hinter der Fassade nichts Neues aufgebaut haben, ... vom Sturm überrollt werden" (Oesterwind/Pfaffenberger/Hasse 1996, 10). Die Entwicklung und Anpassung von Strategien und Zielen und eine entsprechende Führung der gesamten Unternehmung dienen dazu, Qualität, Effizienz und Arbeitszufriedenheit im Unternehmen im Hinblick auf die neuen Herausforderungen zu beeinflussen.

In Anlehnung an Ulrich/Probst (1991, 277f.) ist **strategische Führung** in diesem Zusammenhang ein Komplex von Unternehmensführungsaufgaben, der sich an einem eher mittel- bis langfristigen Zeithorizont orientiert. Dieser Komplex richtet sich auf die Festlegung prinzipieller Ziele, die Ausstattung der Unternehmung mit einem zweckentsprechend zusammengesetzten und strukturierten Leistungspotenzial und die Bestimmung grundsätzlicher Aktivitätsfelder und Vorgehensweisen. Damit unterscheidet sich die strategische Führung von der normativen Führung und auch von der operativen Führung. Innerhalb der normativen Führung wird die Unternehmensmoral festgelegt, d. h. die übergeordneten Werte und Verhaltensnormen der Unternehmen. Innerhalb der operativen Führung werden dagegen laufende, konkrete Unternehmensaktivitäten bestimmt und unter Kontrolle gehalten.

Im Folgenden steht der strategische **Wandel der Energieunternehmen von produktorientierten Energieversorgungsunternehmen (EVU) zu funktionsorientierten Energiedienstleistungsunternehmen (EDU)** im Mittelpunkt (Göllinger 2001, 231ff.). Dabei wird zunächst die sich verändernde Akteurslandschaft im Handlungsumfeld der sich wandelnden Energieunternehmen beschrieben. Neue Akteure sind hinzugekommen, andere weggefallen oder haben eine veränderte Bedeutung bekommen.

Welche allgemeinen strategischen Zieloptionen und Handlungsmöglichkeiten, welche Chancen und Risiken sich den EDU in diesem wandelnden Umfeld bieten, wird im Anschluss dargestellt, bevor der für das Verständnis der vorliegenden Arbeit wesentliche Begriff der EDL, die Palette der möglichen EDL-Angebote und die potenzielle Marktentwicklung in diesem Dienstleistungsbereich näher gekennzeichnet werden.

Aufbauend auf dieser allgemeinen Darstellung des energiewirtschaftlichen Kontextes, in dem sich die EDU bewegen, wird eine konkrete strategische Option eines "Modell-Energiedienstleistungsunternehmen" näher skizziert. Dieses **"Modell-EDU"** dient als Orientierung und Beispiel, um die weitere Untersuchung der Controlling-Aspekte im EDL-Bereich zu veranschaulichen bzw. auf dieses Beispiel zu beziehen. Letztlich erfolgt eine Konkretisierung des Kontextes, in dem sich das Controlling bewegt bzw. auf den das Controlling bzw. Controlling-System zugeschnitten sein sollte.

3.2 Veränderungen in der Akteurslandschaft

Abbildung 2 zeigt die relevanten Akteursgruppen im Handlungsraum der sich zu Energiedienstleistern wandelnden Energieunternehmen.

Abbildung 2 Akteursgruppen im Handlungsraum der EDU im liberalisierten Markt

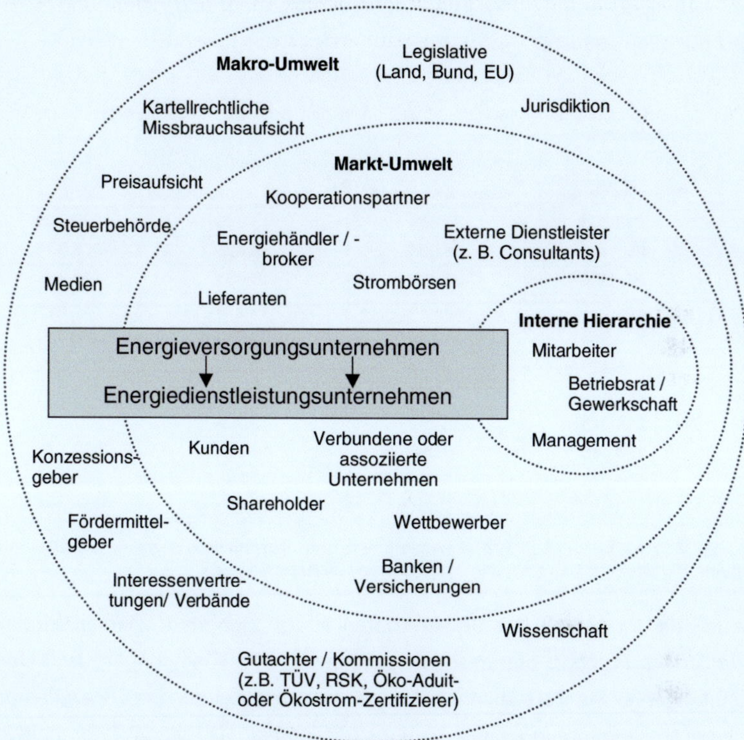

Quelle: Eigene Darstellung.

Durch die Wettbewerbsöffnung hat die **Marktumwelt** eine stärkere Bedeutung gewonnen. Die Unternehmen versuchen, ihre Aktivitäten vermehrt auf die Bedürfnisse der Kunden bzw. Kundengruppen zu richten (Stichworte: Marktsegmentierung, Kundentypologien, differenzierte Marktbearbeitung, Ausbau des Vertriebs). Neue Akteursgruppen treten im Markt auf, beispielsweise Broker, Händler, Strombörsen oder unabhängige Erzeuger (Independent Power Producer, IPP) als Wettbewerber im Erzeugungs- bzw. Großhandelsbereich, sowie neue Vertriebsunternehmen und -abteilungen bestehender überregionaler oder benachbarter, regionaler Energieunternehmen als Wettbewerber beim Absatz an Endkunden[21]. Lieferantenbeziehungen werden überprüft, Kooperationspartner und Beteiligungen gewechselt oder neu gesucht.

Tabelle 3 Entwicklung der Beschäftigtenzahlen in den Betrieben der Energieversorgung in Deutschland

Jahr	Beschäftigte in Energieversorgungsbetrieben			
	Stromversorgung	**Gasversorgung**	**Fernwärmeversorgung**	**Summe**
1992	258.868	35.681	15.246	309.795
1993	251.996	36.034	18.824	306.854
1994	247.884	35.487	15.083	298.454
1995	240.396	33.625	14.514	288.534
1996	232.953	33.736	13.682	280.370
1997	225.425	33.013	13.164	271.602
1998	217.542	32.064	13.371	262.977
1999	210.075	30.242	13.205	253.521
2000	193.419	26.268	13.384	233.071
2001	184.371	25.846	10.886	221.102
2002	183.456	25.331	10.633	219.420

Quelle: Statistisches Bundesamt (Zeitreihensegment 626: Beschäftigte nach wirtschaftlichem Schwerpunkt; Monatswerte; nur Betriebe mit mindestens 20 Beschäftigten).

Aber auch die **Innenwelt der Unternehmen** ändert sich stark, Personalabbau (Tabelle 3; i. d. R. ohne betriebsbedingte Beendigungskündigungen) und Umstrukturierungen sowie Personalentwicklungs- und -qualifizierungsmaßnahmen im Hinblick auf die Anforderungen des Marktes bestimmen das Bild. Im Shareholder-Bereich gibt es starke Verschiebungen: einige Gebietskörperschaften verkaufen ganz oder teilweise ihre Anteile an Energieunternehmen, neue Verflechtungen und Fusionen entstehen, ausländische Kapitalgesellschaften beteiligen sich zunehmend an deutschen Energieunternehmen und die Marktentwicklung macht die Großunternehmen auf Grund niedriger Börsenkurse anfällig für feindliche Übernahmen.

---

21 Nach Kenntnis der Berliner Energieaufsichtsbehörde sind bundesweit ca. 270 Genehmigungen nach §3 Energiewirtschaftsgesetz an neu hinzugekommene Akteure erteilt worden, wobei nach Einschätzung von Volland (2002) davon ausgegangen werden kann, dass im Mai 2002 mindestens 100 Energiehändler und Makler aktiv waren. Einige Newcomer haben nicht zuletzt aufgrund der immer noch bestehenden Markthemmnisse inzwischen wieder aufgeben und Insolvenz anmelden müssen; dies betrifft insbesondere kleinere Unternehmen ohne die finanzstarke Rückendeckung durch ein bereits in der Monopolzeit aktives Energieunternehmen.

Der Einfluss der Akteure aus der **Makro-Umwelt** auf die Energieunternehmen ist dagegen zumindest teilweise gesunken. Beispielsweise hat die Preisaufsicht faktisch keine Bedeutung mehr, seitdem die Kunden ihre Stromlieferanten frei wählen können (vgl. auch die Entschließung des Bundesrates vom 4. Februar 2000 zur Abschaffung der Tarifgenehmigungspflicht). Auch die Macht der Kommunen hat sich verringert, sowohl in ihrer Funktion als Konzessionsgeber als auch als Anteilseigner von Energieunternehmen, da sich die Energieunternehmen auf enger gewordene Spielräume im Wettbewerb berufen, wenn die Kommunen bestimmte energie-, arbeitsmarkt- oder umweltpolitische Ziele mit Hilfe der Energieunternehmen umsetzen wollen.

Angesichts noch bestehender Wettbewerbshemmnisse und der in vielen Bereichen vorhandenen "natürlichen Monopol"-Eigenschaft des Netzbetriebes hat die kartellrechtliche Aufsicht - und bei Anfechtung entsprechender Entscheidungen die Jurisdiktion - im Wettbewerb zunehmend an Bedeutung gewonnen. Bei der spätestens im Juli 2004 einzuführenden, aus wettbewerbspolitischen sowie ökologischen Gründen sinnvollen Netzregulierung im Bereich der leitungsgebundenen Energieträger[22] würde auch die dann existierende Preisaufsicht über die Netzzugangsentgelte Bedeutung erlangen.

Die genannten Akteure bzw. Akteursgruppen verfolgen unterschiedliche individuelle Zielsetzungen. Die sich unter ihrem Einfluss in Ziel- und Strategiebildungsprozessen herauskristallisierenden Vorstellungen und Vorgaben des kollektiven Entscheidungssystems "EDU" werden im Folgenden näher betrachtet.

3.3 *Allgemeines Zielsystem und strategische Handlungsmöglichkeiten*

Die theoretische und empirische Zielforschung hat als Ausgangspunkt die Kritik an der in der ökonomischen Theorie vielfach vorherrschenden Reduktion der Ziele auf

---

[22] Nach den im Juni 2003 verabschiedeten EU-Beschleunigungsrichtlinien müssen die EU-Mitgliedstaaten zum 1. Juli 2004 ein Regulierungsregime mit einer Regulierungsbehörde einrichten. Zur Diskussion der Notwendigkeit einer Netzregulierung und einem konkreten Vorschlag einer Netzregulierungsformel vgl. das in Politecnico et al. (2000) entwickelte Multiple Driver Cap bzw. Multiple Driver Target Schema (vgl. auch Leprich/Irrek/Thomas 2001). Weitere Überlegungen zum einzuführenden Netzregulierungsregime finden sich in einer Stellungnahme des Wuppertal Instituts vom August 2003 (Thomas/Irrek/Kristof 2003).

die Annahme der Gewinnmaximierung. Ausschließlich Gewinnmaximierung zu unterstellen, erleichtert zwar exakte quantitative Analysen, stellt jedoch eine starke Vereinfachung der Realität dar (vgl. u. a. Heinen 1971, Matthes 1982). Der Zielbildungsprozess in einem kollektiven Entscheidungssystem, wie es eine Unternehmung darstellt, ist zum einen einem stetigen Wandel unterworfen, zum anderen sind in der Praxis mannigfaltige Zielvorstellungen vorhanden, wie Gewinn, soziale Verantwortung gegenüber der Belegschaft, Unabhängigkeit, Marktanteil, Sicherheit, Wachstum, Liquidität, Kundenpflege, Prestige[23]. Ferner sind unterschiedliche Vorstellungen von der Operationalisierung dieser Ziele zu beobachten, insbesondere hinsichtlich der Präzisierung des erwerbswirtschaftlichen Prinzips (absolute oder relative Gewinngröße, Gesamtkapital- oder Eigenkapitalrentabilität etc.).

Auf die allgemeine Literatur zum Zielsystem einer Unternehmensorganisation und ihrer Mitglieder in allen Phasen des Entscheidungsprozesses und insbesondere für die integrative Strategieplanung und -entwicklung wird hier nicht näher eingegangen (vgl. dazu Heinen 1970, Heinen 1971, Heinen 1985, aber auch Dederichs 1993 und Löbbe 1995). In Kapitel 3.5.6 bzw. 6.2.6 werden dagegen am Beispiel eines "Modell-EDU" die Ziele der EDU in ihrer spezifischen Ausprägung und die daraus abzuleitenden Konsequenzen konkretisiert, da die Betrachtung unternehmenspolitischer Ziele grundlegende Bedeutung für die weitere Analyse des Systems dieser Unternehmen hat (vgl. auch Heinen 1971, 17). Je nach Wahrnehmung und Einordnung der Unternehmensziele differiert der Aufbau des sich mit der Unternehmung beschäftigenden theoretischen Gedankengebäudes.

Vor der Liberalisierung war das Zielsystem der Mehrzahl der integrierten Elektrizitätsversorgungsunternehmen stark auf die **Erfüllung des öffentlichen Versorgungsauftrages** ausgerichtet. Als wichtigste Teilziele wurden das Streben nach Wirtschaftlichkeit und die Erwirtschaftung eines "angemessenen" Gewinns angesehen (Mindestrendite für das eingesetzte Kapital). Dies rangierte vor der Sicherstellung wirtschaftlicher Stabilität und der Substanzerhaltung (vgl. die empirische Untersuchung von Spitzer 1996, aber auch Thomas 1996, der die sichere Bedarfsdeckung als gleichberechtigtes Formalziel neben das Gewinnstreben stellt). Eine

---

23 Beispielsweise werden im Umweltbericht 2000 der Elektromark AG (2000, 6) die folgenden Ziele als "gleichwertig" bezeichnet: Umweltschutz, Arbeitsschutz, Qualität, Wirtschaftlichkeit, Kundenorientierung.

solche Rangordnung war charakteristisch für Unternehmen mit Gebietsmonopol wie sie die Energieunternehmen bis 1998 darstellten.

Ein Monopolunternehmen mit detaillierter staatlicher Preisregulierung reagierte auf der Kostenseite eher als auf der Erlösseite und setzte daher Wirtschaftlichkeit als oberstes Teilziel, das zudem noch gesetzlich vorgegeben war. Auf Grund der Regulierung stand ihm nur ein angemessener Gewinn, d. h. eine entsprechende Vergütung für Eigenkapitalbindung zu, wobei in der Praxis dennoch Gewinnerhöhungsbestrebungen feststellbar waren, beispielsweise mittels der Erzielung verdeckter Gewinne oder eines möglichst hohen Substanzerhaltungsausgleichs im Tarifgenehmigungsverfahren. Als am Status quo interessiertes Monopol war es sehr auf Stabilität und Substanzerhaltung ausgerichtet, unabhängig von den Erfordernissen des Marktes und der tatsächlich benötigten Reservekapazität. Das übergeordnete Ziel Versorgungssicherheit wirkte in diesem Zusammenhang wie ein Totschlagargument, auf das zurückgegriffen wurde, um dem Vorwurf der mangelnden Wirtschaftlichkeit oder der Forderung nach Stabilität sowie nach Kapital- anstatt Substanzerhaltung zu begegnen. Dieses Zielsystem hat sich durch die Liberalisierung gewandelt. Folgendes Bild zeichnet sich dabei ab:

Strategisches Ziel jedes integrierten Energieunternehmens zu Beginn der Marktöffnung ist zunächst, die durch den Wettbewerb entstandenen Risiken zu begrenzen und die Chancen zu nutzen, um konkurrenzfähig zu bleiben, d. h. **am Markt zu bestehen** bzw. **Marktanteile zu sichern oder sogar auszubauen.** Schon im Vorfeld der politischen Liberalisierungsbestrebungen hat das **Kostenmanagement,** d. h. die **Erschließung von Rationalisierungs- und Synergiepotenzialen**, eine besondere Bedeutung erhalten, damit die Unternehmen im aufgrund der politischen Rahmenbedingungen zunächst vorherrschenden Preiswettbewerb konkurrenzfähig blieben. Für die Konkurrenzfähigkeit ist die Verbesserung der Attraktivität des Leistungsangebots für die Kunden genauso wichtig. Dies kann sowohl die **Stärkung bisheriger Geschäftsfelder durch Sicherung und Ausbau vorhandener Kernkompetenzen** als auch den **Aufbau wettbewerbsfähiger Zusatzkompetenz** bedeuten. Dazu tragen u. a. bei:

- verschiedenste Aktivitäten zur Stärkung der Kundenbindung und neue Marktsegmentierungen,

- horizontale, vertikale und diagonale Kooperation und Integration auf Basis eines "Management Unbundling", einer Aufspaltung mit einhergehender verbesserter Marktorientierung der einzelnen Funktionen bzw. Geschäftsfelder, sowie
- der Aufbau neuer, innovativer Geschäftsfelder, insbesondere im (Energie-) Dienstleistungsbereich (vgl. auch Hennicke 1999, Wagner 2000).

Auf Grund derartiger Aktivitäten wandeln sich die EVU zu "Multi Service"-Anbietern (Mattis 2000). Die Versorgungssicherheit spielt nur insofern eine Rolle als sie je nach Kundengruppe und Marketingstrategie einen wichtigen Bestandteil der Qualität des Leistungsangebots darstellt und damit der Kundenbindung dient, soweit nicht noch bestehen bleibende staatliche Regulierungen etwas anderes vorgeben. Eine Übersicht über die drei genannten, zentralen strategischen Handlungsräume der Energieunternehmen enthält Tabelle 4.

Tabelle 4 Die drei zentralen strategischen Handlungsräume der Energieunternehmen zu Beginn der Liberalisierung

Kosten reduzieren	**Kernkompetenzen sichern und ausbauen**	**Wettbewerbsfähige Zusatzkompetenz aufbauen**
• Rationalisierungspotenziale identifizieren und erschließen • Bestehende Synergiepotenziale zwischen unterschiedlichen Sparten, Geschäftsfeldern, Funktionen im Unternehmen ausschöpfen • Zusätzliche Synergieeffekte durch (neue) Kooperationen und Beteiligungen bzw. (Teil-)Fusionen	• Gewachsene Kundenbeziehungen verbessern / Maßnahmen zur Kundenbindung • Neue Marktsegmentierungen und Vertriebswege / differenziertere Marktbearbeitung • Technische Kompetenz vor allem im lukrativen Netzbereich, zum Teil aber auch in der Stromerzeugung sichern und stärken • Kaufmännische Kompetenzen (insbesondere im Anlagen-, Vertrags- und Energiedatenmanagement) weiterentwickeln / optimieren	• Strom- und Gashandelskompetenz aufbauen • neue innovative Geschäftsfelder entwickeln, insbesondere im EDL-Bereich • First-Mover-Advantages bei der Entwicklung und Einführung neuer Technologien (z. B. Brennstoffzelle) ausschöpfen • bestehende mit neuen Geschäftsfeldern verknüpfen

Quelle: Eigene Darstellung.

Im liberalisierten Markt beobachten die Anteilseigner das dynamische Marktgeschehen nun aufmerksamer. Als Investor-Relations-Instrument kommt dem **Shareholder value** daher eine größere Bedeutung zu, der den Kapitalwert der Einzahlungsüberschüsse (Cash flows) zuzüglich des Restwertes und des nicht betriebsnotwendigen Vermögens darstellt (Bühner 1993, Dederichs 1993). Dementsprechend geben einige Energieunternehmen und ihre Muttergesellschaften - beispielsweise RWE - inzwischen die Maximierung des Shareholder Values als Oberziel des Unternehmens und als kurz- bis mittelfristiges Unterziel eine Eigenkapitalrendite von etwa 15% an (vgl. auch Schüepp 1998).

Allerdings ist dabei zu beachten, woraus Shareholder value und Eigenkapitalrendite resultieren, d. h. welcher **Stakeholder** bestimmt durch sein Verhalten diese Größen und ob das Verhalten des komplexen Gefüges der Stakeholder durch die Unternehmung bzw. die Unternehmensführung beeinflussbar ist (Dederichs 1993, 127ff.). Insbesondere sind zu erwartende staatliche Re-Regulierungsabsichten und wettbewerbsrechtliche Expansionsgrenzen zu berücksichtigen sowie die Stabilitäts- und Entwicklungsziele der Beschäftigten hinsichtlich ihres Einkommens, Vermögens und ihrer Arbeitszufriedenheit. Beispielsweise wird im Rahmen der massiven Personalkosteneinsparungen in der Energiewirtschaft in den letzten Jahren durch sozialverträgliche Regelungen beim Stellenabbau versucht den Zielen der Beschäftigten entgegenzukommen, dazu zählen Vermeiden betriebsbedingter Beendigungskündigungen durch Nutzung der natürlichen Fluktuation, Vorruhestandsangebote, Umschulungen etc.

Die Unternehmungsziele sind natürlich nicht unabhängig voneinander; sie befinden sich in einem hierarchischen Zusammenhang (vgl. auch Heinen 1971) und stehen ggf. komplementär, in Konkurrenz oder neutral zueinander. Im liberalisierten Markt muss darüber hinaus im Hinblick auf diese Unternehmensziele im Endenergiebereich zwischen den Funktionsbereichen Erzeugung bzw. Gewinnung, Großhandel, Fortleitung/Verteilung und Vertrieb an Endkunden unterschieden werden[24]. Beispielsweise kann der Marktanteil beim Vertrieb von Endenergie auf Grund umfangreicher Marketing-Maßnahmen trotz gesunkenem Marktanteil im Erzeugungsbereich wachsen, so dass zu spezifizieren wäre, welches Marktanteilsziel nun gemeint ist.

Kapitel 3.5 beleuchtet die strategischen Handlungsräume und Zieldimensionen des im Zentrum dieser Arbeit stehenden, fiktiven “Modell-EDU” und operationalisiert sie. Dazu muss zunächst geklärt werden, was die strategische Orientierung der

---

[24] Vgl. auch die auf einen spezifischen Erzeugungsbereich beschränkte Analyse der Auswirkungen eines vorzeitigen Aus- und Umstiegs aus der Kernenergie im Hinblick auf die Unternehmungsziele Marktanteil, Umsatz, Cash flow und Gewinn bzw. Deckungsbeitrag der Kernkraftwerksbetreiber (Wuppertal Institut / Öko-Institut 2000 und 2000a).

Energieunternehmen hin zu Dienstleistern im liberalisierten Markt konkret bedeutet.

3.4 Energiedienstleistungsorientierung und Marktentwicklung

3.4.1 Energienahe Dienstleistungen, Energieeffizienz-Dienstleistungen und Energiedienstleistungen i. e. S.

3.4.1.1 Begriffliche Klärung

Die Verwendung der **Bezeichnung "Energiedienstleistung" (EDL)** ist in Theorie und Praxis sehr uneinheitlich. Weit gefasst benennt dieser Begriff sämtliche "energienahen Dienstleistungen" (Titel einer Tagung der Ueberreuter Managerakademie im Mai 2000), d. h. alle mit dem Produkt "(End-) Energie" verbundenen Dienstleistungen werden als EDL bezeichnet, nach der WTO-Definition sogar alles, was über die eigentliche Energieerzeugung hinausgeht (also auch die Verteilung und Belieferung mit Endenergie). Zu den **energienahen Dienstleistungen** gehören sowohl solche auf der Angebots- und Nachfrageseite, die unabhängig von einer Endenergielieferung erbracht werden können (Energieberatung, Wartung und Reparatur von Energieanlagen, Einspar-Contracting), als auch Systemdienstleistungen wie Frequenzstabilisierung und Spannungshaltung beim Strom ("StromPlus-Dienstleistungen", Laker 2000, 121), außerdem das Energiedatenmanagement beim Versorgerwechsel, die Verbrauchsmessung und Zählerablesung, die nur in direktem Zusammenhang mit einer Endenergielieferung oder dem Netzbetrieb erbracht werden.

Abbildung 3 Das Endprodukt: von interdependenten Märkten bereitgestellte EDL

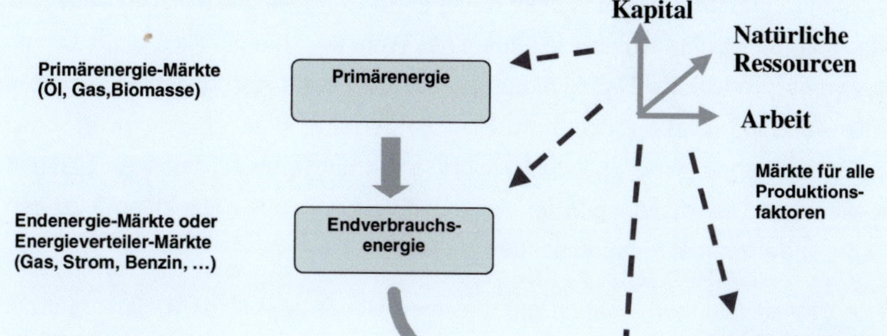

Quelle: Leprich/Irrek/Thomas 2001 nach Wuppertal Institut et al. 2000.

Das engere, systemanalytisch geprägte Begriffsverständnis geht davon aus, dass Endenergie nur ein Zwischenprodukt darstellt[25]: Was für den Endabnehmer letztlich allein zählt, ist der bereitgestellte Nutzeffekt, die Befriedigung konkreter Bedürfnisse (Hennicke 1989, Müller/Hennicke 1995). Nach diesem Begriffsverständnis wird der physische Nutzen, der durch ein energieverbrauchendes Equipment erzielt wird, als **(originäre) EDL** bezeichnet (Wuppertal Institut et al. 2000[26]). Das Adjektiv "originär" kann verwendet werden, um diese ursprüngliche Definition einer EDL von anderen Begriffsverständnissen abzugrenzen (vgl. auch Swisher/Jannuzzi/Redlinger 1997, Reddy/Williams/Johansson 1997, Nakicenovic/Grübler/McDonald 1998).[27]

---

[25] "Energie ist erst der Anfang", Motto der HEW Contract GmbH, mit dem sie ihren Unternehmensprospekt betitelt.

[26] Vgl. auch die entsprechende Definition im Vorschlag der EU-Kommission vom 10. Dezember 2003 für eine Richtlinie zur Endenergieeffizienz und zu Energiedienstleistungen.

[27] In der Literatur finden sich auch andere Abgrenzungsversuche. Beispielsweise schlägt

Beispiele für **EDL in diesem engeren Sinne** sind die mit Hilfe eines energieverbrauchenden Kühlschrankes erzielte Kühle eines Getränks, die mit Hilfe einer Heizungsanlage erreichte wohlige Wärme einer Wohnung, die mit Hilfe eines Druckluftsystems produzierte Druckluftmenge, die mit Hilfe einer Maschine erzeugte Kraftanwendung. Diese (originären) EDL werden also dadurch produziert, dass zugeführte Energie (Arbeit, Leistung) mit Hilfe von Endverbrauchstechnologien und energienahen Dienstleistungen umgewandelt wird (vgl. auch Abbildung 3 zu den Interdependenzen der entsprechenden Märkte).

Wenn Dienstleistungen - neben ggf. weiteren Haupt- und Nebenzielen - auf die Verbesserung der Ökoeffizienz (WBCSD 1996) bzw. Energieeffizienz der Erbringung, der Funktionen oder der Nutzung von Sach- oder Dienstleistungen abzielen, sind sie als **"öko-effizient"** bzw. **"energie-effizient"** (vgl. auch Frick/Yavuz/Hinterberger 1996, Forschungsverbund Öko-effiziente Dienstleistungen 1998) oder genauer gesagt als **„Ökoeffizienz-Dienstleistungen"** bzw. **„Energieeffizienz-Dienstleistungen"** zu bezeichnen. Steigerung der Energieeffizienz meint dabei die Reduktion der eingesetzten Energie, die notwendig ist, um einen bestimmten Nutzeffekt zu erzielen. Energieeffizienz-Dienstleistungen stellen damit eine Teilmenge der energienahen Dienstleistungen dar. Sie reduzieren den Energieverbrauch einer (originären) EDL.

Bis heute sind Marktreformen auf den Teil des Marktes beschränkt, der bei der Endenergie aufhört. Nur eine Optimierung über alle Produktionsstufen der (originären) EDL mündet in eine effiziente Allokation der Ressourcen, d. h. erzielt eine kostenminimale Bereitstellung von EDL ("least cost"). Diese Optimierungsaufgabe ist nur durch eine integrierte Betrachtung der Märkte für die Basisfaktoren der Produktion, für Primär- und Sekundärenergieträger, der Märkte für Energieeffizienztechnologien und für die Dienstleistungen, die zur Umwandlung von Endenergie in EDL benötigt werden, und nicht zuletzt der Märkte für derartige Dienstleistungen selbst möglich (Hennicke 1999, Wuppertal Institut et al. 2000)[28].

Göllinger (2001, 240) alternativ die Bezeichnung "Nutzdienstleistung" vor.

28 Vgl. auch Nørgård (2000, 2000a) zur noch weitergehenden Integration von Lebensstilaspekten in die Energiekette, um von der EDL i. e. S. zum "Wohlstand" zu kommen, der mit Hilfe von Energie erzielt werden kann. Da es keinen direkten Markt für Lebensstilsysteme gibt, wurde diese letzte Stufe der Energiekette hier weggelassen.

3.4.1.2 Klassifizierungen und Beispiele von Energieeffizienz-Dienstleistungen

Die Energieeffizienz-Dienstleistungen werden oft nach Anwendungsgebieten des Endenergieeinsatzes eingeteilt. Beispielsweise kann zwischen den folgenden **Anwendungsarten** unterschieden werden (Politecnio di Milano et al. 2000):

- Raumwärme
- Raumkälte
- Warmwasser
- Kochen
- Niedertemperatur-Prozesswärme
- Sonstige Prozesswärme
- Prozesskälte
- Umwälzpumpen
- Beleuchtung
- Ventilatoren
- Sonstige Antriebe
- Druckluft
- Prozessstrom
- Sonstige Anwendungsbereiche

Seifried und Stark (1994) teilen Energieeffizienz-Dienstleistungen entsprechend der marketingpolitischen Instrumente in Leistungen ein, die eher dem Produktmix, dem Distributionsmix, dem Kontrahierungsmix oder dem Kommunikationsmix angehören.

Diese **marketingorientierte Einteilung** lässt sich nicht ganz überschneidungsfrei vornehmen. Beispielsweise ist das Contracting sowohl als Kontrahierungsinstrument (Instrument zur Finanzierung von Investitionen in effiziente Angebots- oder Einspartechnologie) als auch - auf Grund des eigenständigen Charakters dieses Komplett-Angebots - als "Produkt" aufzufassen. Zum anderen stellen die Aktionsparameter des Kontrahierungs-, Distributions- und Kommunikationsmix keine eigenständigen "Produkte" dar, sondern sind auf die im Produktmix enthaltenen Leistungen bezogen.

Eine weitere Differenzierungsmöglichkeit bietet der **Individualitätsgrad** der Energieeffizienz-Dienstleistungen. Während beispielsweise die von vielen Energieunternehmen angebotene Nutzenergielieferung "Wärmeservice" oder die Beratung zu Stand-by-Verbräuchen und ihrer Minderung ein stark standardisiertes Angebot insbesondere für Haushalts- und Gewerbekunden darstellt (Massengeschäft), beinhaltet eine Energieanalyse oder die Durchführung eines Contracting-Projektes bei einem großen Industriebetrieb ein verstärktes Eingehen auf die spezifischen, individuellen Gegebenheiten und Anforderungen des industriellen Kunden, auch wenn einzelne Elemente oder Abläufe standardisiert sein können.

Abbildung 4 zeigt beispielhaft einige der bislang wichtigsten Energieeffizienz-Dienstleistungen. Diese werden hier einerseits danach unterschieden, inwieweit sie eher bei der Erzeugung, der Bereitstellung oder der Nutzung von Endenergie ansetzen, andererseits nach der Komplexität des Angebots, d. h. danach, ob sie eher einen isolierten Service, ein energienahes Komplett-Angebot oder eine Kombination mit anderen Dienstleistungen (z. B. Telekommunikation, Wasser, Entsorgung, Versicherung) darstellen. Einige der in der Abbildung aufgeführten Energieeffizienz-Dienstleistungs-Beispiele werden im Folgenden kurz erläutert:

Abbildung 4 Beispiele von Energieeffizienz-Dienstleistungen

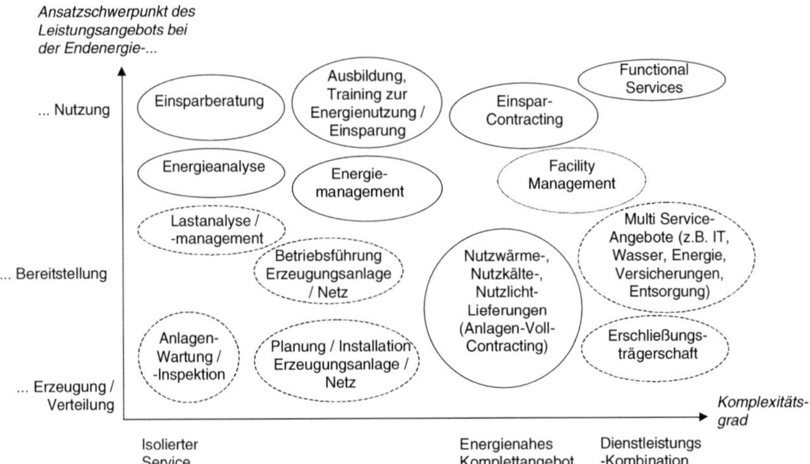

Quelle: Eigene Darstellung. Anmerkung: Die in den gestrichelten Ellipsen dargestellten Dienstleistungen können, müssen aber nicht zu einer Reduktion des Energieverbrauchs führen. Sie sind daher nicht in jedem Fall den Energieeffizienz-Dienstleistungen zuzuordnen.

Zielgruppenorientierte **Energieberatung** informiert die unterschiedlichen Kundengruppen (Haushalt, Gewerbe, Industrie, Landwirtschaft, Kommunen) und Marktpartner (z. B. Händler, Installateure) individuell oder gruppenweise. Die Beratungsinhalte sind auf die jeweiligen Zielgruppen ausgerichtet und betreffen die gesamte Breite der Energieerzeugung, -bereitstellung und -nutzung. Eng mit der Beratungsaufgabe verknüpft sind allgemeine Informationsveranstaltungen und -schriften. Über die Beratung i. e. S. hinaus gehen spezielle Schulungsangebote (**Ausbildung/Training**), beispielsweise für Hausmeister oder Energie- und Umweltberater.

Eine **Energieanalyse** dient dazu, umfassend und mehr oder weniger differenziert den energetischen Zustand eines Gebäudes bzw. Betriebes festzustellen, um z. B. zu sondieren, welche Teile des Gebäudes, der Gebäudetechnik oder weiterer Energieverbraucher optimiert, saniert, modernisiert oder in Neuinvestitionen einbezogen werden sollten. **Lastanalysen** beinhalten die Erstellung und weitergehende Analyse von Lastkurven einzelner oder zusammengefasster Energieverbraucher, um lastwirksame und damit energiekostensparende Substitutions- oder Einsparprozesse zu initiieren.

Während die Energieanalyse nur eine Momentaufnahme darstellt, dient die Implementation eines **Energiemanagements** bzw. -controllings der laufenden Steuerung, Anpassung und Optimierung der Energieflüsse eines Gebäudes bzw. Betriebes. Entsprechend bezweckt das **Lastmanagement** die laufende Steuerung, Anpassung und Optimierung lastwirksamer Prozesse in einem Teilgebäude, Gebäude oder Betrieb.

Contracting (vgl. hierzu ausführlicher Kapitel 5.2) bezeichnet eine vertraglich vereinbarte Dienstleistung eines Dritten - des Contracting-Gebers (Contractors) - für Energieverbraucher (Contracting-Nehmer) in Zusammenhang mit einer Investition, die Energie bzw. Energiekosten spart. In der Regel umfasst das Contracting die Planung, Finanzierung, Realisierung und meist auch die Betriebsführung sowie die Instandhaltung neuer oder sanierter Anlagen im Energiebereich (MBW 1999, 4; vgl. auch Kristof 1995), teilweise auch nur einzelne der genannten Leistungen (z. B. Betriebsführungs-Contracting). Je nachdem, ob es sich um eine Investition in Energieversorgungsanlagen oder Einspartechniken handelt, wird zwischen Anlagen- und Einspar-Contracting differenziert. Nutzenergielieferungen (Wärme, Kälte, Licht, Druckluft) können als eine Form des Anlagen-Voll-Contracting verstanden werden[29].

---

[29] Mittlerweile liegt der Entwurf einer DIN-Norm zum Contracting vor, deren erste Fassung

Das **Facility Management** erweitert den Contracting-Gedanken noch. Hier werden die Gebäude, Grundstücke, Ausstattung und technischen Hilfsmittel eines Arbeitsplatzes mit den Menschen und dem Arbeitsablauf des jeweiligen Immobiliennutzers koordiniert (Henzelmann 1997, 170). In einem engeren Sinne ist damit nur die Übernahme des technischen Gebäudemanagements gemeint (Pfaffenberger/Scheele/ Salge 1999, 86f.), weit gefasst erstreckt Facility-Management sich über den gesamten Lebenszyklus einer Immobilie, von der Planung und Erstellung über das technische, kaufmännische und infrastrukturelle Gebäudemanagement bis hin zum Abriss (Henzelmann 1997, 171ff.).

Hinter dem "**Functional Service**" verbirgt sich die Strategie "Nutzen statt Besitzen", analog zu "Mieten statt Kaufen", die in einem Pilotprojekt des Wuppertal Instituts in Zusammenarbeit mit den Unternehmen AB Electrolux, Stadtwerke Leipzig GmbH, swb[enordia] und WIENSTROM für Weiße Ware getestet wurde (Wuppertal Institut/Energiestiftung Schleswig-Holstein 2000, Wuppertal Institut 2000). Auf dem Markt für Haushaltsgeräte existieren noch erhebliche Energieeffizienz-Unterschiede zwischen verschiedenen Modellen mit ansonsten gleichen Gebrauchseigenschaften. "Bei Kühlschränken und Gefriergeräten benötigt das energieeffizienteste Modell auf dem deutschen Markt oft nur ein Drittel der Energie, die das am wenigsten effiziente Modell der gleichen Größe und Funktion verbraucht. In den meisten Fällen sind dabei die Gesamtkosten ('life-cycle costs'), d. h. die Summe aus Kaufpreis, dem Barwert der Energie- und ggf. Wasser- und Waschmittelkosten sowie dem Barwert der Wartungs-, Reparatur und Entsorgungskosten für energieeffiziente Geräte weitaus geringer als für weniger effiziente Modelle" (Wuppertal Institut/Energiestiftung Schleswig-Holstein 2000, 2). "Mit dem 'Functional Service' für Weiße Ware werden den Kunden die Funktionen Kühlen, Gefrieren, Waschen, Trocknen, Spülen und Kochen/Backen zu geringeren Lebenszykluskosten angeboten, als wenn ihnen nur durchschnittlich effiziente Geräte verkauft würden. Die hocheffizienten Geräte werden hierzu an die Kunden vermietet. Die Mietrate deckt

voraussichtlich im Frühjahr 2003 erscheinen wird (DIN 8930 Teil 5)(VfW 2002, 8f.). Nach diesem Entwurf wird Contracting als "die Übertragung von Aufgaben der Energiebereitstellung und Energielieferung auf ein darauf spezialisiertes Unternehmen" verstanden (www.pecu.de/aktuell/pressemitteilungen/ 05_07_DIN-Entwurf.html). Dieser Definition wird hier nicht gefolgt, da sie das angebotsseitige Contracting zu stark betont und sie sich im Übrigen noch im Entwurfsstadium befindet.

die Herstellung, den Vertrieb, die Wartung und die Abholung und Wiederaufarbeitung des Gerätes sowie möglicherweise auch die Energie- und Wasserkosten ab" (ebenda, 3).

Erschließungsträgerschaften sind ein relativ junges Geschäftsfeld für Energieunternehmen, die dabei ihr Know how und ihre Erfahrung im Bereich Ver- und Entsorgung in die städtebauliche Planung und Erschließung von Neubau-, Gewerbe- oder Sanierungsgebieten einbringen. Oft gehört in diesem Rahmen Unterstützung bei der energetisch optimierten Bauleitplanung (Henzelmann 1997, 157) dazu, die aber auch eine gesonderte Dienstleistung des EDU darstellen kann.

Ein **Multi-Service-Angebot** bildet ein Paket aus mehreren verschiedenen energienahen und energiefernen Dienstleistungen (vgl. auch Mattis 2000). Beispiele aus anderen Ländern (USA, Großbritannien) zeigen, dass ein solches Multi-Service-Angebot z. B. die Lieferung von Strom und Wasser, die Entsorgung, den Telefonanschluss, einen Internetzugang und eine Haftplicht- und Hausratversicherung für Haushaltskunden in einem Leistungspaket beinhalten kann.

3.4.2 Ökoeffizienz-Dienstleistungen

Energieeffizienz-Dienstleistungen bilden eine Teilmenge der Ökoeffizienz-Dienstleistungen, da sie zu einer Effizienzsteigerung der eingesetzten Ressourcen und Verminderung von Umweltwirkungen beitragen. Darüber hinausgehende Ökoeffizienz-Dienstleistungen werden in der vorliegenden Arbeit nur am Rande betrachtet. Grundsätzlich können verschiedenste energieferne Ökoeffizienz-Dienstleistungen (z. B. Wasser- und Entsorgungsdienstleistungen) prinzipiell auch von EDU angeboten werden (vgl. beispielsweise Wuppertal Institut 1998), insbesondere sofern die Energieunternehmen sowieso bereits Querverbundunternehmen darstellen.

In der Literatur unterscheidet man gewöhnlich drei Idealtypen ökologischer Dienstleistungskonzepte, ausgehend von den Formen des Verfügungsrechts (Forschungsverbund Öko-effiziente Dienstleistungen 1998, 11f.):

- **Produktorientierte ökologische Dienstleistungen** sind zusätzliche Leistungen, die vom Produzenten ergänzend zu einem Sachgut (Trägermedium) angeboten werden, z. B. Anwendungsberatungen des Anbieters, die den Einsatz von Trägermedien beim Nachfrager optimieren oder Wartungs- und Entsorgungsleistungen, welche die Rückführung von Trägermedien vereinfachen.

- **Nutzungsorientierte ökologische Dienstleistungen** haben nicht die Sachleistung als Verkaufsgegenstand, sondern den dadurch vermittelten Nutzen. Die Nutzungskonzepte Leasing (Nutzung auf Zeit), Sharing (gemeinsame Nutzung eines einzelnen Trägermediums) und Pooling (gemeinsamer Zugang mehrerer Nutzer zu mehreren Trägermedien) kommen dabei in Frage.
- **Bedürfnisorientierte ökologische Dienstleistungen** vermitteln zwischen bestimmten Bedürfnisfeldern (z. B. Mobilität) und verschiedenen Alternativen zu deren Befriedigung. Hierzu gehören die bereits genannten Contracting- und Facility Management-Konzepte.

3.4.3 Wandel der Dienstleistungsangebote durch die Energiemarktliberalisierung

3.4.3.1 Demand Side Management-Programme und -Dienstleistungen vor der Liberalisierung

Die Angebote der Endenergieanbieter im Bereich der Energieeffizienz-Dienstleistungen vor Beginn des Prozesses der Liberalisierung der Partialmärkte für leitungsgebundene Endenergie (Strom, Gas) im Jahre 1998 lassen sich unter dem Begriff **"Demand Side Management (DSM)"** bündeln. DSM stellt jede kundenorientierte, auf den Endenergieverbrauch zielende Aktivität von Energieunternehmen (EVU/EDU), "reinen" Energiedienstleistern (d. h. EDU, die keine Endenergie anbieten) oder mit diesen Unternehmen verbundenen Organisationen dar, die die Kosten sowie die negativen Umweltwirkungen von (originären) EDL i. e. S. reduziert (Wuppertal Institut et al. 2000, 12). Umweltschäden, -risiken und mit ihnen verbundene externe Kosten sind nicht in jedem Fall eindeutig zu identifizieren und zu quantifizieren. In erster Näherung stellt die Kenngröße "Primärenergieverbrauch" einen guten Indikator für die hervorgerufenen energiebezogenen Umweltwirkungen dar. DSM-Aktivitäten, welche die Gesamtkosten sowie den Primärenergieverbrauch (originärer) EDL reduzieren, bezeichnet man auch als **Energieeffizienz-DSM (EE-DSM)**. EE-DSM umfasst dabei nachfrageseitige, kosten- und verbrauchssenkende Dienstleistungen der EVU, EDU oder der mit ihnen verbundenen

Organisationen im Bereich der Energieeffizienz, des Lastmanagements und der Energieträgersubstitution.

Die ersten in Deutschland umgesetzten DSM-Projekte zu Beginn der 90er Jahre waren vor allem **umlagefinanzierte Prämienprogramme** - d. h. Programme, bei denen das Energieunternehmen dem Kunden für den Kauf eines besonders energieeffizienten energieverbrauchenden Geräts (in der Regel Weiße Ware-Geräte) einen Zuschuss zahlte und die Regulierungsbehörde den EVU erlaubte oder sie sogar zusätzlich dazu anreizte, die Kosten für das Programm auf den Stromtarif umzulegen - sowie umlagefinanzierte Energiesparlampen-Programme (rabattierte oder kostenlose Abgabe, Direktinstallation oder/und Unterstützung der Vermarktung von Energiesparlampen) für Haushaltskunden. Bis 1996 hat die Anzahl der DSM-Aktivitäten stetig zugenommen (VDEW 1997). Die **Ausweitung der EDL-Angebote** bestätigt auch eine Umfrage des Öko-Instituts und Wuppertal Instituts (Forschungsverbund Öko-effiziente Dienstleistungen, o.J.). Der Trend ging dabei von einzelnen DSM-Aktivitäten zu DSM-Paketen, die verschiedenste Effizienz-Angebote im Strom-, Gas-, Wärme- und Wasserbereich enthielten. Darüber hinaus wurden industrielle und öffentliche Kundengruppen stärker adressiert.

Tabelle 5 Überblick über EDL-Aktivitäten der VDEW-Mitglieder (Anzahl der Projekte)

DSM-Projekte im engeren Sinne (in der Regel EE-DSM)		295
- Lastmanagement / Preis- und Tarifgestaltung	*40*	
- Zuschüsse / Rabatte	*126*	
- Zinsgünstige Darlehen	*14*	
- Beratung / Consulting	*27*	
- Contracting	*67*	
- Energieträgerwechsel	*21*	
Kraft-Wärme-Kopplung beim Kunden		11
Förderung regenerativer Energien beim Kunden		53
Kommunale oder regionale Energiekonzepte		16
Traditionelle Beratung		56
SUMME		**431**

Quelle: VDEW 1997 (Stand: 31. August 1996).

Nach einer Umfrage der Verband der Elektrizitätswirtschaft (VDEW 1997, vgl. Tabelle 5) unter ihren Mitgliedern haben die Elektrizitätsversorger bereits vor dem Jahre 1993 44 DSM-Projekte verwirklicht, 144 im Jahre 1993, 160 im Jahre 1994,

265 in 1995 und 431 im Jahre 1996. Die 431 Projekte im Jahre 1996 - von denen etwa 295 EE-DSM-Aktivitäten im oben definierten Sinne waren - wurden von insgesamt 89 EVU implementiert. Diese Statistiken enthalten noch nicht die zunehmende Anzahl vielfältiger DSM-Aktivitäten für industrielle und öffentliche Kunden, die von “reinen” EDU ohne Endenergieangebot - insbesondere im Contracting- und Consulting-Bereich - organisiert wurden.

Die **Motivation** zur Realisierung von DSM-Aktivitäten war vielfältig: je nach Unternehmen, Aktivität und Zielgruppe waren eher ökologische Gründe, politischer Druck durch Öffentlichkeit, Eigner oder Preisaufsichtsbehörden oder ökonomische Gründe ausschlaggebend, z. B. Erhöhung der Kundenbindung oder Vergleichmäßigung des Lastverlaufs. Eine ausführlichere Darstellung der Beweggründe der Energieunternehmen findet sich in Thomas/Hennicke/Berlo (2000) sowie Wuppertal Institut et al. (2000). Bei der Stadtwerke Hannover AG folgte die Entwicklung von DSM-Aktivitäten dem (volkswirtschaftlichen) Konzept der **Minimalkostenplanung** (**“Least Cost Planning”**, Hennicke 1989) bzw. **integrierten Ressourcenplanung** (Öko-Institut / Wuppertal Institut 1995): Erstmalig wurde hier für ein deutsches Energieunternehmen ein umfassender, systematischer, volks- und betriebswirtschaftliche Aspekte einbeziehender Vergleich angebots- und nachfrageseitiger Ressourcen durchdacht. Dabei stehen Kraftwerke und Netze auf der einen und DSM-Aktivitäten (“Einsparkraftwerke”, Hennicke/Seifried 1996) auf der anderen Seite, mit dem Ziel, den Kunden kostenminimale und umweltschonende EDL i. e. S. zur Verfügung zu stellen.

Eine Mitgliederumfrage der ASEW, der Arbeitsgemeinschaft kommunaler Versorgungsunternehmen zur Förderung rationeller, sparsamer und umweltschonender Energieverwendung und rationeller Wasserverwendung im Verband Kommunaler Unternehmen (VKU), fokussierte im Vergleich zur VDEW-Umfrage stärker diejenigen EDL, die - im Gegensatz zu den oben dargestellten umlagefinanzierten DSM-Programmen - von denjenigen Kunden direkt bezahlt werden, die von der EDL profitieren. Von den 214 ASEW-Mitgliedern nahmen 94 an der Befragung teil. Die Ergebnisse dieser Befragung sind in Tabelle 6 dargestellt. Neben allgemeinen Beratungsangeboten offerierten die befragten Unternehmen vor allem Wärmelieferungen, Heizungsanlagen-Contracting und Straßenbeleuchtungsdienstleistungen oder planten ein entsprechendes Angebot.

Tabelle 6 Überblick über EDL-Aktivitäten von 94 ASEW-Mitgliedern (Anzahl der Unternehmen, die die jeweilige Dienstleistung anbieten)

EDL	**Haupt-Motive / -Ziele**	**angeboten**	**Angebot geplant**	**Umsatz-erwartung ****
Wärmeservice	Erhaltung und Erweiterung des Marktes, zusätzlicher Deckungsbeitrag	60	20	+ (71%), ++ (26%)
Kälteservice	zusätzlicher Deckungsbeitrag, Erhaltung und Erweiterung des Marktes	20	23	+ (81%), ++ (10%)
Solarer Wärmeservice*	Umwelt- und Ressourcenschutz, Image-Verbesserung	25	18	0 (55%), - (26%)
Contracting, allgemein	Erhaltung und Erweiterung des Marktes, Anforderungen des Kunden	24	15	+ (70%), 0 (13%)
Nutzlicht-Contracting	*Umwelt- und Ressourcenschutz*	*13*	*19*	*+ (46%), - (27%)*
Wärmedämm-Contracting	*Umwelt- und Ressourcenschutz, Anforderungen des Kunden*	*4*	*10*	*+ (50%), 0 (33%)*
Heizungsanlagen-Contracting	*Erhaltung und Erweiterung des Marktes, Kundenbindung*	*37*	*20*	*+ (79%), ++ (18%)*
Energiemanagement	Anforderungen des Kunden, Kundenbindung	21	18	+ (46%), 0 (36%)
Allgemeine Beratungsdienstleistung	Anforderungen des Kunden, Image-Verbesserung	76	3	0 (42%), - (26%)
Thermografie	Anforderungen des Kunden, Umwelt- und Ressourcenschutz	11	0	+ (50%), -/0 (je 25%)
Öffentliche Erdgastankstelle	Image-Verbesserung, Erhaltung und Erweiterung des Marktes	16	23	+ (61%), 0 (27%)
Öffentliche Stromtankstelle	Umwelt- und Ressourcenschutz, Image-Verbesserung	14	7	0 (49%), + (25%)
Straßenbeleuchtung	Anforderungen des Kunden, politische Vorgaben	46	3	+ (56%), 0 (38%)

* Möglicherweise wurde die Frage nach dem solaren Wärmeservice von einigen Mitgliedern als Frage nach Aktivitäten zur Förderung von Solarkollektoren missverstanden.

** Aufgeführt werden hier nur die beiden vorrangig angegebenen Umsatzerwartungen. Die Zeichen bedeuten:

+ gute Umsatzerwartung, ++ sehr gute Umsatzerwartung, 0 weder Gewinne noch Verluste, - Umsatzeinbußen erwartet, -- große Umsatzeinbußen erwartet.

Quelle: ASEW 1997 (vgl. auch die Darstellung der Umfrageergebnisse in Thomas/Hennicke/Berlo 2000, 94).

Mit Beginn der Liberalisierungsdiskussion Mitte der 90er Jahre sank das Interesse der deutschen EVU an DSM-Aktivitäten für kleinere Kunden (Haushaltskunden und kleinere Gewerbekunden). Dennoch war es noch im Jahre 1997 möglich, das Least Cost Planning-Projekt “Helles NRW” durchzuführen, ein gemeinsames umlagefinanziertes Energiesparlampen-Programm von 79 nordrhein-westfälischen EVU mit einer prognostizierten Lasteinsparung in Höhe von 68 MW bzw. einer Stromeinsparung in Höhe von 553 GWh in neun Jahren (MWMTV 1998).

3.4.3.2 Zunehmende Kunden- und Marktorientierung im Wettbewerb

Im partiell liberalisierten Markt ist ein zunächst vorwiegend volkswirtschaftlich und klimapolitisch begründetes, durch entsprechende Instrumente der Regulierungsbehörden ermöglichtes bzw. teilweise auch zusätzlich stimuliertes Angebot von Energieeffizienz-Dienstleistungen nur dann bestands- und entwicklungsfähig, wenn es den betriebswirtschaftlichen Interessen der Anbieter und Nachfrager genügt - auch ohne die im liberalisierten Markt weggefallenen bzw. nicht mehr wirksamen Anreize. Die betriebswirtschaftliche Sichtweise darf daher nicht mehr sekundär (Wirl 1994) sein, sondern steht eindeutig im Vordergrund. Sie äußerst sich vor allem in **verstärkter Kunden- und Marktorientierung**, d. h. DSM wird in mehr wettbewerblichen Umfeldern in erster Linie von den Bedürfnissen der Kunden gesteuert (Drillisch 1996)[30]. Andere Motive zur Begründung eines Angebots von Energieeffizienz-Dienstleistungen wie z. B. die Steigerung der allokativen Effizienz der Volkswirtschaft oder der Umwelt- und Ressourcenschutz verlieren an Bedeutung (Thomas/Hennicke/Berlo 2000, 99).

Da die Liberalisierung der Energiemärkte bisher auf den Teil des Marktes beschränkt ist, der bei der Endenergie aufhört, diese Teilmärkte für Strom und Gas prinzipiell aber in einem Schritt für alle Kunden geöffnet wurden, steht der partielle Wettbewerb um die kostengünstigste Endenergielieferung in Deutschland zunächst

---

[30] Haas (1996) spricht mit Bezug auf die Entwicklung in den liberalisierten Endenergiemärkten in den USA auch von einer Ablösung des oft durch die Regulierungsbehörden induzierten Demand Side Management (DSM) durch ein betriebswirtschaftlich begründetes, kunden- und marktorientiertes Energy Service Management (ESM). Als wichtige Elemente beinhaltet es zum einen das in den USA auf Grund der dortigen ausgeprägten Lastspitzen im Vergleich zu Deutschland aus EVU-Sicht betriebswirtschaftlich wesentlich bedeutsamere Lastmanagement und zum anderen strategisches Marketing, z. B. einen verstärkten Einstieg in den Verkauf von EDL sowie dezentraler Erzeugung und Kraft-Wärme-Kopplung gemeinsam mit den Kunden.

im Vordergrund. Umlagefinanzierte DSM-Aktivitäten sind daher in dem zur Zeit noch vorherrschenden Preiswettbewerb kaum, eine systematische, integrierte Ressourcenplanung wie im genannten Beispiel der Stadtwerke Hannover AG auf Grund des Wegfalls der Gebietsmonopole gar nicht mehr realisierbar. DSM-Aktivitäten, die nicht direkt der Kunde bezahlt , der die EDL auch nachfragt, sind nur soweit möglich, wie es die Rahmen- bzw. Marktbedingungen im Einzelfall zulassen.

Beispielsweise ist es den Stadtwerken Hannover AG gelungen, auf den bereits genannten Erfahrungen mit DSM-Aktivitäten (Stadtwerke Hannover 1998, 1998a und 2000a) sowie Marktforschungsstudien aufbauend ein Stromangebot “enercity Strom & more” für Privatkunden zu konzipieren (d. h. für Haushalts- und kleinere Gewerbekunden), das mit den enthaltenen Energieeffizienz-Dienstleistungsangeboten zwar etwas teurer ist als ein ebenfalls angebotenes Stromangebot ohne Dienstleistungen (“enercity Strom & go”), aber trotzdem erfolgreich nachgefragt wird (nicht zuletzt aber auch, weil es preisgünstiger ist als die Beibehaltung des bisherigen Strom-Tarifs).

Wie aus Tabelle 7 ersichtlich ist, können Privatkunden, die ihren bisherigen Stromlieferungsvertrag (Tarif) kündigen und zu den “enercity”-Angeboten wechseln möchten, prinzipiell zwischen drei Stromangeboten wählen. 98% der Kunden haben sich bis Mai 2000 für “enercity Strom & more” und damit für ein Angebot entschieden, das - wie auch das tendenziell immer stärker nachgefragte Angebot “enercity Strom & care” – Energieeffizienz-Dienstleistungsangebote enthält, die über energienahe Standarddienstleistungen hinausgehen[31]. Allerdings werden die Dienstleistungsangebote in letzter Zeit nicht mehr stark beworben und entsprechend weniger nachgefragt.

---

[31] Mit diesen Stromangebots-Portfolio konnten 99,8 % der Haushaltskunden gehalten und Haushalte mit einem Gesamtverbrauch von 4 GWh hinzugewonnen werden. 6 GWh gingen im Haushaltskundenbereich allerdings verloren (d. h. etwa 650 Kunden, darunter vor allem etwa 500 Privatkunden, die an Yello abwanderten), so dass per Saldo ein Verlust von 2 GWh zu verzeichnen ist. Den leichten Verlusten im Privatkundenbereich stehen nach Angaben der Stadtwerke Hannover AG im Übrigen per Saldo Zugewinne im Geschäftskundenbereich in Höhe von 603 GWh gegenüber.

Tabelle 7 Stromangebote der Stadtwerke Hannover AG für Privatkunden (Stand: Mai 2000)

Stromangebot	**enercity Strom & more**	**enercity Strom & care**	**enercity Strom & go**
Preismodelle:			
enercity S (1 Jahr Bindung)	13,38 c/kWh 3,26 EUR/Monat	17,47c/kWh 3,26 EUR/Monat	13,22 c/kWh 3,26 EUR/Monat
enercity M (1 Jahr Bindung)	11,03 c/kWh 8,69 EUR/Monat	15,12 c/kWh 8,69 EUR/Monat	10,88 c/kWh 8,69 EUR/Monat
Herkunft des Stroms	Strom aus 100% Kraft-Wärme-Kopplung	Ökostrom aus 100% regenerativen Energiequellen, erzeugt in Neuanlagen	Strom aus beliebigen Quellen
Verleih von Strom-Messgeräten[32]	Kostenlos	Kostenlos	2,56 EUR
Stromcheck[33]	30,68 EUR	30,68 EUR	76,69 EUR
Strompass[34]	kostenlos	kostenlos	25,56 EUR
Energiespargeräte[35]	vergünstigt	vergünstigt	-
Blower Door Test[36]	vergünstigt	vergünstigt	-
Energieberatung im InfoCenter[37]	kostenlos	kostenlos	5,11 EUR
Anzahl Vertragskunden	ca. 100.000 (= ca. 30%)[38]	2.700	4.000

Quelle: Stadtwerke Hannover AG 2000, Stadtwerke Hannover AG 2000a, Deppe 2000.

32 Im Jahre 2001 wurden 500 Ausleihungen vorgenommen.

33 Individuelle, bis zu 40minütige Vor-Ort-Begutachtung des Stromverbrauchs eines Haushalts in der Region Hannover inklusive fünf- bis zehnseitiger Ergebnisbericht mit konkreten Empfehlungen. Im Jahre 2001 wurden 16 dieser Analysen durchgeführt.

34 Grobanalyse des Stromverbrauchs eines Haushalts nach einem vom Kunden ausgefüllten Fragebogen; zeigt wirtschaftliche Einsparpotenziale und Umwelteffekte auf. Nach mündlicher Auskunft der Stadtwerke Hannover AG vom November 2002 wurden im Jahre 2001 etwa 50 bis 100 derartige Grobanalysen durchgeführt.

35 Zum Beispiel Energiesparlampen (1.266 Stück im Jahre 2001) und Stand-by-Boxen (523 Stück im Jahre 2001).

36 Nach mündlicher Auskunft der Stadtwerke Hannover AG wurden im Jahre 2001 53 Blower Door Tests durchgeführt.

37 Nach mündlicher Auskunft der Stadtwerke Hannover AG wurden im Jahre 2001 etwa 2000 Beratungen zu energieeffizienten Heizungssystemen, 280 zu Wärmedämmung und etwa 500 zu Energieeinsparmöglichkeiten durchgeführt.

38 Mündliche Auskunft der Stadtwerke Hannover AG vom November 2002. Die angegebenen Quellen sprechen dagegen von mehr als 300.000 Kunden. Hier wurden vermutlich die Kunden mitgezählt, die ihren bisherigen Stromtarif behalten und nicht zu einem enercity-Produkt gewechselt haben.

Dieses Beispiel einer intelligenten Verknüpfung von neuem Stromangebot und Energieeffizienz-Dienstleistungspaket stellt bislang jedoch eher die Ausnahme dar. Die bisherige Entwicklung des EDL-Angebots deutscher Endenergieanbieter seit dem Beginn der Liberalisierung im Jahre 1998 ist eher durch die folgenden Tendenzen gekennzeichnet (vgl. auch Wuppertal Institut et al. 2000; Thomas/Hennicke/Berlo 2000, Irrek/ Thomas 2002[39]):

- **Liefer-, Durchleitungs- und Bezugsverträge haben zunächst Priorität**
  Die Endenergieanbieter kümmern sich in der ersten Phase der Liberalisierung prioritär um Marketing und Vertrieb ihrer Stromprodukte bzw. -marken. Neue Vertragsangebote werden erarbeitet, getestet und ggf. wieder verändert. Die Kundenberater und Key Accounter beschäftigen sich entsprechend vorrangig mit Vorbereitung und Abschluss von Stromliefer- und -durchleitungsverträgen. Auch die Beratungstätigkeiten "reiner" EDU ohne Endenergievertrieb fokussieren bislang mehr vertragliche und Abwicklungs-Aspekte von Stromlieferungen (z. B. Vertragstypen, Pooling, Durchleitung, Abrechnung) als den eigentlichen EDL-Bereich. Darüber hinaus müssen die Endenergieanbieter die Voraussetzungen schaffen, um auf der Absatzseite im Preiswettbewerb mithalten zu können, das bedeutet: Beschaffung optimieren, Kosten reduzieren und Leistungen steigern, das Unternehmen markt- und kundenorientiert reorganisieren, z. B. durch Unbundling und Einführung von Center-Systemen, und erfolgsversprechende Kooperationen, Beteiligungen und Allianzen suchen. Zwar ist die erste Preissenkungswelle mit entsprechend verstärktem Neuabschluss von Lieferverträgen bereits abgeebbt - von der allerdings in erster Linie die größeren Kunden, die Haushaltskunden dagegen kaum profitiert haben[40] - und die

---

[39] Aufbauend auf Wuppertal Institut et al. (2000) finden sich hier sowie in Chesshire (2000) u. a. auch weitere Informationen und Einschätzungen zur Entwicklung des EDL-Angebots der Energieunternehmen in anderen europäischen Ländern im Zuge des europaweiten Liberalisierungsprozesses.

[40] Vgl. die Konsolidierung der Strompreise sowie einzelne Strompreiserhöhungen bei einigen Kundengruppen ab Ende des Jahres 2000, die nicht allein durch die Ökosteuerreform oder Kraftwerksstillegungen zu rechtfertigen sind (vgl. auch o.V. 2001j, o.V. 2002a, VIK 2002, sowie die Angaben des Bundesverbandes der Energie-Abnehmer VEA von Steyer 2002). Die Strompreisentwicklung bis dahin stellen Heilemann und Hillebrand (2001, 17f.) wie folgt dar: Drei Jahre nach der Marktöffnung lagen die Strompreise für industrielle Hochspannungssonderabnehmer trotz Stromsteuer mehr als 25% niedriger als zu Beginn des Jahres 1998, in der Landwirtschaft und im Gewerbe haben die Strompreissenkungen die etwa 10 bis 15% ausmachende Stromsteuer mehr als kompensiert. Demgegenüber hätten die Haushaltskunden bislang nur geringe Vorteile aus der Liberalisierung ziehen können. Nach

Strompreise steigen wieder, doch eine weitere Welle ist zu erwarten, falls der, den Wettbewerb zur Zeit noch entscheidend einschränkende Flaschenhals "Netzzugang" durch die nach den EU-Binnenmarktrichtlinien spätestens zum 1. Juli 2004 einzuführende Netzregulierung sowie ein stärkeres Unbundling wesentlich erleichtert und verbilligt wird (vgl. hierzu ausführlicher Leprich/Irrek/Thomas 2001, Monopolkommission 2002 sowie die aktuelle politische Diskussion auf nationaler und europäischer Ebene). Die Wechselbereitschaft der Kunden ist prinzipiell und insbesondere bei den größeren Kunden vorhanden[41], auch wenn in den ersten 3 1/2 Jahren seit Beginn der Liberalisierung der Energiemärkte in Deutschland nur etwa 3,7% der Haushaltskunden ihr Stromversorgungsunternehmen gewechselt haben (Wenzel 2001, STERN-Anzeigenabteilung 2001, o.V. 2002). Auch zeigen Erfahrungen aus anderen Ländern - beispielsweise den USA, Finnland, Schweden und vor allem Großbritannien - dass bei entsprechend öffentlichkeitswirksamer, politisch unterstützter Aufklärung und starkem Wettbewerb wesentlich höhere Wechselraten (in Großbritannien 30-50%) auch bei gewerblichen und privaten Kleinverbrauchern prinzipiell möglich sind (EU-Kommission 2001a, 2002).

- **Bisher kaum Bewegung im Gasmarkt**

  Im Gasmarkt kann von einem Wettbewerb bisher kaum die Rede sein[42]. Gründe hierfür liegen in der Marktkonstellation sowie in der schleppenden Umsetzung der europäischen Gasmarktrichtlinie in Deutschland. Hieran hat sich auch mit der Verbändevereinbarung II zur Gasdurchleitung (BDI/VIK/BGW/VKU 2002)

---

dem Energiebericht der BMWi (2001) summierten sich die Strompreisnachlässe in Deutschland 1999 auf rund 7,7 Mrd. EUR. Insgesamt haben etwa 80% der Verbraucher Verträge auf niedrigerem Preisniveau erhalten bzw. aushandeln können; die Preise bei Haushaltskunden sind dabei bis zu 15%, die Preise bei Industriekunden bis zu 50% gesunken (o.V. 2001f).

41 Laut Umfrageergebnissen konsolidierte sich die Wechselbereitschaft der Haushaltskunden im Mai 2000 sowie März 2001 bei etwa 37% (STERN-Anzeigenabteilung 2000, 2001). Die Verbraucher
Analyse 2001 kommt zu dem Ergebnis, dass neben den ermittelten 3,7% der Haushaltskunden, die bis April 2001 gewechselt haben sollen, 2,9% der Haushalte sicher und 13,5% vielleicht ihren Stromversorger wechseln wollen (Wenzel 2001). Bei den Industriekunden haben etwa 15% ihren Stromlieferanten gewechselt (o.V. 2001f), nach Angaben der EU-Kommission (2002) etwa 20-30% der industriellen Großabnehmer und etwa 5-10% der gewerblichen und privaten Kleinverbraucher in Deutschland, nach Angaben von Leprich (2002) 6% der Gewerbebetriebe und 15-20% der großen Industriekunden.

42 Weniger als 2% der industriellen Großkunden in Deutschland haben zwischen 1998 und 2001 ihren Gaslieferanten gewechselt, für die übrigen Kundengruppen liegen keine Zahlen vor (EU-Kommission 2002).

zunächst nur unwesentlich etwas geändert. Ein Wechsel des Gasversorgers ist nach Anlage 8 dieser Vereinbarung für nicht-leistungsgemessene Kunden nur insoweit ab 01. Oktober 2002 möglich, "als entsprechende Erhebungen zu verwendbaren Lastprofilen geführt haben" (BDI/VIK/BGW/VKU 2002, 68). Die Heizperiode 2001/2002 sollte generell als Lern- und Testphase für die in der Verbändevereinbarung I und ihren Nachträgen vereinbarten Regelungen dienen, die Heizperiode 2002/2003 zur Erprobung der in der Verbändevereinbarung II ausdrücklich als "Übergangslösung/Zwischenlösung" (BDI/VIK/BGW/VKU 2002, 12 und 15) charakterisierten Netzzugangs- bzw. Netzentgeltmodelle der Ferngas- und Endverteilungsstufe. Abzuwarten bleibt, welche der sich in der aktuellen Diskussion befindlichen Modelle zur spätestens ab 1. Juli 2004 erforderlichen Umsetzung der EU-Beschleunigungsrichtlinien mit welchem Effekt durchsetzen wird. Die Wechselbereitschaft der Haushaltskunden wird ähnlich hoch eingeschätzt wie im Strombereich (STERN-Anzeigenabteilung 2001a). Bereits zur Zeit des Monopols übliche EDL-Angebote der Gasversorger an die unterschiedlichsten Kundengruppen sind durch die Liberalisierung bislang kaum berührt (z. B. Heizungsumstellungsprogramme).

- **Auslaufen umlagefinanzierter DSM-Programme**

  Der zur Zeit noch vorherrschende Preiswettbewerb im Strommarkt erschwert weitere umlagefinanzierte (EE-)DSM-Programme. So wurde ein Großteil der Anreizprogramme zum Kauf energiesparender Geräte oder Lampen bis zum Ende des Jahres 1999 eingestellt oder die Anzahl der zu vergebenden Prämien stark limitiert[43]. Eine Ausnahme bilden Geräteprämien in Verbindung mit einem

[43] Vgl. auch Irrek/Thomas 2002. Es liegen leider keine genauen Zahlen vor, wieviele Energieunternehmen in Deutschland noch Zuschüsse zu energiesparenden Geräten und Maßnahmen anbieten; aktuelle Umfragen der Verbände existieren nicht. Laut einer Aufstellung des BMU (2002) führen 59 Energieunternehmen in Deutschland Programme zur Energieeinsparung/rationellen Energieverwendung durch, wobei jedoch nicht angegeben wird, inwieweit es sich hierbei um Prämienprogramme handelt. Die Energieagentur NRW hat eine Liste der Förderprogramme der EVU in NRW (Stand: 9. April 2002) im Internet veröffentlicht (www.ea-nrw.de), die auch Programme mehrerer Energieunternehmen mit Zuschüssen zu energiesparenden Haushaltsgeräten anführt. Ein Nachfragen bei einigen der genannten Unternehmen ergab jedoch, dass diese Angaben zum Teil veraltet sind und es erstens weniger als die angegebenen 25 Unternehmen in NRW sind, die noch Zuschussprogramme durchführen, und zweitens die Zuschüsse häufig nur noch in Verbindung mit einem Energieträgerwechsel gezahlt werden und selbst dann noch oft auf wenige Stückzahlen limitiert sind. Beispielsweise bezuschussen die Stadtwerke Dinslaken im Jahre 2002 vier Elektro-Wärmepumpen, 5 Erdgasfahrzeuge, 30 Wärmepumpen-Wäschetrockner, 10 Erdgas-Wäschetrockner und 100 vollelektronische Durchlauferhitzer, die alte, ungeregelte Geräte

Energieträgerwechsel, bei denen die betriebswirtschaftliche Motivation in einer Steigerung des jeweiligen Energieträger-Absatzes (i. d. R. Gas, zum Teil Fernwärme) liegt. Eine weitere Ausnahme bilden Programme wie das im Jahre 1999 neu gestartete Prämienprogramm der swb (Bremen) für Kühlschränke, die über einen lokalen Klimaschutzfonds gesondert finanziert werden. Auch zeichnet sich eine Reduktion der Ausgaben für Kundenzentren ab (bislang etwa 400 MEUR/a), in denen die Kunden Informationen u. a. zum Thema "Energieeffizienz" erhalten.

- **EDL als Mittel zur Kundenbindung im Endenergievertrieb**
  In Expertengesprächen und in der Fachpresse wird immer wieder betont, dass eine verstärkte Dienstleistungsorientierung der Endenergieanbeiter ein wesentlicher Erfolgsfaktor im liberalisierten Markt sei (vgl. auch Mehrer 2000, Grossjohann 2000). Wie auch die in Kapitel 4.3 dargestellte Befragung zeigt, werden dabei Dienstleistungen vor allem als ein Mittel angesehen, um die Beziehung zum Kunden zu verbessern und die Kundenzufriedenheit und -bindung an den Endenergieanbieter zu erhöhen (z. B. auch über längere Vertragslaufzeiten), d. h. Dienstleistungen sind als ein Mittel zur besseren Vermarktung von Endenergie einsetzbar und weniger als ein erfolgsversprechendes, originäres Geschäftsfeld[44]. Energieeffizienz-Dienstleistungen spielen dabei tendenziell nur insoweit eine Rolle, wie sie zur der Stärkung des Endenergievertriebs als notwendig angesehen werden. Da der Preiswettbewerb zunächst eine Konzentration auf das Kerngeschäft erzwingt, sind oft die Kapazitäten gar nicht vorhanden, um das bisherige Energieeffizienz-Dienstleistungsangebot zu halten oder gar weiter auszubauen[45].

---

ersetzen. Ein Beispiel für ein weitergeführtes Prämienprogramm sind die Prämien (u. a. für Kühl- und Gefriergeräte, Geschirrspülmaschinen, Energiesparlampen, Gas-Herde und -Wäschetrockner und Vorschaltgeräte für Waschmaschinen) im Rahmen des "Emder Modells" der Stadtwerke Emden, die im Jahre 2002 allerdings nur noch in Verbindung mit einer 3-jährigen Bindungsfrist des Kunden an die Strom- und Gaslieferung der Stadtwerke Emden gezahlt werden.

44 Vgl. auch die Erfahrungen bei der Liberalisierung des schwedischen Elektrizitätsmarktes: Für 88% der Elektrizitätsversorger ist dort - vier Jahre nach dem Beginn der Liberalisierung - die Verbesserung der Kundenbeziehungen und Stärkung der Kundenbindung im Endenergiebereich ein Hauptmotiv, EDL anzubieten (Bergmasth/Lewald/Nilsson/Strid 2000).

45 Vgl. beispielsweise auch die mündlichen Äußerungen von Stadtwerke-Vertretern beim Werkstatt-Gespräch "Klimaschutzpolitik von Stadtwerken und Gemeinden im liberalisierten Energiemarkt" am 13. April 2000 im Wuppertal Institut.

- **Zunehmendes Bemühen zur Diversifizierung in energieferne Standard-Dienstleistungen**
  Im Zusammenhang mit Kundenbindungsaktivitäten sind einige Energieunternehmen bemüht, in energieferne Dienstleistungen zu diversifizieren, d. h. in Dienstleistungen, die mit dem Energiegeschäft höchstens noch am Rande etwas zu tun haben, aber häufig in Zusammenhang oder in direkter Verknüpfung mit einer Endenergielieferung angeboten werden. Eine das Stromnetz nutzende,
  eher energieferne Dienstleistung ist die Powerline-Technologie zur Übertragung von Daten über das Stromnetz. Diese mit anderen, neueren Informations- und Kommunikationsmöglichkeiten konkurrierende Technologie wollten verschiedenste EVU (z. B. RWE, MVV Energie AG, E.ON und EnBW) einem breiteren Kundenkreis eröffnen. Mittlerweile halten allerdings nur noch MVV und EnBW an diesem Vorhaben fest. Weitere energieferne Dienstleistungen reichen von Versicherungen über Haussicherungssysteme, Urlaubsserviceangeboten und Kochbüchern bis hin zu Bonuscard-Programmen. Auch hier ist das Ziel in erster Linie die Stärkung der Kundenbindung der Endenergieabnehmer und erst in zweiter Linie die damit erreichbare Umsatz- und Erfolgssteigerung mit neuen Produkten und Services.

- **Individuelle EDL-Pakete für größere Kunden soweit profitabel**
  In zunehmendem Maße werden individuelle EDL-Pakete für größere industrielle, gewerbliche und öffentliche Kunden konzipiert, soweit sie aus Sicht des Energieunternehmens betriebswirtschaftlich profitabel sind und dem Wunsch der Kunden nach Problemlösungspaketen entsprechen. Bilateral vereinbart werden beispielsweise Energiemanagement, Nutzenergielieferungen oder Contracting. Auch wenn es hier für einen Teil der Energieunternehmen vorrangig darum geht, den jeweiligen Kunden als Endenergieabnehmer zu halten und ihn durch Lösungen für alle seine energiebezogenen Probleme “aus einer Hand” an das Energieunternehmen zu binden und erst in zweiter Linie um den Umsatz- bzw. Ergebnisbeitrag des Dienstleistungsgeschäfts, ist eine Auswei-

tung derartiger individueller (energieeffizienter) EDL-Angebote für größere Kunden deutlich zu spüren[46].

Aktuelle Entscheiderbefragungen in der Energiewirtschaft bestätigen den generellen Trend in Richtung “neue Kundendienste” wie “Multi-Utility”, Contracting und Energiemanagement, die zur Kundenbindung beitragen und die Wertschöpfungskette verlängern sollen, wobei von einigen dieser Dienstleistungen in naher Zukunft keine nennenswerten Wertschöpfungsbeiträge erwartet werden (Mummert+Partner/Manager Magazin/ FAZ-Institut 2002, 4).

3.4.3.3 Die Rolle der ehemaligen Gebietsmonopolisten im zukünftigen Markt für Energieeffizienz-Dienstleistungen

In der Monopolzeit waren es die Endenergielieferanten (EVU), die einen großen Teil der im Markt angebotenen Energieeffizienz-Dienstleistungen erbrachten, vieles davon in diagonaler Kooperation mit örtlichen Beratungsinstitutionen, Planungs- und Ingenieurbüros, Handwerkern und Händlern. Dies betrifft nicht nur die von EVU durchgeführten umlagefinanzierten DSM-Programme, sondern auch individuelle Energieeffizienz-Dienstleistungen, bei deren Angebot die EVU in Konkurrenz zu anderen Anbietern standen. Beispielsweise betrug der Marktanteil traditioneller EVU im Anlagen-Contracting-Markt kurz vor der Liberalisierung der Märkte für leitungsgebundene Endenergien mehr als ein Drittel (E&M/Technomar 1998). Seit dem Beginn des Liberalisierungsprozesses ist dieser Anteil leicht gesunken, beträgt aber je nach Bezugsgröße immer noch etwa ein Drittel (Abbildung 5).

---

[46] Vgl. beispielsweise die in Kapitel 3.4.4.1 näher dargestellte Marktentwicklung im Contracting-Geschäft, an der auch die Endenergieanbieter stark beteiligt sind, sowie die verschiedenen, in den Medien, in Geschäftsberichten und in den im Rahmen der vorliegenden Arbeit durchgeführten Interviews (vgl. Kapitel 4.3.3) erwähnten Aktivitäten der Verbundunternehmen und der mit ihnen verknüpften Unternehmen zur Kompetenzsteigerung und Umsatzausweitung in diesen Bereichen.

Abbildung 5 Anbieteranteile und Marktanteile an Verträgen sowie Investitionen im Anlagen-Contracting

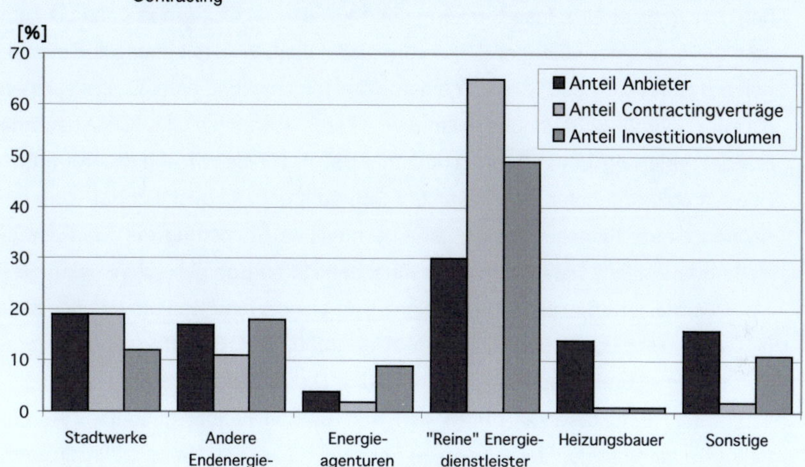

Quelle: E&M/Technomar 2000.

Aus energiewirtschaftlicher und umweltpolitischer Sicht sprechen die folgenden Gründe dafür, dass die traditionellen EVU im (energieeffizienten) EDL-Bereich auch zukünftig eine wichtige Rolle spielen und ihr EDL-Angebot verstärkt ausweiten sollten[47]:

- Die Entwicklung separater Märkte für Energie und Energieeffizienz-Technologien und -Dienstleistungen macht volkswirtschaftlich und umweltpolitisch wenig Sinn, da die originäre EDL wie in Kapitel 3.4.1.1 dargestellt letztlich die Kombination von Energie, energieverbrauchenden Technologien und Dienstleistungen erfordert. Sinnvoller erscheint die **Vervollständigung des Energiebinnenmarktes** durch Integration eines funktionierenden EDL-Marktes. Dies ist auch ein wesentliches Ziel des Vorschlages der EU-Kommission vom 10. Dezember 2003 für eine Richtlinie zur Endenergieeffizienz und zu Energiedienstleistungen.

---

[47] Die hier aufgelisteten Argumente basieren auf den folgenden Arbeiten des Wuppertal Instituts: Hennicke 1999, Hennicke 2000, Wuppertal Institut et al. 2000, Thomas/Hennicke/Berlo 2000, Thomas/Wissner/Kristof/Irrek 2002.

- Die wissenschaftlich begründeten, politisch gesetzten **Klimaschutzziele** bestehen u. a. in einer 80%-igen Senkung der äquivalenten CO_2-Emissionen bis zum Jahr 2050, in einer 40%-igen Minderung der nationalen Treibhausgas-Emissionen bis zum Jahr 2020[48] bzw. in einer 25%-igen Senkung der CO_2-Emissionen bis zum Jahr 2005 gegenüber dem Jahre 1990, wie es die CDU/CSU-geführte Bundesregierung unter Bundeskanzler Kohl beschlossen und die rot-grüne Bundesregierung unter Bundeskanzler Schröder als Ziel bestätigt hat. Zum Erreichen dieser Klimaschutzziele ist eine massive Steigerung der Energieeffizienz notwendig[49]. Diese führt volkswirtschaftlich zu Energiekostensenkungen, einer verbesserten allokativen Effizienz und sichert bzw. schafft Arbeitsplätze (vgl. z. B. Hennicke 1999, Ostertag et al. 2000, PROGNOS 2000, Enquete-Kommission 2002, Wuppertal Institut 2002). Diese Ziele gegen reine Energielieferanten durchzusetzen dürfte sich weitaus schwieriger gestalten, als gemeinsam mit Energieunternehmen zu handeln, die sich zu Energiedienstleistern umformen und neben Effizienzsteigerungen (z. B. durch Kraft-Wärme-Kopplung) und dem Einsatz erneuerbarer Energien mit einem verstärkten Angebot von Energieeffizienz-Dienstleistungen zur Zielerreichung wesentlich beitragen.
- Vieles spricht dafür, dass insbesondere Stadtwerke als Teil der **kommunalen Wirtschaft** zur Umsetzung der Umwelt- und Klimaschutzziele auf dieser Ebene durch Energieeffizienz- bzw. EDL-Aktivitäten beitragen.
- Umweltpolitisch ist das Angebot von Energieeffizienz-Dienstleistungen auch Ausdruck der **Produktverantwortung** von Endenergieanbietern.
- Die Endenergieanbieter verfügen über langjährige **Erfahrungen** im Energie- und auch EDL-Geschäft mit entsprechenden **Kundenkontakten**, **Infrastruktureinrichtungen** (z. B. Beratungszentren) und technischen **Kompetenzen**

---

48 Vgl. die entsprechenden Forderdungen der Enquete-Kommission (1995). Diese Reduktionsziele wurde auch von einer weiteren Enquete-Kommission (2002) aufgegriffen. Die Kommission kommt in ihrem Abschlussbericht dabei zu dem Schluss, “dass in einem modernen Industrieland eine Minderung der Treibhausgasemissionen um 80% technisch realisierbar und wirtschaftlich machbar ist, auch unter Berücksichtigung des vereinbarten Ausstiegs aus der Kernenergie” (Enquete-Kommission 2002, 26).

49 Die Enquete-Kommission (2002, 34) gibt als Ziel eine Steigerung der gesamtwirtschaftlichen Energieproduktivität um 3%/a in den nächsten 20 Jahren an.

insbesondere im anlagennahen Geschäft, bauen auf einer relativ starken **Kundenbindung** auf und verfügen in der Regel über ausreichend **Kapital** zur Erschließung der EDL-Märkte.

- Energieeffizienz- und andere Ökoeffizienz-Dienstleistungen **gleichen die Umsatz- und Gewinneinbußen der Energieunternehmen zumindest teilweise aus**. Nach der Phase des zur Zeit vorherrschenden Preiswettbewerbs bieten sich Energieeffizienz-Dienstleistungen auf dem homogenen Strommarkt als ein entscheidendes **Instrument zur Kundenbindung und Markenpositionierung** an.

- Durch die explizite Einbeziehung der Energieunternehmen in den Akteurskreis für die Umsetzung von Energieeffizienz steigt die **Vielfalt** der Handelnden und damit der Ideenreichtum.

- Mit der Energiewirtschaft als zusätzlichem Akteur beschleunigt sich folglich die **Geschwindigkeit** der Erschließung des Marktes für Energieeffizienz bzw. Energieeffizienz-Dienstleistungen. Gemeinsam mit ihr werden größere Beiträge zum Klimaschutz erreicht und volkswirtschaftliche Vorteile rascher genutzt.

Damit die Energieunternehmen diese ihnen zugedachte Rolle als Anbieter von Energieeffizienz-Dienstleistungen auch einnehmen und sich vom EVU zum EDU mit einem eigenständigen, umsatzstarken Geschäftsbereich “Energiedienstleistungen” wandeln können, ist nicht zuletzt eine entsprechende Entwicklung auf der Nachfrageseite erforderlich. D.h. die Nachfrage muss entweder verstärkt werden oder, wo sie noch nicht vorhanden ist geweckt bzw. umgelenkt werden (Hansen 1995), auch mit Hilfe unterstützender politischer Maßnahmen, damit dieser Bereich nicht nur der Kundenbindung im Endenergiebereich dient, sondern wesentlich zu Umsatz und Ergebnis der Energieunternehmen beiträgt.

Wie groß sind nun die Marktpotenziale für Energieeffizienz bzw. Energieeffizienz-Dienstleistungen? Was hemmt ihre Ausschöpfung? In welche Richtung geht die Nachfrageentwicklung? Welche Rolle spielt dabei die technische Entwicklung in Richtung einer dezentraleren Versorgung auf der Angebotsseite? Inwieweit werden die Potenziale bei entsprechender Unterstützung durch geeignete Maßnahmen in der Politik ausgeschöpft?

3.4.4 Nachfrageentwicklung nach Energiedienstleistungen im liberalisierten Markt

3.4.4.1 Energieeffizienz- und Energiedienstleistungs-Potenziale

Die Enquete-Kommission (1995, 255ff.; vgl. auch Ostertag et al. 2000) unterscheidet die folgenden Minderungspotenzialbegriffe:

- Das theoretische Potenzial beschreibt alle Verminderungen des Energieverbrauchs, die mit den derzeitigen natur- und ingenieurwissenschaftlichen Techniken und Erkenntnissen denkbar sind.
- Das technische Potenzial resultiert aus dem derzeitigen theoretischen Potenzial unter Berücksichtigung der zum Analysezeitpunkt eingesetzten bzw. bekannten Techniken und erreichten Wirkungsgrade und stellt damit den jeweiligen Stand der Technik dar.
- Das wirtschaftliche Potenzial beschränkt das technische Potenzial mit Hilfe eines Wirtschaftlichkeitskalküls, in das die Preise und Preisentwicklungen der Energieträger und der verfügbaren Technologien und Dienstleitungen eingehen. Je nach Wirtschaftlichkeitsansatz (z. B. mit oder ohne Einbeziehung externer Kosten) wird dieses Potenzial unterschiedlich ausfallen.
- Das Erwartungspotenzial bezieht sich auf eine definierte Zeitspanne und ergibt sich aus dem wirtschaftlichen Potenzial unter Berücksichtigung der Geschwindigkeit der Diffusionsprozesse und der existierenden Marktbarrieren und -hemmnisse.

Nach vorliegenden Potenzialabschätzungen (vgl. Enquete-Kommission 1995) könnten in Deutschland prinzipiell bis zu 45 Prozent des Primärenergieverbrauchs mit heute bekannter modernster Technik eingespart werden. Diese technischen Potenziale sind weitgehend unumstritten.

Die folgenden Beispiele aus verschiedensten Studien des Wuppertal Instituts[50] mögen zur Veranschaulichung des **umfangreichen technischen Potenzials** dienen:

- Eine Elf-Watt-Energiesparlampe ersetzt eine 60-Watt-Glühbirne.
- Der Ersatz von Quecksilber- durch Natrium-Hochdruckdampflampen ermöglicht eine Stromeinsparung in Höhe von 40 Prozent.
- Bei LED ("Light Emitting Diodes") ist in den nächsten Jahren eine extreme Steigerung der Lichtausbeuten zu erwarten. Diodenlampen sind heute z. B. bereits in Ampelanlagen einsetzbar und könnten helfen in 20 Jahren 10 Prozent des Weltenergieverbrauchs einzusparen.
- Durch den Einsatz marktbester Geräte lässt sich der Stromverbrauch eines Durchschnittshaushalts von etwa 3500 kWh auf 600 kWh senken.
- Der zu erwartende Zuwachs des Trend-Stromverbrauchs des Internet in den nächsten 10 Jahren verringert sich beim Einsatz energieeffizienter PC um etwa 30 Prozent .
- Mit Hilfe verschiedenster gebäude- und heizungsseitiger Sanierungsmaßnahmen reduziert sich der Endenergieverbrauch zur Deckung der Raumwärme im Wohngebäudebestand um fast 50 Prozent[51].
- Bis zu 30 Prozent des CO_2-Ausstoßes in Haushalten, Gewerbe, Handel und Dienstleistungen lässt sich allein durch Verhaltensmaßnahmen vermeiden. Am effizientesten ist dabei die Reduktion des Energieverbrauchs für die Raumheizung.
- Nach Experten-Einschätzungen könnte der Industrie-Energieverbrauch in einigen Bereichen um bis zu 40 Prozent sinken, in Einzelfällen sind sogar weit höhere Einsparpotenziale feststellbar, wobei der größte Beitrag zur Energieeffi-

---

50 Wuppertal Institut 1998a, Hennicke 1999, Barthel/Lechtenböhmer/Thomas 2000, Politecnico di Milano et al. 2000, Wuppertal Institut 2000a, Wuppertal Institut/ebök 2001; vgl. auch das Interview mit P. Hennicke in Urbach 2000.

51 Gemäß der Auswertung eines Demonstrationsprogramms der Stadtwerke Hannover AG (1997) ist rechnerisch sogar eine Reduktion um mindestens 60%, gemessen eine Senkung um mindestens 50% möglich.

zienz-Steigerung (zwischen 30 und 80% je nach Anwendungsbereich) in Verfahrens- und Produktsubstitutionen liegt (Enquete-Kommission 2002, 56). Beispiele sind die bei einem Telekommunikations-Dienstleister ermittelten Stromeinsparpotenziale durch Optimierung der Lüftungsgeräte (u. a. Nachrüstung von Frequenzumrichtern) in Höhe von mehr als 65 Prozent oder die bei einem Unternehmen der Papierindustrie analysierten Stromeinsparpotenziale bei Antriebstechniken in Höhe von 33 bzw. 43 Prozent.

Aktuelle Zahlen zum gesamten **wirtschaftlichen Energieeffizienzpotenzial** liegen nicht vor. Ein wesentliches Problem bei der Berechnung dieses Potenzials ist die Ermittlung und ständige Aktualisierung der benötigten Preis- bzw. Kostendaten. Dabei ist u. a. zu berücksichtigen, dass Verkaufs- bzw. Einkaufspreise eines Gutes im Markt sehr stark variieren (vgl. Pfahl 2001, 73) und sich daher die Frage stellt, welche Preisdaten zur Potenzialberechnung herangezogen werden. Für eine entsprechend differenzierte Berechnung des gesamten Potenzials wäre der Aufwand der Datenermittlung extrem hoch. Daher liefert die Literatur nur stark aggregierte, vereinfachte Abschätzungen (vgl. z. B. Wuppertal Institut 1997). Auch differieren die Berechnungen je nach Wirtschaftlichkeitskalkül, beispielsweise in Abhängigkeit von den angelegten Energie- bzw. Brennstoffpreisen (vgl. das Beispiel in Wuppertal Institut 1998a, 248). Aussagefähiger sind daher dynamische, insbesondere nachfrage- bzw. maßnahmenorientierte Szenarienanalysen (vgl. Kapitel 3.4.4.3), die letztlich einen Szenariotrichter zeichnen, der die einzelnen Erwartungspotenziale abhängig von den gesetzten Annahmen beschreibt.

Als Faustregeln für das wirtschaftliche, statische Stromeinspar- und -substitutionspotenzial gelten die auf die gesamte Bundesrepublik hochgerechneten Ergebnisse der LCP-Studie für die Stadtwerke Hannover AG (Öko-Institut / Wuppertal Institut 1995, 51): Demnach beträgt das wirtschaftliche Stromsparpotenzial in der Industrie 30% des Verbrauchs von 1990, beim Kleinverbrauch 35%, bei privaten Haushalten 37% und im Durchschnitt 34% (vgl. auch Wuppertal Institut 1997). An dieser Einschätzung des wirtschaftlichen Potenzials ändert sich durch die Liberalisierung vermutlich wenig (vgl. auch Kaier 2000). Zwar sind auf der einen Seite die Strompreise - zumindest für die größeren Kunden - gesunken, auf der anderen Seite aber auch die Preise einiger Energieeffizienz-Techniken und -Dienstleistungen. Darüber hinaus entwickelten sich Techniken und Dienstleistungen in der Zwischenzeit weiter und erschlossen neue technische Potenziale oder erweiterten bestehende Möglichkeiten. Das umfangreiche wirtschaftliche Potenzial wird jedoch bei weitem nicht ausgeschöpft. Gründe hierfür werden in Kapitel 3.4.4.2 genannt.

Das wirtschaftliche Energieeffizienzpotenzial lässt sich u. a. mit Hilfe verschiedenster, am Markt angebotener und nachgefragter Energieeffizienz-Dienstleistungen ermitteln. Für einzelne der in Kapitel 3.4.1.2 genannten Energieeffizienz-Dienstleistungen wurden konkrete **Marktpotenzialabschätzungen** in den letzten Jahren veröffentlicht, so für die Geschäftsfelder Contracting, Facility Management und Functional Services:

- **Anlagen-Contracting**
  Das Anlagen-Contracting-Geschäft ist in Deutschland in den letzten Jahren stetig gewachsen[52] - trotz der vorübergehenden und im KWK-Bereich zum Teil noch andauernden Schwierigkeit der Contractoren neue Verträge abzuschließen, angesichts der bei den potenziellen Contracting-Nehmern durch die Öffnung des Strommarktes entstandenen Unsicherheit über zukünftige Strompreisentwicklungen (Haß 1999). Auch für die nächsten Jahre wird ein wachsender Trend erwartet[53].
  Eine Marktuntersuchung von E&M/Technomar (2000), der rund 1600 Befragungen und Expertengespräche zu Grunde liegen, ergab, dass bis Ende 1998 in Deutschland von ca. 480 Contractoren 51.600 Verträge im Bereich des Anlagen-Contractings einschließlich der gewerblichen Wärmelieferung abgeschlossen wurden. Das entspricht einem Investitionsvolumen von rd. 6,65 Mrd. EUR und betrifft die Versorgung von ca. 93.050 Gebäuden. Dies seien nur 6,9 Prozent des wirtschaftlich durch Contracting zu versorgenden Gebäudebestandes von etwa 1.340.500 Objekten in ganz Deutschland. Unter der Annahme, dass der geeignete Bestand zunimmt, und die Ausschöpfung dieses Bestands durch Contracting bis zum Jahr 2004 auf 19,7 Prozent steigen wird, lässt sich nach E&M/Technomar (2000) eine Steigerungsrate des Contracting-Marktes von 160% bis zum Jahr 2004 prognostizieren; rund 250.000 Objekte würden dann

52 Dies belegen z. B. Wuppertal Institut 1998, E&M/Technomar 1998 und 2000, VfW 2000a, o.V. 2000b.

53 Dies belegen die Erkenntnisse von Böde/Köwener 2000, Morguet 2000, E&M/Technomar 2000, Kristof 2002, Flauger 2002.

von Contractoren mit Energie versorgt.

Die Unternehmensberatung Frost & Sullivan rechnet mit einem Wachstum des europäischen Marktes für "Contract Energy Management" von 2,9 Mrd. EUR Umsatz im Jahre 2001 auf 6,7 Mrd. EUR im Jahre 2007, d. h. mit einer jährlichen Wachstumrate von rund 15%. Dabei würde der Anteil des deutschen Marktes von 14,9% auf 26,9% steigen (Flauger 2002).

Nach einer Markterhebung des Wuppertal Instituts im Frühjahr 2002 unter 481 Contracting-Firmen in Deutschland rechneten 84% der 58 antwortenden Contracting-Firmen mit einem stark oder mäßig wachsenden Anlagen-Contracting-Markt, nur 14% gingen von einem zukünftig schwach wachsenden und 2% von einem stagnierenden Markt aus; ein Schrumpfen des Marktes wird von keinem Unternehmen erwartet (Kristof 2002).

- **Einspar-Contracting**

  Im Gegensatz zum Anlagen-Contracting wird das Marktpotenzial beim Einspar-Contracting insgesamt etwas weniger optimistisch bewertet (ASEW 1997, Wuppertal Institut 1998, Kristof 2002). Bislang sind nur bis zu 10 Prozent der abgeschlossenen Contracting-Verträge dem Einspar-Contracting zuzuordnen (E&M / Technomar 2000). Einspar-Contracting wird bisher vor allem von öffentlichen Einrichtungen nachgefragt; hier scheint auch zukünftig ein relativ großes Potenzial zu liegen: Öko-Institut und Berliner Energieagentur rechnen hoch, dass mit Hilfe des Instruments Einspar-Contracting je nach Vertragsgestaltung eine jährliche Entlastung der öffentlichen Haushalte zwischen 25 und 100 Mio. EUR erreichbar ist (Umweltbundesamt 2000). Innerhalb des Marktes für Einspar-Contracting ist bezüglich der Wachstumsaussichten prinzipiell zwischen unterschiedlich wachsenden Teilsegmenten zu differenzieren (Wuppertal Institut 1998, 28):

  - während das Angebot im Bereich der Optimierung von Anlagen- und Gerätetechnik ergänzend zum Anlagen-Contracting steht und damit ähnlich optimistisch hinsichtlich eines noch wachsenden Marktes beurteilt wird,
  - sind die Meinungen gespalten, ob das vor allem von öffentlichen Einrichtungen nachgefragte Angebot des Nutzlicht- und Wärmedämm-Contractings künftig steigen oder eher stagnieren bzw. sogar schrumpfen wird.

- Nach einer Umfrage des Wuppertal Instituts im Frühjahr 2002 (Kristof 2002) rechnen insgesamt 12% der befragten Contracting-Firmen mit einem stark wachsenden, 38% mit einem mäßig wachsenden, 24% mit einem schwach wachsenden, 14% mit einem stagnierenden und 3% mit einem zurückgehenden Markt für Einspar-Contracting. Die übrigen Befragten ließen die Antwort offen. Nach den Ergebnissen dieser Markterhebung liegt die mit einem Einspar-Contracting-Vertrag erzielte Reduktion des Energieverbrauchs zwischen 10 und 38% bzw. 0,2-2000 MWh/Vertrag (Kristof 2002).

- **Facility Management**
  Das Marktvolumen für Dienstleistungen im Rahmen des Facility Managements wird auf etwa 36-41 Mrd. EUR pro Jahr geschätzt, wovon jedoch nur ein Teil an externe Dritte vergeben wird (Pfaffenberger/Scheele/Salge 1999, 87). Nach Experteneinschätzungen ist zukünftig damit zu rechnen, dass das Contracting in Teilen im Facility Management aufgehen wird (Böde/Köwener 2000). Da die Kundenanforderungen an ein Gebäudebewirtschaftungssystem weit über die energienahen Dienste hinaus gehen, dürften insbesondere kleinere und mittlere Energieanbieter allein überfordert, jedoch in Kooperation mit Unternehmen aus den entsprechenden Branchen sicherlich in der Lage sein, einen Teil dieses Potenzials auszuschöpfen (Pfaffenberger/Scheele/Salge 1999, 87). Nach einer Umfrage der LBD-Beratungsgesellschaft (LBD 2001) planen 24% der befragten Stadtwerke, in das Facility Management-Geschäft einzusteigen.

- **Functional Services**
  Eine quantitative Abschätzung des Marktpotenzials in den Städten Bremen, Leipzig und Wien ergab, dass durchschnittlich etwa 1,8 Prozent der Haushalte im Verlauf eines Jahres nach Markteinführung der Dienstleistung bereit wären, ein Gerät zu mieten (Wuppertal Institut/Energiestiftung Schleswig-Holstein 2000, Wuppertal Institut 2000).

Insgesamt schätzen die unterschiedlichsten Experten das internationale wie nationale Marktpotenzial für EDL in den liberalisierten Energiemärkten hoch ein[54]. Dies

---

[54] Vgl. die Erkenntnisse von Oesterwind/Pfaffenberger/Hasse 1996, Diamond 1998, Hennicke 1999, Hennicke 2000, Pfaffenberger/Scheele/Salge 1999, Thomas/Hennicke/Berlo 2000,

gilt insbesondere bei entsprechend förderlichen Rahmenbedingungen und Anreizstrukturen (vgl. Kapitel 3.4.4.4) und nachvollziehbaren, glaubwürdigen Leistungsmodulen und Preisen der EDL-Anbieter (Schaper 2000).

Darüber hinaus könnten in Zusammenhang mit der zu erwartenden, zunehmenden **Dezentralisierung der Energieversorgung**, welche die heutige Bedeutung der leitungsgebundenen Energieformen stark relativieren wird, neue Potenziale für speziell auf die Bedürfnisse der jeweiligen Kunden zugeschnittene EDL sichtbar werden. Der Einsatz von Brennstoffzellen, Mikroturbinen, Mini-BHKW, ebenso wie die gestiegene Wirtschaftlichkeit und der dadurch verstärkte Gebrauch regenerativer Energieumwandlungsanlagen eröffnen weitergehende Möglichkeiten für ein gezieltes Eingehen auf die Wünsche der Kunden (vgl. auch Wuppertal Institut 2002, Bild der Wissenschaft plus 2002). Die Potenziale sind also vorhanden, damit sich der EDL-Bereich zu einem größeren, umsatzstarken, eigenständigen Geschäftsfeld der Endenergieanbieter entwickeln kann.

3.4.4.2 Determinanten und Hemmnisse der Energiedienstleistungsnachfrage

Die Ausschöpfung der dargestellten Potenziale hängt nicht zuletzt von der Nachfrageentwicklung im Markt für Energieeffizienz-Dienstleistungen ab. Beeinflusst wird die Nachfrage nach Energieeffizienz-Technologien und -Dienstleistungen bzw. originären EDL i. e. S. hauptsächlich durch (vgl. auch Drillisch 1996):

- die Kosteneffektivität von Effizienzmaßnahmen,
- die relative Rangordnung von Energieeffizienz bzw. Energiekosteneinsparung auf einer Nutzenskala, geprägt durch die jeweilige Entscheidungssituation und die in ihr wirkenden sozialen Einflüsse,
- den nicht-energetischen Nutzen von Endenergien und den nicht-energetischen Nutzen von Energieeffizienzmaßnahmen (z. B. Komfort-Gewinne),
- Risiko-Minimierungseffekte durch Effizienzmaßnahmen und

Deppe 2000, Kärkkäinen 2000, Forschungsverbund Öko-effiziente Dienstleistungen o. J.

- die Überwindung existierender Marktbarrieren und -hemmnisse z. B. fehlende Motivation und Information, finanzielle Restriktionen, gespaltene Anreizsysteme und juristische Hürden.

Die Kosteneffektivität bzw. Wirtschaftlichkeit einer Effizienzmaßnahme ist dabei nur eine notwendige, keine hinreichende Bedingung für die Entscheidung eines Wirtschaftssubjekts, die Maßnahme aufzugreifen und entsprechende Energieeffizienz-Technologien und -Dienstleistungen nachzufragen. Zu berücksichtigen sind vielfältige Einflüsse im Verlauf der Impuls-, Aktivierungs-, Entscheidungsvorbereitungs- bzw. Planungs- und eigentlichen Entscheidungsphase eines Umsetzungsprozesses[55].

Hauptgrund für die Nicht-Ausschöpfung der umfangreichen wirtschaftlichen Energieeffizienzpotenziale sind mannigfaltige **strukturelle, ökonomische und sozialpsychologische Umsetzungshemmnisse**, die durch verschiedenste Untersuchungen belegt sind und hier nicht im einzelnen aufgeführt werden sollen[56]. Keine dieser Hürden wird notwendigerweise durch einen mehr wettbewerblich organisierten Markt für Endenergien entfernt (Drillisch 1996). Die partielle Liberalisierung des Endenergiebereichs ist zwar eine notwendige Bedingung zur Korrektur falscher Preissignale und dem Abbau von Markteintrittsschranken, aber die meisten Barrieren und Hemmnisse werden hierdurch nicht geändert (Drillisch 1996, Hennicke 1999, Hennicke 2000).

3.4.4.3 Prognosen und Szenario- bzw. Modellanalysen

Trendprognosen gehen daher davon aus, dass die u. a. mit Hilfe am Markt nachgefragter Energieeffizienz-Dienstleistungen erreichbare Minderung der Energieintensität der deutschen Volkswirtschaft sich von durchschnittlich 1,6% p.a. in den Jahren 1991 bis 1998 bis zum Jahre 2020 nur auf durchschnittlich 2,1% p.a. steigern wird (PROGNOS / EWI 1999, 434). Szenario- bzw. Modellanalysen sind eine Möglichkeit, um aufzuzeigen, inwieweit, unter welchen realen Bedingungen und

---

55 Vgl. auch die prozessorientierten Analysen von ISI/PK-IfP/WI 1997, 1999 und 2000, Böde/Gruber 2000, Ramesohl 2001.

56 Hier sei auf die umfangreiche Literatur zur Hemmnis- und Umsetzungsforschung verwiesen. Vgl. beispielsweise Enquete-Kommission 1995 und 2002, ISI/PK-IfP/WI 1997, Drillisch 1996, Wuppertal Institut 1997, Hennicke 2000, Wuppertal Institut et al. 2000, Ramesohl 2001.

auf welchen Wegen eine größere Potenzialausschöpfung[57], d. h. eine Überwindung von Umsetzungshemmnissen, realisierbar ist. Der zur Zeit noch vorherrschende, aber nach Ansicht einzelner Experten (z. B. Deppe 2000) bereits stagnierende Preiswettbewerb im Endenergiebereich soll durch einen **Qualitätswettbewerb** (Hennicke 1999, Deppe 2000) abgelöst werden, der den bereitgestellten Nutzeffekt und damit kostenminimierende, originäre EDL in den Vordergrund stellt.

Insbesondere Szenarien, die eher nachfrage- bzw. energietechnisch orientierte Bottom-up Simulationsmodelle verwenden, erlauben, in interaktiven Verfahren alternative Zukunftsbilder und konsistente Entwicklungspfade auf dem Weg dorthin realitätsnah und nachvollziehbar abzubilden und vermeiden die Nachteile der Optimierungs- bzw. eher makroökonomisch orientierten Top-down Modelle (z. B. "Black-Box"- und "Knife-Edge"-Probleme)(Wolters 2001). Derartige Szenarien, die im Rahmen eines Dialogs relevanter Akteursgruppen zu "Instrumenten sozialen Lernens in Zukunftsfragen" werden können (Hennicke/Fischedick 2000, 20), sind beispielsweise am Wuppertal Institut entwickelt worden. Sie zeigen auf, dass eine über den Trend wesentlich hinausgehende Energieeffizienzsteigerung eine realistische Möglichkeit darstellt und identifizieren entsprechende Handlungsfelder für die einzelnen Akteursgruppen und insbesondere für die Energiepolitik[58].

3.4.4.4 Förderliche Rahmenbedingungen und Instrumente einer energiekostensenkenden Effizienzrevolution

Um diese, zu einer höheren Energieeffizienz- bzw. EDL-Potenzialausschöpfung führenden Szenarien Wirklichkeit werden zu lassen ("Effizienzrevolution", Müller/Hennicke 1995), sind entsprechende förderliche Rahmenbedingungen und Anreizstrukturen zur Überwindung der existierenden Marktbarrieren und -hemmnisse unabdingbar (Hennicke 1999 und 2000). Die Erfahrungen aus anderen Ländern (z. B. einigen Bundesstaaten der USA, Dänemark und Großbritannien) zeigen, wie korrekte Marktsignale und politische Unterstützung Anreize dafür schaffen, dass

---

[57] Beispielsweise beziffert Hennicke (2000) den Anstieg der Energieproduktivitätsrate auf mindestens 3% p.a.

[58] Vgl. beispielsweise die aktuellen Szenarien des Wuppertal Instituts in Enquete-Kommission 2002 und Wuppertal Institut/DLR 2002, aber auch ältere Szenarien des Wuppertal Instituts und anderer Institute in Enquete-Kommission 1995, Hennicke/Fischedick 2000, Ostertag et al. 2000, sowie das Faktor Vier-Weltenergieszenario von Pfahl 2001, Polenz 2000 und Wolters 2001.

Endenergieanbieter auch in einem wettbewerblichen Umfeld verstärkt EE-DSM-Aktivitäten durchführen (Wuppertal Institut et al. 2000, Thomas/Wissner/Kristof/Irrek 2002, Wuppertal Institut/ASEW 2003).

Welcher Unterstützungsrahmen kann hierzu auf **EU-Ebene** unter Beachtung des Subsidiaritätsprinzips und des Ziels einer Harmonisierung und Vervollständigung des wettbewerblichen Ordnungsrahmens geschaffen werden? Wuppertal Institut et al. (2000; vgl. auch Wuppertal Institut/ASEW 2003, Hennicke 1999, Thomas/Hennicke/Berlo 2000, Matthes/Timpe 2000) haben entsprechend ein Konzept für eine europäische Richtlinie zur Stimulierung der Energieeffizienzaktivitäten von Energieunternehmen und anderen Akteuren entwickelt. Mit Hilfe einer derartigen Richtlinie sollen die Mitgliedsstaaten verpflichtet werden, das Erreichen bestimmter Energieeffizienz-Ziele mit Hilfe von Energieeffizienz-Programmen und -Dienstleistungen zu sichern, wobei es den beteiligten Staaten selbst überlassen wird, mit Hilfe welcher politischer Vorgaben und Einzelmaßnahmen sie dieses Ziel erreichen.

Dieses Konzept wurde von der EU-Kommission aufgegriffen. Ihr Vorschlag einer Richtlinie zur Endenergieeffizienz und zu Energiedienstleistungen vom 10. Dezember 2003 zielt darauf ab, einen förderlichen Ordnungsrahmen dafür zu schaffen, dass Energieeffizienz-Programme und andere Energieeffizienz-Maßnahmen verstärkt durchgeführt und die Entwicklung der Märkte für Energieeffizienz-Dienstleistungen vorangetrieben werden. Hierdurch sollen Hemmnisse abgebaut werden, die einer effizienteren Energienutzung entgegenstehen.

Der Richtlinienvorschlag sieht prinzipiell drei Ebenen von Energieeffizienz-Verpflichtungen vor:

- Erstens werden die **Mitgliedstaaten** verpflichtet, spätestens ab dem 1. Juni 2006 ein nationales Einsparziel für zusätzliche Energieeinsparungen festzulegen. Die Einsparungen sollen mit Hilfe von Energieeffizienz-Programmen, Energiedienstleistungen oder weiteren Energieeffizienzmaßnahmen erreicht werden. Das Einsparziel soll mindestens jährlich **1%** der an Endverbraucher verteilten bzw. verkauften Energiemenge betragen. Die Einsparungen sind nachzuweisen. Wie die Mitgliedstaaten diese Verpflichtung erfüllen – ob durch Einrichtung eines Energieeffizienz-Fonds, Energieeinsparverpflichtungen für

Energieunternehmen oder weitere Maßnahmen, bleibt ihnen gemäß dem Subsidiaritätsprinzip selbst überlassen. Der Richtlinienvorschlag enthält Hinweise und methodische Vorgaben für die Festlegungen von Basisperiode und Zielwert, anrechenbaren Energieeffizienz-Aktivitäten, sowie Messung und Verifizierung der Energieeinsparungen.

- Zweitens wird den Mitgliedstaaten auferlegt, ein Einsparziel für den **öffentlichen Sektor** festzusetzen, das jährlich mindestens **1,5%** der an den öffentlichen Sektor verteilten bzw. verkauften Energiemenge beträgt.
- Und drittens werden **Energieunternehmen** dazu angehalten, aktiv Energiedienstleistungen anzubieten, die eine Energieeinsparung bei ihren Kunden bewirken (z. B. Energieaudits).

Es bleibt abzuwarten, inwieweit sich dieser Vorschlag im europäischen Gesetzgebungsverfahren durchsetzen wird und inwieweit er noch verbessert werden kann, beispielsweise hinsichtlich der vorgeschlagenen Anrechenbarkeit von Energieeffizienz-Maßnahmen ab dem Jahr 1991, die die Effektivität der Richtlinie deutlich schwächen würde. Das Europäische Parlament (2002) befürwortet prinzipiell die Verabschiedung einer derartigen Energieeffizienz-Direktive[59].

Aufbauend auf den Vorschlägen des Energieeffizienz-Aktionsplans der Kommission (EU-Kommission 2000) bereits beschlossen wurden auf europäischer Ebene u. a. die Einführung einer EU-weiten Ökosteuer, Initiativen zur Unterstützung von DSM-Maßnahmen und insbesondere die folgenden legislativen Maßnahmen (Energy Council 2002):

- EU-Richtlinie zur Energieeffizienz in Gebäuden, die u. a. Energieeffizienz-Standards für neue Gebäude und für renovierte Gebäude mit mehr als 1000 m^3 Volumen vorschreibt, die nicht unterschritten werden dürfen;
- EU-Programm unter dem Titel "Intelligent Energy for Europe" mit einem Gesamtbudget in Höhe von 190 Mio. EUR für vier Jahre (2003-2006) zur Förde-

---

[59] Der Beschluss des Europäischen Parlaments (2002, Amendment 19) lautet wörtlich: "The Commission, the European Parliament and the Member States should take a decision as soon as possible on a Directive on the promotion of combined heat and power and a Directive on energy and electricity savings measures".

rung der Versorgungssicherheit, des Klimaschutzes und der Wettbewerbsfähigkeit der europäischen Industrie im Energiesektor. Im Rahmen dieses Programms werden bisherige Aktivitäten der Programme SAVE und ALTERNER weitergeführt und zwei neue Programme STEER (Energie im Transportsektor) und COOPENER (Kooperation mit Entwicklungsländern in den Bereichen Energieeffizienz und erneuerbare Energien) aufgelegt.

Welche politischen Instrumente und Maßnahmen auf **nationaler Ebene** helfen in diesem europäischen Rahmen bei der Optimierung der Ausschöpfung des Energieeffizienz-Potenzials und führen damit auch zu einem Anstieg der Nachfrage nach Energieeffizienz-Technologien und -Dienstleistungen bzw. originären EDL? In ihrer Koalitionsvereinbarung von 1998 zur Bildung der neuen Bundesregierung stellen SPD und Bündnis90/Die Grünen fest, dass sich die Bundesregierung gemäß ihres Grundsatzes "Priorität der rationellen Energienutzung vor der Energieerzeugung" mit einem breiten Maßnahmenbündel der Förderung von Einspartechnologien widmen wird. Erste Schritte zur Realisierung dieses Vorrangprinzips wurden insbesondere mit dem Beschluss zur Einrichtung einer Bundesenergieagentur, der Verabschiedung des Altbausanierungsprogramms und der Energieeinsparverordnung getan. Einige zusätzliche Einzelmaßnahmen kündigen die Bundesregierung in ihrem Klimaschutzprogramm und die Energieversorger in ihren Selbstverpflichtungserklärungen an. Die Auswirkungen dieser Schritte werden erst in den nächsten Jahren spürbar werden. Weitergehende Aktivitäten sind jedoch notwendig, um die gesetzten Klimaschutz- bzw. Energieeffizienzziele zu erreichen und die Rahmenbedingungen für einen funktionsfähigen Markt für EDL zu schaffen. Wie auch die Enquete-Kommission (2002) deutlich macht, sollte der Policy-Mix für eine nachhaltige Energiewirtschaft aus unterschiedlichen, flexibel eingesetzten, zielgerichteten, an Markt- bzw. Wettbewerbsphasen angepassten Instrumenten bestehen.

Das Wuppertal Institut schlägt als Teil eines solchen Instrumentenmixes folgende **konkrete Instrumente und Schritte auf Bundesebene** vor[60]:

---

60 Zu den Instrumenten und Maßnahmen auf Bundesebene vgl. Wuppertal Institut et al. 2000, Thomas/Hennicke/Berlo 2000, Hennicke 1999 und 2000, Thomas/Wissner/Kristof/Irrek 2002, Fischedick et al. 2002. Aber auch den Ländern und Kommunen stehen eine ganze Reihe von Instrumenten und Maßnahmen zur Verfügung, um unterstützend zu wirken (vgl. z. B. Hennicke

- Aufbau eines **Energieeffizienz-Fonds**, mit dessen Hilfe Energieeinspar-Programme und -Kampagnen für unterschiedliche Kundengruppen finanziert und die Entwicklung der Märkte für Energieeffizienz-Dienstleistungen vorangetrieben werden können[61]. Bestehende Hemmnisse einer effizienteren Energienutzung werden überwunden, die Transaktionskosten von Maßnahmen zur Steigerung der Energieeffizienz gesenkt. In Deutschland könnten die Aufgaben eines Energieeffizienz-Fonds die Koordination und Auswertung von Wettbewerben um innovative Ideen und Konzepte für breitenwirksame Programme und Kampagnen, die öffentliche Ausschreibung von Programmen und Kampagnen zur Energieeffizienzsteigerung, die dann von den jeweils günstigsten Anbietern umgesetzt und vom Fonds evaluiert werden, sowie die Finanzierung standardisierter Energieeffizienz-Programme von Energieunternehmen umfassen, wofür ein bestimmter Anteil der Fondsmittel reserviert wird. Bezüglich der Herkunft der Fondsmittel sind unterschiedliche Wege zu prüfen, beispielsweise geringe Preisaufschläge auf die Netznutzungsentgelte in Höhe von wenigen Zehntel-Cent pro Kilowattstunde (z. B. zunächst 0,15 Cent/kWh Strom und 0,05 bis 0,15 Cent/kWh Gas für Haushalte und Kleinverbraucher und ein ähnlich niedriger Betrag im Verhältnis zum Energieabnahmepreis für andere Kundengruppen). Die Enquete-Kommission (2002, 40) hat sich für die Einrichtung eines derartigen Energieeffizienz-Fonds ausgesprochen. Und auch die EU-Kommission unterstützt und empfiehlt die Einrichtung derartiger nationaler Energieeffizienz-Fonds. Artikel 11 des am 10.12.2003 verabschiedeten Richtlinienvorschlags der EU-Kommission zur Endenergieeffizienz und zu Energiedienstleistungen betont ausdrücklich die Möglichkeit der Mitgliedstaaten, zur Erfüllung der in der Richtlinie formulierten Energieeinsparziele Energieeffizienz-Fonds einzurichten, mit deren Hilfe Energieeffizienz-Programme und andere Energieeffizienz-Maßnahmen finanziert und die Entwicklung eines Marktes für Energieeffizienz-Dienstleistungen vorangetrieben werden.

1999), die hier jedoch nicht im Einzelnen aufgeführt werden sollen.

61 Beispiele für solche Energieeffizienz-Fonds in liberalisierten Energiemärkten sind der dänische Stromsparfonds oder die Energieeffizienz-Fonds in einigen US-Bundesstaaten (z. B. New York, Vermont).

- **Energieeinsparverpflichtungen für Energieunternehmen** sind eine alternative oder ergänzende Möglichkeit, einen wettbewerbsneutralen, förderlichen Ordnungsrahmen für Energieeffizienz zu schaffen[62]. Um ein bestimmtes Maß an Energieeinsparungen zu erreichen, wird dabei allen Verteilnetzbetreibern und/oder Lieferunternehmen von Strom und Gas ein staatlich festgesetztes oder im Konsens vereinbartes, verbindliches Einsparziel vorgegeben. Das Ziel kann z. B. als Prozentsatz der abgesetzten Energie formuliert werden (z. B. Einsparung von mindestens 1% pro Jahr gegenüber dem Trend). Die Aufsicht über die Energieeffizienz-Aktivitäten der Energieunternehmen und die Kontrolle der erzielten Einspareffekte anhand vorab festgelegter Methoden kann von der Regulierungsbehörde oder direkt von den Ministerien übernommen werden. Bundesumweltminister Trittin (2003) sieht sowohl den Energieeffizienz-Fonds als auch derartige Energieeinsparverpflichtungen für Energieunternehmen als mögliche Optionen für Deutschland an und betont die Notwendigkeit, neue Instrumente zu entwickeln und einzuführen, um die die ehrgeizigen nationalen Klimaschutz- und Energieeinsparziele erreichbar und in der praktischen Nutzung wirksam zu machen.

- Falls eine ex ante-**Regulierung der Gas- und Stromnetznutzungsentgelte** in Deutschland eingeführt wird, wie sie mittlerweile verschiedenste Marktakteure und Politiker zur Wettbewerbssicherung fordern, sollte sie auf einem "Multiple Driver Cap Schema" basieren (Leprich/Irrek/Thomas 2001), um den ökonomisch ineffizienten Anreiz zur Absatzausweitung von Netzunternehmen abzuschwächen und den Unternehmen die Möglichkeit zu geben, die Kosten für kosteneffektive DSM-Programme an die Kunden weiterzureichen (vgl. auch Artikel 10 des Vorschlags der EU-Kommission für eine Richtlinie zur Endenergieeffizienz und zu Energiedienstleistungen). Als kurzfristige Maßnahme vor Einführung einer Netzregulierung wird empfohlen, den Unternehmen per Rechtsverordnung oder Modifizierung des Energiewirtschaftsgesetzes zumindest zu gestatten, die entstehenden Kosten für DSM-Programme sowie Beratung zur rationellen Energienutzung auf die Netznutzungsentgelte im Rahmen der Ver-

---

62 Beispiele für solche Energieeffizienz-Verpflichtungen in liberalisierten Energiemärkten sind die Energy Efficiency Commitments in Großbritannien oder die Energieeffizienz-Verpflichtungen in Dänemark, Flandern, Italien, Norwegen und in einigen US-Bundesstaaten (z. B. Kalifornien).

bändevereinbarung II bzw. im Rahmen des im Zuge der Umsetzung der EU-Beschleunigungsrichtlinien ab dem 1. Juli 2004 zu schaffenden Regulierungsregimes umzulegen.

- Verstärkte Aktivitäten der im Herbst 2000 gegründeten Deutschen Energie-Agentur (dena), z. B. Initiierung eines bundesweiten Impulsprogramms zur Förderung der rationellen Energienutzung (“**Zukunftsinvestitionsprogramm REN**”).
- Durchführung verschiedenster **sektor- und zielgruppenspezifischer politischer Maßnahmen**[63].

Derartige “Leitplanken” (Hennicke 1999) der Politik zur Unterstützung des Angebots von Energieeffizienz-Dienstleistungen im liberalisierten Markt müssen auf Grund der dort nun vorherrschenden betriebswirtschaftlichen Sichtweise bezüglich ihrer beabsichtigten Wirkung genauer analysiert werden als es im Monopol oft der Fall war. Die politischen Programme und konkreten Schritte sind entsprechend zu gestalten und zu steuern, außerdem ist deren Zielerreichung regelmäßig zu überprüfen.

Im Folgenden wird davon ausgegangen, dass die auf EU- wie auf nationaler Ebene eingeleitete Entwicklung hin zu mehr Energieeffizienz zukünftig fortgesetzt und intensiviert wird. Dabei sollen die entsprechenden politischen Rahmenbedingungen und Maßnahmen zur Förderung der Entwicklung eines Marktes für Energieeffizienz-Dienstleistungen als Ergänzung der bereits eingeleiteten Liberalisierungsschritte verstärkt und an den offensichtlichen und latenten Bedürfnissen, Zielen und Kompetenzen der Anbieter und Nachfrager ausgerichtet werden.

3.5 Die Energiedienstleistungsstrategie eines “Modell-EDU”

3.5.1 Strategische Neupositionierung im Wettbewerb

Damit Energieunternehmen im Wettbewerb erfolgreich agieren können, müssen sie sich von relativ statischen EVU zu EDU wandeln, welche die Bedürfnisse der

---

[63] Vgl. auch die Handlungsempfehlungen der Enquete-Kommission (2002, 39ff.).

Kunden erkennen, sie flexibel in attraktive Produkte und Dienstleistungen umsetzen und ihre Fähigkeiten zur Erbringung der Leistungen optimieren. Die Neuorientierung muss sowohl auf der Ebene des Gesamtunternehmens, der strategischen Geschäftseinheiten als auch der Einzelprozesse erfolgen. Sie erfordert dabei neue **Leitbilder** (vgl. beispielsweise Hennicke 1999, 113ff., oder das in Tabelle 8 aufgeführte Unternehmensleitbild der Stadtwerke Düsseldorf AG) und **strategische Konzeptionen**, die letztlich durch **sich wandelnde Denk- und Verhaltensweisen** realisiert werden (Henzelmann 1997).

Tabelle 8 Aus dem Unternehmensleitbild der Stadtwerke Düsseldorf AG (Stand: 12/2000)[64]

- Wir stellen uns mit unseren Leistungen individuell auf die Bedürfnisse unserer Kunden ein.
- Durch Eigeninitiative und Arbeit im Team erreichen wir unsere Ziele.
- Unsere Hauptziele sind in der folgenden Reihenfolge:
  1. Wettbewerbsfähigkeit
  2. Flexibilität
  3. Zuverlässigkeit
  4. Umweltschonung
  5. Eigenständigkeit
- Durch Verbesserungsideen und Vorschläge tragen wir zur Weiterentwicklung unseres Unternehmens und damit zur Sicherung unserer Arbeitsplätze bei
- Jeder Mitarbeiter ist bereit zu lernen. Dazu nutzen wir die Möglichkeiten der persönlichen und fachlichen Fort- und Weiterbildung.
- Ehrlicher Dialog schafft Vertrauen.
- Jeder von uns trägt das Bild des Unternehmens nach außen und bestimmt durch sein Verhalten entscheidend das Unternehmensansehen und den Unternehmenserfolg.
- Die Stadtwerke Düsseldorf AG werden sich als moderner Energie- und Umweltdienstleister am Markt behaupten.
- Wir wollen einen Spitzenplatz erreichen und überprüfen unsere Leistungen regelmäßig auch im Vergleich mit den Besten.

Quelle: http://www.swd-ag.de/unternehmen/broschuere_leitbild.htm.

Diese veränderten Denkansätze führen zu einem Wandel der Produkte und Dienstleistungen sowie der internen Strukturen und Instrumente und bedeuten schließlich einen **tiefgreifenden Umbruch in der Unternehmenskultur**, d. h. der innerhalb des EDU vorherrschenden Wertvorstellungen, Traditionen, Überlieferungen, Mythen, Normen und Denkhaltungen (Hinterhuber 1997, 49), welche die

---

64 "Die vorliegende Fassung des Unternehmensleitbildes entstand in einem zweijährigen Diskussionsprozess - geschrieben von einem Arbeitskreis, an dem zahlreiche Mitarbeiterinnen und Mitarbeiter aus allen Teilen des Unternehmens beteiligt waren" (http://www.swd-ag.de/unternehmen/ leitbild.htm).

Entscheidungen, die Handlungen und das Verhalten der Organisationsmitglieder prägen (Schulte-Zurhausen 1999, 217). Im günstigsten Fall stützen sich die Entwicklungen der Strategie-, Struktur- und Unternehmenskultur gegenseitig und ergänzen einander (vgl. auch Hinterhuber 1997).

Die strategische Führung von monopolistischen EVU hin zu wettbewerbsorientierten EDU lässt sich auch als **evolutionärer Prozess** darstellen (vgl. auch Kirsch 1991, 1992). Evolutionäre Prozesse zeichnen sich dadurch aus, dass sich ständig Verzweigungen der Entwicklungsrichtung ergeben, an denen sich bestimmte Alternativen durchsetzen und andere auf Grund von Irreversibilität dauerhaft ausscheiden (Selektionsaspekt, vgl. Dosi/Nelson, 1994, Boulding 1991, Dosi 1991, Witt 1987). Der Entwicklungsverlauf und seine konkreten Ergebnisse sind dabei grundsätzlich nicht eindeutig, exakt und langfristig vorhersagbar, da die Prozesselemente in komplexer, teilweise nicht-linearer Wechselwirkung zueinander stehen und sich immer wieder gegenseitig beeinflussen. Eine exakte Systemsteuerung, d. h. eine vollständige Beherrschbarkeit der Prozesse, ist auf Grund der Komplexität der Wechselwirkungen unmöglich, denn oft können weder die Prozessanfangsbedingungen noch die einzelnen Systemparameter exakt geschätzt werden. Allerdings hat der Mensch durch seine reflexiven Fähigkeiten die Möglichkeit, Einfluss auf den Evolutionsprozess und damit auch auf die evolutionären Regeln zu nehmen, nach denen der Prozess fortschreitet (Kirsch 1991). Trotz der Systemkomplexität ist es also möglich, verschiedene Handlungsalternativen einzugrenzen und die Wahrscheinlichkeit für das Erreichen bestimmter Systemzustände zu erhöhen (vgl. auch Ramesohl 2001).

Mit Hilfe der strategischen Neupositionierung der Energieunternehmen und entsprechend ausgerichteter Zielbestimmungen wird letztlich versucht, durch Reflexion die Steuerungsmöglichkeiten im sich wandelnden energiewirtschaftlichen Umfeld zu erkennen und sie zur Festlegung der Einschränkungen und Grenzen (Zielkorridore) zu nutzen innerhalb derer sich das System "EDU" entfalten soll (vgl. auch Probst 1987). Entsprechend dem evolutionären Charakter des Gesamtsystems sind diese Zielwerte und Grenzen allerdings nicht statisch fixiert, sondern verändern sich laufend mit wechselnden Randbedingungen. Innerhalb der angestrebten Zielkorridore gilt es, den Entwicklungsprozess aktiv zu gestalten, z. B. durch Förderung der kreativen Suche und Vielfalt von Maßnahmen und Lösungen im Rahmen von flexiblen und fehlerfreundlichen Handlungsstrategien (Ramesohl 2001).

Letztlich weist die grundlegende Neuausrichtung der ehemaligen Monopolunternehmen auch **Parallelen zu einer Unternehmensneugründung** auf. Hier wie dort geht es um "den Neuaufbau bzw. allgemein die Erneuerung von Unternehmenspotenzialen" (Matthes 2001), die eine entsprechende **Entwicklungssteuerung** (Matthes 1989) benötigt. Insbesondere der Aufbau des Dienstleistungsbereichs in den Energieunternehmen mit den sich erst allmählich entwickelnden Nachfragestrukturen (vgl. Kapitel 3.4.4) ist dabei anfangs durch eine Vielzahl offener strategischer wie operativer Entscheidungsprobleme und -prozesse sowie von Außeneinflüssen und Entscheidungen über Rahmenbedingungen der Geschäftsfeldentwicklung gekennzeichnet ("partiell offene Entscheidungsnetzstruktur", Matthes 2001, 322). Dies ist bei der Festlegung von Strategien, Zielvorgaben und -steuerungssystemen zu beachten.

Für die Unternehmensfortführung unter den Bedingungen des liberalisierten Marktes sind wettbewerbliche **Grundanforderungen** im Rahmen der strategischen Neuausrichtung der Energieunternehmen am Markt zu beachten: Steigerung der Wettbewerbsfähigkeit, Verstärkung der Kundenbindung. Daneben gibt es frei wählbare gesamtunternehmens- und geschäftsfeldbezogene **Strategieoptionen** (vgl. auch Hinterhuber 1997, VDEW 1997). An die Festlegung der Geschäftsfeldstrategien schließt die strategische Marketingplanung mit der Erarbeitung von Marktteilnehmer- und Marketinginstrumentenstrategien an (Meffert/Bruhn 1997, 151). Erstere umfassen Marktbearbeitungsstrategien sowie abnehmer-, wettbewerbs- und absatzmittlergerichtete Verhaltensstrategien[65]. Die Marketinginstrumente lassen sich in vier Bereiche einteilen: Leistungspolitik, Kommunikationspolitik, Distributionspolitik und Kontrahierungspolitik (ebenda).

Zu den Elementen der **Geschäftsfeldstrategie** gehören (ebenda):

- Die **Definition strategischer Geschäftsfelder**, d. h. ihre Abgrenzung nach Funktionen, Technologien, Kundengruppen und Regionen.

---

65 Bei den beiden Letzteren lassen sich vier Basisstrategien identifizieren: Kooperation, Konflikt, Anpassung und Ausweichen (Meffert/Bruhn 1997, 191ff.).

- Die systematische **Entwicklung marktfeldstrategischer Optionen**. Diese kann beispielsweise entlang der Wertschöpfungskette auf Basis der Produkt-Markt-Matrix nach Ansoff (1966) erfolgen, wobei prinzipiell Marktdurchdringungs-, Marktentwicklungs-, Produktentwicklungs- und Diversifikationsstrategien zu unterscheiden sind (vgl. auch VDEW 1997):

  - Marktdurchdringungsstrategien basieren auf dem derzeitigen Produktangebot und zielen auf eine Absatzausweitung auf den gegenwärtig bearbeiteten Märkten ab. Ein Beispiel für eine Marktdurchdringungsstrategie im Stromerzeugungsbereich ist eine Nischenstrategie, bei der sich der Erzeuger auf mit erneuerbaren Energien betriebene Kraftwerke im bisherigen Versorgungsgebiet konzentriert (ebenda, 31).

  - Marktentwicklungsstrategien sind darauf ausgerichtet, neue Märkte mit dem derzeitigen Produktangebot zu erschließen. Ein Beispiel für eine Marktentwicklungsstrategie im Stromtransportbereich ist die Betriebsführung von Transportleitungen in anderen Versorgungsgebieten (ebenda, 34).

  - Produktentwicklungsstrategien versuchen, den bisherigen Kundenkreis zusätzlich mit neuen Produkten anzusprechen. Ein Beispiel für eine Produktentwicklungsstrategie im Stromverteilungsbereich ist die Überwachung und Steuerung von Kundenanlagen im eigenen Versorgungsgebiet (ebenda, 36).

  - Diversifizierungsstrategien zielen darauf ab, außerhalb der bisherigen Tätigkeitsfelder attraktive Märkte zu bearbeiten, für die das Unternehmen die erforderlichen Kernkompetenzen aufweist. Beispiele für Diversifizierungsstrategien sind der Aufbau neuer Geschäftsfelder wie z. B. Facility Management und Erschließungsträgergesellschaften.

- Neben der Produkt- und Marktorientierung ist angesichts der zunehmenden Wettbewerbsintensität auch die **Ausrichtung der Strategie der EDU auf die Wettbewerbssituation** erforderlich. Nach Porter (1987) treten dabei die folgenden drei wettbewerbsstrategischen Grundkonzeptionen zur Erlangung von Kosten- bzw. Leistungsvorteilen gegenüber der Konkurrenz auf:

- Umfassende Kostenführerschaft: "Niedrigere Kosten im Verhältnis zum Konkurrenten werden zum roten Faden der gesamten Strategie, obwohl Qualität, Service und andere Bereiche nicht außer Acht gelassen werden dürfen" (Porter 1987, 63).

- Differenzierung: Hier geht es letztlich darum, unverwechselbare Produkte und Dienstleistungen zu schaffen, die sich von denen der Konkurrenten abheben.

- Konzentration auf Schwerpunkte: bedeutet z. B. die Konzentration auf eine ausgewählte Kundengruppe, einen bestimmten Teil des Produktprogramms oder einen geographisch abgegrenzten Markt.

- Darüber hinaus ist der **Grad der Marktabdeckung** (Gesamtmarkt <-> Nische) unter besonderer Berücksichtigung des Zusammenhangs zwischen Marktabdeckungs- und Wettbewerbsstrategien festzulegen (vgl. Meffert/Bruhn 1997, 178ff.).

- Schließlich ist die **Timingstrategie** (Pionier <-> Folger) unter Beachtung der Diffusionsprozesse im Markt zu bestimmen (ebenda).

Die Grundlagen für die jeweilige Strategiefestlegung sind mit Hilfe strategischer Analyse- und Planungskonzepte wie Chancen-Risiken-, Ressourcen-, Positionierungsanalysen, Lebenszyklus-, Portfolio- und Wertkettenanalysen zu erarbeiten (ebenda). Die strategische Bewertung selbst setzt erfahrungsgestützte, kontrollierbare Prognosen in evolutionären Kontexten voraus (Matthes 1989, 150).

Im Folgenden wird entsprechend dem Fokus der Arbeit auf EVU, die sich zu umfassenden EDU wandeln, ein **"Modell-EDU"** skizziert. Die Konkretisierung der Ausgangsposition, der gewünschten strategischen Position, des Produkt- und Kundenportfolio, der Kooperationsentscheidungen sowie des Zielsystems dieses fiktiven Unternehmens erfolgt nur insoweit als sie als Orientierung und Beispiel dient, um die weitere Untersuchung der Steuerungsobjekte, -probleme, -prozesse, -effekte, -aufgaben, -instrumente, -systeme und -institutionen im EDL-Bereich zu veranschaulichen bzw. auf das angenommene "Modell-EDU" zu beziehen.

Das "Modell-EDU" stellt dabei ein mittelgroßes Energieunternehmen dar, das als Querverbundunternehmen in der Monopolzeit in mehreren Energiesparten (Strom,

Gas, Wärme) aktiv war, einen signifikanten Eigenerzeugungsanteil besitzt (KWK, REG), seit der Marktöffnung bisher nur wenige Stromkunden an andere Energielieferanten verloren hat und Anfang der 90er Jahre begonnen hat, mit Hilfe von Kostensenkungsprogrammen wettbewerbsfähiger zu werden und verstärkt Energieeffizienz-Dienstleistungen anzubieten.

3.5.2 Mission und Vision

“Geistige und inhaltliche Klammer” (Weber 1999, 47) der strategischen Neuorientierung des “Modell-EDU” sei folgendes Mission Statement:

Mission Statement des “Modell-EDU”:
Energiekosten senken durch kostenminimierende EDL.

In diesem Leitsatz wird die Grundpositionierung des “Modell-EDU” deutlich, nämlich die Ausrichtung auf das zentrale Kundenbedürfnis nach EDL (vgl. Kapitel 3.4.1.1). Endverbraucher profitieren nicht direkt von der Endenergie, z. B. Gas oder Strom, sondern von der EDL, z. B. der guten Beleuchtung oder der Wärme einer geheizten Wohnung, “hot pizza and cold beer” (Wuppertal Institut et al. 2000, 6).

Das Mission Statement ist zentraler Bezugspunkt der strategischen Ausrichtung. Unerlässlich ist die Akzeptanz bei allen Mitarbeitern und daher sollte es in einem breit getragenen, partizipativen Kommunikationsprozess entwickelt und laufend auf seine Stimmigkeit mit dem Unternehmungsgeschehen und der Situation und Entwicklung in der Unternehmungsumwelt hin überprüft werden, damit es nicht zur utopischen oder belanglosen Leerformel degeneriert (vgl. Weber 1997).

Orientiert am Mission Statement könnte das fiktive “Modell-EDU” auf Basis von Analysen möglicher Zielgruppen, der Konkurrenten sowie der eigenen Kapazitäten die folgende Vision entwickeln:

Vision des "Modell-EDU":

Wir sind in unserem Kernvertriebsgebiet der größte, kompetenteste und zuverlässigste Anbieter einer breiten Palette von EDL. Diese EDL sind an den Bedarf der jeweiligen Kunden angepasst. Ihr Einsatz führt zu (aus Kundensicht) kostenoptimalen und gleichzeitig umweltschonenden Kombinationen aus zugeführter Energie (Arbeit, Leistung) und Endverbrauchstechnologien und -dienstleistungen.
Für unser Unternehmen ist das EDL-Angebot profitabel und trägt zum Erhalt und zum Ausbau von Arbeitsplätzen bei.

Mission und Vision folgen damit dem in Kapitel 3.4 ausgeführten EDL-Verständnis und der dort beschriebenen möglichen Marktentwicklung auf Basis bereits heute feststellbaren Umsatzwachstums und konkreter Wachstumsprognosen im EDL-Bereich (vgl. auch den in LBD 2001 festgestellten Trend zu einem verstärkten EDL-Angebot von Stadtwerken). Der strategische Fokus des Unternehmens liegt damit auf der **Geschäftseinheit "Energiedienstleistungen"**. Wie das Beispiel der im liberalisierten Markt bisher sehr erfolgreich[66] agierenden MVV Energie AG zeigt, ist dies ein zwar bisher kaum umgesetztes, aber durchaus realistisches Szenario für ein sich an Marktentwicklungen und Kundenbedürfnissen orientierendes, konsequent vom EVU zum EDU wandelndes Energieunternehmen (vgl. Weisbrodt 2000, 47).

Als "umfassender Dienstleister" (VDEW 1997, 46) offeriert das "Modell-EDU" eine breite Palette an EDL[67] als unverwechselbare Markenprodukte aus einer Hand. Es

---

[66] Ein Indiz für den Erfolg der MVV Energie AG ist u. a. auch die Wahl ihres Vorstandssprechers Roland Hartung zum "Energiemanager des Jahres 2001". Damit würdigten die Jury und die Initiatoren dieses erstmalig ausgeschriebenen Wettbewerbs sowohl die Unternehmerpersönlichkeit als auch das erfolgreiche Wettbewerbsmodell, mit dem Hartung das ehemalige Stadtwerk in wenigen Jahren zu einem international agierenden EDU umgebaut hat. Als Bewertungskriterien wurden die vorbildliche Unternehmensentwicklung in den Bereichen Innovation, Kundenbindung, Qualität, Unternehmenskultur, Shareholder Value, E-Commerce, Internationalisierung, energietechnische Innovationskraft und ökologische Nachhaltigkeit genannt (o.V. 2001g).

[67] Ggf. entwickelt sich das EDU auch weiter zum Multi Utility-Unternehmen, das sich nicht allein auf EDL beschränkt, sondern weitere Infrastrukturdienstleistungen in die Angebotspalette mit hineinnimmt. Aus Vereinfachungsgründen wird jedoch angenommen, dass das Unternehmen bisher neben der Versorgung mit Strom, Gas und Wärme keine weitere Infrastrukturversorgung betrieben hat. Daher bleibt die Analyse zunächst beim sich auf EDL beschränkenden "Modell-EDU".

erweitert dabei sein bisheriges Produktspektrum um zusätzliche Dienstleistungen, die es entweder alleine oder in Kooperation mit Marktpartnern erbringt. Dabei konzentriert es sich zunächst auf sein bisheriges Kernvertriebsgebiet, d. h. die bislang mit Endenergie versorgten Kundengruppen, so dass vor allem Marktdurchdringungs- und Produktentwicklungsstrategien im Vordergrund stehen.

Auch wenn Ziel des "Modell-EDU" ist, die Kosten der EDL für die Kunden zu minimieren und EDL kostengünstig anzubieten, ist die wettbewerbsstrategische Grundposition nicht die einer umfassenden Kostenführerschaft. Eine umfassende Kostenführerschaft würde bedeuten, auch bei allen Endenergieprodukten Kostenführer zu sein. Das "Modell-EDU" richtet sein Augenmerk jedoch vor allem auf das kostengünstige Angebot bedarfsgerechter Kombinationen aus Endenergie und endverbrauchenden Technologien und Dienstleistungen. Im Vordergrund steht das - auf das bisherige Kernvertriebsgebiet konzentrierte - Angebot unverwechselbarer EDL. Dabei baut das "Modell-EDU" vor allem auf seine Rolle als traditionsreiches Energieunternehmen vor Ort mit der damit verbundenen Kundennähe, Glaubwürdigkeit, Erfahrung und dem guten Ruf in Sachen Qualität der angebotenen Leistungen (vgl. auch Hennicke 1999, 115; Porter 1987, 70).

Sein bisheriges EDL-Angebot kennzeichnet das "Modell-EDU" als frühen Adopter (Rogers 1983) in einigen wesentlichen EDL-Bereichen und diese Position will es durch verstärkte kunden- bzw. bedarfsorientierte Produktentwicklung und horizontale, vertikale sowie diagonale Kooperationen mit Pionieren und frühen Adoptoren in anderen EDL-Bereichen ausbauen. Dabei übernimmt es in einigen Dienstleistungsfeldern auch Pionierfunktion.

3.5.3 Vorteile der Energiedienstleistungsstrategie

Eine derartige strategische Ausrichtung auf den EDL-Bereich bietet gegenüber dem reinen Versorgungsgeschäft zahlreiche Vorteile (Irrek/Kristof/Wagner 2001, 111ff.): Die bessere Vermarktbarkeit von EDL im Vergleich zu Strom und Gas, der Aufbau langfristiger vertraglicher Beziehungen zu den Kunden, die Verbesserung der Kundenbeziehungen, die Anpassung an gesellschaftliche Veränderungen, die Minderung der Abhängigkeit vom Vorlieferanten und das Erschließen neuer Umsatz- und Gewinnpotenziale sind wesentliche Vorzüge eines Ausbaus des EDL-Bereichs, die folgend näher erläutert werden.

3.5.3.1 Vermarktbarkeit von Energiedienstleistungen

Ein entscheidender Vorteil, den der Verkauf von EDL gegenüber dem Verkauf von Energieträgern hat, ist die prinzipiell bessere Vermarktbarkeit. Während Energieträger quasi ohne erkennbare Qualitätsunterschiede von allen Versorgungsunternehmen angeboten werden können, bieten Dienstleistungen zahlreiche Möglichkeiten sich positiv abzuheben und eröffnen damit Marketingmaßnahmen, die Qualitätsaspekte in den Vordergrund stellen. Demgegenüber haben Marketingversuche, der Ware Strom eine Qualität zu geben, in der Vergangenheit wenig Erfolg gehabt, wie man an den aufwendigen Kampagnen von "Yello" ("Strom ist gelb") und E.ON sieht, bei der trotz großer Anstrengungen im Vergleich zum erheblichen Aufwand nur relativ wenig Wechselkunden gewonnen wurden (LBD 2000, Schneider/Schürmann 2001, Wollschläger 2002).

Ein Beispiel soll verdeutlichen, wo die marketingstrategischen Vorteile eines Qualitätswettbewerbs liegen: Für die Funktionsfähigkeit einer Waschmaschine spielt es keine Rolle, ob der beim Betrieb der Maschine benötigte Strom durch ein ukrainisches Kernkraftwerk oder durch eine norddeutsche Windkraftanlage erzeugt wurde. Entsprechend ist der Preis des Stromes ein entscheidendes Kriterium der Kunden zum Betrieb der Waschmaschine. Findet hingegen ein Wettbewerb um die EDL "Reinigung von Wäsche" über die Bereitstellung der nötigen Geräte und Energieträger statt, treten ganz andere Parameter in den Vordergrund. In diesem Fall ist sehr wohl die Qualität verschiedener Anbieter unterscheidbar. Die Fragen sind, ob es einen kundennahen und jederzeit erreichbaren Service gibt, ob die zur Verfügung gestellte Waschmaschine regelmäßig gewartet und ggf. ausgetauscht wird, ob die Maschine alle vom Kunden gewünschten Funktionen beherrscht usw. Da die Marketingperspektive zur Gestaltung der Beziehung zwischen Konsumenten und Unternehmen an Bedeutung gewinnt (Rifkin 2000, 138f.), ist der Aspekt der besseren Vermarktungsmöglichkeiten von Dienstleistungen ein für das "Modell-EDU" entscheidender Vorteil gegenüber der Vermarktung von "qualitätslosem" Strom.

3.5.3.2 Aufbau langfristiger vertraglicher Beziehungen

Ein weiterer entscheidender Vorteil von EDL besteht in der Möglichkeit des Aufbaus langfristiger kommerzieller Beziehungen zu den Kunden. Im Gegensatz zu kurzfristig kündbaren, reinen Stromlieferverträgen haben zahlreiche Dienstleistungen den Vorteil, so ausgestaltet zu sein, dass die Kunden längere Vertragsdauern akzeptieren und in diesem Fall für einen ausgedehnteren Zeitraum gebunden werden können (z. B. beim Contracting). Auch hier spielen Marketing und Vertrieb eine ausschlaggebende Rolle. Die Produktion wird in diesem Fall quasi zum "Zulieferer" des Marketings, da es entscheidend sein wird, Beziehungen zu den Endverbrauchern aufzubauen. Die eigentlichen Waren, im obigen Beispiel sind das u. a. Waschmaschine und Strom, werden zur "Plattform für Dienstleistungen" (Rifkin 2000, 138). Beispiele aus anderen Branchen, insbesondere der Telekommunikation, offenbaren, dass die Kundenbindung über Dienstleistungen deutlich wichtiger geworden ist als die Produkte selbst. Wer mobil telefonieren möchte, benötigt ein Mobiltelefon und einen Netzbetreiber. Mittlerweile ist zu beobachten, dass die Telefone (also die Produkte) verschenkt werden, um die Kunden vertraglich an einen bestimmten Netzbetreiber zu binden.

3.5.3.3 Verbesserung der Beziehungen zu Marktpartnern

Ein strategischer Vorteil von EDL resultiert zudem aus der Möglichkeit einer Veränderung des Verhältnisses zwischen Kunden und Energieunternehmen. Umfangreiche Untersuchungen des Wuppertal Instituts und des Öko-Instituts ergaben, dass alle von Energieunternehmen angebotenen EDL zu einer Verbesserung des Verhältnisses zu den Kunden führten (Forschungsverbund öko-effiziente Dienstleistungen 1998, 11 und 25f.). "Wie kann ein Unternehmen Marktanteile gewinnen, wenn die Qualität seiner Waren von der seiner Konkurrenten praktisch nicht zu unterscheiden ist und alle zuviel vom gleichen Produkt herstellen?" fragt Rifkin und gibt die Antwort: "Er muss als Comanager der Kundenaktivitäten auftreten, dabei dessen Leistung und Gewinn verbessern und sich mit diesem die Erträge teilen" (Rifkin 2000, 124).

In der Energiewirtschaft sind solche Konzepte unter dem Begriff Einspar- bzw. Performance-Contracting zum Teil bereits eingeführte Praxis. Die Verlängerung der Wertschöpfungskette durch das Ökoeffizienz-Dienstleistungsangebot Contracting macht aus dem Kunden einen Klienten und Partner. Der Kunde kauft in einem solchen Fall Wissen und Sachkenntnis des Anbieters, ohne selbst ein finanzielles

Risiko einzugehen, da die Geschäftsvereinbarung auf den geteilten Vorteilen (Sharing-Savings) basiert (Rifkin 2000, 124).

Zudem kommt es zu einer Verbesserung des Verhältnisses zwischen dem Energieunternehmen und den örtlichen Handwerksbetrieben. Das Installateur- und Elektrohandwerk profitiert von etwa der Hälfte der EDL-Angebote. Eine gute Kooperationen zwischen Energieunternehmen und Handwerk zur Realisierung von EDL beseitigt Konflikte, die auf eine Konkurrenzsituation zurückzuführen sind und führt zu einem kontinuierlichen Dialog zwischen den Innungen und dem Energieunternehmen. Dabei haben kommunale Energieunternehmen bei der Realisierung von EDL-Kooperationen den Vorteil, dass sie meist über langjährige Kontakte zu den örtlichen Handwerkskammern und Betrieben verfügen und es zudem zahlreiche Anknüpfungspunkte mit anderen kommunalen bzw. öffentlichen Betrieben gibt (insbesondere der Wohnungswirtschaft) (Forschungsverbund öko-effiziente Dienstleistungen 1998, 11ff.).

3.5.3.4 Anpassung an gesellschaftliche Veränderungen

Von strategischer Bedeutung für den Ausbau von ökoeffizienten EDL sind zudem gesellschaftliche Veränderungen. Der Wandel von einem Regime des Besitzens zu einem des Zugangs (Rifkin 2000, 13) führt dazu, dass Eigentum an Bedeutung verlieren wird. “Wir empfinden es als Befreiung, uns von unseren Besitztümern zu trennen”, beschreibt Rifkin dieses Phänomen (Rifkin 2000, 176) und macht deutlich, dass ein Paradigmenwechsel von der produktorientierten zur zugangsorientierten Gesellschaft stattfindet. Insbesondere die junge Generation beginnt, “die Bindung an Eigentum hinter sich zu lassen” (Rifkin 2000, 251). Dienstleistungen wie Contracting und Leasing sowie Mietangebote tragen diesem gesellschaftlichen Wandel Rechnung. Die Kunden werden von ungewünschten Aufgaben, die mit dem Erwerb von Eigentum verbunden sind, entlastet. Für den Kunden steht der Nutzen und nicht das Produkt im Vordergrund.

3.5.3.5 Minderung der Abhängigkeit vom Vorlieferanten

Schließlich besteht ein wesentlicher wettbewerbsstrategischer Vorteil von energieeffizienten EDL darin, dass der “einzige Verlierer” solcher Strategien der Vorlieferant für Strom ist (Forschungsverbund öko-effiziente Dienstleistungen 1998, 11f.).

Mit dem Sinken des Strombezugs steigt entsprechend der Anteil der Eigenerzeugung, was zu einer Abnahme der Abhängigkeit des Energieunternehmens vom Vorlieferanten führt. Außerdem werden neue eigene Erzeugungskapazitäten auf- bzw. ausgebaut, wenn die EDL in der Bereitstellung, Wartung und Instandhaltung von Energieerzeugungsanlagen beim Kunden besteht.

3.5.3.6 Neue Umsatz- und Gewinnchancen

Mit der strategischen Fokussierung des EDL-Bereichs und des damit einhergehenden Wandels des Stadtwerks vom EVU zum sich an Marktentwicklungen und Kundenbedürfnissen orientierenden "umfassenden Dienstleister" (VDEW 1997, 46) sind neue Umsatz- und Gewinnchancen verbunden (vgl. auch LBD 2001).

Einige Energieunternehmen rechnen dabei mit Umsatzvervielfachungen im Energiedienstleistungsbereich innerhalb weniger Jahre. Beispielsweise hat die MVV Energie AG nach Geschäftsberichtsangaben ihren Konzernumsatz im Dienstleistungsbereich von mehr als 25 Mio. Euro im Geschäftsjahr 1998/1999 über 34 Mio. Euro im Geschäftsjahr 1999/2000 und 86 Mio. Euro im Geschäftsjahr 2000/2001 auf 87 Mio. Euro im Geschäftsjahr 2001/2002 gesteigert (davon allein 31 Mio. Euro im Contracting-Bereich) und plant eine weitere Steigerung auf mehr als 200 Mio. Euro bis etwa zum Jahr 2005. Hierbei muss allerdings berücksichtigt werden, dass ein derartig expansiver Geschäftsfeldaufbau in den ersten Jahren Defizite ("Vorlaufkosten und Anlaufverluste", MVV Energie AG 2002, 24) mit sich bringen kann und erst nach der Aufbauphase mit lukrativen Renditen zu rechnen ist.

3.5.4 Produkt- und Kundenportfolio

Die Umsetzung der gewünschten, die genannten Vorteile nutzenden, strategischen Positionierung erfolgt durch Maßnahmen zur Gestaltung der Investitions-, Finanzierungs-, Organisations-, Produktentwicklungs-, Produktions-, Beschaffungs-, Personalwirtschafts-, Informations-, Lern- und Absatz- bzw. Marketingstrukturen und
-prozesse im Unternehmen ("strategische Programme", Weber 1999, 52). Im Folgenden werden die produkt- und kundenbezogenen Maßnahmen des "Modell-EDU" zur Strukturgestaltung herausgestellt, da der Wandel des EVU zum EDU zunächst vor allem durch die verstärkte Kundenorientierung bestimmt ist, d. h. Sach-

zielentscheidungen sind am Kundenbedarf ausgerichtet und das Leistungsspektrum ist nach Kundensegmenten sortiert.

Die Analyse und Festlegung von Zielgruppen sowie die Bestimmung der Angebotspalette vor dem Hintergrund der in Kapitel 3.4 ermittelten Marktentwicklung und der eigenen Kompetenzen, Kapazitäten und Potenziale des "Modell-EDU" sind Gegenstand der folgenden Betrachtungen.

3.5.4.1 Analyse und Festlegung der Zielgruppen

In der Monopolsituation differenzierten die Elektrizitätsversorgungsunternehmen im Rahmen der zu Tarifgenehmigungszwecken vorgelegten Kostenträgerrechnung folgende Kundengruppen (Kostenträger):

Sondervertragskunden

- Hochspannungssondervertragskunden,
- Mittelspannungssondervertragskunden,
- Niederspannungssondervertragskunden,
- Sonderabkommen (Nachtspeicherheizungen).

Tarifkunden

- Haushaltskunden,
- Gewerbekunden,
- Landwirtschaftskunden.

Diese Einteilung orientierte sich an einem angenommenen, kaskadenförmigen, technisch begründeten Kostenverlauf in der Elektrizitätsverteilung und -belieferung. Eine Ausrichtung an den Kundenbedürfnissen fand hier nicht statt.

Im Vorfeld der Marktöffnung wurden erste **Marktsegmentierungs- und Kundenzufriedenheitsstudien** durchgeführt, die insbesondere die Haushaltskunden - z. B. in Bezug auf typische Werte, Lebensstile und Konsumverhaltensweisen (Prose/Wortmann 1991) -, aber auch die industriellen Sondervertragskunden (z. B. VDEW 1998) näher untersuchten. Ziel war es, mehr über die einzelnen Kundengruppen, ihre Bedürfnisse und ihre Zufriedenheit mit dem Leistungsangebot sowie das Image der Energieunternehmen bei den Zielgruppen zu erfahren.

Im Zuge der Liberalisierung standen die Energieunternehmen vor der Herausforderung, derartige erste Schritte in Richtung einer Markt- und Kundensicht zu intensivieren und zu konkretisieren und die Strategieentwicklung an den zentralen, strategischen Kundengruppen auszurichten. Eine Grobdifferenzierung der strategischen Kundengruppen des "Modell-EDU", das bislang nicht an andere Energieeinzelhändler ("Weiterverteiler") liefert, könnte zu der folgenden Unterscheidung wesentlicher Zielgruppen gelangen (nach: Stadtwerke Hannover AG 1998b, vgl. auch Laker 2000 und Keller 2000 zu weitergehenden Marktsegmentierungsanalysen):

- Vor-Ort-Großkunden,
- Vor-Ort-Branchenkunden,
- Überregionale Bündelkunden,
- Privat- und Geschäftshaushalte.

Jede dieser Kundengruppen weist eine charakteristische Energie- bzw. EDL-Bedarfs- und -Beschaffungsstruktur auf und wird daher mit einer spezifischen Basisstrategie bearbeitet (vgl. ebenda).

Vor-Ort-Großkunden zeichnen sich durch beträchtliche Abnahmemengen mit entsprechendem Umsatz, hohe Ansprüche und oft auch großes energieverbrauchsspezifisches Know how aus. Sie haben ihre Standorte primär im Kernvertriebsgebiet des "Modell-EDU". Auch auf Grund ihres Wissens und ihrer Energie-/EDL-Beschaffungskapazitäten besteht bei Ihnen eine besondere Abwanderungsgefahr. Sie sind bedeutende Schlüsselkunden ("Key Accounts"), die individuell, intensiv und persönlich betreut werden müssen (Stadler 1997).

Vor-Ort-Branchenkunden sind vorwiegend kleinere und mittelständische Unternehmen (KMU) im Kernvertriebsgebiet des "Modell-EDU". Der einzelne Branchenkunde hat für das "Modell-EDU" nur eine mittlere Bedeutung, während das "Modell-EDU" bei ihm eine mittlere bis hohe Bedeutung hat. Im Gegensatz zu den Großkunden wird der einzelne Branchenkunde weniger intensiv, aber dennoch auf der Basis branchenspezifischer Strategien individuell betreut. Branchenübergreifend sind bei diesen KMU je nach ihrem Nachfrageverhalten im EDL-Bereich spezifische Unternehmenstypen unterscheidbar, die das "Modell-EDU" in seinem Anbieterverhalten berücksichtigen sollte (z. B. bei Kommunikationsmaßnahmen). Die Einteilung der Unternehmenstypen könnte sich beispielsweise an Ramesohl (2001) orientieren. Ramesohl (2001) benennt bei KMU vier Unternehmenstypen hinsichtlich ihrer Umsetzungskompetenz im Bereich Energieeffizienz. Dabei unterstellt er, dass die Umsetzungskompetenz im Sektor Energieeffizienz das Nachfrageverhalten der KMU im EDL-Bereich festlegt. Die vier Unternehmenstypen werden im Folgenden kurz vorgestellt:

- Typ 1 – **"Die Fortgeschrittenen"**: Bei ausreichend vorhandener Optimierungsfähigkeit räumen diese Unternehmen Energieeffizienz in allen Bereichen ihrer Aktivität hohe Priorität ein. Bevor die Vorreiter im Bereich Energie/EDL tätig wurden, lagen sie oft auf anderen Gebieten "vorne" (z. B. Umweltschutz, Arbeitssicherheit, Innovation). Firmen des Typs 1 neigen dazu, aktiv nach Handlungsmöglichkeiten zu suchen und Maßnahmen aus eigenem Antrieb zu realisieren. Die Akteure im Unternehmen sind allgemein motiviert und handlungsfähig, wobei die Geschäftsleitung die Eigeninitiative der Mitarbeiter in der Regel honoriert und unterstützt. Der Aufwand für die interne Argumentation, Überzeugungsarbeit und Überwindung von Widerständen ist folglich gering. Akteure aus diesen Firmen sind häufig in Netzwerken aktiv, suchen kontinuierlich nach neuen Impulsen bzw. Ideen und streben gleichzeitig nach sozialer Anerkennung ihres erfolgreichen Engagements, was sie zur Weiterführung ihrer Aktivitäten motiviert.

- Typ 2 - **"Das motivierte Management"**: In dieser Kategorie wird die Aktivität durch die Vorgaben des Managements dominiert. Grundsätzlich liegt eine Mobilisierung der Akteure vor, aber gerade im techno-ökonomischen Bereich erbringen die internen Akteure auf Grund fehlender Erfahrung und unzureichender Kenntnisse nicht die notwendigen Leistungen.

- Typ 3 - **"Die 'einsamen' Techniker"**: In diesen Firmen ist genügend energietechnische Kompetenz zur Durchführung von Effizienzprojekten vorhanden, und in vielen Fällen existiert ein hochmotivierter Schlüsselakteur, z. B. im technischen Management. Auf Grund seiner Erfahrung und Kenntnisse und durch das hohe Eigeninteresse sind gute interne Voraussetzungen für die Konzeptionierung und Planung von Energieeffizienz-Maßnahmen gegeben, so dass Prozessleistungen im techno-ökonomischen Bereich ausreichend zur Verfügung stehen. Gegensätzlich zum Typ 2 ist in diesen Fällen jedoch das Engagement der Geschäftsleitung im Bereich Energieeffizienz häufig beschränkt und die Schlüsselakteure stehen oft als Einzelkämpfer auf "einsamen Posten".

- Typ 4 - **"Die Einsteiger"**: Ihnen fehlt sowohl das organisatorische wie auch das technische Know how zur Durchführung von Energieeffizienzmaßnahmen, und die Optimierungsfähigkeit ist sehr schwach ausgeprägt. Energie hat in diesen Firmen bisher keine Rolle gespielt. Die Einsteiger brauchen für jede Aufnahme von Aktivitäten einen Anstoß (auslösenden Impuls) von außen, weshalb sie - für sich allein gelassen - oft passiv bleiben.

Überregionale Bündelkunden (Filialkunden) haben eine Vielzahl von Endenergie- bzw. EDL-Abnahmestellen, die sich nur zum Teil im Kernvertriebsgebiet des "Modell-EDU" befinden. Sie können je nach Anteil der Abnahmestellen im Kernvertriebsgebiet und Hauptfirmensitz unterschiedlich große Bedeutung haben.

Privat- und Geschäftshaushalte sind private Haushaltskunden sowie kleine Gewerbetreibende. Zwar hat jeder einzelne dieser Kunden nur eine geringe Bedeutung für das "Modell-EDU", doch ist diese Strategiegruppe als Summe sehr wichtig. Bei diesen Kunden hat das "Modell-EDU" eine starke Lieferantenposition, die es zu halten gilt.

3.5.4.2 Festlegung der Angebotspalette

Wesentlich bei der Festlegung der Angebotspaletten für die einzelnen Zielgruppen ist der inhaltliche Zusammenhang der einzelnen Teilleistungen. Die Dienstleistungsangebote stehen aus Sicht des Kunden in einem Nutzenverhältnis zueinander, das den Kern "alle EDL aus einer Hand" zum Gegenstand hat (VDEW 1997, 47). Je nach Kundengruppe sind hier modulartig aufgebaute Standard- oder Individuallösungen zu entwickeln bzw. fortzuschreiben. (Fuzzy-[68])Conjoint-, Produktzyklus- sowie Portfolio-Analysen helfen im Rahmen der Produktentwicklung (vgl. z. B. Gathen 2000, Meffert/Bruhn 1997, Muders 2000 zu den einzelnen Prozess-

---

68 Zur Entwicklung einer Fuzzy Conjoint Analyse vgl. die Anmerkungen von Schmitz (2000, 208).

schritten), für jeden Kunden bzw. jede Kundengruppe das bedarfsgerechte und gewinnoptimal bepreiste EDL-Angebotsspektrum zu finden (vgl. auch Gathen 2000, Hofer 2000, Laker 2000, Muders 2000).

Den genannten strategischen Kundengruppen könnten beispielsweise die folgenden Leistungen einzeln - oder zu Dienstleistungspaketen kombiniert - angeboten werden:

- **Vor-Ort-Großkunden**:
  - Individuelle, übersichtliche End- und Nutzenergielieferverträge mit elektronischer, verständlicher Abrechnung (Strom, Gas, Wärme, Kälte, Licht, Druckluft),
  - Übernahme der Energiesteuererklärung,
  - Unkomplizierte Netzanschlussverträge,
  - Laststruktur- und Verbrauchsanalysen / Lastmanagement,
  - Individuelle betriebliche Energieanalysen / Energiekonzepte inklusive Benchmarking zur Erstabschätzung von Einsparpotenzialen und Energieflussbildern,
  - Energiemanagement / Energie(kosten)-Controlling,
  - Informationsdienst zu energietechnischen Innovationen,
  - Beratung hinsichtlich öffentlichkeitswirksamer Energieanlagen,
  - Weiterbildung / Schulungen für Monteure, Elektriker, Sicherheits- und Umweltschutzbeauftragte sowie Energieeinkäufer,
  - Beratungen / Schulungen zum rationellen Umgang mit Energie im Betrieb,
  - Anlagenplanung bzw. Planungsunterstützung,
  - Anlagenbau,
  - Anlagenwartung und -instandhaltung,
  - Anlagenfernüberwachung / Bereitschaftsdienst,

- Anlagenbetriebsführung,
- Anlagen- und Einspar-Contracting,
- Functional Services,
- Facility Management,
- Standorterschließung / Erschließungsträgerschaft,
- Messleistungen,
- Thermografie,
- Stromausfall- und Anlagenversicherungen,
- Finanzierungsdienstleistungen,
- Beratung zu Fördermöglichkeiten,
- Projektmanagement.

• **Vor-Ort-Branchenkunden**: prinzipiell stehen die bei den Vor-Ort-Großkunden genannten Angebote auch für Vor-Ort-Branchenkunden zur Verfügung. Um ein günstiges Preis-Leistungsverhältnis bei der geringeren Größe der Branchen- gegenüber den Großkunden zu erzielen, sind einige der genannten Dienstleistungen jedoch stärker standardisiert:

  - Standard-Dienstleistungen für alle Branchen:
    z. B. standardisierte Belieferungsverträge und Lastanalysen/ Lastmanagement, standardisierter Wärme- und Trafostationsservice, standardisierte Versicherungsangebote,
  - Branchenspezifische Dienstleistungen:
    an branchenspezifischen Besonderheiten orientierte Energieanalysen, branchenspezifische Nutzlicht- und Nutzkältelieferungen, sowie Functional Services und Beratungs- und Schulungsangebote,
  - Sämtliche Dienstleistungsmodule, die für eine bestimmte Branche zur Verfügung stehen, werden häufig unter einem Oberbegriff zusammengefasst und das Gesamtpaket speziell auf den Bedarf der

jeweiligen Branche zugeschnitten: z. B. Service für Krankenhäuser, Hotels, Einzelhandel, Bürogebäude, Holz-, Möbel- und Textilindustrie. Derartige branchenspezifische Dienstleistungspakete enthalten einzeln oder kombiniert wählbare Standard- sowie branchenspezifische Dienstleistungen.

- **Überregionale Bündelkunden**: prinzipiell stehen die bei den Vor-Ort-Großkunden und Vor-Ort-Branchenkunden genannten Angebote auch für überregionale Bündelkunden zur Verfügung, wobei zu berücksichtigen ist, dass einige der genannten Dienstleistungen aus Kostengründen nur bei Filialen im oder in der Nähe des Kernvertriebsgebiets sinnvoll erbracht werden können (z. B. Messleistungen). Besondere Angebote an die Bündelkunden sind:
  - Gebündelte Endenergielieferverträge mit gebündelter Abrechnung,
  - Gebündeltes Energiemanagement / Energie(kosten)-Controlling,
  - Gebündelte Functional Services.
- **Privat- und Geschäftshaushalte**:
  - Standard-Endenergie- bzw. Nutzenergieliefervertrag (Strom, Gas, Wärme) ohne zusätzliche Services und mit eingeschränkter Stromausfallhaftung,
  - Standard-Endenergie- bzw. Nutzenergieliefervertrag (Strom, Gas, Wärme), bei dem standardisierte Services inklusive oder zu Sonderkonditionen mit vereinbart werden (z. B. Stromliefervertrag inklusive des für den Kunden kostenfreien Angebots, Strommessgeräte auszuleihen und einen Strompass oder eine Energieberatung im Info-Center zu erhalten sowie inklusive eines vergünstigten Stromchecks und vergünstigter Energiespargeräte; vgl. das in Tabelle 7 dargestellte Angebot der Stadtwerke Hannover AG),
  - Standard-Ökostromliefervertrag mit standardisierten Services inklusive bzw. zu Sonderkonditionen,
  - Hausanschlüsse,
  - Auslegung bzw. Planung(sunterstützung), Installation, Wartung und Instandhaltung von Energieanlagen und Einspargeräten,
  - Heizungsumstellungs-Service,

- Functional Services,
- Strom- / Energiecheck vor Ort,
- Strom- / Wärmepässe,
- Thermografie,
- Verleih von Strommessgeräten,
- Lampenkoffer-Verleih,
- Energiespargeräte,
- Beratungs- und Schulungsangebote rund um das Thema "Energie / Energie(kosten)einsparung",
- Beratung zu Förderprogrammen,
- Küchenplanung,
- Lichtplanung,
- Umzugsservice.

3.5.5 Umgang mit Kapazitätsrestriktionen

Eine derartige Angebotsbreite und -tiefe ist nur zu leisten, wenn das entsprechende Potenzial (Anlagen, Personal etc.) in quantitativer und qualitativer Hinsicht hierfür vorhanden ist. Bei der Ausweitung des Geschäftsbereichs "Dienstleistungen" unterteilt man generell zwischen **internem Wachstum** durch Entwicklung und Vermarktung der EDL-Angebote mit eigenen Ressourcen und **externem Wachstum** im Sinne einer Kooperation oder Fusion mit anderen Unternehmen oder einer Kapitalbeteiligung an anderen Partnern (VDEW 1997).

Auch für das bisherige (Endenergie-)Angebot des "Modell-EDU" stellt sich natürlich die Frage, ob es alleine oder mit Partnern erbracht werden soll, bis hin zu der Frage, ob das "Modell-EDU" als mittelgroßes Energieunternehmen im Markt für Endenergien überhaupt überlebensfähig ist. Mit Beginn der Liberalisierung wurde den kleinen und mittleren Energieunternehmen eine düstere Zukunft prophezeit, nur noch wenige Stadtwerke sollten die Liberalisierung überleben. In jüngster Zeit wird jedoch von verschiedenster Seite immer wieder betont, dass auch kleinere Energieunternehmen wettbewerbsfähig sein können, ja zum Teil wirtschaftlicher arbeiten als manche größeren Unternehmen[69]. Letzteres, obwohl die seit der Liberalisierung kartellrechtlich geduldeten oder ausdrücklich genehmigten Unternehmensbeteiligungen und -fusionen, die Ministererlaubnis für die Fusion E.ON-Ruhrgas sowie das bisherige Fehlen von Regulierungen, was zu Unklarheiten, dem Beibehalten alter Pfründe und Abhängigkeiten und vielen Gerichtsverfahren führt, die großen Verbundunternehmen begünstigen (Möschel 2001; vgl. auch Monopolkommission 2002).

Bis heute hat der Wettbewerb kein einziges deutsches Energieunternehmen zur Aufgabe gezwungen. Dies liegt, neben den im Rahmen der Verbändevereinbarung existierenden Preisgestaltungsmöglichkeiten, im unregulierten, natürlichen Monopolbereich "Netzbetrieb" und der aus verschiedensten Gründen geringen Wechselrate bei Haushaltskunden u. a. auch an günstigen Beschaffungskonditionen, die kleine Energieunternehmen - zum Teil durch Einkaufsgemeinschaften - bei Vorlieferanten erzielen, aber nicht in vollem Umfang an die Kunden weitergeben (müssen). Aus diesen Gründen wird hier von einem eigenständig bleibenden Endenergieanbieter "Modell-EDU" ausgegangen.

Das Eingehen von **Kooperationen** ist für das "Modell-EDU" prinzipiell sinnvoll, da die Größe, die Kernkompetenzen und finanziellen Möglichkeiten des "Modell-EDU" nicht ausreichen, um allen genannten Kundengruppen eine derartig breite Angebotspalette, wie sie in dem vorangegangenen Kapitel skizziert wurde, überhaupt anbieten zu können (vgl. auch Wuppertal Institut 1998). Für den Erhalt bzw. die Stärkung der Wettbewerbsfähigkeit wird der Aufbau von Kooperationsbeziehungen für die Energieunternehmen zunehmend wichtig, wobei die Entwicklung eigener Potenziale und der Aufbau von Kooperationsbeziehungen ("strategic networks",

---

69 Vgl. Forthmann 2001, Gautier 2000, o.V. 2002b, Schneider/Schürmann 2000, SWH AG 2001. Gautier (2000) berichtet von den Ergebnissen einer Studie der Ruhrgas Energie Beteiligungs-AG, in denen Kennzahlen von rund 250 Energieunternehmen aus den Jahren 1996-1998 auf Basis der Hoppenstedt-Datenbank verglichen wurden. Dabei wurde festgestellt, dass kleine Stadtwerke mit einem Umsatz von 26 bis 51 Mio. EUR sogar wirtschaftlicher arbeiten als große Energieunternehmen. Eine aktuelle Analyse von Accenture ("Main Bench 2002"), in die 50 EVU einbezogen wurden, kommt zum einen zu dem Ergebnis, dass es einen negativen Zusammenhang zwischen Unternehmenswachstum und Return on Investment (ROI) gibt, zum anderen würden "kleinere Unternehmen tendenziell eine höhere Gesamtkapitalrentabilität erzielen als größere" (o.V. 2002b).

Jarillo 1993) parallel erfolgen muss (Belzer 1993, 212)[70]. Als Kooperationsziele sind zu nennen (VDEW 1997, 54f.):

- Kosten-Ziele (Erreichen von Kostendegressionseffekten),
- Ressourcen-Ziele (Mobilisierung von Kapital und Know how),
- Risiko-Ziele (Verteilen von Risiken zwischen den Partnern, Abwehr von Wettbewerbern),
- Chancen-Ziele (Zugang zu neuen Geschäftsideen/Geschäftsfeldern, Kunden, Regionen).

Kooperationen können unterschiedlich gestaltet sein. Denkbar sind z. B. zeitlich und thematisch begrenzte Projektkooperationen, dauerhafte lose oder institutionalisierte Zusammenarbeit, Gründung gemeinsamer Unternehmen. Den Kooperationsformen von Unternehmen ist gemeinsam, dass es sich um eine Beziehung zweier voneinander unabhängiger Unternehmen handelt, die über normale Geschäftsbeziehungen hinausgeht und bei der die Partner jeweils vornehmlich komplementäre Ressourcen bereitstellen. Die sich zwischen ihnen entwickelnde Interdependenz nimmt einen mittleren Rang ein und ist z. B. geringer als bei Kapitalbeteiligungen (Belzer 1993, 94).

Mögliche Partner für Kooperationen im EDL-Bereich sind Vorlieferanten im Endenergiebereich (**vertikale Kooperation**), benachbarte ebenfalls vorwiegend lokal agierende Energiedienstleister mit anderem Kernvertriebsgebiet und ohne großen Expansionsdrang (**horizontale Kooperation**), Anlagen- und Gerätehersteller, Ingenieur- und Beratungsbüros, Handwerk, Baugewerbe, Groß- und Einzelhandel, Finanzierungs- und Kreditinstitute, Versicherungen (**diagonale Kooperation**).

In jüngster Zeit betonen vorwiegend lokal tätige Energiedienstleister (Stadtwerken), Beratungsunternehmen und Wissenschaft die vor allem für kleinere bis mittlere Energieunternehmen geltenden **Vorteile horizontaler und diagonaler Koopera-**

---

[70] Diese Aussage gilt nach Belzer (1993, 95) für Unternehmen generell: Preisdominierte Zulieferbeziehungen würden sich zu partnerschaftlichen Beziehungen wandeln. Kunden würden verstärkt in Produktentwicklungsprozesse einbezogen. In der japanischen Netzwerk-Ökonomie nützten Kooperationsbeziehungen dazu, risikoreiche Innovationsprojekte durchzuführen und dabei die komplementären Stärken der beteiligten Unternehmen zu verbinden.

tionen (Hartung/Dohrn 2000, o.V. 2000a, Widder 2000, Wuppertal Institut 1998). Im Gegensatz zu traditionellen horizontalen Kooperationen, die auf der bloßen Addition von Interessen und Marktmacht beruhten, gewinnen dabei zunehmend solche horizontale oder diagonale Kooperationsbeziehungen zwischen den Unternehmen an Bedeutung, die auf der Komplementarität der Güter, Dienstleistungen oder des Know hows der Partner beruhen, da sie den beteiligten Unternehmen eine Reihe von Möglichkeiten eröffnen, ihre Wettbewerbsstellung zu verbessern (vgl. auch Belzer 1993, 59). Derartige Kooperationsbeziehungen sind insbesondere dann sinnvoll, wenn sie gezielt da eingesetzt werden, wo die strategische Bedeutung eines fehlenden Produktes, einer fehlenden Dienstleistung oder einer Technologie für das Unternehmen hoch ist, und gleichzeitig die Eintrittsbarrieren (Investitionen, Know how) für eine Eigenerbringung nur schwer zu überwinden sind (Belzer 1993, 212).

Eine empirische Untersuchung am Wuppertal Institut hat anhand von best-practice-Beispielen einige horizontale Kooperationen im Energiebereich näher beleuchtet (Wagner 2000; Wagner/Kristof 2001). Perspektivisch sehen die dabei untersuchten Kooperationsgesellschaften Möglichkeiten in der Entwicklung gemeinsamer Kundenbindungsmaßnahmen, wie z. B. Least-Cost-Planning (LCP)- und Förderprogramme für die Nutzung erneuerbarer Energien, und einen Einstieg in neue EDL in den Bereichen Contracting und Gebäude- bzw. Facility-Management. Bezüglich horizontaler Kooperationen, der bei Stadtwerken häufigsten Kooperationsform (LBD 2001, 10), kommt die Untersuchung zu folgenden Ergebnissen (Wagner 2000, 106f.):

- Horizontale Kooperationen lassen sich im Gegensatz zu Fusionen leicht installieren. Der organisatorische Aufwand zur Vorbereitung wird als gering eingeschätzt.

- Horizontale Kooperationen erzielen zahlreiche Synergieeffekte insbesondere in den Bereichen Vertragsmanagement, Marketing/Vertrieb, Know how-Schaffung bzw. -Transfer, Zentraleinkauf, Produktentwicklung und Preismodellen.

- Horizontale Kooperationen stärken die Unabhängigkeit der Energiedienstleister von einem bestimmten Vorlieferanten und führen durch die Bündelung der Einkaufsmacht zu einer Realisierung von Preisvorteilen.

- Horizontale Kooperationen wirken motivierend auf die Belegschaft (nicht zuletzt wegen des erhofften Arbeitsplatzsicherungseffektes), führen zu einer Belebung in den Gesellschafterunternehmen und verbessern das Betriebsklima.
- Horizontale Kooperationen eröffnen eine Basis zur Diversifizierung bzw. Erweiterung des Geschäftsfeldes.
- Mittels horizontaler Kooperationen können durch Gemeindeordnungen bedingte Beschränkungen der wirtschaftlichen Tätigkeit kommunaler Unternehmen überwunden werden.

3.5.6 Konkretisierung des Zielsystems

Wie lassen sich nun die allgemeinen Vorstellungen von der strategischen Neuausrichtung in Richtung eines verstärkten Angebots von Energieeffizienz-Dienstleistungen zu Steuerungs- bzw. Führungszwecken in einem Zielsystem konkretisieren?

Das Zielsystem dient letztlich "zur Planung und Bewertung von Alternativen, zur Verhaltensbeeinflussung von Handlungsträgern und zur Durchführung von Kontrollen" (Küpper 1997, 320). Es sollte hierarchisch strukturiert, klar und einfach sein, sich auf wesentliche Größen konzentrieren und partizipativ - d. h. unter Beteiligung der betroffenen Führungskräfte und ggf. fachkundiger Mitarbeiter - entwickelt werden (vgl. Küpper 1997, 325f.; Weber 1999). Allgemein formulierte, strategische Unternehmensziele sollten dabei in **klar definierte Steuerungsgrößen** übersetzt werden, an denen sich die einzelnen Unternehmensbereiche ausrichten.

Wie dies konkret für ein solches "Modell-EDU" erfolgen kann, wird in einem späteren Kapitel (Kapitel 6.2.6) detailliert dargestellt. Als verknüpfendes Kennzahlen- und Managementinstrument zur Umsetzung der EDL-Strategie in operative Steuerungsgrößen dient dabei das Konzept der **"Balanced Scorecard"** (Kaplan/Norton 1997).

3.6 Fazit

Die tiefgreifenden Veränderungen in den Energie- und EDL-Märkten erfordern eine strategische Neupositionierung der Energieunternehmen. Notwendig ist ein Wandel vom monopolistischen Energieversorger zu einem kunden- und wettbewerbsorientierten Unternehmen. Eine mögliche strategische Option besteht darin, den Fokus auf die Entwicklung des Geschäftsbereichs "Energiedienstleistungen" hin zu einem umsatz- und wachstumsstarken, eigenständigen Geschäftsbereich zu richten. Die Konkretisierung einer derartigen strategischen Neuausrichtung zum "umfassenden Dienstleister" (VDEW 1997, 46) zeigt das Beispiel eines "Modell-EDU".

Mit diesem Blickwinkel und vor dem in Kapitel 2 erläuterten theoretischen Hintergrund des Controlling und der allgemeinen Controlling-Probleme im Dienstleistungsbereich werden im Folgenden die Steuerungspraxis und -probleme der sich zu Energiedienstleistern wandelnden Energieunternehmen empirisch untersucht.

4 Controlling-Probleme von Energiedienstleistungsunternehmen - Empirie

4.1 Kostenrechnungs- und Controlling-Praxis während der Marktöffnung

Empirische Untersuchungen, Programme aktueller Konferenzen und Seminare und diverse Publikationen in Fachzeitschriften zeigen, welchem starken Wandel die Kostenrechnungs- und Controlling-Praxis der Energieunternehmen derzeit unterliegt, seit Anfang der 90er Jahre damit begonnen wurde, sich auf die abzusehende Marktöffnung vorzubereiten[71].

Im Folgenden werden der Entwicklungsstand und die Perspektiven der Controlling-Praxis der Energieunternehmen beim Übergang in den liberalisierten Markt kurz referiert. Dieser allgemeine, nicht tiefer ins Detail gehende, aktuelle, kritische Überblick dient als Basis, um vor diesem Hintergrund in den nachfolgenden Kapiteln die Controlling-Aufgaben, -Probleme und -Defizite im jungen Geschäftsbereich "Energiedienstleistungen" (EDL-Bereich) zu analysieren.

Damit sollen, aufbauend auf dem vorhandenen bzw. zur Zeit in der Einführung befindlichen Instrumentarium der Energieanbieter, Gestaltungsvorschläge für die Steuerung des im Mittelpunkt der vorliegenden Arbeit stehenden EDL-Bereichs gemacht werden. In der Vergangenheit hatte in der Stromsparte die Kostenrechnung eine besondere Bedeutung, weshalb ihr zunächst auch im Folgenden besondere Aufmerksamkeit gewidmet wird.

---

[71] Zum Wandel der Kostenrechnungs- und Controllingpraxis der Energieunternehmen vgl. z. B. Barth/Medicke 1994, Bieri 1993, Bozem 1995/1995a, Dorprigter 1997, Huch/Spitzer 1994, Joos-Sachse 1997, Remmel 2000, Rieg 1997, Ritter u. a. 1996, Roithmeier u. a. 1995, Roß/Schröder 2000, Schlotjunker/Schulten 1998, Sonntag/Wojaczek 1995, Spitzer 1993, Stricker 1993, Thiel 1999, VDEW-AK "Controlling" 1995a/1995b/1995c/1996/1998/1999/2000, VDEW-AK "Kostenrechnungs-Empfehlungen" 1997/1998/1999, Weisbrodt 2000.

4.1.1 Einführung von Controlling-Konzeptionen - Kostenmanagement zunächst im Vordergrund

Der Begriff des **Controlling war für viele Energieunternehmen lange Zeit ein Fremdwort**. Seit Beginn der 90er Jahre wird jedoch zunehmend über die Entwicklung und Einführung von Controlling-Konzeptionen und -Instrumentarien und den Aufbau von Controlling-Stellen in Energieunternehmen berichtet. Die diesbezüglichen empirischen Ergebnisse von Spitzer (Spitzer 1993, Huch/Spitzer 1994), dem VDEW-AK "Controlling" (1995a), Bozem (1995a) und Joos-Sachse (1997) stehen im Folgenden zunächst im Mittelpunkt, ergänzt um einzelne Erfahrungsberichte aus Energieunternehmen. Neuere **Querschnitts-Untersuchungen** zum Controlling der Energieunternehmen sind dem Verfasser nicht bekannt.

Bozem (1995a, 213) merkt an, dass die Mitte der 90er Jahre vorhandenen Controlling-Institutionen stark vom Gedanken des Kostenmanagements, insbesondere der Kostenkontrolle geprägt und noch zu wenig zukunfts- und führungsorientiert seien. Er stützt seine Erkenntnisse auf eine Befragung Ende 1994/Anfang 1995, die an seine Erhebung zum gleichen Thema aus dem Jahr 1984 anknüpft. Die Befragung wandte sich an 232 Versorgungsunternehmen in den alten und neuen Bundesländern, von denen 122 geantwortet hatten. Die Untersuchung ergab, dass in 60,7% der befragten Energieunternehmen eine Controlling-Institution vorhanden war, die in 60,8% der Fälle erst ab dem Jahre 1990 und meist ohne Zuhilfenahme externer Berater eingerichtet wurde. Die Realisierungszeit einer unternehmensspezifischen Controlling-Konzeption betrug dabei in der Regel drei bis fünf Jahre. Als Anlass für die Realisierung wurden verschiedenste Gründe genannt, darunter die Verbesserung von Kostentransparenz, Kostenmanagement und Effizienz, die Steigerung des Kostenbewusstseins, die Schaffung eindeutiger Verantwortlichkeiten und die Optimierung des Instrumentariums zur Information, Koordination und Unternehmensführung. In 68,9% der Fälle wurden institutionell keine dezentralen, sondern nur zentrale Controlling-Stellen mit einem bis fünf Mitarbeitern geschaffen, zu einem hohen Anteil als Stabsfunktion. Als in der Kompetenz der Controller liegende Controlling-Funktionen nannten fast allen Befragten die Planungs-, Berichts- und Kontrollfunktion, jedoch nur in 37,8% der Fälle die systemgestaltende Steuerungsfunktion.

Eine Umfrage des VDEW-AK "Controlling" (1995a) kommt zu einem ähnlichen Ergebnis. Auch bei den vom Arbeitskreis befragten 60 Unternehmen lag der Anteil der Energieunternehmen mit einem institutionalisierten Controlling zum Befragungszeitpunkt bei etwas mehr als 60%, wobei auch hier das Kostenmanagement (Planung und Kontrolle) als Hauptaufgabe des Controlling angesehen wurde. Ein Schwerpunkt lag bei rund zwei Drittel der Unternehmen auf der Kostenstellenbudgetierung, besonders hinsichtlich der Investitionen und Instandhaltungen. Es handelt sich dabei jedoch um eine rein kostenmäßige Ergebnisbetrachtung, einem Soll-Ist-Vergleich mit anschließender Abweichungsanalyse hinsichtlich der Kostenstellen. Als wichtiges Instrument galten Schwachstellenanalysen zur Ermittlung von Kostensenkungspotenzialen und zur Vorbereitung von Rationalisierungsmaßnahmen. Auch nach dieser Umfrage des VDEW-Arbeitskreises hat das Controlling weniger Steuerungsfunktion, sondern überwiegend Informations- und Beratungsfunktion. Der Arbeitskreis kommt daher zu dem Schluss, "dass von einem Controlling als Führungsinstrumentarium mehrheitlich nicht die Rede sein kann ... [und] dass sich das Controlling in der Energieversorgung im Vergleich zur Gesamtwirtschaft noch in einem ziemlich 'unterentwickelten' Stadium befindet" (VDEW-AK "Controlling" 1995a, 276). Die bloße Einrichtung eines Bereiches "Controlling" bedeute mithin faktisch noch kein Controlling. Manche Energieunternehmen, die angaben, kein institutionalisiertes Controlling zu besitzen, schnitten hinsichtlich der Controlling-Funktionen vereinzelt besser ab als Unternehmen mit eigens geschaffener Controlling-Stelle.

Auch eine von Joos-Sachse (1997) organisierte Befragung, die von Mai bis Dezember 1996 bei 143 größeren Energieunternehmen durchgeführt und von 62 Unternehmen beantwortet wurde, verdeutlicht, dass "noch erhebliche Defizite" in verschiedenen Bereichen des Controllings in Energieunternehmen bestehen, auch wenn das Controlling insgesamt an Bedeutung gewinne. Vor allem seien strategische Planung und Kontrolle unterentwickelt, operative Planung und Berichtswesen nur zum Teil durch Mengen und Prozesse fundiert, Investitionsplanung und -kontrolle vorwiegend an Liquiditäts- und weniger unter Rentabilitätsaspekten orientiert und relevante IT-Anwendungen unzureichend integriert.

Die schwierige und langwierige Aufgabe, Controlling-Konzeptionen in Versorgungsunternehmen umzusetzen und in die, in der Monopolzeit gewachsenen, relativ starren betrieblichen Strukturen und Abläufe einzubinden, kann nach Ansicht von Kett und Schmidt (1990, 167) nur gelingen, "wenn die Vorstandsebene ... dem Controlling einen erheblich höheren Stellenwert als in der Vergangenheit einräumt". Vermutlich ist dies spätestens seit der Liberalisierung und den dadurch erwachsenen neuen Anforderungen an die Unternehmensführung geschehen und das Controlling hat in allen Energieunternehmen über das Kostenmanagement hinaus stärkeres Gewicht erlangt. Querschnittsuntersuchungen, die dies belegen könnten, existieren jedoch nicht. Welche Controlling-Bausteine dabei in letzter Zeit zunehmende Bedeutung erhalten haben bzw. in nächster Zeit noch stärker an Bedeutung gewinnen werden, wird in den folgenden Kapiteln dargestellt.

4.1.2 Notwendiger Wandel in der Kostenrechnungspraxis - zunehmende Bedeutung der Kosten- und Leistungsrechnung für interne Zwecke

Während die Kostenrechnung in der Vergangenheit vornehmlich externen Zwekken diente, d. h. der Energiepreiskalkulation und Erstellung der notwendigen Unterlagen für die Preisaufsicht (z. B. K-Bogen), steigt ihre interne Bedeutung mit der in den 90er Jahren verstärkt eingeführten, zunächst überwiegend auf die Kostenkontrolle, Kostenstellenbudgetierung und innerbetriebliche Leistungsverrechnung hin orientierten Controlling-Praxis. Durch einen Wandel von einem vergangenheitsorientierten Dokumentationssystem zu einem entscheidungsorientierten Informationssystem wird sie wesentlicher Bestandteil eines funktionierenden Controlling (vgl. auch VDEW-AK "Kostenrechnungs-Empfehlungen" 1999). Wie sieht nun der Stand der Kosten- und Leistungsrechnungspraxis beim Übergang in den liberalisierten Markt aus? Welche Kosten- und Leistungsrechnungssysteme werden verwendet?

Eine Untersuchung von Spitzer (1993, Huch/Spitzer 1994) ergab, dass 92% der befragten öffentlichen Elektrizitätsversorgungsunternehmen im Jahre 1992 über eine Kostenrechnung verfügten, wobei es sich in 63% der Fälle um eine reine Ist-Rechnung und in 68% der Fälle ausschließlich um eine Vollkostenrechnung handelte. Dies wird von Huch und Spitzer als problematisch angesehen. Zwar seien im Hinblick auf die externen **Anforderungen durch das Preisgenehmigungsverfahren** Vollkostenrechnungen erforderlich, doch "könnte sich in diesem Zusammenhang der Verdacht aufdrängen, dass die internen Anforderungen an die Kostenrechnung zu Lasten der externen Anforderungen vernachlässigt werden" (Huch/Spitzer 1994, 531). Es müsse sowohl eine Voll- als auch eine Teilkostenrechnung eingesetzt werden, wobei auf Grund der Entwicklung der IT-Systeme (vgl. Kapitel 4.1.5) der zusätzliche Aufwand nicht so groß wäre. Bei einer reinen Ist-Kostenrechnung fehle zudem ein vernünftiger Vergleichsmaßstab für die Kostenkontrolle, weshalb sie in erster Linie nur eine Dokumentationsfunktion hätte.

Interessant erscheint in diesem Zusammenhang, dass nach Spitzer (1993) Unternehmen, die als Kostenrechnungs-Software SAP-Komponenten verwenden, häufiger eine kombinierte Ist-/Plankostenrechnung und vermehrt eine Kombination aus Voll- und Teilkostenrechnung einsetzen würden als andere Unternehmen. Dies deute darauf hin, dass zumindest einige der befragten Unternehmen die Chance genutzt haben, mit der Einführung einer neuen Software gleichzeitig die Qualität des Kostenrechnungssystems zu verbessern. Bei vielen Unternehmen wäre diese Chance jedoch nicht beachtet worden, die potenzielle Leistungsfähigkeit der Software würde somit nur unzureichend in Anspruch genommen.

Die Kostenrechnung erschien in vielen Energieunternehmen beim Übergang in den liberalisierten Markt entwicklungs- bzw. überholungsbedürftig zu sein, ein typisches Beispiel für die Branche ist die Fränkische Überlandwerk AG. Hier wurde 1994 in Zusammenarbeit mit einer Unternehmensberatungsgesellschaft eine Reorganisation des technischen Vorstandsbereichs durchgeführt, in deren Rahmen verschiedene Schwachstellen im Controlling- und Kostenrechnungssystem aufgedeckt wurden. Hierzu zählten z. B. (Roithmeier u. a. 1995, 281):

- "Das Ist-Kostenrechnungssystem reichte für die gestiegenen Anforderungen eines erweiterten Controlling nicht aus. Ursache hierfür waren: unzureichende Kostenstellenrechnung, keine innerbetriebliche Leistungsverrechnung, mangelnde IT-Systemunterstützung.
- Die Planung war unvollständig, nicht durchgängig und kaum systemgestützt.
- Berichte wurden mit hohem Arbeitsaufwand manuell erstellt und boten keine ausreichende Basis für die Unternehmenssteuerung. So fehlten z. B. aktuelle Soll-Ist-Vergleiche."

Mit dem Aufbau eines neuen Controlling- und Kostenrechnungssystems sollten diese Mängel behoben, **Kostenbewusstsein** geschaffen und eine effiziente und effektive **Wahrnehmung der Steuerungsfunktion** ermöglicht werden.

Doch zunächst ein Blick zurück in die Monopolzeit, um die Aufgaben und Besonderheiten der Kostenrechnung der Energieunternehmen besser verstehen und prüfen zu können, die vor allem als eine vergangenheitsorientierte Ist- bzw. Vollkostenrechnung gestaltet war. Anschließend wird analysiert, in welche Richtungen sich die Kostenrechnung der Energieanbieter im liberalisierten Markt wandelt bzw. wandeln sollte.

4.1.2.1 Kosten- und Leistungsrechnung der Energieversorgungsunternehmen - die Empfehlungen des BGW/VDEW (1987) im Lichte der Liberalisierung der Märkte für leitungsgebundene Endenergie

BGW und VDEW schreiben in ihrem Vorwort zum umfassenden und bislang nicht weiter aktualisierten Standardwerk "Kosten- und Leistungsrechnung der Energie- und Wasserversorgungsunternehmen" (1987, 9):

> *"Auch diese dritte Ausgabe des Buches soll den Unternehmen der Energie- und Wasserversorgung, aufbauend auf der relevanten betriebswirtschaftlichen Fachliteratur, Empfehlungen an die Hand geben, mit denen eine den besonderen Gegebenheiten und Zielen dieser Wirtschaftszweige angepasste moderne Kostenrechnung geschaffen bzw. weiter entwickelt werden kann."*

In dem Werk wird im Allgemeinen an betriebswirtschaftliche Standardliteratur angeknüpft, sei es bei der Darstellung der Grundsätze, der Grundformen, Stufen und des Umfangs einer Kosten- und Leistungsrechnung, der formalen Abgrenzung von Kosten und Leistungen, der Einordnung der Kostenrechnung in das Rechnungswesen oder der Beschreibung der möglichen Kostenrechnungssysteme. Hierauf wird daher in der vorliegenden Arbeit nicht näher eingegangen.

Als Zwecke der Kosten- und Leistungsrechnung geben BGW und VDEW (1987, 11) an:

- "Betriebsüberwachung und -lenkung durchgeführt als Zeitvergleich, Soll/Ist-Vergleich und Betriebsvergleich,
- Schaffung von Unterlagen für Preisbildung und Preisbeurteilung,
- Ermittlung des Betriebsergebnisses,
- Bereitstellung von Unterlagen für Planungs- und Wirtschaftlichkeitsrechnungen."

Der Bezug zu den **Aufgaben und Besonderheiten der Energie- und Wasserversorgung** wird vor allem bei der Darstellung der Kostenarten-, Kostenstellen- und Kostenträgerrechnung deutlich[72]. Konkretisierungen erfolgen dabei bezüglich

- der besonderen Kosten- und Leistungsarten eines Versorgungsunternehmens (z. B. Brennstoffe, Energie- und Wasserbezug, kalkulatorische Kosten, einschließlich der für die Ermittlung notwendigen Hilfsgrößen: betriebsnotwendiges Vermögen und betriebsnotwendiges Kapital, Haupt- und Nebenerlöse),
- der einzelnen Kostenstellenbereiche und -gruppen im Versorgungsbereich inklusive der Art und Weise der Zuordnung der Kostenarten auf die Kostenstellen (z. B. Kostenstellenbereich Elektrizitätsversorgung mit den Kostenstellengruppen Stromerzeugung in Kernkraftwerken, Strombezug, Umspannung und Umformung, Freileitungsnetze, usw.) und
- der besonderen Methoden der zu Kalkulationszwecken eingesetzten Kostenträgerrechnung am Beispiel der Elektrizitätsversorgungsunternehmen (insbesondere im Rahmen der Strompreisgenehmigungsverfahren).

Welche Aufgaben und Besonderheiten der leitungsgebundenen Energieversorgung wirken sich nun auf die Kosten- und Leistungsrechnung aus?

BGW und VDEW (1987) sehen als besondere Aufgabe der EVU an, Elektrizität, Gas und Fernwärme wirtschaftlich (Stichwort: Preiswürdigkeit) und sicher (Stichwort: Versorgungssicherheit) auf Grund gesetzlicher Verpflichtungen bereitzustellen. Als besondere Gegebenheiten seien dabei zu beachten:

---

72 Leistungs-, Erlös-, und Ergebnisrechnungen spielen demgegenüber kaum eine Rolle.

- die Leitungsgebundenheit der Versorgung,
- die mangelnde bzw. nur begrenzte Speicherfähigkeit von Strom, Fernwärme und Gas und die damit einhergehende Notwendigkeit der Reservevorhaltung und
- die relativ hohe Kapitalintensität.

Diese Aufgaben und Besonderheiten sind vor dem Hintergrund des bereits beschriebenen Wandels in der Energiewirtschaft neu zu diskutieren:

Die **Leitungsgebundenheit** bleibt zunächst bestehen. Die in Kapitel 3.4.4.1 angesprochene Entwicklung zu einer weniger netzabhängigen dezentraleren Versorgung steht erst am Anfang. Auf Grund der Leitungsgebundenheit kommt der Rolle der Netzinhaber bzw. -betreiber besondere Bedeutung zu. Ihre technische und damit auch ökonomische (in vielen Bereichen ein natürliches Monopol) sowie ökologische Verfügungsmacht sollte in einer wettbewerblichen Energiewirtschaft daher begrenzt und besonders kontrolliert werden (vgl. hierzu ausführlicher Leprich/Irrek/Thomas 2001, aber auch Monopolkommission 2002). Eine extern ausgerichtete, mit einer internen Rechnung verknüpfte Kostenrechnung ist im Netzbereich weiterhin notwendig und muss sich an den entsprechenden Regulierungsvorschriften orientieren. In Deutschland ist dies bisher nur für die Prüfung der Stromnetznutzungstarife der Single Buyer nach §7 Abs. 3 EnWG erforderlich (vgl. MWMTV 1998a) bzw. bis zu der ab dem 1. Juli 2004 einzuführenden Netzregulierung an den in den Verbändevereinbarungen getroffenen Regelungen zum Netzzugang bzw. zur Kalkulation von Durchleitungsentgelten (BDI/VDEW/VIK 1999; BDI/VIK/VDEW/VDN/ARE/ VKU 2001; BDI/VIK/BGW/VKU 2000, 2001, 2001a und 2002) (vgl. hierzu ausführlicher Kapitel 4.1.2.2).

In der Vergangenheit führten die Stromanbieter das Argument der **Reservevorhaltung** gegenüber der Preis- und Kartellaufsicht als Grund an, um die Kosten vorhandener Überkapazitäten auf die Preise überwälzen zu können. Die von der VDEW veranschlagte Reserve in Höhe von etwa 25% beim Strom war weit überdimensioniert, wie verschiedene Studien belegen, die die Höhe der notwendigen Reservekapazität bei etwa 15% sehen (vgl. beispielsweise Fischedick et al. 1996). Dies lässt den Schluss zu, dass das Argument der **Versorgungssicherheit** häufig nur zur Verteidigung bestehender Monopolstellungen und dem Ausbau des Kapitalstocks benutzt wurde. Auf Grund der Überwälzung auf die Preise war ein Kostenmanagement kaum erforderlich, die Kostenrechnung diente vor allem zur Begründung der hohen Energiepreise gegenüber den Aufsichtbehörden. In einer wettbewerblicheren Energiewirtschaft bestimmt der Wettbewerb die Höhe der notwendigen Reservekapazität, sofern nicht staatliche Vorschriften regulierend eingreifen, um bestimmte Mindeststandards der Versorgung zu sichern (wie beispielsweise in jüngster Zeit in Kalifornien). Teilweise kann es günstiger sein, Reservekapazität einzukaufen, anstatt selbst vorzuhalten. Entsprechend muss die Kostenrechnung Teilkosten- und Vollkostenprognoseinformationen zur bedarfsorientierten Optimierung der Beschaffung und Bewertung derartiger "Make or Buy"-Entscheidungen bereitstellen.

Auf Grund der im Vergleich zu anderen Branchen bzw. der Gesamtwirtschaft relativ hohen **Kapitalintensität** der Energie- und Wasserversorgung kommt den Kapitalkosten, d. h. den kalkulatorischen Abschreibungen und Zinsen, eine besondere Bedeutung zu. Die Bewertung der kalkulatorischen Kosten wirkt sich in Wirtschaftlichkeits- und Rentabilitätsrechnungen sowie bei Kalkulationen von Preisober- und -untergrenzen bzw. in der Preisregulierung entscheidend aus. Die Art und Weise der Bewertung hängt stark mit dem gewählten Unternehmenserhaltungskonzept (Kapitalerhaltung vs. verschiedene Formen der Substanzerhaltung) und dem zugrundeliegenden (materiellen) Kostenbegriff zusammen. Je nach Auffassung über Aufgaben, Ziele und Besonderheiten der EVU ergibt sich ein anderer materieller Kostenbegriff und ein anderes Unternehmenserhaltungskonzept.

Insbesondere mit Hinweis auf die zu gewährleistende Versorgungssicherheit propagieren die Energieanbieter bis heute in der Regel die **Substanzerhaltung** (vgl. beispielsweise Sieben/Diedrich 1996), dabei insbesondere die kapitalstrukturerhaltende Netto-Substanzerhaltung, die ihnen von der zur Zeit formal noch existierenden Preisaufsicht auch nach dem Entwurf der bundeseinheitlichen Arbeitsanleitung weiterhin zugestanden wird (Bund-Länder-Ausschuss "Energiepreise" 1996). Das Substanzerhaltungsprinzip wird im betriebswirtschaftlichen Schrifttum vielfach kritisch diskutiert[73]. Aus energiewirtschaftlicher Sicht ist insbesondere zu

[73] Vgl. beispielsweise Schneider 1998 sowie die umfangreiche Kontroverse zwischen Swoboda (1973, 1990, 1992a, 1992b, 1998) und Seicht (1991, 1992a-e, 1993, 1994, 1995), aber auch das Gutachten von Zimmermann (2003).

hinterfragen, inwieweit im Erzeugungsbereich die Erhaltung einer zu einem bestimmten Zeitpunkt vorhandenen Anlagenkonfiguration ein energiewirtschaftliches Ziel sein darf und wie Substanzerhaltung mit steigenden Wirkungsgraden, verstärkter Energieeinsparung, Abbau von Überkapazitäten und zunehmendem Wettbewerb im Einklang zu bringen ist. Insofern sollte es insbesondere seit der Liberalisierung darum gehen, nicht die Substanz, sondern die Kaufkraft des Eigenkapitals zu erhalten und die Einlagen der Anteilseigner angemessen zu verzinsen (**Kapitalerhaltung** statt Substanzerhaltung). Der Wechsel zum Kapitalerhaltungsprinzip wirkt sich speziell auf die in der Kostenrechnung zu berücksichtigenden Kapitalkosten aus.

Der hohe Anteil kalkulatorischer Kapitalkosten hat in der Vergangenheit nicht nur politisch und rechtlich heiß umstrittene Bewertungsfragen aufgeworfen (vgl. beispielsweise Bork et al. 1995, Hausmann/Hoffjan 1996, Hüffer/Tettinger 1996, LBD et al. 1995, 1996a und 1997, Gabriel/Haupt/Pfaffenberger 2002, Zimmermann 2003), sondern auch zum Teil heftige Diskussionen und Rechtstreitigkeiten um die Gemeinkostenzurechnung in der **Kostenträgerrechnung** im Strombereich ausgelöst (vgl. LBD et al. 1995 und 1997 sowie den vom Ministerium für Wirtschaft und Mittelstand, Technologie und Verkehr des Landes Nordrhein-Westfalen eingerichteten Expertenkreis "Round Table Kostenträgerrechnung", der in den Jahren 1993 bis 1996 mehrfach tagte). Zu Preisaufsichts- bzw. Preisbildungszwecken müssen nämlich bisher die vollen Kosten auf Kostenträger geschlüsselt werden. Auf Grund des hohen Fixkostenanteils existiert jedoch ein erheblicher Anteil nicht verursachungsgerecht zuzuordnender Kosten[74].

Inwieweit die von den Elektrizitätsversorgungsunternehmen vorgenommene Kostenverrechnung "ökonomisch richtig" oder "gerecht" ist, wurde vor allem Anfang der 80er Jahre in der Literatur eingehend diskutiert und war zum Teil heftigst umstritten[75]. Die Verfahrenswahl hat um so mehr Bedeutung, je unterschiedlicher die Leistungsganglinien der Kostenträger sind. Für eine nähere Erläuterung und Dis-

---

[74] "Im Ergebnis sind damit die Kosten vom Abnahmeverhalten aller Kunden abhängig. Die Frage, welche Anlagen durch einen einzelnen Kunden wie genutzt wurden und welche Kosten diesem zuzuordnen sind, kann faktisch nicht beantwortet werden" (Roß/Schröder 2000, 367).

[75] Vgl. hierzu ausführlicher Mergenthaler 1984, Ohlms 1984, Ohlms et al. 1982, Schumacher 1982, VDEW-AK "Kostenrechnung" 1980 und 1981.

kussion der Verfahren sei auf die angegebene Literatur sowie BGW/VDEW (1987) verwiesen. Während das Energiequalitäten-/Zeitrasterkalkulationsverfahren von Mergenthaler (1984) aus theoretischer Sicht das anspruchsvollste Konzept darstellt, da es "die Mängel der traditionellen Verfahren [vermeidet]" (BGW/VDEW 1987, 87), ist es wegen des komplexen Rechenverfahrens auch das aufwendigste, so dass es bei den in der Vergangenheit nur beschränkten IT-Möglichkeiten in den EVU nicht eingesetzt wurde. Durchgesetzt hat sich in der Elektrizitätswirtschaft vorwiegend die, von der VDEW propagierte, Kostenträgerrechnung nach dem differenzierten Höchstleistungsverfahren mit charakteristischen Lastganglinien (VDEW-AK "Kostenrechnung" 1981).

Kostenträger sind dabei traditionell die Kundengruppen Hoch-, Mittel- und Niederspannungs-Sondervertragskunden und die Tarifkunden, d. h. Haushalts- und Gewerbekunden. Riechmann und Schulz (1995) zeigen, inwieweit mit der traditionell vorgenommenen Aufteilung auf diese Kundengruppen Kostenüber- bzw. -unterdeckungen der Erlöse oder sogar Quersubventionierungen im ökonomischen Sinne zwischen und innerhalb der Kundengruppen verbunden sein können.

Im liberalisierten Markt spielt die Kostenträgerrechnung zu Kalkulationszwecken höchstens in den verbleibenden Monopolbereichen eine nennenswerte Rolle, beispielsweise wenn eine staatliche Regulierung der Netzbetreiber erfolgt, die nicht nur die Gesamteinnahmen der Unternehmen, sondern auch die Preise für einzelne Kundengruppen beaufsichtigt. In den Wettbewerbsbereichen - und zunehmend auch in den regulierten Monopolbereichen[76] - müssen sich die Energiepreise mehr und mehr an den Marktgegebenheiten und weniger an den Kosten orientieren, so dass der Kalkulationszweck der Kostenträgerrechnung in den Hintergrund tritt. Die Aufgabe der Preisbeurteilung erfüllen andere Kostenrechnungsverfahren hier besser, u. a. Deckungsbeitragsrechnungen (Heims 1998, Spitzer 1996). Allerdings kann eine laufende Kostenträgerrechnung zusammen mit einer Zuordnung der Erlöse eine Grundlage für eine derartige laufende Ergebnisrechnung auf Teilkostenbasis bilden (Roß/Schröder 2000, 366). Ein vollständiger Verzicht auf eine Kostenschlüsselung mit Hilfe einer Kostenträger(erfolgs)rechnung würde auf Grund des

[76] Vgl. Benchmarking- bzw. Yardstick-Competition-Ansätze wie die von Burns, Davies und Riechmann (1999) bzw. Huggins und Riechmann (2001) vorgestellte Data Envelopment Analyse.

hohen Anteils nicht verursachungsgerecht zuzuordnender Kosten in der Energieversorgung die Aussagekraft der Ergebnisrechnungen auf stark aggregierte Ebenen (z. B. Spartenergebnisrechnung) beschränken. Ein solch vollständiger Verzicht entspräche dem ursprünglichen theoretischen Konzept der Grenzplankosten- und Deckungsbeitragsrechnung oder der Einzelkosten-, Einzelerlös- und Deckungsbeitragsrechnung.

4.1.2.2 Kostenrechnung als Grundlage für die Beurteilung von Netznutzungsentgelten sowie die Netzinvestitions- und -instandhaltungsplanung

Auf Grund der weitesgehend vorhandenen **natürlichen Monopoleigenschaft** kommt dem Strom- bzw. Gasnetzbereich eine besondere Bedeutung zu. Wie bereits dargestellt, dient hier die Kostenrechnung neben internen weiterhin auch externen Zwecken (Begründung von Netznutzungsentgelten, Rechtfertigung gegenüber der Kartell- und auch der Preisaufsicht, insbesondere bei entsprechender Netzregulierung).

Zunächst stellt sich innerhalb des Rechnungswesens die Frage, wie der Netzbereich von anderen Bereichen buchhalterisch abzugrenzen ist (“**Unbundling**”). Hier tritt das Problem der **Zuordnung bzw. Schlüsselung** von Eigen- und Fremdkapital und von finanziellen Aktiva bzw. der entsprechenden Aufwands- und Ertragsposten in der Gewinn- und Verlustrechnung auf. Dazu zählen Zinsaufwendungen und -erträge, Aufwendungen und Erträge aus Finanzanlagen, Einstellungen/Entnahmen in/aus Rücklagen (Dorprigter 2001). Darüber hinaus muss auf Grund der gesetzlichen Vorschriften innerhalb des Strom- bzw. Gasnetzes zwischen dem Stromübertragungs- bzw. Gasfernleitungsbereich auf der einen und dem Strom- bzw. Gasverteilungsbereich auf der anderen Seite unterschieden werden[77], wobei der Transportbereich als eigene Betriebsabteilung auch organisatorisch getrennt zu führen ist[78]. Zur Problematik “sachgerechter und für Dritte nach-

---

[77] Losch (1995, 31) kritisiert, dass die Trennung in Erzeugung, Transport und Verteilung im Strombereich “eher institutionellen als funktionellen Kriterien gerecht” werden würde und schlägt eine Aufteilung in die Verantwortungsbereiche Erzeugung, Koordination (Lastmanagement, Poolverantwortung), Netzerhaltung und Endversorgung vor. Diesem Vorschlag folgen die rechtlichen Vorschriften jedoch nicht.

[78] Die Beschlüsse des Rates der Energieminister vom 25. November 2002 gehen noch weiter und

vollziehbarer [Zuordnung]" (§9 des Energiewirtschaftsgesetzes) werden in der Literatur und von verschiedenen Institutionen unterschiedliche Alternativen befürwortet[79]. Diese Lösungsvorschläge sowie die Unterschiede zwischen den Alternativen verdeutlichen, dass den Unternehmen Gestaltungsspielräumebleiben, die sie zur Erfüllung ihrer strategischen, taktischen und operativen Zielsetzungen nutzen können.

Diese Spielräume werden durch die Verbändevereinbarungen[80] bzw. die Preisaufsichtspraxis bei den Single Buyern (MWMTV 1998a) nicht oder zumindest kaum eingeschränkt und wirken sich auf die Kalkulation der Netzentgelte (Durchleitungsentgelte) entsprechend aus. Solange keine Regulierungsbehörde existiert, die klare Zurechnungskriterien vorgibt und deren Einhaltung sanktioniert, wird ein vertikal integrierter Energieanbieter in der Regel versuchen, durch Zurechnung denkbar vieler Kosten in den Transport- und Verteilungsbereich die Durchleitung möglichst teuer zu machen (Losch 1995, 114).

Das Beispiel der Stromübertragung und -verteilung[81] beleuchtet die Problematik der (zur Zeit vor allem kostenorientierten) Preisbildung im Netzbereich. Ihre besondere Bedeutung zeigt sich schon allein dadurch, dass die Netzentgelte auf der Niederspannungsebene zur Zeit etwa 30 bis 50 Prozent der gesamten Energiekosten frei Kunde ausmachen, während der von einem dritten Stromlieferanten beeinflussbare Anteil unter 20% beträgt (LBD 2000, 5). Brunekreeft und Keller (2000, 165) urteilen, "dass die Endpreise [auch] langfristig stark vom Niveau der Netzzugangsentgelte determiniert werden". Allein die Verteilungsnetze binden etwa 40%

---

verlangen eine organisationsrechtliche Entflechtung bis zum Zeitpunkt der vollständigen Öffnung der Energiemärkte für alle Kunden zum 1. Juli 2007 (Energy Council 2002, vgl. auch die EU-Beschleunigungsrichtlinien vom Juni 2003). Allerdings erlaubt eine "Review clause" Ausnahmen, falls spezielle Berichte der EU-Kommission bis zum 1. Januar 2006 zu dem Ergebnis kommen, dass andere Maßnahmen zu äquivalenten Ergebnissen führen.

79 Zu den Alternativen im Einzelnen vgl. Bolsenkötter 2000, Dorprigter 2001, VDEW-Projektgruppe "Unbundling" 1998, VKU-ad-hoc-AK 1998.

80 Bisher haben die Verbände die folgenden Vereinbarungen geschlossen: BDI/VDEW/VIK 1999; BDI/VIK/VDEW/VDN/ARE/VKU 2001; BDI/VIK/BGW/VKU 2000, 2001, 2001a und 2002.

81 Nach den Definitionen der Verbändevereinbarungen II und II plus dienen Übertragungsnetze der Übertragung elektrischer Energie zu nachgeordneten Verteilungsnetzen. Die Übertragungsnetze sind im allgemeinen auf die Spannungsebenen 220 und 380 kV beschränkt; in besonderen Fällen kann auch ein 110-kV-Netz seiner Aufgabe nach ein Übertragungsnetz sein. In diesen Fällen müssen die betroffenen Netzbetreiber die tatsächliche Funktion nachweisen und die Kosten anteilig dem Übertragungsnetz zuordnen (BDI/VDEW/VIK 1999, BDI/VIK/VDEW/VDN/ARE/VKU 2001).

der Investitionskosten der Stromversorgung (Bochanky 1996). Die Bedeutung der Netze und des Netzmanagements für die Energieunternehmen betont auch eine Pressemitteilung der MVV Energie AG (2001,4): "Das wertvollste Vermögen eines Multi-Utility-Unternehmens [sind] die Netze ... Asset-Manager verwalten die Netze mit dem Ziel der maximalen Wertschöpfung".

Nach den Verbändevereinbarungen II und II plus erfolgt die Kalkulation der Netznutzungsentgelte im Strombereich auf Basis der folgenden drei Elemente (BDI/VDEW/VIK 1999 und BDI/VIK/VDEW/VDN/ARE/VKU 2001, Preisfindungsprinzipien):

- Kalkulatorische Kosten- und Erlösrechnung,
- Handelsrechtlicher Jahresabschluss ggf. bezogen auf die entbündelten Bereiche Übertragung und Verteilung,
- Übertragungs- und Verteilungspreise strukturell vergleichbarer Netzbetreiber.

Im Prinzip schreibt die Verbändevereinbarung II und II plus ein Mix aus der Tarif- und Kartellaufsichtspraxis der Monopolzeit fort. Die Preisfestlegung nach der Rate-of-return-Methode (betriebsnotwendige Kosten zuzüglich Verzinsung auf das betriebsnotwendige Eigenkapital) beinhaltet kaum Anreize im Hinblick auf die ökonomische Effizienz (vgl. auch Leprich/Irrek/Thomas 2001). Zudem erlaubt sie den Netzbetreibern, ihre natürliche Monopolsituation auszunutzen (Brunekreeft/Keller 2000; vgl. auch Heims 2001 zur Profitabilität des Netzbereichs) und schützt dadurch insbesondere die kostenungünstigeren Netzbetreiber wirksam vor dem Markt. Die **Spielräume für die Preisgestaltung** sind enorm, so dass in vielen Fällen extrem hohen Gewinnspannen im Netzbereich möglich sind. Die LBD-Beratungsgesellschaft schätzt beispielsweise die Eigenkapitalrendite der RWE Energie AG im Netzbereich (Tarifkundenbereich) auf mehr als 45%, wobei zu beachten ist, dass die Netznutzungsentgelte der RWE im Vergleich mit anderen Unternehmen noch relativ niedrig liegen (LBD 2000). Eine bisher unveröffentlichte, aktuelle Untersuchung des Energiewirtschaftlichen Instituts der Universität Köln (EWI) im Auftrag der VDEW soll laut Zeitungsberichten zu dem Schluss kommen, dass die Netznutzung in Deutschland zumindest im Mittel- und Niederspannungsbereich im

Vergleich zum Ausland zu teuer ist[82]. Nach einem Gutachten des bremer energie instituts berechnen die Netzbetreiber bei Anwendung der Verbändevereinbarung II plus kalkulatorische Kosten, die sogar um bis zu 16% höher ausfallen, als dies vor der Liberalisierung bei Anwendung der Arbeitsanleitung von Rheinland-Pfalz von den Preisaufsichtsbehörden genehmigt worden wäre (Gabriel/Haupt/Pfaffenberger 2003, 49).

Das in die Verbändevereinbarung eingebaute **Vergleichsmarktkonzept** hat bisher kaum Kostendruck auf die Netzbetreiber ausgeübt. Wie schon in der Vergangenheit gegenüber der Kartell- und Preisaufsicht, wird es den Netzbetreibern in den meisten Fällen auf Basis ihrer Kostenrechnung weiterhin gelingen, zu begründen, warum ihre Kosten höher liegen als die anderer Netzbetreiber und welche strukturellen Gründe gegen einen direkten Vergleich mit einem günstigeren Netzbetreiber sprechen. Darüber hinaus sind die einzelnen Netzbetreiber an die freiwilligen Vereinbarungen ihrer Verbände nicht zwingend gebunden. Ein stärkerer Kostendruck entsteht bisher eher durch den unternehmensinternen Vertriebs- bzw. Handelsbereich als durch den Vergleich mit anderen Netzbetreibern. Abzuwarten bleibt, inwieweit der Vergleichsmarktaspekt zunehmende Bedeutung durch die laufenden Bemühungen des Bundeskartellamtes und Landeskartellämter erfährt, Musterverfahren wegen des Verdachts missbräuchlich überhöhter Netznutzungsentgelte und der Behinderung anderer Stromanbieter anzustrengen (vgl. z. B. AG Netznutzung 2001)[83].

Darüber hinaus ist an den Verbändevereinbarungen II und II plus insbesondere das **Kostenüberwälzungsprinzip** (kaskadenförmiger Kostenverlauf, Überwälzung der Kosten der höheren auf die unteren Spannungsebenen) und die vorrangige **Orientierung an der (Höchst-)Last** als preisbestimmender Faktor zu kritisieren, da sie dem sonst gefolgten Kostenorientierungsprinzip nur teilweise entsprechen. Nicht nur im Hinblick auf eine zukünftig stärker dezentralisierte Energieversorgung ist zu hinterfragen, inwieweit das Höchstspannungsnetz tatsächlich für die Einspeiser und Nachfrager auf der Niederspannungs- und Mittelspannungsebene notwen-

---

[82] Vgl. auch entsprechende Vergleichszahlen der EU-Kommission (2001a).

[83] Die Anstrengungen der Kartellämter alleine werden allerdings kaum ausreichen, um flächendeckend und nachhaltig Wettbewerbsverzerrungen in diesem natürlichen Monopolbereich zu verhindern.

dig ist und seine Kosten auf diese Gruppen umgelegt werden dürfen. Für die Stromkunden ist meist nicht ersichtlich, wie hoch die Entnahmelast ihres Netzbetreibers aus der vorgelagerten Netzebene ist und welcher Anteil der Netznutzungsentgelte tatsächlich dem jeweiligen Netzbetreiber zuzuordnen sind (vgl. auch die Protokollerklärung von BDI und VIK zur VV II plus, BDI/VIK/VDEW/VDN/ARE/VKU 2001). Empirische Analysen zeigen ferner, dass die Leistung nicht alleiniger Kostentreiber ist[84]. Die Netzelastizität, die besagt, um wie viel sich die Netzkosten verändern, wenn die Netzkapazität um 1% steigt, beträgt im Hochspannungsnetz etwa 0,63% und im Mittel- und Niederspannungsnetz etwa 0,45% (Riechmann/Schulz 1995), so dass eine Lasterhöhung nicht im gleichen Maße zu einer Kostenerhöhung führt, wie es in der Verbändevereinbarung implizit unterstellt wird.

Insgesamt ist die Verbändevereinbarung II sowie ihre Überarbeitung II plus trotz mancher Vereinfachungen gegenüber der vorherigen Übereinkunft kompliziert und erfordert viele Einzelfestlegungen, -verhandlungen und -vertragsabschlüsse zwischen den beteiligten Akteuren. Damit ist sie auch aus diesen Gründen kaum geeignet, den Stromhandel zu erleichtern, was jedoch ihre eigentliche Funktion im Sinne des von politischer Seite eingeleiteten Marktöffnungsprozesses sein sollte (vgl. auch Pfaffenberger/Cramer 2000). Ferner hatten 17 Monate nach dem Inkrafttreten der Verbändevereinbarung II, erst weniger als die Hälfte der Netzbetreiber in Deutschland die darin enthaltenen unverbindlichen Vorschläge umgesetzt (Initiative Pro Wettbewerb 2001a).

Auf Grund der genannten Kritik an der Verbändevereinbarung II bzw. II plus und der immer stärker werdenden Forderung nach einer effektiven **Netzregulierung**, an die sich mittlerweile auch Unternehmen wie die EnBW AG anschließen (Schneider/Schürmann 2001; Initiative Pro Wettbewerb 2001, 2001a, 2001b)[85], sind die Energieunternehmen gut beraten, sich auf Änderungen der derzeitigen Praxis einzustellen, die mit der ab dem 1. Juli 2004 einzuführenden Netzregulie-

---

[84] Hier sei insbesondere auf die folgenden Arbeiten verwiesen: Leprich/Irrek/Thomas 2001, Moskovitz/Stofford 1992, Eto/Stoft/Belden 1994, Burns/Davies/Riechmann 1999, Neuberg 1977, Burns/Weyman-Jones 1996, Hjalmarsson/Veiderpass 1992, Førsund/Kittelsen 1998.

[85] Nach Angaben der EnBW wird ihr Geschäftsjahresergebnis 2000 durch nicht gerechtfertigte Leitungsgebühren um eine viertel Mrd. EUR belastet (Reinhardt 2001). Michael Zerr von der EnBW-Tochter Yello urteilt daher in einem Interview für die Wochenzeitung “Die Zeit” wie folgt (Vorholz 2001): “Der Gesetzgeber hat die Liberalisierung beschlossen, die Regierung lässt sie ins Leere laufen”.

rung kommen können, auch wenn das Bundesministerium für Wirtschaft und Arbeit in seinem Monitoringbericht (BMWA 2003, 34) betont, dass durch die Verbändevereinbarung II plus „die Grundlagen für funktionierenden Wettbewerb im Grundsatz gelegt" seien. Veränderungen in der nationalen Gesetzgebung mit Auswirkungen auf die Kalkulation der Netznutzungsentgelte stehen in jedem Fall an, nicht zuletzt, um den Vorgaben in den EU-Beschleunigungsrichtlinien vom Juni 2003 nachzukommen.

Alternativvorschläge zur vereinfachten Kalkulation von Netzentgelten existieren, von den Netzbetreibern freiwillig praktizierbar auch ohne Einführung einer Netzregulierung (vgl. z. B. Pfaffenberger/Cramer 2000). Konkrete Vorschläge zur Einführung einer Regulierung der Netzbetreiber und der ihnen zuzustehenden Erlöse bzw. Netzentgelte sind ebenfalls vorhanden. Einige von ihnen überwinden die Mängel traditioneller "Cost-plus-Regulierung", betonen das Vergleichsmarktkonzept (benchmarking, yardstick competition) stärker und werden zum Teil in anderen EU-Staaten bereits praktiziert (vgl. Leprich/Irrek/Thomas 2001, Burns/Davies/Riechmann 1999, Huggins/Riechmann 2001). Derartige, auf der EU-Ebene forcierte Änderungen werden letztlich zu einem verschärften Kostendruck im Netzbereich führen.

Um gewappnet zu sein, sollten die Netzbetreiber ihre interne Kostenrechnung so gestalten, dass sie die Informationsgrundlage für Effizienzverbesserungen in Planung und Betrieb der Netze bildet und gleichzeitig so flexibel gestaltet ist, dass sie eine Datenbasis zur **Erfüllung der externen Zwecke** darstellt.

Die folgenden Zwecke stehen bei der **internen Ausrichtung** der Kosten- bzw. Kosten-, Leistungs-, Erlös- und Ergebnisrechnung im Netzbereich im Vordergrund:

- laufende Betriebsüberwachung,
- Entgeltbewertung / Ergebnisrechnungen,
- Investitions- und Instandhaltungsplanung und -kontrolle.

Eine wesentliche Voraussetzung hierfür ist, **Transparenz** über die anfallenden Leistungen und Kosten, deren Strukturen und Faktoren zu ihrer Beeinflussung[86] zu gewinnen. Die Aufgaben eines Netzbetreibers lassen sich dazu in Anlehnung an Losch (1995, 70) wie folgt schlüsseln und entsprechend Kosten zuordnen:

- Vorhaltung von Netzanlagen / Bereitstellung der Infrastruktur für die Stromübertragung und -verteilung ("sunk costs" der Niederspannungs-, Mittelspannungs-, Hoch- und Höchstspannungsleitungen, Transformatoren und Schaltanlagen, sowie die Kosten ihrer Instandhaltung),
- Spannungs- und Frequenzhaltung (Gemeinkosten des Lastmanagements),
- Reaktion auf kurzfristige, ungeplante Bedarfsänderungen (einzeln erfasste und verrechenbare Maßnahmen des Lastmanagements zum Ausgleich von Einspeise- und Entnahmeschwankungen),
- Berücksichtigung von Netzverlusten (theoretisch teilweise einzeln zurechenbare Kosten, praktisch wie Gemeinkosten zu behandeln),
- Messung (einzeln zurechenbare Messkosten),
- Auftragsbearbeitung (Kosten der Verwaltung inklusive Abrechnung und Verrechnung zwischen den Netzbetreibern).

Dabei muss der Netzbetreiber insbesondere **Engpässe bei der Übertragungskapazität** berücksichtigen. Diese Engpässe können konkrete, reale (Grenz-)Kosten bei ihm verursachen, wenn er kurzfristig einen Leitungsengpass auf Grund vertraglicher Durchleitungszusicherungen durch engpassmindernde Stromgeschäfte auf eigene Kosten ausgleichen muss oder langfristig Leitungs- oder Transformatorkapazitäten entsprechend erweitern bzw. alternativ durch Investitionen in geeignete nachfrageseitige Maßnahmen (DSM-Aktivitäten) einen weiteren Ausbau der Netzinfrastruktur unnötig macht.

[86] Beispielsweise ist es wichtig, die Abbaubarkeit der Kosten innerhalb verschiedener Zeiträume zu kennen und dabei gar nicht abbaubare Kosten ("sunk costs") von schwer abbaubaren Kosten, sprungfixen Kosten und variablen Kosten unter Berücksichtigung ihrer jeweiligen Bezugsbasis zu kennen.

Die real beim Netzbetreiber anfallenden Kosten müssen sich nicht mit den einzeln gemessenen Strommengen, bewertet zu den jeweils verhandelten Preisen, dekken. Seine Poolingfunktion als Lastverteiler und -manager gestattet es dem Netzbetreiber, einzeln verrechenbare Geschäftsfälle zu einem gewissen Grad gegeneinander auszugleichen und dabei durch effizientes wirtschaftliches Handeln Gewinne zu erzielen (Losch 1995, 70f.). Hierfür benötigt der Netzbetreiber neben Informationen über den Grenznutzen für den Kunden vor allem Teilkosteninformationen[87].

Losch (1995, 108ff.) favoritisiert auf Basis seiner Analyse der Nutzen-, Kosten- und Preisaspekte der Stromdurchleitung zur Erfüllung der genannten Zwecke eine **entscheidungsorientierte Grenzkostenrechnung mit anschließender, stufenweiser Deckungsbeitragsrechnung**, verbunden mit einer entscheidungsorientierten Investitionsrechnung bezüglich neuer Leitungskapazitäten. Er skizziert ein Kostenrechnungssystem, das von diesen Prinzipien ausgeht und an dessen Beginn eine Kostenartenrechnung steht, innerhalb der die Kosten in drei Gruppen aufgeteilt werden:

- einen nicht unmittelbar für kurzfristige Entscheidungen relevanten Fixkostenblock (Kostenstellengemeinkosten),
- eine Gruppe der variablen Gemeinkosten, die eindeutig auf einzelne Kostenstellen zurechenbar sind (Kostenstelleneinzelkosten) und den jeweiligen Kostenträgern anteilig nach dem Grad der Inanspruchnahme der entsprechenden Kostenstellen zugerechnet werden können, und
- direkt einzelnen Kostenträgern zuweisbare Einzelkosten (Kostenträgereinzelkosten), wobei Losch (ebenda) zwischen den Produkten "Durchleitungsrecht" und "Zusatzgarantieleistung" als Kostenträger unterscheidet. Das "Durchleitungsrecht" bezieht sich dabei auf die Bereitstellung der Leitungskapazität zwischen zwei definierten Punkten zur Übertragung oder/und Verteilung von Strom mit einer bestimmten Spannung oder Frequenz, über einen vereinbarten Ver-

[87] Quarg und Rieg (1998) merken mit Blick auf den Gasnetzbereich an, dass Vollkosteninformationen bei sehr einfachen Netzstrukturen ausreichen könnten. In der Regel sind die Netzstrukturen jedoch komplex, so dass Vollkosteninformationen alleine zur Erfüllung der genannten Zwecke nicht ausreichen.

tragszeitraum. Die Zusatzgarantieleistung sichert, dass die gewünschte Menge trotz Verbrauchsschwankungen, Erzeugerausfällen und Übertragungsverlusten beim Abnehmer verfügbar ist.

Unabhängig davon, ob die Einteilung in die beiden genannten Kostenträger zweckmäßig ist und den regulatorischen, sowie den Marktanforderungen an den jeweiligen Netzbetreiber genügt, spricht viel dafür, die von Losch vorgeschlagenen Teilkostenrechnungssysteme zu implementieren. Mit Hilfe einer derartigen Grenzkostenrechnung und daran anschließender, stufenweiser Deckungsbeitragsrechnung verknüpft mit einer verursachungsgerechten, an ermittelten Treibergrößen orientierten kausalen oder finalen Fixkostenzurechnung, lassen sich zum einen Kosten überwachen und Kostensenkungspotenziale ermitteln - u. a. auch im Vergleich mit anderen Netzbetreibern (Benchmarking)[88]. Zum anderen sind sowohl kurzfristige Preisuntergrenzen, für den langfristigen Unternehmensbestand notwendige Deckungsbeiträge (langfristige Preisuntergrenzen) und Preisdifferenzierungsmöglichkeiten bestimmbar als auch differenzierte Ergebnisrechnungen durchführbar.

Auf Grund des hohen Anteils versunkener Kosten kommt einer integrierten, den relativ langen Anlagenlebenszyklus beachtenden Investitions- und Instandhaltungsplanung, also einer "ganzheitlichen" Netzplanung (Bochanky 1996) und -kontrolle besondere Bedeutung zu. Dies gilt in hohem Maße angesichts der sich wandelnden Anforderungen an den Netzbereich im Zuge einer zukünftig verstärkten Dezentralisierung der Energieversorgung. Eine "**lebenszyklusorientierte Anlagenrechnung**", wie Spitzer (1996, 194ff.) sie andeutet, dient als Basis für den mehrphasigen Planungs- und Kontrollprozess wiederkehrender, gleichartiger oder ähnlicher Investitionsvorhaben, wie sie im Netzbereich anfallen[89]. Als Verknüpfungsinstrument zwischen Investitionsrechnung und periodenbezogener Kosten-/Erlösrechnung (Küpper 1997, 417) erlaubt sie die Durchführung entsprechender Planungs- und Kontrollrechnungen im Sinne eines effektiven Anlagen-Controlling. Dabei bindet sie das im Mittelpunkt stehende Bezugsobjekt "Anlage" bzw. die ent-

---

[88] Vgl. auch den von Wölfing (1995) vorgeschlagenen Einsatz der Grenzplankostenrechnung in der Instandhaltungsplanung- und -kontrolle.

[89] Vgl. auch die von Küpper (1997, 417ff.) vorgeschlagene Kostenrechnung des Anlagenbaus, die er insbesondere für Netzinvestitionen empfiehlt.

sprechenden Aufträge im Rahmen eines evtl. auch alle Netz- und Logistiksparten integrierenden "**Asset Management**" (Scorah 2000) sinnvoll in das Gesamtsystem ein (vgl. hierzu auch die Vorschläge des VDEW-AK "Controlling" 2000).

Wichtig für derartige Investitions- und Instandhaltungsrechnungen ist u. a. eine geeignete Verbindung von Kosten- und Technikdaten, wie die von Spitzer (1996, 199ff.) dargestellte fallweise Auswertungsrechnung (Optimierungsrechnung) zur wirtschaftlichen Auslegung von Übertragungsleitungen verdeutlicht: In der Kostenrechnung müssen die technischen Aspekte bei der Abbildung des Anlagevermögens ausreichend berücksichtigt bzw. von der technischen Seite die entsprechenden Kontierungen zur Kostenerfassung vorgenommen werden.

4.1.2.3 Einführung von Center-Strukturen, Center-Rechnungen und interner Leistungsverrechnung

Oft wird die Einführung von Controlling-Konzeptionen aus Transparenz- und Effizienzsteigerungsgründen mit der Bildung eigenverantwortlicher Einheiten (Center) und entsprechender Centerrechnungen verknüpft, die durch Zielvorgaben gesteuert werden (vgl. z. B. Schlotjunker/Schulten 1998)[90]. Je nach Marktfähigkeit der Produkte und der Fähigkeit zu Selbststeuerung sind dies Profit- bzw. Ergebnis-Center (Steuerung über das Ergebnis), teilweise Cost-Center (Steuerung über das Gesamtkostenbudget) oder Service-Center (Steuerung über Restkostenbudget). Bei der Kasseler Städtische Werke AG wurde der Begriff "Effizienz-Center" eingeführt, der in seinen Zielvorgaben auch andere als rein betriebswirtschaftliche Zielsetzungen erlaubt, z. B. Umwelt- und Ressourcenschutz. Dem Controlling erwächst durch die Center-Einführung die zusätzliche Aufgabe, für die Implementierung, Durchführung und Entwicklung der mit den Centerrechnungen zusammenhängenden **innerbetrieblichen Leistungsverrechnung** zu sorgen[91], da eine Center-Einrichtung ohne eine klare Zuordnung von Kosten und Erlösen "nur kosmetischer Natur [ist]" (Rieg 1997, 403). Die Leistungsverrechnung ist im klassi-

---

[90] Ein weiterer Anstoß für die Einführung von Center-Strukturen und innerbetrieblicher Leistungsverrechnung ergibt sich aus den „Unbundling"-Vorschriften der europäischen Binnenmarktrichtlinien Gas und Elektrizität und der entsprechenden EU-Beschleunigungsrichtlinien bzw. der nationalen Umsetzung im Energiewirtschaftsgesetz.

[91] Zu dieser Aufgabe vgl. ausführlicher Kett/Principe 1997, Rieg 1997, Roithmeier u. a. 1995, Thiel 1999, VDEW-AK "Controlling" 1995b und 1999, Wolle/Kett/Spitzer/Franke 1997.

schen Sinne Bestandteil der Kostenstellenrechnung (VDEW-AK-"Controlling" 1999, 16). Als Grundlage für Center-Rechnungen reicht jedoch die Kostenrechnung alleine nicht aus, da es nicht nur um Cost-Center geht. Notwendig hierfür sind Kosten-, Leistungs-, Erlös- und Ergebnisinformationen (Ist-, Normal- und Plandaten).

Bei der Center-Einrichtung ist die Kongruenz von Kostenstellen und Organisationsstruktur zu beachten, die in der Vergangenheit oft nicht vorhanden war (Schlotjunker/Schulten 1998). In einem Center sollten Aufgaben, Kompetenz und Verantwortung übereinstimmen ("Identitätsprinzip", Wolle/Kett/Spitzer/Franke 1997, 396). Ziel der innerbetrieblichen Leistungsverrechnung ist die marktorientierte Verrechnung steuerungsrelevanter Leistungsströme (Schlotjunker/Schulten 1998).

Letztlich soll vor allem **Kosten- und Leistungstransparenz** geschaffen und **effizienzsteigernder Wettbewerb** unternehmensintern simuliert werden. Die Preisfindung für die innerbetrieblichen Leistungen sollte daher in der Regel marktorientiert erfolgen, aber insbesondere da, wo keine Marktpreise oder vergleichbare Kostendaten (Benchmarking) als Anhaltspunkt vorliegen, wird sie durch interne Machtstrukturen mitbestimmt. Darüber hinaus sind handels- und steuerrechtliche Notwendigkeiten sowie preisgenehmigungsrechtliche Belange zu beachten, die eine stärkere Kostenorientierung verlangen. Auch aus Gründen der Kapazitätsauslastung kann es manchmal sinnvoller sein, Leistungen (grenz)kosten- anstatt marktorientiert zu bewerten (Dorprigter 1997; zu den prinzipiellen, teilweise auch in Konflikt zueinander stehenden Zwecken und Ausgestaltungsmöglichkeiten von Verrechnungs- bzw. Lenkungspreisen vgl. auch Kapitel 2.2.2.2).

Die Verrechnungssysteme sollten einfach handhabbar und leicht verständlich, die Verrechnung möglichst verursachungsgerecht und transparent, d. h. nachvollziehbar und durch den Leistungsempfänger beeinflussbar sein und sich auf wesentliche Kostenhebel konzentrieren. Für den Abstimmungs- und Verhandlungsprozess zur Ermittlung der Leistungsverrechnungen sind feste Verhandlungsgrundsätze und -grundregeln sowie Preisfindungsregeln notwendig, die eine Einigungsverpflichtung, vorgegebene Verhandlungszeiträume, die Verhandlungsführer, die Dokumentation der Verhandlungsergebnisse, eine Clearingstelle, das Marktpreisvergleichsprinzip, Qualitätsstandards, zu erbringende Grundleistungen, den Vorrang des Unternehmens- vor dem Center-Optimum, die Grenzen externer Bezüge und

Absätze (ggf. Kontrahierungszwänge, um interne Kapazitäten auszulasten) sowie die mögliche betriebswirtschaftliche Unterstützung des Verhandlungsprozesses definieren (Thiel 1999).

Die Einführung der Center-Strukturen und der innerbetrieblichen Leistungsverrechnung, aber auch ihre laufende Anpassung und Weiterentwicklung, stoßen in den EVU oft auf **Akzeptanzprobleme**, verlangen sie doch Veränderungen in den sich über Jahrzehnte in der Monopolzeit herausgebildeten Gewohnheiten. Außerdem ist der Abstimmungs- und Verhandlungsbedarf für die Festlegung von Umfang und Preisen der verrechneten Leistungen sowie die Abgleichung von Center- und Gesamtunternehmensoptimum erheblich (vgl. auch die Aussagen von Befragten der in Kapitel 4.3.3 dargestellten Interviews). Je differenzierter die Leistungsverrechnung durchgeführt wird, umso mehr werden die handelnden Personen mit den Abstimmungs- und Verhandlungsprozessen belastet, so dass die VDEW empfiehlt, hinsichtlich der Differenziertheit der Leistungsverrechnung einen "pragmatischen Mittelweg" (VDEW-AK "Controlling" 1999, 16) zu gehen. Dorprigter (1997) kritisiert in diesem Zusammenhang, dass sich die Einführung von Center-Strukturen und innerbetrieblicher Leistungsverrechnung bei Betrachtung der Nutzen-Kosten-Relationen höchstens für große Unternehmen eigne und es nicht von der Einführung dieser Instrumente, sondern von den handelnden Personen abhänge, wie die EVU den zunehmenden wettbewerblichen Anforderungen begegnen.

Empirische Ergebnisse einer Studie von Accenture zusammen mit der Justus-Liebig-Universität Giessen (2000) bekräftigen, dass die Einführung von Center-Strukturen und innerbetrieblicher Leistungsverrechnung nur dann zu den erhofften Ergebnisverbesserungen führt, wenn sie mit gezielten Verhaltens- und Einstellungsänderungen der verantwortlichen Mitarbeiter verbunden ist. "Dazu bedarf es aber eines mit der Organisation und ihrer Kultur abgestimmten Veränderungsprozesses, der Beteiligung und Befähigung der Mitarbeiter gleichermaßen einschließt wie eine sorgfältige Strategie- und Organisationsanalyse" (ebenda, 23). Auch das Anreizsystem ist entsprechend umzugestalten. Nur so werden die Verantwortlichen - wie mit der Einführung der Center-Strukturen, Center-Rechnungen und innerbetrieblichen Leistungsverrechnung beabsichtigt - zu unternehmerisch handelnden, motivierten Entscheidungsträgern, die bisher in Anspruch genommene Leistungen hinterfragen und ggf. nicht mehr in Anspruch nehmen, Prozessoptimierungen einleiten und "Make or Buy"-Entscheidungen optimieren (vgl. Wolle/Kett/Spitzer/Franke 1997). Das zentrale Controlling ist insbesondere als Moderator, Coach und Berater dieser Prozesse der Stärkung der Wettbewerbsorientierung im Zuge eines entsprechenden **grundlegenden unternehmenskulturellen Wandels** gefragt (vgl. auch VDEW-AK "Controlling" 1999).

4.1.2.4 Mehrzweckorientierte Kosten-, Leistungs-, Erlös- und Ergebnisrechnung

Einigen in der Literatur gegebenen Empfehlungen folgend[92], wird hier, um die in Kapitel 2.2.2.1 dargestellten Anforderungen der Führungs-, Bedarfs-, Entscheidungs- und Verhaltensorientierung mit einem positiven Nutzen-Kosten-Verhältnis zu erfüllen, eine mehrzweckorientierte, integrierte Kosten-, Leistungs-, Erlös- und Ergebnisrechnung als sinnvoll für die Energieunternehmen angesehen, die aus

- einer laufenden, durchgängigen, robusten, zuverlässigen, transparenten, zukunftsorientierten **Basis- bzw. Grundrechnung** mit flexibel je nach Bezugsobjekt auswertbaren Datenstrukturen und hoher Aktualität besteht (Riebel 1994, vgl. aber auch Buch 1991, Spitzer 1996, Steven/Letmathe 2000) sowie
- fallweisen, selektiven, entscheidungsorientierten, partiell vernetzten **Auswertungsrechnungen**, die auf unterschiedliche Entscheidungsinstanzen und externe oder interne Aufgabeninhalte bezogen sind und einen problembezogenen Detaillierungsgrad aufweisen.

Während die Basisrechnung die Daten möglichst unverfälscht bereitstellen sollte, sind im Rahmen der Auswertungsrechnungen zweckgerichtete Datentransformationen möglich (Spitzer 1996, 175). Auf Grund der heute vorhandenen IT-Technik ist die Realisierung einer solchen Konzeption prinzipiell möglich (vgl. u. a. Küpper 1994).

So fördert die Reduktion der Komplexität im Zuge des Aufbaus der Basisrechnung beispielsweise die Transparenz. Schlotjunker und Schulten (1998, 138) berichten von der BEWAG, dass dort die Anzahl der Kostenstellen von 5880 auf 1756 und

---

92 Vgl. beispielsweise Küpper 1994, Pfaff 1994, Riebel 1994, Schmalenbach 1963, Spitzer 1996, VDEW-AK "Kostenrechnungs-Empfehlungen" 1999, Weber 1995, Weber 1996,

die Primärkostenarten von 568 auf 233 reduziert wurden. Zusätzlich wurden erstmals Erlösarten (120) eingeführt, die für den Ergebnisausweis unverzichtbar sind. Auch die Konzentration auf die Entscheidungs- und damit Zukunftsorientierung führt ggf. zu einer Komplexitätsreduktion durch den Wegfall rein vergangenheitsorientierter Datenstrukturen.

Wesentliche **Bezugsobjekte** der Grundrechnung[93] sind Kostenstelle, Auftrag (ggf. weiter differenziert in Leistungsmodule bzw. Prozesse mit unterschiedlichem Bezug zum Absatzobjekt) und Kunde bzw. Kundengruppe (Spitzer 1996, 135). Weiterhin können sämtliche interessierenden Untersuchungsgegenstände Bezugsobjekte darstellen, z. B. Produkt- bzw. Leistungsart mit Leistungsmengen und zugehörigen Input- und Outputflüssen, Versorgungsanlage sowie Verkaufsgebiet und Vertriebsweg[94].

Entscheidungs- bzw. Gestaltungsbereiche, auf die die selektiven Auswertungsrechnungen gerichtet sein können, sind beispielsweise laufende Betriebsüberwachung, Preisbildung bzw. -beurteilung (z. B. Festlegung von Preisober- bzw. –untergrenzen, Kalkulation von Durchleitungsentgelten wie in Kapitel 4.1.2.2 bereits dargestellt), Kostendarlegung für die Preisaufsicht, Prozessoptimierung mit Hilfe eines Benchmarking, Bestandsbewertungen, die Wahl zwischen Eigenproduktion oder Fremdbezug, Produkt- bzw. Dienstleistungsprogrammplanung, Investitionsplanung (z. B. Netzplanung, vgl. Kapitel 4.1.2.2), Marketing- und Vertriebsplanung, Budgetierung, Beteiligungs- und Diversifikationsplanung oder Fixkostenmanagement (vgl. auch Hahn 1992, 157ff., zu den Einsatzmöglichkeiten der Kosten- und Leistungsrechnung für die Aufgaben des Controlling). Hauptzweck der Auswertungsrechnungen ist das Aufzeigen von Handlungsbedarf anhand geeigneter Analysen (Bosse 2001).

Je nach Aufgabe sind unterschiedliche Verfahren bzw. Systeme anzuwenden. In Anlehnung an Hahn (1992, 159) müssen die Kosten- und Leistungsrechnungssy-

---

Weber/Weißenberger 1996.

93 Vgl. auch den Begriff der objektorientierten Rechnung bei Steven/Letmathe 2000.

94 Vgl. hierzu ausführlicher Buch 1991, Ludwig 1999, Spitzer 1996, 144f.; aber auch Hahn 1992, 159; Köhler 1989, 126; vgl. auch Kapitel 7.2.2.3f.

steme, die im Rahmen der o.g. Kosten-, Leistungs-, Erlös- und/oder Ergebnisrechnungen eingesetzt werden, prinzipiell den folgenden Anforderungen genügen:

- Deckungsgleichheit von Plan- und Istrechnung zu Planungs- und Kontrollzwekken,
- Zurechenbarkeit auf verschiedenste, beispielsweise die o.g. Bezugsgrößen,
- Keine oder nachvollziehbare und vertretbare Schlüsselungen,
- Möglichkeit der Charakterisierung entscheidungsrelevanter Kosten und Erlöse,
- Möglichkeit der Durchführung von Vollkosten- wie mehrstufigen Teilkostenrechnungen, die als parallele Rechnungen rechnungszweckorientiert miteinander verknüpft werden,
- Integration technischer und betriebswirtschaftlicher Daten (vgl. auch die Überlegungen zur Netzplanung in Kapitel 4.1.2.2),
- Integration in das gesamte Controlling-Instrumentarium mit entsprechenden Vernetzungen bzw. Schnittstellen,
- Bestmögliche IT- Umsetzung.

Eingebettet in ein periodisches Gesamtplanungs- und -kontrollsystem erfüllen insbesondere Deckungsbeitragsrechnung, flexible (Grenz-)Plankostenrechnung oder Prozesskostenrechnung die Anforderungen eines leistungsfähigen Controlling der Energieunternehmen, einsetzbar im Rahmen derartiger Auswertungsrechnungen (VDEW-AK "Kostenrechnungs-Empfehlungen" 1999, 49)[95].

4.1.3 Weiterentwicklung des Controlling-Instrumentariums

Nachdem bei der Entwicklung und Einführung von Controlling-Konzeptionen und -Instrumentarien seit Beginn der 90er Jahre zunächst vor allem das **Kostenmanagement** im Vordergrund stand und eine entsprechende Ausrichtung der Kosten-, Leistungs-, Erlös- und Ergebnisrechnung auf interne Zwecke vorgenommen wurde, haben die Energieanbieter seit der Marktöffnung vielfach damit begonnen, das

[95] Vgl. auch Hahn 1992, Heims 1998 und Spitzer 1996 zur besonderen Bedeutung von Systemen

Controlling-Instrumentarium zu erweitern. Ziel dabei ist, auch die Verfolgung der weiteren beiden, in Kapitel 3.3 genannten, grundsätzlichen Strategierichtungen ("**Stärkung bisheriger Geschäftsfelder durch Sicherung und Ausbau vorhandener Kernkompetenzen**" sowie "**Aufbau wettbewerbsfähiger Zusatzkompetenz**") durch geeignete Steuerungsmittel zu unterstützen und so zu einer verbesserten Markt- und Kundenorientierung sowie zum Ausbau bzw. Wandel der Energieversorger hin zu Multi Utility- oder Multi Service-Unternehmen beizutragen (vgl. auch Tabelle 9).

Tabelle 9 Wesentliche übergreifende und bereichsbezogene Controlling-Bausteine des EVU und ihre Ergänzung im Zuge des Liberalisierungsprozesses

Wesentliche Controlling-Bausteine des EVU	**Strategische Hauptzielrichtung der Steuerung**
Controlling-Bausteine des EVU nach Thomas (1996):	
Investitions-/Anlagen-Controlling	Kostenmanagement
Auftrags-Controlling	Kostenmanagement
Ergebnis-Controlling	Sicherung des Unternehmenserfolgs
Gemeinkosten-Controlling	Kostenmanagement
Materialwirtschafts-Controlling	Kostenmanagement
Finanz-Controlling	Liquiditätssicherung, Cash Management
Erweiterung im Zuge des Liberalisierungsprozesses:	
Beschaffungs- inklusive Risiko-Controlling	Marktorientierung, Kostenmanagement
Marketing- und Vertriebs-Controlling	Auf den Kunden gerichtete Marktorientierung
Beteiligungs- und Kooperations-Controlling	Marktorientierte strategische Positionierung
Strategisches Controlling	Markt- und potenzialorientierte strategische Entwicklung
Zusätzlicher, zunehmend integrierter Baustein:	
Öko-Controlling	Umwelt- und Marktpartnerorientierung, Kostenmanagement, zukunftsfähige Unternehmensentwicklung

Quelle: Eigene Darstellung, aufbauend auf Thomas 1996, 134ff; zum Öko-Controlling vgl. Kapitel 4.1.4.

Wie die in Kapitel 4.3 dargestellten Befragungen sowie weitergehende Recherchen ergeben haben, steht diese, in den folgenden Kapiteln näher erläuterte Entwicklung allerdings in den meisten Energieunternehmen noch am Anfang.

---

der Deckungsbeitragsrechnung.

4.1.3.1 Beschaffungs- und beschaffungsseitiges Risiko-Controlling

Marktorientierung und Kostenmanagement auf der Beschaffungsseite bedeutet insbesondere, die Bereitstellung von Energieträgern nicht nur bedarfsgerecht gebündelt sicherzustellen, sondern auch wirtschaftlich zu optimieren und dabei Risikogesichtspunkte ausreichend zu berücksichtigen - über die Allgemeinen, aus dem Gesetz zur Kontrolle und Transparenz im Unternehmensbereich (KonTraG) erwachsenden Anforderungen an das Risikomanagement (Bozem 1999) hinaus. Dies erfordert ein entsprechendes strategisches wie operatives Beschaffungs- inklusive Risiko-Controlling (vgl. auch Piontek 1994), in dessen Mittelpunkt die Steuerung bzw. entsprechende Systemunterstützung von **"Make or Buy"-Entscheidungen** (Eigenerzeugung vs. Fremdbezug) sowie die optimierte **Steuerung des Fremdbezugs** unter Beachtung der (potenziell) höheren Energiepreisvolatilität im liberalisierten Markt und entsprechender Flexibilisierung der Liefervereinbarungen (Bilen 2000, 41) stehen. Letztlich geht es darum, ein **Energieträger-Portfolio** unter Einbezug von Risikoaspekten[96] im Hinblick auf die Unternehmensziele in ähnlicher Weise zu steuern wie es beispielsweise aus dem Portfoliomanagement von Finanzanlagen bekannt ist.

Der Fremdstrombezug beispielsweise muss nicht unbedingt vom angestammten Vorlieferanten erfolgen. Zur Auswahl stehen u. a. auch neue Anbieter wie unabhängige Erzeuger (IPP), Großhändler, Broker und Makler; ein "Shopping Around" (Latkovic/Seiferth 1999, 20) ist möglich. Stromlieferungen können mit anderen Lieferanten bilateral vereinbart (OTC-Geschäft) oder Strommengen im institutionalisierten Spot- oder Terminmarkt angekauft werden. Darüber hinaus sind Preissicherungs- oder auch Arbitrage- und Spekulationsgeschäfte mit Hilfe geeigneter Handels- und Finanzderivate (Burger 1998, 1998a) - also Instrumenten wie Futures, Swaps und Optionen - abschließbar. Neben den physischen Handel tritt also der finanzielle Handel, bei dem es nicht zu einer Energielieferung kommt, sondern nur Geldflüsse realisiert werden (vgl. auch Bilen 2000). Hierbei wird klar, dass der Energiehandel zwei unterschiedliche Zielrichtungen verfolgen kann: auf der einen Seite steht die Beschaffungsoptimierung, die integrierte Aufkommensoptimierung mittels zentraler Steuerung aller Beschaffungs- inklusive Durchleitungs- und Ab-

---

[96] "Energy trading is essentially a risk management business" (Fernandez 1999, 23).

satzverträge, auf der anderen Seite das Erzielen von Handelsgewinnen als eigenständiges Geschäftsfeld (Latkovic/Seiferth 1999) im Vordergrund, das von Zielvorgaben physischer Lieferung unabhängig ist (Dudenhausen/Döhrer/Gravert-Jenny 1999, 302).

Der **Energiehandel** mit seiner originären Aufgabe der Beschaffungsoptimierung verkörpert die Schnittstelle zwischen der Eigenerzeugung und dem Vertrieb der Sicherung von Margen im Vertriebsgeschäft sowie die Absicherung von Preisrisiken. Dagegen werden beim Energiehandel zur Handelsgewinnerzielung Risiken bewusst eingegangen, um Gewinne zu erzielen.

In letzter Zeit haben immer mehr Energieunternehmen eigene Stromhandelsabteilungen aufgebaut[97] oder sind entsprechende vertikale Vertriebspartnerschaften oder horizontale Kooperationen eingegangen (Wagner 2000). Wichtig ist dabei, eine dem Bedarf, der Marktsituation und den Kompetenzen des jeweiligen Unternehmens angepasste Strategie zu wählen[98]. Zur Bewältigung der Beschaffungsoptimierungs- bzw. Handelsaufgaben setzen die Energieunternehmen entsprechende IT-gestützte Steuerungssysteme zur Portfolioverwaltung, Analyse von Preisen und Risiken, Risikomanagement und interner Überwachung (Burger 1998, 1998a), Abrechnung und Information ein (Dudenhausen/Döhrer/Gravert-Jenny 1999).

4.1.3.2 Marketing- und Vertriebs-Controlling

Ein weiterer bereichsbezogener[99] Controlling-Baustein, der in der Vergangenheit kaum beachtet wurde (VDEW-AK "Controlling" 1998), aber in den letzten Jahren zunehmend Bedeutung gewinnt, stellt das Marketing- und Vertriebs-Controlling dar, d. h. die Steuerung gegenwärtiger und zukünftiger Absatzbeziehungen (vgl. beispielsweise LBD 1999, Pohl 2000, VDEW-AK "Controlling" 1998). Im Vordergrund steht also die auf den Kunden gerichtete Marktorientierung (Küpper 1997, 370; vgl. auch Tabelle 9).

---

[97] "Trading Floors", vielfach untergliedert in Back-, Middle- und Frontoffice; vgl. Dudenhausen/Döhrer/Gravert-Jenny 1999.

[98] Vgl. z. B. die entsprechenden Überlegungen der Stadtwerke Hannover AG (1998b).

[99] Zur Abgrenzung und den Aufgaben eines bereichsbezogenen Controllings im Verhältnis zum übergreifenden Unternehmens-Controlling und den Schnittstellen zwischen bereichsbezogenem und bereichsübergreifendem Controlling vgl. z. B. Küpper (1997, 367ff.).

Abbildung 6 Prämierte Kundenzeitschrift der Stadtwerke Hannover AG

Quelle: www.enercity.de.

Bislang werden die Energieunternehmen allgemein als "wenig kundenorientiert" eingestuft (CMG Deutschland GmbH 2000)[100]. Je intensiver und breiter sich der Wettbewerb im Energiemarkt entwickelt und je höher die Wechselbereitschaft der Kunden steigt, um so mehr werden jedoch die Qualität der **Beziehung zu bestehenden Kunden** (Kundenzufriedenheit, Kundenbindung) sowie die **Gewinnung von Neukunden** entscheidende Erfolgsfaktoren. Sie stellen das Controlling vor

100 Es gibt allerdings auch Ausnahmen. Beispielsweise wurde die Kundenzeitschrift der Stadtwerke Hannover AG (Abbildung 6) in einem branchenübergreifenden Wettbewerb um die "Besten Kundenzeitschriften 2000" vom Medienfachblatt Horizont zur "Innovation des Jahres" gekürt.

neue Herausforderungen hinsichtlich der Bewertung der Kundenrelation (Fickert 1998, 5):

- Inwieweit sind die Kunden mit den Leistungen des Unternehmens zufrieden? Welche Qualität haben die Leistungen und inwieweit entspricht diese Qualität den Kundenanforderungen?
- Sind die Unternehmensleistungen hinsichtlich Preis und Qualität mit denen der Wettbewerber vergleichbar? Welche Differenzierungsmöglichkeiten bieten sich den Energieunternehmen, um sich von Wettbewerbern abzuheben?
- Inwieweit sind welche Kundengruppen bereit, zu anderen Energielieferanten zu wechseln, unter welchen Bedingungen realisieren sie einen derartigen Wechsel und inwieweit beeinflusst die jeweilige Abwanderung das Unternehmensergebnis?
- Welcher Aufwand ist notwendig, um einen Neukunden zu gewinnen[101] oder einen abgewanderten Kunden zurückzugewinnen? Inwieweit lohnt sich dieser Aufwand? Welche Marketing- und Vertriebsmaßnahmen eignen sich überhaupt zur Neukundengewinnung bzw. Kundenrückgewinnung bei welcher Kundengruppe und welchem Produkt?
- Was ist der einzelne Kunde wert? Inwieweit stellt er sich aktuell und in Zukunft als profitabel bzw. attraktiv dar?
- Welche Kunden bzw. Kundengruppen lassen sich sinnvoll zu getrennt bearbeitbaren Markt- bzw. Kundensegmenten zusammenfassen?

---

[101] Die LBD (2000, 22) schätzt beispielsweise den Akquisitionsaufwand pro Neu-Haushaltskunde bei den HEW auf ca. 82 EUR. Nach Wollschläger (2002) hat E.ON über 20 Millionen EUR für die Werbekampagne zu seinem Produkt "E.ON Mix Power" ausgegeben, dem aber nur 1.100 neu hinzugewonnene Kunden gegenüber stehen würden. Die EnBW-Vertriebstochter Yello investiert nach Angaben des damaligen EnBW-Vorstandsvorsitzenden Gerhard Goll bis zu 511 EUR in einen Neu-Haushaltskunden (Schneider/Schürmann 2001). Seit Gründung des Unternehmens Yello wäre der Akquisitionsaufwand auf 25% heruntergefahren worden. Bis zum Jahresende 2000 seien damit mehr als 600.000 Kunden gewonnen worden. Goll vergleicht diesen Akquisitionsaufwand mit dem Erwerb von Stadtwerken bzw. Stadtwerke-Beteiligungen, der die EnBW zwischen 1.534 und 3.579 EUR je Abnehmer kosten würde. Nach Einschätzung der LBD (2000, 22) stehen die Akquisitionskosten der Energieunternehmen bisher "in keinem Verhältnis zu Neukundenzahlen".

- Für welche Kundengruppen erweisen sich welche Arten von Kundenbindungsanreizen als vorteilhaft? Wie viel darf eine Kundenbindungsmaßnahme bei welcher Kundengruppe maximal kosten? Was sind die einzelnen Kundengruppen zuzurechnenden Marketing- und Vertriebskosten?
- Welche Produkte bzw. Produktgruppen sind für das Unternehmen aktuell und in Zukunft profitabel? Inwieweit sind hierbei Verbundeffekte zu beachten? Welche Produkte bzw. Dienstleistungen sollten zusätzlich aufgenommen, welche eliminiert werden? Welche Zielkosten können für einzelne Produkte bzw. Dienstleistungen formuliert werden?
- Was ist kurz-, mittel- oder langfristig die (grenz)kostenorientierte Preisuntergrenze, was die kundennutzenorientierte Preisobergrenze für ein an eine definierte Kundengruppe abgegebenes bestimmtes Produkt? Inwieweit wird die (grenz)kostenorientierte Preisuntergrenze durch Veränderungen in der Nachfragestruktur und damit einhergehende Auslastungsveränderungen in der Leistungsbereitstellung gesenkt (z. B. kostensenkender Spitzenlastabbau bei gleichzeitigem Auffüllen von Lasttälern)?
- In welchen Regionen oder auf welchen Vertriebswegen lohnt sich der Vertrieb eines bestimmten Produkts an eine ausgewählte Kundengruppe besonders?
- Wie effektiv und effizient arbeiten die Vertriebsorganisation und weitere Absatzmittler?
- Wie stellt sich das Unternehmensimage dar und welchen Einfluss haben welche Aktivitäten zur Imageverbesserung unter Beachtung der Kosten?

Dies sind typische Fragen, mit denen sich das Controlling der Energieunternehmen im liberalisierten Markt zunehmend beschäftigen muss und die die meisten Energieunternehmen bislang nur unzureichend beantworten können. Ein verstärktes Eingehen auf derartige Marketing- und Vertriebsaspekte erfordert weitgefächerte **zusätzliche Informationen** - insbesondere angesichts der Komplexität und Breite der Kundenstruktur in den Energieunternehmen sowie der einschneidenden Marktumbrüche und der damit verbundenen Unsicherheiten über die zukünftige Marktentwicklung (Pohl 2000, 221f.) (vgl. auch VDEW-AK "Controlling" 1998). Diese Informationen, entsprechend analysiert und aufbereitet, dienen dazu, in den

Prozessen der Willensbildung und -konkretisierung, der nachfolgenden Willensdurchsetzung und -sicherung im Marketing- und Vertriebsbereich sowie auf Unternehmensebene wahrgenommen und genutzt zu werden.

Unter den Oberbegriffen "Marketing Accounting" (Köhler 1989; Klingebiel 2000, 2000a) bzw. "Customer Costing" (Fickert 1998) gewinnen neben Kundenzufriedenheits- und Dienstleistungsqualitätsanalysen im Rahmen des Marketing- und Vertriebscontrolling z. B. flexible Produkt-, Kundenerfolgs- bzw. Absatzsegment- und Gebietserfolgsrechnungen (mehrstufige, mehrdimensionale Deckungsbeitragsrechnungen, vgl. auch LBD 1999), Kundenlebenszyklus-, ABC- und Portfolio-Analysen sowie darauf aufbauende Kennzahlensysteme zunehmend an Bedeutung (vgl. auch Meyer/Dullinger 1998 zu diesen und weiteren Instrumenten der Kundenwertbestimmung).

Da die Kunden- bzw. Marktorientierung vor allem im EDL-Bereich ein entscheidender Erfolgsfaktor ist, wird auf diese und weitere im Rahmen des Marketing- und Vertriebs-Controlling einsetzbare Instrumente in Kapitel 7.3 näher eingegangen. Insbesondere das **Kundenbindungs-Controlling** sowie **Verbundeffekte** zwischen dem Endenergie- und dem EDL-Bereich finden dabei Berücksichtigung.

4.1.3.3 Beteiligungs- und Kooperations-Controlling

Speziell bei Verbundunternehmen und größeren Regionalversorgern mit deutlichen Diversifikationsbestrebungen und Dutzenden oder gar Hunderten von Beteiligungen spielt das strategische und operative Beteiligungs-Controlling eine zunehmende Rolle. Eine **einheitliche Steuerung** bestehender Beteiligungen im Hinblick auf die Konzernziele und -strategien wird dabei angestrebt, um rechtzeitig auf Veränderungen zu reagieren sowie die Entscheidungsfindung, -durchsetzung und -sicherung bei Beteiligungserwerben und -verkäufen zu unterstützen - z. B. mittels geeigneter Verfahren zur Unternehmensbewertung (vgl. beispielsweise Schulte 1994, Born 1995, Vogel 1998).

Je nach **Selbststeuerungsvermögen** der Beteiligungen, Beteiligungsquote, Kapitaleinsatz, Phase des Beteiligungslebenszyklus (Lenhard 1996) und den mit der jeweiligen Beteiligung verfolgten strategischen Konzernzielen variieren Aufgaben- und Kompetenzverteilung zwischen zentralem Controlling und demjenigen in den

Beteiligungen sowie Steuerungsumfang und Eingriffstiefe und -intensität durch das zentrale Controlling. Das Spektrum reicht von einer rein ergebnisbeitrags- oder Cash flow-orientierten Steuerung über ein Controlling mittels verschiedenster Kennzahlen, das partnerschaftliche Angebot der Übername von Steuerungsaufgaben als Dienstleistung des zentralen Controlling an die Führung der Beteiligungsunternehmen, oder das Ausüben einer Coaching-Funktion, bis hin zu geregelten, direkten Eingriffen in das operative Geschäft bei Erreichen bestimmter Schwellenwerte (z. B. Projekte ab einem festgelegten Umsatzvolumen, bestimmte Ausbau- und Erweiterungsentscheidungen), Genehmigung von Budgets und Business Plänen und detailliert abgestimmter Investitions-, Finanz-, Erfolgs- und Bilanzplanung bei jedem Auftrag des Beteiligungsunternehmens. Letztlich kommt es darauf an, den Prinzipien "so viel Uniformität wie nötig und so viel Individualität wie möglich" (Lenhard 1996, 313) bzw. "so zentral wie nötig und so dezentral wie möglich" (Unzeitig 1994, 115) Geltung zu verschaffen.

Wichtig dabei ist die klare Definition der Ziele, Aufgaben, Zuständigkeiten, den eingesetzten Steuerungsinstrumenten bzw. -verfahren (z. B.hinsichtlich der Berichtssysteme und Methoden der Kennzahlenermittlung) und der Klärung der **Schnittstellen** zwischen zentralem Controlling und der Führung in den Beteiligungen. Wie u. a. auch die in Kapitel 4.3.3 dargestellte Befragung ergab, hat sich in der Praxis bewährt, wesentliche Beteiligungen durch "personelle Verquickung" mit der Konzernzentrale zu verknüpfen, um funktionierende Schnittstellen und die Beachtung der Konzerninteressen zu gewährleisten. Beispielsweise ist der Geschäftsführer einer EDL-Beteiligung in Personalunion gleichzeitig Prokurist bzw. kaufmännischer Geschäftsführer des Endenergie-Vertriebs oder ein Controller aus dem zentralen Controlling wird im EDL-Bereich eingesetzt, um dort Controlling-Instrumente in Kooperation mit den dortigen Verantwortlichen zu implementieren.

Eine Beteiligung im Sinne von §271 HGB liegt dann vor, wenn mindestens 20% der Anteile an einem Unternehmen gehalten werden, um dem eigenen Geschäftsbetrieb durch Herstellung einer dauerhaften Verbindung zu dienen. Neben der Steuerung der Beteiligungen und weiterer Anteile an anderen Unternehmen ist es für die Energieunternehmen zunehmend wettbewerbsrelevant, ihre vielfältigen horizontalen, vertikalen und diagonalen Kooperationen so zu steuern, dass jederzeit und aktuell Informationen darüber verfügbar sind, inwieweit eine Kooperation mit einem bestimmten Unternehmen bereits besteht, wie die Führung der Kooperation gestaltet ist und welche Kooperationserfahrungen vorliegen, um die Zusammenarbeit im Sinne der Unternehmensziele steuernd zu beeinflussen. Im Hinblick auf den in den nachfolgenden Kapiteln näher dargestellten EDL-Bereich spielt insbesondere die Steuerung einer Vielzahl diagonaler, aber auch horizontaler Kooperationsbeziehungen zu Marktpartnern im EDL-Geschäft eine wichtige Rolle, um die Marktpartner in Wertschöpfungspartnerschaften (Hansen 1995) bzw. Netzwerken (Jarillo 1993) zu integrieren. Auf die Kooperationssteuerung wird daher in Kapitel 6.1.6 näher eingegangen.

4.1.3.4 Operativ-gestütztes strategisches Controlling

Wie bereits dargestellt war das Controlling der Energieunternehmen Mitte der 90er Jahre stark vom Gedanken des operativen Kostenmanagements geprägt und kaum zukunfts- und führungsorientiert (Bozem 1995a, 213). Die Liberalisierung zwang die Unternehmen plötzlich, verstärkt strategische Überlegungen anzustellen und sich in dieser Hinsicht neu zu positionieren. Vielfach erfolgte diese Neupositionierung mehr oder weniger ad hoc, wobei teilweise kaum fundierte, wenig rationale strategische Entscheidungen getroffen wurden[102]. Beispielsweise haben einige Stadtwerke Unternehmensanteile verkauft und sind schnell vertikale Kooperationen eingegangen, weil die Medien ein großes “Stadtwerkesterben” (zitiert in Wagner 2000, 12) prognostizierten und Management oder/und Eigentümer sich von dieser “Hysterie” bzw. “Irrationalität” (Heims 2001), verstärkt durch die Tatsache leerer Gemeindekassen, anstecken ließen. Wie die bisherige Entwicklung seit der Marktöffnung gezeigt hat, entbehrten die Prognosen vom großen “Stadtwerkesterben”, deren Herkunft kaum nachvollziehbar ist, jedoch bislang jeder Grundlage; die Zahl der Stadtwerke ist seit der Liberalisierung nur unmerklich geschrumpft[103].

---

[102] Vgl. hierzu auch Heims (1998), der hinsichtlich der strategischen Neuorientierung und des damit verbundenen Umdenkens bei Stadtwerken weniger ein betriebswirtschaftlich-unternehmerisches als ein psychologisches Problem des Managements und der Eigentümer sieht, da gute Chancen bestehen würden, die Rentabilität der Stromversorgung durch die Stadtwerke im liberalisierten Markt zu erhalten (vgl. auch Heims 2001).

[103] Vgl. hierzu beispielsweise Gautier 2000, Heims 1998 und 2001, Schneider/Schürmann 2000, Stadtwerke Hannover AG 2001, Mummert+Partner/Manager Magazin/FAZ-Institut 2002. Anfang 2002 gab es nach Auskunft des VKU immer noch rund 950 Stadtwerke, davon rund 580 mit einer Stromsparte. Etwa 100 Kommunen haben Beteiligungen verkauft, 20 die Kapitalmehrheit. Über 700 Betriebe blieben vollständig in öffentlicher Hand. Allerdings könnte in

Ein strategisches Steuerungsinstrumentarium unterstützt die Unternehmensführung dabei, das Energieunternehmen erfolgversprechend zu positionieren und dazu rational begründete, notwendige Entwicklungsschritte zur Sicherstellung der Strategieumsetzung einzuleiten. In Anlehnung an Dederichs (1993, 8) und Weber (1999) wird hier unter **strategischem Controlling** die umfassende Unterstützung der Prozesse der Willensbildung, -konkretisierung, -durchsetzung und -sicherung in der strategischen Führung verstanden. Strategisches Controlling ist stark umwelt- und marktorientiert und beschäftigt sich insbesondere mit den Chancen (Erfolgspotenzialen) und Risiken (Existenzgefährdungen) sowie den Stärken und Schwächen des Unternehmens (Horváth 1996, 245f.), mit Problemstellungen also, die von vorrangiger Bedeutung für die Vermögens- und/oder Erfolgsentwicklung einer Unternehmung sind und sich nur aus dem Gesamtzusammenhang der Unternehmung heraus behandeln lassen (Dederichs 1993, 8).

Wichtig dabei ist u. a., die Strategie mit dem operativen Geschäft zu verbinden und strategische Entscheidungen entsprechend zu stützen (vgl. auch Kapitel 6.2.6 zur Balanced Scorecard als Brücke zwischen Strategie und operativer Umsetzung). Die strategische Bewertung selbst setzt erfahrungsgestützte, kontrollierbare Prognosen in evolutionären Kontexten voraus (Matthes 1989, 150).

Spezifische Instrumente des strategischen Controlling, die auch Energieunternehmen in letzter Zeit verstärkt einsetzen, sind Methoden zur Beschaffung, Analyse und Prognose von Markt- und Makroumwelt- sowie Unternehmungsinformationen, die eng mit dem strategischen Planungs- und Kontrollprozess verbunden sind (Horváth 1996, 249). Beispiele für Instrumente zur Analyse der Unternehmungssituation und zur Erarbeitung von Strategien sind die in Kapitel 3.5.1 bereits genannten Chancen-Risiken-, Stärken-Schwächen-, Ressourcen- und Positionierungsanalysen sowie Lebenszyklus-, Portfolio-, Wertketten- und Shareholder Value-Analysen (vgl. auch Meffert/Bruhn 1997, Weber 1999).

---

den nächsten Jahren der Verkaufsdruck aufgrund der Finanzknappheit der Kommunen steigen.

4.1.4 Öko-Controlling - von einem additiven zu einem integrierten Steuerungsinstrument

Auf Grund der bei der Energieerzeugung anfallenden Emissionen befassen sich die Energieanbieter seit Jahrzehnten mit Umweltschutzmaßnahmen. Während in der Vergangenheit Abscheidetechnologien zur Vermeidung lokaler Luftverschmutzung als Umweltschutzmaßnahmen dominierten, spielen zunehmend - u. a. auch aus Wirtschaftlichkeitsgründen - prozessintegrierte Umweltschutzmaßnahmen eine größere Rolle (Wietschel, et al. 1997). In den letzten Jahren rückte insbesondere der **Beitrag der Energieunternehmen zum Klimaschutz** in den Vordergrund[104]. Dieser Wandel sowie die stetig steigenden Anforderungen im Umweltschutz stellen das Controlling vor neue Herausforderungen und erfordern die Entwicklung des Öko-Controlling (oder Umwelt-Controlling) von einem additiven, ökologiebezogenen “Satelliten” (Schaltegger/Sturm 1995, 11) zu einem integrierten Steuerungsinstrument im Rahmen der Unternehmensführung. Die Aufgabe des Öko-Controlling besteht darin, “die effiziente und wirksame Realisierung einer ... nachhaltigen Entwicklung von Unternehmen zu unterstützen” (ebenda, 10).

4.1.4.1 Umweltmanagementsysteme und ihre Überprüfung (Öko-Audit) in Energieunternehmen

Ein Ziel des Öko-Audit nach der Verordnung der Europäischen Gemeinschaft (EMAS) ist, eine kontinuierliche Verbesserung der Umweltleistung der Unternehmen zu initiieren[105]. Das Instrument war ursprünglich lediglich auf gewerbliche Tätigkeiten zugeschnitten, wurde zwischenzeitlich jedoch auf nichtgewerbliche Unternehmen erweitert. Teilnahmewillige Unternehmen haben die Möglichkeit, umweltpolitische Ziele bzw. Handlungsabsichten (Umweltpolitiken) zu formulieren und an einzelnen oder allen Standorten des Unternehmens eine Überprüfung durch einen externen zugelassenen Umweltgutachter vornehmen zu lassen sowie parallel ein

---

104 Die Energie-Umwandlung in Kraft- und Fernheizwerken hat einen Anteil in Höhe von etwa 38% an den energiebedingten CO_2-Emissionen in Deutschland (Bundesregierung 2000, 14). Zu den gesamten energiebedingten Umwelteinwirkungen vgl. auch BMU/UBA 2001, 338.

105 Auf weitere europäische oder internationale Normen, Richtlinien oder Empfehlungen zur Vorgabe von Strukturen für ein Umweltmanagementsystem - z. B. ISO 14001 - wird hier nicht näher eingegangen. Die ISO 14001 wurde mittlerweile in EMAS integriert (BMU/UBA 2001, 43; EMAS-Verordnung 2001, Anhang I).

Umweltmanagementsystem aufzubauen. Das Umweltmanagementsystem gibt dabei gezielte Instrumente an die Hand, systematisch die Umweltauswirkungen betrieblichen Handelns zu erfassen, weitere Gefährdungspotenziale und Schwachstellen aufzuzeigen sowie Korrekturmaßnahmen konsequent umzusetzen (VKU 1998, 2).

Ein Schritt innerhalb des EMAS ist die **Umweltbetriebsprüfung**, das eigentliche Audit. In Analogie zur betriebswirtschaftlichen Rechnungsprüfung ist hier eine interne und auch - in Abständen von höchstens drei Jahren - eine externe Revision der Umweltschutzleistung vorgesehen. Außerdem erfolgt eine Bewertung der Funktionsfähigkeit des Umweltmanagementsystems durch zugelassene Gutachter. Ein wesentliches Element innerhalb des Audit-Systems ist die Umwelterklärung, mit der die Unternehmen in Umweltfragen in einen Dialog mit der Öffentlichkeit treten sollen. Erfolgreiche Teilnahme am Öko-Audit berechtigt das Unternehmen zur Führung eines Zertifikats und veranlasst die Aufnahme in ein EU-Standortregister. Mit dem EMAS-Zeichen darf geworben werden, sofern jegliche Verwechslung mit Umwelt-Produktkennzeichnungen auszuschließen ist.

Wüstenhagen (1996, 53) sieht als Nutzen von Öko-Audits für die Unternehmen im wesentlichen die folgenden vier Aspekte:

- **Risikominimierung**
  Der Aufbau eines systematischen Umweltmanagements hilft bei der Reduzierung umweltbedingter Störfall- und Haftungsrisiken.

- **Kostensenkung**
  Durch das Aufdecken von Schwachstellen organisatorischer und stofflicher Art eröffnet sich dem Unternehmen die Möglichkeit zur Nutzung von Rationalisierungspotenzialen.

- **Imagegewinn**
  Neben der oft genannten vordergründigen Auswirkung der Verwendung der Teilnahmeerklärung ist hier insbesondere an einen Zuwachs an Glaubwürdigkeit durch die Offenlegung von Umweltinformationen zu denken.

- **Erhöhung der Innovations- bzw. Wettbewerbsfähigkeit**
  Eine Verbesserung der umweltbezogenen internen und externen Informations-

basis und die Schaffung innovationsfördernder Strukturen im Unternehmen bzw. das Aufdecken von Marktchancen stärkt mittelfristig die Wettbewerbsfähigkeit des Unternehmens.

Diesem Nutzen stehen je nach Unternehmensgröße und Prüfungsdauer variierende Kosten für die Validierung der Umwelterklärung durch den Umweltgutachter gegenüber (Wüstenhagen 1996, 55). Ferner entstehen Kosten für die Eintragung in das IHK-Standortregister und schwieriger abgrenzbare, zum Teil beträchtliche interne Personalkosten, die allerdings bei Folge-Audits in wesentlich geringerer Höhe anfallen als beim ersten Audit bzw. der erstmaligen Einführung des Umweltmanagementsystems (VKU 1998, 3).

Die ersten Energieunternehmen in Deutschland, die sich der externen Prüfung durch einen Umweltgutachter unterzogen haben, waren die GEW Köln, die Stadtwerke Unna und die Stadtwerke Karlsruhe, wobei den Stadtwerken Karlsruhe zunächst die Registereintragung bei der IHK verweigert und erst nach Beschränkung des Audits auf die Heizkraftwerksstandorte West und Waldstadt gestattet wurde[106]. Mittlerweile (Stand: 17.4.2001) sind 46 energieversorgende Standorte von Energieunternehmen und unabhängigen Erzeugern (zum Teil Industrieunternehmen wie beispielsweise VW) registriert[107], darunter auch die Kernkraftwerke Isar 1 und Isar 2[108].

Nach Ansicht des Verbands kommunaler Unternehmen (VKU 1998, 1) bietet das Öko-Audit gerade im beginnenden Wettbewerb **Vorteile**:

- Bündelung zahlreicher Umweltschutz-Einzelaktivitäten durch das Umweltaudit,

---

[106] Vgl. die Darstellung und Diskussion der ersten Öko-Audits in Wüstenhagen 1996; vgl. auch Wietschel et al. 1997, Herbertz o.J., Stadtwerke Unna GmbH 1996, Stadtwerke Karlsruhe 1995.

[107] Insgesamt waren in allen Branchen bis zum 17.4.2001 europaweit 3120 Standorte registriert, davon allein 2140 in Deutschland, 251 in Österreich, 184 in Schweden und 160 in Dänemark (http://europa.eu.int/comm/environment/emas/dbreports/sites_statistics_1.htm).

[108] Bei Kernkraftwerken stellt sich die Frage, ob hier eine Öko-Audit-Validierung überhaupt sinnvoll ist und ein effektives Öko-Controlling nicht sogar zu dem Schluss kommen müsste, diese die Umwelt bereits im so genannten Normalbetrieb besonders stark beeinträchtigende, extrem risikoreiche Art der Stromproduktion einzustellen. Zu den von manchen Experten als "grundrechtswidrig" eingestuften Risiken sowie den Mensch und Umwelt bereits im so genannten Normalbetrieb beeinträchtigenden Auswirkungen der Stromproduktion aus Kernenergie vgl. beispielsweise Masuch 1998 und Ministerium für Finanzen und Energie des Landes Schleswig-Holstein 1998.

- Verbesserung der Ablauforganisation, ausgelöst durch die Untersuchung der betrieblichen Umweltschutzsituation,
- Betriebswirtschaftliche Kosteneinsparungen,
- Rechtssicherheit und Risikominimierung,
- Erhöhung der Mitarbeitermotivation,
- Imagegewinn.

Daher ist der Verband kommunaler Unternehmen der Auffassung, dass sich die Durchführung von Umweltaudits für die Energieunternehmen auch im liberalisierten Markt lohnt.

4.1.4.2 Weiterentwicklung des Öko-Controlling in Energieunternehmen

Wietschel et al. (1997, 333) sehen als Schwachpunkte der ersten bei Energieunternehmen durchgeführten Öko-Audits vor allem das Fehlen einer auf Daten der Stoff- und Energiebilanzen aufbauenden Schwachstellenanalyse sowie einer zielgerichteten (strategischen) Maßnahmenplanung. Darüber hinaus kritisieren sie die unzureichende Beachtung wirtschaftlicher Kriterien. Wüstenhagen (1996) bemängelt zudem, dass bei diesen ersten Öko-Audits vor allem die Umweltbelastungen und ihre Minderung durch umweltpolitische Maßnahmen im Vordergrund standen[109], nicht aber die Umweltentlastungen, die die Energieunternehmen insbesondere dann bewirken, wenn sie sich umfassend zu Dienstleistern wandeln und verstärkt Energieeffizienz-Dienstleistungen anbieten und Endenergie mittels dezentraler, insbesondere regenerativer Energieträger bereitstellen.

Bevor näher darauf eingegangen wird, mit Hilfe welcher führungsunterstützenden Controlling-Instrumente dieser Kritik begegnet und so das Steuerungsinstrumentarium im Rahmen des Umweltmanagementsystems der Energieunternehmen verbessert bzw. erweitert werden kann, sollen zunächst allgemeine Anforderungen an eine umweltorientierte Unternehmensführung von Energieunternehmen dargelegt

[109] Dies ist auch bei vielen der in der Literatur vorgeschlagenen Umweltmanagement- und Umweltinformationssysteme so (vgl. z. B. Ludwig 1999). Grund hierfür ist oft insbesondere die mangelnde strategische Ausrichtung des Öko-Controlling (vgl. hierzu ausführlicher Kapitel 4.1.4.3).

werden, die durch das dargestellte Öko-Audit nur zum Teil (vgl. Wüstenhagen 1996, 64ff.) erfüllbar sind. Wüstenhagen (1996, 14ff.) fasst diese Anforderungen wie folgt zusammen:

- **Bilanzierung von Stoff- und Energieströmen**
  Die Erfassung von Stoff- und Energieflüssen ist eine wesentlicher Aspekt der Schaffung der Informationsgrundlagen für eine umweltorientierte Unternehmensführung.

- **Entscheidungsorientierte Bereitstellung ökologischer Informationen**
  Nur die Informationen, die verdichtet, bedarfsgerecht aufbereitet und an entscheidender Stelle eingespeist werden, fließen in Entscheidungen ein.

- **Strategiebezug**
  Über bestehende ökologischer Probleme hinaus sollten strategische Unternehmensziele wie Wettbewerbsfähigkeit und Erschließung neuer Märkte berücksichtigt bzw. das Öko-Controlling-Instrumentarium mit dem strategischen Unternehmens-Controlling entsprechend verknüpft werden.

- **Beitrag zum Risikomanagement**
  Nicht erst seit Inkrafttreten des KonTraG sollten Instrumente umweltorientierter Unternehmensführung Hilfestellung beim Umgang mit Unternehmensrisiken und ihrer Vermeidung bzw. Verminderung leisten.

- **Innovationsfördernde Organisationsstrukturen**
  Neben den Risiken sollten insbesondere Chancenpotenziale durch ökologische Innovationen sowie dafür notwendige Organisationsentwicklungen herausgearbeitet werden.

- **Ökologiebezogene Personalentwicklung**
  Derartige Innovationen und auch die allgemein wachsenden Anforderungen im Umweltschutz erfordern fachliche und übergreifende Qualifikationen der Mitarbeiter, die durch entsprechende Instrumente gefördert werden müssen.

- **Kommunikation mit externen Anspruchsgruppen**
  Eine offene Kommunikation mit gesellschaftlichen Gruppen ist eine Erfolgsvoraussetzung für eine umweltorientierte Unternehmensführung.

- **Ökologische Produktentwicklung**
  Die Entwicklung neuer Produkte, Verfahren und Dienstleistungen (z. B. Strom aus erneuerbaren Energien, Energieeffizienz-Dienstleistungen) ist eine weitere Aufgabe umweltorientierter Unternehmensführung und muss durch entsprechende Instrumente begleitet werden.

- **Unternehmensübergreifende Kooperation**
  Lösungen für Umweltprobleme verlangen in zunehmenden Maße eine Zusammenarbeit - insbesondere entlang der Produktlinie - mit beispielsweise anderen Unternehmen, Verbänden, Kunden, Behörden, Gewerkschaften und der Wissenschaft.

Zur Erfüllung dieser Anforderungen werden in der Literatur verschiedenste Steuerungsinstrumente diskutiert. Informationsgrundlage des Steuerungssystems sollte ein flexibel gestaltetes, computergestütztes[110], umfassendes, **betriebliches Umweltinformationssystem (BUIS)** sein, unterteilt in ein laufendes, einfaches Basissystem sowie differenziertere, fallweise Auswertungssysteme, ähnlich wie das in Kapitel 4.1.2.4 dargestellte mehrzweckorientierte Kosten-, Leistungs-, Erlös- und Ergebnisrechnungssystem[111]. Dieses Umweltinformationssystem unterstützt das Controlling beispielsweise durch die folgenden Instrumente (vgl. BMU/UBA 2001, 577):

- **Betriebliche Umweltbilanz**
  Eine Periodenbezogene Stoff- und Energiebilanz, die alle mit einem bestimmten Betrieb bzw. Standort zusammenhängenden Stoff- und Energieströme beschreibt und bewertet, also alle In- und Outputs des Systems "Betrieb" gegenüberstellt und analysiert (BMU/UBA 2001, 678ff.; vgl. auch Ludwig 1999, 31f.).

- **Stoffstrommanagementsystem**
  Ein Instrument des überbetrieblichen Umweltschutzes, um durch die Kooperation verschiedener Unternehmen entlang der Wertschöpfungskette Produkte auf unterschiedlichen Wegen zu optimieren und dadurch neben Umweltentla-

---

[110] Zur Computerunterstützung des Öko-Controlling vgl. beispielsweise das in BMU/UBA (2001, 581ff.) vorgestellte Data Warehouse-Konzept sowie die dort vorgestellte Software für den BUIS-Einsatz.

[111] Bzw. parallel zu oder integriert in dieses System (zur Integration von ökologischem und

stungen Wettbewerbsvorteile zu erzielen. Die Kooperationsformen unterscheiden sich dabei je nach Zielsetzung, Anwender und Spezifika der Produktkette. Häufig ist das Qualitätsmanagement Auslöser für Stroffstrommanagement-Aktivitäten (BMU/UBA 2001, 319ff.).

- **Life Cycle Assessment (Ökobilanz nach ISO 14040) und ähnliche Instrumente**
  Dies umfasst die Zusammenstellung und Beurteilung aller Input- und Outputflüsse und der potenziellen Umweltwirkungen eines Produkt- bzw. Dienstleistungssystems im Verlauf seines Lebenswegs. Die Ökobilanz dient dem möglichst umfassenden Vergleich der Umweltauswirkungen zweier oder mehrerer unterschiedlicher Produkte bzw. Dienstleistungen, Systeme, Verfahren oder Verhaltensweisen (BMU/UBA 2001, 297ff.; vgl. auch Ludwig 1999, 35ff.).
  Die bei den Stadtwerken Hannover AG (1998, 1998a, 2000a) auf Basis eines Gutachtens vom Öko-Institut und Wuppertal Institut (1995) erstmals durchgeführte **integrierte Ressourcenplanung (IRP)** zur Ermittlung eines kostenminimalen EDL-Angebots, um Angebot und (wachsende) Nachfrage bei den geringsten Gesamtkosten in Übereinstimmung zu bringen ("Least-Cost Planning" - LCP, vgl. z. B. Hennicke 1989), ermöglicht u. a., die mit einem Energieversorgungssystem verbundenen klimarelevanten Emissionen zu bilanzieren und hierauf aufbauend kosteneffiziente Emissionsminderungsstrategien zu entwikkeln[112]. Im liberalisierten Markt können die meisten Energieunternehmen eine derartige, langfristige, alle Nachfrager in einem bestimmten Versorgungsgebiet einbeziehende, integrierte Planung nicht mehr durchführen, da auch Konkurrenzunternehmen Zugang zu ihrem Versorgungsgebiet haben und daher nicht alle Gebietsansässigen auch Kunden des betreffenden Energieunternehmens sind. Die im Rahmen der IRP entwickelten **Methoden der integrierten Bewertung von Angebots- und Nachfrageoptionen (IBANO)** sind jedoch anwendbar, um den Kunden gewünschte EDL kosteneffektiv und damit i. d. R. gleichzeitig emissionsminimierend anzubieten (Wuppertal Institut et al. 2000). Die Analysen richten sich dabei auf die gesamte Nutzungsdauer der mit einer EDL

ökonomischem Informations- bzw. Steuerungssystem vgl. insbesondere Kapitel 4.1.4.3).

112 Vgl. hierzu auch das optimierende Energie- und Stoffflussmodell "PERSEUS-EVU" in Wietschel et al. 1997, 337ff., das ebenfalls dazu dienen kann, kosteneffiziente Emissionsminderungs-

verbundenen Produkte.

Weitere Verfahren, die einen Teil der Umweltwirkungen eines Energieversorgungssystems bzw. der Input- und Outputflüsse erfassen und bewerten, sind die existierenden oder geplanten Verfahren zur **Kennzeichnung von Strom** (vgl. z. B. Timpe/Bürger 2002) sowie die existierenden **Zertifizierungsverfahren für Ökostrom**, unter denen aus ökologischer Sicht insbesondere das "Grüner Strom Label" sowie das Gütesiegel "ok-power" des Öko-Instituts hervorzuheben sind (Timpe1999, Roos 1999). Im Sinne einer Lebenszyklusbetrachtung werden dabei mit Hilfe des IT-Instruments GEMIS auch der Stromerzeugung vorgelagerte Prozesse in die Analyse einbezogen.

Des Weiteren ist in diesem Zusammenhang der Indikator **MIPS** (Material-Input pro Service-Einheit) aufzuführen, der für die Summe der Materialien steht, die hinter einem Endprodukt oder einer Dienstleistung stehen (Schmidt-Bleek 1994, Manstein 1996; vgl. auch Kapitel 6.2.6). Auch dieser Indikator betrachtet im Sinne eines Life Cycle Assessments den gesamten Lebenszyklus eines Produkts bzw. einer Dienstleistung.

- **Umweltkostenrechnung**

  Eine umweltbezogene Kostenrechnung erfasst und verrechnet Kosten, die durch Umweltauswirkungen eines Unternehmens entstehen. Die in der Vergangenheit entwickelten Konzepte der Umweltkostenrechnung lassen sich in vier verschiedene Ansätze unterteilen (Orbach/Liedtke/Duppel 1998; vgl. auch BMU/UBA 2001, 505ff.):

  - Rein ökonomischer Ansatz: ausschließlich Erfassung umweltschutzinduzierter Kosten; vgl. die Kostenermittlung einer Emissionsminderung nach VDI 3800 (z. B. Kosten von Abluftfiltern),

  - Erweiterter ökonomischer Ansatz: Einbezug externer Kosten; vgl. das Full Cost Accounting (vgl. das Beispiel der Ermittlung externer Kosten mit Hilfe eines Schadenskostenansatzes beim Energieversorger Ontario Hydro in: BMU/UBA 2001, 519),

---

strategien zu entwickeln.

- Rein ökologischer Ansatz: beleuchtet ausschließlich die stofflichen Folgen unternehmerischen Handelns und ist daher nicht zur Umweltkostenrechnung im eigentlichen Sinne zu zählen; vgl. z. B. das Konzept der ökologischen Buchhaltung sowie die o.g. Ökobilanzen (Ludwig 1999, 23ff.),
- Integrierter ökonomisch-ökologischer Ansatz: betrachtet gleichermaßen ökonomische wie ökologische Aspekte und lenkt den Blick auf Größen, die im Einflussbereich des Unternehmens selbst liegen, vgl. z. B. die Reststoffkostenrechnung (BMU/UBA 2001, 517), die stoff- und energieflussorientierte Kostenrechnung (BMU/UBA 2001, 523ff.) sowie die ökonomisch-ökologische Kosten- und Leistungsrechnung nach Ludwig (1999). Ein weitergehender, auch die vorgelagerten Stoff- und Energieströme einbeziehender, integrierter Ansatz ist die am Wuppertal Institut entwickelte Ressourceneffizienz-Rechnung (Orbach/Liedtke/Duppel 1998), die auf dem o.g. MIPS-Konzept basiert und durch die Betrachtung des lebenszyklusweiten Materialinputs Kostensenkungspotenziale durch die Reduktion von Stoffströmen erschließen hilft.

- **Umweltorientierte Investitionsrechnung**
  Die umweltorientierte Investitionsrechnung erfasst alle mit dem Investitionsobjekt verbundenen Stoff- und Energieflüsse und bezieht sie in die Ermittlung der Wirtschaftlichkeit mit ein.

Zur entscheidungsorientierten Bereitstellung der im Rahmen des BUIS gewonnenen Informationen ist ein zweckadäquates und effizientes Instrumentarium erforderlich, das den Entscheidungsträgern alle relevanten Informationen zur Verfügung stellt, die sie zur Erfüllung der umweltbezogenen operativen sowie strategischen Aufgaben und Zielsetzungen benötigen. Um diese Informationen aggregiert und entscheidungsebenenbezogen zu liefern, bietet sich prinzipiell der Einsatz von **Kennzahlen** an (vgl. Palloks-Kahlen/Diederichs 2001, 61f.; BMU/UBA 2001, 597ff.; sowie Kapitel 2.2.2.4 zu den Funktionen von Kennzahlen).

Wüstenhagen (1996, 81ff.) und Wietschel et al. schlagen verschiedenste, spezifische mengen- und kostenbezogene Kennzahlen für die betrieblichen Entscheidungsbereiche (Kernfunktionen) der Energieunternehmen vor. Hierzu gehören beispielsweise Emissionsfaktoren und der Anteil erneuerbarer Energien im Erzeugungsbereich, der Anteil der Verteilungsverluste im Netzbereich sowie eine Abfallkategoriequote für Querschnittsaufgaben. Derartige Kennzahlen finden sich auch in Umweltberichten von Energieunternehmen (vgl. z. B. Stadtwerke Hannover AG 2000), die ein wesentliches Element der **Unternehmenskommunikation** mit den externen Stakeholdern darstellen (BMU/UBA 2001, 659ff.; Wüstenhagen 1996, 103f.). Das Öko-Controlling hat u. a. die Aufgabe, neben derartiger externer Kommunikation vor allem auch die innerbetriebliche, umweltbezogene Kommunikation zu überprüfen und im Hinblick auf einen **kontinuierlichen Verbesserungsprozess** zu steuern (BMU/UBA 2001, 627ff.).

4.1.4.3 Integration in betriebswirtschaftliche Kennzahlen- und Managementsysteme zur Unterstützung einer nachhaltigen Unternehmensentwicklung

Problem bei vielen Öko-Controlling-Ansätzen in Theorie und Praxis sind die fehlenden klaren Berührungs- und Bezugspunkte mit dem vorhandenen betriebswirtschaftlichen Controlling (Schaltegger/Sturm 1995, 14). Von den bestehenden Systemen isolierte, vor allem ökologisch orientierte Parallelkonzepte geraten oft aus dem Blickfeld des Managements, so dass die für die Steuerung notwendige Kontinuität nicht gewährleistet ist. Konzepte, die eher ökonomische Aspekte in den Vordergrund stellen, betrachten Umweltschutz oft ausschließlich aus der Kosten- bzw. Kostensenkungsperspektive. Die Markt- und Kundenorientierung fehlt hierbei völlig, wobei Kundenorientierung nicht nur Anpassung an den Kundenbedarf, sondern auch Bedarfslenkung im Sinne eines ökologischen Marketings bedeuten kann (Hansen 1995, BMU/UBA 2001, 157ff.). Die Frage stellt sich daher:

Wie wird das Öko-Controlling der Energieunternehmen so in das betriebswirtschaftliche Steuerungsinstrumentarium integriert[113], dass es ein vielfältig verwendbares, **integriertes Instrument** mit Schnittstellen zur finanziellen operativen wie auch zur strategischen Dimension der Unternehmung darstellt? Bisher beschränken sich die ersten Ansätze der in den Energieunternehmen eingesetzten inte-

---

[113] Zu weiteren Integrationsdimension (horizontal, vertikal, prozessorientiert) vgl. Wüstenhagen 1996, 13.

grierten Managementsysteme (Stelling 1999) auf die Integration von Umwelt-, Qualitäts- und Sicherheitsaspekten - z. B. bei den Stadtwerken Ulm/Neu-Ulm.

Gerade die Energieunternehmen dürfen die strategische Dimension nicht vernachlässigen und müssen Erfolgspotenziale durch strategisches Öko-Controlling langfristig sichern, da Ökologie für sie auf sehr unterschiedliche Art und Weise zu einer **wirtschaftlich und strategisch bedeutsamen Führungsaufgabe** avancieren kann (vgl. auch BMU/UBA 2001, 158ff.):

- Die Politik kann durch Restriktionen (z. B. Atomgesetz, Bundesimmissionsschutzgesetz, Energieeinsparverordnung), wettbewerbsneutrale Internalisierung von Umwelteffekten in das Marktsystem (Steuergesetze, handelbare Zertifikate, Quoten) oder Anreize (z. B. Förderprogramme, Gesetz für den Vorrang Erneuerbarer Energien, Effizienz-Fonds) lenkend eingreifen und die Rahmenbedingungen des Wettbewerbs verändern.

- Öffentlicher Druck kann dazu führen, dass Energieunternehmen über ihre Umweltleistungen Bericht erstatten müssen.

- Versicherungen übernehmen nur eingeschränkt die Haftung für Umweltschäden.

- Banken haben begonnen, ökologische Kreditrisiken ihrer Kunden systematisch zu erfassen.

- Ökologische bzw. Nachhaltigkeitskriterien sind inzwischen fester Bestandteil der Unternehmensanalysen im Zuge von Akquisitionen und Fusionen (Niehoff/Kölle 2001).

- Für 26% der Kunden ist nach einer Umfrage der Redaktion des Email-Newsletters billiger-strom-de (2000) die Stromart (Atom-, Ökostrom) ein entscheidender Grund, zu einem bestimmten Stromversorger zu wechseln.

- Die Umweltentlastungen, welche die Energiedienstleister durch das Angebot von Energieeffizienz-Dienstleistungen, erneuerbarer Energien und weiterer effizienter dezentraler Energietechniken erzielen können, sind ein wichtiger Imagefaktor.

- Durch das Angebot von Ökostrom, von dezentralen Energieanlagen (z. B. BHKW) zur kostenminimierenden und gleichzeitig umweltentlastenden Energiebereitstellung und von bedarfsorientierten, kostenminimierenden EDL können sich Energieunternehmen von der Konkurrenz abheben oder neue Marktsegmente erschließen (vgl. auch die in Kapitel 3.4 dargelegten Marktpotenziale und möglichen Nachfrageentwicklungen im EDL-Markt).
- Ökoeffizienz führt zu Kostensenkungen, Innovationen und betrieblicher Transparenz. Daher sind ökoeffiziente Unternehmen "wettbewerbsfähiger und fit für die Zukunft" (Seiler-Hausmann 2001, R3).

Wenn es gelingt, die Entscheidungsträger in den Energieunternehmen davon zu überzeugen, dass aus diesen Gründen Umweltinformationen relevant für die Unternehmensentwicklung sind, dann lassen sich verdichtete Umweltinformationen in betriebswirtschaftliche **Kennzahlen- und Managementsysteme** der Energieunternehmen leicht integrieren, wodurch sie bereits auf einer stark aggregierten Ebene entscheidungsrelevant werden - wie beispielsweise das in Kapitel 6.2.6 vorgestellte Konzept einer Balanced Scorecard zeigt[114]. Um diese Kennzahlen generieren, Ziele setzen, Maßnahmen zur Zielerreichung formulieren, sie begründen und bewerten sowie die Zielerreichung kontrollieren zu können, ist wiederum ein entsprechendes, laufendes Informationssystem mit einem darauf aufbauenden Steuerungsinstrumentarium, d. h. ein umfassenderes Öko-Controlling notwendig.

Das am Wuppertal Institut entwickelte Instrument "SAFE - Sustainability Assessment For Enterprises" stellt ein weiteres Kennzahlen- und Managementsystem dar. Als ein "dialogisches Instrument" (Rohn/Baedeker/Liedtke 2001, 13) zur nachhaltigen Unternehmensentwicklung bietet es neben der ökologischen und der ökonomischen auch eine soziale sowie eine kommunikative Perspektive und integriert damit die für eine erfolgreiche Unternehmensentwicklung relevanten Schlüsselfaktoren: interne und externe Kommunikation sowie Qualifizierung und Beteiligung der Beschäftigten (Klemisch/Heuer 2001, Rohn/Baedeker/Liedtke 2001). SAFE wird als Teil eines Instrumentariums verstanden, das Unternehmen befähigen soll,

[114] Vgl. auch die Ansätze zur Entwicklung einer Sustainability Balanced Scorecard, z. B. vom Institut für Wirtschaft und Ökologie der Universität St. Gallen (Bieker/Dyllick/Gminder/Hockerts 2001).

sie auf dem längerfristigen Prozess einer nachhaltigen Unternehmensentwicklung zu begleiten. Sofern die Energieunternehmen es nicht direkt anwenden wollen, kann es zumindest als Anregung zur Weiterentwicklung der in Energieunternehmen zunehmend eingesetzten Balanced Scorecard dienen.

4.1.5 Softwareunterstützung - zunehmende Nachfrage nach SAP R/3-Lösungen

Die operativen und zum Teil auch die strategischen Controlling-Aufgaben werden durch neue IT-Software zunehmend automatisiert. Nach einer Untersuchung von Spitzer (1993) verwendeten dazu Anfang der 90er Jahre knapp drei Viertel der Energieunternehmen Eigenentwicklungen oder spezielle Branchenlösungen und mehr als ein Viertel der Energieunternehmen **Standardsoftware der Firma SAP AG**, teilweise in Form einer Systemlösung, die andere Standardsoftware und Eigenentwicklungen integriert.

Mittlerweile sind es nach Auskunft der SAP AG in Deutschland etwa 250 Energieunternehmen sowie deren Tochterunternehmen, die SAP Utilities Lösungen zur Unterstützung von Controlling-Aufgaben nutzen (Stand: Dezember 2003)[115]. Etwa 170 von ihnen verwenden das Kundeninformations- und Abrechnungsmodul IS-U/CCS[116]. Bei 98% der deutschen Energieunternehmen mit mehr als 128 Mio. EUR Umsatz sind umfassende SAP-Lösungen implementiert. Auf dem im Internet veröffentlichten Auszug der Kundenliste der SAP AG stehen Energieunternehmen wie RWE, E.ON, EnBW, Elektromark, GEW, GASAG sowie mehrere Stadtwerke (http://www.sap-ag.de/germany/solutions/industry/utilities/customersuccesses.asp).

Die SAP AG hat in den letzten Jahren nach eigenen Angaben überdurchschnittlich viel in die Entwicklung und Vermarktung von Software-Lösungen für die Versorgungsindustrie investiert (Kirschbauer 1999). Ihr Ziel dabei ist, weltweit größter

---

115 Weltweit sind es etwa 700 Unternehmen. Der Marktanteil in Zähler gerechnet liegt in Deutschland bei 70% (Angaben der SAP AG; Stand: Dezember 2003).

116 Zu den Erfahrungen mit dem Einsatz von SAP IS-U und dem weitergehenden Bedarf der Kunden nach SAP-Lösungen vor dem Hintergrund sich wandelnder Marktbedingungen vgl. auch die teilweise in Kooperation mit dem Wuppertal Institut entstandene Umfrage von Giehl (2003).

Lieferant von Standard-Software für Versorgungsunternehmen zu werden[117]. Speziell für Versorgungsunternehmen entwickelt bzw. an die Anforderungen der Energieunternehmen angepasst wurden bisher beispielsweise Module für Instandhaltung und Freischaltwesen (PM), Servicemanagement (SM), Kundeninformation und Abrechnung (IS-U/CCS) sowie die Kopplung von SAP R/3 PM mit geographischen Informations- und Betriebsmittelsystemen. Teilweise steckt die Entwicklung und Anpassung an die Bedürfnisse der Energieunternehmen jedoch noch am Anfang; die Einführung der Systeme ist erst bei wenigen Energieunternehmen abgeschlossen (vgl. auch Roß/Schröder 2000). Im SAP R/3-Controlling-Modul (CO) steht zur Zeit u. a. die (Weiter-)Entwicklung von Ergebnisrechnungs- und Balanced Scorecard-Systemen im Mittelpunkt (Stand: Mitte 2001).

Als Beispiel für die IT-Unterstützung in den Energieunternehmen durch SAP-Software sei hier die Einführung der Software SAP-RK bei Kostenrechnung und Kosten-Controlling der Isar-Amperwerke genannt. Die ersten Erfahrungen und Ergebnisse im Arbeitsbetrieb mit diesem System haben nach Angaben von Barth und Medicke (1994) ergeben, dass zwar die gleichzeitig eingeführte innerbetriebliche Leistungsverrechnung zusätzlichen Aufwand verursachte, Routinearbeiten für die Sammlung und Darstellung von Kosten aber sowohl zentral als auch dezentral weitgehend entfallen seien, Kostenberichte aktueller und qualitativ besser geworden seien, Kostenbewusstsein zugenommen habe und kein zusätzlicher Personalbedarf in den zuständigen Fachabteilungen entstanden sei. Der Controller bekommt auf Grund der rechnergestützten Hilfen somit zunehmend Freiräume, analytische, konzeptionelle und strategische Aufgaben zu übernehmen, sofern diese nicht vom Management erledigt werden und er seine Position ganz verliert (vgl. Horváth 1996). Die Möglichkeiten der IT-Unterstützung sind jedoch nicht grenzenlos, worauf Plattfaut (1988, 134) in Bezug auf die strategische Planung zurecht hinweist: “Dies birgt natürlich die Gefahr, sich ausschließlich an einem solchen Werkzeug zu orientieren, wodurch eine unzulässige Vereinfachung der Realität vorgenommen wird ... Der sinnvolle Einsatz der Hilfsmittel kann aber helfen, Entscheidungen zu verbessern”.

---

[117] Weltweit waren es nach mündlicher Auskunft der SAP AG im April 2001 etwa 600 Energieunternehmen, die SAP Utilities Lösungen nutzten.

Thomas (1996) zeigt auf, wie das Controlling in EVU mit integrierter, den Wertefluss durchgängig abbildender Standardsoftware der Firma SAP AG prinzipiell aussehen kann. Dabei stellt er mit Bezug auf SAP R/2 speziell das für die Energieangebotsseite relevante Investitions-, Auftrags-, Kosten- und Erfolgs-, Materialwirtschafts- und Finanz-Controlling heraus. Weiter führt er aus, dass Unternehmen zwar auf der einen Seite verstärkt SAP-Standardsoftware nachfragen (SAP ist weltweit Marktführer für Client/Server-Business Software), auf der anderen Seite aber ein "ambivalentes Verhältnis" (ebenda, 132) zu SAP-Lösungen entwickelten. Mit den Systemvorteilen der integrierten, anpassungsfähigen, flexiblen, modularen, dialogorientierten, sich zunehmend zum vorherrschenden Standard entwickelnden, zeitnahe Informationen zur Verfügung stellenden SAP-Standardsoftware kaufen sie sich gleichzeitig die folgenden Nachteile ein, die im Prinzip nicht nur für das von Thomas (1996) vorrangig betrachtete SAP R/2, sondern auch für das zunehmend eingesetzte SAP R/3 gelten:

- Die Anpassung des Systems an die Bedürfnisse des einzelnen Unternehmens ist wesentlich aufwendiger und langwieriger als sich die meisten Unternehmen vor der Systemeinführung vorstellen.
- Anwender beklagen häufig ein "Feature-Overkill" oder "Overcustomizing", da oftmals nur ein geringer Teil des SAP-Leistungsspektrum tatsächlich benötigt wird.
- Der erforderliche Personal- und Schulungsaufwand für dieses tabellengesteuerte System, das sowohl fachaufgabenbezogenes Wissen als auch IT-Kenntnisse über die Wirkungszusammenhänge und die Systemhandhabung verlangt, wird von vielen Anwendern bei der Entscheidungsfindung weder dem Grunde noch der Höhe nach immer zutreffend erkannt.
- Die tatsächlichen Kosten für die laufende Betreuung der SAP-Software liegen bei den Anwendern meist über den Wertansätzen.
- Das integrative System erfordert einen hohen Abstimmungsbedarf.
- SAP-Software ist wegen ihrer Modulstruktur sehr funktionsorientiert, bietet damit aber wenig Unterstützung für eine Prozessorganisation.

- Individualprogrammierungen bleiben notwendig, weil der SAP-Standard keineswegs alle individuellen Informationswünsche abdeckt.

Neben der SAP AG existieren eine Vielzahl **weiterer IT-Dienstleister**, die SAP-Standardsoftware ergänzende oder in Konkurrenz dazu stehende IT-Lösungen zur Bewältigung der Steuerungsaufgaben der Energieunternehmen anbieten[118]. Diese sollen hier jedoch nicht detailliert vorgestellt werden. Reichmann (1997, 547ff.) erläutert beispielsweise als weitere allgemeine Anwendungssysteme für eine "angemessene" IT-Unterstützung des Controllings betriebswirtschaftliche Datenbanklösungen und Applikationen auf der Basis des Data Warehouse-Konzepts von Oracle sowie das Führungsinformationssystem FIS der CIC GmbH.

Speziell für den Einsatz in Energieunternehmen sind in letzter Zeit insbesondere Werkzeuge für den Energiehandel (z. B. IT-Lösungen mit Modulen für Preisprognose, Vertrags-, Portfolio- und Risikomanagement etc.; vgl. Ebert 2000) und das Kundenbeziehungsmanagement (CRM) entwickelt worden (vgl. z. B. SAP AG 2001), sowie Energiedatenmanagement-Systeme, die zur Unterstützung der operativen Aufgaben eingesetzt werden, die ein Versorgerwechsel von Kunden in den betroffenen Unternehmen auslöst, von der Auftragserstellung beim Endverbraucher, über die Abwicklung der Lieferung und die Verhandlung der Netznutzung, das Bilanzkreis- und Netznutzungsmanagement mit dem notwendigen Datenaustausch bis hin zur Rechnungsstellung (o.V. 2001, o.V. 2001b). Diese Systeme können in der Regel mit SAP-Modulen gekoppelt werden - sofern sie nicht selbst SAP -Entwicklungen sind, so dass beispielsweise das Energiedatenmanagementsystem für die Vertriebssteuerung notwendige Daten dem SAP-System zur Verfügung stellt. Wo die direkte Verknüpfung bestehender Anwendungssysteme nicht möglich ist, sichern speziell für Versorgungsunternehmen entwickelte Softwarelösungen über Vollsysteme oder Schnittstellen die gewünschten Datenflüsse (vgl. z. B. Fiernkranz/Heins 2000).

---

[118] Vgl. beispielsweise das Heft 3/2001 der Zeitschrift Energie Spektrum, Artikel in der Zeitschrift Elektrizitätswirtschaft sowie Seiten zum Thema "Datenverarbeitung" in der monatlich erscheinenden Zeitung für Kommunale Wirtschaft. In der Reihe "Software für den Wettbewerb" wurden hier unterschiedliche Software-Häuser mit ihren Produkten für die Versorgungsindustrie gezielt vorgestellt.

4.1.6 Fazit

Dieser erste Eindruck über den Stand der Kostenrechnungs- und Controlling-Systeme in Energieunternehmen mag genügen, um abzuschätzen, welche Problemsituation im Bereich der Steuerung des Endenergieangebots beim Übergang zum liberalisierten Markt vorliegt. Controlling war für viele Energieunternehmen lange Zeit ein Fremdwort. Nachdem mit der Einführung bzw. Entwicklung von Controlling-Konzeptionen und der internen Ausrichtung der Kostenrechnung im Zuge der Vorbereitung auf den Liberalisierungsprozess zunächst das Kostenmanagement im Vordergrund standen, unterstützt das Controlling zunehmend die seit der Marktöffnung verstärkt notwendige Markt- bzw. Kundenorientierung der Energieanbieter. Vieles steckt hier jedoch noch am Anfang. Auch Software-Lösungen im Rahmen der Controlling-Systeme müssen teilweise erst noch entwickelt, erprobt oder/und optimiert werden. Neben operativen Steuerungsproblemen sind durch die Liberalisierung strategische Controlling-Aspekte hinzugekommen - insbesondere zunächst die strategische Neupositionierung im Markt, mit längerfristiger Perspektive die nachhaltige Unternehmensentwicklung.

Mit der stärkeren Orientierung auf den Bereich energienaher Dienstleistungen erwachsen (mit dem Angebot von Energieeffizienz-Dienstleistungen im Zentrum des Angebotsspektrums) zusätzliche Anforderungen an Kosten- und Leistungsrechnung und Controlling der Energieunternehmen[119]. Damit ist die **Hauptthese der vorliegenden Arbeit** formuliert.

Bevor auf diese Hauptthese sowie weitere Ausgangsthesen und Hauptfragestellungen der vorliegenden Untersuchung zu den Steuerungsproblemen der EDU im liberalisierten Markt in Kapitel 4.3 näher eingegangen wird, knüft das Folgende zunächst an den Bewertungs- und Steuerungsproblemen der Energieunternehmen bei ihrem EDL-Angebot in der Monopolzeit an. Dabei steht die Frage im Mittelpunkt, inwieweit in der Monopolsituation - insbesondere bei Least Cost Planning

---

[119] Die Bedeutung des Controlling der neuen (Dienstleistungs-)Geschäftsfelder von Energieunternehmen wird beispielsweise auch durch eine Umfrage der LBD-Beratungsgesellschaft bei Stadtwerken betont: Auf die Frage, welchen Rat die Befragten ihren Kollegen in anderen Stadtwerken auf Grund der eigenen Erfahrungen beim Aufbau neuer Geschäftsfelder geben würde, wurde u. a. geantwortet: " ... Controlling!!!" (LBD 2001, 6).

(LCP)- bzw. DSM-Aktivitäten - aufgetretene EDL-bezogene Bewertungs- und Steuerungsprobleme im liberalisierten Markt noch relevant sind.

Zusammen mit der in Kapitel 2 bereits erfolgten theoretischen Darstellung der Controlling-Probleme und -Besonderheiten in wettbewerbsorientierten Dienstleistungsunternehmen bildet dies die Basis, um darauf aufbauend die Ausgangsthesen und Hauptfragestellungen zu den Steuerungsproblemen im EDL-Bereich bei einem verstärkten Angebot von Energieeffizienz-Dienstleistungen zu entwickeln, die in der vorliegenden Arbeit näher geprüft werden sollen.

4.2 Bewertungs- und Steuerungsprobleme bei Energieeffizienz-Dienstleistungen in der Monopolzeit und ihre Relevanz im liberalisierten Markt

Eine Hauptsteuerungsaufgabe in Bezug auf das Angebot von Energieeffizienz-Dienstleistungen in der Monopolsituation lag bei der Planung, Durchführung und Evaluation umlagefinanzierter **Demand Side Management (DSM)-Programme**[120] bzw. Maßnahmen im Rahmen von **Least Cost-Planning (LCP)**[121]. DSM- bzw. LCP-*Programme* werden hier als Aktivitäten verstanden, die zumindest zu einem großen Teil nicht direkt vom einzelnen Kunden bezahlt, sondern über eine Umlage auf alle Kunden eines Energieunternehmens oder alle Kunden einer Kundengruppe finanziert werden (Wuppertal Institut et al. 2000). Beispiele hierfür sind Direktinstallationsprogramme (Leuchtentausch) für Gewerbekunden, Programme zur Reduktion von Leerlaufverlusten (Stand-by) oder Prämienprogramme für effiziente Weiße Ware-Geräte und die Umstellung von ungeregelten auf geregelte Heizungs-Umwälzpumpen bei Haushaltskunden (vgl. auch Stadtwerke Hannover AG 1998, 1998a, 2000a).

Bewertungs- und Steuerungsprobleme im Zusammenhang mit dem Angebot von LCP- bzw. DSM-Programmen werden in der Literatur vielfach näher beschrie-

---

120 Vgl. auch Weber/Schäffer 1998a zur Rationalitätssicherung in der Bürokratie bei der Determinierung von Programmen.

121 Minimalkostenplanung von EDL (vgl. Kapitel 3.4.3.1 sowie Hennicke 1989, Leprich 1994, Öko-Institut/Wuppertal Institut 1995).

ben[122]. Die Kritik zusammenfassend und ergänzend stellen sich die folgenden Fragen :

- Wird das mit Hilfe der Programme erschließbare Energieeinsparpotenzial korrekt bestimmt und dabei zwischen technischem, ökonomischem und ausschöpfbarem Einsparpotenzial differenziert?
- Werden dynamische Effekte (z. B. optimale Investitionszeitpunkte) bei der Potenzialanalyse berücksichtigt?
- Wie belastbar sind die für die Beurteilung der Wirtschaftlichkeit der Maßnahmen relevanten Datengrundlagen auf der Beschaffungs-, Verteilungs- und Kundenseite, z. B. hinsichtlich der folgenden Aspekte:
  - Zuverlässigkeit von Absatz- und Lastprognosen unter Berücksichtigung des Zeitpunkts und der Nachhaltigkeit der erzielten Einsparungen,
  - Bestimmung der langfristig vermiedenen Systemgrenzkosten des Endenergieangebots des Energieunternehmens als Vergleichsmaßstab der Grenzkosten der Einsparung sowie zur Beurteilung der Wirtschaftlichkeit für das Energieunternehmen,
  - angemessene Berücksichtigung von Free-Rider- und Free-Driver-Effekten (vgl. auch die Differenzierung von Einspar- und Mitnehmereffekten in Wuppertal Institut/BEM 1995) inklusive Effekte der adversen Selektion und des moral hazard bzw. crowding out[123],
  - ausreichende Berücksichtigung möglicher Rückwirkungen auf die Energiepreise,
  - angemessene Berücksichtigung programminduzierter Verhaltensänderungen (so genannte spill over-, snap back- und rebound-Effekte),

---

122 Beispielsweise von Hobbs (1991), Joskow/Marron (1993), Klassen (1997), Klünder (2000), Öko-Institut/Wuppertal Institut (1995 und 1995a), Orasch/Wirl (1996), Wietfeld (1998), Wirl (1994, 1997, 1999) und Wuppertal Institut/BEM (1995).

123 Strategisches Verhalten in dem Sinne, dass angesichts von Förderung eigene Sparaktivitäten zurückgefahren werden.

- Bestimmung entgangener Erlöse im Endenergiegeschäft auf Grund der Einsparaktivitäten?

- Existiert eine fundierte und allgemein anerkannte Erfolgskontrolle (Messung und Verifizierung der Einsparungen, ggf. auch über einen längeren Zeitraum)?
- Existiert eine Differenzierung nach Kundentypologien? Lassen sich beispielsweise für das jeweilige Programm und den jeweiligen Anwendungsbereich besonders geeignete Zielgruppen bestimmen?
- Werden intangible Faktoren (z. B. Marketingnutzen in Form von Dienstleistungsqualität, Kundenzufriedenheit und -loyalität) berücksichtigt?
- Werden Finanzierungs- und Refinanzierungsaspekte (z. B. annuitätische Berechnung vs. bilanzielle Behandlung der LCP/DSM-Programme) und damit verbundene Liquiditäts- und Risikoaspekte einbezogen (kurzfristige, oft negative Ergebniswirkung vs. langfristige Ergebniswirkung)?
- Werden Unsicherheit und Risiko (z. B. mittels Sensitivitäts- und Risikoanalysen) berücksichtigt?
- Wird die Shareholderperspektive, beispielsweise die kommunalwirtschaftliche Perspektive kommunaler Eigner von Energieunternehmen berücksichtigt?

Auf diese Aspekte wurde zum Teil bereits in den 90er Jahren dadurch näher eingegangen, dass

- Free-Rider- und Free-Driver-Effekte sowie programminduzierte Verhaltensänderungen sowohl theoretisch wie empirisch genauer erforscht wurden,
- aufbauend auf diesen Erkenntnissen die Gestaltung einiger DSM-Programme und deren Randbedingungen derartige Effekte minimierten,
- Vorabschätzungen der realisierbaren Einsparungen und Ex-Post-Erfolgskontrollen verbessert bzw. verstärkt durchgeführt wurden und neben den Verbesserungen und der höheren allgemeinen Akzeptanz von Mess- und Verifizierungsverfahren vertragliche Musterlösungen entwickelt wurden, um Risiken zu mindern oder auf den Kunden oder Dritte abzuwälzen (vgl. auch DOE 2002, SRC International AIS et al. 2001),

- Analysetools zur Unterstützung der Unternehmensführung bei der Entwicklung von LCP- und DSM-Strategien entwickelt wurden, die vor allem auf die Lastwirkung nachfrageseitiger Aktivitäten und die integrierte, rechnergestützte Bewertung angebots- und nachfrageseitiger Maßnahmen abzielen[124],
- betriebswirtschaftliche Auswirkungen von LCP/DSM-Programmen u. a. anhand differenzierter Determinierung kurzfristiger wie langfristiger Systemgrenzkosten des Endenergieangebots und mit Hilfe betriebswirtschaftlicher Nutzen-Kosten-Tests detailliert abgeschätzt wurden (vgl. z. B. Öko-Institut/Wuppertal Institut 1995) und auch
- umfangreiche strategische Überlegungen zur Entwicklung des Angebots energieeffizienzsteigernder Dienstleistungen angestellt wurden.

Im liberalisierten Markt kommt hinzu, dass

- die Zuverlässigkeit von Absatz- und Lastprognosen eines Energieanbieters viel mehr durch die Möglichkeit des Versorgerwechsels als durch Energieeffizienz-Aktivitäten in Frage gestellt wird,
- die Bestimmung unternehmensspezifischer, langfristig vermiedener Systemgrenzkosten des Energieangebots als Vergleichsmaßstab zu den Grenzkosten der Einsparung durch prognostizierte Marktpreise ersetzt werden, die zur Beurteilung der Wirtschaftlichkeit der Maßnahmen aus Kundensicht im Sinne einer integrierten Bewertung angebots- und nachfrageseitiger Optionen (IBANO) herangezogen werden,
- Rückwirkungen auf die Energiepreise des anbietenden Unternehmens keine Rolle mehr spielen, da die Energiepreise nicht mehr kosten-, sondern marktorientiert gebildet werden, und

---

[124] Vgl. beispielsweise bereits Eto 1990, das Perseus-Energieunternehmen-Modell von Rentz/Wietschel/Schöttle/Fichtner 1997 oder das Energiebedarfsstruktur-Modell von Prior 1997, insbesondere aber das Modell "ADEL" in Öko-Institut/Wuppertal Institut 1995b, das u. a. auch die betriebswirtschaftlichen Auswirkungen auf die Bilanz der Energieunternehmen abschätzt, sowie das im selben Gutachten von Prof. Dr. Dieter Viefhues u. a. entworfene integrierte Planungsmodell zur verbesserten und konsistenten informationstechnischen Unterstützung von LCP-Aktivitäten.

- entgangene Erlöse und vermiedene Kosten des Endenergieangebots bei der Wirtschaftlichkeitsbeurteilung der Maßnahmen aus Sicht des Energieunternehmens unberücksichtigt bleiben[125], da die Möglichkeit einer integrierten Ressourcenplanung (IRP, vgl. Kapitel 3.4.3.1) im Wettbewerb wegfällt und "Unbundling" bzw. Center-Strukturen verstärkt eingeführt wurden, die zu einer stärkeren Eigenständigkeit der Geschäftsbereiche führen. Ferner ist anzunehmen, dass Energieeffizienz-Aktivitäten im liberalisierten Markt über kurz oder lang auch unabhängig von der Entscheidung des Energieunternehmens erfolgen, das Programm durchzuführen[126]. Vielmehr sollten als Verbundwirkungen zwischen Endenergie- und EDL-Bereich der Kundenbindungsnutzen durch derartige Aktivitäten bzw. allgemeine Aspekte der Kunden- und Marktorientierung der Effizienzangebote herausgestellt werden (vgl. auch Michael Zerr, Geschäftsführer der EnBW-Tochter Yello, in Vorholz 2001).

Vor dem Hintergrund der obigen Diskussion sind bei einem verstärkten Angebot von Energieeffizienz-Programmen und -Dienstleistungen im liberalisierten Markt vor allem die folgenden Steuerungsaspekte relevant, die insbesondere die operative und strategische Finanz- und Ergebnisperspektive sowie die Markt- und Kundenorientierung im Rahmen der Marketing- und Vertriebssteuerung betreffen, die sich in den Energieunternehmen entwickelt (vgl. Kapitel 4.1.3.2) und auf den EDL-Bereich anzupassen und ggf. zu ergänzen ist :

- **Beurteilung der Nachfrageentwicklung**
  Bei dieser Prognoseaufgabe als Grundlage für die Planung im EDL-Bereich geht es vor allem darum, vor dem Hintergrund der Unternehmenssituation und der Situation in der Unternehmungsumwelt unter Berücksichtigung der in Kapitel 3.4.4 genannten Potenziale, Determinanten und Hemmnisse mögliche unternehmensbezogene Pfade der Entwicklung der Nachfrage nach Energieeffizienz-Dienstleistungen aufzuzeigen.

---

[125] Berücksichtigt werden müssen sie nur bei der Planabstimmung der einzelnen Geschäftsbereiche, z. B. des Erzeugungs-, Netz- und EDL-Bereichs, damit alle Geschäftsbereiche von den gleichen Annahmen ausgehen, z. B. hinsichtlich der Nachfrageentwicklung.

[126] Vgl. die Entscheidungssituation "2b" und darauf aufbauende Berechnungen ohne Einbezug entgangener Erlöse in VDEW 1997b, 9. Zu Berechnungen mit und ohne Einbezug entgangener Erlöse des Endenergieangebots vgl. auch Kapitel 7.3.2.7.

- **Abschätzung des Nutzens für den Kunden**
  Die Nachfrageentwicklung hängt u. a. davon ab, welchen Nutzen die Kunden durch die angebotenen Energieeffizienz-Dienstleistungen haben. Darüber hinaus ist die Kenntnis des - zumindest grob abgeschätzten - Kundennutzens wichtig, um Marketing- und Vertriebsmaßnahmen, z. B. die Preis- und Kontrahierungspolitik, entsprechend zu gestalten bzw. deren Gestaltung zu steuern sowie evtl. erlangte Fördermittel zu rechtfertigen oder das Erreichen etwaiger, politisch-rechtlich vorgegebener Einsparverpflichtungen beim Kunden nachzuweisen[127]. Hier geht es u. a. um die o.g. Aspekte des Zeitpunkts und der Nachhaltigkeit der Einsparungen, um Fragen der Erfolgskontrolle (Messung und Verifizierung), um die Wirtschaftlichkeit der Effizienzdienstleistungen für den Kunden im Vergleich zu heutigen und zukünftigen Energiepreisen sowie etwaige spill over-, snap back-, rebound-, free rider- und free driver-Effekte, die sich auf das zukünftige Nachfrageverhalten auswirken.

- **Entwicklung und Gestaltung des Angebots**
  Dienstleistungsangebote sollten sich am Kundenbedarf bzw. Nutzen orientieren, die Produktentwicklung und -gestaltung ist entsprechend zu steuern. Dabei sind relativ homogene, differenziert zu bearbeitende Marktsegmente zu bilden (vgl. den o.g. Aspekt der Kundentypologien sowie Kapitel 3.5.4 zum Produkt- und Kundenportfolio des "Modell-EDU").

- **Rentabilität der Energieeffizienz-Dienstleistungsangebote**
  Die Dienstleistungsangebote müssen hinsichtlich ihrer kurzfristigen wie langfristigen betriebswirtschaftlichen Ergebniswirkung differenziert beurteilt werden. Dabei ist u. a. zu berücksichtigen, dass Erlöse bei einigen Dienstleistungsangeboten von den tatsächlich erzielten Energieeinsparungen abhängen (z. B. beim Einspar-Contracting), weshalb die o.g. Erfolgskontrolle im Sinne einer Messung und Verifizierung der Energieeinsparungen relevant bleibt.

- **Verbundwirkungen zwischen Endenergie- und EDL-Bereich**
  Die genannten intangiblen Faktoren (z. B. Marketingnutzen in Form von

[127] Zu derartigen Verpflichtungen bzw. Zielvorgaben für die Energieunternehmen, wie sie z. B. in Großbritannien, Dänemark, Italien und Belgien (Flandern) bereits existieren, vgl. Irrek/Thomas 2002, Thomas/Wissner/Kristof/Irrek 2002, Wuppertal Institut/ASEW 2003.

Dienstleistungsqualität, Kundenzufriedenheit und -loyalität) spielen gerade im liberalisierten Markt eine besondere Rolle. Verbundwirkungen sind außerdem bei der Planabstimmung der einzelnen Geschäftsbereich zu beachten, z. B. Rückwirkungen der Energieeffizienz-Aktivitäten auf die Nachfrageentwicklung und damit die Investitionsplanung im Endenergie-Angebotsbereich.

- **Finanzierungs- und Refinanzierungsaspekte**
  Bei den genannten Liquiditäts- und Risikoaspekten steht die Steuerung bzw. der Umgang mit Anfangs- bzw. Vorlaufverlusten und Akquisitionsaufwendungen im Vordergrund. Diese treten bei Energieeffizienz-Dienstleistungen mit längerer Laufzeit sowie bei der Entwicklung des EDL-Geschäfts von einem Randbereich zu einem eigenständigen, umsatzstarken Geschäftsbereich auf und rufen kurzfristig häufig erst einmal eine negative und erst mittel- bis langfristig positive Ergebniswirkungen hervor.

- **Strategische Entwicklung**
  Letztlich geht es - wie in Kapitel 3.5.1 bereits dargestellt - bei der Entwicklung des EDL-Bereichs um ein Problem der Entwicklungssteuerung, bei dem die o.g. Shareholder-Perspektive mit berücksichtigt werden muss.

- **Unsicherheit und Risiko**
  Die lange Laufzeit vieler Dienstleistungsangebote (z. B. Contracting) bedingt bei gleichzeitiger, zumindest teilweiser Irreversibilität der Entscheidungen für derartige Angebote sowie der nur schwer abschätzbaren und darüber hinaus von Politikmaßnahmen abhängigen Marktentwicklung im EDL-Bereich, hohe Planungsunsicherheit und Risiken in dem neuen EDL-Bereich.

4.3 Empirische Untersuchung

4.3.1 Ausgangsthesen

Die Überlegungen in den vorangegangenen Kapiteln zu den besonderen Steuerungsproblemen beim Angebot von Energieeffizienz-Dienstleistungen (Kapitel 4.2) bzw. beim Dienstleistungsangebot generell (Kapitel 2.3.3) und das Wissen um das vorhandene, sich wandelnde Controlling-Instrumentarium in den Energieunternehmen (Kapitel 4.1) führen zur Haupt-Ausgangsthese der vorliegenden Arbeit:

Hauptthese: Das bisherige Controlling-Instrumentarium der Energieunternehmen reicht zur angemessenen Unterstützung der Unternehmensführung bei der Entwicklung, Gestaltung und Lenkung eines stark wachsenden, eigenständigen, umsatzstarken EDL-Bereichs nicht aus. Folglich besteht Bedarf an einer theoretisch fundierten, praxistauglichen Controlling-Konzeption für das skizzierte "Modell-EDU" bzw. dessen EDL-Bereich.

Insbesondere lassen sich hierzu nachstehende **Nebenthesen** formulieren:

- Kostenstellen und Kostenträger müssen im EDL-Bereich erst einmal genau definiert und der Kontenrahmen entsprechend ergänzt werden. Außerdem fehlt hier die Kenntnis über Kosten- und Leistungstreiber sowie Kostensenkungs- und Leistungssteigerungspotenziale.
- Geeignete Verfahren der Kosten- Leistungs-, Erlös- und Ergebnisrechnung müssen für den EDL-Bereich entworfen bzw. in den Unternehmen existierende Verfahren an den dortigen Steuerungsbedarf angepasst werden.
- Insbesondere sind Verfahren der Erlös- und Leistungsrechnung im Rahmen eines umfassenden Leistungs-Controlling für den EDL-Bereich zu erarbeiten.
- Instrumente zur Prognose der Nachfrageentwicklung, zur Angebotsentwicklung, -gestaltung und -bewertung, zur Akquisitionssteuerung sowie zur Erfolgskontrolle im Rahmen des Marketing- und Vertriebs-Controlling des EDL-Bereichs sind bislang unzureichend oder fehlen.
- Die Verbundwirkungen zwischen dem EDL- und dem Endenergiebereich können bislang nur eingeschränkt bewertet und beurteilt werden.
- Der hohe Fixkosten- bzw. Gemeinkostenanteil stellt die EDU vor besondere Zurechnungsprobleme.
- Die schwankende Nachfrage im EDL-Bereich stellt hohe Anforderungen an die Potenzialsteuerung zur Vermeidung von Leerkosten.
- Das bisher in den kapitalintensiven Energieunternehmen eingesetzte Personal-Controlling reicht für den personalintensiven Dienstleistungsbereich nicht aus.
- Zusätzlich ist ein spezielles Informations- bzw. Wissens-Controlling erforderlich.

- Planungsunsicherheit und Risiko müssen im EDL-Bereich verstärkt berücksichtigt werden.
- Das strategische Controlling hat sich in den Energieunternehmen in den letzten Jahren erst langsam entwickelt (vgl. Kapitel 4.1.3.4). Speziell im strategischen Entwicklungs-Controlling des stark wachsenden EDL-Bereichs und seiner Verknüpfung mit der operativen Ebene besteht ein Nachhol- bzw. Entwicklungsbedarf.

Verbunden mit der Hauptthese, sind zwei grundlegende **Hauptfragen** zu stellen:

- Inwieweit, in welchen Bereichen und in welcher Richtung muss sich das Controlling-Instrumentarium der Energieunternehmen wandeln bzw. das Instrumentarium ergänzt werden, um einen dynamischen, eigenständigen, umsatzstarken EDL-Bereich angemessen entwickeln bzw. das Dienstleistungsangebot ausreichend bewerten und steuern zu können?
- Welche zentralen, übergreifenden Steuerungsanforderungen sind beim Controlling des EDL-Bereich darüber hinaus unabhängig von den konkreten Steuerungsbereichen bzw. -instrumenten generell zu beachten?

Zur praxisnahen Untersuchung der Problemsituation im Controlling des “Modell-EDU” bzw. seines EDL-Bereichs wurden zwei Befragungen durchgeführt. Die Ergebnisse dieser Umfragen sollen Antworten auf die oben gestellten Fragen geben und konkrete Lösungsansätze bzw. Konzeptionsvorschläge entwickeln helfen. Es handelte sich dabei um:

- Eine **standardisierte, schriftliche Kurzbefragung** von Führungskräften und leitenden Mitarbeitern aus Energieunternehmen.
- Eine **tiefergehende qualitative, mündliche Befragung** von Verantwortlichen aus EDL- und Vertriebsabteilungen in Energieunternehmen, Vertriebscontrollern, Controllern aus dem zentralen Controlling bzw. Unternehmensplanern aus Verbundunternehmen und Stadtwerken, Geschäftsführern und Controllern aus

"reinen" EDU[128] sowie Unternehmensberatern aus Consulting-Unternehmen, die die Energiewirtschaft beraten.

4.3.2 Kurzbefragung

4.3.2.1 Zielsetzung

Die standardisierte, schriftliche Kurzbefragung von Teilnehmern einer Konferenz "Energienahe Dienstleistungen" der Ueberreuter Managerakademie im Mai 2000 diente dazu, eine verbesserte Orientierung zu erhalten, welche Steuerungsprobleme die energiewirtschaftlichen Praxis selbst sieht und wie die Praxis das vorhandene Informations- und Steuerungsinstrumentarium im Bereich "Energienahe Dienstleistungen" und die Notwendigkeit seiner Weiterentwicklung einschätzt. Die Ergebnisse dieser Befragung und weitergehender Gespräche am Rande und im Nachgang der Konferenz hatten das Ziel, die zentralen Problemfelder, die relevanten Themenbereiche im Controlling zukünftiger EDU zu erfassen, um hierauf aufbauend einen Leitfaden für eine tiefergehende, qualitative Befragung zu entwikkeln.

4.3.2.2 Methodik

Befragt wurden in erster Linie die Teilnehmer der Konferenz "Energienahe Dienstleistungen" der Ueberreuter Managerakademie im Mai 2000 in Bonn mit Hilfe des in Anhang 1 aufgeführten Fragebogens, der zuvor einem Pretest bei einem Energieunternehmen unterzogen und anschließend verbessert wurde. Der Fragebogen lag den Tagungsunterlagen bei. Zusätzlich wurden die Teilnehmer durch die Tagungsleitung mündlich ermuntert, an der Befragung teilzunehmen. Von den 36 Teilnehmern haben schließlich 11 einen ausgefüllten Fragebogen abgegeben. Drei weitere Fragebögen wurden parallel von gezielt angeschriebenen Nicht-Teilnehmern eingereicht. Acht dieser insgesamt 14 Befragten stammen aus Unternehmen mit mehr als 2000 Beschäftigten im Energiebereich und mehr als 50 Beschäftigten im Bereich energienaher Dienstleistungen.

---

[128] D.h. EDU, die keine Energieversorger sind und ausschließlich EDL erstellen, d. h. keine Endenergie produzieren, verteilen und vertreiben.

An dieser Stelle sei ausdrücklich darauf hingewiesen, dass die Ergebnisse der Befragung angesichts des geringen Stichprobenumfangs nicht verallgemeinerungsfähig sind. Eine "repräsentative" Umfrage war jedoch auch nicht beabsichtigt. Vielmehr sollte die Befragung erste Anhaltspunkte für die Praxisrelevanz des Promotionsvorhabens liefern und helfen, die im Rahmen der Dissertation zu lösenden Probleme zu spezifizieren. Hierzu konnten die Befragung sowie weitergehende Gespräche am Rande und im Nachgang der o.g. Konferenz erfolgreich beitragen.

4.3.2.3 Ergebnisse

Wie schätzen die Befragten die weitere Umsatzentwicklung im Bereich energienaher Dienstleistungen ein?

Alle Befragten erwarten, dass der Umsatz des Bereichs energienaher Dienstleistungen im Vergleich zum Umsatz der Bereiche Energieerzeugung, -verteilung und -belieferung steigt (zwölf Nennungen) oder stark steigt (zwei Nennungen). In den befragten Unternehmen liegt dieser Umsatzanteil - soweit angegeben - zur Zeit zwischen 0 und 8%, im Durchschnitt bei 2-3%.

Wer entscheidet in den Unternehmen letztlich, ob und zu welchem Preis eine energienahe Dienstleistung angeboten wird? Wie werden die Preise bestimmt?

An der grundsätzlichen Entscheidung, ob eine energienahe Dienstleistung angeboten wird, sind bei der überwiegenden Mehrheit der befragten Unternehmen die Energievertriebs- oder/und die Marketing-Abteilung beteiligt (jeweils sechs Nennungen), aber auch die Geschäftsführung bzw. der Aufsichtsrat oder/und die Personen, welche die EDL erbringen (jeweils fünf Nennungen). An der Entscheidung, zu welchem Preis eine Dienstleistung angeboten wird, sind in fast allen Unternehmen die Energievertriebs- oder/und Marketingabteilung (7 bzw. sechs Nennungen) sowie vor allem der Dienstleistungsbereich selbst beteiligt (11 Nennungen), aber auch das Controlling (4 Nennungen) oder/und sogar die Geschäftsführung bzw. der Aufsichtsrat (3 Nennungen).

Insgesamt zeigt sich hier der starke Einfluss des Energievertriebs bzw. des Marketings auf Entscheidungen im energienahen Dienstleistungsbereich. Dies liefert eventuell ein Indiz dafür, dass energienahe Dienstleistungen in den Energieunternehmen heute vor allem als eine Aktivität zur besseren Vermarktung von Endenergie und erst an zweiter Stelle als eigenständiges, zukunftsträchtiges Geschäftsfeld angesehen werden.

Die Preisgestaltung für eine bestimmte energienahe Dienstleistung erfolgt innerhalb der befragten Unternehmen recht unterschiedlich: produkteinheitliche, d. h. von Kunden(gruppen) unabhängige, und kunden(gruppen)-individuelle Preisgestaltung halten sich die Waage. Bei der individuellen Preisgestaltung scheint es dabei auf konkrete Konkurrenzangebote an den Kunden (sechs Nennungen), Energieverbrauch bzw. abgenommene Leistung des Kunden (fünf Nennungen) oder/und die Dauer der Geschäftsbeziehung (vier Nennungen) anzukommen. Gemeinsam ist fast allen Befragten, dass sie die Preise so zu kalkulieren versuchen, dass das Dienstleistungsangebot - zumindest bei der Mehrheit der Dienstleistungen - selbstkostendeckend oder profitabel ist.

Inwieweit werden energienahe Dienstleistungen als ein Mittel zur Stärkung der Kundenbindung eingesetzt? Inwieweit wird dieser Mitteleinsatz evaluiert?

Alle 14 Befragten geben an, energienahe Dienstleistungen - zumindest teilweise - als ein Mittel zur Stärkung der Kundenbindung einzusetzen. Inwieweit das Kundenbindungsziel erreicht wird, evaluieren drei der 14 befragten Unternehmen jedoch gar nicht, in einem Unternehmen wird es ausschließlich anhand von Erfahrungswerten/Intuition abgeschätzt. Die übrigen Unternehmen nutzen die Beteiligung am VDEW-Kundenfokus oder/und die Evaluation von Stromwechslern (jeweils vier Nennungen), Dienstleistungsqualitätsmessungen, das Beschwerdemanagement, den direkten Kundenkontakt oder/und gezielte Kundenbefragungen/Marktforschung zur Evaluation.

Kundenwertbestimmungen finden in diesem Zusammenhang ebenfalls in drei Unternehmen gar nicht statt, in einem Unternehmen ausschließlich anhand von Erfahrungswerten/Intuition. Die übrigen Unternehmen nutzen vor allem das Instrument der Kundendeckungsbeitragsrechnung (acht Nennungen), oder/und aber auch Kundenportfolioanalysen (drei Nennungen), ABC-Analyse (zwei Nennungen) und die Abschätzung des Customer Life Time Value (nur eine Nennung) zur Kundenwertbestimmung.

Diese Befragungsergebnisse lassen vermuten, dass es hier noch einen gewissen Nachholbedarf, einen Rationalitätsengpass bei den Energieunternehmen gibt. Die Fragen, wie viel ein Kunde wert ist und wie viel eine als Kundenbindungsmaßnahme durchgeführte Dienstleistung maximal kosten darf, kann die Mehrheit der befragten Unternehmen vermutlich nicht zufriedenstellend beantworten.

Wie werden bestimmte Bewertungs- und Steuerungsinstrumente im Hinblick auf den energienahen Dienstleistungsbereich beurteilt?

Keiner der Befragten sieht eines der acht im Fragebogen angeführten Verfahren der Kosten- und Leistungsrechnung als völlig ungeeignetes Informationsinstrument des Controlling an. Dabei muss allerdings berücksichtigt werden, dass einige Befragte zu manchen Verfahren keine Einschätzungen abgeben konnten. Grund hierfür ist vermutlich, dass die Befragten nur zum Teil aus dem betriebswirtschaftlichen Bereich kamen und nur ein Befragter dem Controlling entstammt, die übrigen Befragten dagegen eher technisch vorgebildet waren. Vor allem die Kundendekkungsbeitragsrechnung wird als tendenziell eher gut geeignet für den energienahen Dienstleistungsbereich angesehen (11 positive Nennungen), aber auch die Prozesskostenrechnung (sechs Nennungen) sowie projektbezogene Wirtschaftlichkeitsrechnungen (sieben Nennungen) scheinen akzeptiert zu sein.

Bei fast allen befragten Unternehmen ist der energienahe Dienstleistungsbereich ganz oder teilweise in die interne Leistungsverrechnung einbezogen, ein Unternehmensvertreter hat hierzu keine Angaben gemacht. Bei drei Befragten werden sogar Kundenbindungseffekte intern verrechnet, bei zwei Unternehmen auch entgangene Erlöse im Energieverkauf auf Grund des Erbringens von Energieeffizienz-Dienstleistungen.

Wie schätzen die Befragten das in den Energieunternehmen vorhandene Steuerungsinstrumentarium und die Notwendigkeit seiner Weiterentwicklung für den EDL-Bereich ein?

Betrachtet man die in Kapitel 4.1 dargestellten Ergebnisse empirischer Analysen der 90er Jahre zum Stand des Kostenrechnungs- und Controlling-Instrumentariums der Energieunternehmen und die erst in den letzten Jahren verstärkt erfolgte Weiterentwicklung, dann überrascht zunächst Folgendes: Nur knapp die Hälfte der Befragten meint, dass die bisher in den Energieunternehmen eingesetzten Kosten- und Leistungsrechnungsverfahren und Controlling-Instrumente zur Bewertung und Steuerung eines eigenständigen, umsatzstarken Geschäftsfeldes "Energienahe Dienstleistungen" (eher) nicht ausreichen. Auch stimmen nur sechs der 14 Befragten der These tendenziell zu, dass Planungsunsicherheit und Risiko in diesem neuen Geschäftsfeld besonders groß seien.

Dagegen stimmen zehn der 14 Befragten tendenziell eher zu, dass neue Kostenstellen in einem eigenständigen, umsatzstarken Geschäftsfeld "Energienahe Dienstleistungen" geschaffen und Kostentreiber (Kosteneinflussfaktoren) erst einmal identifiziert werden müssen. Acht der 14 Befragten bejahen die These tendenziell eher, dass das Personalführungssystem im Hinblick auf den personalintensiven Dienstleistungsbereich weiterentwickelt werden muss. Die Verknüpfung des Kundenbindungs- mit dem Erfolgs- und Finanz-Controlling sehen neun Befragte als (eher) wichtig und kein Befragter als (eher) unwichtig an. Das Kennzahlen- und Managementsystem "Balanced Scorecard" konnte dagegen von der Mehrheit der Befragten nicht beurteilt werden, was womöglich am mangelnden Bekanntheitsgrad dieses Instruments bei den doch vorwiegend technisch orientierten Befragten zum Zeitpunkt der Befragung liegt.

4.3.2.4 Schlussfolgerungen für die weitere Analyse

Die zentrale Frage, ob die bisher in den Energieunternehmen eingesetzten Instrumente der Kosten- und Leistungsrechnung und des Controlling für die Steuerung des EDL-Bereichs ausreichen, wurde uneinheitlich beantwortet. Um an dieser Stelle klarer und ausreichend differenziert analysieren zu können, sollte in der tiefergehenden, qualitativen Befragung zunächst die Frage im Mittelpunkt stehen, inwieweit die Befragten Probleme der Bewertung und Steuerung ihres EDL-Angebots bei einer (starken) Auftragszunahme bzw. Umsatzausweitung sehen, ferner wo sie dabei die größten Schwierigkeiten vermuten. An die Diskussion konkreter Steuerungsprobleme schließt sich die Frage nach dem geeigneten Instrumentarium an.

Dabei sollte an der konkreten Unternehmenssituation der Befragten angeknüpft werden, d. h. an den bisherigen Strukturen und Prozessen im EDL-Bereich. In den Gesprächen im Nachgang der Konferenz wurde außerdem deutlich, dass größere, individuelle EDL ("Projekte") zum Teil anders gesteuert werden müssen als stärker standardisierte EDL ("Services") und die "Services" in der Praxis i. d. R. im Rahmen des Endenergie-Marketing- und Vertriebs-Controlling, die "Projekte" jedoch unabhängig davon gesteuertwerden. Das unterschiedliche Controlling von "Services" und "Projekten" sollte daher ein mögliches Thema der qualitativen Befragung darstellen.

Da die Mehrheit der Befragten der These tendenziell eher zustimmte, dass das Personalführungssystem im Hinblick auf den personalintensiven Dienstleistungsbereich weiterentwickelt werden muss, sollte dieser Bereich in der tiefergehenden Befragung ebenfalls näher untersucht werden.

Überrascht hatte, dass nur sechs der 14 Befragten tendenziell bejahen, dass Planungsunsicherheit und Risiko im EDL-Bereich besonders groß seien, und nur wenige das Instrument der "Balanced Scorecard" kannten. Ein möglicher Grund hierfür liegt, wie bereits benannt, in der eher technischen Qualifikation der Befragten. In der qualitativen Befragung sollten weitere Gründe und generelle Aspekte der Verknüpfung der strategischen mit der operativen Ebene herausgearbeitet werden.

4.3.3 Qualitative Interviews

4.3.3.1 Zielsetzung

Im Sommer/Herbst 2000 wurden dann 14 narrative, leitfadengestützte, offene Interviews (darunter 11 persönlich-mündliche face-to-face und 3 telefonische Interviews) mit insgesamt 19 Personen aus der Energiewirtschaft sowie Unternehmungsberatungen durchgeführt. Die qualitativen Interviews hatten das Ziel, das bis dahin erhobene Material zu ergänzen, zuzuspitzen und zu vertiefen, um aus dem Vergleich der Interviews das Charakteristische der Bewertungs- und Steuerungsprozesse der EDU und die enthaltenen grundlegenden Problemdimensionen und Spannungsverhältnisse herauszuarbeiten.

Es handelt sich bei dieser empirischen Analyse also um einen qualitativ-vergleichenden Ansatz. Durch diese Perspektive war es insbesondere möglich, nicht nur die Ausgangsthesen zu überprüfen, sondern auch neue Aspekte und Thesen zu entfalten und die Bedeutung von bisher unberücksichtigten Faktoren herauszustellen. Der qualitative Ansatz war deshalb besonders geeignet, eine ganzheitliche Sicht auf das Controlling der (zukünftigen) EDU zu entwickeln.

Berührt wurden bei den qualitativen Interviews aber auch Themenbereiche, die nicht ausschließlich das Controlling betreffen: die Einschätzung der Interviewten zur Marktentwicklung auf Angebots- und Nachfrageseite im EDL-Bereich, Erfolgsfaktoren im Markt und die Organisation des EDL-Geschäfts.

4.3.3.2 Methodik der Datenerhebung

Der Gesprächsablauf, der auf den Ergebnissen und Schlussfolgerungen der Kurzbefragung aufsetzenden, durchschnittlich etwa 40 Minuten dauernden qualitativen Interviews, lässt sich in fünf Phasen einteilen (vgl. auch Mayring 1996, Froschauer/Lueger 1992):

- Gesprächseinstieg: Hier wurden u. a. Ziel und Ablauf des Interviews sowie die Erwartungen an die interviewte(n) Person(en) erläutert.
- Haupterzählung: Um den Blickwinkel nicht von vorneherein einzuschränken und bei der subjektiven Wahrnehmung und Prozessbewertung der Teilnehmenden ansetzen zu können, erzählten hier die Interviewten frei, ob und - wenn ja - in welchen Bereichen sie Bewertungs- und Steuerungsprobleme sehen, wenn sich die EVU zu EDU mit einem stark wachsenden Angebot energienaher bzw. Energieeffizienz-Dienstleistungen wandeln. Um den Interviewpartnern die Gelegenheit zu geben, ihre Sicht der Dinge zu entwickeln, wurde bewusst eine Erzählsituation erzeugt.
- Immanentes Nachfragen und Weitererzählen: Das Erzählte wurde zunächst vertieft und kritisch hinterfragt, gedehnt und zugespitzt. Anschließend wurden den Befragten offene Fragen zu hieran anschließenden, ergänzenden Themenaspekten gestellt. Die Fragestellungen orientierten sich dabei an dem im Anhang 2 dargestellten Leitfaden, der auf den Ergebnissen der Kurzbefragung und theoretischen Vorüberlegungen basiert und als relevant erachtete Themen-

und Problembereiche aufführt, wobei je nach Gesprächssituation, Person und Umfeld der interviewten Person von den Formulierungen, der Reihenfolge und der Gewichtung der Fragen im Leitfaden ggf. abgewichen wurde.

- Exmanente Fragen und Antworten: Hier konnten Fragen zu Themen gestellt werden, die bisher nicht berührt wurden, und dem Interviewten die Möglichkeit gaben, das Gespräch zu reflektieren, um ggf. weitere aus seiner Sicht wesentliche Aspekte zu ergänzen.
- Gesprächsabschluss, Nachgespräch und Verabschiedung.

4.3.3.3 Methodik der Aufbereitung und Auswertung der Interviews

Die persönlich-mündlichen Interviews wurden per Tonband protokolliert und wörtlich in Schriftdeutsch transkribiert, die telefonischen Interviews zusammengefasst protokolliert.

Die Auswertung des gesamten im Rahmen der empirischen Untersuchung erhobenen Materials erfolgte in mehreren, das Material immer weiter verdichtenden Schritten in Form einer vergleichenden, qualitativen Inhaltsanalyse (vgl. beispielsweise Mayring 1996, Lamnek 1995a), die bei den Phänomenen ansetzt und auf das Charakteristische der Controlling-Problematik der EDU orientiert ist (Grundthemen, typische Bewegungsmuster etc.; vgl. Salber 1969, Busch 1997). Der Blickwinkel war allerdings durch Orientierungshypothesen (Arbeitshypothesen) bereits eingeschränkt, die dem Stand der gegenstandsbezogenen Theoriebildung (vgl. Strauss/Corbin 1996) entsprechen und letztlich den Leitfaden geprägt haben.

Abfolge der Auswertungsschritte:

- Identifizierung von Themen und Unterthemen (Ordnungsbegriffen) zur Strukturierung des Materials. Aufbauend auf den theoretischen Vorüberlegungen bzw. den im Interviewleitfaden enthaltenen Themenstrukturen als erste Orientierung wurden die Ordnungsbegriffe induktiv gebildet und durch Reflexion des gesamten Untersuchungsverlaufs ggf. verändert.
- Zuordnung von einzelnen Facetten des Materials zu den identifizierten Themen (Matrix). Jedes Interview wurde dabei quasi als ein Fallbeispiel betrachtet, es erfolgte also eine fallbeispielspezifische Zuordnung.

- Herauskristallisieren wichtiger, fallbeispielübergreifender Dimensionen der einzelnen Themenfelder (Synthesebildung).

- Themenfeldübergreifende Zurückführung auf im gesamten Problembereich wirksame Grundtendenzen (miteinander verbundene Polaritäten/Spannungsfelder). Hier wurde schließlich in einer Gesamtschau des Themenspektrums herausgestellt, von welchen Spannungsverhältnissen und Tendenzen das Controlling der EDU problemfeldübergreifend bestimmt ist. Die verschiedenen Dimensionen des Untersuchungsgegenstandes wurden dabei zu einem Bedingungsgefüge (Grundmuster) verknüpft, aus dem im Vergleich der befragten Unternehmen Erklärungs- bzw. Lösungsansätze für die dargestellten Problembereiche ableitbar waren. Die Verbindung der Kernkategorien des Untersuchungsgegenstandes zu einem Grundmuster erfolgte vor dem Hintergrund der allgemeinpsychologischen Grundfaktoren Salbers ("Morphologischen Psychologie", Salber 1969, vgl. auch Busch 1997, Stark 1999), die in Kapitel 4.3.3.5 mit Bezug auf die Befragungsergebnisse näher erläutert werden.

- Auf diesem Grundmuster basierend, lassen sich die Ausgangshypothesen der Untersuchung überprüfen und ggf. neue Hypothesen ableiten (zu Letzterem vgl. die "grounded theory", Glaser/Strauss 1967).

Im Folgenden werden die so herausgearbeiteten themenspezifischen und themenfeldübergreifenden Ergebnisse der qualitativen Interviews dargestellt. Aus Gründen der Übersichtlichkeit erfolgt dies zum Teil tabellarisch.

4.3.3.4 Themenspezifische Ergebnisse: Synthetisierende Thesen und Erläuterungen zu wesentlichen Dimensionen des Controlling im Energiedienstleistungsbereich

Marktentwicklung - Angebot

Um den Interviewten vor der zentralen Hauptfragestellung den Gesprächseinstieg zu erleichtern, wurde in allen Interviews zunächst abgefragt, wie die Interviewten die Marktentwicklung im EDL-Bereich auf der Angebots- und Nachfrageseite einschätzen.

Tabelle 10 EDL-Angebot: Kundenbindungsmaßnahme oder eigenständiges Geschäftsfeld?

Reine Kundenbindungsmaßnahme oder nur marginales Zusatzgeschäft	**Eigenständiges, wachsendes, umsatzstarkes Geschäftsfeld**
Services: add on- bzw. added value-Produkte; Kundenbindungseffekt im Vordergrund, eher Massengeschäft mit standardisierteren, einfacheren Produkten	Projekte: wachstumsstarkes Zusatzgeschäft mit Gewinnerzielungsabsicht; eher komplexere, individuelle Produkte
Starker Einfluss des Energievertriebs bzw. des Marketings auf Entscheidungen im EDL-Bereich zu beobachten (z. B. bei stop-or-go- oder Preisgestaltungs-Entscheidungen). Oft organisatorische Anbindung an den Vertrieb bzw. das Marketing.	Einige Energieunternehmen rechnen mit enormen Umsatzsteigerungen
Personelle Ressourcen und kunden- bzw. dienstleistungsorientierten Denkweisen fehlen, um mehr als nur ein marginales Zusatzgeschäft entwickeln zu können.	Breite / Flächendeckung kann durch professionellen Vertrieb (z. B. Key Accounter) / Marketing erzielt werden.
Einbußen im herkömmlichen Geschäft können durch EDL nicht ausgeglichen werden, daher ist die Ausweitung des Kerngeschäfts wichtiger.	Hohe Ausschöpfungsquoten durch persönliches Engagement / Kontakte.
EDL-Angebot zur Absicherung herkömmlicher Marktpotenziale sinnvoll (z. B. in Verbindung mit profitablem Netzbetrieb).	Große Angebotsbreite und -tiefe und damit entsprechende Grundkapazität und Kooperationspartner notwendig, um kundenorientiert alles aus einer Hand anbieten zu können.
Harter Wettbewerb, große Konkurrenz, Differenzierung / Abheben von Konkurrenz wird zunehmend schwieriger, da alle auf den ersten Blick ähnlich aussehende EDL anbieten	
Bisher ist EDL-Bereich nur Zusatzgeschäft (2-3% Umsatzanteil durchschnittlich, nur wenige Mitarbeiter im Verhältnis zur Gesamtbeschäftigtenzahl).	
Alles noch in der Entwicklung, im Aufbau, Markttests, Marktstudien, Zukunft ungewiss.	

Quelle: Eigene Darstellung.

Dabei wurden u. a. verschiedene Aspekte genannt, weshalb das EDL-Geschäft von einigen Unternehmen nur als eine reine Kundenbindungsmaßnahme bzw. als marginales Zusatzgeschäft angesehen wird oder warum einige Unternehmen es als eigenständiges, wachsendes, zukünftig umsatzstarkes Geschäftsfeld wahrnehmen[129]. Deutlich zeigte sich hier, dass das eher standardisierte "Services" an-

[129] Verschiedenste Unternehmensangaben bestätigen, dass einige Energieunternehmen mit enormen Umsatzsteigerungen im EDL-Geschäft rechnen: MVV-Broschüre bzw. Geschäftsbericht 1998/99 und 2000/2001 (MVV Energie AG 2000 und 2002): Umsatzsteigerung im Dienstleistungsbereich von mehr als 25 Mio. Euro im Geschäftsjahr 1998/99 über 34 Mio. Euro im Geschäftsjahr 1999/2000 und 86 Mio. Euro im Geschäftsjahr 2000/2001 auf 87 Mio. Euro im Geschäftsjahr 2001/2002 (davon allein 31 Mio. Euro im Contracting-Bereich), bei einer geplanten Steigerung auf mehr als 200 Mio. EUR bis etwa 2005, vor allem im Anlagen-Contracting; Viterra Contracting GmbH gemäß Handelsblatt Nr. 212 vom

bietende EDL-Geschäft bisher vor allem der Kundenbindung dient, das Angebot eher individueller EDL-Projekte jedoch von einigen Interviewten durchaus als eigenständiges Geschäftsfeld angesehen wird, das im Markt zur Befriedigung der Kundenbedürfnisse notwendig ist (vgl. Tabelle 10). Da alles noch in der Entwicklung sei, vielfach der EDL-Bereich erst aufgebaut und Markttests durchgeführt werden müssten, wäre die Zukunft des EDL-Geschäfts insgesamt noch recht ungewiss.

Sowohl bei “Services” als auch bei “Projekten” versuchen die Unternehmen zunehmend, alles von der Kundenperspektive her zu bedenken und zu organisieren. Der Kunde mit seinen Bedürfnissen, seinem Bedarf steht immer stärker Mittelpunkt[130]. Ihm soll möglichst alles aus einer Hand angeboten werden, d. h. das Energieunternehmen versteht sich als erster Ansprechpartner für alle energiebezogenen Probleme des Kunden (möglichst nur eine oder zwei Personen, z. B. ein Techniker und/oder ein im Vertrieb Beschäftigter - z. B. der Key Accounter - als erste Ansprechpartner), wobei für die Umsetzung/Ausführung auch ggf. auf Kooperationspartner zurückgegriffen wird (z. B. die Kompetenzzentren bei der PreussenElektra AG vor der Fusion zur E.ON AG mit den von vorne bis hinten durchgepreisten und abgestimmten, wählbaren Modulen Energieanalyse, Energiemanagement, Contracting etc.). Die EDL-Angebote richten sich vorrangig an mittlere bis größere Kunden (mindestens >100.000 kWh, eher >1.000.000 kWh) und sollen für das Energieunternehmen mindestens kostendeckend, nach Möglichkeit profitabel sein.

2.11.00, S. 16: von 15 Mio. EUR auf 51 Mio. EUR in 2003 mit “klassischem Wärme-Contracting”; ein weiteres befragtes Stadtwerk rechnet ebenfalls mit einer Umsatz-Verdreifachung im EDL-Projektbereich bis 2005, dabei 80% des Umsatzes im Wärme-, 16% im Kältemarkt; Die RWE AG gibt an (Remmel 2000, 392ff.): “‘Cross Selling‘ und kundenorientierte Leistungsdifferenzierung sind Kernelemente für die Herausbildung eines europäischen ‚Multi Utility‘-Marktes. Das heißt: Strom, Gas, Mineralöl, Wasser, Entsorgung und Telekommunikation werden mit energienahen Dienstleistungen verknüpft. Speziell im Teilsegment der energienahen Dienstleistungen erwarten wir in den nächsten Jahren europaweit eine beachtliche Wachstumsdynamik ... Innovative Dienstleistungen wie die ‚versorgte Wohnung‘, ‚Home Automation‘ sowie ‚Powerline Communication‘ haben im Rahmen unserer Multi Utility-Strategie einen besonderen Stellenwert.”

[130] Daher steht z. B. auch häufig die Entwicklung branchenspezifischer Lösungspakete im Vordergrund anstatt der Versuch, bestimmte Produkte - z. B. Druckluft - unterzubringen.

Marktentwicklung - Nachfrage

Hinsichtlich der zukünftigen Nachfrageentwicklung im EDL-Bereich nannten die Interviewten verschiedene Aspekte, die für oder gegen eine stark wachsende Nachfrageentwicklung im EDL-Bereich sprechen (vgl. Tabelle 11). Die Ergebnisse bestätigen größtenteils die in Kapitel 3.4.4 erläuterte, aktuelle und zukünftig mögliche Nachfrageentwicklung, zeigen aber auch, dass auf der Seite der Energieunternehmen zum Teil noch große Unsicherheiten bezüglich der zukünftigen Marktentwicklung bestehen und die in Kapitel 3.4.4.4 aufgelisteten, förderlichen Rahmenbedingungen und Anreizstrukturen notwendig sind, um durch die Überwindung existierender Hemmnisse und Barrieren die umfangreichen Effizienz- bzw. EDL-Potenziale ausschöpfen zu können.

Auf Grund der Erkenntnisse aus den Interviews zur Marktentwicklung auf der Angebots- und Nachfrageseite wird postuliert, dass sich die Marktentwicklung in einer kritischen Phase befindet. Die Energieunternehmen öffnen sich alle in Richtung EDL-Geschäft, manche mehr, manche weniger, einige auch sehr professionell und mit qualitativ hochwertigen EDL-Produkten. Scheitern jedoch die laufenden Markttests, werden die Anlaufverluste zu groß bzw. bleibt das EDL-Geschäft in den roten Zahlen bzw. wird nicht profitabel genug[131], dann besteht die Gefahr, dass sich der EDL/EDU-Gedanke in den nächsten Jahren totläuft bzw. in der Nische bleibt. Selbst das Anlagen-Contracting-Geschäft, dem alle Befragten die größten Wachstumschancen einräumen, ist zur Zeit noch ein anbietergesteuertes Geschäft, bei dem die Anbieter vielfach in enorme Vorleistungen gehen. Deshalb kommt es gerade jetzt darauf an, dass die mehr oder weniger stark forcierten EDL-Angebote der Energieunternehmen auf Nachfrage treffen. Die Politik ist daher auf allen Ebenen gefordert, die notwendige Nachfragestimulierung zu unterstützen und mitzuhelfen, Nachfragekompetenz aufzubauen, um die von ihr gesetzten ökologischen

---

[131] Zur Illustration der vielfach vorhandenen Anlauf- und Vorlaufverluste im EDL-Geschäft zwei Beispiele aus den Geschäftsberichten der MVV Energie AG (2000; 2002): 1998/99: EBIT 1998/99 im Geschäftsbereich Dienstleistungen -1,7 Mio. EUR (EBIT insgesamt: +94,2 Mio. EUR, Strom: +39,3 Mio. EUR). MVV Energie AG 2000, 7: "Die hohen Anlauf- und Vorlaufkosten hatten im Geschäftsbereich Dienstleistungen 1998/99 ein negatives EBIT zur Folge". 2000/2001: MVV Energie AG 2002, 24: "Unser Segment Dienstleistungen weist wie im Vorjahr ein negatives EBIT von 7 Mio. Euroaus. Der schnelle Ausbau unseres Dienstleistungsgeschäfts und die Positionierung in den neuen Märkten in Deutschland und im Ausland ist in der Anfangsphase noch mit Vorlaufkosten und Anlaufverlusten verbunden, die in wenigen Jahren bereits zu positiven Ergebnissen führen werden".

und ökonomischen Ziele und damit eine nachhaltige Energiewirtschaft zu erreichen. Wenn die Politik jetzt nicht handelt, wird das EDL-Geschäft im großen und ganzen auf Jahre ein Nischengeschäft bleiben, so die abschließende These auf Basis der Interviewergebnisse zur zukünftigen Marktentwicklung im EDL-Bereich.

Tabelle 11 EDL-Nachfrage: Ist ein starkes Nachfragewachstum zu erwarten?

Für ein starkes Nachfragewachstum sprechen	**Gegen ein starkes Nachfragewachstum sprechen**
Große, aus Kundensicht ökonomisch lukrative Potenziale	Energieeffizienz / Energiekosteneinsparung an sich spielt für die Kunden keine große Rolle (insbesondere bei den kleinen bis mittleren Kunden, z. B. für KMU kein Kerngeschäftsbereich, daher eher uninteressant bzw. geringere Priorität)
Bereits spürbares Wachstum in einigen EDL-Bereichen, insbesondere Anlagen-Contracting, aber auch in den Bereichen Energieinformations-Beschaffung, -Verarbeitung und -Management, Betriebsführung / Instandhaltung kundeneigener Netze und Anlagen, Facility Management und Erschließungsträgergesellschaften	Mangelndes Know how der Kunden
Mittlerweile gibt es auch in den Energieunternehmen viele Mitarbeiter mit "LCP-/EDL-Denke"; entsprechende Veränderungen in der Unternehmenskultur und den strategischen Zielen (supply-pull) sind zu beobachten.	Information-Overload der Kunden
Marktforschung zeigt Kundenbindungserfolge durch EDL-Aktivitäten	Illusion des Kundenbindungseffektes durch EDL: wenn Kunden den Versorger wechseln, dann wegen dem Preis für Endenergie, nicht wegen Angebotsqualität und -umfang; Kundenbindung ist eher über Kombinationen der Hauptprodukte Gas, Wasser, Strom etc. zu erreichen.
Anbieter erwarten größtenteils Umsatz-, EBIT[132]- und Beschäftigungssteigerungen im EDL-Bereich, teilweise sogar starke Steigerungen (jetziger Anteil im Durchschnitt der Befragten nur 2-3%, bei der MVV Energie Gruppe etwa 5% laut Geschäftsbericht 1998/99, S. 40).	Bisher wenig Erfahrungen mit den EDL-Produkten und ihrer Akzeptanz; Markttests verlaufen z. T. eher schleppend. Hohe Anlauf- und Vorlaufkosten.
Kunden sourcen zunehmend alles out, was nicht zum Kerngeschäft gehört	Bisher keine großen Veränderungen im liberalisierten Markt
Einkaufsbündelung bei Kunden lenkt Blick auf Effizienzaspekte und damit auch auf Energiekosteneinsparmöglichkeiten durch Inanspruchnahme von EDL.	Bisher zuständige "technische Einzelkämpfer" bei den Kunden, die Energieeffizienz auf ihre Fahne geschrieben hatten, sind oft nicht mehr für Energie zuständig; stattdessen überwiegt die eher nur auf den Preis für Endenergie schielende Einkäufermentalität

Quelle: Eigene Darstellung.

132 Earnings before Interest and Taxes.

Erfolgsfaktoren im EDL-Markt

Nach Ansicht der Befragten sind die folgenden Faktoren entscheidend, um im EDL-Geschäft erfolgreich zu sein:

- Unternehmenskultur, Teamkultur,
- Schlankheit, Effizienz und Transparenz (Transparenz intern und für die Kunden, flache Hierarchien, wenig Schnittstellen, effiziente Abläufe und Infowege, Professionalität),
- Qualität durch kompetentes, flexibles, kunden- bzw. marktorientiertes Personal,
- alles aus einer Hand, d. h. große Sortimentsbreite und -tiefe,
- Kundenorientierung: der Kunde im Mittelpunkt, vom Kunden lernen,
- individuelle Problemlösungen, die Flexibilität erfordern,
- Kundensegmentierung: gezielte Kundenauswahl und -ansprache,
- Anschub durch prozesstreibende Kräfte (motivierte Idealisten),
- Rückendeckung durch Hierarchiespitzen / Strategie / unternehmerische Zielsetzungen,
- Multiplikatoren nutzen (z. B. EVU-Vertrieb; Key Accounter sind Dreh- und Angelpunkt),
- Netzwerkbildung, Netzwerke nutzen,
- persönliche Kommunikation (mit Kunden, im Team, mit Partnern, mit Multiplikatoren),
- kooperative Vorteile entdecken und gezielt nutzen,
- gezielte Kooperationen in Feldern mit komparativen Nachteilen,
- ausreichende, effiziente Ausstattung mit Hard- und Software, Controlling-Sytemen, Ablaufschemata etc. als wichtiger Hintergrund für eine erfolgreiche Arbeit,
- Firmierung, Corporate Identity, Gestaltung des Marktauftritts sorgfältig wählen.

Organisation des EDL-Geschäfts im Energieunternehmen

Die Organisation des EDL-Geschäfts kann im Energieunternehmen organisatorisch unterschiedlich erfolgen. Je nach Art der Produkte (z. B. "Services" oder "Projekte") und strategischer Bedeutung des Geschäfts für das Energieunternehmen (nur zur Kundenbindung oder als eigenständiger Wachstumsbereich) wird das EDL-Geschäft beispielsweise in einer Gruppe im Vertrieb, in einer eigenständigen Abteilung oder einem ausgegliederten Tochterunternehmen durchgeführt[133]. Tabelle 12 stellt die von den Befragten genannten Argumente für oder gegen eine organisatorische Ausgliederung des EDL-Geschäfts bzw. von einzelnen Teilen aus dem Energieunternehmen dar.

Tabelle 12 Organisation des EDL-Geschäfts: Eingliederung oder Outsourcing?

Eingegliedert	Ausgegliedert
EDL gehören zum Kerngeschäft.	EDL sind höchstens Zusatzgeschäft.
Aus Konkurrenzgründen alles eingliedern, was endenergienah bzw. nah beim Kunden ist und z. B. über Energieanalysen Einblick in wettbewerbsrelevante Kundendaten ermöglicht.	Eher technisch orientierte Spezialbereiche.
Vermeiden zusätzlichen Koordinationsbedarfs, bessere Vermittlung des Multi-Utility-Gedankens ("alles aus einer Hand").	Neuer Name kann insbesondere für Stadtwerke außerhalb des eigenen Versorgungsgebietes wichtig sein, um Kunden zu gewinnen; Ausgliederung, um kompetente Partner und neues Risikokapital einbinden zu können.

Quelle: Eigene Darstellung.

Organisation des Controlling im EDL-Geschäft

Ein von den Interviewten immer wieder angesprochenes Thema war die Frage, inwieweit das EDL-Geschäft durch das Unternehmens-Controlling zentral, inwieweit es dezentral gesteuert wird (vgl. Tabelle 13).

---

133 Beispielsweise sind bei der MVV Energie AG im Geschäftsbereich Dienstleistungen zum einen die Multi Utility Services mit den Geschäftsfeldern Erschließungsträgerschaft, Facility-Management, internationales Consulting und Projektmanagement zusammengefasst (Stand: 1999), zum anderen die eigenständigen Beteiligungsunternehmen im Dienstleistungsbereich. Darüber hinaus erfolgen Dienstleistungsgeschäfte, die kerngeschäftsnah den anderen Sparten zugeordnet sind, so dass der Geschäftsbereich Dienstleistungen 1999 nur etwa 50% des Umsatzes mit Dienstleistungen machte, den Rest die anderen Sparten selbst.

Tabelle 13 Controlling-Organisation: zentral - dezentral?

Aufgaben des zentralen Unternehmens-Controlling	**Aufgaben der Selbststeuerung des EDL-Geschäfts**
Top-down-Prozess: strategische Ziele werden heruntergebrochen in zentral konzernweit vorgegebene Ergebnis- und Finanzkennzahlen, z. B. Renditekennziffern oder Kapitalrückflusszeiten zuzüglich vorgegebener Rechenwege. Vorgaben, die - wie bei den Kennzahlen einer Balanced Scorecard - auch "weiche" Faktoren einschließen, existieren höchstens bei eingegliederten EDL-Bereichen oder 100%-Beteiligungen an EDL-Töchtern. Sie werden höchstens bis auf Gruppenebene heruntergebrochen und dienen oft nur als Ergebnis- bzw. Finanzvorgaben untergeordneter Führungsebenen.	Generelle Maxime ist meist, das EDL-Geschäft relativ frei laufen zu lassen; der EDL-Bereich agiert vergleichsweise autark und flexibel. Dies wird wie folgt begründet: Mitarbeiter werden nicht von ihrer eigentlichen Arbeit durch zu viele Vorgaben und Reporting-Aufgaben abgehalten.
Das Zusammenspiel zwischen zentralem und dezentralem Controlling bei EDL-Projekten kann (bei relativ großem Gewicht des zentralen Controllings) z. B. wie folgt ablaufen: Akquise -> Vorplanung und erstes Gespräch mit zentralem Controlling -> genaue Ablaufplanung / Vorkalkulation -> Abstimmung mit zentralem Controlling inklusive Festlegung zu deckender konzerninterner Umlagen -> Mittelbereitstellung durch das zentrale Controlling -> Bandbreitenüberwachung / Reporting -> Nachkalkulation.	
Genehmigung von Anlauf- bzw. Vorlaufbudgets / Business Plänen des EDL-Bereichs	Eher dezentrale Entscheidungskompetenzen, die oft aber vom zentralen Controlling mitentschieden werden: Ausbau-, Erweiterungs-, Projektentscheidungen, Management des Leistungs-/Projekt-Portfolios, Erstellen von Business Plänen
Eingangswerte für die Planung; regelmäßige Kontrolle im Hinblick auf Einhaltung vereinbarter Bandbreiten	Regelmäßiges Reporting
Informationsmanagement (Infos sammeln, bereitstellen) bzw. übergreifende Koordination des Daten-/ Informations-/Wissensmanagements	Nutzt zentrale Informationsdatenbanken.
Übergreifende Koordination (z. B. zwischen unterschiedlichen Abteilungen / Bereichen oder zwischen EDL-Tochter und technischen Abteilungen der Mutter; Abstimmung von Teilplänen im Rahmen der integrierten Unternehmensplanung)	Nutzt Koordinationsangebot des zentralen Controlling.
Controlling / Rechnungswesen als zentraler Service für die dezentralen EDL-Einheiten / -Tochterunternehmen (Controlling-Systeme/-Instrumente, Schulungen, Übernahme dezentraler Aufgaben im Auftrag etc.)	Nutzung zentraler Services.
Enge Verknüpfung durch personelle Verquickung, z. B.: Geschäftsführer der Dienstleistungstochter ist Prokurist oder kaufmännischer Geschäftsführer im Endenergie-Vertrieb; zentraler Controller sitzt im EDL-Bereich, um dort Controlling-Instrumente in Kooperation mit den dortigen Verantwortlichen zu implementieren.	

Quelle: Eigene Darstellung.

Als vorherrschende Praxis kristallisierte sich heraus, strategische Ziele "top-down" in konkrete Vorgaben für die Verantwortlichen des EDL-Geschäfts herunterzubrechen (z. B. Budgetvorgaben, Renditekennziffern oder Kapitalrückflusszeiten inklusive vorgegebener Rechenwege zur Kennzahlenermittlung)[134], wobei diese Vorgaben jedoch genügend Freiräume (Flexibilität) lassen, um schnell im Markt agieren, individuelle Problemlösungen den Kunden anbieten und komplexe Projekte effizient abwickeln zu können. Eine sehr enge, wenig Freiräume lassende Anbindung an das zentrale Controlling ist nur in Einzelfällen zu beobachten.

Oft übernimmt das zentrale Controlling Aufgaben im Auftrag der dezentralen Einheit. Derartige Dienstleistungen für den EDL-Bereich sind beispielsweise die Bereitstellung von Controlling-Subsystemen bzw. einzelnen Controlling-Instrumenten, die Durchführung von Schulungen, das zentrale Informationsmanagement sowie die Koordination mit anderen Abteilungen (z. B. Abstimmung von Teilplänen).

Bewährt hat sich in der Praxis nach Aussagen der Interviewten eine enge Verknüpfung von zentralen und dezentralen Führungs- und Führungsunterstützungsfunktionen durch personelle Verquickung (Personalunion).

Erfordert die Steuerung des EDL-Geschäfts neue Instrumente?

Die erste Hauptfragestellung der vorliegenden Untersuchung, inwieweit und in welche Richtung sich das Controlling-Instrumentarium der Energieunternehmen zur Entwicklung bzw. Steuerung eines dynamischen, umsatzstarken, eigenständigen EDL-Bereichs wandeln bzw. das Instrumentarium ergänzt werden muss, lässt sich auf die Frage hin zuspitzen, inwieweit letztlich für das Controlling des EDL-Geschäfts neue Steuerungsinstrumente erforderlich sind. Die Antworten der Interviewten hierzu erlauben folgende Aussagen:

---

[134] Legen z. B. fest, wer bei Ausprägung x der Kenngröße y stop-or-go-Entscheidung treffen darf. Die Vorgaben gelten entweder für den gesamten Bereich oder sogar für einzelne oder zumindest größere Projekte. Bei kleineren "Services" existieren oft keine konkreten Vorgabekennzahlen, sondern nur die generelle Vorgabe der Vollkostendeckung. Die Vor- und Nachkalkulation erfolgt dann oft mit Hilfe pauschaler Abschätzungen / Plausibilitätskontrollen. Der Marketing-Bereich, dem die Services oft zugeordnet sind, wird über Gesamtgrößen, z. B. Deckungsbeiträge und damit zu deckende Umlagen, geführt, in denen die Kosten und Erlöse durch Services enthalten sind.

Zur Steuerung des EDL-Geschäfts sind nach Ansicht der Befragten keine grundsätzlich anders funktionierenden Controlling-Instrumente erforderlich. Das bisher in den Energieunternehmen eingesetzte, in der Einführung befindliche oder zumindest prinzipiell am Markt verfügbare Instrumentarium würde auch zur Steuerung dieses neuen Geschäftsbereichs mit seinen Besonderheiten ausreichen (Funktionsebene). Notwendig sei jedoch eine Neugestaltung auf der Inhalts- bzw. Objektebene. Auch würde die Anpassung auf die Anforderungen des EDL-Bereichs Schwerpunktverschiebungen im Controlling-Instrumentarium mit sich bringen.

Der in Kapitel 4.1 bereits skizzierte, laufende Modernisierungsprozess des Controlling-Instrumentariums im Zuge des Liberalisierungsprozesses[135] reicht nach Ansicht der Befragten im Grunde aus, um am Ende mit Hilfe entsprechend veränderter oder ergänzter Instrumente auch den EDL-Bereich zu steuern, zumal dort im Prinzip keine grundsätzlich anderen Bewertungs- und Steuerungsprobleme aufträten als in anderen (Endenergie-)Bereichen (zu den Unterschieden zwischen den beiden Bereichen vgl. auch Tabelle 14).

Beispielsweise wäre der Umgang mit beschäftigungsfixen Kosten im kapitalintensiven Energieangebotsbereich sogar ein größeres Problem als im personalintensiven EDL-Bereich. Zum einen sind Personalkosten i. d. R. schneller abbaubar als Kapitalkosten (vgl. die langen Nutzungsdauern von z. B. Netzinvestitionen). Zum anderen lägen die Kündigungsfristen und -kosten im Endenergiebereich aufgrund langer Betriebszugehörigkeiten im Durchschnitt meistens höher als im EDL-Bereich. Zurechnungen von Personalkosten zur Bewertung der Herstellkosten der EDL erscheinen mit Hilfe der Erfassung und Dokumentation von Arbeitszeiten leicht möglich. Problematischer wäre die Bewertung und Zurechnung von Gemeinkosten wie z. B. Know how-Investitionen.

135 Von den Befragten genannte Modernisierungselemente sind beispielsweise die verstärkte Prozesssicht des Controlling, die zu einer geringeren Arbeitsteilung und stärker übergreifenden Kooperation führen würde, die Verschlankung des Controlling, die höhere Bedeutung der Koordinationsfunktion im Controlling, die verstärkte interne und externe Markt- bzw. Kundenorientierung, die Center-Einführung, die Balanced-Scorecard-Einführung und die Einführung leistungsabhängiger Entlohnung.

Tabelle 14 Besonderheiten des Angebots von EDL im Vergleich zum Endenergie-Angebot.

	Endenergie-Angebot	**EDL-Angebot**
Produktionsweise	kapitalintensiv	Personalintensiv
Bereitschaftskosten	dominierende beschäftigungsfixe Kapitalkosten im Erzeugungs- und Netzbereich (lange Nutzungsdauern der Anlagen, Auslastungs-/Spitzenlastproblem)	dominierende beschäftigungsfixe Personalkosten, aber im Durchschnitt (je nach Kündigungsfristen -> Personalführungsproblem) schneller abbaubar als die Anlagen-Kapitalkosten des Endenergiebereichs
Externe Faktoren	höchstens geringe Bedeutung (z. B. bei kundeneigenen Anlagen)	Planungs-, Steuerungs-, Mess-, Evaluierungs- und Dokumentationsproblem
Erfahrungen der Energieunternehmen mit dem Produktangebot	im Erzeugungs- und Verteilungsbereich sehr groß, jedoch wenig Erfahrung mit Handel und Vertrieb im Wettbewerb	Gering
Individualität der erbrachten Leistungen	Strom, Gas, Fernwärme sind standardisierte Massenprodukte	z. T. sehr individuelle Leistungen (Kostenträger-, Quantifizierungsproblem)
Marktwachstum	sehr gering	unsicher, Potenzial für großes Wachstum vorhanden
Größe des Marktes	groß; jährlicher Umsatz mit dem Energieverkauf an Letztverbraucher in Deutschland: rund 60 Mrd. EUR, davon etwa zwei Drittel durch Stromverkauf[136]	bisher nur geringe Nachfrage
Stabilität der Nachfrage	je nach Tageszeit, Wochentag und Saison schwankend, aber erstens voraussehbare Schwankungsmuster und zweitens im Jahresdurchschnitt bei vielen Unternehmen trotz Liberalisierung relativ stabil	schwankend (Kapazitäts-, Leerkostenproblem)
Konkurrenzsituation	wachsende Konkurrenz bei Erzeugung, Handel und Vertrieb	Markt ist bisher wenig entwickelt, d. h. insgesamt wenig Anbieter, jedoch wachsende Konkurrenz bei insgesamt noch geringer Nachfrage

Quelle: Eigene Darstellung.

Das Problem der schwankenden Nachfrage stelle bisher ebenfalls kein großes Problem dar, da sich dieses Auslastungsproblem nicht grundsätzlich von demjenigen bei Energieanlagen unterscheiden würde. Bei guter Planung (inklusive Marktforschung) und tendenziell wachsendem EDL-Bereich wären hohe Auslastungen erreichbar. Lastspitzen könnten mit Hilfe von Kooperationspartnern (Marktpartnern)

---

136 Eigene Abschätzung auf Basis von Zahlen des Statistischen Bundesamtes zum Gesamtumsatz der Energieversorgungsbetriebe inklusive Verkauf an Weiterverteiler und Zahlen des BMWi zu Preisen und Verbräuchen der Endverbrauchergruppen.

abgedeckt werden. Schließlich wären Planungsunsicherheit und Risiken im EDL-Bereich - zumindest nach Ansicht eines Teils der Interviewten - nicht generell höher als in den Energieangebotsbereichen, da auch dort das Voranschreiten des Prozesses der Liberalisierung des Ordnungsrahmens und die dazugehörige Marktentwicklung nicht abzusehen sei. Das Know how zu modernen Controlling-Instrumenten im Energieunternehmen wäre generell unterentwickelt, insbesondere in den Bereichen Marketing und Vertrieb. Dies stelle kein spezifisches Problem des EDL-Bereichs dar.

Nach Ansicht einiger der Befragten liegt das Problem bei der Entwicklung des EDL-Bereichs zu einem umsatzstarken, eigenständigen Geschäftsbereich weniger beim Controlling als darin, dass

- der Aufbau eines umsatzstarken EDL-Bereichs vielfach kein Ziel des Energieunternehmens sei[137] und
- eine geeignete flexible, kundenorientierte, stärker ökonomisch als technisch orientierte, lernorientierte Unternehmenskultur und ein entsprechendes dienstleistungs- bzw. kundenorientiertes, flexibles Denken fehlen würden.

Auch wenn kein generell neues Controlling-Instrumentarium erforderlich wäre, müsste der Instrumenteneinsatz inhaltlich jedoch auf die Anforderungen im EDL-Bereich angepasst werden. Zudem wären Schwerpunktverlagerungen im Controlling-Instrumentarium erforderlich. Die Controlling-Aspekte, die nach Ansicht der Befragten im EDL-Bereich zukünftig stärkere Bedeutung erlangen müssten, werden im Folgenden Kapitel kurz skizziert.

---

[137] Dies würde nach Ansicht der Interviewten u. a. auch daran liegen, dass Know-how und Ressourceneinsatz auf den Endenergiebereich ausgerichtet seien und ein entsprechender Wandel im Ziel- und Leistungssystem der Unternehmung Zeit bräuchte, die mediale und politische Unterstützung zur Nachfrageentwicklung im EDL-Bereich unzureichend sei, viele Energieunternehmen im EDL-Bereich eine noch größere Konkurrenz erwarten als im Endenergiebereich und manche Unternehmen Planungsunsicherheit und Risiken als relativ hoch ansehen würden - z. B. im Vergleich mit dem vergleichsweise sicher rentabel bleibenden Netzbereich. Unklar sei für die Unternehmen beispielsweise, inwieweit das EDL-Angebot tatsächlich angenommen werden würde, welche Preise erzielbar seien und wie ein Abheben von der Konkurrenz möglich sei. Angesichts des gerade begonnenen Liberalisierungsprozesses würde der Hauptfokus der unternehmerischen Zielsetzungen und Strategiefestlegungen daher zunächst weiterhin auf dem Endenergiebereich liegen und der EDL-Bereich bisher nur eine untergeordnete Rolle spielen.

Besondere Probleme bzw. Schwerpunkte des Controlling im EDL-Bereich

Die folgenden, stichwortartig aufgeführten Problembereiche der Steuerung des EDL-Geschäfts müssen nach Ansicht der Interviewten besonders berücksichtigt, die Controlling-Instrumente entsprechend gestaltet und Controlling-Schwerpunkte entsprechend gesetzt werden:

- Steuerung von Produktentwicklung und -vermarktung, die nach Ansicht der Befragten in den bisher wenig markt- und kundenorientierten Energieunternehmen generell noch “in den Kinderschuhen” stecken und kaum systematisch betrieben würde: Marktforschung, Preisgestaltung, Markttests, F&E.

- Steuerung von Akquisition und Vertrieb, also von Bereichen, die in der Monopolzeit kaum eine Rolle spielten, daher generell in den Energieunternehmen entwicklungsbedürftig sind und im EDL-Bereich vor allem vor den folgenden Steuerungsproblemen stehen: Anlauf- bzw. Vorlaufverluste, Akquisitionsaufwendungen, Verbundeffekte innerhalb des EDL-Bereichs und zwischen EDL- und Endenergieangebots-Bereich (z. B. Verbindung von Kundenbindungs- mit dem Erfolgs- und Finanz-Controlling).

- Steuerung der Leistungserbringung bzw. Projektabwicklung: Planung, Steuerung und Dokumentation von Kosten, Zeit, Qualität und Kundenzufriedenheit; inklusive Qualitätsmanagement, Prozessorientierung, Center-Rechnung / Umlagenproblematik, Kostentreiberhierarchien, Integration technischer und kaufmännischer Daten, Berücksichtigung von Risiko und Unsicherheit, Kennzahlenbildung bei größeren Projekten, Integration externer Faktoren, Individualität der erbrachten Leistung. Insbesondere fehle ein geeignetes Controlling-Konzept für komplexere Systemgeschäfte (z. B. Contracting).

- Steuerung des Kapazitätsaufbaus und -einsatzes: Fixkosten-, Gemeinkosten-, Kapazitäts-, Leerkosten-Steuerung, schwankende Nachfrage-Problematik. Diese Probleme seien hier zwar, wie bereits beschrieben, evtl. sogar geringer als im Endenergiebereich, trotzdem muss das prinzipiell verfügbare Kapazitätssteuerungsinstrumentarium auf den EDL-Bereich entsprechend angepasst und ggf. weiterentwickelt werden.

- Steuerungsunterstützung im Rahmen der Personalführung und -entwicklung[138]: Zielvereinbarungs- und Anreizsysteme, Teamorientierung, Weiterbildung, Personalbedarfssteuerung ausgehend vom vorhandenen, für den EDL-Bereich zum Teil nur beschränkt qualifizierten Humankapital.
- Steuerung der Kooperationsbeziehungen: unternehmensinterne und -externe Kooperation, die gerade im komplexen EDL-Geschäft besondere Bedeutung erlangen würden.
- Steuerung der Informationsflüsse und Lernprozesse, da die Ressource "Wissen" im personalintensiven EDL-Bereich ein zentraler Erfolgsfaktor sei.

4.3.3.5 Themenübergreifende Ergebnisse: Eine Gesamtschau der zentralen Spannungsfelder und Polaritäten des Controlling im Energiedienstleistungsbereich

Im Folgenden wird das Ergebnis der themenfeldübergreifenden Zurückführung des empirischen Materials auf im gesamten Problembereich wirksame, zentrale Grundtendenzen (miteinander verbundene Grundfaktoren bzw. Spannungsfelder) des Controlling des EDL-Bereichs dargestellt. Auf Basis der Antworten der Interviewten soll die zweite Hauptfrage der vorliegenden Untersuchung beantwortet werden: Welche zentralen, übergreifenden Steuerungsanforderungen, welche grundlegenden Faktoren des Steuerungsprozesses sind beim Controlling des EDL-Bereichs unabhängig von den konkreten Steuerungsbereichen bzw. -instrumenten generell zu beachten? Da sich das empirische Material auf das Controlling des EDL-Bereichs bezieht, gelten die Ergebnisse dieses Auswertungsschritt nur für das Controlling des EDL-Bereichs. Inwieweit die herausgearbeiteten Grundtendenzen auf das Controlling im Allgemeinen übertragbar sind, wird hier nicht untersucht.

Dieser Sortierungs- und Abstrahierungsschritt der Interviewauswertung orientiert sich an Salbers Modell der Grundfaktoren bzw. "Grundgestalten" (Salber 1968, 90; vgl. hierzu und zu dem folgenden auch Busch 1997, Stark 1999), das ein Raster grundlegender psychischer Prozesse beschreibt. Das Modell dient nicht allein dazu, die Art und Weise individuellen seelischen Erlebens, sondern auch kollektive

---

[138] Die besondere Rolle des Faktors "Personal" betont ein Interviewter wie folgt: "Die Mitarbeiter

Prozesse abzubilden (vgl. z. B. Stark 1999 zur Anwendung auf Lokale Agenda 21-Prozesse oder Melchers 1993, der “morphologische Marktpsychologie” betreibt[139]). Daher ist es auch auf Controlling-Prozesse in einer Unternehmung anwendbar.

Die morphologische Psychologie erhebt nicht den Anspruch, dass dieses Modell die einzig mögliche Aufteilung von Prozessfaktoren darstellt. Beispielsweise sind auch andere Differenzierungen mit mehr oder weniger “Grundgestalten” prinzipiell denkbar. Auch sind die einzelnen Spannungsfelder nicht immer eindeutig und überschneidungsfrei zu bilden; die intersubjektive Überprüfbarkeit ist auf Grund des heuristischen Modellcharakters nur bedingt gegeben. Dennoch hat sich die Modellanwendung in Wissenschaft und Praxis bewährt, um nah an den im empirischen Material zu beobachtenden Phänomenen zentrale Prozessfaktoren herauszuarbeiten (vgl. Busch 1997, ISI/PK-IfP/WI 1999, Melchers 1993, Stark 1999).

Salbers Modell der Grundfaktoren des Prozessgeschehens

Als Grundfaktoren des Prozessgeschehens führt Salber auf: Aneignung, Umbildung, Einwirkung, Anordnung, Ausbreitung und Ausrüstung (Abbildung 7).

- Bei der **Aneignung** geht es um das Haltfinden, das Sich-Versichern, Sich-Zueigen-Machen, das Festlegen und das Postulieren von Zusammenhängen und Notwendigkeiten. Aneignungsprozesse sind auch anzutreffen in Selbstbehauptungen und einseitig gefärbten Ansichten von sich und der Welt. “Das ist und war immer so!” - “ganze Betriebe können an verbissenen Aneignungsprozessen leiden” (Busch 1997, 5). Bezogen auf die Untersuchungsthematik wird hier die Transparenzverantwortung der Controller, d. h. das Durchschauen, Abbilden, “In-Griff-Bekommen” der komplexen, vernetzten Unternehmensprozesse des EDU, also vor allem die *Informationsfunktion* des Controlling berührt.
- **Umbildung** hat damit zu tun, dass Modifikationen des Vorhandenen, Gestaltung und Umgestaltung, Spielräume, durchlässige Strukturen und neue Erfah-

sind unser Kapital!”.

139 “Wir interessieren uns in der morphologischen Marktpsychologie nicht für das Individuum, sondern die befragte Person interessiert uns insofern, als dass sie ‚Austragungsort‘ der gesuchten allgemeinen - der typischen wie der grundlegenden - Prinzipien ist” (Melchers 1993,

rungen erforderlich sind, dass sich in Veränderungsprozessen Neues entwikkelt. “Andererseits kann es zu heillosem Verzetteln führen, wenn ständige Umbildungen bildbestimmend sind und Festlegungen vermieden werden” (Busch 1997, 6). Bezogen auf die Untersuchungsthematik geht es hier um die Flexibilität des bzw. das Ermöglichen von Flexibilität durch das Controlling. Berührt wird hier die *Anpassungs- und Innovationsfunktion* des Controlling (Küpper 1997, 17f.). Aneignung und Umbildung brauchen einander, sie stehen sich zugleich aber wie Extreme gegenüber (Salber 1968, 90).

Abbildung 7 Salbers Modell der Grundfaktoren des Prozessgeschehens

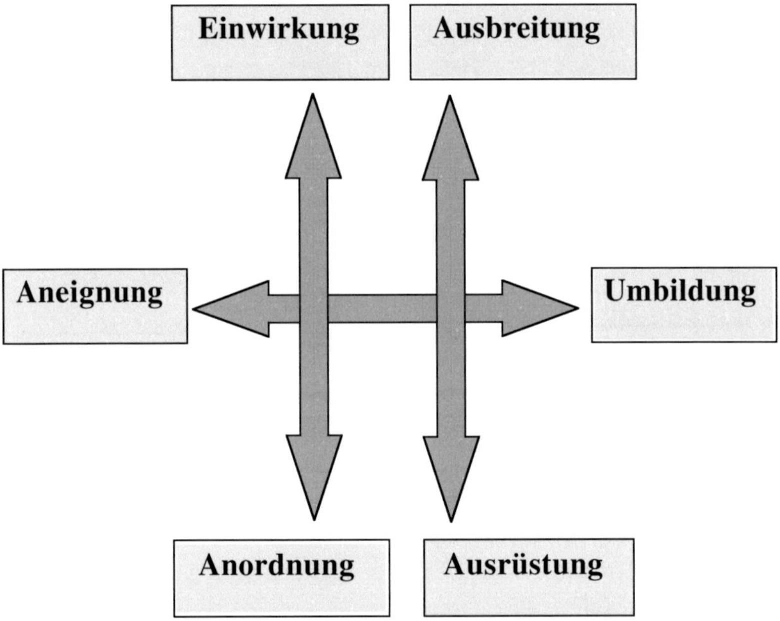

Quelle: Eigene Darstellung nach Salber 1968, Stark 1999.

- **Einwirkung** liegt an der Stelle vor, wo es um Sollvorschriften, Vorgaben, Ausrichtungen, Wirkungsmöglichkeiten, Einflussnahmen, machtvolles Auftreten und Durchsetzung geht. Dabei können sich die Vorgaben einerseits als unverbind-

42).

lich offen und andererseits als normativ eng erweisen (Stark 1999). Bezogen auf die Untersuchungsthematik geht es hier um die Eingriffsweise, -stärke und -tiefe der Controller in das EDL-Geschäft. Berührt wird hier insbesondere die *Kontrollfunktion* des Controlling.

- **Anordnung** hat demgegenüber zu tun mit Ordnungsprinzipien, strukturellen Zusammenhängen, Ganzheit-Glied-Beziehungen und Entwicklungen von verbindlichen, gemeinsamen Bezugsebenen. Bezogen auf die Untersuchungsthematik geht es hier um die *Organisation* des Controlling. Diese Grundbedingung erfasst die Art und Weise, wie das EDL-Geschäft gesteuert wird, ob eher zentral oder dezentral.

- **Ausbreitung** stellt sich dar in Form von Vorhaben, Plänen, möglichen Eroberungen, Utopien, Visionen, Missionen und Strategien. Auch das Streben nach funktionierenden schnellen Lösungen, Tagträume und Weiterentwicklungen gehören hierunter. Vorhaben können jedoch auch "ins Wasser fallen", Inszenierungen folgenlos bleiben, ehrgeizige Vorhaben zu "Strohfeuern" werden, Investitionsruinen entstehen. Auch das Festhalten am Status quo, die Begrenztheit, die Abwehr grenzüberschreitender Zielsetzungen müssen in Betracht gezogen werden (Stark 1999). Bezogen auf die Untersuchungsthematik geht es hier um die *strategische Ausrichtung* des Controlling, d. h. die Führungsunterstützung bei der Verfolgung strategischer Unternehmensziele. Strategisches Ziel kann es beispielsweise sein, EDL vorrangig als Mittel zur Kundenbindung im Endenergievertrieb einzusetzen, oder aber das EDL-Geschäft zu einem eigenständigen, umsatzstarken, profitablen Wachstumsgeschäft zu entwickeln. Berührt wird an dieser Stelle also die *Zielausrichtungsfunktion* des Controlling (Küpper 1997, 18) im Rahmen der *Planungsfunktion.*

- Die **Ausrüstung** betont demgegenüber Einschränkungen, Notwendigkeiten und das Bewältigen-Müssen. Ausstattung, Ausbildung und Weiterbildung, den Umgang mit der Knappheit der Ressourcen, aber auch das Sich-Schrittweise-Erarbeiten sind hier bedeutsam. Ein Zuviel kann an dieser Stelle zum "nicht enden wollenden Komplettieren-Müssen" (Busch 1997, 6) führen. Bezogen auf die Untersuchungsthematik steht bei diesem Punkt die *operative Fundierung* des Controlling im Vordergrund. Es geht also um die Controlling-Instrumente, ihre Angemessenheit, ihre Passung zum Bedarf der Nutzer, ihre Tauglichkeit, ihre

Ausrichtung auf eher “harte” oder/und “weiche” Faktoren und ihre Weiterentwicklung bzw. ihre Entwicklungsmöglichkeiten.

Abbildung 8 Grundlegende Spannungsfelder und Polaritäten des Controlling im EDL-Bereich

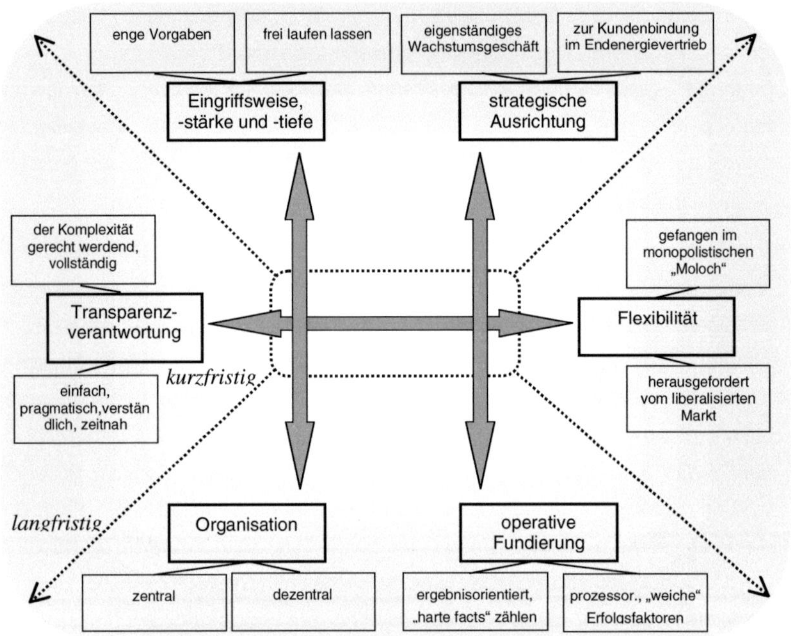

Quelle: Eigene Darstellung.

Die typischen Spannungsfelder des Controllings der EDU, beschrieben durch diese sechs Grundfaktoren (Abbildung 8), werden in den folgenden Kapiteln - auch unter Bezug auf den jeweils zu beachtenden Zeithorizont (kurzfristig/langfristig) - näher erläutert. Spannungsverhältnisse bestehen zum einen zwischen den typischen, sich in ihrer jeweiligen Extremform konträr gegenüberstehenden Ausprägungen der einzelnen Grundfaktoren (Polaritäten). Zum anderen bilden die sechs Grundfaktoren drei zusammenhängende, spannungsgeladene Themenpaare.

Das Umgehen mit den Themenpaaren und Spannungsfeldern bzw. Polaritäten entscheidet zentral über Erfolg oder Misserfolg des Controllings der EDU. Für alle Spannungsverhältnisse gilt, dass die jeweiligen Extreme jeweils Vor- und Nachteile haben. Die Extreme sind immer Endpunkte eines Kontinuums. Für jedes EDU muss deshalb entschieden werden, in welcher Mischung die Extreme jeweils zu ihrem Recht kommen sollen.

Hat man das Strickmuster des Controllings der EDU mit den dargestellten Spannungsverhältnissen verstanden, so bildet dies eine solide Basis dafür, eine maßgeschneiderte Lösung für das eigene Unternehmen herauszufinden. Veränderungs- bzw. Optimierungspotenziale werden sichtbar gemacht, konkrete Gestaltung kann sich daran orientieren.

Transparenzverantwortung

Im Rahmen des Spannungsfeldes "Transparenzverantwortung" geht es letztlich um den angemessenen Umgang mit der zum Teil hohen Komplexität, Individualität und Vernetztheit der in Kapitel 3.4.1 genannten EDL (z. B. Contracting-Projekte) sowie der Komplexität der Verbundeffekte zwischen Endenergie- und EDL-Angebot. Hier kann es einen Trade off geben zwischen dem Wunsch auf der einen Seite, der Komplexität Herr zu werden, sich differenziertes und abgesichertes Wissen über die Strukturen, Prozesse, Produkte, Bedarfe, Kosten- und Werttreiberhierarchien etc. anzueignen und (kausale) Zusammenhänge und Notwendigkeiten zu erkennen und zu formulieren. Auf der anderen Seite steht die Anforderung, dass Informationen einfach, pragmatisch, verständlich und zeitnah zur Verfügung stehen müssen, damit sie aufgenommen werden und in Entscheidungsprozesse einfließen können. Darüber hinaus steht dem Wunsch nach größtmöglicher Transparenz möglicherweise der Widerstand von Mitarbeitern entgegen, die die Folgen der höheren Transparenz ängstigen. Befürchtete Folgen sind z. B., dass sie sich stärker kontrolliert fühlen, Arbeitsabläufe und -inhalte (Gewohnheiten) ändern oder sich neues Wissen aneignen müssen und dies letztlich zu einer höheren Anforderung oder gar Überforderung führt.

Die Informationsfunktion des Controlling besteht darin, die Balance zu halten zwischen Differenziertheit und Abstraktionsgrad der nachgefragten Informationen und mitzuhelfen, die Mitarbeiter von notwendigen Schritten zu größerer Transparenz zu überzeugen, ihnen dabei die unerlässliche Sicherheit bzw. Unterstützung zu geben und den Entscheidungsträgern eine transparente Selbststeuerung des EDL-Geschäfts zu ermöglichen - soweit möglich und gewünscht. Kurzfristig bedeutet dies für das Controlling-Instrumentarium, zunächst bewährte Informationssysteme einzusetzen, zu verknüpfen und zu optimieren und das Instrumentarium nur schrittweise zu verändern. Mittel- bis langfristig wird der tatsächliche Informationsbedarf zur Steuerung des EDL-Geschäfts und die Notwendigkeit neuer oder veränderter Informations- und Steuerungsinstrumente sichtbar und für alle Beteiligten verständlich werden und sich ein der jeweiligen Problem- und Unternehmenssituation angemessener Komplexitätsreduktionsgrad einstellen lassen.

Flexibilität

Die Auflösungs- und Wandlungsprozesse im Zuge der Liberalisierung und des Wandels vom Energieversorger zum Energiedienstleister bieten Chancen für Veränderung: weg vom alten Spartendenken, starker Arbeitsteilung, bürokratischen Abläufen und vergangenheitsorientiert ausgerichtetem Controlling, hin zu schnellem, flexibel und vorausschauend auf Markt-, Kunden-, Projekterfordernisse reagierendem, eigenverantwortlichem, selbständigem Handeln und entsprechender Unterstützung durch flexible, zukunftsgerichtete Controlling-Instrumente. Das Controlling sollte dabei nicht nur Flexibilität im Unternehmen ermöglichen, sondern selbst beweglich sein und über ein flexibel einsetzbares Instrumentarium verfügen.

Schnelles, flexibles Handeln ist nur bei ausreichender Transparenz verantwortbar. Von daher bedingen sich das Schaffen von Transparenz und das Ermöglichen von Flexibilität gegenseitig. Auf der anderen Seite stehen sich beide Spannungsfelder als Gegensätze gegenüber: Ein Handeln auf Basis größtmöglicher Transparenz bedeutet letztlich ein stark reflektiertes Handeln; d. h. zu Grunde liegt ein stark differenziertes, vernetztes, explizierendes und damit i. d. R. auch relativ langsames und unflexibles Informationssystem. Dabei werden mögliche Folgen von Entscheidungen im Voraus transparent gemacht, Entscheidungen genau durchdacht und geplant. Schnelles, flexibles Handeln bedeutet dagegen u. U. ein größeres Maß an intuitivem Handeln bzw. an “Learning by doing”. Darüber hinaus beinhalten eine hohe Flexibilität und damit möglicherweise einhergehende häufige Veränderungen die Gefahr, dass Transparenz und nachgelagert Halt und Sicherheit durch die laufenden Umbildungsprozesse verloren gehen. Ein “Verzetteln” kann die Folge sein.

Bei der Entwicklung des EDL-Bereichs in der Praxis ist die Flexibilität kurzfristig verschiedensten Begrenzungen ausgesetzt:

- Als “monopolistischer Moloch” (Zitat aus einem der Interviews) mit noch nicht vollständig durchgeführten Kostensenkungsprogrammen behindert das Energieunternehmen das wettbewerbsfähige Angebot von EDL durch hohe, auch vom EDL-Bereich mitzutragenden Gemeinkostenumlagen.
- Business Pläne für den EDL-Bereich werden zentral intensiv gegengecheckt und Budgets zur Abdeckung von Anlauf- bzw. Vorlaufverlusten aus Risikogründen trotz der mit einer Ausweitung des EDL-Bereichs einhergehenden Chancen häufig stark begrenzt.
- Insbesondere bei größeren EDL-Projekten hat das zentrale Controlling oft ein großes Mitspracherecht (vgl. Kapitel 4.3.3.4).

Mittel- bis langfristiges Ziel ist es dagegen, eine möglichst hohe Eigenverantwortung bzw. Selbststeuerung des EDL-Bereichs und damit größtmögliche Flexibilität im Rahmen der vereinbarten unternehmensweiten Ziele und Strategien zu ermöglichen (z. B. bei Ausbau-, Erweiterungs-, Projektentscheidungen, Management des Leistungs-/Projekt-Portfolios, Erstellen von Business Plänen etc.).

Eingriffsweise, -stärke und -tiefe

Bei diesem Spannungsfeld geht es um die folgenden Fragen:

- Inwieweit, in welchem Umfang, mit welcher Intensität und welchen Mitteln können Controlling-Instanzen auf die EDL-Prozesse steuernd Einfluss nehmen?
- Welche Eingriffskompetenzen haben sie?
- Inwieweit machen Controller Sollvorgaben und überprüfen deren Einhaltung?
- Welche Sanktionsmöglichkeiten bestehen?

Auf der einen Seite entstehen durch den Wandel zum Energiedienstleister und der damit verbundenen neuen Unternehmenskultur neue Entscheidungsfreiräume: Beispielsweise können Strategien für den EDL-Bereich neu entwickelt, Mitarbeiter mit Wettbewerbs- oder Dienstleistungserfahrung eingestellt, innovativen Persönlichkeiten mehr Raum gegeben, organisatorische Änderungen vorgenommen, neue Kooperationen gebildet und neue Leistungsangebote entwickelt werden. Auf der anderen Seite existieren zentrale Vorgaben für den EDL-Bereich, z. B. hinsichtlich der übergreifenden unternehmensstrategischen Ziele, der zu deckenden Umlagen im Rahmen der innerbetrieblichen Leistungsverrechnung, der Höhe und Verwendungsmöglichkeit der Budgets und der zu erzielenden Renditen oder Amortisationszeiten-Vorgaben, die zum Teil so weit gehen, dass die befragten Personen aus den dezentralen EDL-Einheiten sie als bürokratische Hemmnisse oder sogar als Kompetenzüberschreitung der zentralen Instanzen bewerten. Hieran ist zu erkennen, dass die Frage nach der Eingriffsweise, -stärke und -tiefe in das EDL-Geschäft eng mit der Frage nach der Organisation des Controlling verknüpft ist.

Kurzfristig bestehen für die EDL-Einheiten i. d. R. zunächst relativ große Freiheiten, Neues zu entwickeln und zu testen. Diesem Ausprobieren sind jedoch mehr oder weniger enge Grenzen gesetzt (z. B. bestimmte Anlauf- bzw. Vorlaufbudgets). Mittel- bis langfristig geht es um die ausgewogene Mischung zwischen “frei laufen lassen” und “zentral eingreifen”, um genau festgelegte potenzielle Eingriffspunkte, Reportingerfordernisse und die Steuerung unterschiedlichster dezentraler Aktivitäten und Interessen in Richtung der top-down/bottom-up entwickelten unternehmensweiten Strategie.

Organisation

Das Controlling des EDL-Bereichs kann durch unterschiedliche Funktionsträger zentral oder dezentral erfolgen (vgl. auch Kapitel 4.3.3.4). Es bedarf jedoch einer klaren Festlegung der Steuerungsverantwortlichen und ihrer Rolle bzw. Kompetenzen sowie der mit ihnen vereinbarten Ziele. Dabei sind u. U. auch Interessenkonflikte zu akzeptieren und auszuhalten. Das allgemeine organisatorische Problem der Bestimmung und Zuordnung von Controlling-Aufgaben lässt sich wie folgt zusammenfassen (Horváth 1996, 812):

- Dezentralisieren, aber den Zusammenhalt sichern (z. B. mittels der in Kapitel 4.3.3.4 bereits dargestellten personellen Verquickung von zentraler und dezentraler Ebene).
- Delegieren, aber ein Controlling-Vakuum vermeiden.
- Mit der Komplexität und der partiell und wechselnd gestaltenden hierarchischen Einordnung der Controlling-Aufgaben leben.
- Die Organisationsstruktur am zur Verfügung stehenden Mitarbeiterpotenzial ausrichten (entsprechende Rekrutierung, Training, Praxiseinsatz und Auswahl).

In der kurzfristigen Perspektive wird in den Energieunternehmen vielfach noch eine starke zentrale Steuerung bzw. Steuerungsunterstützung des EDL-Bereichs zu beobachten sein. Das EDL-Geschäft bleibt noch relativ eng mit dem stark arbeitsteiligen "monopolistischen Moloch" (Zitat aus einem der Interviews) verknüpft. Mittel- bis langfristig wird i. d. R. eine weitgehende Selbststeuerung des oft als Profit Centers oder als ausgegliedertes Unternehmen gestalteten EDL-Bereichs angestrebt. Das zentrale Controlling dient dabei vor allem als Coach und Service-Dienstleister zur Unterstützung dieses Self-Controlling.

Strategische Ausrichtung

Das Controlling soll letztlich helfen, nicht nur kurzfristig, sondern insbesondere mittel- bis langfristig den Unternehmenserfolg zu sichern. D.h. es bedarf einer strategischen Ausrichtung des Controlling des EDL-Bereichs auf die zu entwikkelnden, schließlich zu vereinbarenden und laufend anzupassenden übergreifenden und bereichsbezogenen, mehr oder weniger ehrgeizigen, mittel- bis langfristigen Unternehmensziele und -strategien. Angesichts der mit der Entwicklung des EDL-Bereichs verbundenen Unsicherheiten, Unschärfen und Risiken ist dies zum Teil eine Gratwanderung zwischen "Gipfelsturm" und "Absturzgefahr"[140] bzw. zwischen "Pflicht" und "Kür": Auf der einen Seite die Entwicklungssteuerung von

[140] Wobei die mit einem "Absturz" verbundenen Risiken durch entsprechende risikovermeidende und -minimierende Maßnahmen begrenzt werden können, beispielsweise durch Maßnahmen zum Erhalt unternehmerischer Freiheitsgrade, um flexibel auf mögliche Risikoeintritte reagieren zu können.

Chancenpotenzialen im Hinblick auf ein großes Marktpotenzial, auf der anderen Seite das Begrenzen von Risiken angesichts der bisher insgesamt nur schleppenden Nachfrageentwicklung und zum Teil wachsender Konkurrenz. Hier die Steuerung in Richtung der in Kapitel 3.5.2 benannten Vision eines eigenständigen Wachstumsgeschäfts mit komplexen und vielfältigen Produkten "aus einer Hand", dort das mehr oder weniger starke Festhalten am Status quo, d. h. das Erbringen von EDL als einen zur Kundenbindung notwendigen Service, um das Geschäft mit der Endenergie nicht zu verlieren.

Kurzfristig geht es bei der strategischen Ausrichtung des Controlling zunächst um die Implementation strategischer Steuerungsinstrumente im Energieunternehmen bzw. im EDL-Bereich und ihre Verknüpfung mit der operativen Ebene, um die Steuerung von Markteinstieg und -entwicklung, von Akquisitionen sowie Anlauf- und Vorlaufverlusten bzw. mittel- bis langfristiger Rendite- und Liquiditätsentwicklung, wobei kurzfristig immer wieder "stop-or-go"-Entscheidungen innerhalb des EDL-Bereichs getroffen werden müssen (z. B. für einzelne Produktentwicklungen). Mittel- bis langfristig steht die Optimierung bzw. Anpassung der strategischen Steuerungsinstrumente an die Entwicklung des EDL-Bereichs im Vordergrund, sowie verstärkt Wachstums- und Entwicklungsaspekte, die Steigerung des Werts des EDL-Bereichs sowie die Nachhaltigkeit der Kundenbeziehungen.

Operative Fundierung

Das strategische Controlling muss operativ gestützt (vgl. auch Kapitel 4.1.3.4) und ergänzt werden; der strategischen Ausrichtung steht daher die operative Fundierung, d. h. das notwendige Fundament an passender, bedarfsgerechter Ausstattung, Know how, Methoden, Verfahren und Informationsgrundlagen (Daten) gegenüber. Auf der einen Seite besteht hier der Wunsch, Steuerungsinstrumente und Datengrundlagen immer weiter zu verbessern und zu ergänzen; auf der anderen Seite schränkt die Fokussierung des Strebens nach einem rationalen Erkenntnisfortschritt durch verbesserte operative Fundierung möglicherweise die Handlungsfähigkeit des Unternehmens bzw. Unternehmensbereichs ein ("Paralyse durch Analyse", Kirsch 1991, 516). Wie die Interviewten berichten, ist daher auch oft in den Unternehmen zu beobachten, dass die Idee der Einführung neuer, theoretisch als sinnvolle Ergänzung betrachteter Controlling-Instrumente zunächst bei vielen Verantwortlichen auf Zustimmung trifft. Wenn es aber darum geht, bei der Einführung, z. B. der Kennzahlenerstellung und Datenlieferung mitzuwirken, trifft das Controlling, das dieses im Prinzip von allen als sinnvoll erachtete Instrument dann einführen möchte, oft auf Implementationswiderstände. Diese rühren zum Teil daher, dass die entsprechenden Entscheidungsträger im Alltagsgeschäft auf Grund begrenzter Ressourcen andere Prioritäten setzen und daher kaum zum Mitwirken bereit sind[141].

Eine weitere Polarität innerhalb des Spannungsfelds der operativen Gestaltung bzw. Fundierung des Steuerungsinstrumentariums besteht in der Notwendigkeit zu entscheiden, inwieweit ergebnisorientiert eher “harten” oder prozessorientiert eher “weichen” Steuerungskriterien, -grundlagen und -instrumenten Raum gegeben wird. Auf der einen Seite müssen “harte facts” berücksichtigt werden, wenn es um die Sicherung der Fortführung des Unternehmensbereichs, um Renditevorgaben und die Begrenzung von Anlauf- bzw. Vorlaufverlusten geht. Auf der anderen Seite sind “weiche” Faktoren wie z. B. Kooperationsbereitschaft, Kommunikationsfähigkeit, Teamfähigkeit und die Nutzung von Multiplikatoren und Netzwerken zentrale Erfolgsfaktoren im Rahmen einer verstärkten Dienstleistungsorientierung der Energieunternehmen.

Zunächst geht es bei der operativen Fundierung darum, im eigenen Unternehmen, Konkurrenzunternehmen oder auch anderen Branchen bewährte Instrumente und Datengrundlagen zu verwenden. Dies bedeutet auch, dass kurzfristig eher “harte” Kriterien im Vordergrund stehen. Mittel- bis langfristig werden Controlling-Instrumentarium und Datengrundlagen in einem ständigen Lernprozess schrittweise verändert, d. h. differenziert, erweitert, verschlankt und anders ausgerichtet bzw. gewichtet; “weiche” Faktoren werden dabei zunehmend berücksichtigt.

---

141 Dies mag auch ein Grund dafür sein, dass die Balanced Scorecard zum Zeitpunkt der Kurzbefragung angesichts anderer Prioritäten im sich entwickelnden Markt (z. B. Vertragsgestaltungen, Bewältigen von Endenergie-Liefervertragsangeboten und -abschlüssen) nur in wenigen Energieunternehmen eingeführt und daher bei den Befragten - die zudem i. d. R. keine Controller waren - kaum bekannt war. Erst in letzter Zeit wird dieses Kennzahlen- und Managementsystem in den Energieunternehmen verstärkt diskutiert und vielfach auch eingeführt.

4.3.4 Fazit

Auf Grund der Befragungsergebnisse werden die in Kapitel 4.3.1 dargestellten Ausgangsthesen zum Controlling(-Instrumentarium) des "Modell-EDU" bzw. seines EDL-Bereichs wie folgt relativiert bzw. modifiziert:

Modifizierte Hauptthese: Nicht die Entwicklung einer neuen Controlling-Konzeption für den EDL-Bereich ist das Problem, sondern der engpass- und zielorientierte, kontextangepasste, möglichst optimale, aber flexible und transparente Einsatz prinzipiell verfügbarer bzw. kurzfristig anpassbarer Instrumente innerhalb einer sich kunden- und marktorientiert wandeln müssenden Führungs- und Unternehmenskultur. Das Verständnis der Faktoren Transparenzverantwortung, Flexibilität, Eingriffsweise, -stärke und -tiefe, Organisation, strategische Ausrichtung und operative Fundierung des Controlling unterstützt die Steuerungsverantwortlichen bei der Aufgabe, das Controlling-Instrumentarium des EDL-Bereichs erfolgreich zu gestalten und einzusetzen.

Modifizierte Nebenthesen:

- Kostenstellen und Kostenträger müssen im EDL-Bereich erst einmal genau definiert und der Kontenrahmen entsprechend ergänzt werden. Außerdem fehlt im EDL-Bereich die Kenntnis über Kosten- und Leistungstreiber sowie Kostensenkungs- und Leistungssteigerungspotenziale unter Einbezug externer Faktoren.
- Geeignete Verfahren der Kosten- Leistungs-, Erlös- und Ergebnisrechnung müssen für den EDL-Bereich entworfen bzw. in den Unternehmen existierende Verfahren an den dortigen Steuerungsbedarf angepasst werden.
- Für den EDL-Bereich - und hier insbesondere zur Steuerung größerer, komplexer, individueller Systemgeschäfte (z. B. Contracting) - ist ein umfassendes Leistungs-Controlling zu entwickeln bzw. sind prinzipiell verfügbare Instrumente bedarfsorientiert anzupassen (unter Einbezug der vielfältigen Kooperationsbeziehungen bei der Leistungserstellung).
- Instrumente zur Prognose der Nachfrageentwicklung, zur Produktentwicklung, zur Angebotsentwicklung, -gestaltung und -bewertung, zur Akquisitionssteue-

rung, zur Steuerung der Anlauf- bzw. Vorlaufverluste sowie zur Erfolgskontrolle im Rahmen des Marketing- und Vertriebs-Controlling des EDL-Bereichs sind bislang unzureichend oder fehlen. Zu beachten ist hier allerdings, dass auch im Endenergiebereich die Entwicklung des Marketing- und Vertriebs-Controlling erst am Anfang steht und von den dortigen Ansätzen gelernt werden kann und diese ggf. zu übernehmen und auf den EDL-Bereich anzupassen sind.

- Die Verbundwirkungen zwischen dem EDL- und dem Endenergiebereich können bislang nur eingeschränkt bewertet und beurteilt werden.
- Das prinzipiell verfügbare Kapazitätssteuerungsinstrumentarium muss an den Besonderheiten des EDL-Bereichs ausgerichtet werden.
- Dem Personal-Controlling muss im personalintensiven Dienstleistungsbereich größere Aufmerksamkeit gewidmet, das prinzipiell verfügbare Instrumentarium eingesetzt und bedarfsorientiert entwickelt werden.
- Zusätzlich ist ein spezielles Informations- bzw. Wissens-Controlling erforderlich.
- Das strategische Controlling hat sich in den Energieunternehmen erst in den letzten Jahren langsam entwickelt. Hier und insbesondere im strategischen Entwicklungs-Controlling des stark wachsenden EDL-Bereichs und seiner Verknüpfung mit der operativen Ebene besteht ein Nachhol- bzw. Entwicklungsbedarf.

Bei all dem ist zu berücksichtigen, dass größere, individuelle EDL (“**Projekte**”) zum Teil anders zu steuern sind als stärker standardisierte EDL (“**Services**”). Einerseits, weil sie sich in Bezug auf Komplexitäts- bzw. Individualitäts- und Integrativitätsgrad unterscheiden, andererseits, weil mit ihrem Angebot oft unterschiedliche Zielsetzungen verbunden sind. Während beim Angebot von Services meist eher die Bindung von Endenergieabnehmern im Vordergrund steht, wird das Projektgeschäft stärker als eigenständiges Geschäftsfeld begriffen, an das bestimmte Renditeanforderungen gestellt werden.

In Kapitel 6 stehen Aspekte der Steuerung größerer, individueller EDL am Beispiel von Contracting-Projekten im Vordergrund, Kapitel 7 geht auf die Steuerung des “Massengeschäfts” mit stärker standardisierten “Services” ein. Dazu werden im

Folgenden zunächst die sich aus den aufgestellten Thesen ergebenden Anforderungen an ein Controlling im EDL-Bereich am Beispiel Contracting konkretisiert.

5 Anforderungen an ein Energiedienstleistungs-Controlling am Beispiel Contracting

5.1 Begründung für die besondere Betrachtung des Controllings von Contracting-Projekten

Aus drei Gründen steht das Controlling von Contracting-Projekten im Mittelpunkt der folgenden Analysen und Gestaltungsempfehlungen:

- Wie bereits in den Kapiteln 3.4 und 4.3 dargestellt, ergaben die empirischen Untersuchungen, dass sowohl ein besonderes Marktwachstumspotenzial - vor allem beim Anlagen-Contracting - als auch besondere Steuerungsanforderungen für den Contracting-Bereich identifiziert werden können.

- Darüber hinaus kann sich das Leistungspaket eines Contracting-Projekts aus einer Vielzahl unterschiedlichster EDL zusammensetzen, beim Anlagen-Contracting in Verbindung mit der Lieferung von Waren wie z. B. Wärme, Strom, Kälte oder Druckluft. Folglich lassen sich wesentliche Steuerungsaspekte eines EDU mit dem strategischen Fokus auf dem EDL-Bereich am Controlling komplexer Contracting-Projekte sehr gut veranschaulichen.

- Schließlich ist zu berücksichtigen, dass in der Monopolzeit der Fokus der Berichterstattung und der darauf aufbauenden Steuerung auf der Spartensicht lag. Eine genaue Projektbetrachtung - wie sie im Contracting-Bereich erforderlich ist - wurde nur in Einzelfällen und unter sehr großem manuellen Aufwand durchgeführt (Weisbrodt 2000, 34). Die vorhandenen Projektsteuerungs-Systeme in den Unternehmen sowie die entsprechenden im Markt angebotenen Software-Lösungen reichen nach Ansicht einiger der befragten Experten zur Steuerung der komplexen Contracting-Projekte nicht aus. Hier besteht also Bedarf an einer Weiterentwicklung des Controlling-Instrumentariums.

Die Datengrundlagen für die folgenden Betrachtungen bilden Gespräche in und im Nachgang zu den in Kapitel 4.3.3 dargestellten qualitativen Interviews, weitere mündliche und schriftliche Auskünfte von EDU (Contractoren), Verbänden, Energieagenturen und wissenschaftlichen Experten, Literaturangaben sowie eigene Projekterfahrungen des Autors (Politecnico di Milano et al. 2000, ISI/WI 1997).

5.2 Energiedienstleistung "Contracting"

5.2.1 Definition, ökonomisches Prinzip und Grundmodelle des Contracting

Die Übersetzung des Wortes Contracing bedeutet lediglich "vertragliche Regelung". Häufig wird unter Contracting nur ein Finanzierungsinstrument verstanden. Diese Definition greift jedoch zu kurz (VDEW 1994). Wie bereits in Kapitel 3.4.1.2 definiert, bezeichnet Contracting im Energiebereich eine vertraglich vereinbarte Dienstleistung eines Dritten - des Contracting-Gebers (Contractors) - für Energieverbraucher (Contracting-Nehmer) im Zusammenhang mit einer Investition, die Energie bzw. Energiekosten spart. In der Regel umfasst das Contracting die Planung, Finanzierung und Realisierung und meist auch die Betriebsführung sowie die Instandhaltung neuer oder sanierter Anlagen im Energiebereich. Weitere Nebenleistungen, wie z. B. die Durchführung von Genehmigungsverfahren, die Erschließung öffentlicher Fördermittel oder eine bessere Inwertsetzung der Immobilie, können Bestandteil eines Contracting-Vertrages sein (MBW 1999, 4; vgl. auch Kristof 1995).

Je nachdem, ob es sich bei der Investition um Energieversorgungsanlagen oder Einspartechniken handelt, wird zwischen Anlagen- und Einspar-Contracting unterschieden (0). **Anlagen-Contracting**, auch als Energielieferungs-Contracting bezeichnet, zielt also auf die Angebotsseite (effiziente Technologien zur Energieerzeugung bzw. -bereitstellung). **Einspar-Contracting** richtet sich dagegen auf die Nachfrageseite. Ziel ist die systematische Erschließung von Energiesparmaßnahmen bei der Umwandlung von End- und Nutzenergie in EDL (z. B. warme oder gekühlte Räume, effiziente Beleuchtung[142]).

Ökonomisches Prinzip des Anlagen-Contractings ist es, die Investitionen für energieeffiziente Anlagen aus den projektbezogen kalkulierten Preisen für die Nutz-

[142] Zur Definition einer Energiedienstleistung vgl. auch Kapitel 3.4.1.

energielieferungen zu finanzieren. In der Regel ist dabei die Vergütung von der erzielten Primärenergieeinsparung unabhängig (MWMTV o.J.).

Tabelle 15 Anlagen- und Einspar-Contracting

	Anlagen-Contracting	**Einspar-Contracting**
Anwendung	Neu-, Ersatz- und/oder Ergänzungsinvestitionen für Energieversorgungsanlagen	Rationalisierungsinvestitionen im Bereich Energieanwendung
Contracting-Dienstleistung	Finanzierung, Planung, Errichtung und/oder Betrieb von Anlagen zur Energielieferung (Medienversorgung)	Finanzierung, Planung, Errichtung und/oder Betreuung von spezifischen Energiesparmaßnahmen
Contracting-Rate (Finanzierung)	Entgelt für Energielieferung (Wärme, Strom, Kälte, Druckluft, Licht), meist differenziert nach Grundpreis und Arbeitspreis Überwiegend: Vollkostenprinzip	Nutzungsentgelt als Beteiligung des Auftragnehmers (Contractors) an den erzielten Energiekosteneinsparungen Überwiegend: Zusatzkostenprinzip

Quelle: Kristof/Lechtenböhmer/Merten 1998; MBW 1999; Eigene Darstellung; basierend auf: HMUEJFG 1998; ASEW 1996, 7.

Im Gegensatz hierzu werden beim Einspar-Contracting die Investitionen für technische Sanierungen und Modernisierungen aus den eingesparten Energiekosten finanziert - dies gilt in der Regel nur für die Mehrkosten für Energieeffizienz-Maßnahmen im Vergleich zu ohnehin notwendigen Investitionen[143]. Die Vergütung des Contracting-Gebers ist dabei meist erfolgsabhängig, d. h. abhängig von der erzielten Energieeinsparung[144]. Ob ein Teil der eingesparten Energiekosten von Anfang an auch den Kunden/Nutzern oder Dritten zufließt, regelt der jeweiligeVertrag. Bei Verteilung der Kostenersparnis zwischen Contractor und den Kunden/Nutzern verlängert sich die Amortisationszeit entsprechend (Shared-Savings-Modell)(MBW 1999, 4).

---

143 Allerdings ist eine eindeutige Abschätzung dieser Ohnehin-Investitionen in der Praxis oft nur schwer möglich. Ist beispielsweise eine bestehende Heizungsanlage zu ersetzen, so könnte der Ersatz durch ein baugleiches Modell zur Ermittlung der Ohnehin-Investition herangezogen werden. Auf Grund technischen Fortschritts wird es jedoch kaum ein baugleiches Modell und entsprechende Anschaffungspreise auf dem Markt geben.

144 Allerdings ist nach den Befragungsergebnissen von Hennicke/Rahmesohl/Dudda (2000, 21) allgemein im Beratermarkt eine Tendenz zur Abkehr von performance-basierten Vergütungen zu erkennen. Auf Grund der Probleme bei der Definition und Abgrenzung des Erfolgsfalls würden vor allem von Kundenseite klar kalkulierbare Leistungen und Aufwände gefordert. Mit einer pauschalen Vergütung übernimmt der Kunde/Nutzer jedoch das Risiko des Erreichens der Einsparungen alleine.

Neben der Unterscheidung in Anlagen- und Einspar-Contracting sind nach dem Umfang der Einbindung des Know hows des Contracting-Gebers vier Contracting-Modelle zu differenzieren (Kristof/Lechtenböhmer/Merten 1998, 9f.; vgl. Tabelle 16)[145]:

- Das umfassendste Modell ist das **Voll-Contracting**, bei dem das gesamte Know how des Contracting-Gebers, von der Planung des Projekts über die Finanzierung und Errichtung sowie den Betrieb und die Instandhaltung, in das Contracting-Verfahren eingebunden wird[146]. Voll-Contracting wird vor allem bei größeren und komplexeren Projekten eingesetzt, bei denen der Contracting-Nehmer nicht über das entsprechende Know how bzw. die erforderlichen Kapazitäten zur Planung einer Effizienz-Investition verfügt und daher bereits die Planung einer Investition bzw. Sanierung an einen Contractor vergibt. Zur Steuerung derartiger, komplexer Projekte ist die für den Contracting-Bereich zu entwickelnde Projekt-Controlling-Konzeption auf eben dieses Voll-Contracting auszurichten.
- Beim **Investormodell** wird die technische Konzeption und Vorplanung der Contracting-Maßnahme dagegen in der Regie des Contracting-Nehmers durch diesen und/oder beauftragte Planer durchgeführt. Erst auf der Basis des fertigen technischen Konzepts erfolgt eine Ausschreibung des Contractings. Dem Nachteil, dass das planerische Know how der Contracting-Anbieter in der Konzeptionsphase ungenutzt bleibt, stehen Vorteile gegenüber, denn eine technische Konzeption kann leichter ermittelt werden, wenn nur ein Planer aktiv ist. Außerdem ist die Entscheidung über die eingehenden Contracting-Angebote dann einfacher. Das Investormodell ist also in den Fällen attraktiv, bei denen die anzustrebende Lösung technisch relativ klar definierbar ist und die Einbindung eines breiten Ideenpotenzials dafür entbehrlich scheint.

---

145 Vgl. hierzu auch den mittlerweile vorliegenden Entwurf einer DIN-Norm zum Contracting (DIN 8930 Teil 5), deren erste Fassung voraussichtlich im Frühjahr 2003 erscheinen wird (VfW 2002, 8f.), der als Contracting-Varianten Energieliefer-Contracting (auch Anlagen-Contracting oder Nutzenergie-Lieferung genannt), Einspar-Contracting (auch Performance-Contracting, Energie-Einspar-Contracting genannt), Finanzierungs-Contracting (auch Third-Party-Financing, Anlagenbau-Leasing genannt) und Technisches Anlagenmanagement (auch Betriebsführungs-Contracting, Technisches Gebäudemanagement genannt) unterscheidet (www.pecu.de/aktuell/pressemitteilungen/05_07_ DIN-Entwurf.html).

146 Bei den Wuppertaler Stadtwerken wird das Voll-Contracting auch treffend "Rundum-sorglos-

- Das minimale Contracting-Modell ist das reine **Betriebsführungsmodell**. Hier wird die Einspartechnik vom Contracting-Nehmer in eigener Verantwortung errichtet und nach Fertigstellung an den Contracting-Geber verkauft. Dieser bringt sein Know how also ausschließlich bei der optimalen Betriebsführung der Anlage(n) ein. Dieses Modell findet sich überwiegend im relativ standardisierten Marktsegment der gewerblichen Wärmelieferung als Alternative zum Investormodell.

- Eine Abwandlung des Betriebsführungsmodells ist das **Planungs- und Betriebsführungsmodell**, bei dem der Contractor sein Know how bereits bei der technischen Konzeption und Planung mit einbringt, jedoch nicht selber Investor wird. Dieses Modell kann bei umfangreichen Baumaßnahmen sinnvoll sein, wenn die durch Contracting zu realisierende Technik nur einen kleinen Teil darstellt und der Contracting-Nehmer das Investitionsrisiko im Rahmen dieser Maßnahme besser steuern kann als dies der Contracting-Geber könnte.

Tabelle 16 Einbindung des Know hows des Contracting-Gebers bei verschiedenen Contracting-Modellen

Contracting-Modell / Know how-Einbindung des Contracting-Gebers:	Voll-Contracting	Investor-modell	reines Betriebs-führungsmodell	Planungs- und Betriebs-führungsmodell
konzeptionelles / planerisches Know how	X	-	-	X
Finanzierungs-Know how	X	X	-	-
Errichtungs-Know how (einschl. evtl. günstiger Einkaufskonditionen des Contractors)	X	X	-	-
Betriebsführungs-Know how	X	X	X	X

Quelle: Kristof/Lechtenböhmer/Merten 1998, 10.

Die Laufzeit eines Contracting-Projekts variiert je nach Contracting-Gegenstand, Contracting-Modell und vertraglicher Vereinbarung zur Contracting-Rate (Vergütung des Contracting-Gebers). Beim Anlagen-Contracting liegt die Vertragslaufzeit nach E&M/Technomar (2000) und Auskünften des Verbandes für Wärmelieferung

Paket" genannt.

(VfW) in der Regel zwischen 10 und 15 Jahren (vgl. auch Hennicke/Ramesohl/Dudda 2000, 14), beim reinen Betriebsführungsmodell ist sie allerdings meist geringer (E&M/Technomar 2000). In Einzelfällen beträgt die Vertragslaufzeit sogar 20 Jahre und mehr - in der Regel sind dies Verträge mit Kommunen. Im produzierenden Gewerbe sind die Vertragslaufzeiten grundsätzlich wesentlich kürzer (E&M/Technomar 2000). Sehr unterschiedliche Vertragslaufzeiten sind beim Einspar-Contracting zu beobachten: Die kürzesten Vertragslaufzeiten liegen dort bei einem Jahr (vgl. auch Kaier 2000); Vertragslaufzeiten von mehr als 10 Jahren sind vor allem beim Einspar-Contracting mit Anlagenerneuerung zu beobachten (E&M/Technomar 2000).

5.2.2 Beteiligte Akteursgruppen

Das Spektrum der **Contracting-Nehmer** ist breit (MBW 1999, 5). Zu ihnen zählen sowohl größere als auch kleinere Unternehmen aus unterschiedlichsten Branchen (Industrie, Gewerbe, Handel), öffentliche Einrichtungen (z. B. Schulen, Rathäuser, Schwimmbäder, Krankenhäuser) und Hauseigentümer (Wohnungswirtschaft). Als Motive, warum sie bei der Verfolgung des Primärziels, ihre Energiekosten zu senken, eine Contracting-Lösung der Eigenrealisierung vorziehen, nennen sie meist (Kristof/Lechtenböhmer/Merten 1998, 11f.; Hennicke/Ramesohl/Dudda 2000, 11f.):

- Know how-Einkauf, Nutzung von Spezialisierungs- und Arbeitsteilungsvorteilen, Überwinden von Qualifizierungslücken,
- Outsourcing auf Aufgaben- und Personalebene; Überbrücken von Personalengpässen,
- Finanzierung, Beschaffung fehlender Investitionsmittel, Nutzung unterschiedlicher Amortisationserwartungen,
- Risikoteilung,
- steuerrechtliche Erwägungen,
- Realisierung ökologischer Ziele.

Das sich zum EDU wandelnde Energieunternehmen steht beim Angebot des Contracting natürlich in **Konkurrenz** zu anderen potenziellen Contractoren, zu nennen sind vor allem andere EVU/EDU, reine Wärmeversorger, Brennstofflieferanten, Planungs- und Ingenieurbüros, Heizungsbau- und andere Handwerksbetriebe, Anlagen- und Rohrleitungsbauer sowie Berater und Energieagenturen (MBW 1999, 5). Das EDU steht zwar einerseits in einem Konkurrenzverhältnis zu diesen Unternehmen, ist aber bei der Durchführung eines Contracting-Projektes in der Regel auf die **Kooperation** mit zumindest einigen von ihnen angewiesen (vgl. auch Abbildung 9).

Abbildung 9 Akteursgruppen, die an einem Contracting-Projekt beteiligt sein können (Beispiel)

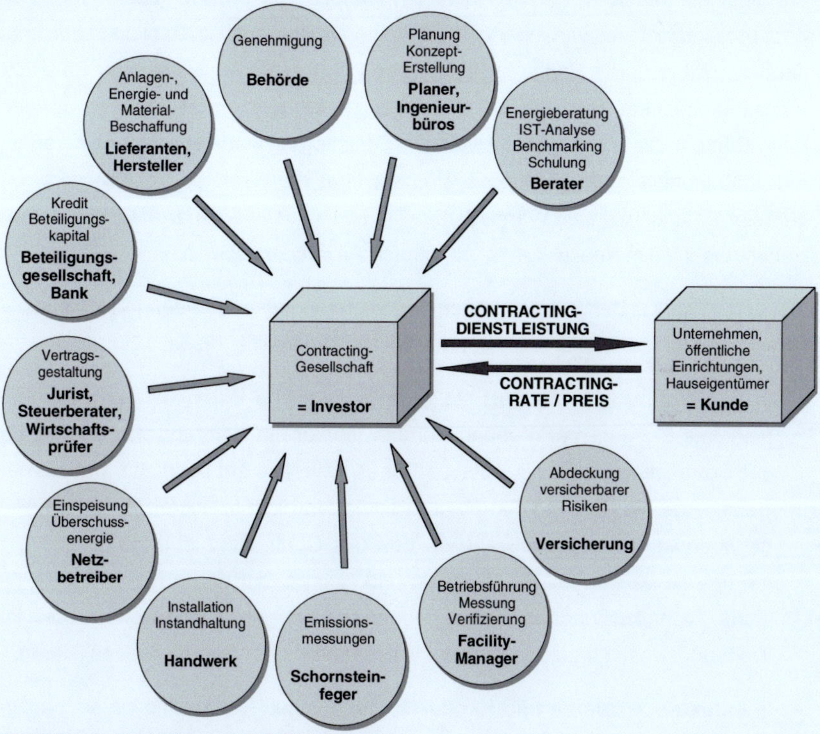

Genehmigung **Behörde**
Planung Konzept-Erstellung **Planer, Ingenieurbüros**
Anlagen-, Energie- und Material-Beschaffung **Lieferanten, Hersteller**
Energieberatung IST-Analyse Benchmarking Schulung **Berater**
Kredit Beteiligungskapital **Beteiligungsgesellschaft, Bank**
Contracting-Gesellschaft **= Investor**
CONTRACTING-DIENSTLEISTUNG
CONTRACTING-RATE / PREIS
Unternehmen, öffentliche Einrichtungen, Hauseigentümer **= Kunde**
Vertragsgestaltung **Jurist, Steuerberater, Wirtschaftsprüfer**
Abdeckung versicherbarer Risiken **Versicherung**
Einspeisung Überschussenergie **Netzbetreiber**
Betriebsführung Messung Verifizierung **Facility-Manager**
Installation Instandhaltung **Handwerk**
Emissionsmessungen **Schornsteinfeger**

Quelle:Eigene Darstellung nach MWMTV o.J., 9.

In den wenigsten Fällen ist es für das “Modell-EDU” wirtschaftlich sinnvoll, die gesamte Leistungstiefe eines Contracting-Projektes alleine zu übernehmen (Henzelmann 1997, 97f.). Die Formen des möglichen unternehmerischen Engagements eines EDU in einem Contracting-Projekt sind vielfältig. Sie reichen von der Beschränkung auf die Aufgaben eines das Projekt koordinierenden und verantwortlich leitenden Generalunternehmers, über eine reine Finanzbeteiligung an einer Contracting-Gesellschaft bis hin zur nahezu alleinigen Ausführung aller Planungs-, Installations-, Betriebs-, Instandhaltungs- und Finanzierungsaufgaben.

5.2.3 Anwendungsbereiche und Beispielprojekte

Beim Anlagen-Contracting liefert der Contractor Nutzenergie in Form von Wärme, Kälte, Dampf oder Strom an einen oder mehrere[147] Contracting-Nehmer (vgl. auch die Beispiele in VDEW 1997a). Auch die Lieferung von Druckluft oder Licht zu einem projektspezifisch vereinbarten Preis kann als Anlagen-Contracting bezeichnet werden, während die Sanierung oder Erneuerung von Druckluft- oder Beleuchtungsanlagen eher dem Einspar-Contracting zuzurechnen ist. Die Spannbreite beim Einspar-Contracting reicht von der Optimierung haustechnischer Anlagen, hier insbesondere von Heizungssystemen, über die Sanierung energieverbrauchender Anlagen bis zum Wärmedämm-Contracting. Die Einspar-Maßnahmen betreffen dabei die in Kapitel 3.4.1.2 genannten Anwendungsbereiche.

Die einzelnen Kundengruppen fragen aus verschiedenen Gründen jeweils spezifische Contracting-Dienstleistungen nach (Wuppertal Institut 1998a, 12f.):

- In der **Wohnungswirtschaft** stellt die gewerbliche Wärmelieferung die verbreitetste Contracting-Form dar. Attraktiv ist hier die Lieferung von Wärme, da der Contracting-Geber ein wirtschaftliches Interesse am optimalen Betrieb der Heizanlage hat, das bei den Hauseigentümern nicht in ausreichendem Maße gegeben ist. Konzeptionelles Know how des Contractors ist dagegen weniger gefragt, da es sich bei Hauskesseln und kleinen BHKW um relativ standardisierte Techniken handelt. Einspartechniken dagegen lassen sich zur Zeit im Wohnungswesen häufig nur schwer wirtschaftlich über Contracting realisieren.
- In **Industrie, Gewerbe und Handel** ist das Anlagen-Contracting die am häufigsten genutzte Angebotsform. Insbesondere modulare, ausbaubare Anlagentechnik ermöglicht hier die geforderte Flexibilität. Einspar-Contracting wird hin-

[147] Die Versorgung mehrerer Contracting-Nehmer, z. B. die Versorgung aller Kunden eines Neubaugebiets, wird zum Teil auch Versorgungs-Contracting genannt.

gegen eher wenig, wenn überhaupt, dann vor allem im Bereich Querschnittstechnologien nachgefragt.

- Am stärksten wird Einspar-Contracting im **öffentlichen Bereich** nachgefragt. Hier stehen auf der Seite der Contracting-Nehmer Sanierungsstau und Investitionsmittelknappheit als Motive im Vordergrund, die zusammen mit der hohen Insolvenz- und dadurch erhöhten Planungssicherheit auch die längerfristige Optimierung von fest mit Gebäuden verbundenen Anlagen ermöglicht.

In den folgenden Tabellen werden zu den Kundengruppen Wohnungswirtschaft, Industrie und öffentliche Einrichtungen einige Contracting-Beispiele aus der Praxis konkreter dargestellt[148]. Dabei werden u. a. die vorgenommenen Effizienz-Maßnahmen und die dafür notwendigen Investitionen aufgeführt, davon abgegrenzt die ohnehin fälligen Investitionen (Ohnehin-Anteil). Die Vorfinanzierung der Investitionen erfolgt entweder durch den Contractor alleine, der sich entsprechend innen- oder außenfinanziert (vgl. auch Czopka 2002), oder durch mehrere Akteure (z. B. Übernahme des Ohnehin-Anteils der Investitionen durch den Kunden oder Finanzierungsbeteiligung der Bürger an Investitionen in öffentlichen Liegenschaften). Die Effizienzmaßnahmen bewirken ggf. neben der Reduktion verbrauchsgebundener Kosten auch Veränderungen der laufenden, jährlichen betriebsgebundenen Kosten. Die Shared-Savings-Verhältnisse beim Einspar-Contracting zeigen, inwieweit die eingesparten Energiekosten bereits von Vertragsbeginn an zwischen dem Contractor, dem Kunden und ggf. Dritten (z. B. den Nutzern) verteilt werden.

---

[148] Umfangreichere Darstellungen von Contracting-Beispielen finden sich in MWMTV o.J., ASEW 1996, VDEW 1997a, Umweltbundesamt 2000, den Jahrbüchern des Verbandes für Wärmelieferung (z. B. VfW 2000a), Bemman/Müller 2000, Bemman/Schädlich 2002. Vgl. auch die Hinweise auf Praxisbeispiele in der kommentierten Liste ausgewählter Contracting-Leitfäden in MBW 1999.

Tabelle 17 Contracting-Beispiel - Wohnungswirtschaft

Objekt	Wohnkomplex “Am Schwanenmorgen”, Bonn-Endenich
Contractor	OSMO Anlagenbau, Georgsmarienhütte
Kunde	Eigentümergemeinschaft der Wohnanlage (85 Wohneinheiten)
Maßnahmen	Ersatz einer maroden, etwa 20 Jahre alten Heizungsanlage durch ein modernes Blockheizkraftwerk (BHKW), das mit einer Leistung von 60 kW_{el} bei 6.000 Betriebsstunden im Jahr etwa 65% des Wärme- und 85% des Strombedarfs deckt, und einen Spitzenlastkessel
Primärenergieeinsparung	ca. 30% (tatsächlicher BHKW-Wirkungsgrad höher als prognostiziert)
Investition gesamt	ca. 130.000 EUR
davon Ohnehin-Investition	ca. 50.000 bis 80.000 EUR
Vorfinanzierung durch	Contractor (100%)
Stromliefervertrag	Abnahmepflicht (d. h. keine Durchleitung von Strom anderer Anbieter) Vertrag wird automatisch an den jeweiligen Stromliefervertrag des ortsansässigen Energieversorgers angepasst
Wärmeliefervertrag	• Grundpreis (ca. 1/3 der Gesamtrechnung): im Wesentlichen an den kapitalgebundenen Kosten orientiert • Arbeitspreis: im Wesentlichen an den jeweils aktuellen Gaspreisen orientiert • Üblicher Messpreis
Vertragsdauer	20 Jahre
Nutzungsdauer	15 bis 20 Jahre
Sonstiges	Im ersten Betriebsjahr lagen die Heiz- und Stromkosten der Eigentümergemeinschaft um 8% niedriger als vorher (bei vollständiger Finanzierungsübernahme durch den Contractor). Fernabfrage von BHKW- und Kesseldaten per Modem, teilweise auch Fernbedienung und -wartung.

Quelle: MWMTV o.J., 23; Mündliche Auskünfte durch Herrn Morgret, OSMO Anlagenbau, Georgsmarienhütte; www.ea-nrw.de/presse/pi-ctbsp.htm.

Tabelle 18 Contracting-Beispiel - Industrie

Objekt	Verwaltungshochhaus mit 14 Etagen und 3-teiliges Labor- und Versuchsgebäude eines Industriebetriebs mit 4 Etagen; beherbergt u. a. auch die Energieagentur NRW
Contractor	LTG Lufttechnische GmbH, übernommen von HEW Contract GmbH, Düsseldorf
Kunde	Akzo Nobel Faser AG (heute: Acordis), Wuppertal
Maßnahmen	Technische Modernisierung inkl. aller Nebenleistungen, Wartung, Betrieb, Softwarepflege und Fernüberwachung der Klima- und Lüftungstechnik mit • 11 Lüftungs- und Klimaanlagen mit Induktionsgeräten im 2 Leiter-System, Gesamtvolumenstrom ca. 200.000 m^3/h, • Fernwärmeübergabestation mit Hochdruckdampf (7 bar) für die Heizungs- und Lüftungsanlagen + Warmwasserversorgung • 4 Kältemaschinen (2 x 378 kW, 2 x 298 kW). Sicherstellung des gewünschten Raumklimas mit Hilfe eines DDC (Direct Digital Control)-Regel- und Steuersystems, Umbau vorhandener Luftkanalnetze zur energetischen Zonen-Optimierung, Regelung der Fernwärmeeinspeisung, diverse Umbauten zur Verbesserung der Strömungshydraulik im Kaltwassernetz, lastabhängige Kühlwasserdosierung für die Rückkühlung der Kältemaschine, energiekostensparende Neuinstallation einer IT-Klimaanlage.
Energie- / Lasteinsparung	Reduktion des Stromverbrauchs von 3.678 auf 2.740 MWh/a und des Fernwärmeverbrauchs von 11.756 auf 10.299 MWh/a.
ggf. weitere Einsparungen	Reduzierung des Wasserverbrauchs. Garantierte Energie- und Wasserkosteneinsparung: 107.371 EUR (ca. 14% der jährlichen Energie- und Wasserkosten im Basisjahr 1990); tatsächliche Kosteneinsparung 1996/97: 140.503 EUR, davon 58% beim Strom, 19% bei der Fernwärme und 23% beim Wasser.
Investition gesamt	654.454 EUR
davon Ohnehin-Investition	aus Datenschutzgründen keine Angabe
Vorfinanzierung durch	Contractor 100%
Jährliche betriebsgebundene Mehr- bzw. Minderkosten[149]	aus Datenschutzgründen keine Angabe
Jährliche Contracting-Rate / Shared Savings	Shared Savings Contractor / Kunde: 80% / 20%
Vertragsdauer	8 Jahre (1990-1998)
Durchschnittliche Nutzungsdauer	aus Datenschutzgründen keine Angabe
Sonstiges	Eigentumsübergang an den Kunden nach Abschluss der Vertragslaufzeit

Quelle: Energieagentur NRW o.J., 27ff.; MWMTV o.J., 22.; Schreiben der HEW Contract GmbH vom 11.04.2001, 27.04.2001 und 24.10.2002.

[149] Durch die Effizienzmaßnahmen verursachte Veränderung der Kosten für Betriebspersonal, Instandhaltung, Versicherung, Messungen, Abrechnungen etc.

Tabelle 19 Contracting-Beispiel - Industrie

Objekt	Gebäude eines Gewerbebetriebs der Metallverarbeitung
Contractor	Stadtwerke Hannover AG
Kunde	Gewerbebetrieb
Maßnahmen	Planung, Bau und Finanzierung der folgenden Maßnahmen: • Installation Warmwasserkessel für Sommer, Ersatz Heizungspumpe, Lufterhitzer Lager versetzen • Reduktion der Leistung der Elektro-Trockenschränke • Sanierung Druckluftverteilnetz • Ersatz Beleuchtung Büro und Produktion
Energie- / Lasteinsparung	6.856 EUR Energiekosteneinsparung
ggf. weitere Einsparungen	./.
Investition gesamt	80.017 EUR
davon Ohnehin-Investition	51.001 EUR
Vorfinanzierung durch	Ohnehin-Anteil: Kunde; Rest (Effizienz-Anteil): Contractor
Jährliche betriebsgebundene Mehr- bzw. Minderkosten	keine Angaben
Jährliche Contracting-Rate / Shared Savings bzw. Nutzenergielieferpreis	6.856 EUR Shared Savings Contractor/Kunde: 100% / 0%
Vertragsdauer	10 Jahre (möglichst kürzer)
Nutzungsdauer	Beleuchtungsmaßnahme: 20 Jahre; übrige: 15 Jahre
Sonstiges	

Quelle: ASEW 1996, 65.

Tabelle 20 Contracting-Beispiel - öffentliche Einrichtungen

Objekt	Staudinger Gesamtschule, Freiburg
Contractor	ECO-Watt GmbH, Freiburg
Kunde	Stadt Freiburg
Maßnahmen	Beleuchtungssanierung, Austausch Thermostatventile, Trennung von Heizkreisläufen, Zonenregelung, Lüftungssteuerung, Lastmanagement, Thermische Solarenergie (42 m^2), Photovoltaik-Anlage (2 kW), Maßnahmen zur Wassereinsparung
Energie- / Lasteinsparung	Realisierte Einsparung innerhalb des ersten Betriebsjahres: Gesamtkosteneinsparung: 78.228 EUR (brutto; inkl. Wasser) Einsparung Stromverbrauch: 27 % , Reduktion Leistungsbezug um 30 % (204.000 kWh, Reduktion Stromkosten um 32.211 EUR) Einsparung Wärmeverbrauch: 24 % (596 MWh, gradtagzahlbereinigt; Energiekosteneinsparung 23.008 EUR)
ggf. weitere Einsparungen	70% des Wasserverbrauchs (8.700 cbm, Kosteneinsparung 23.008 EUR)
Investition gesamt	255.646 EUR
davon Ohnehin-Investition	vernachlässigbar (Austausch einiger defekter Leuchten)
Vorfinanzierung durch	Bürgerkapital (245.420 EUR) und Contractor (25.565 EUR): rund 100 Investoren, darunter viele Eltern und Lehrer der Staudinger Gesamtschule.
Jährliche betriebsgebundene Mehr- bzw. Minderkosten	Minderkosten durch geringere Wartungskosten Beleuchtung
Jährliche Contracting-Rate / Shared Savings	Contracting-Rate: eingesparte Energiekosten Shared Savings: Stadt: 0%; Kapitalgeber: erhalten ihr Kapital nach 8 (u. U. auch schon nach 4) Jahren zurück und eine jährliche Verzinsung je nach Einsparerfolg in Höhe von 3 bis 6%; Contractor: erhält eine Rendite auf sein eingesetztes Kapital je nach Einsparerfolg in Höhe von 3 bis 6%; Schule: je nach Einsparerfolg 2.556 bis 10.226 EUR/a, ggf. verbleibender Mehrertrag wird zusätzlich in die Schule investiert.
Vertragsdauer	8 Jahre
Durchschnittliche Nutzungsdauer	ca. 20 Jahre
Sonstiges	Parallel zum Umbau auf der technischen Ebene wurden die Lehrer und der Elternbeirat in das Projekt einbezogen, um neben dem Wandel in der Technik auch einen Wandel im Verhalten hervorzubringen. Beispielsweise wurde eine Schulklasse zu Energiesparfüchsen ausgebildet, die zu Hause nach Einsparpotenzialen forschen.

Quelle: D. Seifried, ECO-Watt GmbH, Freiburg (Auskünfte vom 22./23.1.2001).

5.3 Grundsätzliche Anforderungen an die Projektsteuerung

Unter einem Projekt wird im Folgenden ein inhaltlich und zeitlich begrenztes, zielorientiertes, komplexes Vorhaben verstanden, das durch die Einmaligkeit der Bedingungen der Leistungserstellung in ihrer Gesamtheit gekennzeichnet ist und in der Regel die Zusammenarbeit von Spezialisten aus verschiedenen Bereichen erfordert (vgl. auch Schulte-Zurhausen 1999, 176f.; Andreas/Rademacher/Sauter 1992, 8)[150].

Die Steuerung derartiger komplexer Aufgaben benötigt ein spezielles Projekt-Controlling, welches auch mit den Unsicherheiten bzw. Offenheiten und Unschärfen erfolgreich umgehen muss, die durch die Einmaligkeit, d. h. die relative Neuartigkeit der Aufgabenstellung bedingt sind und erst im Projektverlauf abnehmen. Im Unterschied zum vorwiegend periodenbezogenen Unternehmens- bzw. Bereichs-Controlling richtet sich dieses Projekt-Controlling - mit entsprechenden Schnittstellen zum periodenbezogenen Controlling - auf den gesamten und begrenzten Zeitraum des Projektablaufs (Andreas/Rademacher/Sauter 1992, 9).

Analog zu den in Kapitel 4.3.3.5 dargestellten Grundanforderungen an das Controlling im EDL-Bereich (vgl. Abbildung 8) ist es für das Projekt-Controlling zentral,

- zu jedem Zeitpunkt des Projektes Projekt-Status und bisherige Entwicklung sowie die mögliche (prognostizierte) zukünftige Entwicklung transparent machen zu können (**Transparenzverantwortung**),
- genügend flexibel zu sein, um neue, an das Projekt-Controlling gerichtete Anforderungen aufnehmen zu können, sowie das Projekt so zu steuern, dass genügend Spielräume vorhanden sind, um flexibel auf unvorhergesehene, weil ungeplante oder unplanbare Ereignisse reagieren und sich im Projektablauf ändernde Kundenwünsche oder technologische bzw. Know how-Entwicklungen berücksichtigen zu können (**Flexibilität**),

---

150 Zu weiteren Charakterisierungen von Projekten in der Literatur vgl. den Überblick von Buch (1991, 27ff.). In der Praxis hat jedes (Energie-)Unternehmen eigene Kriterien, Strukturen und Schwellenwerte zu erarbeiten, welche Vorhaben- in Abgrenzung zu regelmäßigen Routinetätigkeiten - als Projekt definiert werden (Thomas 1996, 142).

- bereits von Projektbeginn an die Bedeutung und Möglichkeiten des Projekts für das Erreichen strategischer Ziele sowie die damit zusammenhängenden Risiken zu beachten (**strategische Ausrichtung**),
- je nach Projektphase unterschiedliche, aber aufeinander abgestimmte Verfahren und Hilfsmittel zur konsequenten, systematischen Steuerung bzw. Steuerungsunterstützung einzusetzen bzw. bereitzustellen (**operative Fundierung**),
- festzulegen, bei welcher Person/Stelle innerhalb und außerhalb des Projektteams welche Reporting- und Steuerungsaufgaben (Pflichten und Kompetenzen) wie organisatorisch verankert sein sollen (**Organisation**), und
- bei (vergangenheitsorientiert festgestellten) PLAN/IST- bzw. SOLL/IST- bzw. NORMAL-/IST-Abweichungen oder (zukunftsorientiert festgestellten) Abweichungen zwischen den Plänen und der zu einem bestimmten Zeitpunkt erstellten Prognose- bzw. Simulationsrechnung (PLAN/"WIRD"- bzw. SOLL/"WIRD"-Abweichungen) frühzeitig und in adäquater Weise, d. h. unter Beachtung größtmöglicher Eigenverantwortlichkeit der dezentralen Handlungsträger, in den Projektablauf steuernd einzugreifen (**Eingriffsweise, -stärke und -tiefe**).

Nach der Literatur sollte das Projekt-Controlling vor allem Kosten-, Termin- und Leistungs- (bzw. Qualitäts-)Ziele im Blick haben. Diese drei Zieldimensionen (Kosten, Termine und Leistung/Qualität) bilden das sogenannte **"Magische Dreieck" des Projektmanagements** und stehen in einer dynamischen Abhängigkeit: "Wird eine Zielgröße verändert, so ändern sich auch die anderen" (Schulte-Zurhausen 1999, 381). Zu managen sind der Einsatz von Ressourcen (Personal, Kapital, Hilfsmittel etc.), die Prozessabläufe (Interaktionen) und die Systemgestaltung (Strukturen). Da beim Contracting auch die vereinbarten Erlöse variabel sein können - d. h. beim Einspar-Contracting sind sie von der erzielten Energieeinsparung abhängig und beim Anlagen-Contracting von der abgenommenen Nutzenergie, muss das "Magische Dreieck" für das Management von Contracting-Projekten entsprechend erweitert werden. Das Dreieck lautet dann: wirtschaftliche Ergebnisziele (Erlöse, Kosten, Deckungsbeitrag), Leistungs-/Qualitätsziele, Terminziele (vgl. Abbildung 10).

Abbildung 10 Erweitertes magisches Dreieck des Projektmanagements

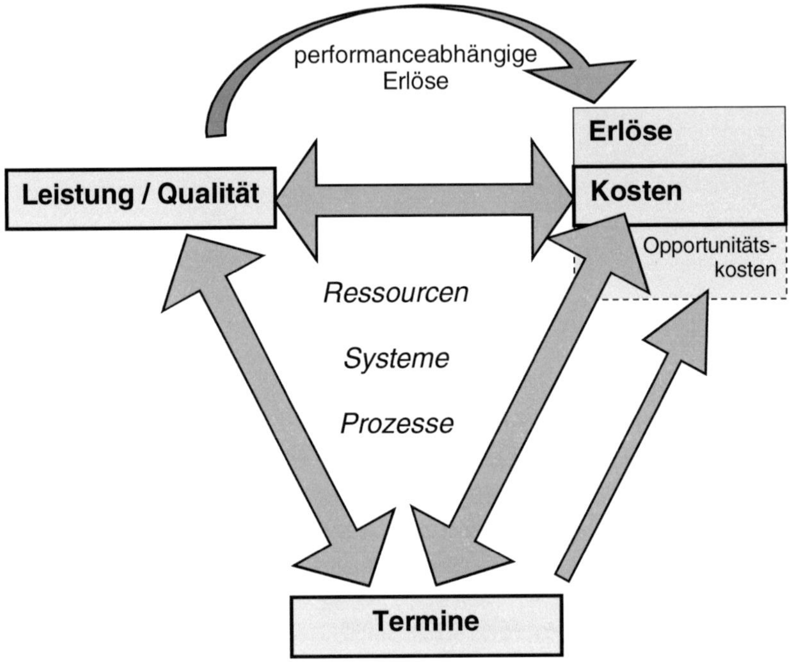

Quelle: Eigene Darstellung in Anlehnung an Schulte-Zurhausen 1999, 381.

Wie in Abbildung 10 dargestellt, entstehen möglicherweise neben Kosten und Erlösen auch Opportunitätskosten durch entgangenen Nutzen (z. B. entfallene zusätzliche Deckungsbeiträge) auf Grund unplanmäßig verlängerter Projektdauer (Terminüberschreitungen). Wird z. B. ein Projekt länger als geplant bearbeitet und beansprucht auch entsprechend mehr Kapazitäten, so fallen auf der einen Seite höhere Kosten durch die verstärkte Inanspruchnahme an, auf der anderen Seite werden Kapazitäten ungeplant gebunden, die dann nicht zur erlöswirksamen Leistungserstellung in anderen Projekten zur Verfügung stehen. In der Praxis sind die dadurch entstehenden Opportunitätskosten selten exakt bestimmbar, weshalb die Opportunitätskostenrechnung in erster Linie als Denkmodell zu verstehen ist (vgl. Schulte-Zurhausen 1999, 423).

Die Projektsteuerung im Hinblick auf vorab festgelegte bzw. in der Projektstart- oder -planungsphase zu setzende und ggf. im Projektverlauf abzuändernde Leistungs-/ Qualitäts-, Termin- und Ergebnisziele muss vor allem die **treibenden Größen** berücksichtigen - z. B. Kosten- und Leistungstreiber -, die kurz-, mittel- oder langfristig zur Zielerreichung bzw. auch zu Zielabweichungen führen können. Zur genaueren Bestimmung derartiger Ansatzpunkte für das Controlling der Contracting-Projekte werden im Folgenden zunächst typische Teilprozesse und Strukturen (Kostenstrukturen) dieser Projekte sowie die Anforderungen an die Struktur- und Prozessgestaltung detailliert analysiert.

5.4 Geschäftsprozesse eines Contracting-Projekts

5.4.1 Projektabläufe und -aktivitäten

Ein Geschäftsprozess kann als Kette von logisch zusammenhängenden Aktivitäten verstanden werden, durch die bestimmte Inputs in einen definierten Output, d. h. in ein inhaltlich abgeschlossenes Ergebnis transformiert werden (Schulte-Zurhausen 1999). Kennzeichnende Merkmale eines Geschäftsprozesses sind:

- durch welches Ereignis er angestoßen wird,
- mit Hilfe welcher Ressourcen (Menschen, Sachmittel, Methoden, Informationen) er in welcher Zeit vollzogen wird,
- welche Leistung (Output) erstellt wird,
- welche Teilprozesse und Einzelaktivitäten zur Erstellung dieser Leistung notwendig und wie diese miteinander verknüpft sind.

Abbildung 11 zeigt das prinzipielle **Ablaufschema** eines Contracting-Projektes aus Sicht des Contracting-Gebers. Die Kundenakquisition geschieht beispielsweise gezielt auf Basis einer Analyse der Alt- und Neukundendateien, eines bereits beim Kunden durchgeführten Benchmarking (Ermittlung und Vergleich von Energiekennzahlen) oder durch Kontaktgespräche zwischen Kundenberater und Kunden (z. B. Key Accounter), Vermittlung lokaler Energieberatungsstellen, direkte Information über das örtliche Handwerk bzw. Planer. Auch gezielte Marketing- und Öffentlichkeitsmaßnahmen wie die Demonstration von “best practice”-Beispielen in einem Unternehmensnetzwerk des Kunden oder durch Beteiligung an einer Ausschreibung des Kunden stellen zusätzliche Möglichkeiten der Akquisition dar (vgl. auch MWMTV o.J.).

Abbildung 11 Ablaufschema eines Contracting-Projektes

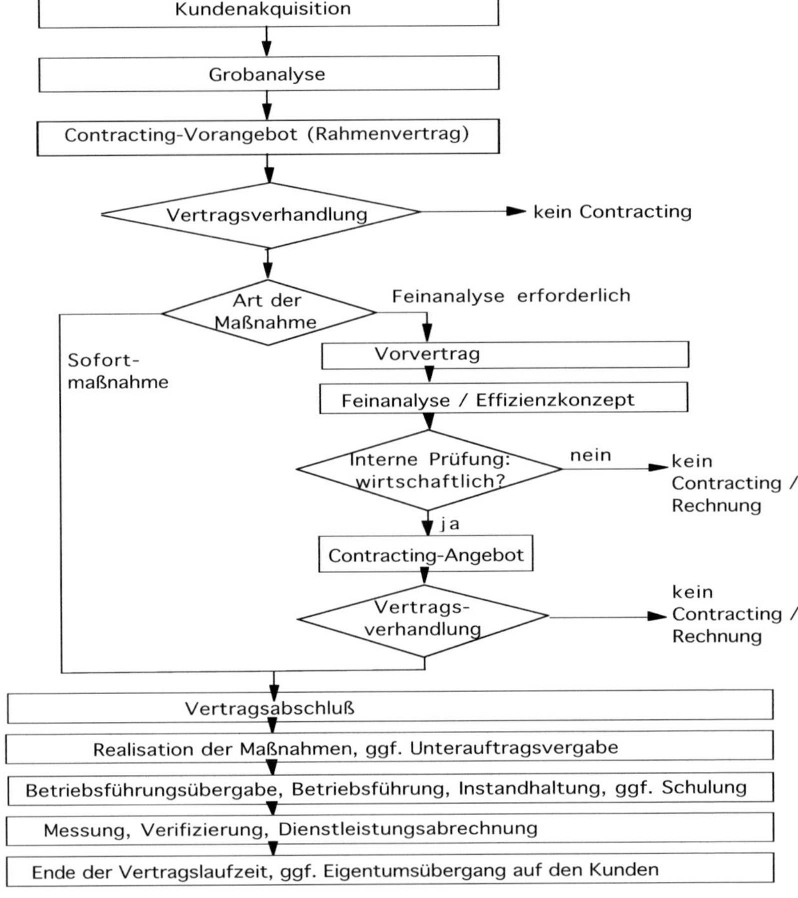

Quelle: Eigene Darstellung nach MBW 1999, ASEW 1996.

In der Regel startet ein Contracting-Projekt mit einer Grobanalyse (Energieanalyse), in der sondiert wird, welche Teile des Gebäudes, der Gebäudetechnik (Energieerzeugungsanlagen, Bauteile, bauseitige Haustechnik wie Heizkörper) oder weiterer Energieverbraucher in die energietechnische Sanierung, Modernisierung oder Neuinvestition einbezogen werden sollen (MBW 1999, 6). Basis für das endgültige Contracting-Angebot sind in der Regel eine oder mehrere, sich an die Grobanalyse anschließende Feinanalysen. Der Schwerpunkt der Feinanalysen liegt auf den Bauteilen, Anlagen und Verfahrensweisen, die in der Grobanalyse als untersuchungswert eingestuft wurden (MBW 1999, 7). Die Feinanalysen sind wiederum Grundlage für die Vertragsverhandlungen. Die geschlossenen Vereinbarungen werden in einem Contracting-Vertrag[151] niedergelegt. Nach Vertragsabschluss beginnt die Realisation, ggf. auch unter Einbezug von Unterauftragnehmern. Je nach Vertragsgestaltung übernimmt das EDU anschließend auch die Betriebsführung, Wartung und Instandhaltung der installierten Geräte und Anlagen.

In Anlehnung an die Unterscheidung primärer und sekundärer Aktivitäten im Modell einer Wertkette nach Porter (1992) und die Differenzierung von Support- und Kernleistungen bei Horváth (1996) sowie mit Blick auf eine mögliche Anwendung einer objektorientierten Kostenrechnung (Steven/Lethmathe 2000) lassen sich die verschiedenen Aktivitäten, die ein EDU in Zusammenhang mit seinen Contracting-Geschäften ausführt, einteilen in

- **Dienstleistungs-, auftrags- und kundenunabhängige Prozesse:**
  - Führen, Führung unterstützen,
  - Personal aufbauen, betreuen, entwickeln,
  - Informationsversorgung/Kommunikation sicherstellen; IT-System pflegen und optimieren,
  - Finanz-Rentabilität und -Liquidität des Unternehmens sicherstellen,
  - Materialwirtschaftliche Prozesse und Dienstleistungen zur Erhaltung der Betriebsbereitschaft: Bedarf an nicht-auftragsspezifischen Ressourcen und Dienstleistungen feststellen, Lieferanten/Dienstleister/Personal auswählen,

---

[151] Im Grunde handelt es sich um mehrere Teilverträge, die im Rahmen des Contracting abzuschließen sind (zu den Einzelverträgen beim Anlagen-Contracting vgl. beispielsweise VfW 2000).

Ressourcen und Dienstleistungen beschaffen und bereitstellen, bei Immobilien: bewirtschaften bzw. pflegen,

- Allgemeine Stakeholder Relations-Prozesse durchführen, Öffentlichkeitsarbeit.

- **Dienstleistungs- oder/und kundenspezifische, auftragsunabhängige Prozesse[152]:**

  - Technologie-, Markt-, Know how-, prinzipielle “Make or Buy”-Analysen durchführen,
  - Dienstleistung bis zur Marktreife entwickeln, Dienstleistung optimieren,
  - Contracting-Musterverträge formulieren,
  - Contracting-Finanzierungsmodelle konzipieren,
  - Customer-Relations-Maßnahmen durchführen: Marketing- und allgemeine Vertriebsmaßnahmen.

- **Auftragsspezifische projektphasenübergreifende Prozesse:**

  - Auftrag abwickeln, d. h. im Rechnungswesen ordnungsgemäß behandeln, inkl. Abrechnung / Inkasso,
  - Projekt steuern (Controlling),
  - Relevante Projektdaten in den Datenfundus des Unternehmens aufnehmen (z. B. Daten zum Kunden, zu den Nutzern, zu den Ergebnissen der Feinanalysen oder zu den analysierten Energieflüssen beim Kunden).

---

152 Vorlaufleistungen zur Kernleistung.

- **Auftragsspezifische projektphasenspezifische Prozesse[153]:**

  - Auftrag bzw. Auftragschance akquirieren: z. B. Interessensbekundung im Rahmen einer Ausschreibung des Kunden,
  - Grobanalyse / Energieanalyse durchführen,
  - Attraktivitäts-Beurteilung: Prüfen, ob Contracting-Angebot grundsätzlich in Frage kommt -> Freigabe der Angebotsbearbeitung,
  - Contracting-Vorangebot erstellen,
  - Vertragsangebot verhandeln, ggf. ändern,
  - Vorvertrag abschließen,
  - Feinanalyse/Konzepterstellung: eine oder mehrere Feinanalysen durchführen, Ergebnisse bewerten, Umsetzungskonzept erstellen,
  - Beurteilung der Wirtschaftlichkeit: Prüfen, ob die identifizierten Maßnahmen sowohl aus Sicht des Kunden als auch vom Unternehmensstandpunkt aus wirtschaftlich sind; Risikoanalyse,
  - Contracting-Angebot erstellen,
  - Vertragsangebot verhandeln, ggf. ändern,
  - Contracting-Vertrag abschließen -> Freigabe der Auftragsbearbeitung,
  - Realisation der Maßnahmen: Feinplanung (soweit noch nicht in vorhergehenden Phasen erfolgt), Ausführung; ggf. mit Hilfe von Unterauftragnehmern,
  - Abnahme/Übergabe: Installierte Anlagen und Geräte abnehmen (lassen) / zur Betriebsführung übergeben,
  - Information/Schulung: den Kunden ausführlich informieren und schulen,

---

153 Kernleistung i. e. S.: vereinbarte Leistung erbringen. Falls eine Sofortmaßnahme erfolgt, d. h. keine Feinanalysen erforderlich sind, wird ein Teil der im Folgenden dargestellten Prozesse überflüssig. Außerdem ist zu berücksichtigen, dass die folgenden Ausführungen von einem Voll-Contracting-Modell (Wuppertal Institut 1998a) ausgehen. Übernimmt der Contracting-

- Betrieb: Anlagen und Geräte betreiben,
- Anlagen und Geräte instandhalten, d. h. warten, inspizieren und instandsetzen (VDI 2067),
- Einsparungen messen und verifizieren,
- ggf. Nachbesserungen durchführen,
- ggf. Eigentum auf den Kunden übertragen.

Zum komplexen Geschäftsprozess "Planung, Entscheidung, Durchführung und Kontrolle eines Contracting-Projektes" gehören die genannten auftragsspezifischen Aktivitäten. Eine klare und logische Strukturierung des Geschäftsprozesses ist für eine problemlose Steuerung notwendig. Um die Komplexität zu reduzieren und die Struktur übersichtlich darzustellen, können die genannten auftragsspezifischen Teilprozesse in weitere Einzelaktivitäten zerlegt werden (hierarchische Prozessstruktur, Schulte-Zurhausen 1999, 87). Im Folgenden wird die nächste Stufe einer solchen Zerlegung exemplarisch am Beispiel eines phasenübergreifenden und zweier phasenspezifischer Teilprozesse vorgenommen:

Nehmer beispielsweise die Betriebsführung der im Rahmen der Einsparmaßnahmen installierten Anlagen, so fällt der entsprechende Teilprozess beim Contractor weg.

Auftrag abwickeln, d. h. im Rechnungswesen ordnungsgemäß behandeln[154]:

- Kundenanfrage/Kundenkontakt in Kundendatei erfassen,
- Angebotsprüfung (auf rechnerische Richtigkeit, Bonitätsprüfung, Finanzierung der Vorlauf- und Anlaufverluste kontrollieren etc.),
- Angebotserteilung in Angebotsdatei erfassen,
- Angebotsüberwachung (Fristen),
- Auftragseingang erfassen,
- Auftragsbearbeitung überwachen (z. B. sobald vereinbarter Endtermin erreicht, Anfrage an Projektleitung, ob Rechnung gestellt werden kann),
- Fakturierung/Debitorenbuchhaltung, Rechnung verschicken,
- Zahlungseingang überwachen,
- ggf. Mahnvorgang, Nachforderungen im Rahmen des “Claims-Management”.

---

154 Vgl. auch Stahlknecht/Hasenkamp 1999, 369.

Grobanalyse / Energieanalyse durchführen[155]:

- Datenanforderung,
- erste Begehung,
- Messungen,
- ggf. Gespräche mit Nutzer und Contracting-Nehmer,
- erste Datenaufbereitung und -analyse,
- ggf. Präsentation von Zwischenergebnissen,
- weitere Datenanforderung / Datennacherhebung,
- ggf. weitere Ortstermine (Begehung, Messung, Gespräche),
- Ausarbeitung der Analyse inkl. ökonomisch und ökologisch bewerteter Maßnahmenvorschläge,
- Diskussion / Präsentation der Maßnahmenvorschläge vor Ort / beim Kunden,
- Abschluss der Energieanalyse (z. B. letzte Änderungen auf Grund von Nachbesserungsforderungen des Kunden und Abschluss der Dokumentation).

155 Vgl. auch Wuppertal Institut 1998a.

Realisation der Maßnahmen[156]:

- Genehmigungsplanung durchführen: Erarbeiten und Einreichen der Vorlagen für die notwendigen Genehmigungen oder Zustimmungen (falls erforderlich),
- Innen- oder / und Außenfinanzierung der geplanten Contracting-Investitionen sicherstellen (falls noch nicht im Rahmen der Feinanalyse geschehen): ggf. Kredite oder Beteiligungskapital beschaffen; ggf. auch Ausgründung einer Projektgesellschaft,
- Ausführungsplanung erstellen: Erarbeiten und Darstellen der ausführungsreifen Planungslösung (falls noch nicht im Rahmen der Feinanalyse geschehen),
- Beschaffung von Fremdleistungen, Anlagen, Geräten und Materialien vorbereiten (falls noch nicht im Rahmen der Feinanalyse geschehen): Ermitteln der Mengen und Aufstellen von Leistungsverzeichnissen bzw. Pflichtenheften; ggf. auch inkl. Energiebeschaffung,
- Durchführung der Beschaffung / Unterauftragsvergabe[157]: Ausschreibung oder gezieltes Einholen von Preisangeboten, Angebotsprüfung und -vergleich, Bestellen / Auftrag vergeben, Liefereingang / Erledigung der vereinbarten Leistung kontrollieren, Rechnungen prüfen und bezahlen, Claims-Management,
- ggf. für den Auftrag notwendige Qualifizierungsmaßnahmen durchführen (lassen),
- Sach-, Ausfall- und Haftpflichtversicherungen abschließen (vgl. ausführlicher: Rieschel 2000),
- Bau, Demontage, Montage / Ausführungsüberwachung,
- Abschluss der Sanierungsmaßnahmen, Inbetriebnahme,
- Anlagen- bzw. Geräteoptimierung, Mängelbeseitigung / Überwachung der Mängelbeseitigung,
- Dokumentation der Gesamtmaßnahmen und ihrer Ergebnisse.

[156] Vgl. auch HOAI 1995.

[157] Evtl. auch zusammen mit dem Contracting-Nehmer.

Die Kenntnis der im Unternehmen und im Kontakt zu anderen beteiligten Akteursgruppen (Marktpartnern, Behörden) ablaufenden Prozesse ist Voraussetzung für die Bestimmung der Anforderungen an den Output, den Input sowie das Input-Output-Verhältnis der Einzelprozesse und Prozessketten (vgl. auch Weber/Schäffer 1999b, 183) und darauf aufbauend für die Gestaltung des Controlling-Instrumentariums, das zur Steuerung der Anforderungserfüllung notwendig bzw. nützlich ist.

5.4.2 Inputs, Outputs und Kostenstrukturen

Schon bei einem ersten Blick auf die dargestellten Prozesse fällt auf, dass der **Input** der Mehrzahl der Prozesse vor allem durch den Personalaufwand bestimmt ist, der mengenmäßig auf Basis entsprechender Arbeitszeitprotokolle relativ leicht bestimmbar ist. Dagegen ist eine rein mengenmäßige Erfassung des **Outputs** dieser Teilprozesse auf Grund des Immaterialitätscharakters der erbrachten Leistungen nur in wenigen Fällen möglich (z. B. Anzahl der Buchungsvorgänge oder Anzahl der verschickten Rechnungen bei der Auftragsabwicklung). Zum Teil erfordert die Erfassung des Outputs quantitative und qualitative Kriterien: Umfang der im Rahmen der Ausarbeitung der Energieanalyse vorgeschlagenen wirtschaftlichen Einsparmaßnahmen in kWh/a und Nutzungsdauer der Einsparinvestitionen als quantitative Kriterien, aber unter Berücksichtigung qualitativer Faktoren wie z. B. der Plausibilität, der Innovativität und der Übertragbarkeit des Umsetzungskonzeptes, zum Teil ist sie nur über ausschließlich qualitative Kriterien möglich: Ausführungsreife der Ausführungsplanung oder Vollständigkeit und Realisierbarkeit der in der Beschaffungsvorbereitung erstellten Leistungsverzeichnisse bzw. Pflichtenhefte im Rahmen der Realisation der Maßnahmen. Hier zeigt sich der Dienstleistungscharakter des Produkts "Contracting".

Im Folgenden sollen vor allem die Inputs, d. h. die benötigten Ressourcen und die mit ihrer Inanspruchnahme verbundenen Kosten genauer untersucht werden. Zwar bestimmt die Inanspruchnahme personeller Kapazitäten den Input bei der Mehrzahl der im vorhergehenden Kapitel dargestellten Teilprozesse und Aktivitäten, den größten Anteil am Kostenvolumen eines Contracting-Projekts haben jedoch im Allgemeinen die Sachanlagen-Investitionen bzw. die entsprechenden kalkulatorischen Abschreibungskosten (vgl. auch die Beispiele in Tabelle 17 bis Tabelle 20).

Die Richtlinie **VDI 2067** differenziert bei der Wirtschaftlichkeitsberechnung gebäudetechnischer Anlagen vier Kostengruppen[158]: kapitalgebundene, verbrauchsgebundene, betriebsgebundene und sonstige Kosten. Dieser Unterscheidung sowie den weiteren Angaben in der VDI 2067 folgen die Contractoren im Allgemeinen, wenn sie mit Hilfe dynamischer Investitionsrechenverfahren die Wirtschaftlichkeit der Investitionen in einem Contracting-Projekt eruieren (in der Regel mit Hilfe der Methode der internen Verzinsung, Annuitäten- oder/und Kapitalwertverfahren).

Tabelle 21 Ressourcen und Kostenarten - Geschäftsfeld Contracting

Ressourcen
• Personal (Ingenieure, Monteure, Sekretäre etc.) • Büroausstattung (Büroeinrichtung, DV- und Kommunikationssysteme etc.) • Gebäude (Bürogebäude des Contractors; Gebäude, in denen die Maßnahmen durchgeführt werden) • Anlagen (z. B. BHKW, Lüftungsanlage, Trafo) • Geräte (z. B. Kühlgeräte, Prüf- und Messgeräte) • Materialien (z. B. Kabel, Rohre, Ventile, Klemmen) • Energie (z. B. Fernwärme für die Nutzkältelieferung mit Hilfe einer Absorptionskälteanlage)

Ressourcen-Kosten / Kostenarten		
• Personalkosten	• Materialkosten	• Energiekosten
• Fremdleistungen	• Abschreibungskosten	• Kalkulatorische Zinskosten
• Kalkulatorische Wagniskosten	• Sonstige Kosten	
• Kapitalgebundene Kosten	• Verbrauchsgebundene Kosten	• Betriebsgebundene Kosten
• Sonstige Kosten		

Quelle: Eigene Darstellung.

[158] Vgl. auch VDI 6025 zu betriebswirtschaftlichen Berechnungen für Investitionsgüter und Anlagen. Weitere Normen und Richtlinien, die die Contractoren im Rahmen der wirtschaftlichen Planung und Kalkulation ihrer Investitionen berücksichtigen (müssen), sind die HOAI für Ingenieur- und Architektenleistungen, DIN-Normen (z. B. DIN 276 zu Kosten im Hochbau), Vergaberichtlinien bei Ausschreibungen, die Mehrwertsteuer- und Ökosteuergesetzgebung sowie steuerrechtliche Vorschriften und Praktiken der jeweils zuständigen Oberfinanzdirektion in Bezug auf die steuerrelevante wirtschaftliche Zuordnung der Wirtschaftsgüter, die Contracting-Gegenstand sind. Eine Orientierung für die (Kosten der) Messung und Verifizierung von Energiesparmaßnahmen bietet beispielsweise das IPMVP (DOE 2002; vgl. hierzu auch Hennicke/Ramesohl/Dudda 2000).

Die **kapitalgebundenen Kosten** berücksichtigen nach VDI 2067 neben den Erstinvestitionen in die einzelnen Anlagenkomponenten und baulichen Maßnahmen - einschließlich eines in der Praxis meist pauschalen Betrags für Planungskosten (z. B. 12% der Sachanlageninvestitionen) und Kosten für Unvorhergesehenes (z. B. 10% der Sachanlageninvestitionen) - auch die Anschluss- und Installationskosten. Ferner werden ggf. notwendige Ersatz- und Nachrüstinvestitionen veranschlagt. Zu den **verbrauchsgebundenen Kosten** gehören Energie- bzw. Brennstoffkosten und Kosten für Hilfs- und Betriebsstoffe. Betriebsgebundene Kosten fallen vor allem für das Bedienen, das Reinigen, das regelmäßige Messen (z. B. durch den Schornsteinfeger) und die Instandhaltung (Wartung, Inspektion, Instandsetzung) der Anlagen an. Auch bei den **betriebsgebundenen Kosten** wird in der Investitionsrechnung häufig ein Risikozuschlag berücksichtigt. **Sonstige Kosten** sind z. B. Versicherungen, anteilige Verwaltungskosten, kalkulatorischer Unternehmerlohn und Abgaben.

Die VDI 2067 enthält als Kalkulationshilfen bzw. -richtwerte ferner Tabellen mit pauschalen Werten zur rechnerischen **Nutzungsdauer** in Jahren und zum Aufwand für Instandsetzung, Wartung und Bedienung der einzelnen gebäudetechnischen Anlagenkomponenten. Der Bedienungsaufwand wird dabei in Stunden pro Jahr abgeschätzt (z. B. eine Stunde pro Jahr für die Bedienung eines Kessels für Thermoöl), der Wartungs- und Instandsetzungsaufwand jeweils in Prozent der Investitionssumme pro Jahr und Komponente (z. B. 0,5% Wartungs- und 1% Instandsetzungsaufwand für einen Gas-Durchlaufwasserheizer).

In Anlehnung an übliche betriebswirtschaftliche Differenzierungen (vgl. z. B. Seicht 1995, 88ff.) können wie in Tabelle 21 dargestellt alternativ die folgenden Kostenarten unterschieden werden: **Personalkosten, Materialkosten, Energie- bzw. Brennstoffkosten, kalkulatorische Abschreibungs-, Zins- und Wagniskosten, Fremdleistungen sowie sonstige Kosten**. Diese Art der Kostengliederung ist allerdings in der Praxis unüblich, da - wie Nachfragen bei Contractoren ergaben - dort in der Regel nur nach VDI 2067 gegliedert wird. Dies hat jedoch im Hinblick auf eine differenziertere Analyse der einzelnen Teilprozesse und Kostentreiber den Nachteil, dass die gesamten Kosten der technischen, wirtschaftlichen und rechtlichen Vorbereitung eines Contracting-Projekts (inklusive Konzeptionierungs- und

Planungskosten) meist nur als pauschaler Anteil an den Investitionskosten und damit an den kapitalgebundenen Kosten ausgewiesen werden.

Abbildung 12 Typischer Einzahlungs- und Auszahlungsverlauf eines Einspar-Contracting-Projekts

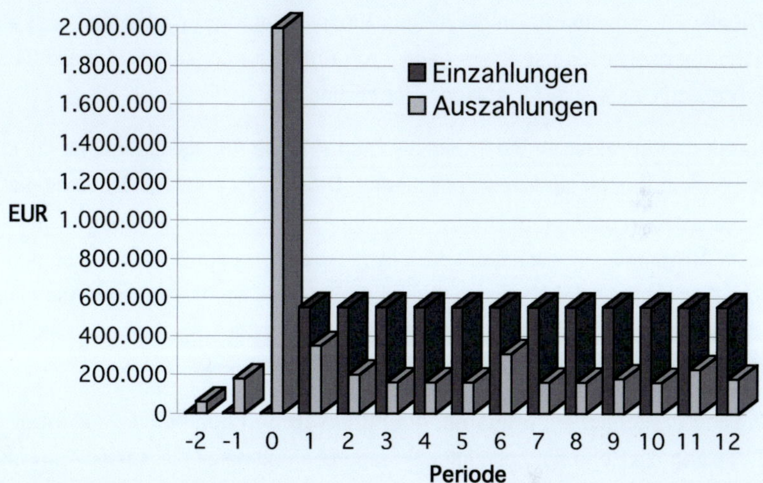

Quelle: Eigene Darstellung (fiktives Beispiel).

Abbildung 12 zeigt beispielhaft einen typischen **Auszahlungs- und Einzahlungsverlauf** beim Contractor eines innenfinanzierten Einspar-Contracting-Projektes mit einer technischen und vertraglichen Vorbereitungszeit von zwei, einer Realisationsphase von einem und einer Vertragsdauer von 12 Jahren. Im Vergleich zum Einzahlungs- und Auszahlungsverlauf mit den liquiditätswirksamen[159] relativ hohen Auszahlungen zu Projektbeginn (Anlaufverluste) ist beim Kostenverlauf durch entsprechende erfolgswirksame Periodisierungen eine Vergleichmäßigung zu erreichen.

159 Die Liquiditätswirkung dieser Vorlaufverluste sowie die zu Projektbeginn höhere Sicherheit der Auszahlungen im Vergleich zu den Einzahlungen im weiteren Projektverlauf sind unter Finanzierungs- und Risikoaspekten für den Contractor bedeutsam. In Contracting-Leitfäden werden diese Aspekte jedoch häufig vernachlässigt und vorrangig annuitätische Kostenbetrachtungen durchgeführt.

Wie sich die Projekteinzelkosten in den einzelnen Phasen eines Contracting-Projektes typischerweise verteilen, zeigen beispielhaft die folgenden Tabellen mit fiktiven Kostendaten[160]. Die Contracting-Projekte werden dabei grob vereinfachend in **Vorbereitungs-, Realisations- und Betriebsphase** unterteilt, denen die in Kapitel 5.4.1 dargestellten Teilprozesse und Aktivitäten zuzuordnen sind[161]. Tabelle 22 und Tabelle 23 enthalten Beispiele für das Einspar-Contracting, das erste mit einem höheren, das zweite mit einem geringeren Fremdleistungsanteil. Tabelle 24 stellt schließlich ein Beispiel für Anlagen-Contracting dar.

Hauptkostentreiber für die Personalkosten sind die Arbeitsstunden, für die kalkulatorischen Kosten die Investitionssumme. Deutlich zu erkennen ist, dass die Personalkosten in der Vorbereitungs- und Realisationsphase, die Kapitalkosten - und beim Anlagen-Contracting auch die Energiekosten - in der Betriebsphase dominieren. Der Umfang der Kapitalkosten wird allerdings bereits in der Vorbereitungsphase festgelegt, und in der Betriebsphase sind in der Regel nur noch die Personal-, Material- und Energiekosten in Grenzen beeinflussbar.

Welche **ursächlichen, primären, quantitativen und qualitativen Faktoren**[162] im Einzelnen die Höhe der benötigten Ressourcen und damit die Kosten - sowohl die geplanten Kosten als insbesondere auch nicht antizipierte Kostenabweichungen - bestimmen, in welchem Ausmaß diese Treibergrößen in welcher Projektphase wirksam sind, wie sie miteinander verknüpft sind (Ursache-Wirkungs-Zusammen-

---

160 Aus drei Gründen war es leider nur möglich, vorab geschätzte PLAN-Daten zu verschiedenen Projekten und nur wenige IST-Daten aus den Anfangsjahren eines Contracting-Projekts als Basis für eine typisierende, differenzierte Darstellung der Kostenstrukturen zu erhalten: Erstens geben die angefragten Unternehmen mit Blick auf mögliche Konkurrenz in der Regel an Dritte keine IST-Daten und auch nur in wenigen Fällen detailliertere PLAN-Daten heraus. Zweitens werden IST-Daten bei vielen Unternehmen bisher nur wenig differenziert und unvollständig erfasst. Und schließlich existieren bisher nur wenige typische Contracting-, vor allem wenige typische Einspar-Contracting-Projekte, bei denen die volle Vertragslaufzeit bereits abgelaufen ist und entsprechende IST-Daten vorliegen. Zusätzlich wurden Kostendaten aus Grobanalysen des Wuppertal Instituts hinzugezogen, die zum Teil allerdings vertraulich sind und daher nicht mit Angabe der Quelle genannt werden dürfen.

161 Zu den diversen Möglichkeiten der Einteilung eines Projekts in Phasen und der Phasenüberlappung vgl. auch Madauss 2000, 69ff.

162 Hoffmann (1998) identifiziert in seiner Untersuchung versteckter kundenspezifischer Kosten im Maschinenbau 428 Kostentreiber, die er in fünf Kategorien einteilt. Die Aufteilung reicht von in seinem Fallbeispiel eher am Anfang der Wertschöpfungskette dominierenden quantitativen Kostentreibern wie z. B. "Anzahl Maschinen" oder "Umfang einer Bestellung" bis zu rein qualitativen kostentreibenden Faktoren wie z. B. "nicht definierte Randbedingungen" oder "fehlender Teamgeist".

hänge) und inwieweit die Dimension der Beeinflussung steuerbar ist, wird in den folgenden Kapiteln detaillierter analysiert.

Tabelle 22 Struktur der Projekteinzelkosten - Beispiel 1: Einspar-Contracting

Projektphase		**Vorbereitung:** Kundenakquisition, technische, wirtschaftliche und vertragliche Vorbereitung[163]	**Realisation:** Feinplanung, Ausführung, Übergabe, ggf. Schulung[164]	**Betrieb:** Betriebsführung, Instandhaltung, Messung/Verifizierung, Abrechnung, Dokumentation
Kostenanfall		Einmalig	Einmalig	jährlich über 8 Jahre
Projekt-Einzelkosten	Personalkosten	30.000	25.000	2.500
	Materialkosten	750	6.000	250
	Energiekosten	n. r.	n. r.	n. r.
	Fremdleistungen		35.000	
	Kalkulatorische Abschreibungen			31.250
	Kalkulatorische Zinskosten			15.000[165]
	Kalkulatorische Wagniskosten			
	Sonstige Kosten	5.000 (Kapitalakquisition)		3.000 (Treuhänder)

Quelle: Eigene Darstellung auf Basis vertraulicher Daten eines bereits realisierten, in der Betriebsphase befindlichen Contracting-Projekts. Alle Angaben in EUR.

---

[163] D.h. Analyse (Datenanforderung, -aufbereitung, Begehungen und Messungen vor Ort, etc), Planung, Konzepterstellung, Wirtschaftlichkeitsprüfungen, Angebote, (Vor-)Vertragsentwürfe, Vertragsverhandlungen, Vertragsabschlüsse (zu den einzelnen Teilprozessen vgl. auch Kapitel 5.4.1).

[164] Zu den einzelnen Teilprozessen der Realisationsphase vgl. auch Kapitel 5.4.1.

[165] Bei vereinbarter 6%-iger Verzinsung des eingesetzten Kapitals und Kapitalrückzahlung nach Vertragsende, d. h. acht Jahren.

Tabelle 23 Struktur der Projekteinzelkosten - Beispiel 2: Einspar-Contracting

Projektphase		**Vorbereitung:** Kundenakquisition, technische, wirtschaftliche und vertragliche Vorbereitung	**Realisation:** Feinplanung, Ausführung, Übergabe, ggf. Schulung	**Betrieb:** Betriebsführung, Instandhaltung, Messung/Verifizierung, Abrechnung, Dokumentation
Kostenanfall		einmalig	einmalig	jährlich über 10 Jahre
Projekt-Einzelkosten	Personalkosten	20.500	68.500	15.000
	Materialkosten	1.250	8.500	10.000 (Hilfsstoffe)
	Energiekosten			
	Fremdleistungen	4.000 (rechtliche Prüfung)		5.000 (Versicherung)
	Kalkulatorische Abschreibungen			durchschnittlich 100.000
	Kalkulatorische Zinskosten			durchschnittlich 40.000 [166]
	Kalkulatorische Wagniskosten			durchschnittlich 10.000 [167]
	Sonstige Kosten			12.500 (Raummiete)

Quelle: Eigene Darstellung auf Basis vertraulicher Daten eines geplanten Einspar-Contracting-Projekts mit einer Investitionssumme in Höhe von etwa 1.000.000 EUR. Alle Angaben in EUR.

166 Durchschnittliche Zinskosten bei 8%-iger Verzinsung des jeweiligen betriebsnotwendigen Kapitals.

167 Durchschnittliche Wagniskosten bei 2%-igem Risikozuschlag auf die Verzinsung des jeweiligen betriebsnotwendigen Kapitals.

Tabelle 24 Struktur der Projekteinzelkosten - Beispiel 3: Anlagen-Contracting (BHKW etc.)

<table>
<tr><th colspan="2">Projektphase</th><th>Vorbereitung:
Kundenakquisition, technische, wirtschaftliche und vertragliche Vorbereitung</th><th>Realisation:
Feinplanung, Ausführung, Übergabe, ggf. Schulung</th><th>Betrieb:
Betriebsführung, Instandhaltung, Messung/Verifizierung, Abrechnung, Dokumentation</th></tr>
<tr><td colspan="2">Kostenanfall</td><td>einmalig</td><td>Einmalig</td><td>jährlich (15-30 Jahre)</td></tr>
<tr><td rowspan="8">Projekt-Einzelkosten</td><td>Personalkosten</td><td>50.000</td><td>151.000 (ohne Ausführungs-Personalkosten, die in Investitionsbetrag, d. h. Abschreibungs- und Zinskosten enthalten sind)</td><td>35.000</td></tr>
<tr><td>Materialkosten</td><td>Nicht gesondert ausgewiesen, in Investitionsbetrag (Abschreibung + Zinsen) enthalten</td><td>Nicht gesondert ausgewiesen, in Investitionsbetrag (Abschreibung + Zinsen) enthalten</td><td>38.000</td></tr>
<tr><td>Energiekosten</td><td></td><td></td><td>299.500</td></tr>
<tr><td>Fremdleistungen</td><td>10.000 (Versicherung)</td><td>3.500 (Versicherung)</td><td>22.000 (Versicherung)</td></tr>
<tr><td>Kalkulatorische Abschreibungen</td><td></td><td></td><td>durchschnittlich 94.000</td></tr>
<tr><td>Kalkulatorische Zinskosten</td><td>in sonstigen Kosten enthalten</td><td>in sonstigen Kosten enthalten</td><td>durchschnittlich 54.000</td></tr>
<tr><td>Kalkulatorische Wagniskosten</td><td>nicht ausgewiesen</td><td>nicht ausgewiesen</td><td>nicht ausgewiesen</td></tr>
<tr><td>Sonstige Kosten</td><td>4.500 (inkl. Zwischenfinanzierung)</td><td>21.000 (inkl. Zwischenfinanzierung und Gebühren)</td><td>22.000 (Gebühren, Zählerwesen/Inkasso)
19.000 (Wasser)
Raummiete / Flächenbewertung nicht ausgewiesen</td></tr>
</table>

Quelle: Eigene Darstellung in Anlehnung an Bemman / Müller 2000, 215ff. (Projekt "Neue Welt" mit einer Investitionssumme in Höhe von etwa 1.708.000 EUR). Anmerkung: Der Mittelbedarf im I. Quartal wurde der Vorbereitungsphase, der Mittelbedarf der Quartale II-V der Realisationsphase zugeordnet. Alle Angaben in EUR.

5.5 Performance-Treiber

5.5.1 Überblick

Die wesentlichen Einflussfaktoren auf das Erreichen gesetzter wirtschaftlicher Ergebnis- (Kosten-, Erlös-), Termin- und Leistungs-/Qualitätsziele von Contracting-Projekten (Performance-Treiber) lassen sich den folgenden Kategorien zuordnen (Abbildung 13):

- Technische Projektspezifika,
- Makro- und Markt-Umwelt,
- Kunde / Nutzer,
- Mitarbeiter / Projektteam,
- Unternehmen.

Die **technischen Projektspezifika**, insbesondere der Innovationsgrad (Neuartigkeit) und die technische Komplexität des Contracting-Projektes, sind für die Höhe der Kosten der Individualität der erbrachten Dienstleistung zentral. **Faktoren in der Makro- und Markt-Umwelt** beeinflussen die Kosten wichtiger Inputfaktoren und die Kapitalkosten. **Der Kunde bzw. der Nutzer** beeinflusst sowohl die Höhe der Kosten als auch die der Erlöse. Die **Mitarbeiter / das Projektteam** sind vor allem für die Dienstleistungsqualität, die Termintreue und ihre Produktivität verantwortlich, wobei hier teilweise die Interaktionen mit Unternehmens- und unternehmensexternen Faktoren außerhalb des Projektteams zu berücksichtigen sind. Andere **Einflussfaktoren im Unternehmen** sind direkt kostenwirksam (z. B. Finanzierungsmöglichkeiten, Kapitalstock, nutzbare Infrastruktur).

Die Wirkung der Einflussgrößen im Einzelnen wird in den folgenden Abschnitten näher analysiert. Basis bildet ein Einspar-Contracting-Projekt im Inland, bei dem eine Untererfüllung / Übererfüllung der vereinbarten Performance Erlösänderungen des Contractors hervorruft[168].

---

[168] Im Hinblick auf eine faire Aufteilung der Gewinne und Risiken aus einem Einspar-Contracting-

Abbildung 13 Treibende Einflussgrößen bei einem Einspar-Contracting-Projekt - Überblick

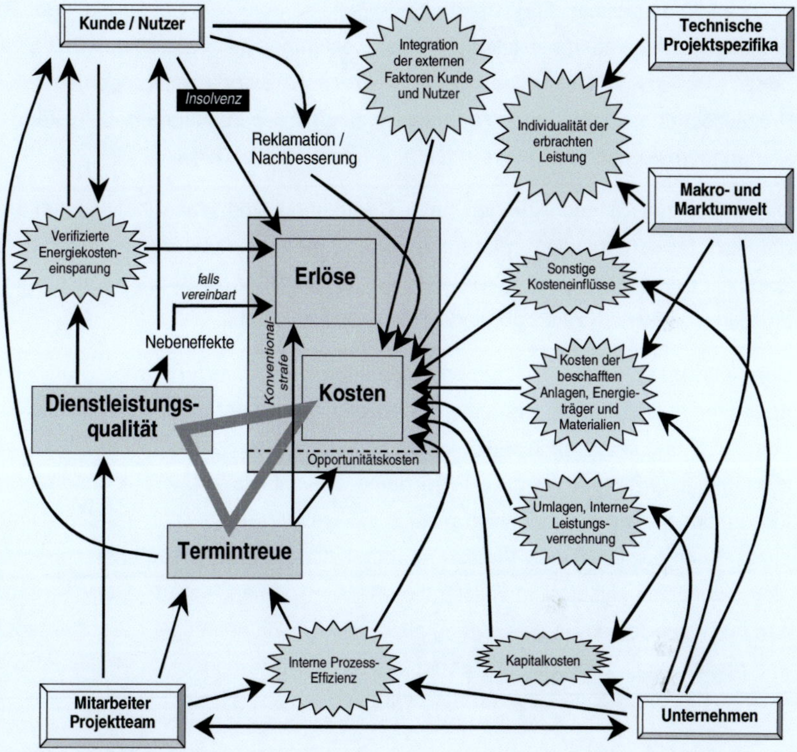

Quelle: Eigene Darstellung.

Zur Vereinfachung wird hier zunächst angenommen, dass das EDU das Projekt alleine ohne Hilfe von Unterauftragnehmern bzw. Kooperationspartnern durchführt, d. h. Einflussfaktoren auf Seiten der Kooperationspartner bleiben hier zunächst ausgeblendet[169].

Projekt gilt in der Praxis im Allgemeinen die folgende Regel: Das Risiko einer Untererfüllung der zugesagten Energie(kosten)einsparungen trägt der Contractor, der dadurch Mindereinnahmen hat, die Mehreinnahmen aus einer Übererfüllung werden geteilt. Nennenswerte Probleme mit der Aufteilung der Gewinne und Risiken werden nicht beobachtet (Hennicke/Ramesohl/Dudda 2000, 21f).

169 Aspekte der Kooperationssteuerung werden an anderer Stelle näher untersucht (vgl.

5.5.2 Technische Projektspezifika

Wie bereits dargestellt, sind (Contracting-)Projekte durch die Einmaligkeit der Bedingungen der Leistungserstellung in ihrer Gesamtheit gekennzeichnet. Das Bearbeiten möglichst vieler gleichartiger Projekte sowie Standardisierungen einzelner Prozessschritte, Denk- und Verfahrensweisen oder Leistungsmodule können Kostendegressionseffekte hervorrufen (vgl. hierzu Kapitel 5.6).

Die erbrachten Dienstleistungen beim Contracting sind umso individueller und dadurch im Allgemeinen mit entsprechend hohem Aufwand verbunden, je komplexer die technischen Anforderungen, je spezieller die Kundenwünsche und umso innovativer die zu erbringende Problemlösung sind.

Beispielsweise konnte im Rahmen eines Ausschreibungsverfahrens, durch das neue (contracting-fähige) Energieeffizienzpotenziale in der Industrie entdeckt wurden, auf Grund der Komplexität des raumlufttechnischen Systems eines Bieters die zunächst favorisierte Lösung - eine effiziente Querschnittstechnologie ohne großen Innovationscharakter - technisch nicht ohne weiteres umgesetzt werden. Unterstützt durch Experten des Ventilatorenherstellers, die sich die Umsetzungsprobleme zunächst selbst nicht vollständig erklären konnten, waren weitere Messungen und Analysen sowie die Prüfung alternativer, auch neuartiger Lösungsansätze erforderlich, was zusätzlichen, ungeplanten Aufwand bedeutete (Politecnico di Milano et al. 2000, Volume 2, 11f. und 15f.).

Joppe (2001) berichtet, dass im Maschinenbau die **Kosten der Individualität der erbrachten Leistungen** auf Grund von Sonderwünschen des Kunden häufig unterschätzt würden. Dies lässt sich gut mit dem komplexen Contracting-Systemgeschäft vergleichen. Eine intensive Kundenorientierung ist zwar in einem von starkem Wettbewerb geprägten Käufermarkt notwendig, um Aufträge zu erhalten. Insbesondere in kleineren und mittleren Unternehmen mangelt es jedoch an Projekt-Controlling-Systemen bzw. entsprechender Software, um die Projekte systematisch so zu steuern, dass nicht eine Leistung versprochen wird, die sich nicht rechnet.

---

insbesondere Kapitel 5.9.7 und 6.1.6).

Abbildung 14 Treibende Einflussgrößen bei einem Einspar-Contracting-Projekt - Technische Projektspezifika und Makro-Umwelt

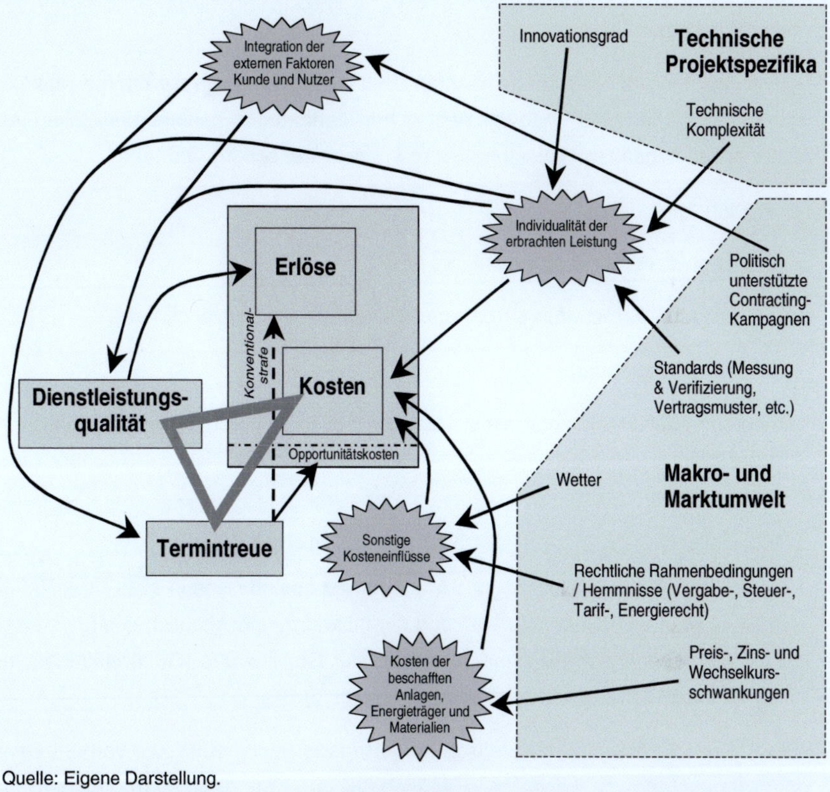

Quelle: Eigene Darstellung.

Neben dem Einfluss der Individualität der erbrachten Leistungen auf die Kosten, sind auch ihr **Einfluss auf Dienstleistungsqualität und Termintreue** zu beachten (Abbildung 14). Nach Hoffmann (1998, 103) äußern in dem von ihm untersuchten Beispiel aus dem Maschinenbau 21% (25%) der Mitarbeiter in den nicht-produktiven Abteilungen des Auftragsabwicklungsprozesses, dass individuelle Anpassungen an Kundenspezifikationen die Termintreue (Qualität) ihrer Arbeit negativ beeinflussen würden. Prozesse dauern länger, verursachen damit auch höhere Kosten[170] und wegen der Komplexität und Innovativität der zu erbringenden Leistun-

---

170 Vgl. die bereits angesprochene dynamische Abhängigkeit der Größen im "Magischen Dreieck"

gen kann nicht in jedem Fall gewährleistet werden, dass der Output die gleiche Qualität aufweist wie Standardleistungen, zu denen bereits ausreichende Erfahrungen vorliegen.

Kosten der Individualität der erbrachten Leistungen, die durch die hohe Komplexität und/oder den hohen Innovationsgrad der Maßnahmen bedingt sind, fallen vor allem in den folgenden Projektphasen bzw. Teilprozessen ins Gewicht:

- Feinanalyse,
- Konzept- bzw. Angebotserstellung,
- Vertragliche Vorbereitung, Vertragsverhandlung, Vertragsabschluss,
- Ausführungsplanung.

Bedeutung erlangen können sie u. U. auch in allen weiteren auftragsspezifischen Prozessen.

5.5.3 Externe Faktoren in der Makro- und Markt-Umwelt

Externe Faktoren in der Makro- und Marktumwelt beeinflussen in allen Projektphasen die Kosten, vor allem aber während der technisch-wirtschaftlichen und vertraglichen Vorbereitungsphasen und zu Beginn der Realisierung (Genehmigungsplanung bis Durchführung der Beschaffung)(Abbildung 14).

Obwohl das Contracting theoretisch hervorragend geeignet ist, die vorhandenen Investitionsstaus zur Umsetzung wirtschaftlicher Energieeinsparpotenziale zu überwinden und dies auch bereits an einer wachsenden Reihe erfolgreicher Beispiele demonstriert wurde, agiert der Contracting-Markt noch deutlich unterhalb seiner Potenziale (vgl. auch Kapitel 3.4.4.1). Politisch unterstützte bzw. entsprechend geförderte **Kampagnen** können als externer Makro-Faktor helfen, existierende Markthemmnisse[171] abzubauen und die Nutzung und Weiterentwicklung des

des Projektmanagements.

[171] Nach der Marktuntersuchung von E&M/Technomar (2000) sind Haupthemmnisse für das Contracting aus Kundensicht mangelnde Kostenvorteile (zum Teil begründet, teilweise fehlt Vergleichsbasis), mangelnde Information und emotionale Ablehnung (Aufgabe der Unabhängigkeit, zu lange Bindung etc.), sowie aus Sicht der Contractoren zu starre Strukturen der öffentlichen Hand, unzureichende Information über Contracting, fehlende

Contracting zu fördern. Kristof/Lechtenböhmer/Merten (1998, 78ff.) empfehlen in einer Untersuchung zum Einspar-Contracting für das Land Nordrhein-Westfalen vier Elemente, die im Rahmen einer derartigen Contracting-Kampagne eingesetzt werden sollten:

- eine Informationskampagne in Richtung Industrie / Gewerbe / Kommunen,
- eine Pilotstrategie für das Land Nordrhein-Westfalen als Vorreiter innerhalb der öffentlichen Hand,
- Aktivitäten zum Abbau rechtlicher Hemmnisse und zur Schaffung von Anreizen für das Contracting und
- die Bildung von Netzwerken in Verwaltung und Wirtschaft zur Verbreitung und Förderung von Contracting.

Letztlich steigt durch den Einsatz dieser Instrumente die Motivation des Kunden, die Akzeptanz der Nutzer einer Contracting-Maßnahme, die Kooperationsbereitschaft und die Nachfragekompetenz des Kunden und damit sinken die Kosten der Integration des externen Faktors Kunde (vgl. auch Hennicke/Ramesohl/Dudda 2000, 34ff.).

Die in Kapitel 5.4.2 bereits angesprochenen **rechtlichen Rahmenbedingungen** bzw. Hemmnisse können im Rahmen eines Contracting-Projektes kostenerhöhend wirken. Als Beispiele seien hier Unklarheiten darüber genannt, wie Contracting in kommunalen Liegenschaften im Rahmen der kommunalen Aufsicht (Kristof/Lechtenböhmer/Merten 1998, 83) und wie die steuerrelevante wirtschaftliche Zugehörigkeit des Contracting-Gutes durch die Finanzbehörden beurteilt werden. Auch die (Öko-)Steuer-Gesetzgebung sowie das Energierecht üben Einfluss auf die Kosten der Contracting-Projekte aus. Das Tarifrecht kann bei tarifrechtlich gebundenen Energieunternehmen wie dem "Modell-EDU" zu höheren Personalkosten führen im Vergleich zu reinen Energiedienstleistern[172].

Vollkostenrechnung der Kunden bei Eigenversorgung, Risiko der Standortschließung aus Konjunkturgründen bzw. Bonitätsrisiko des Kunden und emotionale Aspekte (Abhängigkeit von Dritten).

172 Statistische Daten bestätigen die relativ hohen spezifischen Personalkosten der EVU. Nach Zahlen des Statistischen Bundesamtes lagen beispielsweise die durchschnittlichen

Standardisierungen (z. B. von Vergabeverfahren, Vertragsmustern oder Mess- und Verifizierungsverfahren; vgl. zu letzterem auch Hennicke/Ramesohl/Dudda 2000) durch Verbände, Legislative oder Exekutive, Normungs-Institutionen etc. helfen die Kosten der Individualität der erbrachten Leistungen zu senken. Als **exogene Markteinflüsse** zu betrachtende Währungs-, Preis-, Lohnniveau- und Zinsschwankungen betreffen die Kosten der Beschaffung von Anlagen, Materialien, Energie und Brennstoffen, Hilfs- und Betriebsstoffen sowie Personalkosten und Fremdleistungen. Schließlich können **Witterungseinflüsse** - z. B. mittels Verzögerungen beim Bau - die Kosten beeinflussen. Je nach Wetter steigt auch die Motivation, Akzeptanz und Kooperationsbereitschaft des Kunden bzw. der Nutzer, bestimmte Contracting-Maßnahmen durchführen zu lassen, wodurch die Kosten der Integration des Kunden abnehmen. Beispielsweise ist es weniger aufwendig, den Kunden für ein Beleuchtungsprojekt im Spätherbst zu gewinnen als im Hochsommer, wenn ausreichend Tageslicht vorhanden ist.

Im Unterschied zu den hier dargestellten Ursache-Wirkungs-Zusammenhängen beim Einspar-Contracting können beim Anlagen-Contracting die (Veränderung der) rechtlichen Rahmenbedingungen sowie die Energiepreise auch Auswirkungen auf die Höhe der Erlöse haben (vgl. Brosziewski 2000 zu den verschiedenen Auswirkungen der Liberalisierung des Strommarktes auf die Wirtschaftlichkeit dezentraler KWK-Anlagen im Mittelspannungs- und Niederspannungsbereich). Beispielsweise ist der Arbeitspreis bei Nutzenergielieferverträgen in der Regel an einen Energiepreisindex oder an das ortsübliche Energiepreisniveau gekoppelt. Das Energierecht bzw. Bauplanungsrecht erlaubt Ausschlussklauseln, die alle Kunden eines Neubaugebiets zwingen, Energie ausschließlich vom Contractor zu beziehen (Durchleitungsverbot, z. B. bei BHKW-Versorgung[173]). Eine Umgestaltung der Ab-

---

Stundenlöhne der Arbeiter in deutschen Stromversorgungsbetrieben zu Beginn des Liberalisierungsprozesses Mitte bis Ende der 90er Jahre mehr als 20% über den durchschnittlichen Stundenlöhnen im verarbeitenden Gewerbe. Erst im Jahr 2001 ist eine deutliche Verringerung dieser Differenz festzustellen.

[173] Der Bundesgerichtshof hat in einem Urteil im Juli 2002 gegen ein entsprechendes Vorgehen der schleswig-holsteinischen Gemeinde Börnsen keine kartellrechtlichen Einwände erhoben (Az.: KZR 30/00; vgl. BGH 2002). Die Gemeinde hatte in Kooperation mit den Hamburger Gaswerken ein Neubaugebiet mit Kraft-Wärme-Kopplung realisiert und den Anschluss an das Nahwärmesystem in den Grundstückskaufverträgen geregelt. Hiergegen klagte der Verband der Brennstoff- und Mineralölhändler Norddeutschlands. Das OLG Schleswig untersagte zunächst eine derartige Bindung. Der BGH-Kartellsenat billigte dagegen die Abnahmepflicht. Die Gemeinde Börnsen nutze hier nicht ihre öffentlich-rechtliche Sonderstellung aus, sondern

gabenbe- oder -entlastung durch den Gesetzgeber verändert die Erlöse je nach Vertragsgestaltung ebenfalls (d. h. je nach Aufteilung der zusätzlichen Be- bzw. Entlastung zwischen Contracting-Geber und -Nehmer). Und schließlich hängt die Nutzenergienachfrage zum Teil von klimatischen Einflüssen ab, d. h. z. B. verstärkter Nutzwärmebedarf (Nutzkältebedarf) in besonders kalter (warmer) Jahreszeit oder verstärkter Nutzlichtbedarf bei besonders regnerischem Wetter[174].

5.5.4 Externe Faktoren Kunde und Nutzer

Als ein Kriterium für den Dienstleistungscharakter einer Leistung nennt die Literatur die Integration externer Faktoren in die betrieblichen Leistungserstellungsprozesse (vgl. Kapitel 2.3.2.2 und Wietfeld 1998, Reckenfelderbäumer 1998). Das bedeutet, das Erbringen der Leistung erfordert einen zusätzlichen, außerbetrieblichen Produktionsfaktor, beispielsweise die Mitwirkung des Kunden bzw. der Nutzer der Dienstleistung[175]. Im Folgenden werden diejenigen Kosten- und Erlöseinflüsse genauer betrachtet, die durch die Integration des externen Faktors Kunde / Nutzer begründet sind[176].

---

handle nicht anders als ein privater Bauträger, der sich für ein Neubaugebiet die Verpflichtung der Käufer zum Bezug einer bestimmten Fernwärmeversorgung zusichern lasse. Auch die mittelbare Verpflichtung der Käufer über die Erschließungsträger hat der BGH nicht beanstandet, da es der Gemeinde mit der Bezugsverpflichtung in erster Linie nicht um den wirtschaftlichen Erfolg der gegründeten Gas- und Wärmedienst Börnsen GmbH, sondern um den Klima- und Umweltschutz gegangen sei.

174 Anzumerken ist an dieser Stelle, dass Einspar-Contracting-Verträge witterungsbedingte Einflüsse in der Regel durch entsprechende Korrekturfaktoren ausschließen (Gradtagszahlbereinigung). Ferner wird das Risiko von Energiepreisänderungen meist auf den Contracting-Nehmer übertragen. Dies geschieht dadurch, dass vertraglich vereinbart wird, die Energiekosteneinsparung auf Basis der in einem Referenzjahr maßgeblichen Energiepreise zu berechnen (Vergleich mit Energiekosten-Baseline).

175 Nutzer und Kunde können identisch sein. Insbesondere bei Sanierungsmaßnahmen in Wohngebäuden und öffentlichen Einrichtungen sind Kunde und Nutzer jedoch häufig verschiedene Personen(gruppen), was u. U. zu verschiedensten Problemen führt (z. B. Vermieter-Mieter-Dilemmata, Principal-Agent-Probleme).

176 An dieser Stelle sei angemerkt, dass kundenspezifische Kosten auch bei Nicht-Dienstleistungen anfallen, wenn Produkte punktuell auf einen Kundenwunsch angepasst werden (vgl. das Fallbeispiel eines Herstellers im Maschinenbau in Hoffmann 1998). Die verursachungsgerechte Abbildung dieser kostentreibenden Wirkungen auf die Kunden- und Produktprofitabilität erfolgt selten, so dass von "versteckten" Kosten gesprochen werden kann (ebenda, 93).

5.5.4.1 Kunden- und nutzerspezifische Erlöseinflüsse

Die für den gesamten Projektzeitraum geplanten Erlöse aus einem Contracting-Projekt sind nur erzielbar, wenn der Kunde während der ganzen, im Vergleich zu anderen Geschäftsfeldern relativ langen Vertragsdauer zahlungsfähig bleibt oder bei Zahlungsunfähigkeit zumindest geeignete Sicherheiten hinterlegt hat. Die Risiken aus der hohen Kapitalbindung über eine relativ lange Projektlaufzeit beachten viele Akteure im Contracting-Markt bisher nur wenig. Bei weiter wachsenden Umsätzen und zunehmender Konkurrenz erhöht sich das **Insolvenz-Problem** in der Zukunft möglicherweise, so die Einschätzung einiger im Rahmen dieser Untersuchung befragten Akteure:

- Zur Zeit entstehen Contracting-Projekte der Energieunternehmen häufig aus bereits lange bestehenden Vertrauensbeziehungen zum Kunden, die eine relativ gute Einschätzung der Bonität des Kunden ermöglichen. Bei einer Ausweitung des Contracting-Geschäfts kommen jedoch auch andere, neue Kunden hinzu, über die bisher weniger ausführliche Informationen vorliegen (z. B. auch zum Zahlungsverhalten).
- Bislang lag der strategische Fokus der Energieunternehmen eher auf dem Verkauf von Endenergie als auf dem Dienstleistungsbereich. Contracting-Projekte wurden daher von den meisten Unternehmen lediglich vereinzelt durchgeführt und die Kunden sorgfältigst ausgewählt. "Wenn man [jedoch] eine große Bandbreite erreichen will, dann wird man sicherlich nicht nur die Rosinen picken, sondern auch Wackelkandidaten dabeihaben", so ein Controller eines Energieunternehmens in einem der in Kapitel 4.3.3 dargestellten Interviews.
- Neben den genannten Ursachen kann eine im Projektverlauf ggf. auftretende Konjunkturschwäche zu einer allgemeinen Erhöhung der Insolvenzgefahr führen.

Der mögliche Schaden des Contractors eines Einspar-Contracting-Projekts wegen einer Insolvenz des Kunden ist nicht nur auf Grund der langen Vertragsdauer größer als bei anderen Produkten und Dienstleistungen. Um diese Aussage zu begründen, sei ein kurzer Vergleich mit zwei anderen Bereichen mit langen Vertragslaufzeiten erlaubt. Im Unterschied zu Bauvorhaben oder komplexen Systemgeschäften im Maschinenbau erfolgen keine an den jeweiligen Projektfortschritt

(Arbeitswert[177]) gekoppelten Anzahlungen nach Erreichen bestimmter Meilensteine. Stattdessen wird in der Regel erst mit Abschluss der Realisationsphase und Abnahme der erbrachten Leistungen mit der Zahlung der Contracting-Rate begonnnen. Auch beim Leasing gibt es Verträge mit langen Laufzeiten. Auch dort wird erst dann mit der Zahlung der Leasing-Rate begonnen, wenn der Kunde das Produkt bzw. die Dienstleistung nutzen kann (Deckung von Kosten und Erlösen: "pay-as-you-earn"). Im Unterschied zum Einspar-Contracting, wo kundenangepasste, individuelle, zumindest teilweise irreversible Leistungen erbracht werden, ist dort aber in den meisten Fällen bei Zahlungsunfähigkeit des Kunden eine Rücknahme bzw. Drittverwendungsfähigkeit des Wirtschaftsgutes problemlos möglich[178].

Im Allgemeinen hängt der Umfang bzw. Umsatz eines Contracting-Projektes u. a. auch von der **Größe (Jahresverbrauch, Höchstlast) des Kunden** ab, da im Rahmen der Grobanalyse bei einem großen Kunden in der Regel mehr bzw. umfangreichere wirtschaftliche, contracting-fähige Effizienzmaßnahmen zu entdecken sind als bei einem kleinen Kunden, wobei natürlich in der Vergangenheit bereits erbrachte Energieeffizienz-Leistungen das vorhandene Contracting-Potenzial u. U. einschränken.

Steuerungsrelevant im Laufe eines Einspar-Contracting-Projektes sind vor allem auch Abweichungen von den geplanten, zugesagten Energie(kosten)einsparungen. Diese können u. a. durch offensichtliche oder schleichende Nutzungsänderungen begründet sein. Eher **offensichtliche Nutzungsänderungen** können z. B. mit Leerständen bzw. Änderungen des Vermietungsgrades bei im Contracting versorgten Mietobjekten oder baulichen Veränderungen einhergehen. Sie sind prinzipiell vertraglich regelbar und entsprechend zu kontrollieren (auch wenn die Zurechnung der wirtschaftlichen Folgen der beobachtbaren Nutzungsänderung zu Contracting-Geber oder -Nehmer nicht immer eindeutig erfolgen kann)[179]. Dagegen

---

177 Krystek/Zur 1991.

178 Ausnahmen sind hier Infrastrukturprojekte des Staates, bei dem jedoch der Eintritt der Zahlungsunfähigkeit im Grunde ausgeschlossen werden kann.

179 Beispiele hierfür sind: Der Contracting-Geber optimiert die Leuchtentechnik und der Contracting-Nehmer wählt einen hellen Decken- und Wandanstrich und verbessert die Tageslichtnutzung durch bessere Jalousientechnik. Der Contracting-Geber optimiert die Heiztechnik und der Contracting-Nehmer saniert die Gebäudehüllen.

sind **schleichende Veränderungen** (z. B. Veränderungen im bzw. falsches Nutzerverhalten, kontinuierlich steigende Ausstattung mit Bürogeräten oder Medizintechnik) kaum nachvollziehbar und damit - selbst mit Hilfe von Gebäudeleittechnik (Hennicke/Ramesohl/Dudda 2000, 23) - auch kaum steuerbar. "Auf Grund der teilweise großen Anzahl an Beschäftigten (in großen Kliniken z. B. bis über 3000 Mitarbeiter) und der Tendenz zur selbständigen Korrektur bzw. Manipulation von Anlagen durch die Nutzer bis hin zu Sabotage und Vandalismus kann der Faktor Mensch nicht völlig ausgeschaltet werden" (ebenda). Letztlich kommt es hier auf das **Vertrauensverhältnis** zwischen Contracting-Nehmer und Contracting-Geber sowie auf eine ausführliche, geeignete Information, Motivation und Schulung der Nutzer an. Die Nutzerakzeptanz ist insbesondere bei der Sanierung von Wohnanlagen oder auch Schulen (ebenda, 16) sowie beim Versorgungs-Contracting ein Schlüsselfaktor.

5.5.4.2 Kunden- und nutzerspezifische Kosteneinflüsse

Kosten, die durch **Reklamationen** und anschließend ggf. notwendige Nachbesserungen auf Grund einer Unzufriedenheit des Kunden bzw. Nutzer mit der Qualität oder Termintreue der erbrachten Leistungen entstehen, treten oft erst nach Realisation der Maßnahmen auf. Dagegen fallen **Kosten der Integration des externen Faktors** Kunde bzw. Nutzer vor allem in der Vorbereitungsphase[180], aber zum Teil auch in der Realisations- und Betriebsphase an. Diese Kosteneinflüsse (Abbildung 15) werden im Folgenden näher untersucht. Kosteneinflüsse auf Grund spezieller Sonderwünsche des Kunden bleiben dabei unberücksichtigt. Sie fallen unter die bereits dargestellte Kategorie der technischen Projektspezifika.

Ganz wesentlich für den Erfolg eines Contracting-Projektes und die Minimierung der Integrationskosten ist ein gutes **Vertrauensverhältnis** zwischen Kunde (bzw. Nutzer) und Contractor sowie eine konstruktive Mitarbeit des Kunden (ggf. auch des Nutzers) im Rahmen seiner Möglichkeiten[181].

---

[180] Vgl. beispielsweise Hennicke/Ramesohl/Dudda 2000, 25: "Den Hauptteil der Transaktionskosten (Zeit und ‚Ärger') sehen die Akteure im Bereich der technischen Vorbereitung, d. h. Planung, Ortsbesichtigungen, Verhandlungen, Datenaufbereitung für Grobanalysen etc." Diese Aussage wurde in den in Kapitel 4.3.3 dargestellten Interviews mehrfach bestätigt.

[181] Vgl. beispielsweise Hennicke/Ramesohl/Dudda 2000 sowie die im Rahmen der vorliegenden

Abbildung 15 Treibende Einflussgrößen bei einem Einspar-Contracting-Projekt - Die externen Faktoren Kunde und Nutzer

(Schleichende) Veränderung des Nutzerverhaltens
Prozesseffizienz des Kunden (Länge der Entscheidungswege, Klarheit der Zuständigkeiten, etc.)
Technische Energieeffizienzkompetenz
Kooperationsbereitschaft und –fähigkeit bei Datenermittlung
Motivation des Kunden
Problem, wenn nicht beobachtbar / messbar
Kunde / Nutzer
Entfernung zum Kunden
Akzeptanz der Nutzer
Dauer der Kundenbeziehung
Integration der externen Faktoren Kunde und Nutzer
Vertrauensverhältnis (Kundenbindung)
Größe (Jahresverbrauch, Höchstlast)
Kundenzufriedenheit
Projektumfang
Solvenz über Projektlaufzeit
Reklamation / Nachbesserung
Verifizierte Energiekosteneinsparung
falls vereinbart
Erlöse
Nebeneffekte
Konventionalstrafe
Kosten
Dienstleistungsqualität
Opportunitätskosten
Termintreue

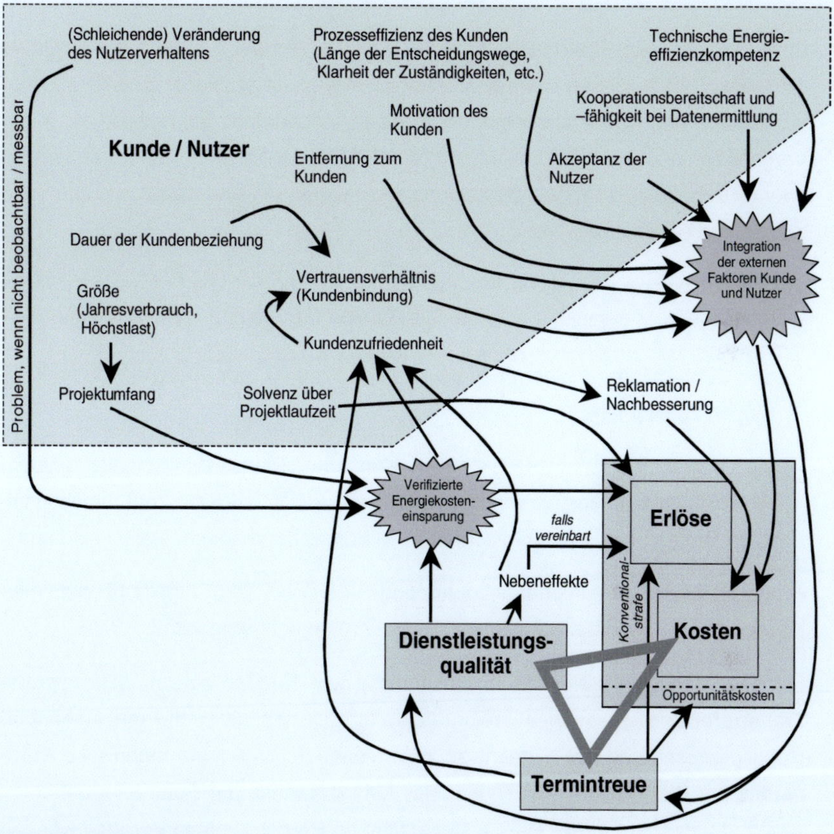

Quelle: Eigene Darstellung.

Eine detaillierte ex-ante Spezifizierung aller Eventualitäten, d. h. möglicherweise auftretender Probleme, Konflikte und Anpassungsregeln im Contracting-Vertrag ist unrealistisch, da auch die Datenlage und Dokumentation der Ausgangssituation prinzipiell nie vollständig sein kann (Hennicke/Ramesohl/Dudda 2000, 24). Außerdem müssen aus Kosten-Nutzen-Überlegungen Kompromisse hinsichtlich der Genauigkeit eingegangen werden. Es liegt also eine partielle Offenheit (Matthes

Arbeit durchgeführten Interviews.

2001) vor, die ein gewisses Maß an Flexibilität erfordert (beispielsweise auch hinsichtlich weiterer Nachverhandlungsmöglichkeiten).

Daher stützen sich Contracting-Projekte auf das Vertrauen in eine **konstruktive Partnerschaft** zwischen Contracting-Geber und -Nehmer, wobei eine bereits länger andauernde Kundenbeziehung sowie die Zufriedenheit des Kunden mit in der Vergangenheit erbrachten Leistungen des EDU förderlich sind. Störungen im Vertrauensverhältnis verlangen zusätzliche Anstrengungen und steigern damit auch Kosten des Contractors.

Je weniger eigene technische Kompetenz der Kunde mitbringt, umso mehr muss er - insbesondere bei technisch komplexen Projekten - darauf vertrauen, dass

- das Contracting in seinem Fall der richtige Weg ist, um Energiekosteneinsparungen zu erzielen,
- die vorgelegten Analyseergebnisse, Konzepte, Pläne, Wirtschaftlichkeitsberechnungen und Ausführungen des Contractors (sowie eines ggf. eingeschalteten Dritten, u. U. eines Gutachters) von ausreichend hoher Qualität sind und
- die Höhe der zu zahlenden Contracting-Rate (bzw. des Entgelts für die gelieferte Nutzenergie beim Anlagen-Contracting) gerechtfertigt ist.

Für den Contractor ist es daher wesentlich, dem Kunden eine möglichst große **Transparenz**, d. h. auch ausreichend Informationen, über die einzelnen Leistungsprozesse und ihre Ergebnisse zu verschaffen[182]. Je mehr technische **Kompetenz** der Bieter besitzt, umso weniger Aufwand muss der Contractor dabei leisten[183]. Auch steigt in der Regel die Qualität sowie der Umfang der vom Kunden zur Verfügung gestellten Datengrundlagen mit seiner technischen bzw. technisch-wirtschaftlichen Kompetenz.

Wird ein Contracting-Projekt im Rahmen eines Ausschreibungsverfahrens vergeben, so resultieren aus mangelnder technischer Kompetenz sowie ungenügender

---

[182] Hilfreich sind auch unabhängige Unterstützungen, Begutachtungen und Garantieerklärungen auf Basis von Plausibilitätsprüfungen wie sie beispielsweise der Verband für Wärmelieferung anbietet (VfW 2000a).

[183] Im Rahmen einer Landesförderung einsetzbare Maßnahmen und Hilfsmittel zur Erhöhung der Nachfragekompetenz des Kunden werden in Hennicke/Ramesohl/Dudda 2000 ausführlich

Prozesseffizienz des ausschreibenden Kunden unklare, ungenaue oder unvollständige Ausschreibungen und komplizierte Vergabeverfahren, welche die Akquisitionskosten des Contractors u. U. in die Höhe treiben.

Oft fehlt es auf Seiten des Kunden dabei an einer präzisen **Klärung der Motivationen, Zielvorgaben und Handlungsmöglichkeiten**, um dem Contractor klare Eckpunkte für die weitere Analyse und Konzeption des Contracting-Projekts zu schaffen (Hennicke/Ramesohl/Dudda 2000, 13). Je klarer die Motivation des Kunden und je höher sein Interesse an Energie(kosten)einsparung oder/und Emissionsminderungen ist (vgl. hierzu auch die in Kapitel 3.5.4.1 genannten Kundentypen), umso weniger Aufwand hat der Contractor in der Phase der Akquisition und der technischen, wirtschaftlichen und vertraglichen Vorbereitung der Maßnahmen.

Mangelnde **Prozesseffizienz** beim Kunden (z. B. lange Entscheidungswege, unklare Zuständigkeiten) verlängert nicht nur die einzelnen Projektphasen, sie kann auch zusätzliche Kosten hervorrufen. Ein kleines Praxisbeispiel mag dies veranschaulichen: In der Analysephase eines Contracting-Projekts sollten bestimmte Messungen durchgeführt werden. Dazu war es erforderlich, dem Contractor Zugang zu bestimmten Räumen und Schaltschränken zu verschaffen. Der Contractor hatte dies mit dem Kunden vorbesprochen und sein Kommen per Fax angekündigt. Auf Grund von Unklarheiten über Zuständigkeiten beim Kunden war es jedoch erst etwa zwei Stunden nach Eintreffen des Contractors möglich, den Zugang zu erhalten, was die Kosten des mit zwei Mitarbeitern angereisten Contractors entsprechend erhöhte. Gerade in den Analyse- und Realisations- sowie Mess- und Verifizierungsphasen kommt es sehr auf die Kooperationsbereitschaft der zuständigen Mitarbeiter des Kunden an.

Die **Akzeptanz der Nutzer** wurde bereits bei der Darstellung der kundenspezifischen Erlöseinflüsse kurz angesprochen. Sie spielt auch für die Kosten des Contractors in der Vorbereitungs-, Realisations- und Betriebsphase eine wichtige Rolle. Beispielsweise müssen bei der Sanierung von Wohnanlagen oder auch Schulen die Eigentümergemeinschaften, Mieterversammlungen wie auch Schulleitungen/Lehrerkollegien in der Regel den baulichen Veränderungen zustimmen und ihr

---

benannt (z. B. elektronische Lernhilfen, Checklisten, Coaching, Vernetzung).

Nutzerverhalten an die neuen Gegebenheiten anpassen. Widerstände und einzelne Blockaden verzögern ein Projekt und steigern den Aufwand des Contractors (Hennicke/Ramesohl/Dudda 2000, 16).

Zu berücksichtigen ist, dass die genannten Einflussfaktoren auf Seiten des Kunden nicht alle unabhängig voneinander wirken, sondern sich auch gegenseitig nivellieren oder verstärken können. Möglicherweise führen unzureichende Kompetenz und mangelnde Kooperationsbereitschaft des Kunden zu häufigeren Begehungen und Messungen im Rahmen der Analysen. Je weiter der Kunde vom Contractor entfernt liegt, umso stärker wirken sich diese beiden Faktoren auf die Kosten des Contractors aus.

5.5.4.3 Kunden- und nutzerspezifische Einflüsse auf Dienstleistungsqualität und Termintreue

Kundenspezifische Einflüsse auf Dienstleistungsqualität und Termintreue, die nicht den bereits dargestellten technischen Projektspezifika zuzurechnen sind, sind in Abbildung 15 dargestellt. Wie bereits erwähnt, kann beispielsweise mangelnde Prozesseffizienz beim Kunden Verzögerungen verursachen, die nicht nur die Kosten erhöhen, sondern auch das Einhalten gesetzter Termine erschweren. Ungenügende technische Kompetenz des Kunden sowie mangelnde Kooperationsbereitschaft bei der Datenermittlung erschweren einerseits die Analyse und steigern deren Kosten, andererseits verhindern sie, dass besonders effiziente, qualitativ hochwertige Lösungen entdeckt werden. Aus diesen Beispielen ist die bereits angesprochene **dynamische Abhängigkeit** der Größen im "Magischen Dreieck" des Projektmanagements gut zu erkennen.

5.5.5 Mitarbeiter und Projektteam

"Für uns als Dienstleistungsunternehmen steht und fällt natürlich alles mit der Qualifikation, der Ausbildung, mit der Motivation der Mitarbeiter. Unsere Mitarbeiter sind das Kapital", so ein Geschäftsführer eines EDU im Rahmen eines der in Kapitel 4.3.3 dargestellten Interviews (vgl. auch Andreas/Rademacher/Sauter 1992, 101). Die treibenden Einflussgrößen auf Seiten der Mitarbeiter des Contracting-Projektteams werden im Folgenden näher betrachtet (Abbildung 16).

Abbildung 16 Treibende Einflussgrößen bei einem Einspar-Contracting-Projekt - Mitarbeiter / Projektteam

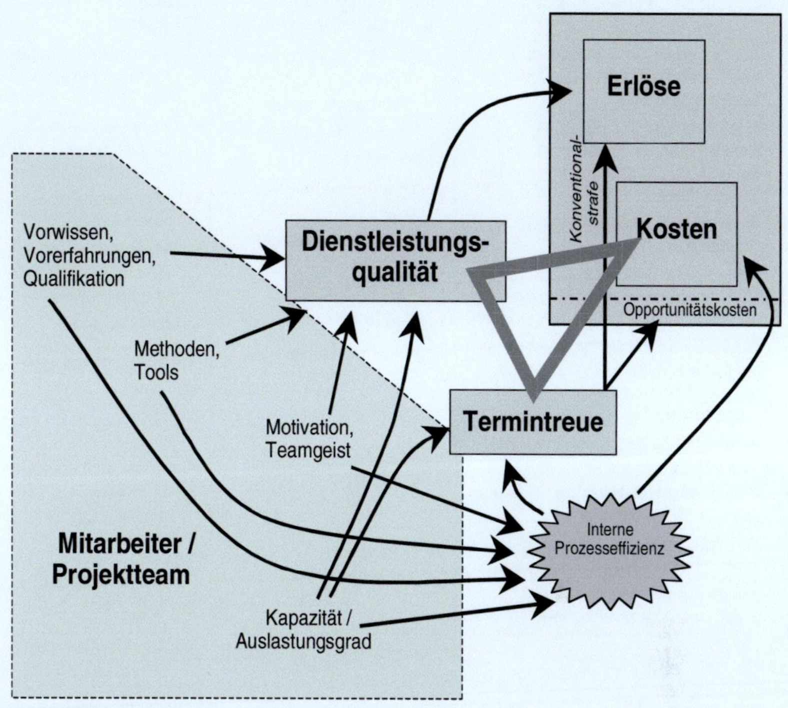

Quelle: Eigene Darstellung.

Wie bereits dargestellt, lässt sich der Output der Dienstleistungsprozesse im Rahmen eines Einspar-Contracting-Projekts nur teilweise quantitativ messen. Zwar können beispielsweise zwei Contracting-Angebote im Hinblick auf den Umfang, die Nutzungsdauer und die Wirtschaftlichkeit der vorgeschlagenen Energiekosteneinsparungen miteinander verglichen werden[184]. Die Qualität der Analysen (vgl. auch Tabelle 25), Maßnahmenvorschläge, Ausführungsplanungen, geplanten Beschaffungsprozesse und Ausführungen lässt sich jedoch in der Vorbereitungsphase zunächst nur anhand von Plausibilitätsüberprüfungen abschätzen.

---

[184] Eine, z. B. im Rahmen einer Nutzwertanalyse einsetzbare, wesentlich umfangreichere Kriterienliste zur Beurteilung von Contracting-(Vor-)Angeboten findet sich beispielsweise in Kristof/Lechtenböhmer/Merten 1998, 53ff. (auch abgedruckt in MBW 1999, 18).

Tabelle 25 Outputs, Inputs und Effizienz der Prozesskette Grobanalyse/Energieanalyse eines Einspar-Contracting-Projekts

Anforderungen an den Output	**Anforderungen an den Inputfaktor Mitarbeiter**[185]	**Effizienz der Leistungserbringung**
• Aufdecken umfangreicher, aber auch realisierbarer, wirtschaftlicher Einsparpotenziale • Hohe Transparenz der Analyse(berichte) (z. B. der untersuchten und entsprechend dargestellten Energieflüsse) • Ausreichende Differenziertheit der Analyse(berichte) • Hohe Innovativität: vorgeschlagene Maßnahmen sollten mindestens dem Stand der Technik entsprechen • Gute Übertragbarkeit vorgeschlagener Querschnittsmaßnahmen auf nicht untersuchte Bereiche/Filialen des Kunden • Ausreichende Information des Kunden • Verständliche Darstellung / Präsentation (Analysebericht) • Termingerechte Fertigstellung • Gute Basis für ein evtl. darauf aufsetzendes kontinuierliches Energiemanagementsystem	• Fachkompetenz, Detailwissen • Methodenkompetenz • Abstraktionsvermögen • Kreativität • Systematischer Weitblick • Kommunikative Kompetenz • Termintreue • Verlässlichkeit	• Minimierung der geleisteten Personalstunden • Vermeidung von Überstunden (-zuschlägen) • Minimierung der Reisekosten • Minimierung sonstiger direkt zurechenbarer Kosten • Minimierung organisatorischer Reibungsverluste

Quelle: Eigene Darstellung.

Beispielsweise lässt sich zu diesem Zeitpunkt nur schwer beurteilen, wie effizient und effektiv die Prozessdurchführung erfolgt, inwieweit der Informationsfluss zum Kunden ausreicht und vor allem die Frage, inwieweit die vorgeschlagenen bzw. zugesagten Energiekosteneinsparungen und ggf. Nebeneffekte wie verbesserte Arbeitsbedingungen oder höhere Betriebssicherheit auch tatsächlich erreicht werden und am Ende wirtschaftlich sind.

Genauer bestimmbar ist die Qualität erst in den Mess- und Verifizierungsprozessen in der Betriebsphase.

---

[185] Als weitere wesentliche Inputfaktoren sind vor allem eine ausreichende Büroausstattung (inklusive geeigneter Hard- und Software) sowie eine geeignete Ausstattung mit Mess- und Prüfgeräten zu nennen (vgl. auch die in Kapitel 4.3.3.4 empirisch ermittelten Erfolgsfaktoren im EDL-Bereich).

Da die qualitative Substanz der Dienstleistungsprozesse in der Vorbereitungsphase kaum zu überwachen ist, kommt es umso stärker darauf an, die eingesetzten **Inputs und Verfahrensweisen** zu beachten (vgl. auch Weber/Schäffer/Langenbach 1999). Die Qualifikation, das Vorwissen, die Vorerfahrungen, die Motivation, der Teamgeist und die Flexibilität der Mitarbeiter sind dabei genauso bedeutsam wie die den Mitarbeitern zur Verfügung stehenden bzw. von ihnen erarbeiteten und genutzten Methoden und Tools, dazu zählen Software, Checklisten, Berechnungsverfahren, festgelegte Abläufe etc. Diese Faktoren beeinflussen sowohl die Qualität als auch die Effizienz der erbrachten Leistungen. Wie an dem folgenden Beispiel deutlich wird, liegt auch hier wieder eine dynamische Abhängigkeit zwischen Kosten und Qualität vor: Je höher die Qualität der technischen, wirtschaftlichen und vertraglichen Vorbereitung, umso aufwendiger ist zwar auch die Vorbereitungsphase, aber umso weniger kommt es während und nach Vertragsabschluß zu unerwarteten, u. U. hohe Kosten verursachenden Problemen.

Ein letzter auf der Projektteam-Ebene zu berücksichtigender Einflussfaktor ist die **Kapazitätsauslastung** der Mitarbeiter des Projektteams zum Zeitpunkt der Leistungserstellung. Liegt eine Überlast vor, so beeinträchtigt dies möglicherweise die Qualität wie auch die Produktivität und führt zu Terminverzögerungen.

5.5.6 Unternehmen

Eine motivierende **Anreizstruktur**, effiziente und ausreichende **Informations- und Kommunikationsflüsse** sowie eine geeignete **Unternehmensinfrastruktur** sind notwendig, um qualitativ hochwertige, termingerechte, produktive Leistungen der Mitarbeiter zu erzielen. Eine wechselseitige Beziehung besteht zwischen der **Unternehmenskultur** und Motivation, Teamgeist, Engagement und Flexibilität sowie dem Kommunikations- und Kooperationsverhalten der Mitarbeiter des Projektteams (vgl. auch Andreas/Rademacher/Sauter 1992, 101).

Abbildung 17 Treibende Einflussgrößen bei einem Einspar-Contracting-Projekt - Unternehmen

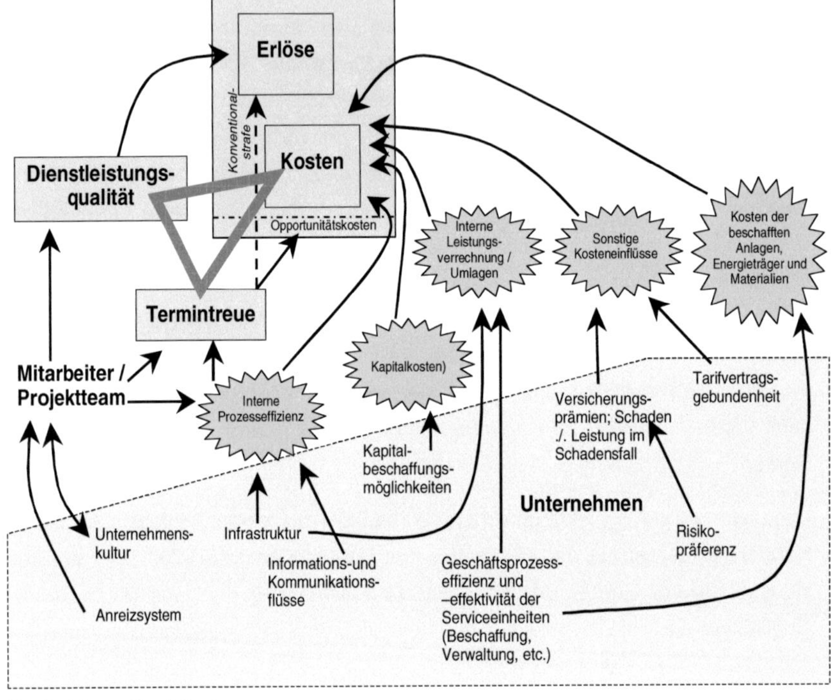

Quelle: Eigene Darstellung.

Die Kapitalkosten der Contracting-Projekte sind wesentlich von den anzulegenden **Zinssätzen** bestimmt, die wiederum von den Kapitalbeschaffungs-, d. h. den Außen- und Innenfinanzierungsmöglichkeiten des Unternehmens abhängen. Bezüglich der Innenfinanzierungsmöglichkeiten haben hier sicherlich die sich von EVU zu EDU wandelnden Energieunternehmen Vorteile gegenüber erst in den letzten Jahren entstandenen "reinen" EDU ohne bzw. mit vernachlässigbarem Endenergiegeschäft[186].

[186] Besondere Innenfinanzierungsmöglichkeiten bestehen auf Seiten der Kernkraftwerksbetreiber mit ihrem hohen, Ende 2001 insgesamt mehr als 30 Mrd. EUR (netto) betragendem Bestand an Rückstellungen im Kernenergiebereich (vgl. auch Irrek 1996a und 1996b; Irrek/Hennicke/Timpe 2000, Irrek 2002a).

Die vorhandene Infrastruktur und die Geschäftsprozesseffizienz und -effektivität der unternehmensinternen Kooperationspartner des Projektteams (hier Serviceeinheiten genannt: Beschaffung, Verwaltung etc.) bestimmen die Höhe der **Umlagen**, die einem Geschäftsfeld Contracting bzw. einzelnen Contracting-Projekten im Rahmen der innerbetrieblichen Leistungsverrechnung zugerechnet werden. Wie in Kapitel 4.3.3 bereits angedeutet, wurde von Praxisseite mehrfach auf das Problem hingewiesen, dass die Umlagenhöhe immer wieder ein Streitpunkt zwischen dem Contracting-Bereich und den zentralen Abteilungen eines sich zum EDU wandelnden EVU sei. In manchen Unternehmen wird während der Prüfungsprozesse vor Angebotserstellung von Projekt zu Projekt neu entschieden, ob das Contracting-Projekt den relativ hohen Overhead des ehemals monopolistischen "Molochs" tragen soll. Das beinhaltet die Gefahr, den möglichen Auftrag auf Grund zu hoher Kosten zu verlieren. Für ein derartiges, relativ neues Geschäftsfeld mit vergleichsweise langen Vertragslaufzeiten bietet es sich an, Umlagenhöhen zu bestimmen, die die in den nächsten Jahren zu erwartenden Kosteneinsparungen im Unternehmen bei der Kalkulation berücksichtigen. Eine uneingeschränkte Überwälzung aktueller Vollkosten erscheint betriebswirtschaftlich wenig sinnvoll.

Soweit das Projektteam die Beschaffung nicht selbst durchführt, hat die Effizienz und Effektivität der beschaffenden **Serviceeinheiten** -- Einfluss auf die Kosten der für eine Contracting-Maßnahme beschafften Anlagen, Geräte, Materialien und Energie. Ist das EDU an Tarifverträge gebunden, so muss es in der Regel mit höheren Personalkosten rechnen als andere EDU. Die bereits erwähnten, relativ hohen spezifischen **Personalkosten** in den Energieunternehmen sind u. a. Folge der Möglichkeit, Monopolrenten abzuschöpfen, die in der Monopolsituation nicht nur für die Kapitaleigner, sondern auch für die Arbeitnehmer bestand.

Die **Risikopräferenz** der Entscheider im Unternehmen beeinflusst letztlich, für welche versicherbaren Risiken eines Contracting-Projekts Versicherungen mit entsprechendem Prämienaufwand abgeschlossen werden (vgl. hierzu auch Rieschel 2000 sowie Kapitel 6.1.1).

5.5.7 Bewertung der Einflüsse

Für die Steuerung der Contracting-Projekte ist es notwendig, nicht nur die in den einzelnen Projektphasen relevanten Treibergrößen und ihre Ursache-Wirkungs-

Verknüpfung zu kennen, sondern auch zu bewerten, wie groß ihr Einfluss auf Kosten, Erlöse, Leistung / Qualität und Termintreue ist bzw. sein kann. Inwieweit lässt sich also das Ausmaß möglicher Einflüsse quantifizieren?`

Ein großes Problem bei der **Quantifizierung der Einflüsse** ist ihre kontextabhängige Ausprägung. Weitere Probleme bei Quantifizierungsversuchen stellen die relativ lange Projektlaufzeit und die Immaterialität der Dienstleistungen dar.

Zum einen schwankt das Ausmaß der Einflüsse in Abhängigkeit vom Kontext, insbesondere je nach Kunde (bzw. Nutzer) und technischen Projektspezifika stark (Individualität und Integrativität der Dienstleistungen). Eine exakte, eindeutige Quantifizierung ist daher in erster Linie nur für einige Einflussfaktoren der Kategorien Unternehmen sowie Markt- und Makro-Umwelt möglich (z. B. Personalkostenunterschied zwischen tarifvertragsgebundenen und nicht gebundenen Unternehmen, erwartete Energiepreisänderungen beim Anlagen-Contracting, Veränderungen der innerbetrieblichen Umlagen bei weiteren Kostensenkungsprogrammen). Aber auch für diese Einflüsse können angesichts der langen Vertragslaufzeiten im Contracting nicht in jedem Fall zuverlässige **Prognosen** zu Projektbeginn abgegeben werden. Beispielsweise lassen sich zu erwartende Energiepreisänderungen nur schwer abschätzen, da hier eine Vielzahl exogener Faktoren, wie z. B. das Verhalten der OPEC- Kohle-, Uran- oder Gasförder-Länder oder mögliche Veränderungen der ordnungsrechtlichen Rahmenbedingungen eine Rolle spielen (z. B. die Einführung einer Regulierung der Netzbetreiber zum 1. Juli 2004 in Deutschland gemäß der EU-Beschleunigungsrichtlinien vom Juni 2003). Hinzu kommt die weitere Dynamik des sich erst langsam entwickelnden Marktes (z. B. die Entwicklung der Gaspreise nach Inkrafttreten der Zusätze zur Verbändevereinbarung zur Netz- und Speichernutzung).

Darüber hinaus lassen sich qualitative Einflussfaktoren wie z. B. das Vorwissen, die Vorerfahrung und die Qualifikation der Mitarbeiter prinzipiell kaum quantifizieren (Immaterialitätscharakter des Dienstleistungsbereichs).

Daher müssen im Rahmen des Projekt-Controlling Lösungsansätze entwickelt werden, die trotz fehlender exakter Quantifizierungs- bzw. Prognosemöglichkeiten zumindest eine **grobe Abschätzung** des Ausmaßes der potenziellen Einflüsse gestatten und so eine Integration in die Planungsrechnungen ermöglichen (vgl. den Lösungsansatz in Kapitel 6.1.2.1).

5.6 Kostendegressions- und Qualitätssteigerungspotenziale

Im Hinblick auf die strategische Entwicklung des Contracting-Geschäftsfeldes sind **Erfahrungs- bzw. Lernkurveneffekte** zu beachten, die auf das zukünftige Ausmaß der Performance-Treiber-Einflüsse wirken können. Dabei sollten nicht allein Kostendegressions-, sondern auch Qualitätssteigerungspotenziale untersucht werden. Aus den folgenden Gründen ist eine derartige Untersuchung im Geschäftsfeld Contracting besonders interessant: Auf der einen Seite handelt es sich zwar um Dienstleistungspakete, bei denen auf Grund ihrer Individualität zunächst kaum vermutet wird, dass Lernkurveneffekte in der Größenordnung von 20% bis 30% bei einer Verdopplung der kumulierten Produktionsmenge auftreten können, wie sie in den sechziger Jahren durch die Boston Consulting Group für die industrielle Produktion homogener Güter empirisch festgestellt wurden (Weber 1999, Küpper 1997, Homburg 2000). Auf der anderen Seite ist das Contracting ein noch relativ junges Geschäftsfeld mit großen Potenzialen, bei deren weiteren Erschließung durchaus mit auf Projekterfahrungen basierenden Effizienz- und Qualitätsverbesserungen zu rechnen ist.

Das Erfahrungskurvenkonzept stellt eine Erweiterung des schon in den dreißiger Jahren beschriebenen Lernkurveneffektes dar ("Erfahrungsgesetz" von Henderson; vgl. Horváth 1996, 516). "Dieser besagt, dass die erforderliche Arbeitszeit für bestimmte Arbeitsprozesse mit zunehmender Wiederholung der Verrichtungen sinkt" (Weber 1999, 78). Dieser Zusammenhang wurde in den sechziger Jahren empirisch überprüft und - wie bereits erwähnt - eine negative Korrelation zwischen Stückkosten und kumulierter Produktionsmenge festgestellt. Die Erfahrungskurve zeigt jedoch keine automatische Kostensenkungen auf, sondern verweist auf die Notwendigkeit einer permanenten dynamischen Kostenanalyse sowie auf Kostensenkungspotenziale, die erst realisiert werden müssen (Homburg 2000, 73 und 82). Wie lassen sich nun diese Potenziale im Allgemeinen betriebswirtschaftlich begründen?

Hier sind im Wesentlichen die folgenden statischen und dynamischen Faktoren zu nennen (Homburg 2000, 76; Weber 1999, 78ff.):

- **Größendegression (statisch)**
  - Eine Abnahme der Stückkosten kann durch Fixkostendegression (stückzahlenabhängiger Mengeneffekt) oder
  - Economies of Scale (stückzahlenabhängiger Betriebsgrößeneffekt) bewirkt werden.
- **Größendegression (dynamisch)**
  - Lerneffekte bei ausführenden und leitenden Stellen - sowohl im Fertigungs-, wie auch im Beschaffungs-, Verwaltungs- und Vertriebsbereich - äußern sich in einer Verringerung der Fertigungszeiten und folglich der Lohnkosten je Produkteinheit.
  - Der technische Fortschritt ermöglicht ab einer gewissen Produktionsmenge die Nutzung kostengünstigerer Produktionsmittel und -prozesse (vor allem bezogen auf die variablen Kosten).
  - Weitere kostensenkende Effekte können unter dem Begriff der Rationalisierung subsumiert werden. Rationalisierungen auf der Input-Seite sind Kostenartensubstitution bei substitutionalen sowie Ausbeuteveränderungen von Produktionsfaktoren bei limitationalen Wertschöpfungsprozessen. Zu den Rationalisierungen auf der Output-Seite gehören Standardisierung, Modularisierung und Spezialisierung. Hoffmann (1998) prognostiziert beispielsweise für den von ihm untersuchten Maschinenbau ein Kosteneinsparpotenzial durch Modularisierung von Komponenten in Höhe von 10% bis 19%[187].

Neben Größeneffekten bei einem einzelnen Produkt (bzw. einem Prozess, einer Dienstleistung) bewirken auch Synergieeffekte zwischen unterschiedlichen Produkten (bzw. Prozessen, Dienstleistungen) Stückkosten- bzw. Prozesskostensenkungen. Diese **Economies of Scope** - oft Ursache für Unternehmenskonzentrationen - sind Kostenvorteile, die bei einer steigenden Produktvielfalt durch einen Verbundvorteil entstehen. Voraussetzung ist dabei, dass für die einzelnen Produkte

[187] Vgl. auch das in Johnson/Bröms (1998) dargestellte Erfolgsrezept des LKW-, Bus-, und Dieselmotorenherstellers Scania ("modular philosophy").

bzw. Dienstleistungen auf gemeinsame finanzielle, technologische oder unternehmerische/personelle Ressourcen zurückgegriffen werden kann.

Oft werden in der (volkswirtschaftlichen) Diskussion über Kostendegressionspotenziale bei Energieeffizienzmaßnahmen "echte" **Transaktionskosten** als Teilmenge u. U. vermeidbarer "versteckter" Kosten des jeweiligen Investitionsprojekts genannt (vgl. z. B. Ostertag et al. 2000, Ramesohl 2001, Hein/Blok 1995). Nach dem vertragstheoretischen Ansatz von Williamson (1985) sind unter Transaktionskosten die Kosten der Festlegung, Zuordnung, Veränderung, Übertragung, Nutzung und Sicherung von Verfügungsrechten zu verstehen, was bei enger Auslegung den Kosten der vertraglichen Vorbereitung zuzüglich der Mess- und Verifizierungskosten eines Einspar-Contracting-Projekts entsprechen würde. In einem erweiterten Sinne gehören dazu jedoch auch die mit Such-, Informations-, Kommunikations-, Motivations- und Koordinationsprozessen verbundenen Kosten der Kundenakquisition und der weiteren technisch-wirtschaftlichen Vorbereitung sowie die Kosten der Projektnachbearbeitung (Umsetzungsaufwand, vgl. den Ansatz von Ramesohl 2001). Da diese Transaktions- bzw. Umsetzungskosten zu den bereits genannten Kostenarten bzw. zu den Kosten der bereits genannten Teilprozesse eines Einspar-Contracting-Projekts zählen, werden sie hier nicht gesondert behandelt. Natürlich sind auch die Transaktionskosten keine statisch fixe Größe, sondern nehmen auf Grund von Erfahrungs- bzw. Lerneffekten ebenfalls ab. Entsprechende Politikmaßnahmen können die Reduktion der Transaktionskosten unterstützen (vgl. die Vorschläge in Ramesohl 2001 und Ostertag et al. 2000).

In Zusammenhang mit den in Kapitel 4.3.3 dargestellten Befragungen wurden auch Auskünfte zu möglichen Kostendegressions- bzw. Qualitätssteigerungspotenzialen im Contracting-Bereich eingeholt. Zusammenfassend und unter Einbezug der in Kristof/Lechtenböhmer/Merten (1998) dargestellten Erfahrungen werden folgende Hypothesen zu Erfahrungs- bzw. Lernkurveneffekten im Contracting postuliert:

- **Economies of scale** sind bei den im Rahmen eines Contracting-Projekts eingesetzten Produkten (z. B. Geräte, Anlagen, Materialien, Energie) möglich, die das Projektteam als Contracting-Geber in der Regel fremd bezieht, d. h. von anderen unternehmensinternen oder -externen Lieferanten einkauft. Entsprechend sind diese Kostendegressionseffekte vom Beschaffungsprozess und der

Bestellmenge bzw. der Größe der bestellten Gebrauchsgüter (z. B. der Anlagengröße) abhängig.

- **Economies of scope** sind in den unterschiedlichsten Prozessen möglich, von der Akquisition über die Beschaffung, Risikoabsicherung und Kooperationspartnersuche bis hin zur Durchführung und Erfolgskontrolle. Vermittelt das Unternehmen beispielsweise den Kunden glaubhaft, dass es kompetent Lösungen für die unterschiedlichsten Energie- bzw. EDL-Probleme "aus einer Hand" anbietet, d. h. über eine große Palette bedarfsgerechter EDL im Verbund verfügt, so resultiert hieraus ein geringerer Werbeaufwand im Verhältnis zu einzeln angebotenen Dienstleistungen.
- **Fixkostendegressionseffekte** treten auf bei der Entwicklung bzw. Anpassung von Vertragsmustern[188], der Angebotseinholung bei Herstellern und Handwerkern, der Vorbereitung und Verabschiedung von Verträgen mit Kooperationspartnern, der Klärung organisatorischer Abläufe (z. B. genereller interner Projektabläufe und auch Abläufe bei bestimmten branchen- oder anwendungsbereichsspezifischen Maßnahmen), der Klärung offener rechtlicher Fragen und weiteren vorbereitenden bzw. zum Einstieg in das Geschäftsfeld zugehörigen Aktivitäten (z. B. Marketingmaßnahmen wie das Erstellen von Informationsprospekten zum Energiemanagement-Angebot).
- **Technischer Fortschritt**: Ab einer gewissen Anzahl von Contracting-Projekten lohnt sich der Einsatz (Herstellung oder Einkauf) spezifischer Software, z. B. zur Steuerung der Contracting-Projekte selbst oder zur Berechnung des Einsparpotenzials einzelner Maßnahmen in einem Projekt, zur Auslegung der im Projekt eingesetzten Anlagen, für Wirtschaftlichkeitsberechnungen oder zum Energie-Controlling/-Management.
- Anknüpfend an die Zerlegung eines Contracting-Projekts in einzelne Teilprozesse und Aktivitäten bietet es sich an, zusammengehörige Aktivitäten, die in unterschiedlichen Projekten gleich ablaufen und auch außerhalb des Contracting einzeln oder in Zusammenhang mit anderen Leistungspaketen verkauft

---

[188] Zum Beispiel existieren im Contracting-Markt Vertragsmuster für Beleuchtungs-Contracting oder Nahwärmelieferung.

werden können, zu **Modulen** (Dienstleistungsbausteinen) zusammenzufassen. Beispielsweise ist ein Modul "Energieanalyse" auch unabhängig von der Durchführung eines Contracting-Projektes (dort als Grobanalyse bezeichnet) zu verkaufen.

- **Standardisierungen** einzelner Prozessschritte, Denk- und Verfahrensweisen oder Leistungsmodule rufen u. U. Kostendegressionseffekte hervor und tragen zur Qualitätssicherung bei. Beispiele hierfür sind die Standardisierung der Projektabläufe und die Erstellung standardisierter, ggf. durch unabhängige Gutachter (VfW 2000a) bewerteter Contracting-Vertragsmuster. Bereits erfolgte Standardisierungsschritte im Contracting-Bereich sind insbesondere der Entwurf einer DIN-Norm zum Contracting (DIN 8930 Teil 5), die voraussichtlich in einer ersten Fassung im Frühjahr 2003 erscheinen wird und nach Ansicht der VfW (2002, 9) "für einen weiteren Wachstumsschub auf dem Contractingmarkt sorgen wird", der Leitfaden des VfW (2000) für die Ausschreibung von Energielieferung und die im November 2002 geschlossene Verbändevereinbarung zum Wärmeliefercontracting (BBU/PECU/VfW 2002). Auch einzelne Leistungsmodule / Teilprozessleistungen wie beispielsweise branchenspezifische Analysepakete, die an ein Contracting-Projekt angehängte Einführung von Energie-Controlling oder die Messung und Verifizierung beim Einspar-Contracting können vereinheitlicht werden. Standardisierungsvorschläge zur Messung und Verifizierung enthält u. a. das International Performance Measurement and Verification Protocol (DOE 2002). Hennicke/Ramesohl/Dudda (2000, 27) stellten in einer empirischen Untersuchung fest, dass die Mehrzahl der Akteure im Contracting ein derartiges Energieeffizienz-Protokoll, welches das methodische Vorgehen bei der Messung und Verifizierung von Energieeinsparungen bei gleichzeitiger Differenzierung von Projekttypen/Marktsegmenten standardisiert, als hilfreich für die eigene Arbeit einstuft.

- Mit zunehmender Projekterfahrung der Mitarbeiter des Projektteams sowie der unternehmensinternen (und -externen) Kooperationspartner steigen auch die individuellen und kollektiven **Lerneffekte**, die zu Kostensenkungen oder Qualitätssteigerungen führen können - zum Teil auch unterstützt durch geeignete

Qualitätssicherungsmaßnahmen[189]. Zum einen geht es dabei um inhaltliche Leistungssteigerungen, zum anderen um Verbesserungen der organisatorischen Abläufe und der sozialen Prozesse im Projektteam und zwischen Projektteam und Externen. Beispiele hierfür werden im Folgenden genannt:

- Nach ersten Energieanalysen eines bestimmten Objekts (z. B. einer Freizeitanlage, eines Supermarkts, eines Hotels) haben die Projektmitarbeiter gelernt, worauf bei einem derartigen Objekt besonders zu achten ist, wie die Kommunikation mit dem jeweiligen Kundentyp effizient zu gestalten ist und wie eine derartige Analyse generell anzulegen und durchzuführen ist. Bei weiteren gleichartigen Analysen (z. B. Reihenuntersuchungen im Anschluss an ein Pilotprojekt) wird das Gelernte weiter verfestigt, ausdifferenziert und erweitert. Zum einen werden die Mitarbeiter dadurch effizienter, zum anderen wird durch die damit einhergehende **Spezialisierung** auch die Qualität der Analyse gesteigert.

- Gleiches gilt auch für den ggf. im Rahmen eines Anlagen-Contractings zu stellenden Antrag auf Befreiung von der Ökosteuer oder andere bürokratische Formalitäten.

- Mit dem Umfang der Einspar-Contracting-Erfahrungen wächst die Sicherheit bezüglich zu erwartender Einsparungen, Kosten und Erlöse. Nachfolgend ist es möglich bei Szenariorechnungen, Prognoserechnungen mit Sensitivitätsanalysen oder Simulationen engere Bandbreiten zu wählen.

- Auch bei der Software-Entwicklung bzw. -Anpassung an Besonderheiten der jeweiligen Branche bzw. des jeweiligen Anwendungsbereichs treten Lerneffekte auf.

Prozesse, bei denen der Kunde besonders stark integriert wird (z. B. Datenerhebungen, Begehungen, Messungen, weitere Kundengespräche im Rahmen der technischen, wirtschaftlichen und vertraglichen Vorbereitung), erlauben kaum Kostendegressionseffekte. Je nach Kunde sind mehr oder weniger umfangreiche Kundenkontakte unverzichtbar, insbesondere im Hinblick auf den Aufbau einer für

---

[189] Zu den individuellen und kollektiven Prozessen der Wissensentwicklung und ihrer Integration in den Projektprozess vgl. beispielsweise Bullinger/Wörner/Prieto 1998.

das Contracting-Projekt notwendigen mittel- bis langfristigen Geschäftsbeziehung. Beispielsweise muss das für den Erfolg des Contracting-Projekts wesentliche Vertrauensverhältnis zwischen Contracting-Geber und -Nehmer wachsen, Probleme und Wünsche des Kunden sollen identifiziert sowie Analyseverfahren, -ergebnisse, Maßnahmenvorschläge, Angebots- und Vertragsentwürfe ausreichend erläutert und diskutiert werden.

5.7 Kritische Erfolgsfaktoren und Schlüsselprozesse

Kritische Erfolgsfaktoren[190] sind zentrale Schlüsselfaktoren, die über Erfolg oder Misserfolg eines Contracting-Projektes entscheiden. Erfolg meint dabei die Erfüllung projektbezogener Erlös-/Kosten-, Leistungs-/Qualitäts- und Termin-Ziele (siehe das “magische Dreieck” in Abbildung 10), wodurch gleichzeitig ein Beitrag zum Erreichen der in Kapitel 6.2.6 näher dargestellten Ziele für das Geschäftsfeld “Contracting” und damit auch zu den übergeordneten Unternehmenszielen geleistet wird. Kritische Erfolgsfaktoren sind vor allem bei Aufbau und Weiterentwicklung des Contracting-Geschäftsfeldes (vgl. auch LBD 2001) sowie in den Schlüsselprozessen eines Contracting-Projektes zu beachten. Schlüsselprozesse sind die Teilprozesse, in denen es sich vorrangig entscheidet, ob und in welchem Ausmaß diese Schlüsselfaktoren im Contracting-Projekt wirksam werden[191]. Daher ist es für die laufende Projektsteuerung wesentlich, ein besonderes Augenmerk auf die Steuerung der Schlüsselprozesse zu richten und ggf. auch ein Projekt rechtzeitig zu stoppen, das bei Betrachtung der Schlüsselfaktoren sowie der daraus resultierenden möglichen Projektergebnisse keinen Erfolg verspricht.

Wesentliche Erfolgs- bzw. Misserfolgsfaktoren zeigte bereits die Analyse der Performance-Treiber auf. Zusammenfassend lassen sich die nachstehenden, vom Contractor prinzipiell beeinflussbaren, **kritischen Erfolgsfaktoren eines Contracting-Projektes** identifizieren[192]:

---

190 Zum Vorgehen bei der Ermittlung dieser Faktoren vgl. beispielsweise die in Rehäuser/Krcmar (1996) zitierte Methode der kritischen Erfolgsfaktoren von Rockart oder die in Klandt (1999, 105ff.) dargestellte Methode nach Daniel.

191 “Wer den Kunden zufriedenstellen will, braucht dafür wettbewerbsfähige interne Systeme und Leistungsprozesse (best practices). Voraussetzung dafür ist die Fähigkeit des Unternehmens, seine erfolgskritischen Kernprozesse zu identifizieren” (Weisbrodt 2000, 15).

192 Vgl. auch LBD (2001) sowie die in Schulte-Zurhausen (1999, 383) zusammengestellten

- Qualifiziertes, erfahrenes, umfassende Marktkenntnisse besitzendes, flexibles, motiviertes, sich an den Bedürfnissen und Wünschen der Kunden sowie den Markterfordernissen orientierendes Personal,
- Teamkultur,
- Klare Ziel- und Anreizsysteme,
- Realistische Strategien zur Marktbearbeitung,
- Ausreichende infrastrukturelle Ausstattung (Büroausstattung, Mess- und Prüfgeräte etc.),
- Geeignete Methoden und Hilfsmittel (Software-Tools, Ablauf-Checklisten etc.),
- Effiziente und flexibles Handeln ermöglichende Projektabläufe, Beschaffungs- und Verwaltungsprozesse,
- Effektive, transparente Informations- und Kommunikationsflüsse,
- Günstige Beschaffungsmöglichkeiten für Kapital, Anlagen, Geräte, Personal, Fremd(dienst)leistungen, Materialien und - beim Anlagen-Contracting - Energie.

Die entscheidenden **Schlüsselprozesse** liegen nach Aussagen von Contractoren in der Phase der technischen, wirtschaftlichen und vertraglichen Vorbereitung (Datenerhebung und -aufbereitung, Ortsbesichtigungen, Analyse, Attraktivitätsbeurteilung, Planung, Angebotserstellung, Verhandlungen etc.), das reicht zum Teil auch bis zum Beginn der Realisierungsphase (Genehmigungsplanung bis Beschaffung/Unterauftragsvergabe), liegt aber noch vor der eigentlichen Durchführung der Energieeffizienz-Maßnahmen[193]. In diesen vorbereitenden Phasen kommt es für den absoluten Projekterfolg und auch im Vergleich zu Wettbewerbern insbesondere darauf an,

---

Misserfolgsfaktoren von Organisationsprojekten: einige der für ein Organisationsprojekt gültigen (Miss-) Erfolgsfaktoren gelten auch für die hier dargestellten Contracting-Projekte bzw. sind vermutlich für unterschiedlichste Arten von Projekten erfolgsrelevant.

[193] Auch aus anderen Bereichen wird berichtet, dass die Start- bzw. Vorbereitungsphase eines Projekts die entscheidende sei und dass in dieser Phase auch die meisten Fehler aufträten (Harrison 1983, 236; Guserl 1998, 109; Grützner 1999, 14). Eine unzureichende Projekt-Vorbereitung und -Vorkalkulation stellt eine der häufigsten Ursachen für negative Auftragsergebnisse dar (Buch 1991, 21).

- ein Vertrauensverhältnis zum Kunden sowie zu potenziellen Kooperationspartnern unter Nutzung ggf. bestehender persönlicher Beziehungen und glaubwürdiger Darstellung der Contracting-Leistung[194] aufzubauen,
- Motivationen, Bedürfnisse und Zielvorstellungen des Kunden sowie das Spektrum möglicher Handlungsalternativen präzise zu klären und Projektauftrag und Projektziele (Leistungs-/Qualitäts-, Kosten-/Erlös- und Terminziele) dementsprechend präzise zu beschreiben,
- notwendige Informationen zu beschaffen und angemessen zu strukturieren,
- das Projekt bezüglich der durchzuführenden Aktivitäten, der Termine und der Ressourceneinsätze (inklusive externe Ressourcen, z. B. von Kooperationspartnern) effizient und "gut"[195] zu planen, u. a. wegen der beschriebenen Irreversibilität vieler Entscheidungen zu Projektbeginn (vorrangig ökonomische Projektplanung),
- Analysen, Konzept- bzw. Angebotsentwicklung und die weitergehende Maßnahmenplanung auf technisch hohem Niveau unter Beachtung der Gesamtheit der technisch-wirtschaftlichen Anforderungen und Möglichkeiten, der rechtlichen Rahmenbedingungen, der Kundenwünsche und der zu erwartenden Nutzerakzeptanz bis zur Ausführungsreife ausreichend differenziert, klar und transparent durchzuführen[196] (vorrangig technische Maßnahmenplanung),

---

194 Eine entscheidende Rolle für die Glaubwürdigkeit und damit die Akzeptanz des Contracting-Angebots spielt die korrekte Darstellung der Ausgangssituation und der geplanten Maßnahmen und die Plausibilität des Nachweises erzielter Energiekosteneinsparungen (Ramesohl/Dudda 2001, 36).

195 Eine "gute" Projektplanung bedeutet in diesem Zusammenhang, den Projektablauf effizient, klar und zunehmend detailliert durchzustrukturieren (von der Grobplanung zu Projektbeginn bis hin zu den feinsten Planungsschritten nach Vertragsabschluss), alle Anforderungen und die für die Anforderungserfüllung wesentlichen Faktoren präzise zu definieren, den Kunden in die Planung adäquat einzubeziehen, eine geeignete Projektorganisation zu wählen, realistische Termine (z. B. Meilensteine) festzusetzen, die benötigten Ressourcen effizient zuzuordnen und Aufwendungen (Kosten) und Erlöse plausibel abzuschätzen. Je besser das Projekt durchgeplant ist, je mehr Zeit in die Definitions- und Strukturierungsphase investiert wird, desto kostengünstiger und unkritischer wird der Projektverlauf, d. h. um so seltener treten zusätzliche Kosten und Auseinandersetzungen verursachende Unklarheiten und Probleme im Ablauf des Projekts auf (o.V. 2001). Eine gute Projektplanung ist somit ein wesentlicher Schlüssel zum Projekterfolg (vgl. auch Andreas/Rademacher/Sauter 1992 sowie Kapitel 4.3.3).

196 Je qualitativ besser, klarer und transparenter Analysen, Konzeptentwicklung und (vorrangig technische) Maßnahmenplanung durchgeführt werden, desto weniger Probleme treten während der Vertragsverhandlungen und nach Vertragsabschluss auf. Was bei guter technisch-

- die Wirtschaftlichkeit der Maßnahmen für den Kunden und die Profitabilität des Gesamtprojekts für den Contractor plausibel zu bewerten,
- mögliche Risiken und Unsicherheiten zu identifizieren, plausibel zu bewerten und sofern praktizierbar zu vermeiden, zu vermindern, zu überwälzen oder abzusichern,
- dabei den jeweiligen Kundentyp sowie die Bonität des Kunden richtig einzuschätzen - soweit angesichts der zum Teil relativ langen Vertragslaufzeiten möglich,
- günstige Innen- oder/und Außenfinanzierungsmöglichkeiten für die durchzuführenden Investitionen zu erschließen, da - wie bereits gezeigt - die Kapitalkosten meist einen großen Anteil an den Gesamtkosten haben,
- Anlagen, Geräte, ggf. zusätzlich notwendiges Personal und Fremd(dienst)leistungen, Materialien und beim Anlagen-Contracting auch Energie unternehmensintern oder -extern günstig zu beschaffen.

Nach der Freigabe der Angebotsbearbeitung (Attraktivitäts-Beurteilung) ist die **Angebotsphase** dabei besonders entscheidend (Andreas/Rademacher/Sauter 1992, 58). Hier geht es darum, sowohl unter **technischen** als auch unter **wirtschaftlichen** und **rechtlichen** Gesichtspunkten die Klärungen und Entscheidungen herbeizuführen, die das spätere Auftragsergebnis wesentlich beeinflussen.

In späteren Teilprozessen steht im Hinblick auf zu bewältigende Schlüsselaufgaben im Vordergrund,

- in der Planungsphase identifizierte kritische Vorgänge und Ressourcenengpässe während der Realisierung der Effizienzmaßnahmen besonders zu beachten, weil sonst das Erreichen der gesetzten Projektziele (insbesondere Terminziele) gefährdet sein kann,
- Kunde und Nutzer sowie Kooperationspartner ausreichend zu motivieren, zu informieren und ggf. zu schulen,

---

wirtschaftlichen Vorbereitung und Planung einmal in einen Vertrag gegossen wird, lässt sich meist relativ problemlos vertragsgetreu realisieren und in der Realisierung vergleichsweise gut steuern.

- (beim Anlagen-Contracting) auf Energiepreisschwankungen in der Betriebsphase rechtzeitig und angemessen zu reagieren (ggf. Beschaffung ändern oder Energieträger substituieren),

- das aufgebaute Vertrauensverhältnis zum Kunden und zu den Kooperationspartnern auch während der Betriebsphase aufrechtzuerhalten, um z. B. bei regelmäßig durchgeführten, vertraglich vereinbarten Mess- und Verifizierungsmaßnahmen offensichtliche - und wenn möglich auch schleichende - Nutzungsänderungen rechtzeitig zu bemerken und entsprechend vertragsgemäß darauf zu antworten, aber auch um auf ggf. auftretende Unzufriedenheit des Kunden angemessen zu reagieren.

5.8 Zusammenfassung der spezifischen Controlling-Anforderungen für Contracting

Auf Grund der vorhergehenden Analysen lassen sich im Vergleich sowohl zu anderen Dienstleistungen und Produkten des "Modell-EDU" als zum Teil auch im Vergleich zu anderen komplexen Systemgeschäften (z. B. im Maschinenbau) die folgenden prinzipiellen Besonderheiten der Dienstleistung "Contracting" zusammenfassen, die einen besonderen Steuerungsbedarf, d. h. spezifische Controlling-Anforderungen hervorrufen:

- Immaterialität der im Rahmen des Contracting-Projekts erbrachten Dienstleistungen,

- starke Integration externer Faktoren, insbesondere der externen Faktoren Kunde und Nutzer,

- Individualität der erbrachten inhaltlich und zeitlich begrenzten Leistungen,

- hohe Komplexität[197],

- relativ große partielle Offenheit und Unschärfen zu Projektbeginn bei u. U. langer Projektlaufzeit (Prognose- bzw. Bewertungsproblem),

---

[197] Vgl. auch Hennicke, Ramesohl, Dudda 2000, 30. Die hohe Komplexität zeigt sich auch in der Vielzahl der zu vereinbarenden Verträge bzw. Vertragspunkte (vgl. VfW 2000, 9ff., zu den im Rahmen einer Nutzenergielieferung zu regelnden Vertragspunkten bzw. abzuschließenden

- vergleichsweise hohe Anlauf- bzw. Vorlaufverluste (Liquiditäts- bzw. Finanzierungsproblem),
- Kostenbudget- und Termineinhaltung alleine garantieren nicht den Projekterfolg, wesentlich ist auch die Beachtung von Leistungs-/Qualitäts- und Erlöszielen (gilt insbesondere für das Einspar-Contracting),
- besondere Bedeutung einer hohen Qualität der technisch-wirtschaftlich-rechtlichen Projektplanung in den vorbereitenden Projektphasen vor der eigentlichen Projektdurchführung auf Basis ausreichender Informations- und Kommunikationsflüsse, u. a. auf Grund der teilweise vorhandenen Irreversibilität von Dienstleistungsentscheidungen zu Projektbeginn,
- intensive Kooperation des Projektteams mit unternehmensinternen und –externen Partnern (Unterauftragnehmern) bis hin zur kompletten Durchführung des Contracting-Projekts durch Kooperationspartner, die vom Contractor als Generalunternehmer koordiniert bzw. gesteuert werden.

5.9 Defizite herkömmlicher Projekt-Controlling-Systeme hinsichtlich der spezifischen Anforderungen

5.9.1 Überblick

Das Projekt-Controlling im Allgemeinen folgt dem Ablauf der Projektphasen (Teilprozesse und Aktivitäten) mit unterschiedlichen funktionellen und instrumentellen Schwerpunkten, wobei es durchgängig die in Kapitel 4.3.3.5 dargestellten Grundanforderungen bzw. Grunddimensionen des Controlling beachten sollte (Transparenzverantwortung, Flexibilität, strategische Ausrichtung, operative Fundierung, Organisation, Eingriffsweise, -stärke und -tiefe, vgl. Abbildung 8). Da nicht das generelle Projekt-Controlling im Mittelpunkt der vorliegenden Arbeit steht, werden hier die in Tabelle 26[198] dargestellten, gängigen projektphasenspezifischen Schwer-

---

Verträgen).

198 Zur Erläuterung der in Tabelle 26 vorgenommenen Projektphasen-Bezeichnungen: Die in Kapitel 5.4.1 dargestellten Prozesse bis zur Freigabe der Angebotsbearbeitung können unter der Vorklärungsphase subsumiert werden. Da es hier um eine allgemeine Darstellung des Projekt-Controlling geht, wird im Übrigen nicht zwischen Vorangebot und Angebot differenziert. Prinzipiell gelten jedoch die gleichen Schwerpunktsetzungen für die Vorangebotsphase mit der

punktsetzungen nicht vertieft (vgl. hierzu die angegebene sowie die weiterführende Literatur zum Projektmanagement bzw. Projekt-Controlling). Vielmehr geht es an dieser Stelle und in den folgenden Kapiteln darum, ausgehend vom herkömmlichen Projekt-Controlling das Controlling von Contracting-Projekten entsprechend der besonderen Steuerungsanforderungen im Contracting-Bereich anzupassen und weiterzuentwickeln.

vorangehenden Vorklärungsphase wie für die Angebotsphase mit den entsprechenden vorbereitenden Prozessen, nur mit unterschiedlich starker Differenzierung der technisch-wirtschaftlich-rechtlichen Vorbereitungsschritte. Für die an ein evtl. Vorangebot anschließende Feinanalysephase haben prinzipiell die gleichen Schwerpunktsetzungen Gültigkeit wie für die Ausführungsphase. Zu den von diesen Schwerpunktsetzungen abweichenden Besonderheiten des Projekt-Controlling im Contracting-Bereich in den einzelnen Projektphasen vgl. die folgenden Kapitel.

Tabelle 26 Funktionelle und instrumentelle Schwerpunkte des Projekt-Controlling im Projektverlauf (wie in der Literatur im Allgemeinen dargestellt)

Projektphase	**Funktioneller Schwerpunkt**	**Instrumenteller Schwerpunkt**
Vorklärungsphase (bis Freigabe Angebotsbearbeitung)	Attraktivitäts-Beurteilung unter Berücksichtigung von: • grundsätzlicher Realisierbarkeit unter technischen, organisatorischen, finanziellen und Kapazitätsgesichtspunkten • Strategie / Zielsystem • Auftragschance im Verhältnis zum Aufwand für die Angebotserstellung • möglichen Projektergebnissen und -risiken • grundsätzlichen Joint-venture- und "Make or Buy"-Entscheidungen	Hilfen für "stop or go"-Entscheidung vor Angebotsbearbeitung, z. B. Risiko-Checklisten, eindimensionale Entscheidungsmodelle wie z. B. statische oder dynamische Investitionsrechenverfahren oder mehrdimensionale Entscheidungsmodelle wie z. B. Nutzwertanalysen, Analytischer Hierarchieprozess (AHP) oder Multiple Attribute Utility Theory (MAUT).
Angebotsphase	Grobplanung der Projektziele und -aufgaben, der Projektstruktur, des Personaleinsatzes, des Projektaufwands, der Projektfinanzierung (Budget), der Projektdokumentation und der Meilensteine unter Beachtung der folgenden Gesichtspunkte: • (technisches) Qualitätsniveau / Spezifikationen der Projektleistungen • wesentliche Schnittstellen und Verantwortlichkeiten / Kompetenzen • Ecktermine ab Auftragserteilung • Kapazitätsbedarf und -auslastung • Make-or-Buy-Aspekte • evtl. Kooperationen / Unteraufträge • Zahlungsfluss / Projekt-Cash flow • Kostenvolumen und zeitlicher Anfall Differenzierte Analyse der Projektwirtschaftlichkeit sowie der Projektrisiken.	Planungshilfen wie Projektstrukturplan, Ablauf- bzw. Netzplan, Termin- bzw. Balkenplan (inklusive Meilensteinplan), Kapazitäts- bzw. Personaleinsatzplan (mit Belastungsprofilen, ggf. Belastungsausgleich), Dokumentationskonzept, Pflichtenhefte, Verfahrensanweisungen (z. B. in Form von Handbüchern oder Checklisten), Aufwands- bzw. Kostenplan und Projektbudget, dienen zur Sicherstellung der Vollständigkeit, Systematik und Transparenz aller Tätigkeiten und Überlegungen der Angebotsphase. Differenzierte Unterstützung der "stop or go"-Entscheidung vor Angebotsabgabe bzw. Auftragsannahme, z. B. mit Hilfe der o.g. Entscheidungsmodelle, vertiefter Risikoanalyse, Prognose-, Simulations- und Szenariomodellen oder qualitativen Beschreibungsverfahren (z. B. Wirkungskettenanalysen).
Auftragsphase	Nach Auftragsklärung: Feinplanung der Aktivitäten, Termine, Kapazitäten und Kosten unter laufender Berücksichtigung ggf. notwendiger Änderungen. Periodische und ereignisgebundene Kontrollen der Termine und Kosten, des Leistungsfortschritts und der Qualität (inkl. Abweichungsanalysen und entsprechender Maßnahmensteuerung)	Detailliertere Formen der o.g. Planungshilfen. Überwachungs-Verfahren und -Hilfsmittel wie z. B. Änderungsmitteilungen, Projekt-Fortschrittsberichte (Statusberichte), Mitlaufende Kalkulationen, Kennzahlen- oder hochrechnungsorientierte Frühaufklärungssysteme.
Auswertungsphase	Aussagefähige Projektauswertungen unter technischen, wirtschaftlichen, organisatorischen und rechtlichen Gesichtspunkten.	Hilfsmittel zur Analyse und Bewertung des Projekts wie z. B. Projektabschlussbericht, Nachkalkulation und Projektdokumentation.

Quelle: Eigene Darstellung nach: Andreas/Rademacher/Sauter 1992, 58ff.; Zahn/Schmid/Dillerup 1999; Krystek/Zur 1991; Schulte-Zurhausen 1999, 403ff. und 519ff.

Herkömmliche Projekt-Controlling-Systeme - insbesondere ihre computergestützte Realisation mit Hilfe eigens erstellter oder im Handel erhältlicher Spreadsheets oder Programme[199] - konzentrieren sich vor allem auf die Projektstrukturierung und -dokumentation sowie die Termin-, Kosten- (Budget-) und Kapazitätsplanung und -überwachung[200]. In der Regel werden die angesprochenen Software-Lösungen wie folgt genutzt:

- Zunächst werden Anfangs- und Endtermin des Projekts festgelegt.
- Dann werden Vorgänge (Arbeitspakete, Aktivitäten; zu den Begrifflichkeiten vgl. Schulte-Zurhausen 1999, 417) und ihre Dauern definiert.
- Anschließend werden Ressourcen zugeordnet, Vorgänge hierarchisiert und verknüpft sowie Verantwortlichkeiten festgelegt.
- Darauf aufbauend werden Netzpläne, Strukturpläne, Balkendiagramme und Ressourcen- bzw. Kapazitätspläne mit entsprechenden Bestellanforderungen in der Regel automatisch erstellt[201].
- Schließlich können als Grundlage für die Planüberwachung und -dokumentation entsprechende Berichte definiert und abgerufen werden.

Auch das Änderungs- und Nachforderungsmanagement ("Claims Management", Joppe 2001) auf Basis der präzisen Erfassung und Steuerung der abgegebenen Leistungsversprechen (inklusive aller Sonderwünsche) und der zu ihrer Erfüllung

---

199 Beispiele für kommerzielle Projektmanagement-Programme sind Microsoft Project, SAP R/3 PS Projektsystem, FastTrack Schedule (AEC Software), Primavera Project Planner (Primavera Systems), Turbo Project (IMSI) und PACTA (iPPc).

200 Zum Verständnis des heutigen Entwicklungsstands der herkömmlichen Projekt-Controlling-Systeme: Ab den 60er Jahren wurden unter dem Begriff "Projektmanagement" in den USA - und dann ab den 70er Jahren auch in Deutschland - vorrangig Lösungsansätze zur Steuerung der physisch-technischen Projektabwicklung sowie der Projektorganisation entwickelt, die stark vom Einsatz der Netzplantechnik geprägt waren. Diese wurden später um Ansätze der Kostenplanung und -kontrolle ergänzt, z. B. PERT/COST, einem Verfahren zur Ermittlung kostenoptimaler Vorgangsdauern, dessen Anwendung in der Praxis sich allerdings aufgrund des notwendigen Detaillierungsgrades, dem Fehlen spezifischer Informationen und anderer Gründe bisher nicht auf breiter Basis durchsetzen konnte (Buch 1991, 14f. und 132ff.). Zu weiteren Verfahren der Kostenplanung und -kontrolle und ihrer Geeignetheit für das Controlling von Contracting-Projekten vgl. auch Kapitel 6.2.

201 Dabei ist allerdings nicht in jedem Fall transparent, inwieweit und welche Verknüpfungen zwischen den einzelnen System-Bausteinen bestehen und welche Algorithmen im Einzelnen dahinterstehen. Madauss (2000, 471) kritisiert an gängigen Projektmanagement-Software-Paketen, dass sie zumeist die notwendige Verknüpfung (Abstimmung, Koordination) der

benötigten Zeit und Kosten von Projektbeginn an, ist mittlerweile in einigen Software-Paketen enthalten (z. B. in PACTA).

Die in der Regel zunächst groben Planungen werden im Projektverlauf revidiert und schrittweise verfeinert. Dies bedingt den Ersatz oder die Ergänzung älterer Planungen (vgl. auch Schulte-Zurhausen 1999, 425, zum Verhältnis von Grob- und Feinplanung). Je nach Planungsobjekt erfolgt eine inhaltliche Abstimmung (Integration) zu anderen Unternehmensbereichen, beispielsweise zum Vertrieb (z. B. Fortschreibung von Erlösen aus Kundenaufträgen auf das Projekt), zum Einkauf und zur Lagerhaltung (z. B. Materialverfügbarkeitsprüfung), zur Produktionsplanung und -steuerung, zur Kostenrechnung (z. B. innerbetriebliche Leistungsverrechnung), zur Finanzbuchhaltung, zur Anlagenbuchhaltung oder zur Personalabrechnung (Thomas 1996, 155).

Buch (1991, 136) kritisiert an derartigen herkömmlichen Projekt-Controlling-Systemen zur Steuerung und Kontrolle der Projektabwicklung u. a., dass die projektbegleitenden Auswertungsrechnungen auf Basis der Netzplantechnik hinsichtlich des Kostenverlaufs auf die Zeitpunkte und Zeiträume der Vorgänge abstellen anstatt auf die Entscheidungszeitpunkte und die Wirkungszeitpunkte und -spannen. Eine effektive Steuerung der Projektabwicklung dürfe sich außerdem nicht nur auf eine Planung und Kontrolle der entstandenen Ausgaben bzw. Kosten beschränken, sondern müsse "zu einem sehr frühen Zeitpunkt die 'vorfixierten' Kosten erfassen, steuern und kontrollieren, auch wenn in den Zeitpunkten hoher Beeinflussbarkeit große Unsicherheit über den Kostenanfall besteht und nur begrenzte Möglichkeiten zur Kostenerfassung und -beurteilung bestehen" (Buch 1991, 172). Die Erfassung vordisponierter Kosten könne in einer projektbezogenen Zeitablaufrechnung erfolgen (Buch 1991, 144ff.), worauf im Zuge der Diskussion projektbegleitender Planungs- und Kontrollrechnungen in Kapitel 6.2 noch einmal Bezug genommen wird.

Die auch danach noch verbleibenden Mängel herkömmlicher Projekt-Controlling-Systeme in Bezug auf die Anforderungen an die Steuerung von Contracting-Projekten liegen vor allem in der unzureichenden Berücksichtigung der folgenden Aspekte:

---

einzelnen Projektparameter außer Acht lassen würden.

- Offenheit und Unschärfe,
- Externe Einflussfaktoren im Bereich Kunde/Nutzer,
- Liquidität/Finanzierung,
- Leistungs-/Qualitäts- und Erlösziele,
- Integration technischer, kaufmännischer und rechtlicher Aspekte in Planung und Kontrolle,
- Kooperationspartner,
- Lern- und Entwicklungsprozess.

5.9.2 Offenheit und Unschärfe

Unsicherheiten über im Projektverlauf möglicherweise eintretende, zu Projektbeginn aber nicht konkret identifizierbare (Offenheit) oder nicht quantifizierbare, nur vage beschreibbare (Unschärfe) Störeinflüsse unterscheidet das herkömmliche Projekt-Controlling in der Praxis oft nicht von (stochastischen) Risiken. Unsicherheit und (Gesamt-)Risiko werden häufig zusammen durch einen pauschalen Prozentsatz für Wagniskosten bzw. "Unvorhergesehenes" im Rahmen einer Zuschlagskalkulation abgedeckt (vgl. auch den VDMA-Vorschlag in Andreas/Rademacher/Sauter 1992, 73).

Bei differenzierteren Vorgehensweisen werden Einzelrisiken z. B. durch Multiplikation von maximaler Ergebnisauswirkung ("Worst Case"-Betrachtung, Guserl 1998, 109) und Eintrittswahrscheinlichkeit des jeweiligen Risikofaktors abgeschätzt. In der Kalkulation bildet man auf dieser Basis einen Mittelwert der realistisch erscheinenden Auswirkungen möglicher Risikoeintritte in Bezug auf die gesamte Projektdauer, wobei beachtet wird, dass Risiken auch vertraglich bzw. versicherungstechnisch abgesichert oder auch an Kooperationspartner bzw. Unterauftragnehmer durchgereicht werden können (Andreas/Rademacher/Sauter 1992, 104ff.[202]).

---

[202] Dieses Vorgehen stellt im Prinzip eine Abschätzung mit einer Bayes-Regel unter - zumindest impliziter - Kenntnis von Wahrscheinlichkeitsverteilungen und Nichtberücksichtigung der Risikopräferenz der Entscheider dar.

Alternativ werden Einzelrisiken, im Rahmen von Dreipunkt-Aufwandsschätzungen differenziert (erweiterte Hurwicz-Regel), wie folgt berücksichtigt: Je Vorgang schätzt man den optimistischen, den wahrscheinlichen bzw. “normalen” (d. h. den unter üblichen Bedingungen normalerweise benötigten) und den pessimistischen Aufwand ab. Unter Annahme einer bestimmten Verteilung (z. B. Beta-Verteilung) wird aus diesen Werten dann ein mittlerer Aufwand als Erwartungswert berechnet (vgl. auch Gartner 1999; Schulte-Zurhausen, 1999, 412f.; DIN 69 900; PERT - Programme Evaluation and Review Technique).

In allen diesen Fällen wird in der Folge mit einwertigen Datenstrukturen weitergerechnet, jedoch werden in der Praxis vielfach Korrekturen der Risikoeinschätzungen im Projektverlauf vorgenommen, d. h. Veränderungen der Eintrittswahrscheinlichkeiten und der erwarteten Schadenshöhen werden bedacht (Andreas/Rademacher/Sauter 1992, 102). Buch (1991, 127) schlägt hierzu vor, zu Beginn des Projekts einen relativ großen globalen Betrag zur Berücksichtigung von Risiken vorzusehen, der mit zunehmender Präzisierung der Erwartungen im Projektverlauf reduziert werden sollte. Dies könne beispielsweise nach dem “Contingency Allowance”-Schema von Harrison (1983, 160f.) erfolgen, der mit einem Beitrag in Höhe von 9 bis 10% der geschätzten Projektgesamtkosten beginnt. Als Anreiz zur Kostenreduktion sollte die Nicht-Inanspruchnahme dieser Reserve mit einer Prämie belohnt werden (Buch 1991, 166). Nach diesem Vorschlag wird eine pauschale Korrektur der Risikoeinschätzungen im Projektverlauf vorgenommen. Veränderungen bei der Einschätzung der wichtigsten spezifischen Einflussgrößen im Zeitablauf bleiben jedoch auch hier bei Planung und Kontrolle unberücksichtigt, obwohl die Wirkung der Performance-Treiber zum Teil durch unternehmerisches Handeln beeinflussbar ist. Die häufig unterstellte Unabhängigkeit der Einflussfaktoren untereinander ist im Übrigen in der Praxis nicht gegeben.

Angesichts der langen Laufzeiten bei Contracting-Projekten ist die unzureichende Berücksichtigung von Offenheit und Unschärfe sowie der zeitlichen Veränderlichkeit (vgl. die Dimensionen des unternehmerischen Risikos bei Dederichs 1993, 157) und gegenseitigen Abhängigkeit der Performance-Treiber-Einflüsse untereinander problematisch. Die Wahrscheinlichkeit, dass infolge von unbekannten oder bekannten, aber zu Projektbeginn nur vage beschreibbaren, im Zeitablauf sich verändernden und teilweise voneinander abhängigen Störfaktoren die Realität nicht dem durchschnittlich erwarteten Wert entspricht, steigt mit zunehmendem Planungshorizont. Dies gilt umso mehr als die Einschätzungen von Einflussgrößen, Chancen und Risiken durch Einstellung (Risikopräferenz) und Interesse des Schätzenden subjektiv geprägt sind.

5.9.3 Integration der externen Faktoren: Kunde und Nutzer

In der Praxis werden Einflussfaktoren auf der Kundenseite nur zum Teil in Risikoanalysen explizit berücksichtigt (vgl. den Einbezug der Verlässlichkeit des Auftraggebers in die Analyse von Kosten- und Zahlungsunsicherheiten in dem in Andreas/Rademacher/Sauter (1992, 104) dargestellten Beispiel der Mannesmann AG). Ein systematischer, dem Gewicht der Einflussgrößen in diesem Dienstleistungsgeschäft angemessener und im Projektverlauf flexibel gestaltbarer Einbezug von kunden- und nutzerseitigen, das Projekt-Ergebnis u. U. entscheidend beeinflussenden Performance-Treibern erfolgt jedoch nicht - z. B. kundentyporientiert bereits bei der Kundenakquisition und Attraktivitäts-Beurteilung zur Verbesserung der Prognosegenauigkeit. Auch werden Verbundwirkungen zwischen dem Contracting-Projektgeschäft und anderen Leistungen für den Kunden in der Regel kaum berücksichtigt. Ferner wird der Kunde meist nur unzureichend in die Auswertungs- und Lernphase, d. h. in die Weiterentwicklung der Dienstleistung “Contracting” einbezogen.

5.9.4 Liquiditäts- bzw. Finanzierungsaspekte

Finanzierungsaspekte werden in der Praxis des Projekt-Controllings oft nicht systematisch integriert[203]. Unzureichende Liquidität wird höchstens als Risikofaktor in die Risikoanalyse einbezogen (vgl. Andreas/Rademacher/Sauter 1992, 105). In der Regel dient die Kostenplanung des Projektteams - z. B. innerhalb eines Business Plans (Klandt/Finke-Schürmann 1998, vgl. auch Kapitel 6.1.3.1) - als Grundlage für die mit anderen Abteilungen abgestimmte Budgetierung (z. B. dem Controlling und dem Rechnungswesen). Diese wiederum fungiert als Basis für die Bereitstellung der finanziellen Mittel, die notwendig sind, um die anfängliche Finanzierungslücke

---

[203] Ausnahmen sind beispielsweise die von Matthes (1982) erwähnte Großprojektfertigung wie sie z. B. im Schiffbau existiert.

zwischen den gerade zu Projektbeginn dominierenden Auszahlungen und den erst später erfolgenden Einzahlungen zu schließen (vgl. die bereits dargestellten, auch im Vergleich zu anderen Branchen besonders gewichtigen Anlaufverluste beim Contracting).

Die Vorfinanzierung der Anlauf- sowie der Vorlaufverluste im EDL-Bereich von Energieanbietern erfolgt in der Praxis bisher häufig durch andere Unternehmensbereiche, die entweder direkte Quersubventionierungen leisten oder Kreditsicherungen abgeben. Solange das Contracting-Geschäft nur einen geringen Umfang hat, ist diese Art der Finanzierung für das "Modell-EDU" meist kein großes Problem, da eine Finanzierung durch den über ausreichend finanzielle Reserven verfügenden Endenergiebereich problemlos möglich ist (vgl. Kapitel 5.5.6). Bei größerem Umfang und größerer Eigenständigkeit und damit auch Selbststeuerung des Contracting-Geschäftsfeldes - vom "Modell-EDU" strategisch angestrebt - sowie angesichts enger werdender Finanzierungsmöglichkeiten der Nicht-Kernkraftwerksbetreiber im liberalisierten Markt, wird jedoch eine systematische Integration der Finanzierungsaspekte sowie der resultierenden bilanziellen Auswirkungen in den Planungs- (Prognose-), Durchführungs- und Kontrollprozessen notwendig - insbesondere in der Phase des Geschäftsfeldaufbaus. Schon jetzt sind beispielsweise in den Bilanzen der Stadtwerke Düsseldorf AG des Jahres 1999 die Auswirkungen des wachsenden Contracting-Geschäfts sowohl auf der Aktivseite (wachsendes Anlagevermögen) wie auf der Passivseite (höherer Fremdkapitalanteil) klar zu erkennen[204].

5.9.5 Leistungs-/Qualitäts- und Erlösziele

Herkömmliches Projekt-Controlling zielt vor allem auf die Steuerung der Prozesse, Systeme und Ressourcen im Hinblick auf Projekt-Termin- und -Kostenziele. Die Qualität der Leistungserbringung und die Gestaltungs- und Veränderungsmöglichkeiten der Erlöskomponente, dabei insbesondere die partielle Performance-Ab-

---

[204] Das Problem der Liquiditätssteuerung auf Projekt-, Geschäftsfeld- und Unternehmensebene wird zwar beispielsweise von Buch (1991) erkannt, der entsprechende Vorschläge zur projektbezogenen- und projektübergreifenden Liquiditätssteuerung entwickelt, aber auch er vernachlässigt die Auswirkungen der Finanzierungsproblematik auf die externe Rechnungslegung.

hängigkeit der Erlöse, werden in den Planungs- (Prognose-), Durchführungs- und Kontrollprozessen nicht systematisch bzw. nur unzureichend berücksichtigt[205].

Die Steuerung der Qualität der Leistungserbringung in der für den späteren Erfolg des Contracting-Projekts besonders relevanten dienstleistungsgeprägten Vorbereitungsphase stellt angesichts der Immaterialität der Dienstleistungen, der Integration externer Faktoren und der langen Projektlaufzeiten hohe Anforderungen an das Projekt-Controlling, die mit herkömmlichen Systemen nicht bewältigt werden können[206]. Die adäquate Steuerung der Qualität der Leistungserbringung erfordert u. a. auch eine stärkere Integration personalwirtschaftlicher Aspekte in das Projekt-Controlling dieses Dienstleistungsgeschäfts[207].

Neben der Steuerung der Qualität der vorwiegend technischen Vorbereitung der einzelnen Effizienzmaßnahmen ist es notwendig - insbesondere bei großer Komplexität und Individualität der zu erbringenden Leistungen -, die für den Projekterfolg wesentliche Qualität der (vorwiegend ökonomischen) maßnahmenübergreifenden Planung des Projekts an sich sicherzustellen (ausreichend differenzierte Planung/Prognose von Aktivitäten, Termine, Ressourcen). Dazu gehört u. a. die Steuerung der für eine "gute" Planung notwendigen Informations- und Kommunikationsflüsse sowie die Berücksichtigung von Qualitätsanreizen im Rahmen des Steuerungssystems. Herkömmliche Projekt-Controlling-Systeme integrieren auch diese Qualitätssicherung nur unzureichend bzw. nicht systematisch. Qualitätssicherung meint hier - wie auch bei der o.g. fachlichen Qualitätssteuerung - in erster Linie die Einhaltung der Qualitätsanforderungen durch den verantwortlichen Leistungserbringer selbst und in erst in zweiter Linie eine dritte, mit Qualitätskontroll- bzw. –sicherungsaufgaben betraute Stelle.

---

205 Ähnlich argumentiert auch Buch (1991, 17), der kritisiert, dass Gestaltungsfragen der Erlösrechnung bei längerfristigen Projekten meist "völlig vernachlässigt" werden, wobei er sich allerdings weniger auf die mögliche Abhängigkeit der Erlöse von der Qualität der erbrachten Leistung bezieht als auf Erlösvariabilitäten in Folge unterschiedlichen Detaillierungsgrades der Planung bzw. des jeweiligen Stadiums der Realisation. Folglich differenziert er zwischen erwartetem, gefordertem, vereinbartem, fakturiertem und tatsächlich realisiertem Erlös.

206 Die dabei u. a. auch notwendige Operationalisierung qualitativer Größen stellt allerdings kein generelles Problem dar, wie beispielsweise Napitwotzki (1997) und Dederichs (1993) zeigen.

207 Vgl. auch Küpper (1998) zur generell hohen Bedeutung des Personalführungssystems sowie dessen Anreiz- und Motivationswirkungen im Dienstleistungsbereich.

5.9.6 Verknüpfung technischer, kaufmännischer und rechtlicher Aspekte

Herkömmliche Projekt-Controlling-Systeme vernachlässigen meist die für den Erfolg der Contracting-Projekte zentralen Verknüpfungen zwischen technischer, kaufmännischer und rechtlicher Ebene.

Auf die rechtlichen Rahmenbedingungen als Kosteneinflussfaktor wurde bereits eingegangen. Bei der Durchführung eines konkreten Contracting-Projektes erfordern die technischen Projektspezifika, die Marktpartner-Integration (Kunde, Nutzer, Kooperationspartner) sowie die an das Geschäft mit dem jeweiligen Kundentyp anzulegenden rechtlichen Rahmenbedingungen eine mehr oder weniger individuelle vertragliche Regelung zwischen Contracting-Nehmer und -Geber. Mit den ausgewählten technischen und vertraglichen Lösungen sind wiederum bestimmte Zahlungen, Aufwendungen und Erträge verbunden. Im Projektverlauf auf der technischen Ebene vorgenommene Änderungen, die der ursprünglichen Planung widersprechen oder über diese hinausgehen, erzwingen ggf. auch auf der rechtlichen und wirtschaftlichen Ebene entsprechende Anpassungen. Umgekehrt löst eine Veränderung der wirtschaftlichen Rahmenbedingungen Anpassungsbedarf auf der technischen oder rechtlichen Ebene aus.

In der Praxis lässt sich beobachten, dass in der Vorbereitungsphase zwar großer Wert auf die technische Planung inklusive einer ersten, überschlägigen Wirtschaftlichkeitsprüfung gelegt wird, die rechtlichen Aspekte des Contracting-Geschäfts mit den damit verbundenen detaillierten Zahlungs- bzw. Kosten- und Erlösflüssen jedoch bisweilen nur unzureichende Beachtung finden. Manchmal wird sogar mit der Realisierung begonnen, ohne dass die vertraglichen Aspekte abschließend geklärt sind (z. B. Mess- und Verifizierungsfragen oder die genaue Festlegung der Erfordernisse zur Leistung von Teilzahlungen). Das bedeutet, der Contractor geht in Vorleistung, ohne sicher sein zu können, dass er auch den von ihm implizit erwarteten Gegenwert erhält. Dies führt im Extremfall möglicherweise dazu, dass ein zunächst als lukrativ erachtetes Projekt sich nach Vertragsabschluss und detaillierter wirtschaftlicher Prüfung als wenig rentabel herausstellt.

5.9.7 Kooperationspartner

Eine systematische, engpass- und zielorientierte Nutzung und Pflege der Beziehungen zu bestehenden und potenziellen Kooperationspartnern erfolgt in der Praxis meistens nicht. Hier kann ein Steuerungssystem in ähnlicher Weise wie ein CRM-System helfen,

- allen Mitarbeitern im Prinzip die gleichen, aktuellen, konsistenten Daten über die Kooperationspartner zur Verfügung zu stellen,
- einen durchgängigen, reibungslosen Prozess der Einbeziehung von Kooperationspartnern in Contracting-Projekte möglichst effizient zu gewährleisten (von der Kontaktaufnahme über die Vertragsvereinbarung und Überwachung der Vertragserfüllung bis hin zur Abrechnung und Zahlungsüberwachung) und dadurch zusätzliche Vorlauf- bzw. Anlaufverluste zu vermeiden,
- Kooperationspartner-Beziehungen regelmäßig und unter Berücksichtigung von Projekt-Erfahrungen quantitativ und qualitativ zu analysieren und zu bewerten (insbesondere bei wesentlichen Änderungen der ökonomischen Bedingungen im Unternehmen und in der Unternehmensumwelt),
- hierauf aufbauend Entscheidungen zum Eingehen von, zur laufenden Interaktion in oder zur Beendigung einzelner Kooperationspartner-Beziehungen begründet vorzubereiten (z. B. “Make or Buy”-Entscheidungen),
- strategische Lücken im Kooperationspartner-Netzwerk zu identifizieren sowie
- Strategien zur mittel- bis langfristigen Gestaltung erfolgversprechender Kooperationspartner-Beziehungen zu entwickeln.

5.9.8 Lern- und Entwicklungsprozess

Eine systematische, integrierte Verknüpfung des operativen Projekt-Controllings mit dem strategischen Controlling des entsprechenden Geschäftsfeldes erfolgt in der Praxis nicht. Was insbesondere fehlt, ist der Schritt von der Auswertungsphase am Ende bzw. zum Teil auch von Zwischenauswertungen des Projekts zu einem weiterführenden Lern- und Entwicklungsprozess. Die strategische Potenzialentwicklung im Hinblick auf zukünftige ähnliche sowie weitergehende Angebote und

Aufträge (insbesondere mit dem Ziel der Verbesserung von Prognosen vor bzw. zu Projektbeginn) bleibt dadurch ebenso unberücksichtigt wie die Rückkopplung zur Strategieentwicklung für das Geschäftsfeld.

5.9.9 Fazit

Umfassendere Projekt-Controlling-Systeme, die diese bzw. zumindest einige der genannten Aspekte stärker berücksichtigen, finden sich in der Praxis meistens nicht, auch wenn in der Theorie durchaus allgemeine Lösungsansätze zu einzelnen der genannten Aspekte vorhanden sind. Matthes (1989, auf Basis u. a. von Matthes 1982) zeigt beispielsweise, wie ein Planungs-, Prognose- und Entscheidungssystem im Rahmen eines umfassenderen (Entwicklungs-)Projektsteuerungssystems eines produzierenden Industrieunternehmens prinzipiell aussehen könnte. Sein System berücksichtigt die Finanzierungsaspekte sowie - bezogen auf die Entwicklung von Produktionspotenzialen im Industrieunternehmen - den Entwicklungsprozess ausreichend und ist um Offenheit, Unschärfe und Risiko einbeziehende Module ergänzbar. Aber auch diese Ansätze bieten keine, auf die speziellen Anforderungen im Dienstleistungsbereich "Contracting" abgestimmte, systematische Integration aller genannten Aspekte, was letztlich auf eine Integration projektbezogener Finanz-/ Ergebnis-, Kunden-/Markt(partner)-, Geschäftsprozess- und Mitarbeiter-/Team-Dimensionen unter Einbezug technischer Aspekte hinauslaufen müsste.

6 Controlling von Contracting-Projekten - Steuerungsbausteine und Gesamtkonzeption

6.1 Wesentliche Aspekte der Controlling-Konzeption - Antworten auf die spezifischen Steuerungsanforderungen

Bevor das Projekt-Controlling-System für das Geschäftsfeld "Contracting" mit Bezug auf die Informations-, Planungs-, Ausführungs-, Kontroll- und strategische Entwicklungssteuerungsfunktion des Controlling systematisch dargestellt wird (bzw. mit Bezug auf die in • unterschiedenen Klassen von Führungshandlungen), werden zunächst einige wesentliche Controlling-Elemente erläutert, die auf die genannten Besonderheiten der Dienstleistung "Contracting" bzw. die speziellen Steuerungsanforderungen in diesem Geschäftsfeld eingehen.

6.1.1 Umgang mit Offenheit und Unschärfe

6.1.1.1 Kontinuierlicher Verbesserungsprozess und Herangehen aus unterschiedlichen Blickwinkeln anstatt einmaliger Optimierung zu Projektbeginn

Wie in Kapitel 5.9.2 bereits resümiert, sind Offenheit (Unsicherheit im engeren Sinne) und Unschärfen zu Projektbeginn relativ groß, insbesondere bei Einspar-Contracting-Projekten mit ihren meist sehr langen Laufzeiten und vielfältigen Einflussfaktoren, auch wenn man sie mit den ebenfalls relativ langfristig ausgerichteten Erzeugungs- und Netzinvestitionsprojekten vergleicht. Unsicherheit im engeren Sinne existiert hinsichtlich möglicher Veränderungen gesetzlicher, genehmigungsrechtlicher oder politischer Rahmenbedingungen bei Auslandsinvestitionen, schleichender Veränderungen im Nutzerverhalten bei Einsparinvestitionen oder unbemerkter Erfolgsverschiebungen von einer Maßnahme zu einer anderen beim Durchführen mehrerer unterschiedlicher Maßnahmen. Der Einfluss des externen Faktors Kunde bringt Unschärfen mit sich. Aufgrund der Dienstleistungsmerkmale Immaterialität und Individualität, die u. a. zur Folge haben, dass erbrachte Leistungen nur teilweise rückgängig zu machen bzw. wiederverkäuflich sind, stellen Offenheit und Unschärfen beim Contracting ein besonderes Problem dar (partielle

Irreversibilität ist nur zum Teil durch einen modularen Aufbau der eingesetzten Technologien einschränkbar).

Eine exakte Optimierung über den gesamten Projektlebenszyklus ist im Rahmen des Planungsprozesses während der Vorbereitungsphase nicht möglich. Eindeutige Optimierungsregeln werden nur für einzelne, abgegrenzte Projektteile bzw. -inhalte bei vorgegebenen Restriktionen angewandt (z. B. für die optimale Auslegung einer Wärmeversorgungsanlage oder die Bestimmung der optimalen Stärke einer Wärmedämmung unter Zugrundelegung bestimmter Bedarfe und Preise). Daher kommt es darauf an,

- das **Netzwerk der wesentlichen Bedingungen und Faktoren**, die auf Leistung/Qualität, Termineinhaltung und Wirtschaftlichkeit des Projektes einwirken, mit seinen Abhängigkeiten und zeitlichen Veränderlichkeiten dauerhaft im Blick zu behalten,
- eine **kontinuierliche Verbesserung** im Projektverlauf anzustreben, d. h. Planung und Kontrolle schrittweise zu verfeinern, um so Offenheit und Unschärfen immer stärker einzugrenzen, d. h. den Szenario-Trichter potenzieller Entwicklungen zu verengen, Bandbreiten möglicher Ergebnisse kontinuierlich zu verringern,
- **unterschiedliche Planungsinstrumente** einzusetzen, um Projektentscheidungssituationen aus verschiedensten Blickwinkeln betrachten und sich so einer bestmöglichen Lösung anzunähern und gleichzeitig die größtmögliche Flexibilität für spätere Projektphasen zu erhalten,
- die dafür benötigten **Informationsgrundlagen** systematisch und unter Berücksichtigung von Nutzen-Kosten-Verhältnissen zu erschließen und
- die **Kriterien** zu benennen, nach denen letztlich Entscheidungen (z. B. auch "stop or go"-Entscheidungen) auf Basis dieser alternativen oder auch sich ergänzenden Planungs- inklusive Prognoserechnungen getroffen werden[208], sie transparent darzustellen und zu hierarchisieren. Hinsichtlich der Liquiditäts- und

[208] Z. B. Entscheidung nach der in Kapitel 5.9.2 genannten und für die Zwecke der Praxis besonders geeignet erscheinenden erweiterten Hurwicz-Regel.

Ergebniswirkung könnten beispielsweise jeweils Minimalziele im Sinne notwendiger Bedingungen formuliert werden, die bei ungünstigem oder "normalem" Projektverlauf zu erreichen sind. Bei der Entscheidung für oder gegen ein Projekt sollten neben der Bewertung der eingegangenen Wagnisse auch die Chancen einbezogen werden, die das Projekt bei günstigem Projektverlauf wirtschaftlich sowie über das direkt messbare wirtschaftliche Ergebnis hinaus bietet z. B. Know how-Erwerb, Image, Kundenbindung im Endenergiebereich (vgl. auch Henzelmann 1997, 153ff.). Darüber hinaus ist das Risiko- und Chancenpotenzial des jeweiligen Projektes im Gesamtportfolio der Contracting-Projekte zu beachten, auch unter Berücksichtigung seiner Kapazitätswirkungen (Erhöhung des Auslastungsgrades, ggf. erforderliches Kapazitätswachstum, d. h. Neueinstellungen). Beispielsweise kann es sinnvoll sein, das Wagnis einzugehen, ein innovatives Contracting-Projekt mit großen Risiken, Unschärfen und Unsicherheiten durchzuführen, das gleichzeitig aber große Chancen für die Weiterentwicklung des Kundenstamms oder der angebotenen Produktpalette bietet, wenn die Verteilung von Risiken, Unsicherheiten und Unschärfen im Gesamtportfolio dabei ausgewogen bleibt.

6.1.1.2 Dennoch sind belastbare Abschätzungen zu Projektbeginn notwendig - was sind mögliche methodische Vorgehensweisen?

Die Frage stellt sich jedoch, wie es auf Basis der genannten alternativen oder auch ergänzenden Herangehensweisen dann auch konkret zu Entscheidungen auf Basis belastbarer Abschätzungen kommt, bei denen Risiken, Unsicherheit und Unschärfen adäquat berücksichtigt werden.

Prinzipiell erscheinen **differenzierte Prognose- bzw. Simulationsmodelle, Szenario- und Sensitivitätsrechnungen** zum Umgang mit Risiken, Unsicherheit und Unschärfen als Planungs- und Kontrollinstrumente geeignet, weil sie die Auswirkungen von vermuteten Datenänderungen auf das Rechenergebnis analysieren[209].

[209] Akteure aus der Praxis des Anlagen-Contractings verweisen in Gesprächen darauf, dass die Prozessdynamik hinsichtlich veränderlicher Randbedingungen, Lastverhältnissen, Betriebsweisen, Preis- und Kostenszenarien zweckmäßigerweise in einem Rechenmodell abgebildet werden sollte, das die Berechnung nichtgemessener erfolgsrelevanter Energiedaten erlaubt, aber auch für eine deterministische Simulation zur Optimierung der Betriebsführung einsetzbar ist. Derartige Modelle werden zum Teil von Energieberatern, Contractoren oder Hochschulen bereitgestellt, können aber nach Praxisangaben mit vertretbarem Aufwand auch

Innerhalb der Rechenmodelle finden Unschärfen mit Hilfe in der Literatur vorgeschlagener Ansätze zur Anwendung der Theorie unscharfer Mengen Berücksichtigung (Fuzzy-Ansätze, vgl. z. B. auch Dederichs 1993, Kraus 1997, Napiwotzki 1997, Schmitt 1998) oder durch eine Annäherung mit Hilfe scharfer Intervalle. Unsicherheit im engeren Sinne ist durch Variation der Ausgangsparameter der Sensitivitätsrechnungen bzw. Simulationen zu berücksichtigen.

Wie die Anwendung derartiger Verfahren im einzelnen erfolgen kann, welche Probleme mit ihnen verbunden sein können und inwieweit eine belastbare Abschätzung zu Projektbeginn mit ihrer Hilfe tatsächlich vorgenommen werden kann, wird in späteren Kapiteln näher diskutiert. Hier sei insbesondere auch auf das Rechenbeispiel in Kapitel 6.1.2.1 sowie auf Kapitel 6.2.3.4ff. verwiesen.

Um verschiedene Perspektiven der Entscheidungssituation zu erhalten und mit einzubeziehen, erscheint - insbesondere bei größeren Projekten sowie grundsätzlicheren, strategischen Geschäftsfeldentscheidungen - der gezielte Einsatz von Kooperations- und Partizipationsinstrumenten im Planungsprozess sinnvoll. Beispielsweise dient hierzu eine auf die betrieblichen Belange angepasste und ggf. die Kundensicht oder Dritte einbeziehende Planungszelle (Dienel 1997, vgl. auch Kapitel 6.1.2.3 zum Einsatz der Planungszelle im Prozess der Dienstleistungsentwicklung).

6.1.1.3 Vermeidung und Begrenzung von Projektrisiken

Unsicherheit im engeren Sinne und quantifizierbare Risiken müssen jedoch nicht alle in den Planungs- und Kontrollrechnungen berücksichtigt werden, da sie nur zum Teil als unternehmerisches Restwagnis des Contractors verbleiben und teilweise übertragen bzw. vermieden oder minimiert werden können. **Übertragbare bzw. vermeidbare oder minimierbare Risiken und Unsicherheiten beim Contracting** sind (vgl. auch Henzelmann 1997, 150ff.; Rieschel 2000):

- Risiken bezüglich möglicher (bzw. unscharfer) Kunden- und Nutzereinflüsse in der Analyse- und Planungsphase, reduzierbar durch die Verbindung von Kun-

---

selbst erstellt werden.

dentypisierungen und Wirtschaftlichkeitsbetrachtungen (vgl. das Beispiel in Kapitel 6.1.2.1),

- Risiken bei Bau bzw. Installation, deren Auswirkungen auf das wirtschaftliche Ergebnis des Contractors mittels gewissenhafter Planung und Ausführung durch qualifiziertes und motiviertes Personal, Festpreisvereinbarungen bei Unteraufträgen an Dritte sowie Bauleistungs-, Montage- und Haftpflichtversicherungen verringert werden können,

- Betriebs- und Auslastungsrisiken von Anlagen und Geräten, unterteilbar in

  - technische Betriebsrisiken, die durch regelmäßige Wartung und Instandhaltung vermindert werden können, sowie

  - Betriebsunterbrechungen und Abnahme- oder Zulieferstörungen, denen durch Liefer- und Abnahmeverpflichtungen, Bürgschaften und Versicherungen zu begegnen ist,

- Unsicherheit über zukünftige Veränderungen der Nutzungsarten und –intensitäten auf Seiten des Contracting-Nehmers, die - soweit sie beobachtbar sind - durch entsprechende Vertragsgestaltung vermieden werden können,

- Erlösrisiken beim Einspar-Contracting, die durch negative Abweichungen von den zugesagten Energiekosteneinsparungen entstehen und mittels gewissenhafter Analyse, Planung und Ausführung durch qualifiziertes und motivertes Personal sowie vertragliche Risikoteilung zwischen Contracting-Nehmer und -Geber (z. B. "Shared Savings"-Ansatz) verringert werden können,

- Finanzierungsrisiken, die teilweise durch Finanzierungsinstitute übernommen, teilweise durch Bonitätsprüfungen und Bürgschaften gesenkt werden können,

- Preis- und Zinsänderungsrisiken, im Vertrag regelbar durch entsprechende Gestaltung der Contracting-Rate, an bestimmte Indizes gekoppelte kosten- oder wettbewerbsorientierte Preisgleitklauseln (Bemman/Müller 2000, 106ff.) und Zinsfestschreibung,

- Währungsrisiken, die durch entsprechende Kapitalmarktinstrumente (z. B. Hedging) gedeckt werden können,

- Politische Unsicherheiten bei Auslandsinvestitionen, die z. B. durch Bundes-Bürgschaften oder das Eingehen von Joint Ventures abzusichern sind.

Nicht bzw. nur teilweise übertragbare Risiken und Unsicherheiten beim Contracting sind (vgl. Henzelmann 1997, 152f.):

- Risiko des Bonitätsverlustes des Contracting-Nehmers während der relativ langen Projektlaufzeit, das nur zum Teil durch eine detaillierte Bonitätsprüfung des Kunden unter Beachtung allgemeiner Markt- und Branchentendenzen einschränkbar ist,
- Unsicherheiten über Veränderungen gesetzlicher und genehmigungsrechtlicher Rahmenbedingungen, denen durch eine entsprechende Vertragsgestaltung und die Anwendung zukunftsweisender Technologien zum Teil begegnet werden kann.

Die **Möglichkeiten der Begrenzung von Risiken und Unsicherheiten** für den Contractor lassen sich wie folgt zusammenfassen (vgl. auch Rieschel 2000):

- Auswahl und Typisierung der Vertragspartner,
- Hohe Qualität der Projektvorbereitung und -realisation,
- Festlegung auf zukunftsweisende Technologien,
- Abschluss stimmiger Verträge zu
    - Analyse / Gutachtenerstellung,
    - Planung,
    - Projektleitung,
    - Realisation (Bau, Installation),
    - Betriebsführung,
    - Geschäftsbesorgung,
    - Liefer-/Abnahmeverpflichtung (Energielieferung im Rahmen des Anlagen-Contracting),
    - Preisen der Energielieferung beim Anlagen-Contracting,

- Wartung, Instandhaltung,
- Messung und Verifizierung (vgl. hierzu ausführlicher Kapitel 6.2.4.4),
- Abweichungen von der zugesagten Energiekostenreduktion beim Einspar-Contracting,

• Risikoübertragung auf Versicherungen (Sach-, Ausfall- und Haftpflichtversicherungen).

6.1.2 Steuerung der Kundenintegration

Kapitel 5.9.3 stellte drei Aktivitätsbereiche dar, in denen externe Einflussfaktoren aus dem Bereich Kunde/Nutzer im Rahmen des Projekt-Controlling besonders berücksichtigt werden sollten:

• Attraktivitäts- bzw. Wirtschaftlichkeits- inklusive Risiko-/Chancenbeurteilungen,

• Beurteilung von Verbundwirkungen (Kundenbindungseffekten) zwischen dem Contracting-Projektgeschäft und anderen Leistungen für den Kunden und ihre Berücksichtigung bei Attraktivitäts- bzw. Wirtschaftlichkeitsbetrachtungen,

• "Produktentwicklung", d. h. die Entwicklung und Weiterentwicklung von Dienstleistungsangeboten.

6.1.2.1 Berücksichtigung von Kundeneinflüssen in Wirtschaftlichkeitsbetrachtungen (Planungs- und Kontrollrechnungen)

In den Kapiteln 5.5.4 wurde der Einfluss von Kunden und Nutzern auf das Contracting-Projekt und seine Ergebnisse verdeutlicht. Eine exakte Quantifizierung dieser Einflüsse ist jedoch nicht möglich. Um Einflussfaktoren auf der Kunden- bzw. Nutzerseite in Planungs- und Kontrollrechnungen dennoch veranschlagen zu können, ist es notwendig, zumindest das Ausmaß des potenziellen Einflusses grob abzuschätzen. Die Frage stellt sich natürlich, wie im Rahmen einer solchen Abschätzung mit unscharfen Größen wie "großer", "mittlerer", "kleiner" Einfluss (vgl. Tabelle 28 und Tabelle 29) umzugehen ist.

Kapitel 6.1.1 zeigt prinzipielle Möglichkeiten in der Anwendung der Theorie unscharfer Mengen[210] sowie in der Intervallrechnung auf. Beide Ansätze sollen im Folgenden an einem Beispiel verdeutlicht und die Ergebnisse anschließend diskutiert werden. Bei dem Beispiel handelt es sich um die Abschätzung der voraussichtlichen Personalkosten einer Energieanalyse (Grobanalyse) im Rahmen eines Contracting-Projekts. Eine derartige Analyse dient vor allem der Sensibilisierung für besonders relevante Einflüsse und Schlüsselphasen. Tabelle 27 stellt eine Prognose der Personalkosten der Energieanalyse auf Basis durchschnittlicher Erfahrungswerte dar, bei der Kunden- bzw. Nutzereinflüsse nur durchschnittlich, nicht jedoch in Abhängigkeit vom jeweiligen Kundentyp berücksichtigt sind.

Tabelle 27 Abschätzung der voraussichtlichen Personalkosten einer Energieanalyse auf Basis durchschnittlicher Erfahrungswerte

Teilprozess der Energieanalyse	**Kostenprognose (durchschnittlicher Erfahrungswert)**
Datenanforderung	2.400
Erste Begehung	2.400
Messungen	2.400
Gespräche vor Ort	1.200
Erste Datenaufbereitung und -analyse	4.800
Präsentation der Zwischenergebnisse	1.200
Datennacherhebung	1.200
Weitere Ortstermine	2.400
Ausarbeitung der Analyse / Konzepte	7.200
Präsentation der Ergebnisse	1.200
Abschluss	3.600
	30.000

Quelle: Eigene Darstellung (fiktives Beispiel).

Wie lässt sich aber nun ein möglicher, nur unscharf zu formulierender "sehr geringer", "geringer", "mittlerer" oder "großer" Kunden- bzw. Nutzereinfluss in der Wirtschaftlichkeitsbetrachtung berücksichtigen?

[210] Vgl. auch das Wirkungszusammenhänge- und das Prognose-Beispiel von Kraus (1997).

Da es hier um Unschärfen geht, die nicht durch Zufallsprinzipien zu erklären sind, lassen sich den möglichen Kosteneinflüssen im Prinzip keine **Wahrscheinlichkeiten** zuordnen wie es in Abbildung 18 mit einer subjektiven Wahrscheinlichkeit von 0,4 für das Eintreten des Erfahrungswertes 30.000 EUR veranschaulicht wird (vgl. hierzu ausführlicher Napiwotzki 1997, 99ff.).

Für eine computergestützte Anwendung der **Theorie unscharfer Mengen** stellt sich generell das Problem, wie passende Zugehörigkeitsfunktionen sowie problemadäquate scharfe Darstellungen der unscharfen Größen und Rechenoperationen hergeleitet und interpretiert werden sollten (vgl. auch Dederichs 1993, Napiwotzki 1997). Basis für die Herleitung einer Zugehörigkeitsfunktion ist die Frage, ob ein Ereignis stattfinden kann (Möglichkeitstheorie), nicht, ob es stattfinden wird (Wahrscheinlichkeitstheorie)(Napiwotzki 1997, 74).

Entsprechend der Definitionen und bevorzugten Vorgehensweise von Napiwotzki (1997, 41ff. und 83) wird zur Darstellung der Terme der linguistischen Variable "Kunden- bzw. Nutzereinfluss" in Tabelle 28 ein unscharfes "L-R-Intervall" verwendet, dargestellt durch $(m_1,m_2,a,b)_{LR}$, auf Basis der folgenden allgemeinen Darstellung der Zugehörigkeitsfunktion:

$$\text{Unscharfe Menge } m_{\tilde{A}}(x) = \begin{cases} L\left(\frac{m1-x}{a}\right) \text{ für } x \leq m_1 \\ 1 \text{ für } m_1 < x \leq m_2 \\ R\left(\frac{x-m_2}{b}\right) \text{ für } m_2 < x \end{cases}$$

Deutlich wird die Problematik, für jeden Teilprozess bzw. jede nur unscharf angebbare Einflussgröße eine eigene Zugehörigkeitsfunktion formulieren zu müssen. Abbildung 18 zeigt die grafische Darstellung des resultierenden L-R-Intervalls der möglichen Gesamtkosten der Energieanalyse.

Da es bei einem Contracting-Projekt insgesamt um eine Vielzahl von jeweils projektspezifisch ausgestalteten Teilprozessen und kontextabhängigen, sich im Zeitablauf verändernden Einflussfaktoren geht und der Einflussfaktor "Kunde/Nutzer" daher nur einer unter mehreren darstellt, erscheint eine Annäherung an die unscharfen Größen mit Hilfe **scharfer Intervalle**, d. h. quasi einem unscharfen Intervall ohne Dehnung (Dederichs 1993), aus Transparenz- sowie Nutzen-Kosten-

Überlegungen heraus prinzipiell mindestens ebenso geeignet. Der Nachteil dieser Vorgehensweise im Vergleich zur Anwendung der Theorie unscharfer Mengen besteht darin, dass diese Form der Abbildung gerade in den Grenzbereichen (Intervallgrenzen) weniger Möglichkeiten bietet, subjektive Einschätzungen und Präferenzen abzubilden (vgl. auch Napitwotzki 1997, 79).

Tabelle 28 Quantifizierung der Kosteneinflüsse mit Hilfe der Theorie unscharfer Mengen (L-R-Intervalle)

Teilprozess der Energieanalyse	**Kosteneinfluss des externen Faktors Kunde**	**m1**	**m2**	**a**	**b**
Datenanforderung	groß	1.560	2.880	120	480
Erste Begehung	mittel	1.848	2.880	168	240
Messungen	mittel	1.800	2.760	120	360
Gespräche vor Ort	gering	1.020	1.320	60	120
Erste Datenaufbereitung und –analyse	keiner	4.800	4.800	0	0
Präsentation der Zwischenergebnisse	sehr gering	1.104	1.200	24	120
Datennacherhebung	groß	840	1.560	120	120
Weitere Ortstermine	mittel	1.824	2.640	144	480
Ausarbeitung der Analyse / Konzepte	keiner	7.200	7.200	0	0
Präsentation der Ergebnisse	sehr gering	1.140	1.260	60	60
Abschluss	gering	3.240	3.960	360	360
		26.376	32.460	1.176	2.340

Quelle: Eigene Darstellung (fiktives Beispiel).

Abbildung 18 Unterschiedliche Berücksichtigung von Unschärfe bei der Abschätzung der Personalkosten einer Energieanalyse

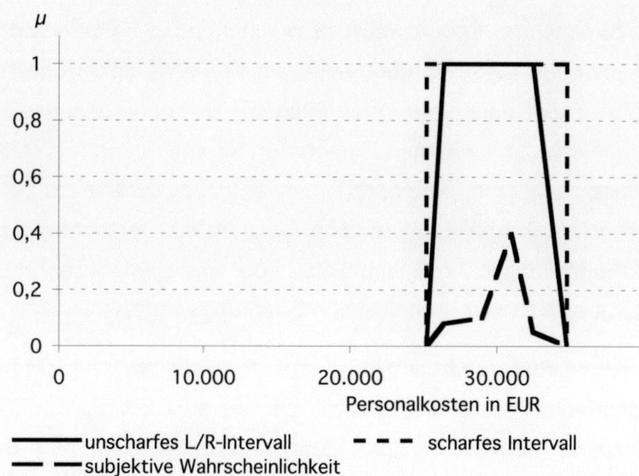

Quelle: Eigene Darstellung (fiktives Beispiel).

Tabelle 29 Quantifizierung der Kosteneinflüsse mit Hilfe der Intervallrechnung

Teilprozess der Energieanalyse	**Erwarteter Anteil an den normalen Personalkosten**	**Kosteneinfluss des externen Faktors Kunde**	**Entspricht in etwa**	**Möglicher Einfluss des Kunden auf die Personalkosten**
Datenanforderung	0,08	groß	± 40%	± 3,2%
Erste Begehung	0,08	mittel	± 30%	± 2,4%
Messungen	0,08	mittel	± 30%	± 2,4%
Gespräche vor Ort	0,04	gering	± 20%	± 0,8%
Erste Datenaufbereitung und -analyse	0,16	keiner	± 0%	± 0,0%
Präsentation der Zwischenergebnisse	0,04	sehr gering	± 10%	± 0,4%
Datennacherhebung	0,04	groß	± 40%	± 1,6%
Weitere Ortstermine	0,08	mittel	± 30%	± 2,4%
Ausarbeitung der Analyse / Konzepte	0,24	keiner	± 0%	± 0,0%
Präsentation der Ergebnisse	0,04	sehr gering	± 10%	± 0,4%
Abschluss	0,12	gering	± 20%	± 2,4%
			Summe	± 16%

Quelle: Eigene Darstellung (fiktives Beispiel).

Diese Vorgehensweise wird in Tabelle 29 veranschaulicht, wobei hier zur Vereinfachung die Intervallgrenzen links und rechts vom durchschnittlichen Erfahrungswert gleich weit entfernt liegen. In dem Beispiel weichen die IST-Personalkosten des Teilprozesses Energieanalyse (Grobanalyse) eines Contracting-Projektes je nach Kunden um bis zu 16% nach oben oder unten von den ohne genaue Kenntnis des Kunden normalerweise geplanten Personalkosten ab. Besonders relevant ist der Kundeneinfluss zu Beginn der Energieanalyse (bis zu ±8% allein bei den ersten drei Prozessschritten). Abbildung 18 zeigt die grafische Darstellung des resultierenden Intervalls der möglichen Gesamtkosten der Energieanalyse auf Basis der in Tabelle 27 dargestellten durchschnittlichen Erfahrungswerte.

Bei beiden Vorgehensweisen stellt sich nicht nur das Problem, die jeweiligen scharfen bzw. unscharfen Intervalle zu quantifizieren, was subjektiv, ad hoc oder in einem kontinuierlichen Lernprozess erfolgen kann (Napiwotzki 1997, 82f.). Insbesondere in Grenzsituationen stellt sich die Frage der Auswertung bzw. Interpretation der durch diese Methoden erzielten Prognoseergebnisse. Wird beispielsweise als Anspruchsniveau (zu unterschreitender Wert) formuliert, dass die Energieanalyse nur durchgeführt wird, wenn die Personalkosten nicht mehr als 32.000 EUR betragen, da ansonsten - bei einem angenommenen fixen Erlös - kein positiver Deckungsbeitrag erzielt werden kann, und liegt dieser Wert - wie in dem hier dargestellten Beispiel - jedoch innerhalb des unscharfen bzw. scharfen Intervalls der abgeschätzten Kosten, so stellt sich die Frage, ob dieser Auftrag abgelehnt werden sollte, obwohl es möglich ist, dass er zu einem positiven Deckungsbeitrag führen kann und im Durchschnitt aller Aufträge auch zu einem positiven Deckungsbeitrag führt. Noch schwieriger stellt sich ein solches Entscheidungsproblem dar, wenn mehrere Zielsetzungen und Restriktionen sowie mehrere Entscheider gleichzeitig zu berücksichtigen sind.

Dem Ansatz von Schmitt (1998, 151f.) folgend besteht eine Lösung darin, das unscharfe Modell in ein scharfes Ersatzmodell zu transformieren, in dem die Risikopräferenzen der Entscheider (Risiken in Form der Nichteinhaltung der Restriktionen bzw. formulierten Anspruchsniveaus) durch ein Sicherheitsäquivalent berücksichtigt werden und dessen Ersatzzielsetzung die Maximierung der kleinsten normalisierten Abweichungen von den gesetzten Anspruchsniveaus ist.

Eine andere Möglichkeit besteht darin, die Unschärfe am Ende eines Rechenganges durch Schwerpunktbildung ("Defuzzyfizierung") wieder herauszunehmen, wie es Napiwotzki (1997) vorschlägt, um mit den defuzzyfizierten Ergebnissen in anderen Bereichen oder Perioden weiterrechnen zu können, ohne dass sich der Möglichkeitstrichter immer weiter öffnet und letztlich quasi alle nur denkbaren Ergebnisse möglich erscheinen. Doch gehen hierbei naturgemäß Informationen verloren, die u. U. wichtig für die weitere Beurteilung des Projekts sein könnten.

Tabelle 30 Quantifizierung der Einflüsse nach Kundentypen

Kundentyp	Besondere kostenrelevante Eigenschaften des Kundentyps	Möglicher Einfluss auf die Personalkosten
Einsteiger	Weder große Motivation, noch große Kompetenz vorhanden	+4% bis +16%
Einsamer Techniker	Handlungsbereitschaft und Kompetenz sind nur beim "einsamen Techniker" vorhanden	-8% bis +2%
Motiviertes Management	Hohe Handlungs- bzw. Kooperationsbereitschaft, aber keine große Kompetenz	-4% bis +8%
Fortgeschrittener	Hohe Bereitschaft, große Kompetenz	-4% bis -16%

Quelle: Eigene Darstellung in Anlehnung an die Kundentypisierung mittelständischer Unternehmen von Ramesohl (2001) (fiktives Beispiel).

Im hier vorliegenden Fallbeispiel der Abschätzung des Kosteneinflusses des Faktors "Kunde/Nutzer" kann vor Anwendung derartiger Vorgehensweisen zunächst versucht werden, das Intervall durch Hinzuziehung zusätzlicher Informationen zur **Typisierung der Kunden** einzugrenzen. Dieser stärker aggregierte Quantifizierungsversuch mit Hilfe scharfer Intervalle orientiert sich an den in Kapitel 3.5.4.1 dargestellten Kundentypen. Sofern es möglich ist, den Kunden einem der im dortigen Kapitel genannten Kundentypen zuzuordnen (beispielsweise auf Basis von Experteneinschätzung oder der Auswertung einer Erfahrungsdatenbank mit Hilfe einer Clusteranalyse), lässt sich der mögliche Einfluss des externen Faktors wie in Tabelle 30 dargestellt vorab grob abschätzen und in die Projektplanung und -kontrolle (ggf. durchgeführte Prognosen, Szenarien, Sensitivitätsanalysen oder Simulationen), möglicherweise sogar bereits während der Akquisitionsphase bei einer ersten Beurteilung der Attraktivität des Projektes, entsprechend einbeziehen[211].

211 Eine ähnliche Aggregation ist natürlich prinzipiell ebenso mit Hilfe von L-R-Intervallen darstellbar. Und auch hier ist ein Weiterrechnen entsprechend der genannten Lösungsvorschläge von Schmitt (1998) und Napiwotzki (1997) prinzipiell möglich.

Letztlich geht es hierbei um eine Verbindung zwischen Marketing- bzw. Vertriebs-Controlling und Erfolgs-Controlling, bzw. genauer von Kundensegmentierungen bzw. -typisierungen mit Kosten-, Leistungs-, Erlös- und Ergebnisrechnungen in Planung und Kontrolle.

6.1.2.2 Berücksichtigung von Kundenbindungseffekten

Ein wesentliches Ziel beim Contracting-Angebot der meisten Energieanbieter ist bislang die Stärkung der Kundenbindung. Längerfristige Contracting-Verträge werden u. a. angeboten, um die Kundenbeziehung zu verbessern, individuelle Kundenwünsche zu berücksichtigen, den Altkunden als Endenergieabnehmer zu behalten (Verbundeffekt zwischen dem Endenergie- und dem EDL-Bereich) oder als Abnehmer weiterer (Energie-)Dienstleistungsprodukte zu gewinnen (Verbundeffekt zwischen unterschiedlichen Dienstleistungen). Kundenbindungs-Controlling dient der Bewertung und Steuerung derartiger Kundenbindungseffekte. Hierzu stehen prinzipiell verschiedenste Verfahren zur Verfügung (vgl. z. B. Bruhn 1998). In der Regel haben die Energieunternehmen das Ziel, Contracting nur dann anzubieten, wenn es auch ohne die Zurechnung von Kundenbindungseffekten für sich genommen profitabel ist (vgl. die in Kapitel 4.3 dargestellten Befragungsergebnisse). Stärker standardisierte EDL lassen sich aber häufig nur mit Verweis auf Kundenbindungseffekte rechtfertigen. Aus diesen Gründen spielt das Kundenbindungs-Controlling im EDL-"Massengeschäft" bzw. für die Steuerung des EDL-Bereichs insgesamt eine größere Rolle als im Contracting, weshalb es erst in Kapitel 7.3.2 unter besonderer Berücksichtigung der Verbundeffekte zwischen dem Endenergie- und dem EDL-Bereich näher behandelt wird. Auch beim Kundenbindungs-Controlling geht es letztlich um Verbindungen zwischen dem Marketing-/Vertriebs- und dem Erfolgs-Controlling.

6.1.2.3 Steuerung der Dienstleistungsentwicklung

Die Integration des Kunden bzw. Nutzers in den Prozess der Entwicklung bzw. Weiterentwicklung von Dienstleistungen ist notwendig, um nicht nur technisch anspruchsvolle und das vorhandene Know how des Unternehmens nutzende, sondern bedarfsgerechte, den Kunden zufriedenstellende, kundennutzenorientierte EDL zu offerieren. Die vorspezifizierten Standards und Charakteristika der entwikkelten Dienstleistungen müssen mit den Kundenerwartungen übereinstimmen, damit die angebotene Dienstleistung auch nachgefragt wird. Hierzu ein Zitat von Dr.-Ing. Karl Navratil, dem Vorstand des "reinen" Energiedienstleisters Enex AG: "Entscheidend ist, dass man EDL-Produkte im Dialog mit den Kunden entwickelt, also eng ausgerichtet an seinen Erfordernissen und Wünschen. Man darf nicht top-down denken, sondern man muss an der Basis, beim Kunden ansetzen" (Grossjohann 2001, 24)[212]. Dies gilt auch für angebotene Contracting-Leistungen bzw. die dahinterstehenden Modelle und Vertragstypen sowie die darin enthaltenen EDL-Module. Darüber hinaus ist die lange Laufzeit eines Contracting-Projektes und die in dieser Zeit aufgebaute Kundenbeziehung intensiv zu nutzen, um viel vom Kunden und seinen Problemen und Bedürfnissen zu erfahren und durch gezielte Kundenintegration bedarfsgerechte Dienstleistungen auch über das Contracting hinaus zu entwickeln.

Die **Kundenintegration** sollte gezielt im Hinblick auf Effektivität und Effizienz gesteuert werden. In der Praxis wird dies jedoch oft vernachlässigt. Die Dienstleistungsentwicklung bzw. -weiterentwicklung geschieht oft ohne ausreichenden Einbezug der Kunden; Projekterfahrungen werden nicht systematisch - und oft einseitig aus Unternehmens-, selten aus Kundensicht - ermittelt, aufbereitet, ausgewertet und für zukünftige Projekte genutzt. Abbildung 19 zeigt, in welchen Stufen des Entwicklungsprozesses eine Kundenintegration sinnvoll erscheint.

Die Frage stellt sich, welche Rolle das Controlling hierbei übernimmt. Institutionell geht es dabei letztlich um die Festlegung der Verantwortlichkeiten und Schnittstellen zwischen dem Entwicklungsteam (z. B. bestehend aus Vertretern des Marketing, ggf. der Forschungs- und Entwicklungsabteilung sowie Mitarbeiter der Leistungsabteilung, d. h. hier des Kompetenzzentrums bzw. Teams "Contracting") und dem Controlling. Das Controlling sollte sich vor allem als **Coach des Entwicklungsteams** verstehen, sein Know how an Methoden bei Bedarf zur Verfügung stellen und mit der Qualitäts- und Effizienzsicherung des Entwicklungsprozesses betraut sein.

---

[212] Vgl. auch Muders (2000, 21), der am Beispiel der Entwicklung und energieeffizienten Gestaltung der Dienstleistung "Sterilgutversorgung" für Krankenhäuser durch die Elektromark AG konstatiert: "Nur mit enger Marktbindung sind erfolgreich Produkte zu entwickeln".

Abbildung 19 Kundenintegration im Prozessablauf der Entwicklung von Dienstleistungen

Interne Inputs	**Prozessschritte**	**Externe Inputs**
Marketingziele →	Formulierung einer neuen Dienstleistungsstrategie – Ziele und Strategie -	← Umfeldanalyse unter Einbezug der Kunden und Nutzer
Interne Quellen →	Ideengenerierung	← Netzwerke, externe Dokumente, Kunden und Nutzer
	Ideensichtung und -bewertung	
Kundenkontaktpersonal →	Konzeptentwicklung	← Potenzialabschätzung unter Einbezug der Kunden und Nutzer
Kundenkontaktpersonal →	Konzepttest	← Kunden, Nutzer
Budgetzuteilung →	Wirtschaftlichkeitsanalyse	← Marktassessment
	Projektfreigabe	
Mitarbeiter im operativen Bereich →	Entwurf der Dienstleistung und Test	← Kunden, Nutzer
Mitarbeiter im operativen Bereich →	Prozess-/Systementwurf und Test	
	Konzipierung des Marketingprogramms und Test	← Kunden, Nutzer
Alle relevanten Mitarbeiter →	Mitarbeitertraining	← Kunden, Nutzer
	Dienstleistungstest und Pilotversuch	← Kunden, Nutzer
	Testmarkt / Teilmärkte	← Kunden, Nutzer
	Vollständige Markteinführung	
Alle beteiligten Mitarbeiter, Führungsebene →	Überprüfung der Markteinführung	← Kunden, Nutzer; ggf. externe Evaluierer

Quelle: Eigene Darstellung in Anlehnung an Meffert/Bruhn (1997, 312) nach Scheuing/Johnson (1989, 30) und unter Berücksichtigung der Kritik von Botschen/Botschen (1999).

Tabelle 31 Die Planungszelle und ihr Einsatz im Betrieb

Grundprinzip	Etwa 25 nach dem Zufallsprinzip ausgewählte Personen entwickeln und erörtern für eine abgeschlossene Zeitspanne (normalerweise 3 bis 5 Tage) in wechselnden Kleingruppen, assistiert von zwei Prozessbegleitern ein vorgegebenes, lösbares Ernstfall-Problem. Sie werden für ihre Beteiligung bezahlt. Bei Bedarf erhalten sie fachliche Unterstützung durch Experten, die beispielsweise aufgabenspezifische Fachkenntnisse einbringen, Strukturierungsvorschläge machen oder Kontakte vermitteln.
Vorrangige Anwendung bisher	Planungszellen werden vorrangig in öffentlichen Planungs- und Beteiligungsprozessen eingesetzt, z. B. in den folgenden Bereichen: • Städtebau/Stadtentwicklung/Regionalentwicklung • Bildungs-/Ausbildungskonzepte • Umweltschutz • Verkehrswesen (Organisation des Nahverkehrs, Fahrplangestaltung, Tarifpolitik, Erprobung und Einführung neuer Verkehrsmittel, Entwicklung eines "Vernunftautos" etc.) • Kommunikationswesen (Programmgestaltung, Erprobung und Einführung neuer Medien etc.) • Gesundheitswesen (Definition von Anspruchsniveaus der medizinischen Versorgung, Verweildauer stationärer Krankenbehandlung, Verbesserung der Kontrollverfahren ärztlicher Leistung etc.)
Mögliche Anwendung im EDU[213]	Etwa 25 nach dem Zufallsprinzip ausgewählte existierende und potenzielle Kunden sowie EDU-Mitarbeiter entwickeln und erörtern in wechselnden Kleingruppen, assistiert von zwei Prozessbegleitern für eine abgeschlossene Zeitspanne (2 bis 4 Tage), welche EDL das EDU einer bestimmten Zielgruppe in welcher Form anbieten sollte/könnte. Sie werden für ihre Beteiligung bezahlt. Bei Bedarf erhalten sie Unterstützung durch Experten, z. B. aus den Bereichen Marketing/Vertrieb, Technik/EDL-Teams, Controlling/Unternehmensführung.

Quelle: Eigene Darstellung in Anlehnung an Dienel 1997 und Botschen/Botschen 1999.

Die Effizienzsicherung des Prozesses der Dienstleistungs(weiter)entwicklung könnte wie im Prozess-Controlling generell anhand vorgegebener Controlling-Kriterien erfolgen (Targets, Benchmarks, Planwerte), festgelegt auf der Basis von Geschäftsprozessanalysen. Kennzahlen, beruhend auf festgelegten Controlling-Kriterien, wie sie z. B. für Prozesse zur Serienentwicklung von Produkten geplant werden (Bauer 2000), lassen sich jedoch nicht einfach auf den Prozess der Entwicklung stark individueller Dienstleistungen übertragen. Auf Grund von Contracting-Spezifika wie langer Lebenszyklus, relativ hohe Anlaufverluste, dem hohen Immaterialitäts- und Individualitätsgrad und der nur teilweise quantitativ messbaren Qua-

213 "Die Anwendbarkeit von Planungszellen ist jedoch nicht auf diese Sektoren [den öffentlichen Bereich und gemeinnützige Organisationen] beschränkt. Die potentiell höhere Akzeptanz von neuen und veränderten Dienstleistungen auf Grund der Einbindung von existierenden und potentiellen Anwendern könnte für alle Dienstleistungsbereiche sinnvoll sein" (Botschen/Botschen 1999, 348f.).

litätserfordernisse machen Kennzahlen wie "Anzahl Neuprodukte/Phase", "Break-even", "Durchlaufzeit pro Auftrag" und "Fehlerquote" (Bauer 2000, 151) für den Prozess der (Weiter-) Entwicklung von Contracting-Dienstleistungen wenig Sinn. Dagegen lassen sich Kennzahlen wie "Entwicklungszeit" und, "Entwicklungsaufwand" sowie Rendite- oder Cash flow-Ziffern für die entwickelten Teil-Dienstleistungen im Contracting-Entwicklungsprozess eher anwenden.

Vor allem die **kundenbedarfs- bzw. marktorientierte Qualitätssicherung des Entwicklungsprozesses** ist für den Markterfolg wesentlich. Qualitätssicherung heißt hier insbesondere, die Integration des Kunden bei bestimmten Schritten der Weiterentwicklung der Dienstleistungen zu sichern und ggf. Freigaben von Entwicklungsbudgets an bestimmte Qualitätserfordernisse zu koppeln - z. B. die Durchführung eines gezielten Integrationsverfahrens. In Abhängigkeit vom gewünschten Integrationsgrad und dem Stand des Entwicklungsprozesses lassen sich beispielsweise folgende Kundenintegrationsverfahren sinnvoll einsetzen: Befragungen, Sequentiell orientierte Problemidentifikation (SOPI), Sequentielle Ereignismethode für Innovationen (SITI), Fokusgruppen, Customer Idealized Design (CID), Lead-User oder Planungszelle, wobei die in Tabelle 31 näher dargestellte Planungszelle die intensivste Einbindung von Kunden in die Entwicklung oder Veränderung von Dienstleistungen darstellt (zu den Verfahren im Einzelnen vgl. Botschen/Botschen 1999). Wie das Beispiel der Preussag AG (Schaper 2000) zeigt, sind Kunden oft sehr gut in der Lage, konkrete Minimalanforderungen und darüber hinausgehende Erwartungen an die vom Energieunternehmen zu erbringenden EDL zu formulieren, die diese erfüllen sollten.

In der Praxis vernachlässigt und damit vom Controlling besonders zu forcieren, ist die Evaluations- und Lernphase nach Abschluss bestimmter Projektphasen bzw. des Gesamtprojekts. Eine derartige **Dienstleistungsüberprüfung und –weiterentwicklung** kann beispielsweise in den folgenden Schritten erfolgen:

- Befragung der Projektbeteiligten mittels eines Fragebogens zur Projektbeurteilung (vgl. das Beispiel in Weisbrodt 2000).
- Direkte Kundenintegration mittels eines der genannten Kundenintegrations-Verfahren, z. B. um die Zufriedenheit des Kunden mit der erbrachten Dienstlei-

stung zu ermitteln[214] oder zukünftige Leistungsanforderungen an einzelne Dienstleistungen unter Mithilfe des Kunden zu bestimmen.

- Abschlussgespräch der Projektbeteiligten zur Diskussion der Ergebnisse der Befragung und Kundenintegration mit abschließender Projektbewertung und Anstoßen von Lern- bzw. Weiterentwicklungsprozessen.
- Ergebnisorientierte Dokumentation der Projektevaluation.
- Steuerung der vereinbarten, auf der Projektevaluation aufbauenden Lern- und Weiterentwicklungsprozesse (z. B. Erinnerung an Beschlüsse und gesetzte Termine durch das Controlling).

Wesentliche Vorteile bezüglich einer effektiven und effizienten Dienstleistungsentwicklung bringen ggf. Dienstleistungsplattformen, in Anlehnung an Meyer/Lehnerd (1997, 39) definierbar als eine Menge von Teilsystemen (Dienstleistungsbausteine, -module, -teilprozesse) oder/und Strukturen, die in verschiedenen Einzeldienstleistungen vorhanden sind und die eine effiziente Entwicklung neuer Dienstleistungen bzw. Dienstleistungsvarianten ermöglichen. Skaleneffekte können realisiert, die **Plattformarchitektur** für einen beschleunigten Entwicklungsprozess genutzt und durch eine robuste Plattform eine Leistungs- bzw. Qualitätsverbesserung erzielt werden (Völker/Voigt 2000, 137).

Gerade für das Contracting, das je nach Modell und Anwendungsbereich eine Vielzahl von Teilprozessen bzw. Dienstleistungsmodulen integriert, ist es sinnvoll, Leistungselemente in einem Plattformkonzept zu integrieren (z. B. Energieanalyse, Energiemanagement, Einsatz von Querschnittstechnologien), nach Möglichkeit zu standardisieren und z. B. branchenspezifisch zu variieren. Eine solche Plattform ermöglicht, neben dem Erreichen der genannten Effizienz- und Qualitätsziele bei der Entwicklung von Contracting-Dienstleistungen, das Vereinfachen von Eigen- oder Fremdleistungs-Entscheidungen, vor allem aber die Konzeption weiterer EDL-Angebote neben verschiedensten Contracting-Leistungen. Letztlich manifestieren sich in der Plattform wesentliche strategische Entwicklungsentscheide (Boutel-

[214] Bei der MVV Energie AG wird die Zufriedenheit von Kunden bei Großaufträgen (Auftragswert >255.646 EUR) regelmäßig und systematisch mittels eines Fragebogens erfasst und zu einem Kundenzufriedenheitsindex aggregiert. Diese Kennzahl dient gleichzeitig als Messgröße für die Leistung der Geschäftseinheit im jeweiligen Kundensegment (Weisbrodt 2000).

lier/Völker 1997, 117). Die Steuerung der Plattformentwicklung sollte daher nicht im Geschäftsfeld "Contracting", sondern auf Geschäftsbereichsebene (EDL-Bereich) angesiedelt, also eine Trennung von Dienstleistungs- und Plattformentwicklungssteuerung angestrebt werden (Völker/Voigt 2000, 142).

6.1.3 Begrenzung von Anlauf- und Vorlaufverlusten und Finanz-Controlling des Projekt-Portfolios

Hinsichtlich der in Kapitel 5.9.4 genannten, in der Praxis des Projekt-Controlling meist nur unzureichend beachteten Liquiditäts- und Finanzierungsaspekte ist im Contracting-Bereich zwischen der Ebene eines einzelnen Contracting-Projektes und der Geschäftsfeldebene zu differenzieren[215].

Auf der **Projektebene** geht es um die Steuerung aller liquiditätswirksamen Projektaktivitäten, von der Akquisition bis zur letzten auftragsbezogenen Ein- oder Auszahlung im Sinne einer projektbegleitenden Liquiditätsplanung und -kontrolle, die zum Ziel hat, rechtzeitig darüber zu informieren, welche Mittelinanspruchnahmen für die einzelnen Teilprozesse der Projektabwicklung vorliegen und inwieweit Abweichungen von ursprünglich geplanten Mittelinanspruchnahmen erfolgen (vgl. auch Buch 1991, 219). Zu erbringende, umfangreiche Vorleistungen nach Auftragsannahme, aber vor Eingang erster Kundenzahlungen (zeitliche Vorverlagerung der Auszahlungen gegenüber den Einzahlungen) stellen den potenziellen Engpass, d. h. einen besonderen Kapitalbedarf dar (hier als projektbezogene **Anlaufverluste** bezeichnet, vgl. auch Abbildung 12).

Auf der **Geschäftsfeldebene** steht die Steuerung der (Vor-)Finanzierung des Aufbaus bzw. der Entwicklung des Geschäftsfeldes "Contracting" sowie die Beachtung der Gesamtliquidität des Projekt-Portfolios im Vordergrund. Zusätzlich zur Zusammenführung der projektbezogenen Liquiditätsbetrachtungen durch Aggregation der projektbezogenen Liquiditätsüberschüsse und -unterdeckungen und der Einbeziehung allgemeiner projektunabhängiger, geschäftsfeldbezogener Auszahlungen (z.

---

[215] Die für die Wahrung der Liquidität entscheidende Unternehmensebene wird hier ausgeklammert, da hier der Contracting-Bereich im Vordergrund steht. Zur Liquiditätssteuerung auf Unternehmensebene und ihrer Verknüpfung mit der Prognose und Bewertung der Liquiditätswirkungen der einzelnen (Contracting-)Projekte vgl. insbesondere Buch 1991, 215ff., aber auch Kapitel 6.2.3.2.

B. für Büromaterial o.ä.) geht es hier also insbesondere um die (Vor-)Finanzierung der Aufbau- und Entwicklungs- einschließlich der darin enthaltenen Akquisitionskosten. Beispielsweise sind für Aufbau und Entwicklung des Geschäftsfeldes produkt- oder auch kundenbezogene Auszahlungen erforderlich in Verbindung mit Entwicklung, Marketing und Vertrieb einzelner Leistungsarten oder -gruppen (hier als geschäftsfeldbezogene **Vorlaufverluste** bezeichnet), denen aber kurzfristig zunächst keine entsprechenden Erlöse gegenüberstehen.

Vier zentrale Fragen stehen bei der **Steuerung von Anlauf- und Vorlaufkosten** im Mittelpunkt:

- Welche Vorlaufverluste müssen in Kauf genommen werden, um überhaupt erfolgreich profitable EDL anbieten zu können?
- Wie wird entschieden, wie hoch die Anlauf- bzw. Vorlaufverluste sein dürfen (Sollwert, Maximalwert)?
- Wie können diese Verluste (vor-)finanziert werden?
- Mit Hilfe welcher Instrumente werden die Anlauf- bzw. Vorlaufkosten bzw. das Verlustrisiko bestimmt und begrenzt?

Als Steuerungsinstrumente stehen insbesondere die Business Planung bzw. Budgetierung, zusätzliche Instrumente der Akquisitionssteuerung sowie die übergreifende Liquiditätssteuerung des Projekt-Portfolios zur Verfügung[216].

6.1.3.1 Budgetsteuerung auf Basis von Business Plänen

Das mögliche Wechselspiel zwischen zentraler und dezentraler Unternehmenseinheit bzw. dem entsprechenden Controlling in Zusammenhang mit der Entscheidung über Anlauf- und Vorlaufverluste und ihrer Kontrolle sowie den Einsatz von Instrumenten zu ihrer Begrenzung bzw. Steuerung beleuchtete bereits die Dar-

---

216 Mit Blick auf die externe Rechnungslegung nicht zu vernachlässigen, hier aber nicht näher dargestellt ist die Berücksichtigung marktwertbildender Vorlaufkosten in der Bilanzplanung. Nach US GAAP/IAS können Kosten, die der Markteinführung von Produkten dienen, als dynamische Vermögenswerte in der Bilanz aktiviert werden (Redaktion Steuernetz.de 2001). Sie stellen gewissermaßen einen "economic value added" dar, der in der jeweiligen Periode für die Folgeperioden erzeugt wird. Durch die Abgrenzung gemäß dem "accrual principle" müssen Jahre der Markteinführung im Ergebnis nicht unbedingt schlechter aussehen als die Folgejahre, was eine größere Kontinuität der Ergebnisentwicklung erzeugt.

stellung der empirischen Ergebnisse in Kapitel 4.3 mehrfach kurz. In diesem Zusammenhang relevante Controlling-Instrumente sind mehr oder weniger detaillierte **Business Pläne** (vgl. Klandt/Finke-Schürmann 1998) und daraus abgeleitete **Budgets** (vor allem outputorientierte Systeme der verfahrensorientierten Budgetvorgabe, bei denen die zu erbringenden Leistungen den Ausgangspunkt der Analyse bilden, Küpper 1997, 311ff.), **Abweichungsanalysen** und **Kennzahlensysteme** zur Kontrolle genehmigter Business Pläne bzw. Budgets sowie **Instrumente zur Analyse von Risiko und Unsicherheit** (inklusive Frühaufklärungssysteme), die im Rahmen der Plan- bzw. Budgetaufstellung und ihrer Kontrolle eingesetzt werden.

Business Pläne sind in der Regel mehrjährig konzipiert. Sie dienen im hier relevanten Zusammenhang dem Abstecken der geschäftlichen Entwicklung des EDL-Bereichs insgesamt oder auch einzelner, komponentenreicher EDL- (z. B. Contracting-) oder Bereichsentwicklungs-Projekte, um Anlauf- und Vorlaufverluste planbar und damit steuerbar zu machen. Außerdem kann ihre Aufstellung notwendig werden, um Kooperationspartner (z. B. auch als Kapitalgeber) für einzelne EDL-Aktivitäten zu gewinnen.

“Im Gegensatz zur Ermittlung eines Gegenwartswerts künftiger Cash Flows durch einen Diskontierungszins stellt sich der Business Plan eine Wanderung durch die kommende Jahre hindurch vor - mit der Idee, man befände sich schon in diesem aus heutiger Sicht späteren Jahr” (Redaktion Steuernetz.de 2001). Zum quantitativen, rechnungswesenorientierten Teil einer integrierten Business Planung im EDL-Bereich gehören eine Outputplanung auf Basis von Bereichs- bzw. Projektkonzept und eine Marktanalyse unter Berücksichtigung von Umsätzen, Leistungen und sonstigen Einflüssen, eine Inputplanung der eingesetzten Ressourcen bzw. der Faktorkosten (Ausgaben/Aufwendungen) sowie eine resultierende Liquiditäts- und Ergebnisplanung (Liquiditäts- bzw. Finanzplan, Erfolgsplan, Sonstige Ergebnispläne und Kontrollrechnungen wie z. B. Planbilanz, Mindestumsatz, Break-Even-Rechnung und ggf. Deckungsbeitragsrechnungen bei Bereichsplänen oder Kalkulationen bei Projektplänen) (vgl. Klandt 1999, Klandt/Finke-Schürmann 1998). Aus einem abgestimmten und genehmigten Business Plan lassen sich für die hier diskutierte Begrenzung von Anlauf- und Vorlaufverlusten konkrete Budgetvorgaben als mengen- oder wertmäßige Rahmenvorgaben ableiten[217]. Zur regelmäßigen Prüfung der Robustheit des formulierten Business Plans hinsichtlich einer Liquiditäts- oder Erfolgsgefährdung dienen Analysen von Risiko und Unsicherheit (vgl. hierzu Kapitel 2.2.2.8 und 6.1.1).

6.1.3.2 Finanz-Controlling des Projekt-Portfolios

Während für den Aufbau und weiteren Ausbau des Geschäftsfeldes und die notwendigen Vorleistungen bei ersten Contracting-Projekten eine externe Vorfinanzierung notwendig ist (durch andere Unternehmensbereiche oder Dritte, z. B. Banken oder Kooperationspartner), die durch entsprechende Budgetierung begrenzt werden kann, sollten ansonsten Anlauf- bzw. Vorlaufverluste durch Gewinne aus laufenden Projekten möglichst so gedeckt werden können, dass eine externe Zwischenfinanzierung vermieden werden kann. Entscheidend ist hier - in Anlehnung an die Steuerung von Wertpapier-Portefeuilles - die **Mischung des Projekt-Portfolios und dessen Steuerung** (u. a. auch hinsichtlich der eingegangenen Risiken und der Projektlaufzeiten mit den entsprechenden Zahlungsströmen[218]). Ein- und Auszahlungen sind so aufeinander abzustimmen, dass einerseits kein Kapital brach liegt und andererseits keine Liquiditätsengpässe auftreten. Ziel ist letztlich, die Differenzen aus Ein- und Auszahlungen zu minimieren (Steinle/Bruch 1998, 783).

Zur Erreichung dieses Ziels stehen verschiedene Strategien auf der Vertriebs- und Beschaffungsseite zur Verfügung. Beispielsweise kann versucht werden, bei angespannter Liquiditätslage Auszahlungen in einem Projekt so lange zu verschieben, bis erwartete Einzahlungen in einem anderen Projekt erfolgt sind. Dem Vertrieb können Zahlungsziele, Zahlungsrhythmen und Zahlungsmodalitäten für die Verhandlungen mit den Kunden vorgegeben werden. Entsprechende Vorgaben sind auch für die Beschaffung sinnvoll, um Finanzplanziele zu erreichen. Die beschaffenden Stellen haben **liquiditätswirksame Entscheidungsspielräume** zwischen dem Ausnutzen langer Zahlungsziele und der Skontoausnutzung oder Rabatterrei-

---

[217] Zum weiteren Einsatz der Budgetsteuerung im Rahmen des Projekt- und Geschäftsfeld-Controllings vgl. auch die Vorschläge von Buch (1991, 155ff. und 185ff.) zu projektbezogenen oder/und projektübergreifenden Deckungsbudgets.

[218] Vgl. auch die von Czopka (2002) geschilderte "Kompensationsproblematik".

chung. Voraussetzung für solche Steuerungsmöglichkeiten ist allerdings ein aktueller **Finanzplan**, d. h. ein Überblick über Zahlungszeiträume von Kunden und eigene verpflichtende Zahlungstermine, d. h. über Finanzmittelzu- und -abflüsse (vgl. auch Steinle/Bruch 1998, 783ff.).

Dabei stellt sich auch hier wiederum das Problem, mit Unschärfe, Unsicherheit und Risiko bei der Prognose der projektbezogenen und projektübergreifenden Liquiditätswirkungen umzugehen. Auf Projektebene müssen beispielsweise Auszahlungen und Obligos mit ihren voraussichtlichen Terminen (d. h. vordisponierte, bereits fixierte Auszahlungen) sowie Einzahlungen und voraussichtliche Zahlungseingänge mit ihren Terminen unter Berücksichtigung des jeweiligen Leistungsfortschritts des Projektes (d. h. in Abhängigkeit von der Terminierung der einzelnen Vorgänge) zeitnah erfasst bzw. prognostiziert werden (vgl. auch Buch 1991).

6.1.3.3 Zusätzliche Instrumente der Akquisitionssteuerung

Die meisten der in Kapitel 5.7 genannten Schlüsselaufgaben - auch die personalkostenintensiven Engineering-Aufgaben - sind prinzipiell relativ gut steuerbar. Was jedoch weniger gut lenkbar ist und daher leicht entgleiten kann, sind **die ersten Schritte in das Geschäft mit dem Kunden**, bei denen der Kunde besonders stark integriert werden muss: Aufbau eines Vertrauensverhältnisses zum Kunden, Klärungsprozesse, Informationsbeschaffung und -strukturierung. Welche Instrumente können hier die Steuerung zusätzlich unterstützen?

Hier ist grundsätzlich zwischen der Altkunden- und der Neukundenakquisition zu unterscheiden. Bei **Altkunden** liegen bereits persönliche Kontakte, Kenntnisse der energetischen und auch allgemeinen wirtschaftlichen Situation vor Ort und Erfahrungen mit der Zahlungsmoral des Kunden vor. Potenzielle **Neukunden** sind dagegen im Allgemeinen schwerer einzuschätzen.

In jedem Fall ist es sowohl für Contracting-Geber als auch für Contracting-Nehmer sinnvoll und meist auch notwendig, vor Abschluss eines umfangreichen Contracting-Projektes in einem **Vorvertrag** eine oder mehrere energietechnische Analysen zu vereinbaren, wie sie in Kapitel 5.4 bereits erläutert wurden. Diese dienen nicht nur zur Sondierung, welche Bereiche in die energietechnische Sanierung, Modernisierung oder Neuinvestition einzubeziehen sind, sondern darüber hinaus dem gegenseitigen Kennenlernen und Schaffen einer Vertrauensbasis. Durch ein Analyseangebot, das sich - nach HOAI (1995) sowie Energiekennwerten und Erfahrungswerten des Contractors - so an den Energiekosten des Contracting-Nehmers orientiert, dass dieser mit einer Amortisation der Analysekosten durch Realisierung der ermittelten Kostensenkungspotenziale innerhalb eines Jahres rechnen kann, lässt sich sowohl der Umfang der Aktivitäten und damit auch das Risiko des Eingehens von Anlaufverlusten des Contractors als auch das Risiko des Contracting-Nehmers begrenzen. Wird gleichzeitig dem Contracting-Nehmer die Amortisation der Analyse innerhalb eines bestimmten Zeitpunkts nach Umsetzung der Analyseergebnisse vertraglich garantiert, steigt zwar auf der einen Seite das Risiko des Contractors, aber gleichzeitig erhöhen sich dessen Akquisitionschancen.

In der Regel – und dies wurde auch in den im Rahmen der empirischen Analyse durchgeführten, in Kapitel 4.3 dargestellten Interviews deutlich - wird der Contractor bei der gegenwärtigen Marktlage bei den energietechnischen Voranalysen in **Vorleistung** gehen müssen[219], wobei er dabei auf seine Kenntnisse und Erfahrungen zu typischerweise erschließbaren Kostensenkungspotenzialen und seine Ersteinschätzung des Kunden vertraut. Der Contractor riskiert diese Anlauf- bzw. Vorlaufverluste in der Erwartung, dass als Folgeauftrag ein Contracting-Vertrag vereinbart wird, durch den die Verluste aus der Energieanalyse mehr als kompensiert werden. Inwieweit es sinnvoll ist, erst einmal derartige Verluste zu akzeptieren, kann nur in jedem Einzelfall individuell entschieden werden, da die Chancen, einen lukrativen Folgeauftrag zu erhalten, nur kundenspezifisch und unter Berücksichtigung der jeweiligen Konkurrenzlage beurteilt werden können.

Trotz der Individualität der jeweiligen Projektsituation bietet es sich für die Überwachung der Entwicklung der gesamten Akquisitions- und Auftragstätigkeiten im Geschäftsfeld "Contracting" an, Durchschnittswerte als Steuerungshilfe hinzuzuziehen, beispielsweise

- eine Kennzahl, die das Aufwands-Ertrags-Verhältnis der energietechnischen Analysen vor und innerhalb eines Contracting-Projektes angibt,

[219] Dies gilt zumindest für einige Kundengruppen in Deutschland. In anderen EU-Mitgliedstaaten existieren zum Teil Förderprogramme, die derartige Erstanalysen – u. a. auch im gewerblichen bzw. industriellen Bereich – bezuschussen (Wuppertal Institut/ASEW 2003).

- eine Kennzahl, die das Verhältnis von Analyseaufträgen zu (Contracting-) Folgeaufträgen beschreibt, oder
- die Kennzahl "Angebotserfolgsquote", d. h. das Verhältnis von Contracting-Angeboten zu -Aufträgen.

Hieraus können **Faustformeln als Zielgrößen** abgeleitet werden, deren tatsächliche Entwicklung zeitnah überwacht und so ein rechtzeitiges Reagieren auf Abweichungen ermöglicht wird. Beispielsweise hat ein Interviewter als angestrebte Angebotserfolgsquote 10:1 angegeben; die in einer Marktuntersuchung von E&M/Technomar (2000) ermittelten durchschnittliche Angebotserfolgsquoten von Contracting-Firmen lassen sich Abbildung 20 entnehmen.

Abbildung 20 Angebotserfolgsquote: Angebote : Verträge

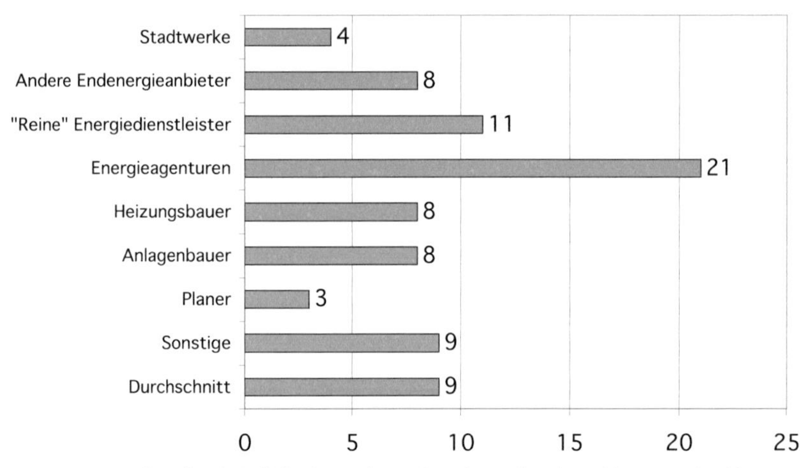

Quelle: E&M/Technomar 2000.

Der Akquisitionsaufwand für ein Contracting-Projekt mag im Einzelfall sehr groß sein. Eine Akquisition lohnt daher nur dort, wo zu erwarten ist, dass im Falle eines Vertragsabschlusses der Gewinn aus dem Contracting-Projekt den Akquisitionsaufwand mindestens deckt. Dazu gehört auch, dass der Kunde zahlungskräftig genug sein muss, das Contracting-Geschäft auch zu bezahlen. Bonitätsindizes von

Wirtschaftsinformationsdiensten/Auskunfteien (z. B. Creditreform oder Buergel) können bei der Einschätzung der Bonität des Kunden nur bedingt helfen. Zum einen sind diese immer vergangenheitsorientiert, zum anderen ist angesichts der langen Vertragslaufzeiten im Contracting eine Bonitätseinschätzung über 10-15 oder mehr Jahre überhaupt nicht möglich. Folglich macht eine aufwendige **Bonitätsprüfung** keinen Sinn. Eine einfache Beurteilung der Zahlungsfähigkeit des Kunden ist auch durch eine kostenfreie Bankauskunft bei der Hausbank des Contractors möglich. Über Kapitalisierung der Contracting-Raten wird eine Gesamtsumme des Contracting-Geschäfts ermittelt und die Hausbank gefragt, ob der potenzielle Contracting-Nehmer für einen Kredit in dieser Höhe "gut" wäre. Diese individuelle Beurteilung der Zulässigkeit der Geschäftsverbindung und des Höchstkredits leisten zwar auch Auskunfteien, allerdings nicht kostenfrei. Je größer das Contracting-Geschäftsfeld sich entwickelt, umso eher wird der Contractor in Kauf nehmen, dass in dem vielfältigen Projekt-Portfolio mit unterschiedlichen Einzelchancen und -risiken auch mal ein Geschäft mit einem Kunden abgeschlossen wird, dessen Bonität nicht ganz so hoch eingeschätzt wird.

Bestehende **persönliche Beziehungen**, z. B. des zuständigen Kundenberaters zum Kunden oder die Nutzung existierender persönlicher Beziehungen von Multiplikatoren zum Kunden, erhöhen die Erfolgschance einer Akquisition (nach Angaben der Contractoren zum Teil um das Zehnfache). Sind diese nicht oder kaum vorhanden und soll eine gewisse Breite von Kunden erreicht werden, so kann neben intensiver, datenbankgestützter branchen- bzw. marktsegmentspezifischer **Kundenansprache**, mit der dem jeweiligen Kundentyp das Contracting bedarfsgerecht "schmackhaft" gemacht wird, auch umgekehrt versucht werden, den Kunden zu bewegen, potenzielle Contracting-Projekte an den Contractor heranzutragen und dadurch Akquisitionskosten und damit Anlauf- bzw. Vorlaufverluste, zu reduzieren.

Eine derartige **Förderung eines Selbst-Selektionsprozesses** hat das Wuppertal Institut in einem Pilotprojekt der Stadtwerke Düsseldorf AG konzeptionell vorbereitet, wissenschaftlich begleitet und evaluiert (Politecnico di Milano et al. 2000). Die Stadtwerke veröffentlichten in Form der Energiespar-Auktion "2000 Tonnen Klimaschutz" eine Aufforderung an Stadtwerke-Kunden und Energiedienstleister, innovative Projekte zur Energieeinsparung vorzuschlagen. Geboten wurden eine

Reihe von Stromsparprojekten in Dienstleistungssektor und Industrie in den Bereichen Lüftung, industrielle Antriebe, Pumpen und Beleuchtung im Gesamtumfang von einzusparenden 1,8 Mio. kWh Strom pro Jahr. Die Wirtschaftlichkeitsrechnungen ergaben dabei, dass es weniger als 0,5 cEUR kosten würde, eine kWh Strom einzusparen. Die Stadtwerke boten an, diese Maßnahmen über Contracting zu realisieren und haben mit dem Projekt letztlich Kunden identifiziert, die an Contracting interessiert sind und zum Teil schon Projektideen "mitbringen". Darüber hinaus gewannen sie Erfahrungen mit interessanten Energieeffizienz-Technologien für weitere Projekte zum Stromspar-Contracting und konnten mehr über die Bedürfnisse ihrer Kunden erfahren.

6.1.4 Leistungs-/Qualitätssteuerung und der Umgang mit Erlösvariabilitäten

Wie sind nun die Qualität der Leistungserbringung und die damit zusammenhängenden Erlösvariabilitäten in einem Contracting-Projekt zu steuern?

In Abgrenzung zu anderen Dimensionen des Leistungsbegriffs (vgl. hierzu Weber 1999, 207) geht es hier vor allem um **Leistungen als Maßgröße nicht-monetärer Ziele** wie Dienstleistungsqualität und Kundenzufriedenheit mit Unterzielen wie z. B. Innovativität und Umsetzbarkeit der erarbeiteten Konzepte, Nachhaltigkeit und Umfang der erreichten Energiekostensenkungen, Termineinhaltung, Flexibilität im Hinblick auf Änderungswünsche des Kunden etc., aber auch um interne Ziele wie dem Zuwachs an Wissen und Erfahrung[220]. Die Erfassung des zu steuernden Outputs erfordert sowohl quantitative als auch qualitative Kriterien[221].

Als Qualität der erbrachten Contracting-Leistung wird gemäß der ISO-Norm 8402 die Gesamtheit von Leistungseigenschaften und -merkmalen bezeichnet, die sich auf die Eignung der Dienstleistung zur Erfüllung festgelegter oder vorausgesetzter Bedürfnisse beziehen. **Qualitätsmaßstab** ist somit das subjektive Urteil von Kun-

---

220 Auf den internen Lern- und Entwicklungsaspekt wird insbesondere in Kapitel 6.1.7 näher eingegangen. Die anderen genannten Aspekte stehen im Folgenden im Vordergrund.

221 Damit entspricht die Dienstleistung Contracting in ihrer Gesamtheit dem Dienstleistungsprozesstyp II bei Friedl 1998. Zu Messansätzen der Dienstleistungsqualität vgl. Kapitel 7.3.2.4 bzw. Bruhn 1998.

den und Nutzern, d. h. inwieweit das Contracting-Projekt den Kundenanforderungen gerecht wird.

Als Unterstützungsinstrument eines Total Quality Management hat das **Qualitäts-Controlling** im Allgemeinen die Aufgaben, alle qualitätsrelevanten Aktivitäten, insbesondere aber die für die Qualität der erbrachten Leistung bedeutsamsten Schlüsselprozesse, mit dem operativen Ziel zu steuern, die anforderungsgerechte Qualität möglichst wirtschaftlich zu erreichen und darüber hinaus auf der strategischen Ebene die Qualitätsfähigkeit des Unternehmens mittel- bis langfristig sicherzustellen (vgl. auch Steinle/Bruhn 1998, 925f.).

Im Gegensatz zum Qualitäts-Controlling bei Produkten geht es im Contracting-Bereich - außer bei den im Rahmen des Contracting installierten Geräten und Anlagen - weniger um die Vermeidung von Fehlerkosten im Sinne der Sicherstellung von Funktionalität, Praktikabilität, Lebensdauer, Design oder Sicherheit eines Produkts. Auch unterscheidet sich das Qualitäts-Controlling bei Contracting-Projekten von demjenigen viel stärker standardisierter Dienstleistungen dadurch, dass Contracting-Projekte eine relativ lange Laufzeit aufweisen. Die Wahrscheinlichkeit von kurz- bis mittelfristigen Folge-Contracting-Projekten ist daher gering. Demnach steht weniger das Erzielen einer bestimmten Qualität im Vordergrund, um über die Kundenzufriedenheit einen intensivierenden oder stabilisierenden Kundenbindungsnutzen zu erlangen und damit den Geschäftserfolg langfristig zu sichern (Bruhn 1998, vgl. auch Pepels 1996)[222].

Vielmehr stehen beim Qualitäts-Controlling im Contracting-Bereich die folgenden beiden Aspekte im Mittelpunkt:

- Steuerung der **fachlichen (vorwiegend technischen) Qualität der Vorbereitung und Umsetzung der einzelnen Maßnahmen** zur Energiekostenreduktion innerhalb eines Contracting-Projektes, um die vom Kunden erwarteten Energiekostenreduktionen und damit ggf. auch von der erbrachten Leistung abhängige Erlösziele zu realisieren und Reklamations- bzw. Nachbesserungskosten

[222] Allerdings ist ein Kundenbindungseffekt, der Cross-Buying-Nutzen (Bruhn 1998), auch beim Qualitäts-Controlling im Contracting-Bereich zu beachten. Auf Cross-Selling-Effekte zwischen verschiedenen EDL und zwischen EDL- und Endenergiebereich wird jedoch erst in Kapitel 7.2.3 näher eingegangen, da diese im "Massengeschäft" mit EDL vermutlich eine größere Rolle spielen.

zu verringern, sowie einen bestimmten Kommunikationsnutzen (Bruhn 1998, 227ff.) zu erhalten, der die Akquisition weiterer Contracting-Projekte erleichtert;

- Steuerung der **Qualität der (vorwiegend ökonomischen) Planung bzw. Vorbereitung des Gesamtprojekts**, um die geforderte Qualität wirtschaftlich zu erbringen, d. h. letztlich einen bestimmten internen Potenzial-, prozess- und ergebnisbezogenen Nutzen (Bruhn 1998, 239ff.) zu erlangen.

6.1.4.1 Qualitätsengpass Mitarbeiter und deren Führung

Auf Grund der typischen Merkmale von Dienstleistungen kommt mitarbeiterbezogenen Instrumenten der Qualitätssteuerung im Dienstleistungsbereich generell eine besonders große Bedeutung zu: "Der wichtigste Angriffspunkt zur Erreichung herausragender Qualität ist die Verbesserung des Qualitätsengpasses Mitarbeiter" (Pepels 1996, 317; vgl. auch Bruhn 1998, 49ff.).

Dieser Satz gilt insbesondere auch für den Contracting-Bereich wegen der starken Integration der externen Faktoren Kunde und Nutzer und der damit einhergehenden persönlichen Mitarbeiter-Kunden-Interaktion, der hohen Individualität der Dienstleistung Contracting und der partiellen Irreversibilität und Immaterialität der Ingenieurs- und Beratungsleistungen in einem Contracting-Projekt. Qualifikation und Motivation der Mitarbeiter sind für die Qualität der erbrachten Contracting-Leistungen daher wesentlich.

Aus diesen Gründen kommt es darauf an (vgl. Bruhn 1998, 50f.),

- bei der **Personalauswahl** neu einzustellende Mitarbeiter auf die notwendigen fachlichen und persönlichen Eigenschaften und Fähigkeiten sowie ihre Motivation hin zu überprüfen, wobei insbesondere Personal mit Kundenkontakt u. a. auch über Kontaktfreude, Einfühlungsvermögen und eine professionelle Servicementalität verfügen sollte,
- im Rahmen der **Personalentwicklung** qualitätsrelevante Eigenschaften und Fähigkeiten zu entwickeln bzw. kontinuierlich zu verbessern,
- **Anreizsysteme** so motivierend zu gestalten, dass Mitarbeiter gewünschte Qualitätsstandards bereitwillig erfüllen.

Bei der Personalentwicklung stellt sich für das von einem EVU zu einem EDU wandelnde “Modell-EDU” insbesondere das Problem, seit langem beschäftigte Mitarbeiter im Hinblick auf die im liberalisierten Markt und speziell im EDL-Bereich geforderte konsequente Kunden- und Qualitätsorientierung hin zu schulen und fortzubilden. Im Prinzip sind beispielsweise die ingenieurtechnischen Kenntnisse von Kraftwerkern[223] auch im Contracting-, vor allem im Anlagen-Contracting-Bereich, von Nutzen. Jedoch sind hier und insbesondere beim Einspar-Contracting zusätzliche fachliche Kenntnisse und Fähigkeiten gefragt. Ubergreifende Qualifikationen, z. B. Projektmanagement-Kenntnisse und der richtige Umgang mit den Kunden, müssen oft erst erworben werden.

Für die Gestaltung von Anreizsystemen stehen prinzipiell verschiedenste qualitätsorientierte materielle und nicht-materielle extrinsische und intrinsische Anreizinstrumente zur Verfügung (vgl. die Übersicht in Steinle/Bruch 1998, 934). Insbesondere für die im Contracting-Geschäft benötigten Personengruppen mit überdurchschnittlichem Ausbildungsstand (vor allem Ingenieure, aber beispielsweise auch Informatiker, Ökonomen und Juristen) erweist sich der intrinsische Anreiz über die Arbeit selbst, über die mit der Arbeit verbundenen Herausforderungen und persönlichen Kommunikations- und Lernmöglichkeiten bei Ermöglichung flexibler Arbeitszeiten und selbständigem Arbeiten im Team als entscheidender Ansatzpunkt.

Ein Problem für individuelle oder projektbezogene erfolgsorientierte materielle Anreize im Contracting-Bereich besteht darin, dass der Erfolg energiekostensenkender Maßnahmen sowie die Projektrendite zwar bei Vertragsabschluss schon relativ gut abgeschätzt, jedoch erst in den Jahren nach Umsetzung der Maßnahmen verifiziert werden kann, die Nachhaltigkeit der Reduktionsmaßnahmen sogar erst nach Abschluss der meist relativ langen Vertragslaufzeit[224]. Wenn jedoch Leistungserbringung und Belohnung auf Basis verifizierter Daten zeitlich weit auseinanderliegen, wird die Anreizwirkung der Belohnung stark gemindert[225]. Auch besteht die Möglichkeit, dass die Mitarbeiter des Contracting-Teams, welche die Leistung er-

---

[223] Durch Rationalisierungsmaßnahmen und den Abbau von Überkapazitäten ist der Bedarf an Kraftwerkern in den letzten Jahren stetig gesunken.

[224] Zur Messung und Verifizierung vgl. ausführlicher Kapitel 6.2.4.4.

[225] Motivationstheoretische Erkenntnisse deuten sehr stark darauf hin, dass die Anreizgewährung zeitlich nah zur Handlung erfolgen muss, um eine signifikante Wirkung zu entfalten (Hungenberg 1995).

bracht haben, zum Zeitpunkt der Messung und Verifizierung bereits das Unternehmen verlassen haben. Soll die Qualität der Leistungserbringung bei Vertragsabschluss bereits beurteilt werden, so ist dies für Dritte meist wesentlich schwieriger als für den Leistungserbringer vor Ort, der letztlich über das entscheidungsrelevante Wissen und wichtige Problemlösungsfähigkeiten verfügt (Asymmetrien im Know how). Darüber hinaus besteht das Problem der Zurechnung eines evtl. Projekterfolgs zu einzelnen Mitarbeitern, denn die Leistung erbringt in der Regel ein Team, mit Hilfe mehrerer Kooperationspartner und des Kunden bzw. Nutzers. Entscheidend ist die in Kooperation erbrachte Gesamtleistung aller Beteiligten. Individuelle erfolgsorientierte Gehaltskomponenten bergen daher die Gefahr, den notwendigen Teamgeist zu schwächen. Und schließlich sind leistungsabhängige Vergütungen für die sich von EVU zu EDU wandelnden Energieunternehmen Neuland. Bestehende Tarifverträge waren hier bislang eher ein Hemmnis, was sich erst jetzt allmählich wandelt[226].

Dennoch sollte auf erfolgsorientierte extrinsische Anreize auf Grund ihrer Wirkung nicht gänzlich verzichtet werden, insbesondere dann, wenn diese so gestaltet sind, dass sie die internalisierten Anreizsysteme der Beschäftigten verstärken und nicht in Widerspruch zu ihnen geraten (Brandes/Weise 1995). Ein in der EDL-Praxis teilweise bereits eingesetzter Lösungsvorschlag[227] kombiniert individuelle leistungsabhängige Prämien mit am Gesamterfolg orientierten Vergütungsbestandteilen, wobei als relevante Bezugsgröße für den Gesamterfolg je nach Unternehmensgröße und -organisation die gesamte Unternehmung, der EDL-Bereich oder das Geschäftsfeld "Contracting" zur Wahl stehen. Entscheidend ist dabei, dass die Bezugsgröße weder so klein ist, dass sie sich nachteilig auf die Teamarbeit auswirkt und ihre Ermittlung zu großem Aufwand führt, noch darf sie so groß sein, dass die belohnte Person nicht mehr das Gefühl hat, die Gehaltsvariabilität mit ihren eigenen Handlungskompetenzen zu beeinflussen. Als Basis für die Festlegung der individuellen Leistungsprämien kann beispielsweise eine Beurteilung dienen,

---

226 Beispielsweise haben Mitte Dezember 2001 die Gewerkschaft Verdi und die IG Bergbau, Chemie, Energie (BCE) mit der Arbeitgeberseite ein neues, einheitliches Tarifwerk für die Unternehmen des E.ON-Konzerns vereinbart, das keine am öffentlichen Dienst orientierten Vergütungsregeln mehr kennt und bei dem die Vergütung an den Unternehmenserfolg und - auf Basis von Zielvereinbarungen - an die individuelle Leistung der Arbeitnehmer gekoppelt wird.

227 Vgl. auch Fickert/Schedler 1995 zum Einsatz in anderen Individual-Service-Betrieben.

inwieweit individuell getroffene Zielvereinbarungen erfüllt und ein allgemein gefordertes Leistungsverhalten gezeigt wurden (z. B. Kundenorientierung, Kommunikationsfähigkeit, Teamfähigkeit, Verhandlungsgeschick, fachliches Know how und Lernfähigkeit; vgl. auch das Beispiel in Wunderer/Jaritz 1999, 132). Durch entsprechende Zielvereinbarungen und Festlegung der Dimensionen des Leistungsverhaltens erfährt das Anreizsystem auch eine Orientierung auf die strategischen Ziele der Unternehmung (vgl. auch den in Kapitel 6.2.6 näher dargestellten Balanced Scorecard-Prozess mit dem dortigen Zielvereinbarungssystem sowie Hungenberg 1995).

Bei der Kombination intrinsischer mit extrinsischen, qualitätsorientierten Anreizen darf die intrinsische Motivation nicht durch extrinsische Anreize verdrängt werden (Thom 1999, 439), ebenso wenig wie kooperatives, kommunikationsförderndes Verhalten durch “Ellbogenmentalität” und gegenseitiges Misstrauen[228]. Vertrauensbasiertes Controlling (Krystek/Zumbrock 1993, Krystek 1995a) ist gerade für die Qualität von Planung und Kontrolle von Contracting-Dienstleistungen von großer Bedeutung. Die große Komplexität ist ohne größeres Vertrauen in Mitarbeiter und Kooperationspartner nicht zu bewältigen[229]. Auf die Bedeutung der Schaffung einer Vertrauensbasis zu Kunde und Nutzer in der Akquisitions- und Vorbereitungsphase wurde bereits hingewiesen. Intern kann bereits die Aufforderung zu vertrauensvollem Verhalten signifikante Änderungen im Hinblick auf das Problemlösungsverhalten im Team bewirken (Krystek 1995a, 475). **Vertrauensbasiertes Controlling** stärkt die für eine qualitativ hochwertige, informationsintensive Planung und Kontrolle in Contracting-Teams notwendige Selbstorganisation und Partizipation, kreative Potenzialausschöpfung und strategische Potenzialentwicklung und mindert effizienzblockierendes und intrinsische Motivation zurückdrängendes Ablehnungsverhalten gegenüber dem Controlling.

---

[228] In einer “Misstrauensorganisation” (Krystek/Zumbrock 1993, Krystek 1995a) sind extrinsische Anreize in einem mechanistischen Menschenbild begründet, das davon ausgeht, dass die Anstrengungen des rational handelnden, eher arbeits- und verantwortungsscheuen Wirtschaftssubjekts faktisch ausschließlich von ökonomischen Anreizen und einer straffen Führung (Fremdkontrolle) abhängen.

[229] An dieser Stelle sei angemerkt, dass es nicht um einen Ersatz, sondern eine qualitative Veränderung von Planung und Kontrolle durch Vertrauensorientierung geht (vgl. auch Krystek/Zumbrock 1993, 154ff.).

6.1.4.2 Qualitätshandbuch

Verbesserungspotenziale mit Blick auf die Qualität der Projektbearbeitung und -leitung liegen auch im Bereich von Systematiken und Hilfsmitteln. Hilfreich ist insbesondere ein **Qualitätshandbuch** mit angehängtem **Qualitätsplan** sowie **Verfahrens-, Arbeits- und Prüfanweisungen** (Pepels 1996, 138ff.). Hier werden die Ziele, Grundsätze und Schwerpunkte einer qualitätsbezogenen Steuerung von Contracting-Projekten mit ihren typischen Abläufen, Aufgaben und Verantwortlichkeiten dargestellt und einzuhaltende oder empfohlene Prozessschritte und Zuständigkeiten geregelt.

Dieses Qualitätshandbuch muss zwar alle Regelungen enthalten, die notwendiger Weise zu beachten sind (z. B. zur Qualität der Datenerfassung und -weitergabe oder zu den Grenzen von qualitätsbezogenen Entscheidungsspielräumen, z. B. bei der Frage nach der Detailliertheit und dem Umfang der Messungen im Zuge einer Energieanalyse), jedoch sollte insgesamt die Regelungsdichte nicht zu hoch sein. Die Beschränkung auf generelle Werte und Normen sowie weitergehende Empfehlungen mit Leitfadencharakter, deren Beachtung nicht zwingend vorgeschrieben ist, bietet Handlungsspielräume und Flexibilität in den individuell unterschiedlichen und mehr oder weniger umfangreichen und komplexen Contracting-Projekten.

Ein derartiges Qualitätshandbuch kann sich beispielsweise an der ISO-Normenreihe 9000 bzw. EN 29000 orientieren und ist permanent zu aktualisieren. Dazu ist sicherzustellen, dass sowohl die allgemeine Weiterentwicklung des Know hows der Qualitätssteuerung als auch die konkreten Projekterfahrungen laufend in dieses Regelwerk Eingang finden. Dies verdeutlicht die notwendige enge Verknüpfung der Qualitätssteuerung mit der Steuerung der Wissensentwicklung (Kapitel 6.2.5.4).

6.1.4.3 Wirtschaftlichkeitsanalyse von Qualitätsmaßnahmen

In der Praxis wird meist nur unzureichend beachtet, ob Qualitätsmaßnahmen wirtschaftlich sind, d. h. inwieweit sie tatsächlich einen signifikanten Nutzen in welcher Höhe und mit welchem Aufwand erzielen. Die Wirtschaftlichkeit derartiger Aktivitäten ist sowohl bei **qualitätsbezogenen Investitionen**, z. B. in die Mitarbeiterqualität (z. B. Mitarbeiterschulung, Schaffung einer qualitätssichernden Stelle) oder in ein Hilfsmittel (z. B. Qualitätshandbuch, neue Projektplanungs-Software), als auch bei **laufenden Projektarbeiten** zu beachten. Beispielsweise stellt sich in der

Vorbereitungsphase eines Contracting-Projektes oft die Frage, ob sich ein erhöhter Mess- und Analyseaufwand lohnt, um die Qualität von Energieanalyse und Maßnahmenvorschlägen zu steigern.

Abbildung 21 Phasenkonzept der qualitätsbezogenen Wirtschaftlichkeitsanalyse für Dienstleistungen

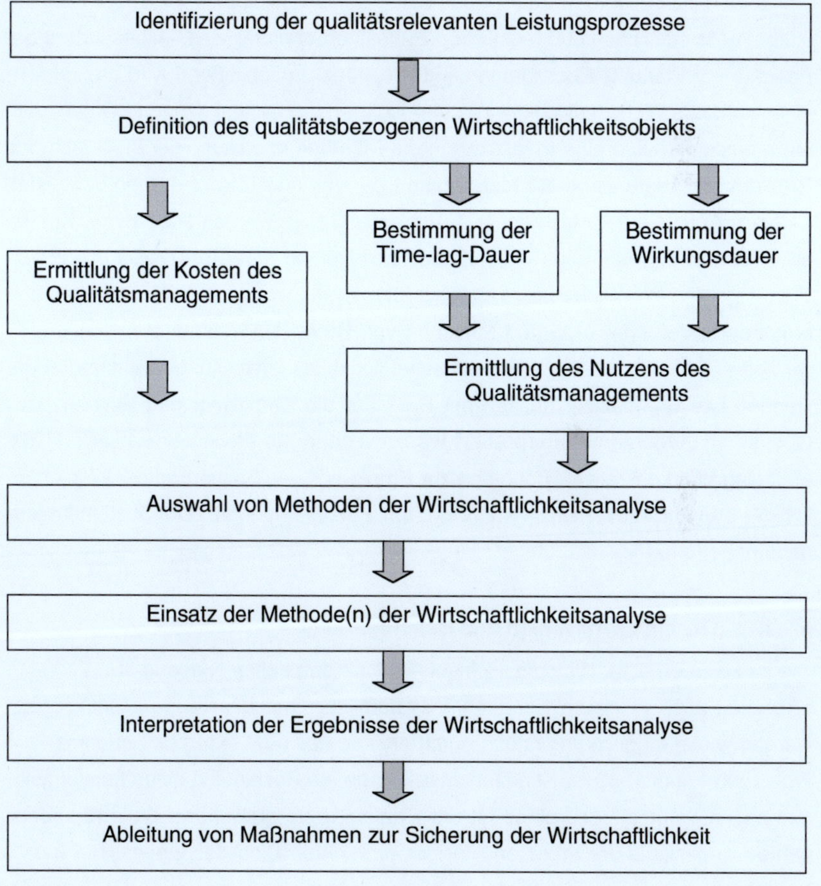

Quelle: Bruhn 1998, 140.

Wird das prinzipiell vorhandene Einsparpotenzial dadurch etwas stärker ausgeschöpft oder steigen hierdurch die Chancen, ein auf der Analyse aufbauendes

Contracting-Projekt zu akquirieren oder auch performance-abhängige Erlöse geringfügig zu erhöhen?

Abbildung 21 zeigt, wie das Vorgehen bei einer qualitätsbezogenen **Wirtschaftlichkeitsanalyse** für Dienstleistungen prinzipiell aussehen kann (Bruhn 1998, 139ff.): Zunächst müssen die zu betrachtenden qualitätsrelevanten Leistungsprozesse identifiziert werden, beim Contracting beispielsweise die Phase der technischen, wirtschaftlichen und rechtlichen Projektvorbereitung, d. h. insbesondere der Prozess der Planung eines Contracting-Projektes. Anschließend wird das im Hinblick auf seine Wirtschaftlichkeit zu untersuchende, qualitätsbezogene Objekt definiert, beispielsweise eine Investition in die Mitarbeiterqualität. Hier stellt sich das Problem der Abgrenzung der Maßnahme bzw. des qualitätssichernden bzw. -steigernden Anteils einer Maßnahme. Für dieses Objekt werden zugehörige Kosten ermittelt und der durch das Objekt induzierte Nutzen unter Berücksichtigung von Time-lags und Wirkungsdauern abgeschätzt (zu möglichen Nutzenkategorien und Methoden ihrer Erfassung und Messung vgl. Bruhn 1998, 254[230]). Anschließend wird eine geeignete Methode der Wirtschaftlichkeitsanalyse ausgewählt und angewendet. Die Ergebnisse müssen mit Blick auf die Effektivität und Effizienz des Qualitätsmanagements interpretiert werden, denn sie stellen anschließend die Grundlage für konkrete Maßnahmen zur Erhaltung bzw. Steigerung der Wirtschaftlichkeit dar. Auf dieser Basis können dann Entscheidungen zum Qualitätsmanagement getroffen werden.

6.1.4.4 Qualitätskennzahlen und Benchmarking

Die im Rahmen einer Wirtschaftlichkeitsanalyse ermittelten Nutzengrößen können prinzipiell auch in einem Kennzahlensystem zur Qualitätssteuerung eingesetzt werden, wenn möglich unterstützt durch ein internes oder externes Benchmarking (vgl. auch Friedl 1998 zu Kennzahlensystemen als Bestandteil eines Leistungsinformationssystems). Allerdings ist die Erfassung vergleichbarer **Qualitätskennzahlen** angesichts der Immaterialität der erbrachten Dienstleistungen, der Indivi-

---

[230] Einige der in dieser Quelle genannten Nutzenaspekte, z. B. Kundenbindungseffekte, spielen eher bei stärker standardisierten EDL mit kürzerer Laufzeit eine Rolle, daher wird auf eher dem Marketing-Controlling zuzurechnende Instrumente, z. B. Instrumente zur Messung der Dienstleistungsqualität, nicht an dieser Stelle, sondern in Kapitel 7.3 näher eingegangen.

dualität und des unterschiedlichen Umfangs der Contracting-Projekte nur sehr eingeschränkt vorstellbar.

Prinzipiell sind Kundenzufriedenheit und Kennzahlen wie die Anzahl von Terminüberschreitungen und Nachforderungen, sowie Abweichungen der erreichten von den zugesagten Energiekosteneinsparungen oder Verhältniszahlen wie die realen Energiekosteneinsparungen pro Mitarbeiter ermittelbar. Diese stellen allerdings Kennzahlen dar, die in erster Linie bzw. mit hinreichender Genauigkeit nur ex-post ermittelbar sind. Inwieweit aber die für die ex-ante Beurteilung des Projekterfolgs sowie für das Image des Contractors und den Kundennutzen wesentliche Qualität von Energieanalyse, Maßnahmenvorschlägen und installierten Anlagen und Geräten den allgemein anerkannten Regeln der Technik als Mindestanspruchsniveau entspricht oder Energieanalyse, Maßnahmenvorschläge und installierte Anlagen und Geräte darüber hinaus gehende Innovationen darstellen, ist mit Hilfe von Kennzahlen nicht zu ermitteln.

6.1.4.5 Voraussetzungen für ein erfolgreiches Qualitäts-Controlling

Als Voraussetzungen für die erfolgreiche Implementierung eines Qualitäts-Controlling, nennt Bruhn (1998, 332ff.) mit Verweis auf Meffert/Bruhn (1997, 495ff.):

- Anpassung bestehender **Unternehmensstrukturen** an die sich aus den Überlegungen zur Qualitätssteuerung ergebenden Anforderungen, z. B. durch
    - Verankerung des Qualitätsmanagements in der Unternehmensleitung,
    - organisatorische Integration des Kundenkontaktpersonals und aller weiteren relevanten Mitarbeiter aus allen vom Projekt berührten Unternehmensbereichen in die Qualitätsverantwortung, was z. B. durch den Abbau von Hierarchien und die Bildung interfunktionaler Teams erleichtert werden kann,
    - organisatorische Verbindung von Qualitätsmanagement und Controlling (z. B. Schaffung der Stelle eines Qualitäts-Controllers wie im Contracting-Bereich der MVV Energie AG),
- Anpassung der **Informations-, Planungs- und Kontrollsysteme**,

- Anpassung der **Unternehmenskultur** (vgl. auch Pepels 1996, 318 und die Ergebnisse und Schlussfolgerungen der in Kapitel 4 dargestellten empirischen Analyse im Rahmen der vorliegenden Arbeit).

In der Praxis zeigt sich, dass relativ neu am Markt agierende "reine" EDU diese Voraussetzungen meist leichter erfüllen als EVU, deren Unternehmenskultur, Systeme und Strukturen durch die Monopolzeit stark geprägt sind und sich erst langsam kunden- und marktorientierter zu wandeln beginnen.

6.1.4.6 Umgang mit performance-abhängigen Erlösvariabilitäten

Während die performance-abhängigen Erlösvariabilitäten letztlich indirekt im Rahmen des Leistungs- bzw. Qualitätscontrollings gesteuert werden, müssen sie im Rahmen des Finanz- (vgl. Kapitel 6.1.3.2) und Ergebniscontrolling wertmäßig erfasst bzw. prognostiziert werden, um eine Aussage über die Liquiditätseffekte und die Wirtschaftlichkeit eines Projekts treffen zu können.

Aufgrund der Langfristigkeit der Contracting-Projekte vollzieht sich die Erlösrealisation in mehreren Schritten. Deshalb sind tatsächliche und prognostizierte Änderungen der Erlöshöhe sowie wichtige Etappen der Erlösrealisation festzuhalten, so dass die Entwicklung vom erwarteten bzw. ursprünglich geplanten zum endgültig realisierten Erlös im Projektablauf verfolgt und sichtbar gemacht werden kann. Dabei kann beispielsweise zwischen dem geschätzten Erlös in der Vorklärungsphase, dem bei Angebotsabgabe geforderten Erlös, dem bei Vertragsabschluss vorläufig vereinbarten Erlös, vorläufig vereinnahmten Teilerlösen, dem fakturierten Erlös nach Abnahme des Projekts, dem vorläufig vereinnahmten Erlös vor Ablauf der Gewährleistungsfrist und dem endgültig realisierten Erlös bei Projektende unterschieden werden (Buch 1991, 108ff.).

Auch hier muss wieder mit auftretenden Risiken, Unsicherheit und Unschärfen gerechnet, d. h. diese entsprechend im Rahmen von Erlösprognosen berücksichtigt werden.

6.1.5 Verknüpfung technischer, kaufmännischer und vertragsrechtlicher Aspekte in Planung und Kontrolle

Auf die Komplexität und Verknüpfung der technischen, ökonomischen und vertragsrechtlichen Vorbereitung eines Contracting-Projektes wurde bereits mehrfach hingewiesen. Auch beim Blick in Contracting-Handbücher (vgl. z. B. Bemman/Schädlich 2002 mit gesonderten Kapiteln zu betriebswirtschaftlichen und rechtlichen Aspekten sowie technischen Anwendungsbeispielen) wird die hohe, gleichzeitige Bedeutung technisch-organisatorischer, kaufmännischer und vertragsrechtlicher Aspekte bereits in der Vorbereitungsphase für eine alle Seiten befriedigende Projektgestaltung deutlich.

Die im Projekt letztlich erbrachten Energiekosteneinsparungen hängen von der Auswahl und Implementierung geeigneter technischer und organisatorischer Lösungen ab, die allen Beteiligten im Rahmen der Projektlaufzeit einen wirtschaftlichen Nutzen bringen sollten. Eine technisch effizientere Energiesparmaßnahme führt beim Einspar-Contracting in der Regel nicht nur zu höheren Erlösen des Contractors über den Projektverlauf, sondern oft auch zu höheren Investitionskosten zu Projektbeginn, aber nicht zwangsläufig höheren, häufig sogar geringeren Betriebs- und Instandhaltungskosten als eine weniger effiziente. Aber nur, wenn geplante technische Effizienzgrade durch eine entsprechende technisch-organisatorische Umsetzung überhaupt erreicht werden, werden auch die geplanten wirtschaftlichen Ergebnisse erzielt.

Die **Verknüpfung der technischen mit der wirtschaftlichen Planung** erlangt man über Stück- bzw. Modullisten, über eine Kalkulationsdatenbank mit Normalpreisen sowie prognostizierten Preisentwicklungen, d. h. entsprechenden Indizes, sowie differenzierte Prognose- bzw. Simulations-, Szenario- oder Sensitivitätsrechenmodelle mit enthaltener Variationsmöglichkeit der erreichbaren technischen Auslastungs- bzw. Effizienzgrade.

Da unterschiedliche Akteure in eine Geschäftsbeziehung treten, sind je nach Komplexität der Maßnahmen entsprechend komplexe Ausschreibungen, (Vor)-Angebote und Verträge zu gestalten. Dabei sind **rechtliche, wirtschaftliche und technische Rahmenbedingungen** zu beachten. Beispiele dafür, welche rechtlichen

Aspekte von Beginn an in der Vorbereitung bzw. Planung ausreichend berücksichtigt werden müssen, sind

- vergaberechtliche Bestimmungen bei der Ausschreibung durch den Contracting-Nehmer,
- die ausreichende vertragliche Klärung von Eigentumsfragen und Zutrittsrechten vor Installation und Betrieb einer Anlage,
- damit verbundene sowie weitergehende steuerrechtliche Besonderheiten,
- das rechtzeitige Einholen einer Genehmigung zur Energieversorgung nach §3 EnWG, wenn eine im Contracting errichtete Stromversorgungsanlage nicht überwiegend zur Deckung des Bedarfs des Contracting-Nehmers dient,
- die vertragliche Klärung von Risikoverteilung, Pflichten und Rechten von Contracting-Nehmer und -Geber, z. B. auch in Bezug auf Leistungsstörungen, Zahlungsmodalitäten und Haftung,
- die Ansatzfähigkeit von Wärmelieferungskosten bei Contracting-Verträgen mit Wohnungsvermietern oder
- die vertragliche Bestimmung der vom Contracting-Nehmer zu zahlenden Contracting-Rate in Abhängigkeit von bestimmten Mess- und Verifizierungsergebnissen (zu Messung und Verifizierung vgl. Kapitel 6.2.4.4) sowie allgemeinen Preisentwicklungen (Preisgleitklauseln).

6.1.6 Kooperationssteuerung

Die Notwendigkeit und die Chancen für das "Modell-EDU", verstärkt - insbesondere horizontale und diagonale - Kooperationsbeziehungen im EDL-Bereich einzugehen, spricht bereits Kapitel 3.5.5 an; die Ziele eines Systems der Steuerung der **Beziehungen zu unternehmensinternen und externen, bestehenden und potenziellen Kooperationspartnern** des Contracting-Teams Kapitel 5.9.7.

Für das "Modell-EDU" ist das verstärkte und an strategischen Zielen orientierte Eingehen von externen Kooperationsbeziehungen im EDL-Bereich eine ähnlich innovative Handlung wie die Aktivitäten zur intensiveren Markt- und Kundenorientierung und ist deshalb durch ein hohes Maß an Unsicherheit gekennzeichnet.

Zwar baut das "Modell-EDU" auf bestehenden Kooperations- und Geschäftsbeziehungen auf, jedoch sind diese sowie die Kooperationsinhalte bei einer Ausweitung des EDL-Angebots adäquat zu erweitern. Die Partnersuche, die Kooperationsverhandlungen mit der Suche nach einvernehmlichen Regelungen zur Geheimhaltung von Know how, zum Umgang mit Kundendaten etc. sowie der Anlauf der Kooperationstätigkeit mit den dabei auftretenden technischen und organisatorischen Abstimmungsproblemen entpuppen sich häufig als ein komplexes, schwieriges und auch zeitaufwendiges Unterfangen. Auch hier gilt wie für die Projekttätigkeit, dass Sorgfalt in der Phase der Vorbereitung dazu beiträgt, Anlaufprobleme und damit -kosten der eigentlichen Kooperationstätigkeit zu begrenzen (Belzer 1993, 213).

Das Zustandekommen und der Erfolg von Kooperationsbeziehungen hängt maßgeblich von den beteiligten Personen mit ihren Einstellungen und ihrem Know how, ihrem Maß an Sympathie füreinander und ihrem dem Partner entgegengebrachten Vertrauen ab[231]. Auch hier ist daher ein **vertrauensbasiertes Controlling** (Krystek/Zumbrock 1993, Krystek 1995a) für die Steuerung der Kooperationsbeziehungen notwendig. Die Schwierigkeit, das dabei unumgängliche Mindestmaß an Regelungen und Kontrollen zu gestalten, steigt mit zunehmendem Immaterialitäts- und Individualitätsgrad der vom Kooperationspartner zu erbringenden Leistungen. Oft kann eine Bewertung der Leistungen eines Kooperationspartners überhaupt nur unter Einbezug der Kunden bzw. Nutzer erfolgen.

Insgesamt sollten sämtliche Aktivitäten in Bezug auf unternehmensinterne und externe Kooperationspartner in einem regelmäßig zu durchlaufenden **Kreislauf** gesteuert werden, wie er in Abbildung 22 dargestellt ist. Nur auf diese Weise kann es gelingen, auf Änderungen im Unternehmen und in der Unternehmensumwelt angemessen zu reagieren und die Kooperationsbeziehungen rechtzeitig und erfolgreich den neuen Gegebenheiten anzupassen. Die einzelnen Folgeschritte des Kreislaufs, die mit Rückkoppelungen und Rückgriffen verbunden sein können, werden im Folgenden beschrieben:

---

[231] "Hervorzuheben ist, dass die Kooperationstätigkeit selbst ohne ein Mindestmaß an Vertrauen nicht durchführbar ist. Vertrauen ist der Klebstoff, der die Kooperationspartner aneinander bindet und gleichzeitig verhindert, dass ein übergroßes Maß an detaillierten Regelungen und Kontrollen notwendig wird" (Belzer 1993, 214).

Abbildung 22 Regelkreis der Kooperationssteuerung

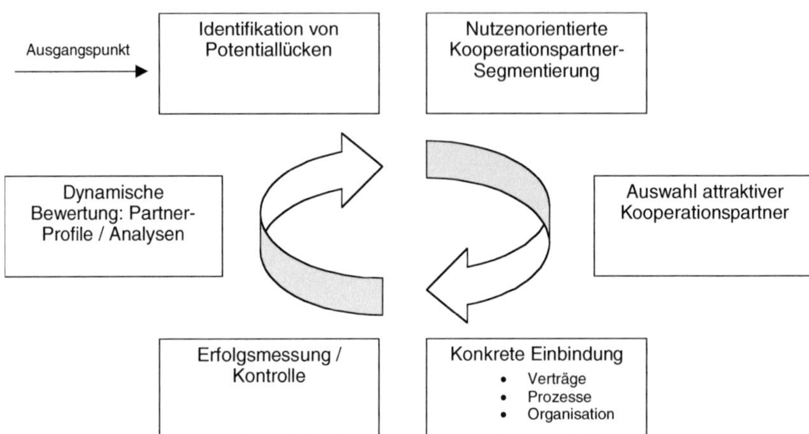

Quelle: Eigene Darstellung.

- **Identifikation von Potenziallücken:**
  Zum einen sind auf Basis von Stärken-Schwächen-Analysen generelle strategische und operativ-projektbezogene Kompetenzlücken des Contracting-Teams zu identifizieren. Darüber hinaus ist zu berücksichtigen, inwieweit die eigenen Kapazitäten ausreichen, akquirierte oder für eine Akquisition in Erwägung gezogene, prinzipiell als attraktiv beurteilte Contracting-Projekte in der vom Kunden gewünschten Qualität und Zeit durchzuführen.

- **Nutzenorientierte Kooperationspartner-Segmentierung:**
  Hier geht es darum, bestehende und potenzielle, interne und externe Kooperationspartner mit ihren Kompetenzen genau kennen zu lernen. Eine fundierte Segmentierung der Kooperationspartner auf Basis der kunden- und marktorientierten Nutzenvorstellungen des Contracting-Teams ist dabei hilfreich. Folgende Merkmale erlauben eine Segmentierung: Know how/Angebot, Erfahrung/Referenzen, Konkurrenzgrad/Geschäftsverbindungen zu Konkurrenten bzw. Kunden, Größe, Kompatibilität hinsichtlich Unternehmenskultur und Führung.

- **Auswahl attraktiver Kooperationspartner:**
  Aus einem zur Potenziallücke passenden Kooperationspartner-Segment wer-

den geeignete Kooperationspartner ausgewählt. Die Beurteilung der Attraktivität der Kooperationspartner erfolgt unter Beachtung des strategischen und operativen Nutzens sowie des Aufwands zum Aufbau, zur Pflege, zur konkreten Nutzung in einzelnen Contracting-Projekten und zur Beendigung der Kooperationspartnerbeziehung (Lebenszyklus- und projektbezogene Betrachtung; in Einzelfällen auch nur projektbezogene Attraktivitäts-Beurteilung).

- **Konkrete Einbindung:**
  Neben der bereits erwähnten, ggf. sehr aufwendigen, d. h. mit signifikanten Anlauf- bzw. Vorlaufkosten verbundenen Anbahnung und Vertragsgestaltung einer Kooperationspartnerbeziehung kommt es vor allem auch auf die geeignete Abgrenzung von Verantwortlichkeiten bzw. Zuständigkeiten (z. B. in Bezug auf Kontakte zum Kunden) sowie die Gestaltung und Dokumentation der laufenden Kontakte bzw. Informationsflüsse zwischen dem Contracting-Team und den Kooperationspartnern an.

- **Erfolgsmessung / Kontrolle:**
  Das Eingehen von Kooperationsbeziehungen ist kein Selbstzweck, sondern dient letztlich dazu, gesetzte Unternehmensziele besser zu erreichen. Daher muss jede Kooperationsbeziehung dahingehend überprüft werden, inwieweit sie - projektbezogen und projektübergreifend - zur Zielerreichung beiträgt. Hierzu sind geeignete Größen und Evaluationsmethoden festzulegen und entsprechende Kontrollen durchzuführen.

- **Dynamische Bewertung:**
  Im Rahmen der Kontrolltätigkeit erstellte Reportings und Statistiken bilden schließlich die Grundlage für die Erstellung von Kooperationspartner-Profilen oder ausführlicheren Partner-Analysen. Dynamisch bedeutet hierbei, dass die Kooperationspartner hinsichtlich ihres Wertes über die gesamte Dauer der Kooperationsbeziehung beurteilt werden.

6.1.7 Lern- und Entwicklungssteuerung

Die Lern- und Entwicklungssteuerung sichert die Auswertung und Ausnutzung der mit den bereits durchgeführten Projekten gesammelten Erfahrungen, was für zukünftige, ähnliche Angebote oder Aufträge von großer Wichtigkeit ist. Im Rahmen der Steuerung der Erfahrungsauswertung werden dabei folgende Gesichtspunkte berücksichtigt:

- Mit welchem Verfahren und in welcher Qualität (Auswertungsmethodik) und in welchen Bereichen werden Projekterfahrungen gesammelt?
- Wie sehen die Ergebnisse unter technischen, rechtlichen und kommerziellen (inklusive kundenbezogenen) Gesichtspunkten aus?

Insbesondere geht es hier um die Schnittstelle zwischen dem operativen Projektgeschäft und (strategischen) Entwicklungsprozessen auf der Geschäftsfeldebene[232].

In **standardisierten Projektabschluss- und -zwischenberichten** sollten (auch im Sinne von Stärken-Schwächen-Analysen) der Nettonutzen des Projekts für Kunde/Nutzer, Projektmitarbeiter und Unternehmen festgestellt, besondere Einflussgrößen in Bezug auf das Projektgeschehen zielgerichtet analysiert und bewertet, Verbesserungspotenziale identifiziert und erste Schritte zur Erschließung dieser Potenziale entwickelt werden (vgl. auch Andreas/Rademacher/Sauter 1992, 98ff.). Statistische Auswertungen, standardisierte Kunden-/Nutzer- und Mitarbeiter-Befragungen (vgl. z. B. Weisbrodt 2000) sowie -Einzelgespräche und -Diskussionsrunden bilden hierfür die Datengrundlage[233]. Bei Projekten mit längerer Laufzeit verbessert ein auf diese Weise initiierter Lern- und Entwicklungsgang Prozesse und Ergebnisse bereits im laufenden Projekt.

Gelernt werden kann etwas über

- Technik/Organisation von energiekostensenkenden Maßnahmen (z. B. erstmalig eingesetzte neue Techniken, Wirkung von verhaltensändernden Maßnahmen),

---

[232] Zu den Entwicklungsprozessen auf der Geschäftsfeldebene zählen beispielsweise die in Kapitel 6.1.2.3 bereits dargestellte Dienstleistungsentwicklung inklusive verstärkter Nutzung von Standardisierungsmöglichkeiten, die Potenzialentwicklung (d. h. die Personal- und Wissensentwicklung, auf die in Kapitel 6.2.5.4 näher eingegangen wird, sowie die Entwicklung des unternehmensinternen und externen Kooperationspotenzials), die Organisationsentwicklung, die Weiterentwicklung von Planungs- und Kontrollsystemen sowie die Qualitätssteuerung und die Weiterentwicklung des strategischen Zielsystems.

[233] Vgl. auch Kapitel 6.1.2.3 zu den im Rahmen der Dienstleistungsentwicklung eingesetzten Verfahren.

- Dienstleistungsqualität und Kundenzufriedenheit,
- Motivation und Leistungsvermögen der Mitarbeiter,
- Angebotskalkulation/Risiken (z. B. typische Mengengerüste und Kostenstrukturen, Risikoeintritte, Nachkalkulationen einzelner Leistungsmodule und des Gesamtprojekts als Grundlage für künftige Angebotskalkulationen, ggf. auch Einsatz der in Kapitel 7.2.2.2 näher erläuterten Zielkostenrechnung für die stärker standardisierten Module eines Contracting-Projektes),
- beteiligte Akteure (Kunde/Nutzer, interne/externe Kooperationspartner, Lieferanten, Finanzmittelgeber),
- Vertragsgestaltung/rechtliche Rahmenbedingungen und
- Projektmanagement/Projekt-Controlling (Führungs- und Controllertätigkeit, eingesetzte Hilfsmittel und Systeme).

Ein wesentlicher Aspekt ist außerdem die **Rückkopplung** von der Bewertung, inwieweit gesetzte operative und strategische Ziele erreicht wurden, zum Zielbildungsprozess für das Geschäftsfeld "Contracting", den übergeordneten EDL-Bereich und das Gesamtunternehmen und die darauf folgende Maßnahmenentwicklung[234]. Durch das Einbinden persönlicher Entwicklungsziele des Mitarbeiters, die explizite Aufnahme von Team- bzw. Abteilungszielen und die Ergänzung von Ergebniszielen um Prozessziele, z. B. Qualitäts- und Innovationsziele, bildet der Zielbildungsprozess einen Lernprozess, der weit über das simple System von Belohnung und Strafe hinausgeht und den geeigneten Rahmen für eine vertrauenszentrierte Controlling-Kultur bildet ("Modifiziertes Management by Objectives"; Krystek/Zumbrock 1993, 127f.).

---

[234] Vgl. auch die Ausführungen zu den entsprechenden Balanced Scorecards für die unterschiedlichen Unternehmensebenen in Kapitel 6.2.6.

6.2 Controlling des Geschäftsfelds "Contracting"

6.2.1 Gesamtkonzeption

6.2.1.1 Modularer Aufbau

Die im vorhergehenden Kapitel genannten besonderen Steuerungsaspekte von Contracting-Projekten sind in ein Gesamtkonzept zu integrieren, das in Abbildung 23 im Überblick dargestellt und im Anschluss erläutert wird.

Ein derartiges Controlling-System ist prinzipiell ganz unterschiedlich darstellbar: beispielsweise gegliedert nach

- den Controlling-Funktionen (Steuerung der operativen Planung / Durchführung / Kontrolle, strategischen Entwicklung und Informationsversorgung) bzw. den in
  • dargestellten Klassen von Führungshandlungen (Willen bilden, konkretisieren, durchsetzen, Durchsetzung sichern, Informationen gewinnen, bereitstellen, aufnehmen und verarbeiten),
- den einzelnen Projektphasen (Vorklärungs-, Angebots-, Auftrags- und Auswertungsphase),
- den am Projekt beteiligten Team- bzw. Unternehmensebenen (Projektmitarbeiter, Projektleiter, Geschäftsfeldleitung, Geschäftsbereichsleitung, Unternehmensleitung, andere Unternehmens-, z. B. Service-Bereiche),
- den Balanced Scorecard-Perspektiven (Finanzen / Ergebnisse, Kunde, Interne Geschäftsprozesse, Potenzial / Potenzialentwicklung; vgl. Kapitel 6.2.6) oder
- den Unternehmensfunktionen (Absatz, Produktion, Beschaffung, Finanzen etc.).

Die Darstellung in Abbildung 23 orientiert sich an den **projektbezogenen Steuerungsaufgaben auf der Projekt- und Geschäftsfeldebene**. Das System bleibt nicht auf ein einzelnes Projekt beschränkt, sondern bezieht die Geschäftsfeldebene mit ein, da - wie in den vorangegangenen Kapiteln deutlich wurde - wesentliche Steuerungsaufgaben projektübergreifend zu erfüllen sind.

Abbildung 23 Gesamtkonzeption des Controlling-Systems im Contracting-Bereich

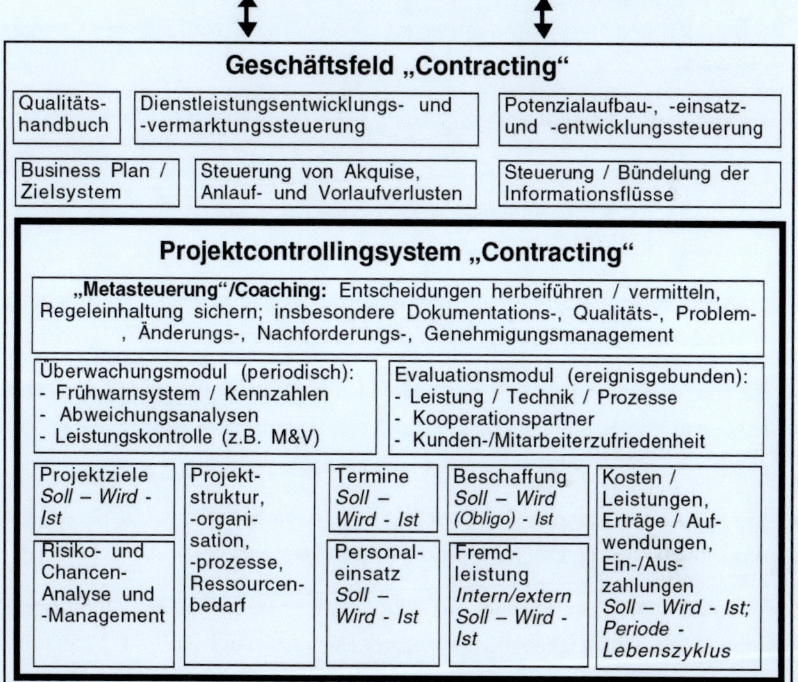

Quelle: Eigene Darstellung.

Schnittstellen bestehen zum einen zu weiteren Geschäftsfeldern und -bereichen bzw. zur Gesamtunternehmungsebene sowie zum System der Projektrealisation (Ausführungssystem).

Das Steuerungssystem ist modular aufgebaut. **In jedem Projekt** - möglichst weitgehend durch das Projektteam selbst - zu steuern sind

- Festlegung und Einhaltung der mit den Kundenwünschen (Ausschreibung, Auftragsklärung) und dem Zielsystem (Business Plan) für das Geschäftsfeld abgestimmten Projektziele,
- Projektstruktur, -organisation, -prozesse und -ressourcenbedarf,
- Bewertung und Beeinflussung der mit einem Projekt verbundenen Chancen und Risiken,
- kunden- und engpassorientierte Setzung und Überwachung von Terminen,
- Personaleinsatz entsprechend des ermittelten Personalressourcenbedarfs (abgestimmt mit der projektübergreifenden Kapazitätssteuerung für das gesamte Geschäftsfeld),
- Fremdleistungen von internen und externen Kooperationspartnern entsprechend der ermittelten Bedarfe an Fremdleistungsressourcen,
- Beschaffung von Anlagen/Geräten, Materialien, Endenergien und Brennstoffen, Hilfs- und Betriebsstoffen entsprechend des festgestellten Ressourcenbedarfs sowie
- Liquidität (Einzahlungen/Auszahlungen, ggf. auch Einnahmen/Ausgaben) und Projekterfolg (Erträge/Aufwendungen, Kosten/Leistungen).

Die Steuerung der Zielerreichung benötigt darüber hinaus eine die Informationen aus diesen Modulen aggregierende und verdichtende, laufende bzw. periodische (Überwachungsmodul) und fallweise, ereignisgebundene (Evaluationsmodul) Kontrolle.

Die Einhaltung einmal getroffener Regelungen und das Herbeiführen von Entscheidungsprozessen oder deren Vorbereitung zur Vermeidung von oder bei Regelverletzungen ist oft nur von einer nicht direkt an der ausführenden Leistungserstellung beteiligten Person im Rahmen einer "Metasteuerung" bzw. eines Coachings zu steuern. Das betrifft insbesondere Regelungen zur Dokumentation, Qualität (z. B. Steuerung der eingesetzten Methoden und Hilfsmittel) und Budget-Genehmigung sowie Regelungen bei Auftreten von Problemen, Änderungs-[235] und Nachforderungsbedarfen.

Auf der Geschäftsfeldebene geht es um die Steuerung

- der Zielsetzung und Entwicklung des Geschäftsfeldes (Zielsystem/Business Plan),
- von Dienstleistungsentwicklung und -vermarktung,
- von Potenzialaufbau, -entwicklung und -einsatz, d. h. insbesondere um die eigenen Mitarbeiter, aber auch um das Potenzial an internen und externen, bestehenden und potenziellen Kooperationspartnern sowie einsetzbaren Systemen und Verfahren,
- von Projektakquisitionen und Anlauf- bzw. Vorlaufverlusten, die bei Aufbau und Ausbau des Geschäftsfeldes und beim Beginn eines Contracting-Projektes zu verzeichnen sind, vor der Realisation entsprechender Erlöse,
- der projektübergreifenden Erstellung und Weiterentwicklung eines Qualitätshandbuches sowie
- der notwendigen projektbezogenen und -übergreifenden Informationsflüsse und damit zusammenhängender Bündelungsvorgänge auf Geschäftsfeldebene (z. B. Bündelung der Beschaffungsanforderungen aus den Projekten).

6.2.1.2 Berücksichtigung der Dienstleistungsspezifika

Zu den in Abbildung 23 aufgeführten Modulen existiert jeweils eine einfach gehaltene **Basisversion**, die in allen Contracting-Projekten eingesetzt wird. Je nach Bedarf werden ausgehend von der Basisversion **differenziertere Bewertungs- und Steuerungsverfahren** gewählt, die z. B. spezifische Lösungsansätze zu den genannten besonderen Steuerungsproblemen im Contracting-Bereich darstellen und über in der Literatur vorgeschlagene bzw. in herkömmlicher Standard-Projektmanagement-Software eingesetzte Controlling-Instrumente bzw. -verfahren hinausgehen.

---

[235] Vgl. auch Mörsdorf 1998, 233ff., zum Änderungswesen im Rahmen der Projektsteuerung.

Beispielsweise sind im Rahmen der Kostenplanung Kostenabschätzungen ohne oder mit Berücksichtigung externer Faktoren (z. B. Kunde, Nutzer), ohne oder mit Hilfe der Anwendung der Theorie unscharfer Mengen möglich, wie es in Kapitel 6.1.2.1 dargestellt wurde.

Die folgenden Kapitel gehen innerhalb einer systematischen, funktionsorientierten Betrachtung des dargestellten Controlling-Systems auf einzelne der genannten Module mit Blick auf die Spezifika der Dienstleistung "Contracting" näher ein.

6.2.2 Steuerung der Informationsflüsse

6.2.2.1 Informationsbedarfe und -flüsse

"Information bringt 'in Form' und schafft Vertrauen" (Blazek 1983, 214). Daher ist es wichtig, dass das Controlling seine Transparenzverantwortung gegenüber den beteiligten internen und externen[236] Akteuren wahrnimmt und die notwendigen Informationsflüsse effizient und bedarfsgerecht steuert - orientiert an den "Kunden" des Controlling.

Die Vielzahl der Informationsbedarfe und zu steuernden Informationsflüsse in Zusammenhang mit einem Contracting-Projekt des "Modell-EDU" ist in Abbildung 24 dargestellt. Den Kern bilden die **Projektstammdaten** Auftraggeber, Auftrag (inklusive technisch-organisatorischer Kurzbeschreibung), Projektziele (technische, wirtschaftliche, ggf. ökologische oder soziale), -laufzeit und -struktur (Strukturplan).

Die **Projektdateien** ("Projektinformationen") enthalten darüber hinaus Informationen zu den einzelnen Arbeitspaketen bzw. technisch-organisatorischen Prozessen des Projekts: seinen Phasen und Terminen inklusive gesetzter Meilensteine, zur Organisation, Dokumentation[237], benötigten Ressourcenmengen- und -wertgrößen[238], Liquidität und Erfolg, Projektrisiken und -chancen, (Vor-) Finanzierung von

---

[236] Transparenz der technischen, kaufmännischen und rechtlichen Projektinformationen schafft auch Vertrauen bei bestehenden und möglichen zukünftigen Kunden, Finanzmittelgebern und weiteren interessierten oder direkt beteiligten Akteuren.

[237] Beispielsweise eine Übersicht über Projektdateien sowie über weitere Dokumente, auch Berichte zum Projektstatus, zu durchgeführten Auswertungen bzw. Auswertungsrechnungen, zu den technischen Details des Projektes sowie Medienberichte soweit vorhanden.

[238] Mit den benötigten Ressourcen sind hier der Kapazitätsbedarf und -einsatz sowie die zu beschaffenden Fremdleistungen und Güter gemeint. Mengen- und Wertkomponenten sollten

Anlaufverlusten, Budget-Genehmigungen bzw. Freigaben, Umfang (Projektfortschritt) und Qualität der erbrachten Leistungen sowie Nachforderungen und Änderungen.

Diese Sammlung von Projektdaten und -informationen enthält damit zum Teil bereits erste Auswertungen (z. B. Liquidität bzw. Finanzmittelbedarf als Ergebnis der Gegenüberstellung von Ein- und Auszahlungen), zum Teil bildet sie die Datenbasis für weitergehende ausgewählte Auswertungsrechnungen und -berichte (z.B Auftragskalkulation, Projektendabrechnung), deren Ergebnisse wiederum in die Projektdatenbasis ("Grundrechnung") einfließen, sie aktualisiert und ergänzt[239].

Die Zusammenstellung dieser Informationen zu einem Projekt benötigt zum Teil **Informationen aus anderen Unternehmensbereichen**, die entweder direkt oder über geschäftsfeldspezifische Contracting-Datenbanken in das Projekt einfließen. Hierzu gehören beispielsweise Kunden- und Nutzerdaten aus dem CRM-System, Personaldaten z. B. zur Kalkulation der projektbezogenen Personalkosten, Abrechnungsdaten (z. B. Erlöse, die zentral und nicht im Geschäftsfeld verbucht werden), Anlagenbuchwerte und -abschreibungen, wenn eine im Contracting erstellte Energieanlage in der zentralen Anlagenbuchhaltung des "Modell-EDU" geführt wird, Instandhaltungsdaten, wenn die Anlage nicht vom Contracting-Team selbst, sondern von einer anderen Unternehmenseinheit (z. B. aus dem Stromerzeugungsbereich) instandgehalten wird, Bestell- und Materialwirtschaftsdaten, wenn das Contracting-Team seine Beschaffung nicht selbst durchführt, sondern durch eine zentrale Beschaffungseinheit vornehmen lässt, oder Ziel- und Prozessvorgaben aus dem zentralen Controlling bzw. der Bereichs- oder Gesamtunternehmensführung.

---

dabei getrennt ausgewiesen werden, da Variationen während der oft relativ langen Projektlaufzeit von der Akquisitions- zur Projektabschlussphase recht häufig vorkommen. Dies ist u. a. auch für Abweichungsanalysen von Bedeutung, die dann sowohl auf der Basis unterschiedlicher Mengengrößen als auch unterschiedlicher Wertgrößen durchgeführt werden können.

239 Wie der Datenfluss zwischen Projektdaten- und -informationsbasis bzw. "Grundrechnung" und ausgewählten objekt- und projektzeitablaufbezogenen Auswertungsrechnungen konkret erfolgen kann, wird in einem Schema von Buch (1991, 83) veranschaulicht. Der Nutzen der Grundrechnung - also der Daten- und Informationsbasis, die solche Daten und Informationen enthält, die erfahrungsgemäß für Auswertungen, d. h. letztlich für Entscheidungen benötigt werden - kann erst mit Hilfe von Auswertungsrechnungen erschlossen werden, andererseits liefern die Auswertungsrechnungen Daten und Ergebnisse zur Ergänzung und Aktualisierung der Grundrechnung (Buch 1991, 86f.).

Abbildung 24 Informationsbedarfe und -flüsse in Zusammenhang mit einem Contracting-Projekt

CONTRACTING-DATENBANKEN MIT UNTERNEHMESINTERNEN ODER / UND EXTERNEN VERKNÜPFUNGEN

- Technik (Komponenten, Teile, Standardmengengerüste, Innovationen)
- Contracting-Markt (Analysen, Prognosen, Potentiale, Wettbewerber)
- Kalkulationsgrundlagen (Angebote, Preise, Indizes, Zinsen, Währungen)
- Mitarbeiter (Qualifikation, Kapazität, Eingruppierung, Leistungsanreize / Zielvereinbarungen, Zufriedenheit)
- Kooperationspartner
- Normen/Standards (rechtliche Rahmenbedingungen, Vertragsmuster, DIN-Normen, M&V-Standards, etc.)

INFORMATIONEN AUS ANDEREN UNTERNEHMENSBEREICHEN

- Kunde / Nutzer (Kundentyp, Bonität, Zufriedenheit, Verträge, Kontakte, etc.)
- Märkte (Analysen, Prognosen)
- Produkte, Ziele, Strategien, Systeme
- Vorgaben / Freigaben (Regeln, Budget)
- Materialwirtschaftsdaten (Verfügbarkeit)
- Obligo (Bestellung, Reservierung)
- Abrechnungsdaten (Leistungen / Erträge, Kosten / Aufwand, etc.)
- Finanzdaten (Zahlungstermine und -flüsse, Auflösung Baukostenzuschuß)
- Anlagenbuchhaltungsdaten
- Instandhaltungsdaten
- Personaldaten

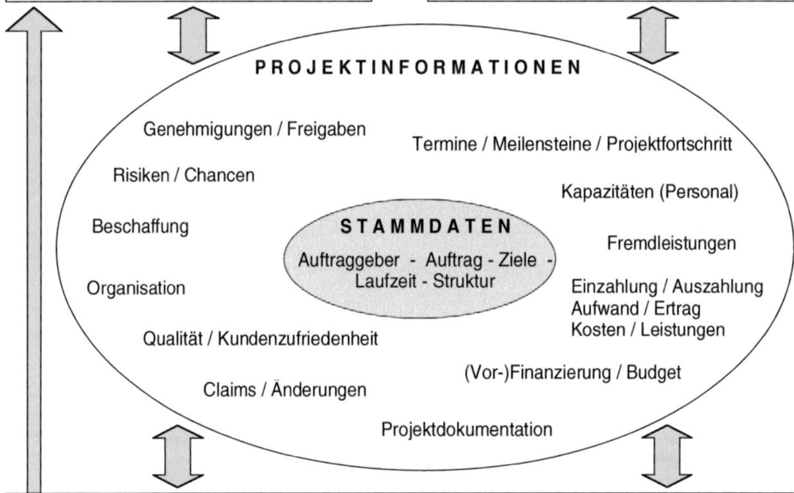

WEITERE INFORMATIONEN AUF GESCHÄFTSFELDEBENE

- Systeme / Module / Verfahrensweisen / Software (Energiemanagement-/-analysemodule, Akquisitions-, Planungs- und Entscheidungshilfen, Controlling-System, Berichtsmuster, etc.)
- Projektdatenbank (Projektdokumentationen / -auswertungen, lfd. Akquisitionen / Aufträge)
- Weitere Wissenskomponenten (z.B. Spezialwissen Druckluft, Publikationen, Bibliothek)
- Zielsystem etc. (z.B. Balanced Scorecard, Strategie, Business Plan)

Quelle: Eigene Darstellung.

Die **Contracting-Datenbanken** verknüpfen einen Teil dieser Daten mit weiteren im Geschäftsfeld vorhandenen internen Daten (z. B. Zielvereinbarungen im Contracting-Team), Daten aus anderen Unternehmensbereichen (z. B. der Beschaffung vorliegende Lieferanten-Preislisten) sowie direkt erhobenen externen Daten (z. B. zu Wettbewerbern und Kooperationspartnern). **Weitere Informationen, die auf Geschäftsfeldebene vorhanden sein müssen,** sind

- eine übergreifende Projektdatenbank, in der zum einen Übersichten und Kurzinformationen zu laufenden Akquisitionen und Aufträgen, aber auch Kurzinformationen und ausführlichere Dokumentationen bzw. Auswertungen abgeschlossener Projekte enthalten sind,
- Publikationen des Geschäftsfeldes bzw. Unternehmens (z. B. Selbstdarstellungen, Kurzdarstellungen erfolgreicher Referenzprojekte, Contracting-Angebots-Broschüre) und externe Publikationen (Bibliothek),
- Übersichten über im Unternehmen wahlweise einsetzbare oder vorgegebene Systeme, Verfahrensweisen, Module, Muster, Software-Pakete etc.,
- Wissenskomponenten wie z. B. Spezialwissen zu bestimmten Technikgebieten, zu beachtende Normen und Standards,
- das Zielsystem des Geschäftsfeldes (z. B. in Form einer Balanced Scorecard, Strategiepapier, Business Plan, o.ä.).

Drei **Informationsflüsse** sind zu steuern: einer in das Projekt hinein, ein weiterer innerhalb des Projekts selbst (z. B. von Projektmitarbeiter oder Kooperationspartner zur Projektleitung) und der Dritte aus dem Projekt in das Geschäftsfeld und darüber hinaus (z. B. bestimmte Grenzen überschreitende Soll-Ist-Abweichungen, Bündelung der Investitionsdaten, der Kapazitätsanforderungen und des für Anlagen-Contracting-Projekte notwendigen Endenergiebezugs). Hierzu sind klar definierte **Berichts- und Datenerfassungs-Pflichten** erforderlich. Aus Effizienz- und Qualitätsgründen sollten die Informationsflüsse durchgängig standardisiert werden; dies betrifft neben Planungs-, Status- und Abschlussberichten auch Vordrucke bzw.

elektronische Formulare und Eingabemasken. Entscheidend ist, dass Datenspeicherung und -bereitstellung so erfolgen sollten, dass periodenübergreifend über die gesamte Projektlaufzeit, zeitnah (d. h. kontinuierlich aktualisiert, wobei wesentliche, ursprünglich aufgenommene Daten weiter gespeichert bleiben sollten) und zu jedem Zeitpunkt des Projektes alle wesentlichen Projektdaten und -informationen als Grundlage für entscheidungsvorbereitende Auswertungsrechnungen bzw. Entscheidungen abgerufen werden können[240].

6.2.2.2 Bestimmungsgrößen des Informationsbedarfs

Der Inhalt einer Information ist nach ihrem Gegenstand, der Abbildungsdimension (Mengen, Zeit, Werte), Art (faktisch, prognostisch, normativ, explikativ etc.), Genauigkeit, Zuverlässigkeit, Aktualität und Termindringlichkeit beschreibbar (Küpper 1997, 134f.; Mörsdorf 1998, 337).

Je nach **Bedarf des Informationsempfängers** und **Nutzen-Kosten-Abwägungen** müssen die verschiedensten Daten, wechselnd in Umfang und Häufigkeit, verknüpft, verdichtet und in verbaler, tabellarischer oder graphischer Darstellungsform ausgewertet werden. Daten werden dabei zu Informationen umgewandelt und sind "als in den Kontext eines Problemzusammenhangs gestellte Daten" (Rehäuser/Krcmar 1996, 4) zur Erreichung eines Ziels verwendbar.

Der Informationsbedarf kann induktiv oder deduktiv ermittelt werden[241] und sollte regelmäßig überprüft werden. Er hängt einerseits von externen Bedingungen (z. B. externen Dokumentationsvorschriften und Umweltänderungen) ab, andererseits von den Verhaltenseigenschaften des Informationsempfängers (z. B. dessen fachlicher Qualifikation, Erfahrung und Risikoaversität). Ferner spielen die Aufgaben und Kompetenzen des Informationsempfängers, die von ihm eingesetzten Methoden, Verfahren und Instrumente (z. B. Verwendung in einem bestimmten Entscheidungsmodell, vgl. Küpper 1997, 145) und die Zeitpunkte zu denen er Entscheidungen trifft und Handlungen ausführt (Handlungsrhythmik) (Küpper 1997, 138ff.) eine große Rolle.

---

240 Die gängige Kostenarten-, Kostenstellen- und Kostenträgerrechnung mit ihrer periodischen Auskunftsfähigkeit oder der Betriebsabrechnungsbogen mit seiner kurzperiodischen Rechnung sind hierfür beispielsweise unzureichend.

241 Zu den Verfahren der Ermittlung des Informationsbedarfs vgl. z. B. Küpper 1997, 140ff.

Auf Grund der Komplexität der Informationsbedarfe und -flüsse im Contracting-Geschäft ist es sinnvoll, die Aufgabe der Informationsfluss-Steuerung einer hierfür geschulten, verantwortlichen Person zu übertragen, die u. U. gleichzeitig auch für die Qualitätssteuerung verantwortlich zeichnet. Je nach Größe des Geschäftsfelds kann dies auch die gesonderte Einrichtung einer entsprechenden Stelle bedeuten[242].

6.2.2.3 Informationsinstrumente und -kanäle: Steuerung der Informationsübermittlung

Eine Aufgabe der Informationssteuerung ist es, die wahlweise oder vorgegeben einzusetzenden Informationsinstrumente im Hinblick auf Effizienz und Effektivität mitzugestalten und aufeinander abzustimmen sowie geeignete Informationskanäle auszuwählen. Beispiele für Informationsinstrumente listet Tabelle 2 auf. Generell lassen sie sich wie folgt unterscheiden (Weber 1999, 180ff.):

- **Originäre Informationsinstrumente:**
  - Erfolgszielbezogene Informationsinstrumente (z. B. perioden- und projektlebenszyklusorientierte Kosten-, Leistungs-, Erlös- und Ergebnisrechnung),
  - Liquiditätsbezogene Informationsinstrumente (Projekt-Ein- und Auszahlungsrechnung),
  - Nicht-monetäre Informationsinstrumente (z. B. Qualitätsdaten oder technische Daten enthaltend),
  - Kombinierte Informationsinstrumente (z. B. Frühwarnsysteme),
- **Derivative Informationsinstrumente** (z. B. Kennzahlensysteme, Berichte).

6.2.2.4 Verhaltensaspekte: Steuerung des Informationsempfangs

Damit die vom Informationssender oder vom Gestalter des Informationssystems gewünschte **Verhaltenswirkung** stattfindet, müssen die gesendeten und durch geeignete Informationskanäle übermittelten Informationen vom Empfänger auch

---

[242] In der Praxis ist dies z. B. bei der MVV Energie AG der Fall.

wahrgenommen, verstanden, beurteilt und akzeptiert werden (Küpper 1997, 159ff.).

Ein großer Teil der Informationsempfänger im Contracting-Team sind Techniker bzw. Ingenieure. Bei ihnen besteht möglicherweise die Gefahr, dass sie auf die Erfassung und Aufbereitung wirtschaftlicher Daten weniger Wert legen sowie gesendete wirtschaftliche Informationen fehldeuten, fehlinterpretieren, nicht als relevant erkennen oder verdrängen und dadurch Entscheidungen treffen, die sich wirtschaftlich nachteilig auswirken.

Tabelle 32 Übersicht über Einflüsse auf die Wirkung von Berichten

	Sach-rationale Einflussgrößen beziehen sich auf die Wahrnehmung und das Verstehen der Informationen	**Sozio-emotionale Einflussgrößen** bestimmen die Akzeptanz der Berichte und ihrer einzelnen Informationen
Inhaltliche Einflüsse	Redundanz	Diskrepanz[243] Einseitigkeit
Formale Einflüsse	Übersichtlichkeit Eindeutigkeit der Begriffe Darstellungsform Übermittlungsmedium	Übersichtlichkeit Eindeutigkeit der Begriffe Darstellungsform Übermittlungsmedium Partizipation bei der Berichtserstellung
Personen-gebundene Einflüsse	Fachliches Können des Empfängers Informationsaufnahme- und –verarbeitungsfähigkeit des Empfängers	Persönlichkeitsmerkmale des Senders (z. B. Glaubwürdigkeit, Attraktivität, Macht) Persönlichkeitsmerkmale des Empfängers (z. B. Selbsteinschätzung, Zugehörigkeit zu informellen und formellen Gruppen)

Quelle: Eigene Darstellung nach Küpper 1997, 160ff.

Zum einen kommt es bei der Gestaltung der Informationsinstrumente und -kanäle daher darauf an, sach-rationale und sozio-emotionale Einflussgrößen auf die Verhaltenswirkung von Informationen zu beachten (Tabelle 32), die Empfänger nicht mit der Informationserfassung, -weitergabe und -aufnahme zu überlasten und die besondere Wirkung persönlicher Face-to-Face-Kommunikation zu berücksichtigen. Zum anderen ist das Controlling aber auch in seiner Moderations- und Coachingrolle gefordert, die Informationsempfänger von der Notwendigkeit bestimmter Informationskanäle zu überzeugen, sie in die Steuerung der Informationsflüsse

[243] Hier ist die Diskrepanz zwischen der Berichtsinformation und dem ursprünglichen Standpunkt des Empfängers zum betroffenen Informationsgegenstand gemeint (Küpper 1997, 163).

sowie in deren Übermittlung selbst entsprechend einzubeziehen[244] und ggf. notwendige Personalentwicklungsmaßnahmen zur Verbesserung der Informationsaufnahme- und -verarbeitungsfähigkeiten zu koordinieren.

6.2.3 Steuerung der Planungsprozesse

6.2.3.1 Planungsziele und -inhalte

"Planung ist ein bewusster geistiger Prozess, durch den zukünftiges Geschehen gestartet werden soll. Über die gedankliche Vorwegnahme, das Durchdenken zukünftiger Handlungsmöglichkeiten, der sie begrenzenden Rahmenbedingungen, ihrer Wirkungen auf die eigenen Ziele und andere Größen will man Handlungsalternativen finden, analysieren und eine zielentsprechende auswählen" (Küpper 1997, 59). **Planung** umfasst nach der Küpperschen Definition also vor allem Prozesse der Willenskonkretisierung, aber auch der Willensbildung, d. h. sowohl die Entscheidungsvorbereitung als auch den sich in Plänen niederschlagenden Entscheidungsakt (Küpper 1997, 59).

Ziel der Planung ist es, zukünftige Entscheidungs- und Handlungsspielräume einzugrenzen und zu strukturieren und dadurch zur Reduktion von Problemkomplexität beizutragen, aber auch neue Handlungsspielräume zu eröffnen und aus Risikogründen erforderliche Flexibilität zu erhalten oder zu erhöhen. Beides dient dazu, Unternehmensziele zu erreichen.

Die **Planungsgegenstände** im Contracting-Bereich sind vielfältig. Sie reichen von operativ-orientierten Planungsinhalten wie Ziel, Struktur, Leistungen und ihre Qualität, Kapazitäten, Kosten, Erlöse, Ergebnisse und Termine eines Projektes bis hin zu strategisch-orientierten Planungsinhalten wie Dienstleistungsentwicklung, Personalentwicklung und Entwicklung der Kooperationspartner-Beziehungen[245]. Die folgende Darstellung konzentriert sich auf die Planung projektbezogener monetärer Größen, d. h. Projekterfolg und -liquidität. Nicht erläutert wird beispielsweise die

---

[244] Beispielsweise wächst die Akzeptanz von Berichten bei einer Partizipation des Empfängers an ihrer Erstellung. Seine Aufnahmebereitschaft ist höher, wenn er Berichtsinhalt und Übermittlungszeitpunkt selbst bestimmen kann (Küpper 1997, 163).

[245] Zur möglichen Palette operativ-orientierter und strategisch-orientierter Planungsinhalte eines produzierenden Unternehmens vgl. Weber 1999, 146.

Leistungs- bzw. Qualitätsplanung im Projekt, die Planung von Lern- und Entwicklungsprozessen auf der Geschäftsfeldebene (Personalentwicklung, Dienstleistungsentwicklung, Organisationsentwicklung etc.) oder die Planung von Kundenbindungsmaßnahmen[246].

6.2.3.2 Projektlebenszyklus- und periodenbezogene Planung

Die Steuerung der hier im Vordergrund stehenden Planung projektbezogener monetärer Größen muss auf der einen Seite Leistung/Qualität, Termineinhaltung und Wirtschaftlichkeit des Projektes über den gesamten **Projektlebenszyklus** im Blick haben, d. h. von der Projektvorbereitung über die gesamte, in Einzelfällen sogar über 20 Jahre dauernden Vertragslaufzeit bis hin zur Projektnachbereitung (Auswertung, Nachkalkulation)(vgl. auch Weisbrodt 2000, 34). Auf der anderen Seite ist aber im Rahmen der geschäftsfeld-, geschäftsbereichs- oder unternehmensweiten Planung und Kontrolle eine **periodenbezogene Zielsteuerung** zu ermöglichen (insbesondere Kosten-, Leistungs-, Erlös-, Liquiditäts- und Ergebnissteuerung) (vgl. auch die entsprechende Abgrenzung der Planungshorizonte in Tabelle 33[247]).

Die "Optimierung" über den gesamten Lebenszyklus erfordert u. a., dass relevante Informationen zu Teilaufträgen oder einzelnen Perioden innerhalb eines laufenden Projektes auch nach Abschluss derselben weiterhin zur Verfügung stehen. Dies ist in den Energieunternehmen nicht immer der Fall. Bei Erzeugungs- und Netzanlagen beispielsweise wird ein Investitionsauftrag nach Beendigung der Bauphase, Abnahmeprüfung und Abrechnung, d. h. Aktivierung der fertiggestellten Anlage, häufig gesperrt und aus dem System genommen (Spitzer 1996, 197). Wichtige Informationen gehen dabei verloren oder können nur mit größerem Aufwand wieder beschafft werden.

[246] Hierauf wird in anderen Kapiteln im Rahmen der Darstellung des jeweiligen Themas (z. B. Kundenbindung, Qualitätssteuerung) näher eingegangen. Zur projektübergreifenden, geschäftsfeldbezogenen Planung vgl. insbesondere auch Kapitel 6.2.5ff.

[247] Zu beachten ist, dass hier auch die projektlebenszyklusorientierte Planung mit Planungshorizonten, die ggf. sogar über 20 Jahre betragen, als operative Planung verstanden wird, da es hier wie bei der kurzfristigen Projektplanung im Prinzip um denselben Planungsgegenstand und ähnliche Planungszielgrößen geht.

Tabelle 33 Planungsfelder, -ebenen und -horizonte aus Sicht des Geschäftsfelds "Contracting"

	Planungsebene[248]			
	Strategisch	*Taktisch*	*Operativ*	
Planungshorizont / **Planungsfeld**	Langfristig (von 5 bis über 10 Jahre)	Mittelfristig (bis ca. 5 Jahre)	kurzfristig (1 Jahr und kürzer)	Lebenszyklus des Projekts (ggf. bis über 20 Jahre)
Unternehmen	X	X	X	
Geschäftseinheit	X	X	X	
Geschäftsfeld	X	X	X	(X)
Contracting-Projekt		(X)	X	X
Mitarbeiter	(X)	X	X	(X)

Quelle: Eigene Darstellung.

Spitzer (ebenda) schlägt hier als Lösungsmöglichkeiten vor, entweder Investitions- in Instandhaltungsaufträge unter Beibehaltung aller relevanten Informationen umzuwandeln oder die Daten auf Aufträge zu übertragen, mit denen eine gesamte Anlagengruppe abgebildet wird. In ähnlicher Weise könnten die Daten eines Investitionsauftrages innerhalb eines Contracting-Projektes nach Auftragsabrechnung auf den gesamten Projektauftrag übertragen werden. Darüber hinaus ist in diesem Zusammenhang zu betonen, dass alle Projektaufwendungen und -erträge, -kosten und -leistungen auf das Projekt zu buchen sind. Beispielsweise sollten Abschreibungen auf im Rahmen des Projektes errichtete Anlagen auf das Projekt gebucht werden, was eine entsprechende Abstimmung mit der Anlagenbuchhaltung erfordert. Auch dies ist in der Praxis bisher nicht immer der Fall.

6.2.3.3 Planungshilfen

In Kapitel 4 wurde bereits deutlich, dass für den Contracting-Bereich keine neuen Controlling-Konzeptionen zu entwickeln, sondern prinzipiell verfügbare Instrumente bedarfsgerecht anzupassen sind. Sie müssen engpass- und zielorientiert, flexibel und transparent einzusetzen sein. In • wurden bereits verschiedenste **Planungshilfen** aufgelistet (z. B. Projektstrukturplan, Netzplan, Balkenplan etc.), die in der

---

248 "Unter den verschiedenen Gliederungen des Planungssystems ... hat die Einteilung in die Ebenen der strategischen und operativen Planung die größte Bedeutung erlangt. Zwischen beiden wird ... häufig noch eine taktische Planung unterschieden. Für diese Aufteilung in Planungsebenen werden insb. die Eigenschaften Fristigkeit (zeitliche Differenzierung), Planungsumfang, Zielorientierung, Planungsgegenstand und Detailliertheit herangezogen" (Küpper 1997, 64).

Literatur im Allgemeinen empfohlen und in der Praxis häufig benutzt werden. Diese erscheinen auch für die Verwendung in Contracting-Projekten geeignet. Im Folgenden steht im Vordergrund, inwieweit bei Contracting-Projekten zusätzliche Planungsinstrumente bzw. -hilfen zum Einsatz kommen könnten bzw. sollten.

Eine Planungshilfe für stärker standardisierte Teilleistungen eines Contracting-Projektes stellt die **Zielkostenrechnung** dar. Da ihr Einsatz ausschließlich für stärker standardisierte Leistungen sinnvoll ist, wird sie in Kapitel 7.2.2.2 im Rahmen der Darstellung der Steuerung des "Massengeschäfts" mit standardisierten EDL näher erläutert. Ihr möglicher Einsatz im Rahmen von Contracting-Projekten weist aber darauf hin, dass es auch im Contracting-Geschäft darauf ankommt, vom bisher vielfach üblichen Kostenpreis-Denken wegzukommen. Auch bei Contracting-Angeboten ist letztlich der Wettbewerbspreis entscheidend[249].

Als weitere Planungsinstrumente sind insbesondere die bereits mehrfach erwähnten **differenzierten Prognose-** bzw. **Simulations-, Szenario- und Sensitivitätsrechnungen** zum Umgang mit Risiken, Unsicherheit und Unschärfen angesichts der Langfristigkeit der Projekte unter besonderer Berücksichtigung der in Kapitel 5.5 dargestellten wesentlichen Projekteinflussgrößen zu nennen (vgl. hierzu auch Kapitel 6.1.1 und die Beispielrechnungen unter Berücksichtigung des externen Faktors Kunde bzw. Nutzer in Kapitel 6.1.2.1). Auf diese bzw. insbesondere auf die Rolle und Durchführbarkeit von Prognosen wird in den folgenden beiden Kapiteln im Rahmen der Darstellung des Ablaufs der projektbezogenen Planung monetärer Größen noch einmal detaillierter eingegangen.

6.2.3.4 Planungsablauf

Der allgemeine Planungsablauf wurde bereits kurz behandelt, ebenso die konkrete Organisation der Planung von Contracting-Projekten in der Praxis (Kapitel 4.3.3.4). Die Planung erfolgt rollierend, von einer ersten Grobplanung hin zu immer feineren Planungsstufen, d. h., der Planungszyklus wird mehrfach mit zunehmenden Detaillierungen, Revidierungen und Ergänzungen durchlaufen[250]. Wie bereits ausgeführt,

[249] "Im Rahmen der Preiskalkulation müssen die Anbieter von gewohnten Kalkulationsschemata (z. B. Vollamortisation) Abschied nehmen. Entscheidend ist der Wettbewerbspreis" (Morguet 2000, 93).

[250] Vgl. auch Schulte-Zurhausen 1999, 403ff. Die permanente, projektbegleitende Verfolgung der

ist zu Beginn eines Projektes die Planung noch mit vielen Unsicherheiten und Unschärfen behaftet, die fortschreitende Projektabwicklung liefert neue Erkenntnisgewinne und sichert dadurch zunehmend die Planungsbasis. Die Projektplanung (und -kontrolle[251]) ist also keine einmalige, nur zu Beginn eines Projektes durchzuführende Aufgabe, sondern ein **permanenter, die gesamte Projektabwicklung begleitender Prozess** (Mörsdorf 1998, 182).

Abbildung 25 Projektplanungs-, -durchführungs- und -kontrollprozesse als vermaschte Regelkreise

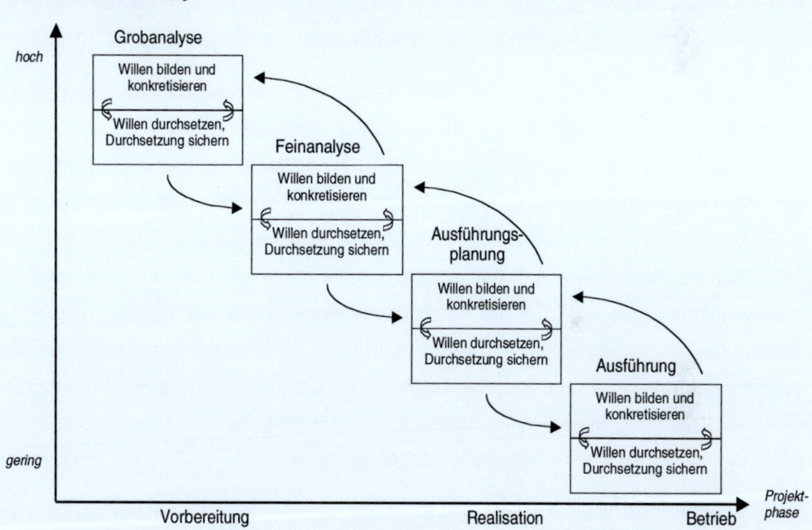

Quelle: Eigene Darstellung in Anlehnung an Weber 1999, 135.

Bis hin in die Realisations- und Betriebsphase hat die Projektplanung die Aufgabe, immer wieder Teilleistungen (z. B. einzelne Projektphasen oder Arbeitspakete) des Contracting-Projektes neu zu bewerten bzw. deren Wirkungen auf der Input- und

Projektabwicklung in Planung und Kontrolle bedeutet dabei auch, dass die verwendeten Rechengrößen laufend angepasst werden müssen: beispielsweise werden aus Erwartungs- oder Schätzgrößen zunächst Bestellwerte (irreversibel vordisponierte Ausgaben), dann Ausgaben und schließlich Auszahlungen (Buch 1991).

251 Vgl. auch Kapitel 6.2.4.3 für ein Beispiel einer mitlaufenden Kontrollrechnung als Basis für die Aktualisierung bzw. Verfeinerung der rollierenden Planung.

Outputseite immer wieder neu zu prognostizieren und die notwendige Flexibilität sicherzustellen, um auf neue Erkenntnisgewinne entsprechend zu reagieren.

Die Projektplanung, -durchführung und -kontrolle lässt sich somit als mehrfache Abfolge von Prozessen der Willensbildung und -konkretisierung, der Willensdurchsetzung und der Sicherung der Durchsetzung darstellen (Abbildung 25). Dabei erfolgen vielfältige Rückkopplungen, die es entsprechend zu gestalten gilt, beispielsweise könnten bei der Genehmigungs- und Ausführungsplanung neu gewonnene Erkenntnisse zu einer Revision der Feinplanung führen mit der Konsequenz einer zusätzlichen Feinanalyse. Ein unerwartetes Problem in der Ausführung bzw. Ausführungssteuerung macht ggf. eine erneute Ausführungsplanung erforderlich.

Die Projektplanung innerhalb einer Planungsschleife sollte auf Grund des vor allem dezentral bei den Mitgliedern des Projektteams vorhandenen Wissens, der hohen Komplexität des Planungsgegenstandes "Contracting-Projekt" und der notwendigen Planungselastizität **sukzessiv** und nicht simultan erfolgen (vgl. hierzu auch die Argumentation von Küpper 1997, 78ff.). Wie in Abbildung 26 dargestellt, müssen zunächst die Bedarfe und Interessen des Kunden bzw. der genaue Projektauftrag geklärt werden. Hierauf baut die Planung der Projektziele, -strukturen, -prozesse (Leistungen in den einzelnen Arbeitspaketen bzw. Phasen) auf und parallel dazu werden Ecktermine, Planungsorganisation und -dokumentation gestaltet. Die Bestimmung der Projektziele sollte dabei in Abstimmung mit der strategischen und operativen Zielplanung für das Geschäftsfeld erfolgen.

Hieran schließt sich die Planung der Beschaffung bzw. des Einsatzes der für das Projekt bzw. die einzelnen Arbeitspakete notwendigen Ressourcenmengen an (Betriebsmittel, menschliche Arbeitskraft, Anlagen, Geräte etc.)[252]. Für einzelne Arbeitspakete, z. B. die Energie- oder Grobanalyse, können Ressourcenbedarfe direkt festgelegt werden, für andere Arbeitspakete, z. B. Installation und Betrieb von Anlagen und Geräten oder Verhaltensänderungsmaßnahmen, ist zuvor eine technische Maßnahmenplanung (je nach Detaillierungsgrad bzw. Projektphase Grob-, Fein-, Genehmigungs- oder Ausführungsplanung) notwendig.

---

[252] Vgl. auch das Ressourcenplan-Beispiel in Mörsdorf 1998, 206.

Abbildung 26 Erfolgs- und Liquiditätsplanung eines Contracting-Projekts

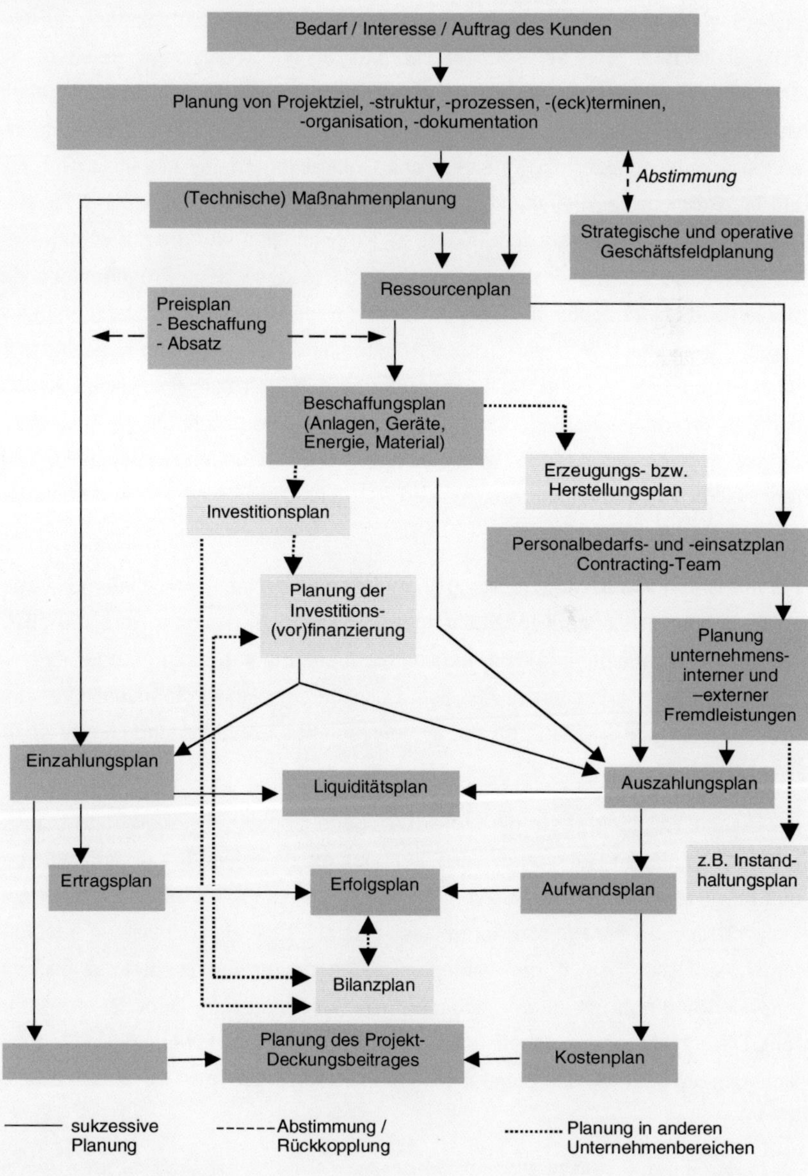

Quelle: Eigene Darstellung.

Die im Rahmen der Personalbedarfs- und -einsatzplanung erforderliche Abstimmung mit der Projektterminplanung und der Personalkapazitätsplanung auf Geschäftsfeldebene führt bei Kapazitätsengpässen ggf. dazu, dass entweder die Terminplanung für das zu planende Projekt revidiert, Termine in anderen Projekten verschoben und die Kapazitätseinsatzplanung auf Geschäftsfeldebene entsprechend angepasst oder die Kapazität des Contracting-Teams erweitert wird. Ein großes Problem bei diesem Abstimmungsprozess in sehr komplexen Projekten stellt die starke Wissensbeschränkung zu Projektbeginn und die nur schrittweise verbesserbare Informationsbasis dar, die eine aussagekräftige Prognose des Kapazitätsbedarfs für bestimmte Zeitpunkte bzw. Perioden erschwert bzw. unmöglich macht. Eine Folge davon sind häufige Änderungen der Termin- und Kapazitätseinsatzplanung während des Projektverlaufs und damit oft sehr kurzfristige Anpassung an veränderte Bedingungen. Dies erschwert eine gleichmäßige Auslastung der Kapazitäten und hohe Arbeitsbelastung und Überstunden resultieren[253]. Eine rechtzeitige Information und Abstimmung nach bekannt werden von Änderungsbedarfen ist daher wesentlich.

Für auf Grund von Know how-Mängeln, komparativen Nachteilen, Unternehmenspolitiken oder zeitlichen Kapazitätsengpässen nicht mit eigenem Personal abzudeckende Personalbedarfe sind entsprechend unternehmensinterne oder externe Fremdleistungen einzuplanen. Aus dem Beschaffungsplan ist die Investitions- und (Vor-)Finanzierungsplanung für die zu beschaffenden Anlagen und Geräte abzuleiten.

Auf diesen Teilplänen baut die projektbezogene Erfolgs-, Ergebnis- und Liquiditätsplanung auf. Im Rahmen dieser Planungen ermittelte Größen (Finanzmittelbedarf bzw. -überschuss, Gewinn/Verlust, Projekt-Deckungsbeitrag) werden mit den Zielvorstellungen der Projektleitung, Geschäftsfeld- bzw. Bereichsleitung oder Unternehmensleitung sowie den insgesamt vorhandenen Finanzmitteln verglichen, analysiert und ggf. Planüberarbeitungen veranlasst (quasi im Gegenstromverfahren). Die projekt- und geschäftsfeldübergreifende Erfolgs-, Ergebnis- und Liquiditätsrechnung baut auf den projektbezogenen Rechnungen auf. Ggf. ist aus bilanz-

---

[253] Zu diesen und weiteren möglichen Problemen beim Abstimmungsprozess zwischen Termin- und Kapazitäts(einsatz)planung sowie Ansätzen zu ihrer Lösung vgl. beispielsweise Mörsdorf 1998, 250ff.

politischen Gründen auch eine genauere Abstimmung der Investitionsfinanzierungs- und Erfolgsplanung mit der Bilanzplanung erforderlich. Die Berücksichtigung der in Kapitel 5.4.2 genannten rechtlichen Aspekte ist im gesamten Planungsverlauf zu gewährleisten, insbesondere aber bei den einzelnen Schritten der Planung der technischen Maßnahmen bis hin zur Erfolgsplanung.

Durch den Einbezug unternehmensinterner Kooperationspartner löst die Projektplanung im Contracting-Bereich außerdem Folgeplanungen in anderen Unternehmensbereichen des "Modell-EDU" aus, die wiederum bei Engpässen, die in den betroffenen Bereichen ggf. auftreten, Rückkoppelungen bzw. iterative Abstimmungsprozesse erfordern. Soll beispielsweise die Strom- und Gasbeschaffung sowie die Instandhaltung für im Contracting erstellte Anlagen und Geräte durch den Erzeugungsbereich des "Modell-EDU" erbracht werden oder reduziert sich der Endenergiebedarf eines bereits mit Endenergie belieferten Kunden durch im Contracting erbrachte Maßnahmen, so muss der Erzeugungsbereich dies in seiner Instandhaltungs- und Erzeugungsplanung berücksichtigen und rechtzeitig rückmelden, wenn es durch die angeforderten Leistungen zu erheblichen Engpässen bzw. Terminverzögerungen kommt.

Als geeignetes regelgestütztes Koordinationsinstrument zur wechselseitigen Abstimmung bzw. Integration der sachzielorientierten Leistungs- und Terminplanung mit der formalzielorientierten Kostenplanung im Projekt sieht Mörsdorf (1998) die Budgetierung an, bei der finanzielle Ressourcen einem konkreten Sachziel zugeteilt werden (vgl. Kapitel 2.2.2.3). Auf Grund ihres verpflichtenden Charakters stelle sie ein "effizientes Mittel dar, um dezentrale Entscheidungsträger zu einem gesamtzielbezogenen Agieren anzuhalten" (Mörsdorf 1998, 223). Budgets sollten dabei nicht nur für das Gesamtprojekt, sondern auch für größere Arbeitspakete nach dem Verfahren des - in der Praxis bisher vornehmlich für Gemeinkostenbereiche herangezogenen - Zero-Base-Budgeting (Pyhrr 1973) ermittelt und vorgegeben werden. Auf eine zu weitgehende Detaillierung über die Teilprojektebene hinaus sollte dabei allerdings verzichtet werden, da hierbei die Flexibilität eingeschränkt und den Verantwortlichen die Möglichkeit der Kompensation (Spielräume für den Ausgleich zwischen Arbeitspaketen) genommen wird (Buch 1991, 166).

Da mit dem Zero-Base-Budgeting die Ziele verfolgt werden, Nutzen und Kosten der einzelnen Projekt-Teilleistungen zu reflektieren und das Handeln der Projektgesamtleitung sowie der für die einzelnen Arbeitspakete Verantwortlichen durch klare Vorgaben zu steuern, erscheint es prinzipiell auch für Contracting-Projekte sinnvoll (vgl. auch die Ausführungen in Kapitel 6.1.3.1 zur Budgetierung als Instrument zur Begrenzung von Anlauf- und Vorlaufverlusten)[254]. Budgets für die einzelnen Arbeitspakete müssen dabei allerdings nicht unbedingt Kostenbudgets sein. In den personalintensiven Arbeitspaketen eines Contracting-Projektes erscheint der Einsatz von Zeitbudgets (Personalstunden oder -tage, jeweils bis zum Erreichen bestimmter Meilensteine) im Rahmen der - durch einen (dezentralen) Controller im Geschäftsfeld unterstützten - Selbststeuerung des Contracting-Teams sinnvoller. Zusätzlich können für nicht vernachlässigbare Sach- und Investitionsausgaben Kostenbudgets veranschlagt werden.

Die Konzentration auf Kosten- und Zeitvorgaben kann insbesondere in Einspar-Contracting-Projekten allerdings dazu führen, dass die Qualität der erbrachten Leistung und damit verbundene Erlös- und als Konsequenz Erfolgs- und Liquiditätsvariabilitäten vernachlässigt werden. Darüber hinaus erfüllt sich die implizit geäußerte Hoffnung von Mörsdorf (1998, 222) nicht, mit dem Zero-Base-Budgeting Rückkopplungsschleifen in der Projektplanung zu reduzieren, da auch hier die dargestellten Schrittfolgen von der Zielbildung über die Definition von Maßnahmen bis hin zur Bestimmung der dafür benötigten Ressourcen erforderlich sind. Die Zeit- und Kostenbudgetierung kann daher nur als ein den dargestellten Planungsablauf durch die Vorgabe verbindlicher Plangrößen ergänzendes, nicht aber als ein die Planung von Projekterfolg, -ergebnis und -liquidität und weitere Steuerungsmaßnahmen ersetzendes Steuerungsmittel verstanden werden.

6.2.3.5 Prognosen als Teil der Projektplanung am Beispiel der Abschätzung des Projekt-Deckungsbeitrags

Inwieweit und mit Hilfe welcher Verfahren Prognosen einen zentralen Bestandteil im dargestellten Planungsablauf von Contracting-Projekten mit relativ langer Laufzeit bilden können, wird im Folgenden am Beispiel der Abschätzung des Projekt-Deckungsbeitrags erläutert. Diese Abschätzung ist vor bzw. zu Projektbeginn notwendig, um zu entscheiden, ob ein Projekt angeboten bzw. durchgeführt wird, so-

---

[254] Auf die Rolle der Budgetierung im Gegenstromverfahren in der EDL-Praxis wurde im Übrigen

wie nach Auftragsannahme für Entscheidungen über Abbruch, unveränderte Fortführung oder Anpassung des Projektes und seiner Teilprozesse.

Wie aus Abbildung 27 ersichtlich, verändert sich der erwartete Deckungsbeitrag im Projektverlauf laufend, vom anfangs grob geschätzten über den vorkalkulierten und geplanten bis hin zum endgültig realisierten Deckungsbeitrag. Dabei können im Projektablauf entsprechend des Leistungsfortschritts zunehmend bereits vereinnahmte Teilerlöse, angefallene und vordisponierte Kosten berücksichtigt werden, wodurch die Prognosegenauigkeit steigt.

Abbildung 27 Überblick über die im Projektverlauf abzubildenden Kosten- und Erlöselemente

	Anfrage – *Vorangebot*	*Vorangebot* – *Auftrag*	*Auftrag* – *Angebot*	*Angebot* – *Auftrag*	*Auftrag* – *Abnahme; Messung & Verifizierung*	*Abnahme; Messung & Verifizierung* – *Projektende*	
PHASE	Kundenakquisition; Grobanalyse	Vorvertragsverhandlung	Feinanalyse	Vertragsverhandlung	Realisation energieeffizienter angebots- oder/und nachfrageseitiger Maßnahmen	Gewährleistung; ggf. Betrieb, Finanzierung, Eigentumsübergang	
KOSTEN	geschätzte Kosten	vorkalkulierte Kosten Feinanalyse	geplante, vordisponierte, angefallene Kosten Feinanalyse	realisierte Kosten Feinanalyse; vorkalkulierte Kosten Contracting	geplante Kosten; vordisponierte Kosten	angefallene Kosten; Auszahlungen	endgültig realisierte Kosten
							DB
ERLÖSE	geschätzte Erlöse	geforderter Erlös Feinanalyse	vorläufig vereinbarter Erlös Feinanalyse	realisierter Erlös Feinanalyse; geforderte Erlöse Contracting	vorläufig vereinbarte Erlöse; vorläufig vereinnahmte Teilerlöse; Erlösänderungen	fakturierte Erlöse; gewährsfreie Erlöse	endgültig realisierte Erlöse

Quelle: Eigene Darstellung in Anlehnung an Buch 1991, 111. DB = Deckungsbeitrag.

Im Idealfall könnte eine Prognose des Projekt-Deckungsbeitrags ab Angebotserstellung (Vorkalkulation) wie folgt schrittweise erstellt werden:

1. Die einzelnen **Teilprozesse (Aktionen, Vorgänge)** im Projekt, die gleichzeitig oder nacheinander aktiv sind, werden identifiziert. Dabei gibt es Vorgänge, die zur Erfüllung des Kundenauftrages bzw. zur Befriedigung der Kundenwünsche

---

bereits in Kapitel 4.3.3 hingewiesen.

in jedem Fall durchgeführt werden müssen und solche, bei denen der Contractor entscheiden kann, ob er sie mit anbietet bzw. durchführt.

2. In den einzelnen Teilprozessen bzw. vorgangsübergreifend wirksame **Kosten- und Erlöstreiber und ihre dynamische Vernetzung** werden identifiziert (**qualitatives Modell** der projektendogenen und exogenen, primären und sekundären Einflussfaktoren, die die Höhe der Kosten und Erlöse bei der Durchführung der einzelnen Teilprozesse bestimmen; vgl. die in Kapitel 5.5 identifizierten Performance-Treiber).

3. Die zu erwartenden **Wirkungen bzw. Wirkungsfunktionen der Treibergrößen** auf Kosten und Erlöse werden in Abhängigkeit von Ausgangs- und Entwicklungsparametern und Restriktionen (z. B. Kapazitätsbeschränkungen) bestimmt (**quantitatives Modell**):

   - Je nach Projektfortschritt sind zum jeweiligen Prognosezeitpunkt Kosten und Erlöse bereits angefallen, Teilerlöse bereits vereinnahmt oder Kosten bereits vordisponiert. Dann können diese entsprechend direkt berücksichtigt werden.

   - Teilweise lässt sich eine eindeutige Funktionsbeziehung zwischen einer Treibergröße und ihrer erwarteten Wirkung herstellen (z. B. der Zusammenhang zwischen der erzielten Energieeinsparung und dem erzielten Erlös gemäß der vertraglichen Vereinbarung).

   - Teilweise lassen sich die Kosten- und Erlöseinflüsse zwar eindeutig bestimmen, hängen aber von den jeweiligen Restriktionen bzw. der Art der Durchführung des jeweiligen Vorganges ab (z. B. höhere Kosten bei Überauslastung der Kapazitäten, unterschiedliche Kosten je nach Durchführung von Aktivitäten in Eigen- oder durch Fremdleistung). In diesem Fall sind alternative bzw. differenzierende Wirkungsfunktionen zu berücksichtigen.

   - Teilweise muss der Zusammenhang geschätzt werden, und zwar durch Typisierung der Einflüsse und anschließender Quantifizierung des typisierten Einflusses (z. B. der Zusammenhang zwischen dem Know how der Projektausführenden und der erwarteten Ausschöpfung der vorhandenen Energieeinspar-Potenziale oder zwischen dem Schwierigkeits- bzw.

Innovativitätsgrad einer Teilaufgabe und dem zu seiner Bewältigung im Vergleich zur "normalen" Durchführung einer solchen Aufgabe notwendigen Zusatzaufwand an personellen Ressourcen; vgl. auch das Beispiel in Kapitel 6.1.2.1 zur Typisierung des Kunden- bzw. Nutzereinflusses).

4. Sofern die in die Rechnungen eingehenden **Ausprägungen der Treibergrößen und Restriktionen** und ihre Entwicklung (z. B. strategische Vorgaben, Anfangsstände, Beschreibungsparameter, Einzelvorgaben; vgl. Napiwotzki 1997, 207) eindeutig bekannt sind, können diese Daten direkt generiert bzw. eingegeben werden. Sind Wahrscheinlichkeiten für das zukünftige Eintreten einer bestimmten Ausprägung der Treibergrößen und Restriktionen bekannt, werden diese verwendet. Unschärfen werden z. B. mit Hilfe unscharfer oder scharfer Intervalle (vgl. Kapitel 6.1.2.1) berücksichtigt.

5. Auf dieser Basis kann nach Festlegung der **Rechenregeln** (z. B. Kalküle zum Rechnen mit unscharfen Größen) die **Bandbreite möglicher Ergebniswirkungen (Projekt-Deckungsbeiträge)** unter **Simulation möglicher Projektentwicklungen** prognostiziert werden. Bei Vorliegen von Unsicherheit i. e. S. werden **Sensitivitätsrechnungen** mit Variation der entsprechenden, unsicheren Parameter durchgeführt werden, wobei zur Einschränkung der Bandbreite möglicher Ergebnisse die diversen möglichen Entwicklungen unter Unsicherheit i. e. S. scharf oder unscharf typisiert werden können (z. B. starke Energiepreissteigerungen im Projektverlauf über Trend, Energiepreissteigerungen entsprechend Trenderwartungen, Energiepreissteigerungen unter Trend).

6. Problem ist, dass trotz der Typisierungen von Einflüssen und Entwicklungsparametern die Bandbreite möglicher Ergebnisse sehr groß sein kann. Auf welcher Basis sollten in diesem Fall die o.g. Projektentscheidungen (Angebotsabgabe/Auftragsannahme, Abbruch/Fortführung, Anpassung) getroffen werden?

Hier bietet es sich an, unter Berücksichtigung der Risikopräferenzen der Entscheider zunächst eine oder mehrere **(heuristische) situationsadäquate**[255]

---

[255] Vgl. z. B. Viefhues 1982 zum Problem, Entscheidungsregeln in derartigen Rechenmodellen zu implementieren, die in allen Situationen zu optimalen oder befriedigenden, zumindest aber zulässigen Entscheidungen führen.

Entscheidungsregeln (Prioritätsregeln) festzulegen, um die Bandbreite einzuengen, beispielsweise die bereits mehrfach erwähnte erweiterte Hurwicz-Regel. Anschließend werden entsprechende **Szenarien** unter Festlegung bestimmter Ausgangs- und Entwicklungsparameter und Restriktionen gerechnet, die die für die jeweilige Regelanwendung benötigten Ergebnisse liefern, in diesem Fall also ein "worst case"-, ein "best case"- und ein den subjektiven Einschätzungen der Entscheider bzw. den Erfahrungen mit ähnlichen Projekten entsprechendes "wahrscheinliches" bzw. "normales" Szenario.

7. Die **Ergebnisse** dieser Rechnungen werden wiederum an die Verantwortlichen **zurückgespiegelt** und von diesen analysiert bzw. auf Plausibilität und Akzeptanz hin überprüft ("Interaktionsoption", Schmitt 1998, 152). Ggf. sind anschließend Veränderungen in der Modellstruktur, in der Festlegung der Ausgangsparameter und Restriktionen und ihrer Entwicklung oder in der verwendeten Entscheidungsregel notwendig und die Prognoserechnungen bzw. einzelne Rechenschritte zu wiederholen (Lernprozess).

8. **Entscheidungen** werden letztlich danach getroffen, inwieweit der mit Hilfe der festgelegten Entscheidungsregeln berechnete Projekt-Deckungsbeitrag dem vorab zu definierenden **(Mindest-)Anspruchsniveau** der Verantwortlichen genügt. Durch die Simulation unterschiedlicher Projektentwicklungen inklusive variierender Vorgehensweisen (z. B. Wahl zwischen Eigen- und Fremdleistung) können darüber hinaus optimale bzw. stärker und weniger befriedigende Pfade erkannt werden. Für die Simulation und Projektanpassung in Bezug auf mehrere Ziele und mehrere Entscheider vgl. wiederum Schmitt (1998, 151ff.).

Deutlich wird bei diesem Vorgehen der relativ groß erscheinende **Prognoseaufwand** vor bzw. bei Projektbeginn und bei den regelmäßigen bzw. laufenden Aktualisierungen, der daher je nach Projektumfang und -komplexität sowie implizitem Wissen der Planenden aus Nutzen-Kosten-Überlegungen heraus einzuschränken ist. Die einfachste, in der Praxis vielfach angewendete Lösung ist hierbei, dass die Planenden selbst mit ihrem Know how im Rahmen der Prüfung der Wirtschaftlichkeit des Projektes direkt die Erlöse und Kosten jeweils aktuell abschätzen, ohne Ursache-Wirkungs-Beziehungen zwischen Treibergrößen und Erlösen bzw. Kosten zu explizieren, was allerdings die intersubjektive und intertemporale Nachvollziehbarkeit der Angaben erschwert (nur grobe Plausibilitätsprüfung möglich). Auch kann die Zahl der Einflussgrößen auf einige wenige zentrale Treiber und die Variation von Ausgangs- und Entwicklungsparametern und Restriktionen eingeschränkt werden, um den Aufwand zu verringern.

Außerdem zeigt sich, dass es gerade in der mit großen Unsicherheiten, Unschärfen und Risiken behafteten Situation vor bzw. bei Projektbeginn mit Blick auf die **Prognosequalität** sehr stark auf das mehr oder wenig systematisch (z. B. im Rahmen eines Wissensmanagements) einfließende Experten-Know how bzw. die subjektiven Einschätzungen und Präferenzen der Verantwortlichen ankommt. Je nach ihrer Einschätzung der Ausgangssituation und der Entwicklung einzelner Faktoren, ihrer Typisierung des jeweiligen Einflussfaktors, der Wirkungsrichtung und des Wirkungsgrades, sowie ihrer in die Entscheidungsregel einfließenden Risikoneigung können die Ergebnisse mehr oder weniger stark differieren. Erst mit zunehmendem Projektverlauf, d. h. zunehmender Sicherheit werden die Prognoserechnungen weniger von diesem Experten-Know abhängig und damit auch ohne dieses belastbarer. Bis dahin ist aber oft schon ein großer Teil der Kosten vordisponiert, die wie bereits dargestellt ja zu einem großen Teil bereits zu Beginn der Realisierungsphase anfallen. Die große Anteil vordisponierter Kosten in den ersten Projektphasen ist insbesondere auch für Abbruchentscheidungen relevant, auf die im Zusammenhang mit der Steuerung der Durchführungs- und Kontrollprozesse in Kapitel 0 näher eingegangen wird.

6.2.3.6 Vertrauensbasierte, partizipative Planung bzw. Planungssteuerung

Das wesentliche projektplanungsrelevante Wissen besitzen also die Mitglieder des Projektteams selbst bzw. erfahrene Mitarbeiter des Contracting-Teams. Die Projektplanung und Planungssteuerung obliegt daher weitgehend dezentral dem Projektteam, das - vertreten durch die Projektleitung - einzelne Ziel- und Bedarfsgrößen im Gegenstromverfahren mit übergeordneten Unternehmensebenen abstimmt. Auf Grund

- der Individualität und Immaterialität der im Contracting-Projekt enthaltenen Dienstleistungen,

- der Informationsasymmetrien zwischen einzelnen Teammitgliedern und der Projektleitung bezüglich Art und Umfang des für einzelne Teilleistungen erforderlichen speziellen Know hows und
- der Informationsasymmetrien zwischen einzelnen Teammitgliedern und der Projektleitung bezüglich der aktuell freien oder bereits parallel in anderen Projektplanungsprozessen vorgesehenen, aber noch nicht in der Kapazitätsplanung für das Geschäftsfeld eingeplanten Kapazitäten

ist es erforderlich, alle potenziellen Projektbeteiligten mit ihren Interessen, ihren freien Kapazitäten und ihrem Know how im Planungsprozess zu berücksichtigen. Die Qualität der Planung wird durch ausreichende **Partizipation** aller relevanten Akteure im Unternehmen erhöht. Daher gilt insbesondere auch für Contracting-Projekte, was der VDEW-AK Controlling (1996, 1215) allgemein zur Rolle menschlicher Kommunikation in Planungsprozessen feststellt: "Im iterativen Planungsprozess hat die Qualität der Kommunikation entscheidenden Einfluss auf die Güte der Planungsergebnisse ... Es wächst hierdurch nicht nur das Verständnis für strategische und operative Erfordernisse, sondern Kompetenz und Marktnähe der operativen Einheiten tragen deutlich zu qualitativen Verbesserungen der Planungsaussagen und zu realistischen Zielwerten bei".

Darüber hinaus gilt ähnlich wie für die in Kapitel 6.2.2.4 betrachteten Informationsaufnahme- und -verarbeitungsprozesse, dass Partizipation bei der Planerstellung die Akzeptanz von Plänen wesentlich erhöht.

6.2.4 Steuerung der Durchführungs- und Kontrollprozesse

6.2.4.1 Steuerungshilfsmittel in Durchführungs- und Kontrollprozessen

Die bereits diskutierten Ziel- bzw. Budgetvorgaben, die in Kapitel 6.1.3.3 dargestellten Instrumente des Qualitäts-Controlling, die in • aufgeführten Checklisten und Pflichtenhefte, Kommunikations-, Kooperations- und Partizipations- sowie Anreiz- und Motivationsinstrumente stellen geeignete Hilfsmittel für die Steuerung der operativen Durchführungsprozesse dar.

Die in Abbildung 23 veranschaulichte Gesamtkonzeption des Projekt-Controlling-Systems "Contracting" unterscheidet zwei Kontrollmodule, das laufend bzw. periodisch eingesetzte **Überwachungsmodul** (Frühwarnsystem/Kennzahlen, Abweichungsanalysen, Leistungskontrolle) und das fallweise bzw. ereignisgebunden eingesetzte **Evaluationsmodul** (Beurteilung von Leistung, Technik und Prozessen, Bewertung von Kooperationspartnern, Auswertungen zu Kunden- und Mitarbeiterzufriedenheit, z. B. bei Ende eines Arbeitspakets, einer Projektphase oder des Gesamtprojekts). Auf einige der in Zusammenhang mit diesen Modulen genannten Verfahren wurde bereits an anderer Stelle eingegangen, andere unterscheiden sich im Prinzip nicht von herkömmlich eingesetzten Projekt-Controlling-Instrumenten. Die begrenzte Möglichkeit einer Frühaufklärung im Rahmen des Controlling von Contracting-Projekten, die mitlaufende Kalkulation bzw. Ergebnisermittlung als ein in der Praxis häufig vernachlässigtes Verfahren der Abweichungsanalyse und eine wesentliche Form der Leistungskontrolle bei Einspar-Contracting-Projekten, die Messung und Verifizierung von Energieeinsparungen, stellen jedoch Besonderheiten dar, die im Folgenden ausführlicher erläutert werden. Außerdem ist zu klären, auf welcher Basis Projektabbruchentscheidungen getroffen werden können bzw. sollten, sowie inwieweit Kontrolle im Rahmen eines vertrauensbasierten Projekt-Controlling Selbst- und inwieweit sie Fremdkontrolle des Contracting-Teams bedeutet.

6.2.4.2 Grenzen projektbezogener Frühaufklärung

Wichtig ist die Frühaufklärung als Baustein des projektbezogenen Risiko- und Chancenmanagement-Moduls insbesondere in der Vorbereitungsphase vor Vertragsabschluss. Nach Vertragsabschluss sind die unternehmerischen Freiheitsgrade durch den Vertrag und die **partiellen Irreversibilitäten** des Leistungserstellungsprozesses stark eingeschränkt. Werden erst nach diesem "point of no return" nicht abgedeckte Risiken ersichtlich, so kann dies zu nicht mehr abwendbaren wirtschaftlichen Nachteilen für den Contractor führen.

Wie bereits erläutert, sollten im Rahmen einer projektbezogenen Frühaufklärung rechtzeitig signifikante Abweichungen von geplanten bzw. budgetierten Anlauf- und Vorlaufkosten wahrgenommen werden, um entsprechend daraus lernen und reagieren zu können. Auch muss das Geflecht der wesentlichen Einflussfaktoren kontinuierlich im Blick behalten und aus ihrer Veränderung gelernt werden. Die Konkretisierung dieser Forderung stellt jedoch bei einigen Einflussfaktoren ein Problem dar - insbesondere im Bereich Kunde/Nutzer und Mitarbeiter/Projektteam. Wie interessiert, motiviert, kompetent der jeweilige Kunde bzw. Nutzer ist und wie qualifiziert der jeweilige Mitarbeiter Analysen durchführt, Maßnahmenvorschläge erstellt und Maßnahmen plant, lässt sich in der Regel nur anhand "schwacher Signale" im Mitarbeiter- bzw. Kunden-/Nutzer-Kontakt abschätzen, und nicht mit Hilfe eindeutiger Kennzahlen. Der projektbezogenen Frühaufklärung sind somit Grenzen gesetzt. Die Frühaufklärung als Baustein des Risiko- und Chancenmanagement-Moduls sollte daher im Rahmen eines "**controlling by wandering around and listening**" rechtzeitig vor Vertragsabschluss diese Signale identifizieren, erfassen, interpretieren und im Gespräch mit den jeweiligen Mitarbeitern mit Kundenkontakt Schlussfolgerungen und Handlungsfolgen erörtern (vgl. die Beispiele von Hewlett Packard und aus Japan in Krystek/Zumbrock 1993). Teilweise ist es möglich, die ausgewerteten Signale entsprechend der typisierenden Vorgehensweise in den Beispielen in Kapitel 6.1.2.1 in die Planungs- bzw. Prognoserechnungen einfließen zu lassen.

Hinsichtlich der eindeutigeren Signale ist es wichtig, das projektbezogene Frühaufklärungssystem in das gesamte Frühaufklärungssystem des Unternehmens zu integrieren, so dass Informationen zeitnah verfügbar sind. Dies betrifft sowohl Informationen, die aus anderen Geschäftsbereichen stammen und für den Contracting-Bereich relevant sind, als auch umgekehrt für Informationen, die der Contracting-Bereich erhält und die von Interesse für das gesamte Unternehmen sind. Wenn beispielsweise ein Kunde seine Stromrechnung trotz Mahnung nicht bezahlt und sich daher die Frage nach der Bonität des Kunden stellt, und dieser Kunde gleichzeitig Contracting-Nehmer ist, so muss diese Information über den Zahlungsverzug des Kunden auch dem Contracting-Team umgehend zur Verfügung stehen.

6.2.4.3 Von der mitlaufenden Kalkulation zur permanenten Ergebnisermittlung

Ein geeignetes Verfahren zur laufenden Kontrolle von Kosten- und Leistungsänderungen im Projektverlauf und zur entsprechenden Anpassung der Kostenplanung ist die **mitlaufende Kalkulation (MIKA)**. Hierbei werden regelmäßig, z. B. vierteljährlich oder meilensteinweise, die voraussichtlichen Gesamtkosten (aufgelaufene IST-Kosten zuzüglich bereits disponierter Kosten sowie noch zu erwartender Kosten) der aktualisierten Kostenkalkulation gegenübergestellt - unter Beachtung von Vertragsänderungen etc. Da dieses Verfahren in der Literatur bereits mehrfach ausführlich beschrieben wurde (vgl. z. B. Andreas/Rademacher/Sauter 1992, 78ff., aber auch Harrison 1983, 202ff., Mörsdorf 1998, 239ff., sowie Buch 1991, 140ff.), wird auf eine genauere Darstellung hier verzichtet. Auf zwei Aspekte soll im Folgenden aber näher eingegangen werden, zum einen auf einen in der Praxis häufig zu beobachtenden Fehler bei der Kostenkontrolle, zum anderen auf die mögliche Erweiterung der regelmäßig durchgeführten mitlaufenden Kostenkalkulation zu einer permanenten Ergebnisermittlung.

In der Praxis werden vielfach Kosten- und Terminabweichungen ermittelt, aber nicht in einen Zusammenhang gebracht. Wenn beispielsweise die IST-Kosten die SOLL-Kosten unterschreiten, so wird dies daher oft auch dann als ein positives Signal verstanden, wenn zu diesem Zeitpunkt geplante Meilensteine noch nicht erreicht wurden, der Projektfortschritt also hinter dem SOLL zurückbleibt. Inwieweit das Unterschreiten der SOLL-Kosten tatsächlich positiv oder negativ zu bewerten ist, kann erst dann beurteilt werden, wenn die Sekundärabweichung der IST-Kosten von den SOLL-Kosten in die Primärabweichungen, d. h. in Termin- bzw. Leistungsabweichung (**Mengenabweichung**) und Kostenabweichung (**Preisabweichung**) aufgespalten wird (Abbildung 28).

Eine solche Aufspaltung der festgestellten SOLL-IST-Abweichungen alleine reicht aber als Entscheidungsgrundlage nicht aus. Sie kann nur begrenzt Steuerungsfunktionen erfüllen, da sie ausschließlich vergangenheitsorientiert ist und damit in erster Linie eine Dokumentationsfunktion erfüllt. Daher muss der SOLL-IST-Vergleich (Vergleich zwischen kalkuliertem und tatsächlichem Kostenverlauf) zu einem **"WIRD"-SOLL-IST-Vergleich** zum jeweiligen Stichtag erweitert werden, d. h. auf Basis des SOLL-IST-Vergleichs werden zum Stichtag Prognosen über den noch zu erwartenden und damit über den insgesamt zu erwartenden Kosten- und Leistungsverlauf erstellt (vgl. den "WIRD"-Kostenverlauf in Abbildung 28: einmal mit und einmal ohne Berücksichtigung von kostenrelevanten Anpassungsmaßnahmen, die aufgrund der festgestellten Abweichungen erfolgen sollen[256]). Die Kontrolle wird somit Basis für die rollierende Planung.

Abbildung 28 Termin- bzw. Leistungs- und Kostenabweichung

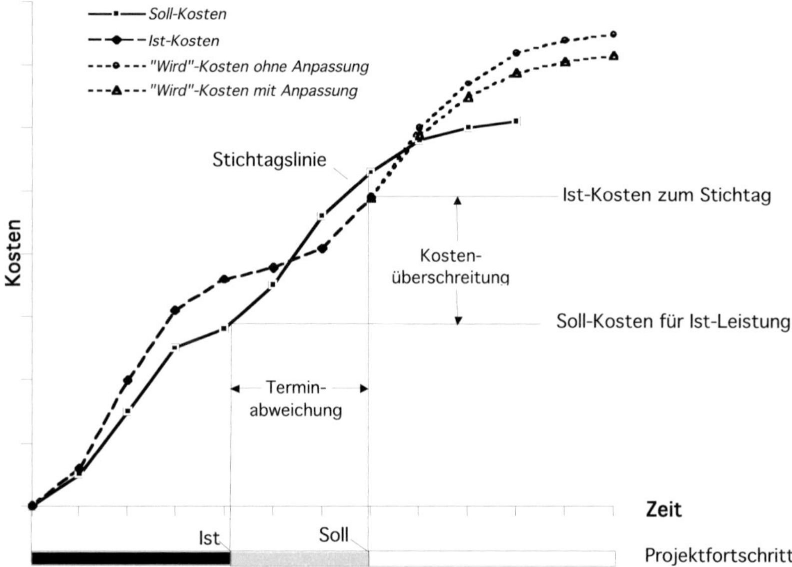

Quelle: Eigene Darstellung in Anlehnung an Kummer/Spuehler/Wyssen 1985, 8.5.

Planungs- bzw. Prognoserechnungen zur Feststellung des “WIRD”-Kostenverlaufs, d. h. inbesondere der Restkostenermittlung, sollten im Idealfall entsprechend der in Kapitel 6.2.3.4 und 6.2.3.5 erläuterten Vorgehensweise im Rahmen einer an den Teilprozessen und damit verbundenen Entscheidungen orientierten, detaillierten Analyse erfolgen und nicht einfach nur Kosten und Erlöse extrapolieren oder subjektiv grob abschätzen (vgl. auch Buch 1991, 143f.), sofern dies aus Nutzen-Kosten-Überlegungen heraus vertretbar ist.

---

256 In der Produktionstheorie ist vorrangig von intensitätsmäßigen Anpassungsmaßnahmen die Rede; hier geht es stärker darum, Kosteneffekte auf andere Art und Weise zu erzielen, z. B. durch Weglassen oder geringere Qualität bestimmter Aufgabenteile, ohne die Erfüllung der Kundenanforderungen grundsätzlich in Frage zu stellen, oder durch effizientere Verfahrensweisen.

Da bei Einspar-Contracting-Projekten die Erlöse vielfach variabel sind, d. h. von der erreichten Performance abhängen, reicht die Ermittlung einer Kostenabweichung bzw. eines "WIRD"-Kostenverlaufs und dessen Vergleich mit den Sollkosten nicht aus, um die Wirtschaftlichkeit des Projektes beurteilen zu können - im Gegensatz z. B. zu dem bei Mörsdorf (1998) untersuchten Forschungs- und Entwicklungsprojekt oder zu den bei Schulte-Zurhausen (1999) im Mittelpunkt stehenden Organisationsprojekten, bei denen den Kosten keine direkten Erlöse gegenüber stehen (vgl. auch die Kritik von Buch 1991, 17). Eine Erweiterung der mitlaufenden Kostenkalkulation zu einer **mitlaufenden, d. h. regelmäßig durchgeführten Ergebnisermittlung (Deckungsbeitragsermittlung)** ist daher sinnvoll.

Um eine ständig aktuelle, zeitnahe Information über den Projektverlauf zu gewährleisten, ist schließlich ein weiterer Erweiterungsschritt zu einer **permanenten Ergebnisermittlung** sinnvoll. Auf Basis einer ständig aktualisierten Datenbasis bzw. Basis- oder Grundrechnung können die Rechengrößen im Zeitablauf verfolgt und jederzeit ein "WIRD"-SOLL-IST-Vergleich ermöglicht werden. Dieser sollte im Übrigen nicht nur auf Gesamtprojekt-, sondern auch auf Teilprojektebene für die einzelnen Arbeitspakete erfolgen (vgl. auch Kapitel 6.2.3.4 zur Budgetplanung und –kontrolle auf Teilprojektebene), insbesondere regelmäßig beim Erreichen festgelegter Meilensteine (z.B. Abschluss eines Arbeitspaketes)[257].

Im Rahmen dieser permanenten Ergebnisermittlung werden den voraussichtlichen Gesamtkosten ("WIRD"-Kosten, erwartete Kosten) und ihrer Abweichung von der ständig aktualisierten Kostenkalkulation (SOLL-Kosten) die voraussichtlichen Gesamterlöse (erwartete Erlöse) und ihre Abweichung von der laufend aktualisierten Erlöskalkulation gegenübergestellt. Auf diese Art und Weise wird der voraussichtliche Gesamt-Deckungsbeitrag des Projektes und seine Abweichung vom ursprünglich kalkulierten Deckungsbeitrag abgeschätzt. Am Ende des Projektes ergibt sich dann der tatsächliche Projekt-Deckungsbeitrag als Differenz aus tatsächlich realisierten Erlösen und tatsächlich entstandenen Kosten. Abbildung 29 zeigt, wie sich dabei die Datenbasis für die Kalkulation bzw. Prognose des zu erwartenden Dek-

---

[257] Auch am Projektende macht eine erneute Durchführung der detaillierten Analyse inklusive einer nachträglichen Einschätzung der Einflussgrößen und ihrer Wirkungen Sinn, um wesentliche Veränderungen gegenüber der bei den den Schätzungen erfolgten Vorabeinstufungen von Einflussgrößen transparent zu machen und aus der vergleichenden Auswertung zu lernen. So

kungsbeitrages im Zeitablauf des Projektes verändert. Um die vermutlichen Gesamterlöse errechnen zu können, ist die voraussichtliche Performance des Einspar-Projektes zu ermitteln, d. h. Messung bzw. Verifizierung der bereits erreichten technischen Effizienzgrade bzw. Abschätzung der voraussichtlich erreichbaren Effizienzgrade.

Abbildung 29 Gegenüberstellung der erwarteten Erlöse mit den erwarteten, vordisponierten und tatsächlich entstandenen Kosten zur Prognose des Projekt-Deckungsbeitrags

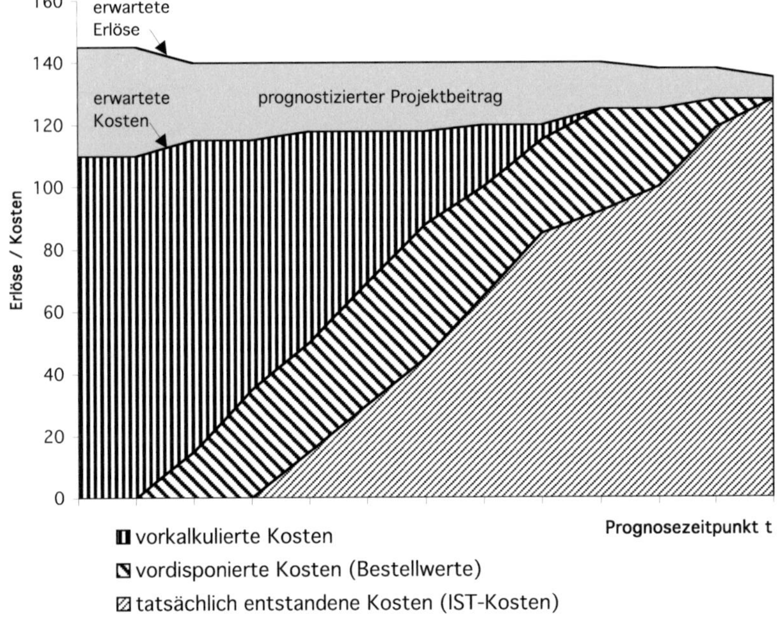

Quelle: Buch 1991, 152; vgl. auch Abbildung 27.

6.2.4.4 Messung und Verifizierung von Energieeinsparungen

Beim Einspar-Contracting stellt sich hier ein besonderes Problem: Die eingesparte Energie lässt sich nicht direkt, sondern nur indirekt messen bzw. verifizieren durch

kann auch die Prognosegenauigkeit der ersten Schätzungen überprüft werden.

den systematischen Vergleich der Zustände vor und nach Durchführung einer Einsparmaßnahme (vgl. hierzu und zu dem Folgenden insbesondere Politecnico di Milano et al. 2000, aber auch Hennicke/Ramesohl/Dudda 2000).

Das grundsätzliche Problem beim Nachweis der Energieeinsparungen besteht dabei darin, die Balance zwischen **Präzision und Verlässlichkeit** auf der einen Seite und den **Kosten** der Messung und Verifizierung auf der anderen Seite zu halten. Innerhalb eines Anwendungsbereichs (z. B. Beleuchtung) sind je nach Ausgangssituation (konstante/variable Last, konstante/variable Benutzungsdauer), Umfang der eingesparten Energiekosten und Art der Maßnahme (z. B. Änderung der Konstanz der Benutzungsdauer durch Einbau von Präsenzmeldern, keine Änderung der Benutzungsdauer bei Lampenaustausch) unterschiedliche Formen des Nachweises erforderlich bzw. angemessen.

Daher müssen die Einzelheiten des Nachweises für jede Einsparmaßnahme einzeln vertraglich zwischen Contracting-Geber und -Nehmer geregelt werden. Neben technischen Überlegungen zur Häufigkeit, Dauer und Art der Messungen sollte eine derartige **individuelle Vereinbarung** beinhalten, wer die Messungen vornimmt (Contracting-Nehmer, Contracting-Geber oder Dritter) und zu welchem Zeitpunkt welche Mess- und Nachweisprotokolle von wem an wen eingereicht werden (z. B. Protokoll des IST-Zustandes vor Installation, Abnahmeprotokoll nach erfolgter Installation, jährliche Nachweisprotokolle).

Hilfestellung und Rahmen für die Messung und Verifizierung von Energieeinsparungen bieten neben existierenden deutschen und europäischen Normen, Richtlinien und Empfehlungen - z. B. VDI 2067 zur Wirtschaftlichkeit gebäudetechnischer Anlagen (VDI 1999), VDI 3807 zu Energiekennzahlen im Gebäudebereich (VDI 1994), den hessischen Leitfäden zur Energie in Gebäuden (HMUEB 1996 und HMUEJFG 2000), SIA 380/1 Thermische Energie im Hochbau (SIA 2001) oder SIA 380/4 Elektrische Energie im Hochbau (SIA 1995) - das International Performance Measurement & Verification Protocol (IPMVP; vgl. DOE 2002 bzw. www.ipmvp.org). In diesem **Mess- und Verifizierungsstandard** sind Informationen zur generellen Vorgehensweise und den zur Verfügung stehenden Optionen enthalten.

Generell zu unterscheiden ist zwischen Maßnahmen bei Technologien mit

- konstanter Last und konstanter Nutzungsdauer (insbesondere Dauerlast);
- konstanter Last und variabler Nutzungsdauer, darunter
  - variabler Nutzungsdauer mit festem Muster,
  - variabler Nutzungsdauer ohne festes Muster;
- variabler Last und variabler Nutzungsdauer, darunter
  - variabler Nutzungsdauer oder Last mit festem Muster,
  - variabler Nutzungsdauer oder Last ohne festes Muster.

Für wenig komplexe Maßnahmen mit geringem Umfang der eingesparten Energiekosten wird empfohlen, keine Messungen durchzuführen, sondern die Einsparung auf Basis einer ingenieurtechnischen Schätzung zu errechnen. Bei größerem Umfang der eingesparten Energiekosten und größerer Komplexität der Maßnahmen sollte an den Einzelanlagen gemessen werden.

Beispielsweise wird für umfangreichere Maßnahmen mit konstanter Last und konstanter oder variabler Nutzungsdauer mit festem Muster empfohlen, vor und nach der Sanierung kurzzeitig die Leistungsaufnahme zu messen, um die Herstellerangaben unter den konkreten Anwendungsbedingungen zu verifizieren. Die Arbeitseinsparung kann dann anhand der Nutzungszeit hochgerechnet werden. Ggf. ist die Nutzungszeit mit Betriebsstundenzählern zu erfassen. Dies entspricht Option A des IPMVP (vgl. Tabelle 34).

Messungen der Leistung und Arbeit der einzelnen Anlage oder Anlagengruppen (ggf. Unterverteilung) sind bei umfangreicheren Maßnahmen mit konstanter Last und variabler Nutzungsdauer ohne festes Muster oder mit variabler Last über einen Zeitraum von jeweils einigen Wochen bis zu einem ganzen oder halben Jahr vor und nach Installation der Maßnahmen anzuraten. Dies entspricht Option B des IPMVP (vgl. Tabelle 34).

Tabelle 34 Übersicht über Optionen der Messung/des Nachweises von Energieeinsparungen (IPMVP)

Optionen	Kalkulationsgrundlagen	Mess- bzw. Nachweiskosten
Option A: Beschränkt sich auf den Nachweis der Herstellerangaben unter konkreten Anwendungsbedingungen. Zentrale Leistungsfaktoren (Performance, z. B. Wattleistung der Beleuchtungseinrichtung) werden mit Punkt- oder Kurzzeitmessungen bestimmt. Die Abschätzung betriebsbedingter Faktoren (z. B. Benutzungsdauern) verlangt die Analyse historischer Daten oder Punkt- bzw. Kurzzeitmessungen. Performance und Betriebsweise werden jährlich überprüft.	Technische Kalkulationen, beruhen auf Punkt - oder Kurzzeitmessungen, Computersimulationen, und/oder historischen Daten.	Abhängig von der Anzahl der Messpunkte. Betragen etwa 1-5% der Investitionskosten der Einsparmaßnahme.
Option B: Einsparungen werden nach Implementierung der Einsparmaßnahme durch kurzzeitige oder dauerhafte Messungen auf Komponenten- (z. B. einzelne Anlage) oder Systemebene (z. B. Gebäude, Betrieb, Anlagengruppe) über den gesamten Zeitraum des Vertrages bestimmt. Sowohl Performance als auch Betriebsweise werden überprüft.	Technische Kalkulationen, beruhen auf gemessenen Daten.	Abhängig von der Anzahl und der Art der gemessenen Komponenten/Systeme und dem eingesetzten Analyse- bzw. Messverfahren. Typisch sind 3-10% der Investitionskosten der Einsparmaßnahme.
Option C: Einsparungen werden nach Implementierung der Einsparmaßnahme auf der Ebene des Gesamtsystems (z. B. Gebäude, Betrieb, Anlagengruppe) bestimmt, basierend auf aktuellen und historischen Zählerdaten.	Analyse von Zählerdaten, von einfachen Vergleichsoperationen bis hin zur multivariaten (wöchentlichen oder monatlichen) Regressionsanalyse.	Abhängig von der Anzahl und der Komplexität der Parameter in der Analyse. Typisch sind 1-10% der Investitionskosten der Einsparmaßnahme.
Option D: Einsparungen werden durch Simulationen auf Komponenten- oder Systemebene ermittelt.	Kalibrierte Energiesimulationen/Modelle, kalibriert mit wöchentlichen oder monatlichen Abrechnungsdaten des Versorgungsunternehmens und/oder mit Ergebnissen gesonderter Messungen	Abhängig von der Anzahl und der Komplexität der zu beurteilenden Komponenten/Systeme. Typisch sind 3-10% der Investitionskosten der Einsparmaßnahme

Quelle: Eigene Darstellung nach DOE 2002.

In der Praxis schätzen sowohl die Contracting-Geber als auch die Contracting-Nehmer die bislang in Contracting-Projekten eingesetzten Mess- und Verifizierungsverfahren und die gewonnene Datenbasis für die Verifizierung von Energieeinsparungen als ausreichend gut ein (Hennicke/Ramesohl/Dudda 2000, 20ff.). Messmethoden und Auswerteverfahren legt in der Regel der Contractor fest, dem die Contracting-Nehmer im Allgemeinen das nötige Vertrauen in die Korrektheit der Simulationen und Datenauswertungen entgegenbringen (ebenda, 21). Angesichts wachsender internationaler Kooperationen im EDL-Bereich, EU-weiter Ausschreibungen von Energieeffizienzmaßnahmen und der zu erwartenden verstärkten Implementierung internationaler Klimaschutzinstrumente (Kyoto-Mechanismen) erhält eine internationale Standardisierung von Messung und Verifizierung einen erhöhten Stellenwert wie mit dem o.g. IPMVP beabsichtigt, um Hemmnisse und damit Kosten bei internationalen Contracting-Aktivitäten schneller abzubauen (ebenda, 36f.).

6.2.4.5 Fundierung von Projektabbruchentscheidungen

Im Rahmen der Steuerung der Durchführungs- und Kontroll- bzw. rollierenden Planungsprozesse muss nicht nur über die Annahme eines Auftrages und die ggf. notwendige Anpassung von Teilprozessen entschieden werden. Aufgrund der großen Unsicherheit, Unschärfen und Risiken vor bzw. zu Projektbeginn können im Verlauf der Projektabwicklung erhebliche Veränderungen eintreten (z. B. nicht kompensierbare oder an den Auftraggeber weiterreichbare Kostenerhöhungen), aufgrund derer ein Abbruch des Projektes in Betracht gezogen werden muss.

Wie bereits erwähnt, ist aber der Anteil vordisponierter Ausgaben bereits kurz nach Projektbeginn schon relativ groß, so dass sich die Frage stellt, bis zu welchem Zeitpunkt ein Projektabbruch überhaupt sinnvoll ist. Buch (1991, 174ff.) zeigt, dass auch nach dem in der Literatur als Abbruchzeitpunkt oftmals angeführten "point-of-no-return", d. h. dem Zeitpunkt, zu dem die zusätzlich erwarteten Kosten die zusätzlich erwarteten Erlöse übersteigen, ein Projektabbruch sinnvoll sein kann, wenn sich die erwarteten Kosten nach dem ursprünglich ermittelten point-of-no-return noch einmal erhöhen.

Von daher soll im Folgenden nicht nach dem Abbruchzeitpunkt, sondern nach den Kriterien und der zugrunde liegenden Datenqualität einer Abbruchentscheidung gefragt werden.

Letztlich dürfen für die Abbruchentscheidung nur die durch diese Entscheidung ausgelösten Erlöse und Kosten herangezogen werden, d. h. insbesondere die noch disponiblen zusätzlichen Kosten und die zusätzlichen Erlöse. Zu berücksichtigen ist dabei aber auch, dass nicht alle vordisponierten oder sogar bereits getätigten Ausgaben vollständig irreversibel und damit "sunk costs" im eigentlichen

Sinne sind, beispielsweise wenn sich eingebaute Geräte oder Anlagen bzw. Anlagenteile wieder ausbauen und in anderen Projekten weiterverwenden oder an Dritte verkaufen lassen. Auch die Erlös- und Kostenwirkungen, die sich hierdurch ergeben können, müssen daher einbezogen werden. Darüber hinaus sind nicht allein materielle Auswirkungen (zusätzliche Erlöse und Kosten, ggf. auch Vertragsstrafen bei vorzeitigem Projektabbruch oder Opportunitätskostenüberlegungen wie die Nutzung frei werdender Kapazitäten für andere, profitablere Projekte), sondern auch immaterielle Folgen eines Projektabbruchs zu berücksichtigen (z.B. Imageschaden).

Auch hier sollte daher das Geflecht der Einflussfaktoren auf zusätzliche Kosten und Erlöse analysiert und die entsprechenden Wirkungen detailliert prognostiziert werden, um die Abbruch- oder Fortführungsentscheidung adäquat zu fundieren. Ein so ermittelter Deckungsbeitrag bei Abbruch kann dann mit einem Deckungsbeitrag bei Fortführung des Projektes verglichen werden, um zu einer Entscheidung zu kommen (vgl. auch Buch 1991, 178). Schließlich kommt es auch hier wieder stark auf das Know how der Verantwortlichen bzw. des Projektteams an, um die einzelnen Wirkungen angemessen abschätzen zu können, insbesondere wenn das Projekt noch am Beginn seiner ursprünglich geplanten Laufzeit steht.

6.2.4.6 Das Wechselspiel von Selbst- und Fremdkontrolle im Rahmen eines vertrauensbasierten Projekt-Controlling

Das Projekt-Controlling und damit auch die Kontrolle bzw. die Steuerung von Kontrollprozessen im Projekt sollte - wie bereits mehrfach erwähnt und begründet - möglichst weitgehend durch das Projektteam selbst erfolgen. Letztlich ist Kontrolle als Lernprozess zu verstehen (Schäffer 2001). Selbstkontrolle bedeutet demnach selbstbestimmtes Lernen, das stärkt die für den Projekterfolg wichtige Eigenverantwortlichkeit im Handeln der Mitarbeiter. Wie sieht dies konkret in der Praxis aus und wie gestaltet man das Wechselspiel von Selbst- und Fremdkontrolle? Eine mögliche, praxistaugliche Lösung für das "Modell-EDU" stellt Abbildung 30 dar.

Abbildung 30 Selbst- und Fremdkontrolle im Contracting-Projekt

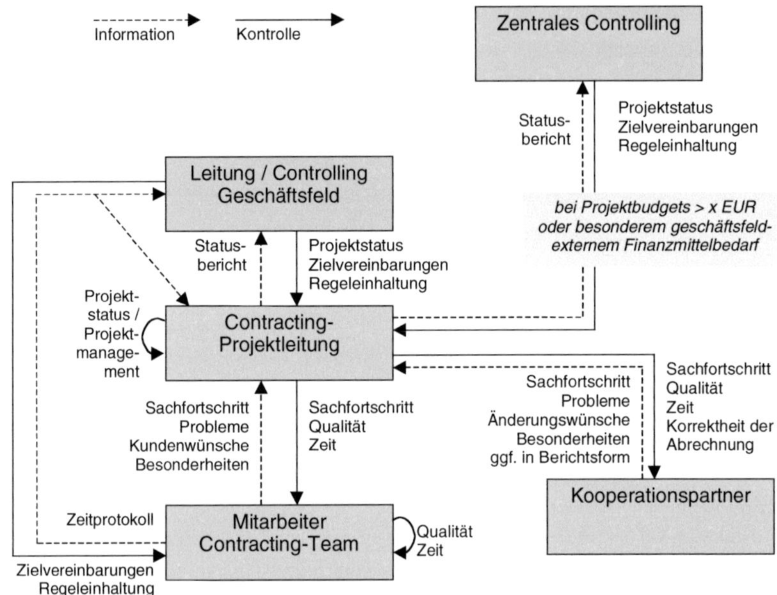

Quelle: Eigene Darstellung.

Zu erkennen ist, dass Selbstkontrollschleifen immer um eine entsprechende Fremdkontrolle ergänzt werden. Eine **effiziente und effektive Selbstkontrolle** ist wesentlich zur rechtzeitigen Reaktion auf Störungen und auf Grund der geschilderten Informations- bzw. Wissensasymmetrien sowie der Immaterialität und Individualität der im Contracting erbrachten Dienstleistungen. Das Controlling sollte daher im Rahmen eines **vertrauensbasierten Controlling** (Krystek/Zumbrock 1993, Krystek 1995a) bzw. Coaching vor allem darauf ausgerichtet sein, die Selbstkontrolle im Projekt zu ermöglichen, zu fördern und zu unterstützen[258]. Dabei handelt es sich jedoch nicht um ein eher als leichtfertig, fahrlässig oder nachlässig zu bezeichnendes grenzenloses, bedingungsloses Vertrauen. Die Ergänzung der Selbstkontrolle durch Fremdkontrolle ist nötig, da ein mögliches opportunistisches Verhalten des Mitarbeiters bei Überschreiten bestimmter Hemmnisschwellen nicht

---

[258] "Vertrauen in die Fähigkeit und den Willen zur Selbststeuerung der Systemmitglieder wird zur

auszuschließen ist, außerdem in der Regel stets mehr oder weniger vorhandene Zielkonflikte zwischen Zielen des Mitarbeiters und den Unternehmenszielen zu berücksichtigen sind sowie auf Grund der ermöglichten zusätzlichen Lerneffekte (Supervisionseffekte), die durch die Einschaltung eines nicht direkt am Leistungsgeschehen beteiligten Dritten erzielt werden können. Es geht dabei um die folgenden zwei **Fremdkontroll-Elemente**:

- erstens eine ergebnisorientierte Fremdkontrolle wesentlicher Fakten, insbesondere zum Projektstatus, die mit Blick auf gebildete Unternehmensziele (z. B. Zielvereinbarungen zwischen Mitarbeiter und Geschäftsfeldleitung oder zwischen Geschäftsfeldleitung und Bereichs- oder Unternehmensleitung) wichtig sind und

- zweitens eine vertrauensorientierte Fremdkontrolle der Einhaltung getroffener Regelungen[259], die als Lernen ermöglichende "symbolische Kontrolle" ("Kontrolle des persönlichen Vertrauens", Krystek 1995a, 493) in Form offener Gespräche gestaltet werden sollte.

Für die Fremdkontrolle wesentlicher Fakten sind Informationsrechte und -pflichten, Informationsinhalte, -formen und -wege genau festzulegen. Beispielsweise könnten die in Abbildung 30 aufgeführten, z. B. monatlich oder quartalsweise zu erstellenden **Projektstatusberichte** die folgenden Fakten enthalten (vgl. auch Mörsdorf 1998, 364; Andreas/Rademacher/Sauter 1992, 94):

- Allgemeine Angaben zum Projekt (Projektnummer, Projektname, maximal dreizeilige Kurzbeschreibung der Projektinhalte, für den Bericht verantwortlich zeichnender Projektleiter, Auftraggeber, Kundennummer des Auftraggebers, wichtigste Kooperationspartner),

- Berichtszeitraum bzw. Stichtag,

- Datum der Berichtserstellung,

---

unabdingbaren Voraussetzung einer evolutionären Führung" (Krystek/Zumbrock 1993, 25).

259 Vgl. das in Kapitel 6.2.1 als "Metasteuerung" bezeichnete Sichern der Einhaltung einmal getroffener Regelungen und das Herbeiführen von Entscheidungs(vorbereitungs)prozessen zur Vermeidung von oder bei Regelverletzungen, d. h. insbesondere von Regelungen zur Dokumentation, Qualität und (Budget-)Genehmigung sowie von Regelungen bei Auftreten von Problemen, Änderungs- und Nachforderungsbedarfen.

- Adressaten des Berichts (z. B. Geschäftsfeld-Leitung, Controller des Geschäftsfeldes oder Geschäftsbereichs),
- Grafik mit Aufspaltung der Abweichungen zwischen SOLL- und IST-Kosten in Termin- bzw. Leistungs- und Kostenabweichungen und Ergänzung um prognostizierte "WIRD"-Kosten (Abbildung 28),
- Sachfortschritt: Leistungen im Berichtsmonat, kategorisierte Abweichungen (z. B. <5%, <15%, >15%), Anmerkungen zum Sachfortschritt,
- Terminsituation: erreichte Meilensteine im Berichtsmonat, kategorisierte Abweichungen (z. B. <5%, <15%, >15%) bzw. Kennzeichnung von Zeitbudgetabweichungen, die größer sind als vorab vereinbarte Abweichungstoleranzen (vgl. auch Buch 1991, 164f.), Anmerkungen zur Terminsituation,
- Kostensituation (Budgets, z. B. für Anlaufverluste, oder Teilprojektbudgets): besondere Aufwendungen im Berichtsmonat, kategorisierte Budgetabweichungen (z. B. <5%, <15%, >15%) bzw. Kennzeichnung von Kostenbudgetabweichungen, die größer sind als vorab vereinbarte Abweichungstoleranzen (Projektbudget- bzw. Teilprojektbudget-Korridore, vgl. Buch 1991, 164f.), Anmerkungen zur Kostensituation,
- Erfolgssituation: mit Hilfe der permanenten Ergebniskalkulation hochgerechneter Gesamtprojekt-("WIRD"-)Deckungsbeitrag, kategorisierte Abweichungen (z. B. <5%, <15%, >15%), Anmerkungen zur Ergebnissituation,
- kategorisierte Gesamtprojektsituation (z. B. "planmäßig", "Schwierigkeiten", "Hilfe erforderlich"),
- vorgesehene Anpassungsmaßnahmen,
- Verschiedenes (z. B. besondere Nachforderungen des Kunden),
- ggf. Anlagen.

Insgesamt ist beim Einsatz von Kontrollinstrumenten und -verfahren darauf zu achten, dass der Nutzen der Kontrolle den investierten Kontrollaufwand mindestens deckt. Das optimale Maß an Kontrolle ist dann erreicht, wenn der Grenzertrag der Kontrolle (Lernertrag) dem zusätzlichen Kontrollaufwand (investierte Lernkapazität) entspricht (Schäffer 2001).

6.2.5 Vom Projektcontrolling zur projektübergreifenden Steuerung des Geschäftsfeldes und seiner Entwicklung

6.2.5.1 Steuerungsaufgaben auf Geschäftsfeldebene

Bei den bisherigen Überlegungen wurde im Wesentlichen auf das einzelne Projekt abgestellt (projektbezogene Steuerung). Mit Hilfe derartiger einzelprojektbezogener Betrachtungen können jedoch nicht alle auf den Bereich der Contracting-Projekte bezogenen Steuerungsfragen beantwortet werden. Daher geht es im Folgenden um die Fortführung und Erweiterung der projektbezogenen Betrachtung mit Blick auf die Steuerung mehrerer Projekte bzw. mit Blick auf die Aufbau- und Entwicklungssteuerung des gesamten Geschäftsfelds "Contracting" als Teil des "Modell-EDU". Während Kapitel 6.2.6 dabei stärker die Integration des Contracting-Bereichs in das "Modell-EDU" bei gleichzeitiger Verknüpfung von operativer und strategischer Ebene fokussiert, stehen hier zunächst operative und strategische Steuerungsfragen innerhalb des Geschäftsfeldes im Vordergrund, die allerdings in dieser Arbeit nur angerissen werden können, um die Schnittstelle zwischen der projektbezogenen und der projektübergreifenden Steuerung zu verdeutlichen[260].

Auf operativer, aber auch auf operativ-gestützter strategischer Ebene geht es auf Geschäftsfeldebene zunächst um die Aggregation und Verdichtung der Projektplanungs-, Projektdurchführungs- und -kontrollprozesse, beispielsweise um die ein- oder mehrperiodische (bzw. periodenübergreifende) Aggregation und Verdichtung der prognostizierten bzw. geplanten Kapazitäts-, Liquiditäts- und Ergebniswirkungen der Projekte ("Pooling" der entsprechenden in den vorangegangenen Kapiteln skizzierten projektbezogenen Steuerungsinstrumente und -hilfsmittel) und deren Auswertung und Kontrolle, dabei in der Finanz- und Ergebnisperspektive insbesondere auch um den Vergleich der aufsummierten Projekt-Deckungsbeiträge

---

[260] D.h. die detaillierte Entwicklung und Darstellung eines kompletten Modells der Steuerung des Geschäftsfeldes kann hier nicht erfolgen, sondern würde den Rahmen der vorliegenden Arbeit sprengen.

(SOLL, IST, "WIRD") mit den dem Geschäftsfeld zuzurechnenden und nicht den Projekten zugeschlüsselten Projekt-Gemeinkosten.

Abbildung 31 Verhältnis projektbezogenes/projektübergreifendes Controlling

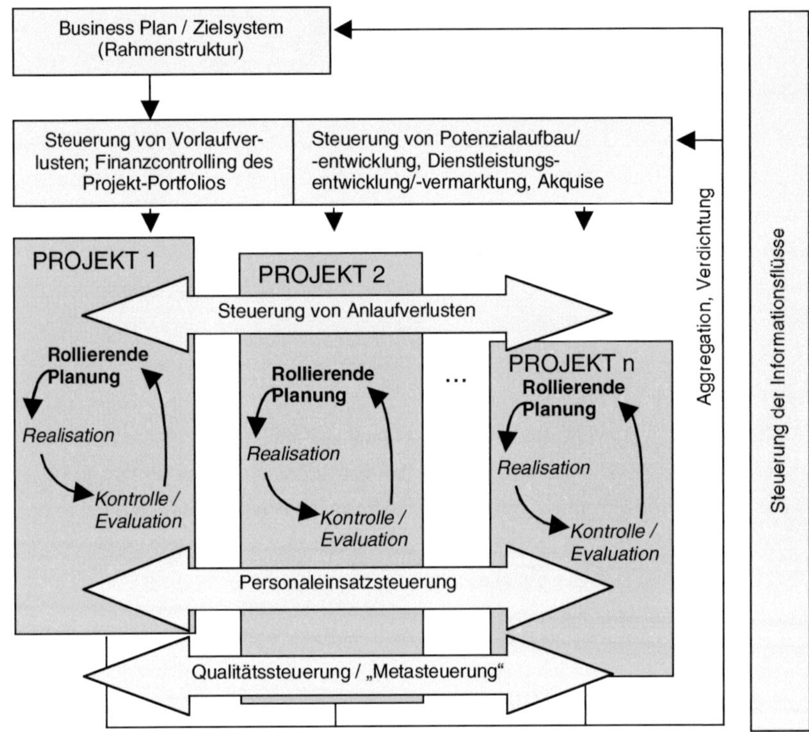

Quelle: Eigene Darstellung.

Wird dabei festgestellt, dass Restriktionen auf Geschäftsfeldebene berührt sind (z. B. Kapazitätsengpässe), Zielkonflikte auftauchen oder Geschäftsfeldziele nicht erreicht werden (z. B. Verfehlen der Deckungsbeitrags- bzw. Gewinnziele für das Geschäftsfeld), so müssen entsprechende Abstimmungs- und Anpassungsprozesse zwischen und in den Projekten und ggf. darüber hinaus auf strategischer Ebene eingeleitet werden (z.B. Verschiebungen von Teilprozessen innerhalb eines Projektes, um im Rahmen der Personaleinsatzsteuerung eine möglichst optimale Allokation der personellen Ressourcen zu gewährleisten, oder Kapazitätserweiterungen). Diese Abstimmungs- und Anpassungsprozesse können je nach Unternehmensgröße bzw. Anzahl der Projekte und Mitarbeiter "von Hand" erfolgen oder innerhalb eines integrierten Rechensystems abgebildet werden[261].

Einzelne Steuerungsaufgaben auf Geschäftsfeldebene wurden bereits in den vorangegangenen Kapiteln konkretisiert (vgl. auch Abbildung 31): Ein bereits in Kapitel 6.1.3 angesprochener Problemkomplex stellen Fragestellungen im Vorfeld konkreter Aufträge und im Vorfeld erster Zahlungseingänge aus angelaufenen Projekten dar (Steuerung der Anlauf- und Vorlaufverluste) bzw. generell Fragen der Liquiditätssteuerung und des Finanzcontrollings auf Geschäftsfeldebene sowie Fragen der Erstellung von Business Plänen und hieraus abgeleiteter Budgets; in Kapitel 6.1.4 und 6.1.2.3 wurde bereits die Steuerung von Qualität und Dienstleistungsentwicklung, in Kapitel 6.1.6 die Kooperationspartner-Steuerung als Teil der Potenzialaufbau- und -entwicklungssteuerung und in Kapitel 6.2.1.1 die hier als "Metasteuerung" bezeichnete Steuerung der Einhaltung getroffener Regelungen und der Herbeiführung oder Vorbereitung von Entscheidungsprozessen angesprochen, die zwar projektbezogen, aber durch eine nicht direkt an der Projektdurchführung beteiligten und daher projektübergreifend eingerichteten Stelle erfolgen sollte; Kapitel 6.2.2 behandelte die Steuerung der projektbezogenen und projektübergreifenden Informationsflüsse.

6.2.5.2 Steuerung der geschäftsfeldbezogenen Entwicklungsprozesse

Insgesamt geht es auf der Geschäftsfeldebene "Contracting" des in der vorliegenden Arbeit skizzierten "Modell-EDU" angesichts der derzeitigen Marktsituation vor allem um den Aufbau und den weiteren Ausbau dieses EDL-Bereichs mit seinen

---

[261] Zu derartigen integrierten Rechen- bzw. Steuerungssystemen und ihrer möglichen Anwendung vgl. beispielsweise Matthes (1989; kollektives Simulations- und Prognosesystem mit skizzierten Abstimmungsschritten und hierfür notwendigen Kommunikations- und Koordinations- bzw. Interaktionsregeln; enthält u. a. auch ein Modul zur Kapazitätsplanung; vgl. auch Matthes 1982 zur integrierten Einzelprozess- bzw. Projektrechnung, die allerdings stärker auf den Güterproduktions- als auf den Dienstleistungsbereich ausgerichtet ist) oder Schmitt (1998; Simulationsmodell für das strategische Kapazitätscontrolling unter Berücksichtigung von Unsicherheit und Unschärfe, Mehrzielorientierung und multipersonalem Entscheidungsprozess; Anpassungsprozess mit Hilfe mehrfach zu durchlaufender Iterationsschritte). Prinzipiell könnte auch ein entsprechendes mehrzielorientiertes, verteiltes, integriertes Steuerungsmodell für den Planungs- (Prognose-), Koordinations- und Kontrollprozess auf der Ebene des Geschäftsfeldes "Contracting" erstellt werden. Die Entwicklung und umfassende Darstellung eines solchen Modells kann auf den in den vorangegangenen Kapiteln dargestellten Ansätzen aufbauen, würde aber an dieser Stelle den Rahmen der vorliegenden Arbeit sprengen.

umfangreichen, in Kapitel 3.4 dargestellten Entwicklungspotenzialen. Fragen des operativ-gestützten strategischen Aufbau- und Entwicklungscontrolling sind daher im Rahmen der Geschäftsfeldsteuerung zentral, innerhalb dessen die operativen Betrachtungen von Prozess- und Potenzialstrukturen der Contracting-Projekte und ihrer Wirkungsspektren zugleich eine Beurteilung der strategisch fixierten Randbedingungen des Geschäftsfeldes unterstützen, die als alternativ entwickelbare Strategien begriffen werden können (Matthes 1989, 149[262]). Für die verschiedenen Phasen des Aufbau- und Entwicklungscontrolling stehen prinzipiell diverse Steuerungsmethoden und -instrumente zur Verfügung, deren Einsatzbereiche sich - in Anlehnung an die entsprechenden Aktivitäten und Phasen des Gründungscontrolling - den in Abbildung 32 dargestellten Kernaktivitäten und Phasen des Aufbau- und Entwicklungscontrolling zuordnen lassen.

Hierzu gehören u. a. auch diverse Analysemethoden, Portfolio-Modelle, Planungsverfahren (z. B. Simulations- und Prognoserechnungen als Planungs- und Kontrollrechnungen) sowie Berichtssysteme (vgl. hierzu ausführlicher Matthes/Arendt/Pütz 2001, aber auch Tabelle 2). Dabei sind insbesondere "erfahrungsgestützte, kontrollierbare Prognosen entscheidungsrelevanter Aktionsbedingungen/-spielräume, optionaler strategischer Aktionsentwicklungen und deren eigen- und fremdentscheidungsbedingter Wirkungsspektren in evolutionären Kontexten" (Matthes 1989, 150) eine wichtige Voraussetzung, um innerhalb des Kernproblems der Entwicklungsplanung zur Vorbereitung von Entwicklungsentscheidungen, der "Generierung, Wirkungsprognose und ... Bewertung alternativer Strategien und Strategienteile als längerfristig zu realisierende und wirkende Aktionskomplexe ... zum Aufbau, Einsatz und Abbau von Aktionspotenzialen" (ebenda) Strategiealternativen beurteilen und selektieren und darauf aufbauend Planungen für das Geschäftsfeld entwickeln zu können.

Beispiele für derartige Prognosen bzw. entsprechende Prognoserechnungen auf Geschäftsfeldebene sind die von Buch (1991, 184) genannten Simulationsrechnungen für unterschiedliche Entwicklungen der Anfrage-, Angebots- und Auftragsvolumina und Projekt-Deckungsbeiträge.

---

262 Zur generellen Strategieentwicklung und -alternativen des "Modell-EDU" im EDL-Bereich vgl. auch Kapitel 3.5.

Abbildung 32 Phasenmodell des Aufbau- und Entwicklungscontrolling des Geschäftsfeldes

Phasen	**Datenanalyse und Problem-strukturierung**	**Modellierung und Selektion von Entwicklungs-prozessen**	**Aggregation und Integration von Entwicklungs-plänen**	**Kontrolle und Adaption von Entwicklungs-prozessen und -projekten**
Aktivitäten	Entwicklung und Darstellung des Geschäftsfeld-Wissens, insbesondere: • Geschäfts(feld)-idee/ Business Plan bzw. Entwicklungs-spielräume, -effekte, -ziele, etc. • relevante Märkte • ökonomische, technologische, sozio-kulturelle, ökologische und rechtliche Rahmen-bedingungen / -strukturen • Förderprogramme, unterstützende Institutionen, Politiken und Netzwerke	Konstruktion alternativer und komplementärer Aufbau- und Ent-wicklungsprozesse Erstellung von Modellen des Aufbaus und der Entwicklung des Geschäftsfeldes in Abhängigkeit von der Unternehmens- bzw. Geschäftsfeldorga-nisation und den Rahmen-bedingungen Bewertung und Selektion von Aufbau- und Entwicklungsalter-nativen anhand aktueller Zielsetzungen und Restriktionen, insbesondere in Form von Satisfizierungs-kriterien (Anspruchsniveaus)	Aggregation von Aufbau- und Entwicklungsteil-plänen in strategischen und operativen Aufbau-und Entwicklungs-plänen Integration von Aufbau- und Entwicklungsteil-plänen und ihrer Anpassungspläne zum vorläufigen Geschäftsfeld-aufbau- und -entwicklungsplan	Kontrolle von Aufbau- und Entwicklungs-prozess- bzw. –projektplänen Prognose und Kontrolle aktueller Alternativen Abweichungs-analysen und –prognosen sowie Anregungen zur Anpassungsplanung
Ergebnisse	Rahmenstruktur des Aufbaus und der weiteren Entwicklung des Geschäftsfeldes	Aufbau- und Entwicklungs-prozessalternativen und -teilpläne	Vorläufige Aufbau-und Entwicklungs-entscheidungen und Ausführungs-anweisungen	Adaption bzw. Umstrukturierung der Aufbau- und Entwicklungsprojekte *oder* Abschluss der Aufbau-und Entwicklungsprojekte mit Übergang zu weiteren Ent-wicklungsprojekten (Stabilisierung, Wachstum) *oder* Abbruch/Liquidation von Aufbau- bzw. Entwicklungsprojekten

Quelle: Eigene Darstellung in Anlehnung an Matthes/Arendt/Pütz 2001, 342. Die dort eingezeichneten Rückkopplungen im Controllingzyklus von den Ergebnissen der dritten und vierten Phase zu den Phasen 1 und 2 sind hier aus Übersichtlichkeitsgründen weggelassen worden.

Diese könnten auf Basis durchschnittlich zu erwartender Projektbeiträge kalkuliert werden, die im hier untersuchten Contracting-Bereich wiederum nach Contracting-Projekttypen, Auftraggeber-Typen und Entwicklungstypen der politischen Rahmenbedingungen differenziert werden könnten. Auch hier lassen sich wie bei den projektbezogenen Rechnungen Unsicherheit, Unschärfe und Risiko angemessen berücksichtigen, Sensitivitäts- und Szenariorechnungen (zur Ermittlung optimistischer, pessimistischer und subjektiv wahrscheinlicher Werte) durchführen, entsprechende Entscheidungsregeln anwenden etc. (vgl. Kapitel 6.2.3.5).

Wie im vorhergehenden Kapitel zusammengefasst, wurden einige wesentliche Bereiche des Aufbau- und Entwicklungscontrolling des Geschäftsfeldes bereits in vorangegangenen Kapiteln dargestellt. Zwei bisher noch nicht näher betrachtete, weitere zentrale Elemente der Entwicklungssteuerung auf Geschäftsfeldebene stehen im Folgenden im Vordergrund, und zwar die Steuerung der Personal- und Wissensentwicklung, d. h. der Entwicklung zweier eng miteinander verknüpfter Potenzialfaktoren, die die zentralen Schlüsselfaktoren für den Erfolg im Dienstleistungsgeschäft "Contracting" darstellen.

6.2.5.3 Steuerung der Personalentwicklung

Wesentliche Zielsetzungen für die Personalentwicklung (im Dienstleistungs- bzw. Contracting-Geschäft) lauten (Weisbrodt 2000, 16; Thom 1999):

- Steigerung der Mitarbeiterzufriedenheit und -motivation,
- Stärkung der kreativen Eigenverantwortlichkeit (Empowerment),
- Sicherstellung der fachlichen und übergreifenden (persönlichen) Qualifikation.

Im Prinzip können hier zur Zielerreichung die gängigen Instrumente der Steuerung der Personalentwicklung angewandt werden, die in der Personalwirtschafts- bzw. Personal-Controlling-Literatur vorgeschlagen werden[263]. Ihr Einsatz sollte aber auch hier aus dem Blickwinkel eines **vertrauensbasierten Controlling** (Krystek/Zumbrock 1993, Krystek 1995a) bzw. eines "controlling by wandering around and listening" erfolgen. Im Dialog mit den Mitarbeitern und Projektleitern

[263] Vgl. z. B. Thom 1987, Thom 1999 inklusive der dortigen Verweise auf Lehrbücher zum

und aufbauend auf Schlussfolgerungen aus den in Kapitel 6.1.7 dargestellten Projektabschlussberichten, Evaluationen der Mitarbeiterzufriedenheit sowie strategischen

Analysen und Planungen können Motivations- und Qualifikationsdefizite zielgerichtet erkannt, effektive und gleichzeitig effiziente, wirtschaftliche Personalentwicklungsmaßnahmen zur Überwindung der Defizite identifiziert, Lernbereitschaft geweckt und Eigenverantwortlichkeit gestärkt werden. Das Verständnis des Unternehmens als **soziales Netzwerk** (Brass 1995) hilft dabei, im Rahmen des vertrauensbasierten Controlling das Augenmerk auf effektive Strukturen und Verbindungen im Netzwerk zu legen, die für die Entwicklung der Humanressourcen förderlich sind. Zudem können **Mentoring- bzw. Coachingmodelle**, wie sie z. B. die Stadtwerke Hannover AG zur individuellen Beratung von Führungsnachwuchs durch eine erfahrene Führungskraft einsetzt (Stadtwerke Hannover AG 2000b, 30), auf den Contracting-Bereich übertragen werden und dazu beitragen relevantes Wissen innerhalb des Contracting-Teams weiterzugeben und individuelle Entwicklungspotenziale zu erschließen.

Dagegen sind Ansätze der Humanvermögensrechnung als Instrumente zur Steuerung der Personalentwicklung auf Grund ihrer methodischen Probleme nicht geeignet (Hentze/Kammel 1993, 168f.; Streim 1993, 1692; Thom 1999, 441). Humanvermögensrechnungen versuchen, den Wert, den der Mitarbeiterstamm in Form von bestimmten Fähigkeiten, Fertigkeiten und Kenntnissen für das Unternehmen verkörpert, bzw. den Wert von Investitionen (z. B. Personalentwicklungsmaßnahmen) in das so genannte Humanvermögen zu einem bestimmten Zeitpunkt zu ermitteln (Streim 1993; Hentze/Kammel 1993, 165ff.; Thom 1999, 441). Derartigen Wirtschaftlichkeitsanalysen bzw. Prognoserechnungen sind in Anbetracht des heutigen Wissensstandes bei der monetären Bewertung des vorhandenen menschlichen Leistungspotenzials enge Grenzen gesetzt. Daher kommt es umso mehr darauf an, den Mitarbeiter im Rahmen eines vertrauensbasierten Controlling so in die als Lern- und Entwicklungsspirale verstehbaren Zielbildungs-, Planungs-, Durchführungs- und Kontrollprozessschleifen und ihre Steuerung einzubeziehen, dass er im Dialog bzw. in Kooperation mit Projekt- oder/und Geschäftsfeldleitung

---

Personalmanagement, Hentze/Kammel 1993, Wunderer/Jaritz 1999.

effiziente und effektive Personalentwicklungsmaßnahmen selbst begründet auswählt bzw. vorschlägt. Zu Verfahren der Wirtschaftlichkeitsanalyse derartiger, gleichzeitig qualitätssichernder bzw. –steigernder Maßnahmen vgl. Kapitel 6.1.4.3.

6.2.5.4 Steuerung der Wissensentwicklung

Personalentwicklung trägt dazu bei, die Wandlungsfähigkeit des "Modell-EDU" zu fördern und die verfügbare Wissensbasis zu erweitern. Der größte Teil der Wissensentwicklung findet jedoch im alltäglichen Dienstleistungsgeschäft und nicht im Rahmen spezieller Personalentwicklungsmaßnahmen statt, weshalb dieser Bereich gesondert zu steuern ist.

Wissen wird bezeichnet als die "zweckorientierte Vernetzung von Information. ... Während Information als Kenntnis über Sachverhalte bezeichnet werden kann, ist Wissen begründete Kenntnis ... [und] erfordert Kenntnisse darüber, in welchem Zusammenhang die Informationen zueinander stehen und wie diese sinnvoll vernetzt werden können, um dem damit verfolgten Zweck zu genügen" (Rehäuser/Krcmar 1996, 5). Differenziert wird zwischen implizitem, d. h. in den Köpfen von Personen gespeichertem, und explizitem, d. h. in Medien gespeichertem Wissen, darüber hinaus zwischen bewusstem und latentem Wissen, privatem Wissen, auf das nur einzelne Individuen zugreifen können, und kollektivem Wissen, das sich für mehrere zur gleichen Zeit im Zugriff befindet. Explizites Wissen kann privates Wissen sein, implizites Wissen kollektiv in mehreren Köpfen vorhanden sein (Rehäuser/Krcmar 1996, 6f.).

Für das Contracting-Team kann man darüber hinaus unterscheiden zwischen

- allgemeinem Wissen über das Unternehmen (formale Zuständigkeiten und Bearbeitungswege, fachliche Kompetenzen und Tätigkeitsschwerpunkte, vorhandene Ressourcen etc.),
- allgemeinem Wissen über die Unternehmensumwelt (Märkte, Kunden, Dienstleistungen, Produkte, Ressourcen, Lieferanten, Kooperationspartner, Shareholder, Konkurrenten, sonstige Stakeholder) und
- Wissen, das konkret in Bezug zu den angebotenen oder geplanten Leistungen steht (branchenspezifische Probleme und Lösungsansätze, innovative Quer-

schnitts- und Spezialtechnologien, energieeffiziente Verhaltensweisen, einsetzbare Systeme, Methoden und Hilfsmittel).

Know how-Investitionen in die Wissensentwicklung können

- dienstleistungsspezifisch (z. B. Kennenlernen der Anwendungsweisen und –möglichkeiten eines bestimmten Hilfsmittels, das im Rahmen von Contracting-Projekten eingesetzt werden soll),
- kunden(gruppen)spezifisch (z. B. genaues Kennenlernen der Spezifika eines bestimmten Kunden oder einer Kundengruppe, z. B. der energienahen Probleme einer spezifischen Branche) oder
- unabhängig von einer bestimmten Dienstleistung oder einem Kunden/einer Kundengruppe erfolgen (Erwerb von Schlüsselqualifikationen oder theoretischem Grundlagen, Erwerb von Methodenwissen oder Wissen über innovative Lösungen bei Querschnittstechnologien).

Wissensentwicklung ist als ein Baustein des so genannten **Wissensmanagement** zu verstehen. Weitere Bausteine betreffen die Wissenszielbildung, die Wissensidentifikation, der Wissenserwerb, die Wissens(ver)teilung, die Wissensnutzung, die Wissensbewahrung und die Wissensbewertung (Bullinger/Wörner/Prieto 1998). Sie alle bedürfen einer Steuerung, damit genau das Wissen effizient (d. h. wirtschaftlich) und effektiv aufgebaut, strukturiert und rasch zugänglich vorgehalten wird, das für die Unternehmung bzw. ihre Teile relevant ist, um den Kunden bedarfsgerechte Lösungen anzubieten (zu den einzelnen Bausteinen und dabei einsetzbaren Methoden des Wissensmanagement bzw. Wissens-Controlling vgl. z. B. Bürgel 1998, Rehäuser/Krcmar 1996, Probst/Raub/Romhardt 1999). Konkret bedeutet dies die Steuerung im Hinblick darauf zu optimieren,

- Wissensbedarf zu erkennen,
- Wissensquellen und -träger zu organisieren,
- implizites oder privates Wissen in explizites kollektives Wissen zu überführen,
- Infrastrukturen zur Wissensverteilung und Kommunikation zu pflegen,
- Informationen zu Wissen zu verdichten,

- Mitarbeitern relevantes Wissen zuzuleiten und sie von Irrelevantem (Informationsüberflutung) freizuhalten, sowie
- Vergessen und Verlernen zu kontrollieren.

Wissensentwicklung findet sowohl auf der individuellen Ebene der einzelnen Contracting-Teammitglieder als auch auf der kollektiven Ebene des Contracting-Teams bzw. Geschäftsfeldes oder der Gesamtunternehmung statt. Kreativität und systematische Problemlösefähigkeit sind die Basis der individuellen Wissensentwicklung, wogegen kollektive Prozesse der Wissensentwicklung häufig einer anderen Logik folgen und nur in einer Atmosphäre von Offenheit und Vertrauen, unterstützt durch eine hinreichende Kommunikationsintensität, individuellen Wissensentwicklungsprozessen überlegen sind (Bullinger/Wörner/Prieto 1998, 28). Beispiele für kollektive Wissensentwicklung sind die bereits genannte Projektnachbereitung im Team, aber auch die Weiterentwicklung des in Kapitel 6.1.4.2 dargestellten Qualitätshandbuchs, die Einrichtung interner "think tanks", Lernarenen oder der Aufbau interner Kompetenzzentren, z. B. eines EDL- oder spezieller eines Druckluft- oder Energieanalyse-Kompetenzzentrums[264].

Die Steuerung der Wissensentwicklung ist eng mit der in Kapitel 6.2.2 dargestellten **Steuerung der Informationsflüsse** verknüpft. Ohne ein hinreichendes Maß an interner und externer Transparenz, geschaffen mit Hilfe ausreichender, durch entsprechende Technologien unterstützte Informations- und Kommunikationsflüsse, bleibt die Steuerung der Wissensentwicklung ineffektiv (Bullinger/Wörner/Prieto 1998, 26).

Informations- und Kommunikationstechnologien zu installieren, z. B. Wissensdatenbanken, zur gezielten Ablage aller Projektergebnisse, des für das Contracting relevanten Spezialwissens sowie wichtiger Normen und Standards, reicht allein nicht aus. Auch im Rahmen des Wissensmanagements spielt ein **vertrauensbasiertes Controlling** (Krystek/Zumbrock 1993, Krystek 1995a) eine große Rolle: "Zum erfolgreichen Management des Produktionsfaktors Wissen gehört .. mehr als nur die Einführung von Informations- und Kommunikationstechnologien. ... Es sind

---

[264] Vgl. auch die Bestrebungen der Preussen Elektra AG vor der Fusion von VEBA und VIAG, ein Netz solcher EDL-Kompetenzzentren in Deutschland aufzubauen, um alle Kundenwünsche "aus einer Hand" befriedigen zu können.

Randbedingungen zu schaffen, die die Mitarbeiter im Unternehmen veranlassen, ihr Wissen zu (ver-)teilen. ... Alle Anreizsysteme sind .. zum Scheitern verurteilt, wenn nicht eine Unternehmenskultur herrscht, die sowohl durch Offenheit und Ehrlichkeit als auch durch Vertrauen ... geprägt ist. Nur wenn die Mitarbeiter Vertrauen in ihr Unternehmen haben, sind sie bereit, ihr Wissen weiterzutragen" (Bullinger/Wörner/Prieto 1998, 22f.) und weiterzuentwickeln.

6.2.6 Integrative Geschäftsfeldsteuerung mit Schnittstellen zu anderen Unternehmensbereichen

6.2.6.1 Vorbemerkung zur Integrationsaufgabe

Das Controlling muss darauf achten die projektbezogenen, auf den einzelnen Auftrag abgestellten sowie die geschäftsfeldbezogenen Steuerungsgrößen vollständig kompatibel mit den Steuerungsgrößen der Unternehmensführung als Ganzes und in das gesamte Steuerungssystem integriert zu gestalten (Guserl 1998, 107). Auf Durchgängigkeit bezüglich der verwendeten Definitionen, Begriffe und Darstellungsformen, sowie möglichst weitgehend auch der Hilfsmittel und Steuerungsinstrumente (insbesondere der Planungsverfahren) ist dabei zu achten. Der Aufbau und die weitere Entwicklung des Geschäftsfelds "Contracting" mit seinen Strategien bzw. Strategiealternativen muss mit der Gesamtunternehmensplanung und –strategieentwicklung abgestimmt werden.

Eine Möglichkeit der Verknüpfung der Potenziale, Prozesse, Potenzial- und Prozesswirkungen der unterschiedlichen Ebenen ist deren Abbildung in integrierten Rechnungs-, Kennzahlen- und Managementsystemen[265].

Integrierte Rechnungssysteme erfassen die gemeinsamen Zielwirkungen verbundener Gestaltungsalternativen in Verknüpfung mit den entsprechenden Teilentscheidungs- und Abstimmungssystemen (Matthes 1982, 18). Je nach Ausgestaltung bilden sie ein geeignetes Hilfsmittel für die Steuerung der Planung von Erfolgs-, Ergebnis-, Liquiditäts- und Kapazitätseinsatzgrößen unter Beachtung ver-

---

[265] Die Systeme, die in der Praxis der Energiewirtschaft heutzutage als "integrierte Managementsysteme" bezeichnet und in Energieunternehmen teilweise angewendet werden, vereinigen allerdings nur einzelne Steuerungsbereiche, z. B. Arbeitssicherheit, Umweltschutz und Qualität (Stelling 1999).

schiedenster Restriktionen (z. B. Terminvorgaben) (vgl. auch Matthes 1989). Die Praxis - insbesondere in kleineren und mittleren Unternehmen - und auch die in Kapitel 4.3 dargestellte Befragung zeigen, dass der Einsatz hochkomplexer, rechnergestützter, integrierter Rechnungssysteme für die Entscheider jedoch oft wenig durchschaubar ist, was dazu führen kann, dass die Systeme auf Grund mangelnden Vertrauens und mangelnden Know hows nicht oder nur beschränkt akzeptiert und genutzt werden, wenn nicht geeignete Kommunikations-, Kooperations- und Partizipationsprozesse ihren Einsatz begleiten. Außerdem können Probleme der Scheingenauigkeit und Scheinreflexivität auftreten (Weber/Knorren 1998). Im Übrigen werden Kosteneffizienzgesichtspunkte beim Einsatz dieser Instrumente oft nicht ausreichend berücksichtigt.

Daher verwundert es nicht, dass **Kennzahlen- und Managementsysteme** wie die **Balanced Scorecard** in der Praxis zunehmend Beachtung finden, weil sie versuchen, alle wesentlichen Steuerungsgrößen unterschiedlicher Perspektiven (Finanzen/Ergebnisse, Kunde/Markt, Unternehmensprozesse, Lernen/Potenzialentwicklung) und Ebenen (Unternehmensebenen, Planungsebenen) miteinander in einem **überschaubaren** System zu verknüpfen und dabei grundsätzlich gewollte Anforderungen an die Unternehmensaktivitäten in - wenige - messbare Zielgrößen umsetzen (Weber/Schäffer 1999b)[266]. Aufgrund der zunehmenden Bedeutung von Kennzahlen- und Managementsystemen wie der Balanced Scorecard, wird dieses Steuerungsinstrument im Folgenden kritisch analysiert und im Anschluss entwikkelt, wie ein Balanced Scorecard-System als integriertes Steuerungssystem des "Modell-EDU" prinzipiell aussehen könnte.

6.2.6.2 Balanced Scorecard - eine Modeerscheinung?

Als ein Management-Instrument zur Umsetzung von Unternehmensstrategien in operative Steuerungsgrößen ist in den letzten Jahren verstärkt das Konzept Balanced Scorecard (Kaplan/Norton 1997) in Mode gekommen. Doch wie u. a. auch die im Rahmen der vorliegenden Arbeit vorgenommene empirische Befragung in

---

[266] Anzumerken ist hierzu jedoch, dass die Qualität der vergangenheitsorientierten Messung, vor allem aber der als Entscheidungsgrundlage benötigten Prognose dieser Zielgrößen jedoch wiederum teilweise davon abhängt, dass integrierte Rechnungssysteme existieren, die als Rechenergebnisse diese Größen auswerfen.

Energieunternehmen ergab, sieht die Praxis in der Balanced Scorecard mehr als nur eine Modeerscheinung (vgl. Kapitel 4.3.3.4):

Kern der Balanced Scorecard ist eine übersichtliche, knappe Zusammenstellung zentraler monetärer und nicht-monetärer Kennzahlen und Indikatoren, deren Hilfe eine integrierte Gesamtsicht, eine schnelle und umfassende Diagnose des wirtschaftlichen Zustandes des Unternehmens ermöglicht (Performance Measurement). Im Unterschied zu traditionellen Kennzahlensystem wird dabei die Betrachtungsperspektive des Entscheiders erweitert: Die traditionellen finanziellen Kenngrößen werden durch eine Kunden- bzw. Markt-, eine interne Prozess- und eine Lern- und Entwicklungsperspektive ergänzt[267]. Diese Perspektiven sind durch Ursache-Wirkungszusammenhänge miteinander verknüpft (vgl. das Beispiel in Abbildung 33), jedoch in der Regel nicht mathematisch exakt wie beispielsweise in einem DuPont-Schema (Küpper 1997, 327).

Die prinzipielle **Logik der Balanced-Scorecard** ist folgende: Zum Erzielen gewünschter finanzieller Ergebnisse (z. B. von den Shareholdern) sind bestimmte Leistungen gegenüber den Kunden zu erbringen. Dazu ist es wiederum notwendig, die interne Wertschöpfungskette im Unternehmen entsprechend (effizient und qualitätsorientiert) auszurichten. Um die beabsichtigten Prozessleistungen nachhaltig erbringen und je nach Markterfordernissen verbessern bzw. verändern zu können, sind schließlich bestimmte Potenziale bzw. Potenzialentwicklungen (Lern- und Entwicklungsprozesse) unerlässlich. Letztlich sind zwar alle Ziele und Kennzahlen mit der Finanz- bzw. Ergebnisperspektive verknüpft, jedoch gilt: "Vorlaufende Indikatoren bzw. Leistungstreiber treten damit an die Seite von Ergebniskennzahlen" (Weber 1999, 223). Ergebniskennzahlen alleine vermitteln zum einen nicht, wie die Ergebnisse erreicht werden sollen, und geben zum anderen auch keine ausreichende Rückmeldung über die erfolgreiche Umsetzung einer Strategie.

267 Unter Umständen können auch weitere oder weniger Perspektiven sinnvoll sein. Die Balanced Scorecard ist unternehmensspezifisch und situationsabhängig auszugestalten.

Abbildung 33 Ursache-Wirkungs-Kette der strategischen Ziele der Geschäftseinheit "Energiedienstleistungen" der MVV Energie AG

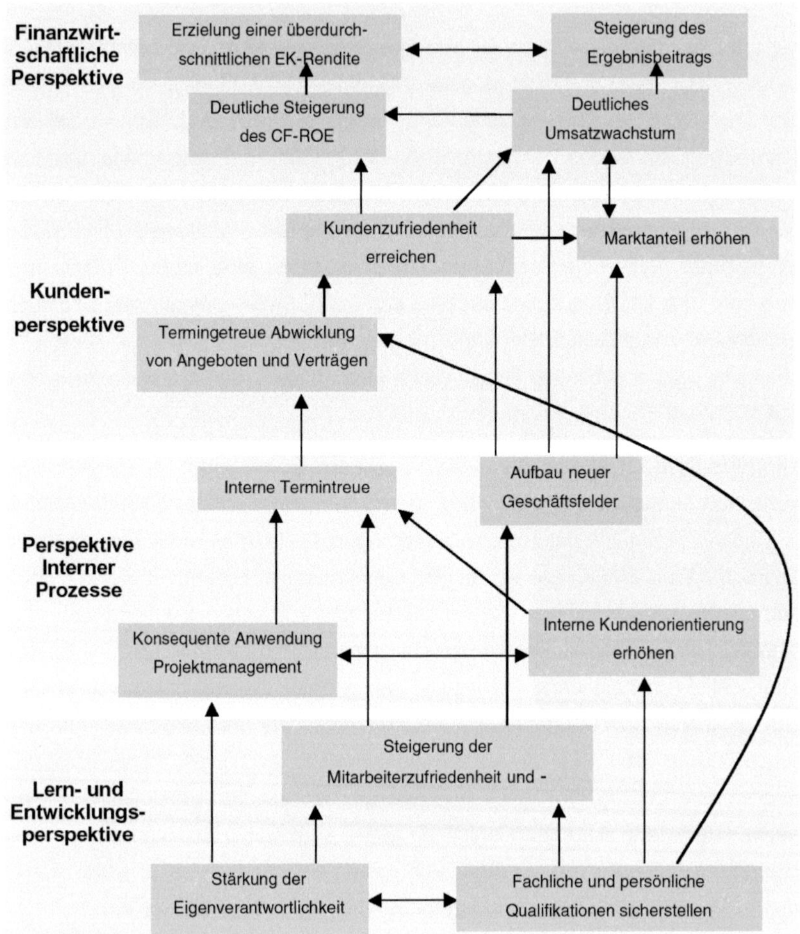

Finanzwirtschaftliche Perspektive

Erzielung einer überdurchschnittlichen EK-Rendite

Steigerung des Ergebnisbeitrags

Deutliche Steigerung des CF-ROE

Deutliches Umsatzwachstum

Kundenzufriedenheit erreichen

Marktanteil erhöhen

Kundenperspektive

Termingetreue Abwicklung von Angeboten und Verträgen

Interne Termintreue

Aufbau neuer Geschäftsfelder

Perspektive Interner Prozesse

Interne Kundenorientierung erhöhen

Konsequente Anwendung Projektmanagement

Steigerung der Mitarbeiterzufriedenheit und -

Lern- und Entwicklungsperspektive

Stärkung der Eigenverantwortlichkeit

Fachliche und persönliche Qualifikationen sicherstellen

Quelle: Weisbrodt 2000, 19.

Kaplan und Norton (1997) sehen in der Balanced Scorecard mehr als nur ein Kennzahlensystem. Als Managementsystem stellt es vielmehr ein Bindeglied zwischen der Strategieentwicklung und ihrer Umsetzung dar, um strategische Ziele mit Einflussfaktoren, Steuerungsgrößen und operativen Maßnahmen in Verbindung zu bringen (Ahrend/Weinrauch/Franke 2000). Damit die Balanced Scorecard diese

Funktion auch erfüllen kann, sind die folgenden **Prozesse** erforderlich (vgl. auch Kaplan/Norton 1997, 10ff.):

- Klärungs- und Konsensfindungsprozess bei Einführung und Weiterentwicklung der Balanced Scorecard.
- Einheitliche Ausrichtung der Handlungsträger auf anspornende und herausfordernde, aber realistische, konkrete, überprüfbare Ziele im Sinne eines modifizierten Management by Objectives (Krystek/Zumbrock 1993) mit Hilfe von:
  - Kommunikations- und Weiterbildungsprogrammen,
  - Kaskadierung über die Hierarchieebenen (von der Scorecard für das Gesamtunternehmen bis hin zu Zielen für ein Team/einen einzelnen Mitarbeiter) und
  - Verknüpfung mit dem Anreizsystem.
- Ausrichtung der finanziellen, materiellen und personellen Ressourcen auf die Unternehmensstrategie durch Operationalisierung der formulierten strategischen Ziele und Verknüpfung des Zielsystems mit strategischen Initiativen und Maßnahmen zur Ressourcenallokation und Budgetierung[268].
- Feedback- und Lernprozess ("double-loop-Lernen"), bei dem Abweichungen von der Zielerreichung - im Gegensatz zum einfachen Feedbackprozess - nicht zwangsläufig als Fehler betrachtet, sondern analysiert und reflektiert werden. So soll die Rückkopplung einen strategischen Lernprozess fördern.

Stärken und Schwächen des Balanced Scorecard-Ansatzes lassen sich wie in Tabelle 35 dargestellt zusammenfassen.

---

[268] D.h. die finanziellen als auch die materiellen Ressourcen der Unternehmung müssen im Sinne der Strategie eingesetzt werden (Weisbrodt 2000, 31).

Tabelle 35 Stärken und Schwächen des Balanced Scorecard-Ansatzes

Stärken	**Schwächen**
• Brücke zwischen Strategieentwicklung und Umsetzung • Konzentration auf wesentliche wettbewerbsrelevante Zielgrößen • Mehrdimensionales Ziel- und Messgrößensystem mit monetären ("harten") und nicht-monetären ("weichen") Kenngrößen • Ursache-Wirkungszusammenhänge der Ziele als Steuerungshilfe • Einführung und laufende Durchführung des Konzeptes beinhalten mehrstufigen Kommunikationsprozess mit eingebauten Rückkopplungs- bzw. Lernschleifen • Kaskadierung über Hierarchieebenen von der Scorecard für das Gesamtunternehmen bis hin zur persönlichen Scorecard einzelner Mitarbeiter möglich • Verknüpfung von strategischen Zielen, Einflussfaktoren, Steuerungsgrößen, operativen Maßnahmen und Anreizsystem	• Hoher Einführungs- und Betreuungsaufwand • Kein Ersatz für den Strategiefindungs- und -bewertungsprozess • Die vorgesehenen Rückkopplungsschleifen bzw. Partizipationsmöglichkeiten sind unklar => Konzept kann als reines Kontrollinstrument missverstanden / missbraucht werden • Kein stark formalisierter Prozess der Einführung und laufenden Anwendung • Ständiger, hierarchieübergreifender Lern- und Anpassungsprozess notwendig, jedoch nicht institutionalisiert • Benchmarking ist auf Grund der unternehmensindividuellen Ausgestaltung schwer möglich • Pragmatischer, heuristischer Charakter der Auswahl der Kenngrößen • Spezifizierung der Ursache-Wirkungs-Zusammenhänge oft nur schwer möglich • Nicht-monetäre Kenngrößen rechnerisch schwierig zu aggregieren • Nachprüfbarkeit gemeldeter Kenngrößenausprägungen oft nur teilweise gegeben => "Cheating" möglich • Ohne Verknüpfung mit Anreizsystem wirkungslos; Kaskadierung bis hin zur individuellen, persönlichen Scorecard kann notwendige Teamorientierung jedoch behindern bzw. zerstören oder auf arbeits- bzw. tarifrechtliche Schwierigkeiten stoßen.

Quelle: Schindera/Höhner 2000, Weber/Schäffer 1998, eigene Darstellung.

Für das "Modell-EDU", das mit seiner Strategieentwicklung schon weit fortgeschritten ist, für das die konsequente Umsetzung der in Kapitel 3.5.1 dargestellten strategischen Neupositionierung nun im Vordergrund steht und das die im Konzept der Balanced Scorecard vorgesehenen Kommunikations-, Kooperations- und Partizipationsprozesse als Lern- und Entwicklungsprozesse im Rahmen des notwendigen unternehmenskulturellen Wandels nutzen will, kann die Balanced Scorecard ein geeignetes Instrument sein, um die strategische Führung des EVU hin zu einem wettbewerbsorientierten EDU zu unterstützen.

Immer mehr Energieunternehmen beginnen mit Projekten zur Einführung der Balanced Scorecard. Von den im Rahmen dieser Untersuchung befragten Unternehmen gab immerhin die Hälfte an, bereits eine Balanced Scorecard eingeführt oder entsprechende Projekte gestartet zu haben, wobei die Kaskadierung über die Hierarchieebenen aus den o.g. Gründen bisher in keinem dieser Fälle weiter als bis auf Gruppenebene durchgeführt wurde. Das folgende Kapitel stellt ein mögliches Ergebnis einer Einführung des Balanced Scorecard-Konzeptes beim "Modell-EDU" dar, um das in Kapitel 3.3 formulierte allgemeine Zielsystem der sich zu EDU wandelnden EVU beispielhaft zu konkretisieren. Diese Balanced Scorecard wird dann schrittweise bis auf die Ebene des Contracting-Teams bzw. des Geschäftsfeldes "Contracting" heruntergebrochen.

6.2.6.3 Balanced Scorecard für das "Modell-EDU"

Grundsätzlich ist die Balanced Scorecard nicht nur unternehmensspezifisch, sondern auch problem- und situationsabhängig auszugestalten und muss daher ständig überprüft und ggf. an die weitere Unternehmens- und Marktentwicklung angepasst werden. Für das "Modell-EDU" ist dabei zu berücksichtigen, dass angesichts der geringen Wettbewerbserfahrung und insbesondere in der jungen Geschäftseinheit Dienstleistungen die Ziele zunächst teilweise nur vage und offen bzw. nur für einen kurzfristigen Zeithorizont strukturiert und erst im Verlauf der weiteren Unternehmensentwicklung schärfer formuliert werden können (evolutionäre Struktur des Zielsystems, vgl. Matthes 2001, 12ff.). Beispielsweise lassen sich für einige Ziele zunächst nur relativ breite Zielkorridore bzw. unscharfe Größen angeben. Im Rahmen der Balanced Scorecard sollten die Ziele jedoch so operationalisiert werden, dass sie eindeutig, ordinal oder kardinal messbar sind. Die evolutionäre Entwicklung der Scorecard geschieht im Rahmen des o.g. Feedback- und Lernprozesses. Im Hinblick auf mögliche vermutete oder überraschende Problemänderungen sollte das Zielsystem "Ziele zur Sicherung der Steuerungs- und Handlungsfähigkeit" enthalten (Aufbau und Erhaltung von Aktionsreserven) (Matthes 2001, 14). Hierzu gehören auch eine entsprechende Liquiditätsreserve, eine intensive Markt- und Kundenorientierung, um Veränderungen frühzeitig wahrnehmen zu können, sowie flexible, qualifizierte Mitarbeiter, die rasch auf Änderungen reagieren und deren Kapazitäten nicht durch Terminüberschreitungen von Prozessen oder zu knapper Potenzialzuordnung überausgelastet sind.

Auf **Unternehmensebene** könnte die Balanced Scorecard des "Modell-EDU" aus den genannten unternehmensinternen Klärungs- und Konsensfindungsprozessen

Tabelle 36 Balanced Scorecard des "Modell-EDU" - Unternehmensebene

Strategisches Ziel	**Messgröße**	**Konkrete Zielvorgaben IST=t, t+1, t+2, ...**	**Maßnahmen/ Verantwortliche/ Anreizregelung**
Finanz- / Ergebnisperspektive			
• Unternehmenswert steigern	• Discounted Cash Flow (DCF)	• ...	• ...
• Rentabilität sichern	• Cash Flow Return on Investment (CFROI)	• IST: 10% t+1: 11% ...	• ...
• Umsatz kurzfristig halten, mittelfristig steigern	• Umsatz	• IST: 260 Mio. t+1: 265 Mio. ...	• ...
• Liquidität sichern	• Liquiditätskoeffizient	• > 0	• ...
Kundenperspektive			
• Hohe Kundenzufriedenheit	• Kundenzufriedenheits-Index	• Index ≥ Index Vorjahr	• ...
• Hohe Kundenbindung	• Umsatzgewinn/-verlust durch Zu-/Abwanderung	• > 0 (netto)	• ...
• Intensive Betreuung der Schlüsselkunden	• Anzahl Besuche pro Key Account und Jahr	• > 3	• ...
Interne Geschäftsprozessperspektive			
• Schnelle Reaktion auf Anfragen	• Durchschnittliche Anzahl Tage zwischen 1. Anfrage und 1. Antwort	• IST: 14 Tage t+1: < 13 Tage ...	• ...
• Termingerechte Auftragsabwicklung	• Anteil Terminüberschreitungen > 7 Tage an Anzahl fertiger Angebote/ Verträge/Aufträge	• < 5 %	• ...
• Bedarfsgerechte Produktentwicklung	• Anteil Umsatz mit Neuprodukten	• ...	• ...
• Kontinuierliche Prozessverbesserung	• Anzahl Verbesserungsvorschläge	• > 3 / Mitarbeiter	• ...
• Ressourceneffiziente, schadstoffvermeidende Prozesse	• Spezifischer Flächenbedarf • Materialintensität • Emissionsindex • Menge toxischer Abfälle • Menge radioaktiver Abfälle	• ... • ... • ... • ... • ...	• ...
• Sichere Prozessabläufe	• Anzahl der Betriebsunfälle im Verhältnis zur Beschäftigtenzahl	• IST: 2% t+1: 1,8% ...	• ...
Potenzial- / Potenzialentwicklungsperspektive			
• Zufriedene, motivierte, qualifizierte Mitarbeiter	• Mitarbeiterzufriedenheits-Score • krankheitsbedingte Fehlzeiten • Fluktuationsrate • Kosten der Personalentwicklung in Prozent vom Umsatz	• Index ≥ Index Vorjahr • ... • ... • > 5% vom Umsatz	• ...
• Stärkung der Eigenverantwortung	• Anzahl Steuerungsgespräche pro Geschäftsfeldleiter und Jahr	• > ...	• ...

Quelle: Eigene Darstellung.

(top-down- und bottom-up-Prozessen) beispielsweise wie in Tabelle 36 darstellt hervorgehen (vgl. auch das vereinfachte Beispiel für ein EVU von Ahrend/Weinrauch/ Franke 2000).

Wie Tabelle 36 verdeutlicht, ist neben dem strategischen Ziel, der Operationalisierung des Ziels in einer Messgröße und der Vorgabe einer konkreten Zielausprägung für einzelne Jahre auch die Konkretisierung von Maßnahmen, Verantwortlichen und Anreizen zur Zielerreichung im Rahmen der Balanced Scorecard erforderlich. Denn "Führung durch Kennzahlen setzt .. voraus, jede Kennzahl mit IST und SOLL, mit Maßnahmen zur Erreichung des SOLL, mit Verantwortlichkeit für die Maßnahmen und mit Regelungen zur Motivation der Verantwortlichen zu verbinden" (Friedag 1999, 13).

Die **Finanz- bzw. Ergebnisperspektive** enthält sowohl zukunftsgerichtete als auch vergangenheitsorientierte Kennzahlen, die vor allem an den Interessen der Kapitalgeber ausgerichtet sind. Der Discounted Cash flow (DCF) eignet sich zur Wertbestimmung besser als beispielsweise die eher buchhaltungs- bzw. bilanzorientierten, vergangenheitsorientierten Größen abdiskontierter EVA[269] oder abdiskontierter EBIT (Weber 1999, Born 1995). Auf Grund der Schwierigkeit der Prognose des Cash flows erscheint es sinnvoll, Abschätzungen für den wahrscheinlichsten bzw. normalerweise zu erwarteten "normalen" (nur bei relativ unrealistischer Annahme einer Normalverteilung mit dem erwarteten DCF identisch) sowie den besten und den schlechtesten DCF vorzunehmen, d. h. letztlich einen Szenario-Trichter zu erstellen, die Zielvereinbarungen jedoch an den daraus ableitbaren erwarteten DCF zu koppeln. Der erwartete DCF lässt sich dabei vereinfacht mit Hilfe einer erweiterten Hurwicz-Regel wie folgt berechnen[270]: (schlechtester DCF + bester DCF + wahrscheinlichster bzw. "normaler" DCF)/3.

Der Cash Flow Return on Investment (CFROI) ist eine Renditekennzahl, die die interne Verzinsung auf das gesamte in einer Einheit investierte Kapital anzeigt. Sie kann sowohl zur Performance-Messung als auch zur Optimierung der Ressourcenallokation dienen (Weber 1999, 70ff.). Alternative Kenngröße könnte auch die

---

[269] Economic Value Added.

[270] Ggf. ist es sinnvoll, andere Verteilungen als eine Gleichverteilung dieser drei Werte anzunehmen (vgl. Schulte-Zurhausen 1999, 412f., sowie Kapitel 5.9.2).

Eigenkapitalrendite sein. Es gibt unterschiedliche Möglichkeiten, die vorhandene Liquidität im Hinblick auf eine mögliche Insolvenzgefahr zu messen. Ein Beispiel ist der Liquiditätskoeffizient nach Reichmann (1997, 89): Anfangsbestand liquider Mittel + Cash flow ./. kurzfristige Verbindlichkeiten; wobei gilt: Cash flow = laufende Einzahlungen ./. laufende Auszahlungen.

Bei den Kenngrößen der **Kundenperspektive** wird davon ausgegangen, dass eine intensive Kundenbetreuung gerade bei Großkunden für den Erfolg des Unternehmens wichtig ist und zu hoher Kundenzufriedenheit führt. Hohe Kundenzufriedenheit wiederum verstärkt und verlängert die Beziehung zu den bisherigen Kunden (Kundenbindung) und erleichtert das Anlocken und Gewinnen von Neukunden (Kundenakquisition), führt also letztlich zu hohen Umsätzen, Marktanteilen und Gewinnpotenzialen[271]. Alternativ zur Kundenzufriedenheit wird auch die Dienstleistungsqualität gemessen, z. B. mit dem SERVQUAL-Ansatz (Parasuraman/Zeithaml/Berry 1986 und 1988). Dabei wird vorausgesetzt, dass eine erhöhte Dienstleistungsqualität zu höherer Kundenzufriedenheit und damit zu einer gesteigerten Kundenbindung führt. Ein alternativer Indikator der Kundenzufriedenheit ist die Veränderung der Anzahl der Beschwerden.

Alternativ zur Abschätzung der Umsatzveränderungen durch Zuwanderung/Abwanderung von Kunden kann auch die in Befragungen zu ermittelnde Wechselbereitschaft der Strom- und Gaskunden als Indikator ausgewählt werden - insbesondere für die Geschäftseinheiten Strom und Gas. Grundsätzliches Problem ist, dass weder die Wechselbereitschaft noch die Kundenzufriedenheit direkt beobachtbar sind. Die Wechselbereitschaft eines Jahres ist daher eine nur beschränkt aussagefähige Kennzahl; wichtiger ist - wie auch bei den übrigen Indikatoren bzw. Kennzahlen - ihre Entwicklung in der Zeit und der Vergleich mit den tatsächlichen Abwanderungen.

Inwieweit die durch eine höhere Kundenbindung erschließbaren Gewinnpotenziale auch realisiert werden, hängt vor allem von der Effizienz und Effektivität (Qualität) der **internen Geschäftsprozesse** ab, die an den Anforderungen der Kunden aus-

---

[271] Zur Messung der Kundenzufriedenheit im Allgemeinen vgl. z. B. Hinterhuber/Matzler (1999); zu speziellen Ansätzen im Energiebereich vgl. VDEW (1998a), Laker (2000), Nickel/Weidmann (2000) und Weisbrodt (2000). Vgl. auch ausführlicher Kapitel 7.3.2.5.

zurichten sind. Während Indikatoren zu den qualitativen prozessbezogenen Kundenanforderungen wie schnelle Reaktion auf Anfragen, termingerechte Auftragsabwicklung, bedarfsgerechte Produktentwicklung, relativ gut in die Balanced Scorecard eingebaut werden können, ist die Formulierung geschäftsbereichsübergreifender Prozesseffizienzkennzahlen schwieriger. Weisbrodt (2000, 40f.) schlägt für den Contracting-Bereich vor, die Effizienz und Qualität der internen Prozessabläufe mit Hilfe eines Prozessbeurteilungsindex zu messen. Auf Grund der Unterschiedlichkeit der Prozesse in den einzelnen Geschäftsfeldern bzw. Geschäftseinheiten ist eine aggregierte Kennzahl zur Prozessbeurteilung auf Unternehmensebene jedoch nicht sinnvoll.

Aufgenommen wurden dagegen hier die Anzahl der Verbesserungsvorschläge pro Mitarbeiter als Indikator für eine kontinuierliche Prozessverbesserung sowie die folgenden ökologischen Messindikatoren: spezifischer Flächenbedarf pro Umsatzeinheit und Material-Input pro Umsatzeinheit[272]. Einsparungen beim spezifischen Flächenbedarf und beim Ressourceninput pro Serviceeinheit führen in der Regel auch zu Kosteneinsparungen und Gewinnsteigerungen. Zur Messung der Prozesseffizienz gehört schließlich auch die Erfassung der von vielen Stakeholdern nicht gewünschten und damit das Image des Unternehmens beeinflussenden "bads", d. h. der im Leistungserstellungsprozess anfallenden Emissionen und Abfälle. Wesentliche Emissionen wie CO_2-Äquivalente, SO_2, NO_x und Staub sowie Abfälle, die bei der Energieproduktion entstehen, sollten auf jeden Fall gemessen werden[273].

Die internen Geschäftsprozesse sind zwar vorrangig an den Kundenanforderungen auszurichten, doch sollten Mitarbeiterinteressen mitberücksichtigt werden, allen voran die Sicherheitsinteressen der Belegschaft. Daher wurde als zusätzlicher In-

---

[272] Auf Grund der unterschiedlichen Produkte und Services kann auf Unternehmensebene kein einheitlicher MIPS-Indikator gebildet werden. Der Indikator MIPS bezeichnet die Summe der Materialien, die hinter einem Endprodukt oder einer Dienstleistung steht (Material-Input pro Service-Einheit; Schmidt-Bleek 1994, vgl. auch Manstein 1996). Als Alternative wird daher hier der Material-Input auf eine Umsatzeinheit bezogen.

[273] Zu weiteren ökologischen bzw. Nachhaltigkeits-Indikatoren zur Bewertung von Energieunternehmen vgl. ausführlich Irrek/Kristof/Seifried 2001. Im Geschäftsbereich Strom kann beispielsweise zusätzlich der Anteil der Strombeschaffung oder Stromproduktion aus erneuerbaren Energien als Indikator für die Qualität der Prozesse und die Vermeidung unerwünschter Outputs hinzugenommen werden.

dikator die Anzahl der Betriebsunfälle im Verhältnis zur Beschäftigtenzahl hinzugenommen.

Bei der **Potenzial- bzw. Potenzialentwicklungsperspektive** wird angenommen, dass eine höhere Mitarbeiterzufriedenheit zu höherer Mitarbeitertreue und oft auch zu höherer Produktivität führt[274]. Die Mitarbeiterzufriedenheit lässt sich beispielsweise in regelmäßigen Befragungen ermitteln (vgl. z. B. Weisbrodt 2000, 42f.). Die "harten" Kennzahlen Fluktuationsrate (bzw. die Verweildauer der Beschäftigten im Unternehmen) und krankheitsbedingte Fehlzeiten bezogen auf die Soll-Arbeitszeit vervollständigen das in diesen Befragungen ermittelte Bild der Mitarbeiterzufriedenheit.

Schwieriger ist es dagegen, das Herausfinden geeigneter Indikatoren für die Potenzialentwicklung, d. h. die Lern- und Entwicklungskultur des Unternehmens. Die Anzahl wahrgenommener Fort- und Weiterbildungen sowie Bildungsurlaube im Verhältnis zur Beschäftigtenzahl sagt etwas über das institutionalisierte Lernen im Unternehmen aus. Ein großer Teil der Lern- und Entwicklungsprozesse findet jedoch "on the job" oder auch in der Freizeit der Mitarbeiter statt. Ferner ist nur bedingt davon auszugehen, dass an Fort- und Weiterbildungen teilnehmende oder ggf. vorhandene Bildungsurlaubsansprüche wahrnehmende Mitarbeiter besonders bereit wären, sich auf Neues, Veränderungen, Lernen, Entwicklung einzulassen und dem Wandel der EVU zu EDU offen, lern- und entwicklungsbereit gegenüberstehen. Auf Grund dieser Probleme wird hier nur ein pauschaler Indikator zu den Lern- und Entwicklungsprozessen im Unternehmen eingeführt, die Kosten der Personalentwicklung in Prozent vom Umsatz. Diese Größe zeigt etwas über die strategische Bedeutung der Personalentwicklung für das sich wandelnde EDU.

Ferner wurde ein Indikator für die Stärkung der Eigenverantwortlichkeit in die Beispiel-Scorecard aufgenommen: Steuerungsgespräche dienen zur Umsetzung des bereits angesprochenen Führungskonzeptes "Modifiziertes Management by Objectives". In ihnen treffen Vorgesetzte mit ihren Mitarbeitern Zielvereinbarungen, die termingebunden schriftlich festgehalten werden (Weisbrodt 2000, 43).

---

[274] An dieser Stelle sei angemerkt, dass eine höhere Mitarbeiterzufriedenheit nur unter bestimmten Bedingungen auch zu einer höheren Leistung der Mitarbeiter führt (vgl. z. B. Franz1991).

6.2.6.4 Balanced Scorecard für den Geschäftsbereich "Energiedienstleistungen"

Für den **EDL-Bereich** des "Modell-EDU" wird das oben dargestellte Beispiel einer Balanced Scorecard wie in 0 dargestellt heruntergebrochen (vgl. auch Weisbrodt 2000, 26, zur Balanced Scorecard für die strategische Geschäftseinheit "Energiedienstleistungen" der MVV Energie AG).

Ein Teil der Kennzahlen unterscheidet sich von den entsprechenden Messgrößen auf Gesamtunternehmensebene nur hinsichtlich der konkreten Zielausprägung, so dass eine Aggregation der Geschäftsbereichskennzahlen auf Gesamtunternehmensebene leicht möglich ist. Bei den **finanziellen Kennzahlen** entfällt der Liquiditätskoeffizient, da er nur für die Solvenz des Gesamtunternehmens relevant ist.

Unterschiede hinsichtlich der Operationalisierung der strategischen Ziele existieren vor allem in der **Kunden- und in der Geschäftsprozessperspektive**. In der Kundenperspektive haben das bekannt machen des Dienstleistungsangebots bei den Zielgruppen (Marketing) und die Akquise von Aufträgen (Vertrieb) im Rahmen der gewählten Marktdurchdringungs- und Produktentwicklungsstrategien eine besondere Bedeutung. Alternativ oder zusätzlich zur Messung der Kundenzufriedenheit mittels eines in Befragungen festgestellten Indexwertes könnte auch die Anzahl der EDL-Aufträge durch Weiterempfehlung bisheriger Kunden als Indikator dienen. Kundenbindungseffekte treten zum einen innerhalb des EDL-Bereichs auf (Folgeaufträge). Zum anderen helfen Dienstleistungen des EDL-Bereichs, die zur Zufriedenheit der Kunden erbracht werden, den Verkauf von Gas, Strom und Fernwärme zu sichern oder zu steigern.

Ein Erfolgsfaktor einer bedarfsgerechten EDL-Entwicklung ist die frühzeitige Einbindung der jeweiligen Zielgruppen in die Entwicklungsprozesse. Daher wurde hier eine entsprechende Kennzahl gebildet. Je mehr Kundengruppen einbezogen werden, umso differenzierter, breiter und kundengerechter entwickelt sich das Angebotsspektrum, so die hier zugrundeliegende These.

Das für die Kundenzufriedenheit wesentlichste Qualitätsmerkmal energiesparender Dienstleistungsprozesse wird im Rahmen von Mess- und Verifizierungsprozessen überprüft.

Tabelle 37 Balanced Scorecard des EDL-Bereichs des "Modell-EDU"

Strategisches Ziel	Messgröße	Konkrete Zielvorgaben IST=t, t+1, t+2, ...	Maßnahmen/ Verantwortliche/ Anreizregelung
Finanz- / Ergebnisperspektive			
• Wert des Geschäftsbereichs steigern	• Discounted Cash Flow (DCF)	• ...	• ...
• Rentabilität steigern	• Cash Flow Return on Investment (CFROI)	• IST: -5% t+1: 0%	• ...
• Umsatzwachstum sichern	• Umsatz / Umsatz Vorjahr	• 50% (Umsatz in t+5: 158 Mio.)	• ...
Kundenperspektive			
• Hohe Kundenzufriedenheit	• Kundenzufriedenheits-Index	• Index ≥ Index Vorjahr	• ...
• Hohe Kundenbindung	• Anzahl EDL-Folgeaufträge pro Erstauftrag • Anzahl vermittelter Endenergielieferverträge	• .. • ...	• ...
• Hohe Angebotserfolgsquote	• Angebote / Aufträge	• < 10:1	• ...
• Bekannheitsgrad des EDL-Angebots steigern	• Anzahl der Nennungen in den Medien	• ...	• ...
Interne Geschäftsprozessperspektive			
• Schnelle Reaktion auf Anfragen	• Durchschnittliche Anzahl Tage zwischen 1. Anfrage und 1. Antwort	• IST: < 14 Tage t+1: < 13 Tage ...	• ...
• Termingerechte Auftragsabwicklung	• Anteil Terminüberschreitungen > 7 Tage an Anzahl fertiger Angebote/ Verträge/Aufträge	• < 5 %	• ...
• Bedarfsgerechte EDL-Entwicklung	• Anteil Umsatz mit neuen EDL	• ...	• ...
• Kontinuierliche Prozessverbesserung	• Anzahl Verbesserungsvorschläge	• > 3 / Mitarbeiter	• ...
• Zugesagte Energie(kosten)-einsparungen werden auch erreicht	• Anteil fertiggestellter Energieeinspar-Aufträge mit Sollunterschreitungen > 10%	• 0%	• ...
• Ressourceneffiziente und schadstoffvermeidende Prozesse	• Spezifischer Flächenbedarf • Materialintensität	• ... • ...	• ...
• Sichere Prozessabläufe	• Anzahl der Betriebsunfälle im Verhältnis zur Beschäftigtenzahl	• ...	• ...
Potenzial- / Potenzialentwicklungsperspektive			
• Zufriedene, motivierte, qualifizierte Mitarbeiter	• Mitarbeiterzufriedenheits-Score • krankheitsbedingte Fehlzeiten • Fluktuationsrate • Kosten der Personalentwicklung in Prozent vom Umsatz	• Index ≥ Index Vorjahr • ... • ... • > 8% vom Umsatz	• ...
• Stärkung der Eigenverantwortung	• Anzahl Steuerungsgespräche pro Geschäftsfeldleiter und Jahr	• > ...	• ...

Quelle: Eigene Darstellung.

Gefragt wird dabei, inwieweit die zugesagten Energie(kosten)einsparungen auch erreicht wurden. Dies ist gleichzeitig ein Indikator für die ökologische Wirkung der Energieeffizienz-Dienstleistungsprozesse, bei denen im Gegensatz zum Endenergiebereich weniger die aufgetretenen Emissionen und Abfälle als die vermiedenen im Vordergrund stehen.

6.2.6.5 Balanced Scorecard für das Geschäftsfeld "Contracting"

Für ein **Team "Contracting"** bzw. das entsprechende Geschäftsfeld im EDL-Bereich konkretisiert sich schließlich die Balanced Scorecard wie in Tabelle 38 dargestellt (vgl. auch Weisbrodt 2000, 33ff., zur Umsetzung im Geschäftsfeld "Contracting" der MVV Energie AG).

Auch hier ist ein Teil der Kennzahlen und Indikatoren gleich geblieben, was die Aggregation auf Geschäftsbereichs- und dann auf Gesamtunternehmensebene erleichtert. Die Kennzahlen wurden jedoch an die Aufgaben und Möglichkeiten im Geschäftsfeld Contracting angepasst. Zudem muss darauf geachtet werden, dass das Contracting-Team mit der laufenden Kennzahlenermittlung, -kontrolle, -abweichungsanalyse und -berichterstattung nicht überfordert wird. Ggf. ist daher auf Basis erster Erfahrungen mit der Scorecard eine Reduktion der Kennzahlen und Indikatoren vorzunehmen.

Je nachdem, wie der Contracting-Bereich organisatorisch in die Geschäftseinheit Dienstleistungen eingegliedert ist und wie Informationsflüsse und interne Leistungsverrechnung gestaltet sind, ist eine **Rentabilitätsbetrachtung** auf dieser Ebene ausführbar oder nicht. Alternativ zum Rentabilitätsziel und anschließend an das in Abbildung 26 dargestellte Planungsschema ist in der Finanz-/Ergebnisperspektive aber auch ein **Deckungsbeitragsziel** für das Geschäftsfeld formulierbar. Da das Geschäftsfeld den direkten Kontakt zum Kunden hat, trägt es zur **Liquiditätssicherung** bei, indem es z. B. den Kunden zu pünktlichen Zahlungen bewegt. Als Kennzahl wurde hier entsprechend der Median des Zahlungsverzuges, d. h. der Median der Tage zwischen vereinbartem und tatsächlichem Zahlungstermin des Kunden gewählt.

Alternativ oder ergänzend findet die Bonität der Kunden als Indikator Berücksichtigung.

Tabelle 38 Balanced Scorecard des Teams bzw. Geschäftsfeldes Contracting

Strategisches Ziel	Messgröße	Konkrete Zielvorgaben IST=t, t+1, t+2, ...	Maßnahmen/ Verantwortliche/ Anreizregelung
Finanz- / Ergebnisperspektive			
• Rentabilität der Projekte steigern	• Cash Flow Return on Investment (CFROI)	• IST: >5% t+1: >7% ...	• ...
• Umsatzwachstum sichern	• Umsatz / Umsatz Vorjahr	• 60%	• ...
• Zur Liquiditätssicherung beitragen	• Median Zahlungsverzug	• <10 Tage	• ...
Kundenperspektive			
• Hohe Kundenzufriedenheit	• Kundenzufriedenheits-Index	• Index ≥ Index Vorjahr	• ...
• Hohe Erfolgsquote der Energieanalysen	• Verhältnis Energieanalysen zu Contracting-(Vor-)Angeboten	• < 2:1	• ...
• Hohe Angebotserfolgsquote	• Contracting-Angebote / -Aufträge	• < 10:1	• ...
• Bekannheitsgrad des Angebots steigern	• Anzahl der Nennungen in den Medien	• ...	• ...
Interne Geschäftsprozessperspektive			
• Schnelle Reaktion auf Anfragen	• Durchschnittliche Anzahl Tage zwischen 1. Anfrage und 1. Antwort	• IST: < 14 Tage t+1: < 13 Tage ...	• ...
• Termingerechte Auftragsabwicklung	• Anteil Terminüberschreitungen > 7 Tage an Anzahl Meilensteine	• < 5 %	• ...
• Effiziente Gestaltung interner Projektabläufe	• Prozessbeurteilungsindex	• Index ≥ Index Vorjahr	• ...
• Kontinuierliche Prozessverbesserung	• Anzahl Verbesserungsvorschläge	• > 3 / Mitarbeiter	• ...
• Zugesagte Energie(kosten)einsparungen werden auch erreicht	• Anteil Sollunterschreitungen > 10% zu Stichtagsterminen	• 0%	• ...
• Ressourceneffiziente und schadstoffvermeidende Prozesse	• Spezifischer Flächenbedarf • Materialintensität	• ... • ...	• ...
• Sichere Prozessabläufe	• Anzahl der Betriebsunfälle im Verhältnis zur Beschäftigtenzahl	• ...	• v
Potenzial- / Potenzialentwicklungsperspektive			
• Zufriedene, motivierte, qualifizierte Mitarbeiter	• Mitarbeiterzufriedenheits-Score • krankheitsbedingte Fehlzeiten • Fluktuationsrate • Kosten der Personalentwicklung	• Index ≥ Index Vorjahr • ... • ... • > 6,5% vom Umsatz	• ...
• Hohe Produktivität der Mitarbeiter	• Erzielte Energie(kosten)-einsparungen pro Mitarbeiter und Jahr	• ...	• ...
• Hohe Potenzialauslastung	• Gesamtauslastung der Mitarbeiter (IST)	• 100%	• ...
• Handlungsfähigkeit / Flexibilität sichern	• Auslastung der Mitarbeiter durch Projektarbeit(PLAN)	• <80%	• ...

Quelle: Eigene Darstellung.

Dies erfolgt trotz der in Kapitel 6.1.3.3 genannten beschränkten Aussagekraft von Bonitätsprüfungen angesichts der relativ langen Projektlaufzeiten[275].

Eine relativ hohe Kundenbindung ist beim Contracting auf Grund der langen Laufzeit der Verträge automatisch gewährleistet, weshalb die entsprechende Kennzahl in der **Kundenperspektive** hier wegfällt[276]. Ergänzt wurde dafür das Ziel, die Energieanalysen (Grobanalysen) so erfolgreich durchzuführen, dass in mindestens 50% der Fälle der Kunde auf dieser Basis ein Contracting-(Vor-)Angebot einholt.

In der **Geschäftsprozessperspektive** wurden keine Kennzahlen zur bedarfsgerechten Dienstleistungsentwicklung erstellt. Beim Contracting geht es eher um die Weiterentwicklung bestehender Vertragsmuster etc., sowie die Einbindung innovativer EDL in ein Contracting-Projekt als um die echte Neuentwicklung einer Dienstleistung. Neu hinzugekommen ist dagegen eine Kennzahl zur Effizienz und Konsequenz der internen Prozessabläufe. Wie bereits dargestellt, ist die Ermittlung übergreifender Prozesseffizienzkennzahlen schwierig. Auf der Geschäftsfeldebene ist jedoch eine Beurteilung der internen Prozessabläufe möglich. Beim Contracting sollte dabei bewertet werden, inwieweit ein konsequentes Projektmanagement von Anfang umgesetzt und die Projektabläufe effizient gestaltet werden (vgl. auch Weisbrodt 2000, 40ff.).

Bei der **Potenzial- bzw. Potenzialentwicklungsperspektive** fehlt die Kennzahl zur Stärkung der Eigenverantwortung. Diese Kennzahl ist in der gewählten Form eher auf der Ebene der Geschäftseinheiten zu verantworten und wird daher hier nicht erwähnt. Hinzugekommen sind dafür zwei miteinander verbundene bzw. sich polar gegenüberstehende Kennzahlen: eine Kennzahl zur Potenzialauslastung (IST) sowie eine Kennzahl zur Bildung von Kapazitätsreserven (PLAN), um zwar auf der einen Seite Kapazitätsleerkosten zu vermeiden, aber andererseits nicht ständig Überlastungen in Kauf zu nehmen und stattdessen Handlungsfähigkeit bzw. Flexibilität zu sichern.

---

[275] Dabei kann auf existierende Bonitätsindizes zurückgegriffen werden (vgl. z. B. www.creditreform.de oder www. buergel.de).

[276] An dieser Stelle sei angemerkt, dass trotz Wegfalls dieser Messgröße das Reporting auf den unteren Ebenen prinzipiell so gestaltet werden muss, dass es nicht nur der Erfassung der für die jeweilige Ebene relevanten Kennzahlen dient, sondern auch die Ermittlung der Kennzahlen auf den höheren Ebenen ermöglicht.

6.2.6.6 Reflexion des integrativen Kennzahlensystems

Ein Vergleich der beispielhaft ausgewählten Kennzahlen und Indikatoren für den Contracting-Bereich mit der Darstellung der Steuerungsbesonderheiten und des Steuerungssystems dieses Geschäftsfeldes in den vorangegangenen Kapiteln zeigt, dass nicht alle dort angesprochenen Steuerungsdimensionen in der Balanced Scorecard angemessen berücksichtigt werden. Die Zahl der Kenngrößen beschränkt sich aus Akzeptanz- und Wirkungsgründen insgesamt auf einige wesentliche Indikatoren und Kennzahlen. Auf Grund der Immaterialität und Individualität der im Contracting erbrachten Dienstleistungen ist es nicht für alle Steuerungsbereiche direkt möglich, adäquate, messbare Kennzahlen oder Indikatoren festzulegen. Dies gilt insbesondere für einige wesentliche Aspekte des Qualitäts-, des Risiko- und Chancen-, des Dienstleistungsentwicklungs-, des Personal- sowie des Informations- und Wissensmanagements.

Trotz dieser **Unvollständigkeit** bildet ein solches Kennzahlen- und Managementsystem einen wesentlichen Baustein eines vertrauensbasierten Controlling des Geschäftsfelds "Contracting" (bzw. des "Modell-EDU" insgesamt). Es enthält **wichtige Steuerungsgrößen** aus der Finanz-/Ergebnis-, der Kunden-/Markt-, der Geschäftsprozess- und der Potenzial(entwicklungs)-Perspektive. Damit vermeidet es im Gegensatz zu manchen anderen Kennzahlen- bzw. Steuerungssystemen, den Steuerungsfokus einseitig auf die Finanz- und Ergebnisperspektive zu legen. Stattdessen dokumentiert es die Bedeutung der gerade im Dienstleistungsbereich besonders relevanten Kunden-, Prozess- und Potenzial- bzw. Potenzialentwicklungsfaktoren[277]. Ferner erfüllt es den **Bedarf der Praxis** nach einem umfassenden, integrierenden und relativ leicht zu vermittelnden Steuerungsmodell und verknüpft Unternehmens- und Planungsebenen. Schließlich erfordert ein derartiges System die Durchführung von Kommunikations-, Kooperations- und Partizipationsprozessen, die - als Lern- und Entwicklungsprozesse begriffen - den notwendigen **unternehmenskulturellen Wandel** des "Modell-EDU" vom EVU zum kunden- und

[277] Daher merkt auch Thom (1999, 442) mit Bezug auf die Beachtung der Potenzialperspektive in der Balanced Scorecard für das Personalwesen eines Unternehmens Folgendes an: "Das Konzept der Balanced Scorecard bietet .. hervorragende Möglichkeiten, mit personalwirtschaftlichen Kennzahlen die strategische Relevanz des Personalmanagements zu dokumentieren".

wettbewerbsorientierten, nachhaltig wirtschaftenden EDU unterstützen[278]. Letztlich ist die Balanced Scorecard quasi auch als ein **Controlling-Leitstand** zu verstehen, der wesentliche Steuerungsinformationen vermittelt und von dem aus eine Vertiefung in die einzelnen Steuerungsbereiche erfolgt.

Als **entscheidungsorientiertes Instrument** sollte der Schwerpunkt im Balanced Scorecard-Prozess weniger auf der exakten Ermittlung von Vergangenheitswerten als auf der – in einigen Dimensionen auch mit Hilfe von Prognoserechnungen - begründeten Festlegung von Zielvorgaben mit der entsprechenden Zuordnung von Maßnahmen und Verantwortlichkeiten liegen.

6.2.7 Die Rolle des Controllers als Coach des Contracting-Teams

Bisher wurde das Controlling im Contracting-Bereich in erster Linie als Steuerungsfunktion betrachtet, die unabhängig von bestimmten Stellen oder Rollen ist[279]. Abschließend soll das Controlling als Institution, d. h. die **Rolle eines dezentralen Controllers im Geschäftsfeld Contracting** kurz reflektiert werden.

Mit der Vertrauensorientierung wandelt sich die Rolle des Controllers von der misstrauisch beäugten **Fremdkontrollinstanz** zum partnerschaftlichen **Coach** des Contracting-Teams (vgl. Krystek/Zumbrock 1993, Krystek 1995a). Ziel ist die Ermöglichung, das "betriebswirtschaftliche Empowerment" (Weber 1999, 395) einer weitgehenden Selbststeuerung (Blazek 1983) durch das Projekt-Team, das die

---

[278] Zur Frage, inwieweit die Balanced Scorecard auch zur "Corporate Sustainability" beitragen kann bzw. zu einem integrierten Management unternehmerischer Nachhaltigkeit vgl. auch Bieker/Dyllick/Gminder/Hockerts 2001. In den hier dargestellten Balanced Scorecards des "Modell-EDU" werden zwar einige Aspekte der ökonomischen, der ökologischen und der sozialen Dimension unternehmerischer Nachhaltigkeit berücksichtigt; zu diskutieren wäre aber, inwieweit dies hier insbesondere hinsichtlich der ökologischen und sozialen Dimension in ausreichendem Maße geschieht. Zu Nachhaltigkeitskriterien zur Beurteilung von Energieunternehmen vgl. auch Irrek/Kristof/Seifried 2001: Die hier vorgestellten Balanced Scorecards enthalten zwar bereits einige der dort genannten Kriterien, könnten ggf. aber um einige weitere ergänzt werden.

[279] In einzelnen Kapiteln war es allerdings notwendig - unabhängig davon, ob das Controlling von einem spezifischen Controller, einzelnen Projektmitarbeitern, der Projekt- oder der Geschäftsfeldleitung durchgeführt wird - Haltung und Rolle des Controlling genauer zu bestimmen, z. B. die Rolle des Controlling als Coach des Dienstleistungsentwicklungsteams oder die als "Metasteuerung" bezeichnete Rolle im Rahmen der Projektsteuerung, da hier im Gegensatz zur vielfach erläuterten Selbststeuerung die Controlling-Funktion nur effektiv ausgeübt werden kann, wenn Steuernder und Gesteuerter unterschiedliche Personen darstellen.

Verantwortung für Umfang und Qualität, Wirtschaftlichkeit und Termintreue der technischen, kommerziellen und rechtlichen Einzelleistungen innehat.

Enge und häufige Kontakte zu den Mitarbeitern bestimmen daher die Arbeit des Controllers ("controlling by wandering around and listening"). Der Controller ist nicht direkt in die Projektarbeit eingebunden, d. h. relativ unabhängig. Aus seiner betriebswirtschaftlichen Sicht begleitet er das Projekt-Team bzw. die Projekt- und Geschäftsfeld-Leitung als Coach und "**Change Agent**" (Belzer 1993, 248). Er hat dabei vor allem die Aufgaben,

- als Schnittstelle zwischen dem Contracting-Geschäftsfeld und der EDL-Bereichs- und Gesamtunternehmungsebene dem einzelnen Mitarbeiter die Unternehmensinteressen vor Augen zu halten (dabei z. B. Verständnis für Liquiditäts- und Rentabilitätserfordernisse zu wecken und das strategische Zielsystem und seine Verknüpfung mit der operativen Ebene zu besprechen), damit Projektleitung und Mitarbeiter relevante (Handlungs-)Größen im Projekt identifizieren können bzw. eine "Auslegeordnung" bezüglich zu treffender Entscheidungen über Kunden, Produkte/Dienstleistungen, Prozesse etc. erhalten (Anger 1998, 346),
- Mitarbeiter und Management durch Aufzeigen der Auswirkungen dieser Entscheidungen auf finanzielle Ergebnisse mittels benutzer- und zeitgerechter Reports zu unterstützen (Anger 1998, 346) bzw. Instrumente bereitzustellen, die Informationen über vergangene und zukünftig zu erwartende, prognostizierte Erfolgs-, Ergebnis- und Liquiditätswirkungen der eigenen Arbeit liefern,
- die Mitarbeiter davon zu überzeugen und sie anzuhalten, die für diese Informationslieferung notwendigen Datengrundlagen mit vertretbarem Aufwand zu ermitteln und zu erfassen, da das Expertenwissen der Mitarbeiter zentral für die Qualität der Informationen bzw. Prognosen ist,
- Steuerungsprobleme im Projektablauf verstehen zu lernen, um sich selbst in die Lage zu versetzen, zu ihrer Lösung beizutragen,
- Lösungsansätze für diese Probleme in Kooperation mit dem Projektteam zu entwickeln,

- laufend bzw. periodisch sowie ereignisgebunden Feedback (Lob und Kritik) zur Qualität, Termintreue und Wirtschaftlichkeit der Projektarbeit, insbesondere zu den Prozessen in der Vorbereitungs- bzw. Planungsphase zu geben und
- die alltägliche Arbeit der Mitarbeiter durch entsprechende Arbeitsmittel bzw. Systeme zu unterstützen (z. B. Projektplanungssystem, Qualitätshandbuch).

Wichtig ist dabei eine **klare Kompetenzabgrenzung** der Controller-Rolle zu anderen Funktionen, z. B. zur Projektleitung, Vertriebsleitung, Personalleitung oder zur Leitung des Geschäftsfeldes/Geschäftsbereichs.

6.3 Fazit

In diesem Kapitel konnte verdeutlicht werden, wie im Rahmen einer Projekt-Controlling-Gesamtkonzeption für das Contracting-Geschäft mit den spezifischen Steuerungsanforderungen dieses Geschäftsfeldes umgegangen werden kann, die in herkömmlichen Projekt-Controlling-Systemen nur unzureichend berücksichtigt werden. Insbesondere konnte gezeigt werden,

- wie Risiken und Unsicherheiten zu reduzieren bzw. zu begrenzen sind und mit verbleibenden Risiken, Unsicherheiten und Unschärfen umfassend und systematisch umzugehen ist,
- wie die Kundenintegration durch Berücksichtigung der Kundeneinflüsse in Wirtschaftlichkeitsrechnungen, mit Hilfe von Instrumenten des Kundenbindungs-Controlling sowie im Rahmen der Dienstleistungsentwicklung zu steuern ist,
- wie Anlauf- und Vorlaufverluste zu begrenzen sind und die Liquidität des gesamten Projektportfolios im Blick zu behalten ist,
- wie es im Rahmen eines umfassenden, vertrauensorientierten Leistungs- bzw. Qualitäts-Controlling darauf ankommt, sich auf den Qualitätsengpass Mitarbeiter und deren Führung zu konzentrieren, ein Qualitätshandbuch zu erstellen, die Wirtschaftlichkeit von Qualitätsmaßnahmen zu analysieren und Qualitätskennzahlen u. a. zu Benchmarking-Zwecken zu erheben,
- wie relevante technische, kaufmännische und rechtliche Aspekte in Planung und Kontrolle systematisch zu verknüpfen sind,

- wie die Beziehungen zu Kooperationspartnern vertrauensorientiert, ausgerichtet an einem Regelkreis, zu steuern sind, und
- wie Lern- und Entwicklungsprozesse bereits im laufenden Projekt zu initiieren, auszuwerten und sowohl in operativer als auch in strategischer Hinsicht zu nutzen sind.

Darüber hinaus verdeutlicht die erarbeitete Controlling-Gesamtkonzeption zur Steuerung individueller, komplexer EDL (hier am Beispiel des Contracting)

- die relevanten Informationsbedarfe und -flüsse, die zur Verfügung stehenden Informationsinstrumente und -kanäle sowie verhaltensbedingte Einflussgrößen auf den Informationsempfang,
- Planungsziele, -inhalte, -abläufe und -instrumente - sowohl perioden- als auch projektlebenszyklusbezogen- unter besonderer Berücksichtigung von Prognoseverfahren,
- adäquate Steuerungshilfsmittel in Durchführungs- und Kontrollprozessen wie z. B. Instrumente der projektbezogenen Frühaufklärung und der permanenten Ergebnisermittlung, sowie Verfahren zur Messung und Verifizierung von Energieeinsparungen und zur Fundierung von Projektabbruchentscheidungen,
- das Wechselspiel von Selbst- und Fremdkontrolle im Rahmen eines vertrauensbasierten Projekt-Controlling,
- die Steuerung der geschäftsfeldbezogenen Entwicklungsprozesse (dabei die Rolle von Personalentwicklung und Wissensentwicklung vertiefend) und
- die Rolle eines dezentral im Geschäftsfeld Contracting institutionalisierten Controllers als Coach des Contracting-Teams.

Zur integrativen Steuerung des Geschäftsfeldes "Contracting" und seiner Schnittstellen zu anderen Unternehmensbereichen wird ein Kennzahlen- und Managementinstrument in Form einer "Balanced Scorecard" vorgeschlagen, wobei sich dieses u. U. teilweise auf integrierte Rechnungssysteme zur Ermittlung und Prognose einiger der in der Balanced Scorecard enthaltenen Zielgrößen stützen muss.

7 Zusätzliche Controlling-Schwerpunkte im "Massengeschäft" mit Energiedienstleistungen

7.1 Controlling individueller Projekte und standardisierter "Services" - Gemeinsamkeiten und Unterschiede

Nachdem das Controlling individueller EDL am Beispiel von Contracting-Projekten ausführlich dargestellt wurde, behandelt dieses Kapitel die Frage, inwieweit sich das Controlling im EDL-Geschäft mit stärker standardisierten "Services" hiervon unterscheidet. Bereits genannte Beispiele für standardisiertere, in größeren "Stückzahlen" vertriebene EDL sind der Verleih von Strommessgeräten, die Thermografie, der Strompass als vereinheitlichtes Ergebnis einer Grobanalyse des Stromverbrauchs eines Haushalts nach einem vom Kunden ausgefüllten Fragebogen, der Functional Service oder die Direktinstallation von Energiesparlampen bei Haushalts- oder Gewerbekunden.

Die Grenzen zwischen weitgehend individuellen und stärker standardisierten EDL sind fließend; der Übergang zwischen beiden ist daher als ein **Kontinuum** aufzufassen. So liefert möglicherweise die Energieberatung im Informationszentrum des Energieunternehmens Standardantworten auf typische Kundenfragen oder geht bei dem jeweiligen Kunden auf Besonderheiten in der Energieverbrauchssituation ein; der Wärmelieferservice erfolgt entweder mit Hilfe einer standardisierten Technikkombination oder erfordert eine individuelle Lösung vor Ort. Darüber hinaus bilden u. U. stärker standardisierte EDL die Bestandteile eines komplexeren, individuellen EDL-Projektes. In Tabelle 39 werden individuelle und stärker standardisierte EDL polarisierend gegenübergestellt, um prinzipielle Unterschiede und Gemeinsamkeiten an den Extrema des Kontinuums deutlich zu machen.

Die Steuerung der menschlichen Potenzialfaktoren (Personal, Kooperationspartner, Wissen) und der Kunden- bzw. Nutzerintegration - je nach EDL bzw. Projektphase mehr oder weniger bedeutend - sowie die Steuerung der Lern- und Entwicklungsprozesse im Rahmen einer entsprechend kunden- und mitarbeiterorientierten Unternehmenskultur spielen sowohl für die (Qualität der) Leistungserbringung bei individuellen als auch bei stärker standardisierten EDL eine große Rolle.

Dagegen sind die bei komplexeren, individuellen EDL-Projekten mit relativ langer Laufzeit wichtigen Steuerungsaspekte Offenheit und Unschärfe, Liquidität bzw. Finanzierung, sowie die Verknüpfung technischer, kaufmännischer und rechtlicher Aspekte bei standardisierten "Services" zumindest im operativen Bereich weniger von Bedeutung.

Tabelle 39 Polarisierende Gegenüberstellung individueller und stärker standardisierter EDL

(Dienstleistungs-)Merkmal / Steuerungsbesonderheit	**Individuelle EDL-Projekte**	**Standardisierte "Services"**
angebotene Stückzahl	eins	"Massengeschäft"
Komplexität	eher hoch	eher gering
Zeitraum der Leistungserbringung (Laufzeit)	eher lang	je nach EDL unterschiedlich, oft eher kurz
Offenheit und Unschärfe bei Auftragsannahme	i. d. R. groß	eher gering
Immaterialität	partiell	je nach EDL partiell bis vollständig
Bedeutung der menschlichen Potenzialfaktoren	sehr groß	groß
Integration der externen Faktoren Kunde/Nutzer	Je nach Prozessphase unterschiedlich große Bedeutung	je nach EDL unterschiedlich große Bedeutung
Irreversibilität	partiell	je nach EDL partiell bis vollständig
Umsatz pro EDL	eher hoch	eher gering
mit dem Angebot z.Zt. vorrangig verfolgtes Unternehmensziel	Gewinn, Umsatzwachstum	Kundenbindung
heutige Charakterisierung des EDL-Geschäfts	eigenständiges, wachstumsstarkes Zusatzgeschäft mit Gewinnerzielungsabsicht	Add on- bzw. Added value-Produkte im Rahmen des Marketing/Vertriebs von Endenergie

Quelle: Eigene Darstellung.

Ein wesentlicher Unterschied besteht in der **Hauptzielrichtung**, die das Angebot in der aktuellen Marktsituation vorrangig verfolgt. Während bei individuellen EDL der Aufbau eines eigenständigen Geschäftsfeldes, dessen Umsatzwachstum und die erzielten Renditen meist im Vordergrund stehen, werden "Services" zur Zeit vor allem als Mittel zur Kundenbindung im Endenergiebereich angesehen. Steuerungsaspekte der Kundenperspektive und ihrer Verknüpfung mit der Finanz-/Ergebnisperspektive sind daher für das Controlling des "Massengeschäfts" mit stärker standardisierten EDL zentral.

Mit Bezug auf die entsprechenden, in Kapitel 4.3.4 aufgestellten und in den vorangegangenen Kapiteln noch nicht ausreichend untersuchten Schlussfolgerungen aus der empirischen Analyse[280] ergeben sich hierbei zwei Fragenkomplexe, die in den nachfolgenden beiden Kapiteln näher behandelt werden:

Finanz-/Ergebnisperspektive:

- Wie werden Kostenstellen und Kostenträger(gruppen) im EDL-Bereich definiert?
- Welche Systeme der Kosten-, Leistungs-, Erlös- und Ergebnisrechnung stehen im EDL-Bereich im Vordergrund?
- Welche Verbundeffekte sind zwischen einzelnen Geschäftsfeldern des EDL-Bereichs sowie diesem und anderen Bereichen bzw. der Gesamtunternehmungsebene zu berücksichtigen?

Markt-/Kundenperspektive:

- Was sind Schwerpunkte des erforderlichen Marketing- und Vertriebs-Controlling des EDL-Bereichs? Welche Steuerungsanforderungen ergeben sich aus der verstärkten Kundenorientierung, d. h. der verstärkten Berücksichtigung von Kundenbindung, Kundenbeziehung und Kundenintegration? Welche Steuerungsinstrumente stehen hierfür zur Verfügung?
- Wie gestaltet sich dabei - mit Bezug auf die genannten Verbundeffekte - insbesondere die Verbindung des Kundenbindungs- mit dem Finanz- und Ergebnis-Controlling?

---

280 Auf einen großen Teil der in Kapitel 4.3.4 aufgestellten Thesen wurde bereits im Rahmen der Untersuchung des Controlling von Contracting-Projekten detailliert eingegangen. Dies gilt insbesondere für die folgenden Aspekte, die - wie bereits festgestellt - zum Teil auch für das "Massengeschäft" mit stärker standardisierten EDL Bedeutung haben, zur Vermeidung von Redundanz hier aber nicht erneut behandelt werden: Performance-Treiber; Dienstleistungsentwicklung; Steuerung von Anlauf-/Vorlaufverlusten; Akquisitionssteuerung; Kapazitätssteuerung; Controlling von Personal, Information und Wissen; Strategisches Lern- und Entwicklungscontrolling; Controlling komplexer, individueller Systemgeschäfte.

7.2 Zusätzliche Controlling-Leistungen in der Finanz-/Ergebnisperspektive

7.2.1 Definition von Kostenstellen und Kostenträgern im EDL-Bereich

Kostenstellen können als "Verursachungsbereiche von Kosten" (Seicht 1995, 363) bezeichnet werden, d. h. Kostenstelle und Kostenverantwortungsbereich sollten deckungsgleich sein. Für jede Kostenstelle werden die von ihr verursachten Kostenarten erfasst und ausgewiesen. Prinzipiell kann die Gliederung eines Betriebs in Kostenstellen nach Verrichtungen (Tätigkeiten, Funktionen), den erstellten Leistungen (Produkten) oder räumlichen Aspekten erfolgen. Kostenstellen bildet man am besten so, dass sie jeweils nur einen solchen Bereich umfassen, in dem annähernd gleichartige Leistungen mit vergleichsweise homogener Kostenstruktur erbracht werden (ebenda, 66f. und 363).

Bei der Einrichtung von Kostenstellen (und Kontenklassen) orientieren sich Betriebe im Allgemeinen an einem **Kontenrahmen**, den die jeweils zuständigen Fachverbände einem Wirtschaftszweig als Organisationsschema des Rechnungswesens empfehlen. Der Gemeinschaftskontenrahmen für Versorgungs- und Verkehrsunternehmen (VDEW et al. 1986) ist für das "Modell-EDU" jedoch nicht ausreichend, da er keinen Betriebszweig bzw. Kostenstellenbereich "Dienstleistungen" enthält[281]. Ein solcher eigenständiger Kostenstellenbereich[282] ist angesichts der erwarteten Entwicklung des (Energie-)Dienstleistungsgeschäfts zu einem umsatzstarken, eigenständigen Geschäftsbereich unerlässlich. Um die Anzahl der Kostenstellenbereiche insgesamt nicht zu erhöhen, erscheint es sinnvoll, die große Gemeinsamkeiten aufweisenden und zum Teil nur schwer abzugrenzenden Kostenstellenbereiche 5 ("U-Bahn/Stadtbahn") und 6 ("Straßenbahn") zusammenzulegen und den neuen Betriebszweig als Kostenstellenbereich 5 zu führen. Entspre-

---

[281] Nach der Systematik der VDEW et al. (1986, 11f.) werden die Kostenstellen nach einem Betriebszweigschlüssel in zehn Kostenstellenbereiche eingeteilt. Innerhalb dieser Kostenstellenbereiche werden in der Praxis Teilbereiche gebildet, die sich selbst wieder aus bis zu zehn Untergruppen zusammensetzen können, die jeweils in bis zu zehn Kostenstellen unterteilt werden können.. Bei Bedarf ist auch noch eine Unterteilung in einzelne Kostenplätze möglich.

[282] Je nach Spektrum der Dienstleistungsangebote kann auch ein enger gefasster Kostenstellenbereich "Energiedienstleistungen" oder "Energie- und Wasserdienstleistungen" sinnvoll sein.

chend sind die davon berührten Kontenklassen zu ändern (z. B. durch die Einrichtung einer Kontengruppe "Umsatzerlöse Energiebezogene Dienstleistungen").

Tabelle 40 Kostenstellengruppen-Übersicht des Kostenstellenbereichs "Dienstleistungen" des "Modell-EDU"

Kostenstellenbereich 5: Dienstleistungen	
50	Hilfskostenstellen und Nebenkostenstelle
51	Energiebezogene Dienstleistungen (z. B. untergliedert in die produktgruppenbezogenen Kostenstellen Consulting/Training, Energieaudit/Last- und Verbrauchsanalyse, Last-/Energiemanagement, Wärme-/Kälte-/Lichtservice, Contracting, Functional Services, Planung/Bau/Betrieb kundeneigener Anlagen, Heizungsumstellung)
52	Wasserbezogene Dienstleistungen
53	Raumbezogene Dienstleistungen (z. B. Erschließungsträgerschaft, Facility Management)
54	
55	Sonstige Dienstleistungen (z. B. Versicherungs- und Finanzierungsdienstleistungen)
56	Fremdleistungsbezug
57	*frei*
58	*frei*
59	*frei*
	Messung und Verifizierung (z. B. Messleistungen, Thermografie)

Quelle: Eigene Darstellung.

Der Kostenstellenbereich "Dienstleistungen" des "Modell-EDU" könnte alle Dienstleistungen umfassen, die auch unabhängig von einer Energie- oder Wasserlieferung erbracht werden können. Direkt in Zusammenhang mit einer Endenergie- oder Wasserlieferung stehende Dienstleistungen wie z. B. der Bereitschafts- und Entstörungsdienst (Kostenstelle 187 des Gemeinschaftskontenrahmens) oder das Prüfen und Eichen von Stromzählern (Kostenstelle 198 des Gemeinschaftskontenrahmens) verbleiben bei den entsprechenden Betriebszweigen. Ein Problem der weiteren Untergliederung des Kostenstellenbereichs "Dienstleistungen" des "Modell-EDU" stellt das Finden eindeutiger, überschneidungsfreier, mit den Verantwortungsbereichen übereinstimmender **Kostenstellengruppen** dar. Eine mögliche Lösung in Anlehnung an die Untergliederung der Kostenstellenbereiche des Gemeinschaftskontenrahmens (VDEW et al. 1986) zeigt Tabelle 40.

"Kostenträger sind die Objekte, an denen die Leistungen der Kostenstellen vollzogen werden" (Seicht 1995, 67), und denen die Güter- und Dienstleistungsverzehre zuzurechnen sind, die sie bei ihrer Erstellung bzw. Herstellung, ihrer Verwaltung und ihrem Vertrieb ausgelöst haben. Zu unterscheiden sind dabei die direkt zurechenbaren Kostenträgereinzelkosten, die aus der Kostenartenrechnung direkt zu übernehmen sind und die höchstens mittelbar zurechenbaren Kostenträgergemeinkosten.

Wie in Kapitel 3.5.4.1 dargestellt, sind die Kostenträger im Strombereich traditionell die Kundengruppen Sondervertrags- und Tarifkunden, auf die zu Preisbildungszwecken im Rahmen des preisaufsichtsrechtlichen Genehmigungsverfahrens die gesamten betriebsnotwendigen Kosten der Stromproduktion aufgeschlüsselt wurden[283]. Was sind jedoch die Kostenträger im EDL-Bereich?

Als **Kostenträger** in Frage kommen sowohl einzelne Teilleistungen, d. h. einzelne Dienstleistungsmodule (z. B. die Energieanalyse im Rahmen eines Contracting-Projekts) oder Teilprozesse (vgl. auch Reckenfelderbäumer 1998, 405) als auch ein Dienstleistungspaket oder der komplette Auftrag, der mit einem Kunden abgerechnet wird. Kostenträger-"stück"-rechnungen im EDL-Bereich haben dementsprechend je nach Bezugsobjekt einen unterschiedlich großen Umfang. Sinnvoll einsetzbar sind sie allerdings nur dort, wo Leistungsstandardisierung und Kostenzurechnung keine schwer überwindbaren Probleme aufwerfen (Küpper 1998, 388ff.).

7.2.2 Bereitstellung geeigneter Systeme der Kosten-, Leistungs-, Erlös- und Ergebnisrechnung

Welche Systeme der Kosten-, Leistungs-, Erlös- und Ergebnisrechnung werden nun im EDL-(Services-)Bereich besonders benötigt? Grundlage hierfür sei eine Basisrechnung, wie sie in Kapitel 4.1.2.4 dargestellt wurde, im Rahmen eines Gesamtplanungs- und -kontrollsystems des EDL-Bereichs.

Grundsätzlich unterscheidet man Rechnungen, die auf eine oder mehrere Perioden bezogen sind, von den Rechnungen, die sich am Lebenszyklus der EDL-Pro-

---

[283] Die zugrundeliegende Fragestellung lautet dabei: Welche Kosten verursacht die Versorgung eines Tarif- bzw. Sondervertragskunden mit einer kWh Strom? Dabei ist jedoch zu beachten, dass im liberalisierten Markt die unzureichend markt- und kundenorientierte, ausschließliche Aufsplittung nach Tarif- und Sondervertragskunden in Frage steht, worauf an dieser Stelle jedoch nicht näher eingegangen wird (vgl. auch Kapitel 3.5.4.1 zur Festlegung von Zielgruppen im liberalisierten Markt).

zesse orientieren[284] sowie von den Rechnungen, die periodenübergreifend bzw. -unabhängig, zeitablaufbezogen erfolgen[285]. Im Folgenden wird der Einsatz sowohl von Deckungsbeitrags- und Ergebnisrechnungen als auch von Prozess- und Zielkostenrechnungen im EDL-Bereich geprüft. Die erstgenannten stellen in der Regel **periodenbezogene,** im System der relativen Einzelkosten- und Deckungsbeitragsrechnung von Riebel (1994) aber auch **periodenübergreifende, zeitablauforientierte Rechnungen** dar, wohingegen die letzteren auf einen Prozess bzw. eine Leistungseinheit in ihrem **Lebenszyklus** bezogen sind.

7.2.2.1 Prozesskostenrechnung

Reckenfelderbäumer (1998, 402ff.) betont den Beitrag der Prozesskostenrechnung[286] zum marktorientierten Kosten-Management in Dienstleistungsunternehmen, da auch dort und selbst bei vergleichsweise individuellen bzw. hochgradig integrativen Dienstleistungen ein hoher Anteil **standardisierter, sich relativ gleichförmig wiederholender Aufgaben und Tätigkeiten** zu beobachten sei. Im EDL-Erstellungsbereich gilt dies insbesondere für die stärker standardisierten, vorrangig der Kundenbindung dienenden "Services", z. B. Energieberatung, Verleih von Strommessgeräten, Stromcheck oder Strompass für Haushaltskunden (vgl. Kapitel 3.4.3.2). Aber auch einzelne Teilprozesse im Rahmen stärker individueller Projekte, z. B. Öko-Steuererklärung, Thermografie, einzelne Messleistungen oder die Schulung des Kunden nach Installation einer Anlage, können als standardisierte Bausteine bei Bedarf mit Hilfe der Prozesskostenrechnung einem konsequenten Prozess-Management unterzogen werden. Dies gilt natürlich auch für nur indirekt oder mittelbar der Leistungserstellung dienende Aktivitäten (z. B. die Auf-

---

[284] Vgl. auch die bereits erläuterten Contracting-Projektrechnungen, die sowohl periodenbezogen als auch lebenszyklusorientiert durchgeführt werden sollten.

[285] Zu entscheidungsorientierten periodenübergreifenden Zeitablaufrechnungen vgl. insbesondere das Riebelsche System der relativen Einzelkosten- und Deckungsbeitragsrechnung (vgl. z. B. Riebel 1994, Buch 1991).

[286] Prozesskostenrechnung ist ein Begriff, der in der jüngeren Vergangenheit die Kostenrechnungsdiskussion und -gestaltung stark beeinflusst hat (Weber 1999, 195). Die Prozesskostenrechnung stellt jedoch kein neues Kostenrechnungssystem dar, da ihre Kernideen grundsätzlich auch in anderen Kostenrechnungssystemen realisierbar sind. Letztlich kann sie als eine verfeinerte Vollkostenrechnung charakterisiert werden, mit deren Hilfe die Kosten einzelner Prozesse und Tätigkeiten im Unternehmen bestimmt, geplant und kontrolliert werden können. Sie setzt speziell an Mängeln in der Behandlung von Gemeinkosten an, wie sie insbesondere in den USA verstärkt aufgetreten und mit Hilfe der Prozesskostenrechnung angegangen worden sind.

tragsbearbeitung), auf die die Prozesskostenrechnung in Industriebetrieben in der Regel vorrangig ausgerichtet ist (Horváth 1996, 529ff.).

Die Prozesskostenrechnung in diesem Sinne stellt eine begrenzt und fallweise im "Modell-EDU" einsetzbare Auswertungsrechnung dar (vgl. auch Weber 1999, 200). Voraussetzung für ihre Anwendung ist, dass bereits in der Basisrechnung nicht nur zwischen Einzel- und Gemeinkosten für unterschiedliche Bezugsobjekte differenziert wird, sondern auch das **Mengen- und Wertgerüst** der Prozesskostenrechnung, "d. h. die mit Kosten bewertete Prozesshierarchie" (Reckenfelderbäumer 1998, 408), die Differenzierung der Prozesse nach ihrem Bezugsgrad zum Absatzobjekt, als Basis für flexible, differenzierte Auswertungsrechnungen enthalten ist. Werden mit Hilfe der Prozesskostenrechnung im Sinne einer verfeinerten Vollkostenplanrechnung Prozesskostensätze festgelegt, mit denen anschließend - z. B. zu Kalkulationszwecken - weitergerechnet wird, so sind diese Sätze regelmäßig zu überprüfen - insbesondere angesichts der dynamischen Entwicklung des EDL-Bereichs.

7.2.2.2 Zielkostenrechnung

Während sich die Prozesskostenrechnung ausschließlich intern auf die Kosten des Unternehmens orientiert, bietet die Zielkostenrechnung ("Target Costing") die Möglichkeit der Verknüpfung von Innen- und Marktorientierung, d. h. die **Berücksichtigung von Kundenpräferenzen bei der Kostenplanung**. Sie ist ein Hilfsmittel, um mittel- bis längerfristig zu wettbewerbsfähigen neuen oder nachträglich optimierten Produkten zu kommen. In dieser Funktion kann sie auch im EDL-Bereich fallweise eingesetzt werden[287].

Die Kostenplanung im Rahmen der Zielkostenrechnung geht nicht mehr primär von den innerbetrieblichen Gegebenheiten aus, sondern von den mit einer EDL am Markt zu erzielenden Ergebnissen unter Berücksichtigung von Kunden- und Kon-

---

[287] Auch in der Stromversorgung spielt die Zielkostenrechnung eine zunehmende Rolle (vgl. Hoitsch/Goes/Burkhard 2001, VDEW-AK "Kostenrechnungs-Empfehlungen" 1997). Eine nutzen-
orientierte Zielkostenspaltung wie sie hier für EDL vorgeschlagen wird, ist jedoch in erster Linie nur für Serviceleistungen im Stromvertrieb möglich. In den meisten Fällen sind Zielkosten in der Stromversorgung aus Benchmarkwerten oder Marktpreisen abzuleiten (Hoitsch/Goes/Burkhard 2001, 154).

kurrenzdaten (Reckenfelderbäumer 1998), d. h. den vom Markt "erlaubten" Kosten (Zielkosten), die sich aus der Differenz aus angenommenem Grenznutzen des Kunden (Zahlungsbereitschaft) bzw. angenommenen Marktpreis und der gewünschten Zielrendite ergeben. Ab dem Beginn des Produktentwicklungsprozesses setzt ein Controlling mit Soll-Ist-Vergleichen und dem ständigen Streben einer weiteren Verbesserung der Kostenstruktur ("KAIZEN") ein (Seicht 1995, 570). Entscheidend dabei ist die Kommunikation zwischen den an der Produktentwicklung und Leistungserstellung beteiligten Mitarbeiter. Kritisch ist insbesondere die Bestimmung der in die Zielkostenspaltung einzubeziehenden Kosten bzw. Kostenblöcke sowie die Bewertung des Beitrags einzelner Aktivitäten (Prozesse) zur Erfüllung der verschiedenen Funktionen einer bestimmten EDL bzw. einzelner Leistungsmerkmale zum Nutzenwert für den Kunden[288] (Reckenfelderbäumer 1998, 411). Wie Reckenfelderbäumer (1998) am Beispiel einer Kfz-Reparatur veranschaulicht, kann die Zielkostenrechnung im Dienstleistungsbereich zum Teil auch prozesskostengestützt, d. h. in Verbindung mit einer Prozesskostenrechnung eingesetzt werden.

Im EDL-Bereich können sowohl für einzelne stärker standardisierte "Services" als auch für einzelne Prozesse zur Erbringung individueller EDL Zielkosten bestimmbar. Ein mögliches **Vorgehen bei der Zielkostenspaltung** wird im Folgenden am Beispiel einer Energieanalyse für Haushaltskunden (vgl. z. B. den in Kapitel 3.4.3.2 erläuterten Stromcheck der Stadtwerke Hannover AG) erläutert.

Zunächst sind die Anforderungen der Haushaltskunden an die Energieanalyse mit Hilfe von Marktanalysen zu differenzieren nach (vgl. z. B. Schmitz 2000, Weber 1999)

- Basisanforderungen: Die überschlägige Identifizierung des Energiekosten-Einsparpotenzials des Haushalts anhand von Kennzahlen (z. B. Vergleich mit Durchschnittshaushalt) stellt gff. eine Mindestanforderung der Haushaltskunden dar.

---

[288] Als Methode zur Bewertung der relativen Wichtigkeit der erfassten Leistungsmerkmale, des Nutzens ausgewählter Produkteigenschaften und der Preisbereitschaft für einzelne Produktmerkmale wird häufig die Conjoint-Analyse eingesetzt (Reckenfelderbäumer 1998, 411; vgl. auch Hofer 2000, Palloks 1998).

- Leistungsanforderungen: Hier erwarten die Haushalte eine konkrete Auflistung realisierbarer Einsparpotenziale. Die Leistungsanforderungen beeinflussen die Kundenzufriedenheit in Abhängigkeit von ihrem Erfüllungsgrad.
- Begeisterungsanforderungen: Neben dem Aufzeigen der Potenziale auch Unterstützung bei der Umsetzung zu erhalten, könnte eine Anforderung der Haushaltskunden darstellen, welche die Kunden selbst nicht von vorneherein erwarten, die sie aber bei Erfüllung erheblich positiv honorieren werden.
- K.O.-Kriterien: offensichtliche Inkompetenz, Unglaubwürdigkeit und Unfreundlichkeit.

In der Regel erwartet der Kunde, dass die genannte überschlägige Potenzialanalyse anhand von Kennzahlen - quasi als Leistungsausweis des EDU bzw. als selbstverständlicher Service im Sinne der Kundenfreundlichkeit - bereits vor Auftragsvergabe kostenlos erfüllt wird, wie es einige Energieunternehmen auch entsprechend anbieten[289]. Zur Erfüllung der genannten Leistungsanforderung sind verschiedenste Aktivitäten (Prozesse) des EDU erforderlich, die z. B. wie folgt gegliedert und mit Leistungsmerkmalen aus Kundensicht versehen werden könnten[290]:

- Terminvereinbarung mit dem Kunden: Hier könnte für den Kunden insbesondere die Freundlichkeit des Gesprächspartners und die Flexibilität hinsichtlich des zu vereinbarenden Termins bedeutsam sein.
- Vor-Ort-Begehung und -Messungen: Hier könnte der Kunde ein Auftreten des Kundenberaters erwarten, das Kompetenz, Freundlichkeit, Gesprächsbereitschaft und Zuverlässigkeit vermittelt. Der Berater sollte darüber hinaus abgesprochene Termine pünktlich einhalten und auf Fragen des Kunden klar, verständlich und anschaulich antworten.

---

[289] Beispielsweise hat die VEW Energie AG kurz vor der Fusion mit RWE 1200 kostenlose überschlägige Energiechecks für Industriekunden durchgeführt.

[290] In dieser Aufstellung sind nicht zur eigentlichen Leistung gehörende Aktivitäten wie Auftragsabwicklung (Angebot abgeben, Auftrag annehmen, Rechnung stellen, Zahlungseingang überwachen, Zahlungseingang verbuchen etc.), Controlling und Informations- bzw. Wissensmanagement (z. B. Aufnahme der Analysedaten in den Datenfundus des Unternehmens) nicht enthalten.

- Datenaufbereitung und Ausarbeitung der Analyse inkl. ökonomisch und ökologisch bewerteter Maßnahmenvorschläge, dokumentiert in einem Ergebnisbericht: Hier erwartet der Kunde die termingerechte Lieferung eines Berichts, der verständlich bzw. anschaulich und kompetent geschrieben ist und umfangreiche, kosteneffiziente, umsetzbare Maßnahmenvorschläge zur Potenzialausschöpfung enthält.

- Telefonisches Nachgespräch: Hier erwartet der Kunden vermutlich ein kompetentes, verständliches und freundliches Auftreten des Gesprächspartners.

Abbildung 34 Wichtigkeit der Leistungsmerkmale (Summe der Gewichtungen = 100%)

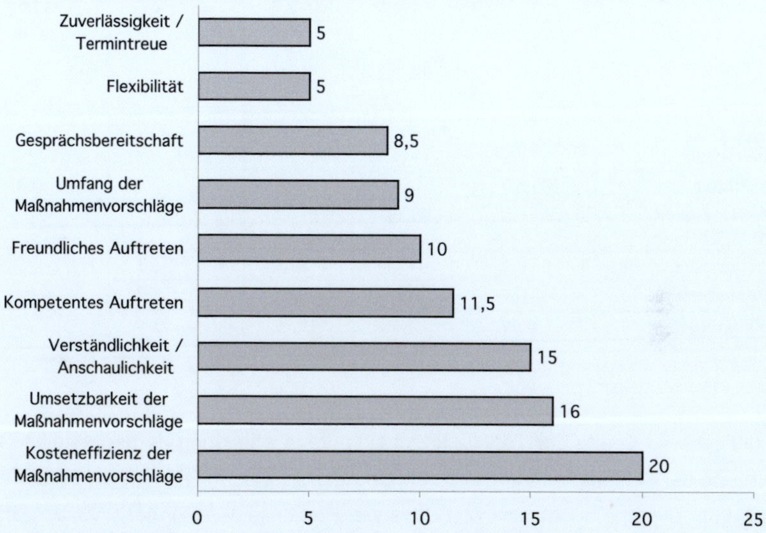

Quelle: Eigene Darstellung mit fiktiven Kriterien und Gewichten in Anlehnung an Weber 1999, 88 (vgl. auch Tabelle 41).

Um die wichtigsten Leistungsmerkmale bestimmen und gewichten zu können, müssen in einem ersten Schritt mit Hilfe geeigneter Marktforschungsinstrumente (z. B. Conjoint-Analyse) Kundenpräferenzen erhoben werden. Dies könnte beispielsweise zu dem in Abbildung 34 gezeigten Ergebnis führen. In einem nächsten Schritt müssen dann diese kundenbezogenen Leistungsmerkmale in Bezug zu den einzelnen Leistungskomponenten (Prozessaktivitäten) gebracht werden. Ein mögliches Ergebnis dieses Schrittes, der ein hohes Maß an Kommunikation der Produktentwickler und ggf. weiterer Beteiligter im EDU erfordert, zeigt Tabelle 41.

Tabelle 41 Zuordnung von Leistungsmerkmalen zu Leistungskomponenten

	Termin-vereinbarung	**Vor-Ort-Begehung**	**Ergebnis-bericht**	**Telefonisches Nachgespräch**	**Merkmals-teilgewicht**
Kosteneffizienz der Maßnahmen-vorschläge		(50) 10,0	(50) 10,0		20,0
Umsetzbarkeit der Maßnahmen-vorschläge		(50) 8,0	(50) 8,0		16,0
Verständlichkeit / Anschaulichkeit		(30) 4,5	(50) 7,5	(20) 3,0	15,0
Kompetenz		(50) 5,8	(30) 3,5	(20) 2,3	11,5
Freundlichkeit	(30) 3,0	(50) 5,0		(20) 2,0	10,0
Umfang der Maßnahmen-vorschläge		(50) 4,5	(50) 4,5		9,0
Gesprächs-bereitschaft		(100) 8,5			8,5
Flexibilität	(100) 5,0				5,0
Zuverlässigkeit / Termintreue		(30) 1,5	(70) 3,5		5,0
Prozessteilgewicht	8,0	47,8	37,0	7,3	
Kostenanteil	8,4	41,5	43,1	7,0	
Zielkostenindex	0,96	1,15	0,86	1,04	

Quelle: Eigene Darstellung aufbauend auf Abbildung 34; in Anlehnung an Reckenfelderbäumer (1998, 415) und Küpper (1997, 208).

In der rechten Spalte der Tabelle findet sich die in Abbildung 34 dargestellte Gewichtung der Leistungsmerkmale durch die Kunden wieder. Die inneren Felder der Tabelle geben an, in welchem Maße die vier Prozesse aus Kundensicht zur Erfüllung der einzelnen Leistungsfunktionen beitragen. So trägt der Prozess "Terminvereinbarung" zu 30% (Wert in Klammern) zur Erfüllung des Leistungsmerkmals "Freundlichkeit" bei, d. h. es ergibt sich für dieses Matrixfeld ein Wert von 3 (30% von 10%). Da der Prozess "Terminvereinbarung" zudem zu 100% zur Erfüllung des Leistungsmerkmals "Flexibilität" beisteuert, hat er eine Gesamtbedeutung für die Nutzenstiftung der Leistung in Höhe von 8%. Dem steht ein tatsächlicher (falls die Leistung schon angeboten wird und nun optimiert werden soll) oder unter Annahme einer bestimmten Nachfragemenge bisher geschätzter Standardkostenanteil in Höhe von 8,4% der Gesamtkosten gegenüber. Der Zielkostenindex als Quotient von Ziel- und Standardkostenanteil liegt bei 0,96 und ist ein Indikator dafür, inwieweit die Kosten einer Leistungskomponente deren relativer Bedeutung entspricht (Küpper 1997, 207). Indexwerte <1 signalisieren Handlungsbedarf, d. h. der Prozess "Terminvereinbarung" ist eher zu teuer. Da eine solche Aussage höchstens näherungsweise gelten kann, wird in der Regel versucht, eine Zielkostenzone um den Index von 1 zu bilden, in der sich die Indices der einzelnen Komponenten befinden sollten (vgl. Küpper 1997, 207f.).

Da sich die Begeisterungsanforderungen nicht auf diese Art und Weise komponentenbezogen planen lassen, bietet es sich an, für sie ein bestimmtes Budget zu vereinbaren (Weber 1999, 90).

Die gefundenen gesamten Zielkosten der EDL und Zielkostenanteilswerte sind daraufhin zu überprüfen, inwieweit sie realisierbar sind. So können sie ggf. mit Werten aus Benchmarking-Studien verglichen werden. Auch bietet sich ein Abgleich mit bottom up-Kostenmodellen an, in die Experten-Wissen um heutige Kosten und Kosteneinsparpotenziale der einzelnen Leistungskomponenten sowie Lernkurvenmodelle eingehen (vgl. hierzu ausführlicher Kapitel 5.6). Darüber hinaus sollten bei der Ermittlung des Zielkostenindex, d. h. dem Vergleich der Zielkosten mit den Standardkosten, Szenariorechnungen durchgeführt werden, um kritische und wahrscheinliche Handlungsbedarfe zu erkennen und flexibel Handlungsmöglichkeiten analysieren zu können. Variiert werden sollten dabei Erlös- und Absatzzahlen, die angenommenen Kosten der Leistungserbringung und die Annahmen für die Kosten der Dienstleistungsentwicklung. Dies ist letztlich notwendig, um zu bestimmen, unter welchen Bedingungen und zu welchem Zeitpunkt der break-even erreicht werden kann.

7.2.2.3 Mehrstufige, mehrdimensionale Deckungsbeitragsrechnungen und darauf aufsetzende Profitablitätsanalysen

Für die laufende Erfolgsermittlung und -kontrolle und die Bereitstellung entscheidungsrelevanter Kosten-, Erlös- und Ergebnisinformationen - d. h. sowohl zur vergangenheitsorientierten Analyse als auch zu Prognosezwecken - bietet sich im Dienstleistungsbereich insbesondere das Instrument der **stufenweisen Deckungsbeitragsrechnung** an, das auf eine Schlüsselung von Gemeinkosten weitgehend (Vikas 1992, 1049; vgl. auch Küpper 1998, 388ff.) oder vollständig

(Riebel 1994) verzichtet. Diese ein- oder mehrperiodische oder auch periodenübergreifende, allein monetäre Größen verwendende, in der Regel von gegebenen Kapazitäten ausgehende Auswertungsrechnung lässt sich nach unterschiedlichen Dimensionen gliedern ("Multicontribution Income Statement", vgl. diverse Beiträge in Fickert 1998), beispielsweise nach Kunden(gruppen), Absatzgebieten, Vertriebswegen, Leistungsarten/-gruppen/-bereichen (vgl. das Beispiel in Tabelle 42) oder Profit Centern.

Tabelle 42 Beispiel einer mehrstufigen Deckungsbeitragsrechnung des "Modell-EDU"

Unternehmensbereich	**EDL**				**Andere Bereiche**
Leistungsgruppe	Energieanalyse			Andere EDL	...
Leistungsart	Energiecheck	Standardisierte Energieanalyse	Individuelle Energieanalyse	...	...
Bruttoerlös	100	500	400	...	...
./. Erlösschmälerungen	5	50	80	...	...
Nettoerlös	95	450	320	...	...
./. variable Kosten	75	320	250	...	...
Deckungsbeitrag I	20	130	70	...	...
./. Fixe Kosten Leistungsart	25	95	50	...	...
Deckungsbeitrag II	-5	35	20	...	...
./. Fixe Kosten Leistungsgruppe			30	...	...
Deckungsbeitrag III			20	275	...
./. Bereichsfixkosten				165	...
Deckungsbeitrag IV				130	650
./. Unternehmensfixkosten					480
Ergebnis					300

Quelle: Eigene Darstellung in Anlehnung an Vikas (1992, 1050) und Küpper (1997, 252).

Letztlich geht es darum, die einer Entscheidungsalternative zurechenbaren Erlöse den direkt zurechenbaren Kosten gegenüberzustellen (z. B. Entscheidung für oder gegen das Angebot einer bestimmten EDL-Art im Rahmen der Planung des Leistungserstellungs- und Absatz-Programms). Der sich daraus ergebende Deckungsbeitrag kennzeichnet den Betrag, den die Handlungsalternative zur Deckung nicht von der Entscheidung betroffener Kosten beiträgt (Weber 1999, 122).Auf generelle Probleme, Voraussetzungen und Anwendungsmöglichkeiten der Deckungsbeitragsrechnung soll hier nicht näher eingegangen werden (vgl. hierzu beispielsweise Vikas 1999, Küpper 1998, Riebel 1994, Weber 1999). Für die Aussagefähigkeit der Deckungsbeitragsrechnung ist es insbesondere wichtig, den Bezugsobjekten alle tatsächlich relevanten Beträge und nur diese zuzuordnen. Die Frage der Relevanz der zugeordneten Kosten und Erlöse ist jedoch zum Teil nur schwer zu beantworten, beispielsweise wenn **Verbundbeziehungen** zwischen einzelnen Bezugsobjekten bestehen (vgl. hierzu näher Kapitel 7.2.3ff.).

Darüber hinaus stellt sich im Dienstleistungsbereich häufig das Problem, dass für eine aussagefähige Deckungsbeitragsrechnung notwendige **Teilkosteninformationen** fehlen (Vikas 1992, 1045). Beispielsweise sind Kundendeckungsbeiträge von 30 bis 50% nicht selten zu beobachten und überlassen die Frage der tatsächlichen Bedeutung des jeweiligen Kunden für den Unternehmenserfolg der Spekulation. Dies gilt insbesondere bei vollständigem Verzicht auf jegliche Schlüsselung wie in der relativen Einzelkosten- und Deckungsbeitragsrechnung von Riebel (1994; vgl. auch Buch 1991). Somit belasten ggf. unprofitable Kunden über Jahre unerkannt das Ergebnis oder Wettbewerber mit besseren Kosteninformationen treiben das Unternehmen in eine negative Kosten-Erlös-Schere (Grevener 1998, 62). Aus diesen Gründen wird für eine ganze Reihe von Entscheidungssituationen vorgeschlagen, Erfolgs- bzw. Profitabilitätsrechnungen reinen Deckungsbeitragsrechnungen vorzuziehen (vgl. diverse Beiträge in Fickert 1998).

Bei der auf einer mehrstufigen, mehrdimensionalen Deckungsbeitragsrechnung aufsetzenden, entsprechend dimensionierten **Erfolgsrechnung** werden Kosten, die dem jeweiligen Bezugsobjekt nicht direkt zurechenbar sind, soweit möglich bzw. sinnvoll z. B. mit Hilfe eines Prozesskostenansatzes bzw. differenzierter Kostentreiber geschlüsselt. Die geschlüsselten Gemeinkosten werden einzelnen Deckungsbeitragsstufen zugeordnet. Dies ermöglicht es, differenzierte, objektbezogene Profitabilitäten zu bestimmen; wobei sich diese z. B. auf Kunden, Vertriebsgebiete oder Dienstleistungen beziehen können und beispielsweise entsprechende EBIT- und/ oder EVA-Werte zu ermitteln sind (vgl. diverse Beiträge in Fickert 1998, aber auch LBD 1999 zu Produkt-, Kunden- und Gebietserfolgsrechnungen).

7.2.2.4 Datenerfassungsvoraussetzungen für objektorientierte Auswertungsrechnungen

Derartige differenzierte, bezugsobjektorientierte Rechnungen sind als vergangenheitsorientierte Auswertungsrechnungen allerdings nur bei gegebenen Datengrundlagen durchführbar. Sollen beispielsweise Auswertungsrechnungen nach Kunde oder Vertriebsgebiet möglich werden, so müssen Kosten- und Erlösdaten auch zusammen mit entsprechenden kunden- bzw. marktbezogenen Merkmalen in der Basis- bzw. Grundrechnung erfasst werden.

Ein Beispiel für eine solche, hier noch unverschlüsselte **Kontierung** zeigt Tabelle 43. Die angeführten 200,- EUR sind Personalkosten, die im EDL-Bereich in der Kostenstelle "Services" anfallen. Bei der erbrachten Dienstleistung mit der Auftragsnummer 456 handelt es sich um die Messung und Verifizierung eines erfolgten Leuchtentausches in einer Schule der Stadt X. Der Kundenkontakt ist ohne Einschaltung eines Key Accounters oder einer sonstigen gesonderten Vertriebsstelle erfolgt.

Tabelle 43 Kontierungsbeispiel

Betrag	Menge	Kostenart	Kostenstelle	**Auftrags-Nr.**	Produkt/ Dienstleistung	Modul/ Prozessphase
200,-	4 h	Personalkosten	EDL-Services	**456**	Leuchtentausch	Messung & Verifizierung

Verknüpfung

Kundengruppe	**Kunde**	**Kundentyp**	**Nutzer**	**Vertriebsweg**
Öffentliche Einrichtungen	Stadt X	"Einsamer Techniker"	Schule XY	Direkt

Quelle: Eigene Darstellung.

Moderne Standardsoftware - z. B. SAP R/3 - lässt ein solches Vorgehen unproblematisch zu (Weber 1997, 27). In Verknüpfung mit dem CRM-System besteht die Möglichkeit, beispielsweise weitere Daten zum Nutzer oder zur Kundengruppe abzurufen (z. B. Branche, Region, bisher erbrachte Leistungen, Endenergieverbräuche, Kundentyp, Abwanderungswahrscheinlichkeit, Bonität, Zahlungsverhalten etc.) und umgekehrt Daten zum Status des Auftrages Nr. 456 in das CRM-System zu übermitteln.

Zusätzlich könnte es Sinn machen,die **Abbaubarkeit der Kosten** kategorisiert zu erfassen. Die laufende Erfassung und Pflege von Abbaufähigkeitsdaten ("Bindungsintervallen"; Riebel 1994, 17) in der Basisrechnung macht eine zeitablaufbezogene Rechnung wie im System der relativen Einzelkosten- und Deckungsbeitragsrechnung überhaupt erst möglich und würde ein Fixkostenmanagement ermöglichen, das sowohl der operativen Entscheidungsunterstützung als auch der strategischen Gestaltung von Kostenblöcken dienen kann (Oecking 1993, 1998). Nach Oecking (1998) bestätigen Erfahrungswerte jedoch, dass eine grobe, problembezogene, fallweise Schätzung der Abbaubarkeiten ein besseres Nutzen/Kosten-Verhältnis aufweist als deren laufende Erfassung. Zudem entfallen u. U. durch die fallweise Schätzung der Abbaubarkeit Probleme des Datenschutzes und der betrieblichen Mitbestimmung weitestgehend, die eine detailliertere Analyse mit sich bringen würde. Daher wird hier auch für das "Modell-EDU" ein derartiges fallweise einzusetzendes Fixkostenmanagement vorgeschlagen.

Der Argumentation von Reichmann und Fröhling (1998), die DV-technische Verknüpfung von Abbaufähigkeits-Schlüsselziffern mit der jeweiligen Kostenart verursache nur einen größeren Einmalaufwand, wird hier nicht gefolgt, zumal die Autoren selbst darauf verweisen, dass sich hinter einer Kostenart Potenziale mit unterschiedlichen Bindungsdauern verbergen können. Also ist nicht immer eine eindeutige, nur einen Einmalaufwand verursachende Zuordnung von Schlüsselziffern und Kostenarten möglich und der Aufwand der Aktualisierung bzw. Pflege der Daten ist nicht zu vernachlässigen.

7.2.3 Berücksichtigung von Verbundeffekten

Erfolgswirksame Verbundeffekte existieren innerhalb des EDL-Bereichs und zwischen dem EDL-Bereich und anderen Unternehmensbereichen, insbesondere dem Endenergie-Bereich. Sie können sich auf die angebotenen Leistungen bzw. die Aufträge, die Kundengruppen oder auch das Personal beziehen, z. B.:

- Ein EDU hat in die Beziehung zu einem mittelständischen Unternehmen in seiner angestammten Vertriebsregion mit einem für den Kunden kostenfreien

Energiecheck investiert[291]. Der Kunde beauftragt daraufhin das EDU mit einer detaillierten Energieanalyse. Auf Grund seiner Zufriedenheit mit den EDL des EDU bekommt dieses den Zuschlag für einen Folgeauftrag, nämlich die Installation eines BHKW im Contracting sowie eines Energiemanagementsystems (positiver Verbundeffekt zwischen Auftrag und Folgeauftrag im EDL-Bereich).

- Ein EDU bietet ein Lastmanagement-Programm an. Dieses fragt ein Unternehmen nach, das bisher kein Kunde des EDU war. Die hierbei aufgebaute vertrauensvolle Kundenbeziehung und die guten Erfahrungen mit dieser EDL sind später ausschlaggebend dafür, dass der Kunde den nächsten Energieliefervertrag mit diesem EDU schließt (positiver Verbundeffekt zwischen Leistungen des Endenergie- und des EDL-Bereichs).

- Ein EDU bietet Privat- und Geschäftshaushalten ein kostenfreies bzw. vergünstigtes EDL-Paket an, wenn diese Haushalte weiterhin Strom vom EDU beziehen bzw. einen neuen Stromliefervertrag mit dem EDU abschließen (vgl. das Beispiel der Stadtwerke Hannover AG in Kapitel 3.4.3.2). Dadurch gelingt es dem EDU, die Stromwechslerrate niedrig zu halten (positiver Verbundeffekt zwischen Leistungen des Endenergie- und des EDL-Bereichs).

- Ein EDU bietet ein Lastmanagement an. Ein Kunde des EDU, der bereits Strom vom EDU bezieht, nutzt diese EDL, um sowohl Höchstlast als auch Energieverbrauch zu reduzieren und hierdurch seine Energiekosten zu senken. Dies bedeutet letztlich entgangene Deckungsbeiträge für den Endenergie-Bereich des EDU. Im Allgemeinen kann man jedoch davon ausgehen, das dieser Kunde in jedem Fall ein EDU mit einem Lastmanagement beauftragt hätte und somit dieser Deckungsbeitrag entfallen würde[292] (negativer, in der Regel aber nicht zuzurechnender Verbundeffekt zwischen Leistungen des Endenergie- und des EDL-Bereichs).

- Die für die Energieversorgung eines mittelständischen Unternehmens verantwortliche Prokuristin beauftragt dasjenige EDU mit einer Energieanalyse, das

---

[291] Beispielsweise haben die Stadtwerke Düsseldorf AG bis zum 15. Juni 2001 einen kostenfreien Energiecheck für Hotels und Krankenhäuser angeboten.

[292] Vgl. auch Kapitel 4.2 für eine ausführlichere Begründung der Nichtberücksichtigung derartiger entgangener Deckungsbeiträge im liberalisierten Markt.

bereits für ihren Privathaushalt einen Energiecheck durchgeführt hat und sie privat mit Strom und Wärme beliefert. Ausschlaggebend für die Auftragsvergabe an das EDU sind u. a. auch die guten Erfahrungen, die sie mit "ihrem" EDU gemacht hat (positiver Verbundeffekt zwischen Kundengruppen).

- Auf Grund von Rationalisierungsmaßnahmen wird im Endenergiebereich des EDU massiv Personal eingespart. Zum Teil kann dieses Personal mit seinem energiespezifischen Know how im wachsenden EDL-Bereich genutzt werden - ggf. nach entsprechenden Umschulungs- bzw. Fortbildungsmaßnahmen. Der EDL-Bereich dient somit als Auffangmöglichkeit für frei werdende Beschäftigte des Endenergiebereichs. Hierdurch werden Leerkosten im Endenergiebereich vermieden und Kosten, die mit einer Kündigung der entsprechenden Mitarbeiter verbunden sind eingespart, z. B. Kosten für Sozialpläne oder Vorruhestandsvereinbarungen (positiver Verbundeffekt durch Personalverschiebung).

Zur Verbesserung erfolgs- und finanzwirtschaftlich relevanter Entscheidungen erscheint es prinzipiell sinnvoll, derartige Verbundeffekte zu berücksichtigen. Eine Reaktion auf das negative Ergebnis der in Tabelle 42 dargestellten Deckungsbeitragsrechnung könnte darin bestehen, den Energiecheck für Privat- und Geschäftshaushalte aus dem Programm zu nehmen. Möglicherweise führt dies jedoch zu einer zunächst unerwarteten Ergebnisverschlechterung für das Unternehmen insgesamt. Dieser Fall tritt u. U. ein, wenn das Angebot derartiger EDL im Rahmen eines Gesamtpakets dem EDU erlaubt, einen höheren Strompreis am Markt durchzusetzen und die damit verbundenen höheren Deckungsbeiträge im Endenergiebereich die negativen Deckungsbeiträge bei der Energieanalyse überkompensieren. Es besteht ferner die Möglichkeit, dass der Kundenbindungseffekt durch das Energiecheck-Angebot so groß ist, dass er den ansonsten durch Abwanderung entstehenden Deckungsbeitragsverlust im Endenergiebereich überkompensiert. Drei Fragen stellen sich:

1. Inwieweit lassen sich Verbundeffekte eindeutig und praktikabel abgrenzen, transparent machen und quantitativ erfassen bzw. prognostizieren?

2. Welches Nutzen-Kosten-Verhältnis ist mit dem Aufwand zu ihrer Abgrenzung, Erfassung, Berechnung, Prognose und Integration in Rechen- bzw. Entschei-

dungssysteme verbunden (z. B. im Rahmen der innerbetrieblichen Leistungsverrechnung)?

3. Ist die Berücksichtigung von Verbundeffekten im Einzelfall sinnvoll?

Da es hier vor allem um Kundenbindungseffekte und die Verbindung des Kundenbindungs- mit dem Erfolgs- und Finanz-Controlling geht, wird diese Problematik inklusive konkreter Rechenbeispiele in den folgenden Kapiteln zu den Controlling-Leistungen in der Kundenperspektive ausführlicher diskutiert.

7.3 Zusätzliche Controlling-Leistungen in der Kundenperspektive

7.3.1 Orientierung an den zentralen Kundenbedürfnissen

Vorrangiges Ziel des EDL-Angebots der meisten Energieunternehmen ist bislang die Stärkung der **Kundenbindung**. EDL werden angeboten, um die Kundenzufriedenheit aufrechtzuerhalten oder zu verbessern und dadurch insbesondere die Altkunden als Endenergieabnehmer zu behalten (vgl. Kapitel 4.3 sowie beispielsweise verschiedenste Beiträge in Laker 2000). Die Kundenorientierung des "Modell-EDU" geht jedoch darüber hinaus. Hauptziel ist die Ausrichtung auf das zentrale Kundenbedürfnis der vielfältigen Alt- und potenziellen Neukunden(gruppen) nach kostenminimalen EDL (vgl. Kapitel 3.4.1.1). Dies verlangt eigens ein umfassendes **Kundenbeziehungsmanagement** und eine verstärkte **Kundenintegration**, z. B. auch bei der Dienstleistungsentwicklung (vgl. Kapitel 6.1.2.3).

Im Rahmen des Marketing- und Vertriebs-Controlling des "Modell-EDU" (vgl. auch Kapitel 4.1.3.2) steht neben "klassischen" Steuerungsinstrumenten wie z. B. der Marketingplanung und -kontrolle (Pohl 2000) daher nicht allein das Kundenbindungs-Controlling (Pfeifer/Paul 2000) im Vordergrund. Ebenso notwendig ist ein umfassendes Kundenbeziehungs- und Kundenintegrations-Controlling. Während auf die **Steuerung der Kundenintegration** bereits am Beispiel der Contracting-Projekte ausführlich eingegangen wurde und sich das Instrumentarium des Kundenintegrations-Controlling im "Massengeschäft" mit EDL davon nicht nennenswert unterscheidet, werden **Kundenbindungs- und Kundenbeziehungs-Controlling** als die anderen beiden Elemente eines umfassenden Marketing- und Vertriebs-Controlling des "Modell-EDU" im Folgenden näher erläutert.

Der Begriff Kundenbindung im Sinne einer "'bedingten' Kundenloyalität" (Stahl 1999, 49) meint die unter bestimmten Bedingungen freiwillig eingegangene Bindung des Kunden an den Leistungserbringer. Aus Sicht des EDU bedeutet eine Stärkung der Kundenbindung, die Bereitschaft der Kunden zu erhöhen, Leistungen des EDU auch in Zukunft in Anspruch zu nehmen bzw. die Bereitschaft zu verringern, zu einem anderen Energieunternehmen zu wechseln. Zu unterscheiden sind eine vertragliche, eine technisch-funktionale (wenn Abhängigkeiten in technischer Hinsicht bestehen), eine ökonomische (Unvorteilhaftigkeit der Beendigung der Geschäftsbeziehung) und eine psychologische Kundenbindung (Schoenheit/Niedergesäß 1999, 464).

Abbildung 35 Zusammenhang zwischen Kundenintegration, Kundenbindung und Kundenbeziehung

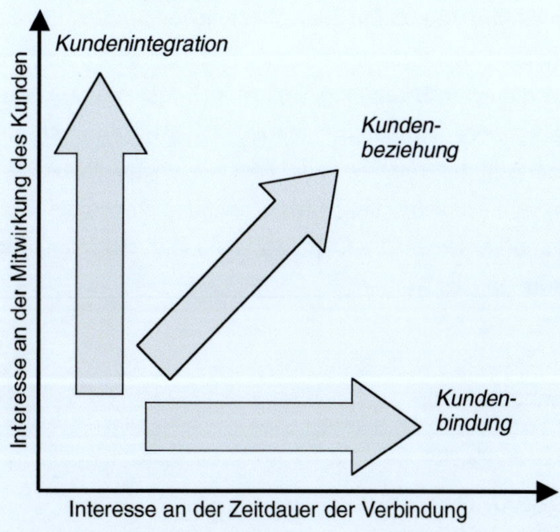

Quelle: Stahl 1999, 57.

Stahl (1999, 57) differenziert zwischen den drei unterschiedlichen Konzepten "Kundenbindung", "Kundenbeziehung" und "Kundenintegration" zur Absicherung und Verstärkung der Kundentreue wie folgt (vgl. auch Abbildung 35): "Die Kundenintegration baut auf einer verstärkten Mitwirkung des Kunden auf, wobei sich diese Mitwirkung auf einen einzelnen Auftrag, ein gemeinsames Projekt oder auch auf eine Zusammenarbeit über eine lange, unbegrenzte Zeitspanne beziehen kann. Die Kundenbindung zielt hingegen von vornherein auf eine möglichst lange Zeitdauer ab, innerhalb derer der Kunde möglichst regelmäßig und 'treu' beim selben Lieferanten ordern soll. Das kann eine höhere Mitwirkung des Kunden bedeuten, muss es aber nicht. Wo sich hohe Mitwirkung des Kunden und lange Zeitdauer treffen, entsteht die klassische Geschäftsbeziehung oder kurz Kundenbeziehung." Von diesem Begriffsverständnis wird im Folgenden ausgegangen.

7.3.2 Kundenbindungs-Controlling

7.3.2.1 Überblick

Das Marketing- und Vertriebs-Controlling im EDL-Bereich steuert u. a., dass ein gewünschter Kundenbindungseffekt durch ein Dienstleistungsangebot auch erreicht wird. Schon die Beurteilung des Kundenbindungseffekts selbst ist nicht trivial, geschweige denn seine monetäre Bewertung. Zu seiner Erfassung und Analyse stehen verschiedenste kunden- und unternehmensbezogene Verfahren zur Verfügung (vgl. auch die Übersicht der Verfahren zur Dienstleistungsqualitätsmessung in Bruhn 1998, 26). Je nach Problemsituation, zur Verfügung stehenden Ressourcen und mit dem Instrumenteneinsatz verfolgtem Ziel können die folgenden **nicht-monetären Instrumente** genutzt werden:

- Beschwerdemessung,
- Analyse von Kundenabwanderungen,
- Dienstleistungsqualitätsmessung und
- Kundenzufriedenheitsmessung.

Kundenorientierung ist zwar wichtig, das Controlling muss aber darauf achten, dass sich das Unternehmen die höhere Kundenzufriedenheit auch leisten kann (Joppe 2000). Die rein nicht-monetäre Bewertung ist als Entscheidungsgrundlage also meist nicht ausreichend. Um den Kundenbindungseffekt (z. B. eine erreichte Erhöhung der Kundenzufriedenheit und damit einhergehende Verringerung der Abwanderungsrate oder der Abwanderungswahrscheinlichkeit bzw. eine erhöhte Wiederkaufswahrscheinlichkeit) auch monetär bewerten zu können, müssen die genannten Instrumente mit denen zur **Kundenwertbestimmung** verknüpft werden - und dementsprechend die Kunden- mit der Erfolgs- und Finanzperspektive. Dabei geht es stets um zwei miteinander zusammenhängende Fragen (Palloks 1999, 292):

- Welchen Beitrag liefert der Kunde zum Erfolg des Unternehmens?
- Ist der Kunde es wert, dass in die Kundenbeziehung investiert wird?

Zu den für den EDL-Bereich wichtigsten Instrumenten der Kundenwertbestimmung gehören[293]:

- Kundendeckungsbeitragsrechnung,
- Kundenerfolgsrechnung,
- Customer Lifetime Value - Rechnung und
- Kundenportfolio- und ABC-Analysen.

Die genannten Instrumente werden im Folgenden mit Bezug auf das "Modell-EDU" kurz erläutert und zum Teil anhand von Beispielrechnungen veranschaulicht.

7.3.2.2 Beschwerdemessung

Die systematische Analyse des Beschwerdeverhaltens der Kunden liefert Informationen über problematische Bereiche innerhalb des EDL-Erstellungsprozesses selbst dann, wenn die Geschäftsbeziehung eher aperiodischen Charakter hat (Bruhn 1998, 29). Um das Meinungsbild der Kunden auf einer möglichst breiten Basis zu erfassen, bietet sich der Einsatz beschwerdestimulierender Verfahren an (vgl. beispielsweise Stauss/Seidel 1998). Allerdings stehen hier die von einzelnen Kunden genannten, während oder nach der Leistungserstellung aufgetretenen Probleme, nicht aber eine systematische Leistungs- oder Kundenzufriedenheitsbeurteilung im Vordergrund (**problemorientierte Messung**).

---

[293] Für eine ausführliche Darstellung der Methoden zur Kundenwertbestimmung vgl. Schemuth 1996, 43ff.

7.3.2.3 Analyse von Kundenabwanderungen

Die systematische Analyse von Kundenabwanderungsabsichten und tatsächlichen Kundenabwanderungen im **Endenergiebereich** mittels Kundenbefragung und Auswertung von Kundendateien liefert Erkenntnisse über die ausschlaggebenden Gründe für einen Wechsel des Endenergieanbieters. Aus EDL-Sicht interessiert dabei insbesondere, inwieweit und für welche Kundentypen beispielsweise eher der Preis oder aber die Qualität von Zusatzleistungen (z. B. EDL) Hauptgrund für einen Anbieterwechsel ist. Auch kann ein statistischer Zusammenhang zu der Frage hergestellt werden, inwieweit ein im Vergleich zur Konkurrenz umfangreicheres (geringeres) EDL-Angebot mit einer geringeren (höheren) Wechselquote korreliert. Eine derartige Analyse liefert jedoch keine ausreichenden Erkenntnisse darüber, ob die einzelnen Kundentypen mit dem EDL-Angebot zufrieden sind und inwieweit dieses EDL-Angebot eine erhöhte Kundenbindung im Endenergiebereich zur Folge hat. Daher sollte die Analyse von Kundenabwanderungen auch auf den **EDL-Bereich** ausgedehnt werden. Die empirische Untersuchung der VDEW (1998) zur Kundenzufriedenheit bei großen Stromkunden stellte beispielsweise fest, dass etwa 18% der Befragten zusätzliche entgeltliche Dienstleistungen der Stromversorger[294] mit "hervorragend" oder "sehr gut" bewerten, aber etwa 14% der Befragten so unzufrieden mit diesen Dienstleistungen sind, dass sie im Abwanderungspotenzial liegen, d. h. diese Dienstleistungen zukünftig eher bei anderen EDL-Anbietern nachfragen wollen.

7.3.2.4 Dienstleistungsqualitätsmessung

Die Kundenbindung hängt (nicht-linear) u. a. von der Zufriedenheit der Kunden mit dem EDU und seinen Leistungen und Prozessen und diese wiederum nicht zuletzt von der Qualität der erbrachten Dienstleistungen ab, d. h. der Fähigkeit eines Anbieters, die Beschaffenheit der Dienstleistung gemäß den Kundenerwartungen (subjektiver Qualitätsbegriff) auf einem bestimmten Anforderungsniveau zu erstellen (Bruhn 1998, 24).

---

[294] Detailliert gefragt wurde nach der Bewertung der folgenden EDL: Energieversorgungskonzepte, Planung und Bau, Finanzierung und Betrieb energietechnischer Anlagen, Ermittlung von Energieeinsparpotenzialen, Bereitstellung von Nutzenergie (z. B. Wärme, Kälte), Wartungsvertrag, Analyse des innerbetrieblichen Energieflusses, Schulungsangebote.

Zur Messung der Dienstleistungsqualität wurden verschiedenste Verfahren entwikkelt (vgl. die Übersicht in Bruhn 1998, 26). Auch die bereits genannte Beschwerdemessung lässt sich als problemorientierte, auf subjektiven Qualitätswahrnehmungen der Kunden basierende Dienstleistungsqualitätsmessung einordnen. Grundsätzlich zu unterscheiden ist zwischen nachfrager- und anbieterorientierten Ansätzen. "Ersteren ist eindeutig Priorität einzuräumen, da vornehmlich die Kunden über Erfolg und Misserfolg einer Unternehmung entscheiden ... Dennoch sind die unternehmensspezifischen Ansätze unabdingbar, um das Gesamtbild zu vervollständigen" (Wietfeld 1998, 100f.).

Als ein besonders geeignetes Instrument zur Messung intangibler Faktoren von EDL der Endenergieanbieter stuft Wietfeld (ebenda, 101) die kundenorientierten, subjektiven Kriterien genügenden, **multiattributiven Verfahren** ein. Diese Verfahren werden der Mehrdimensionalität der Dienstleistungsqualität gerecht (Haußer 1999, 125), indem sie ein globales Qualitätsurteil aus der Summe vieler bewerteter Qualitätsmerkmale bzw. Attribute bestimmen (Bruhn 1998, 27). Der **SERVQUAL (Service Quality)-Ansatz** (Parasuraman/Zeithaml/Berry 1986 und 1988) stellt dabei eines der wenigen intensiv empirisch erprobten und immer wieder verbesserten multiattributiven Verfahren mit einer Kombination aus einstellungs- und zufriedenheitsorientierter Messung dar, das "ein hohes Maß an Validität und Reliabilität" (Haußer 1999, 125) verspricht und dessen Anwendung gestattet, standardisierte Daten zu erheben.

Beim SERVQUAL-Ansatz werden die erhaltene und die erwartete Leistung miteinander verglichen, teilweise erfolgt auch ein Vergleich mit einem Idealzustand. Die Leistung wird dabei anhand von 22 Punkten (Items) erhoben, die folgenden fünf Qualitätsdimensionen zuzuordnen sind (Wietfeld 1998, 103):

- Annehmlichkeit des tangiblen Umfelds (tangibles),
- Zuverlässigkeit (reliability),
- Reagibilität (responsiveness),
- Leistungskompetenz (assurance),
- Einfühlungsvermögen (empathy).

Der Ansatz geht davon aus, dass eine so gemessene höhere Dienstleistungsqualität, d. h. eine Verringerung der Differenz zwischen erwarteter und erhaltener Leistung, zu höherer Kundenzufriedenheit[295] und damit auch zu einer höheren Kundenbindung[296] führt. Haußer (1999) stellt die Anwendung des SERVQUAL-Ansatzes im EDL-Bereich am Beispiel einer im Jahr 1998 durchgeführten Qualitätsmessung des Energieberatungsangebots der Neckarwerke Stuttgart AG vor. Bei dieser Dienstleistungsqualitätsmessung wurde klar, dass auf der einen Seite zwar die Gesamtbeurteilung des Energieberatungsangebots positiv war, die befragten Kunden jedoch mit den ihnen wichtigsten Kategorien unzufrieden waren. Ein Bedarf an Qualitätsverbesserung wurde insbesondere in den folgenden Punkten gesehen:

- Fachwissen der Mitarbeiter,
- Unabhängigkeit und Neutralität der Beratung bzw. Nachvollziehbarkeit des Motivs des Energieunternehmens, Energieberatung anzubieten,
- Bekanntgabe von Inhalt, Ort und Zeitpunkt der Services,
- Interesse der Mitarbeiter an der Lösung von Kundenproblemen,
- Verständlichkeit, Klarheit und Strukturiertheit der Beratung,
- Einhaltung von Terminen und
- Ausführung der Erstberatung.

Probleme in der Aussagefähigkeit und Validität der mit dem SERVQUAL-Ansatz ermittelten Ergebnisse liegen insbesondere in der Güte bzw. der mangelnden Erfahrung der Testpersonen mit der Bewertung von EDL, dem daraus resultierenden Informationsgehalt der Antworten und dem Messniveau (Wietfeld 1998, 111). Da sich Kundenzufriedenheitsmessungen - wie auch die im Folgenden dargestellten - i. d. R. auf die Befragung von Testpersonen stützen, "sind statistische Operationen auf die Kundenzufriedenheitswerte gleichermaßen problembehaftet" (ebenda).

---

[295] Die Gültigkeit dieses Zusammenhangs wird in der Literatur allerdings kontrovers diskutiert. Zum Teil werden die Begriffe Dienstleistungsqualität und Kundenzufriedenheit sogar äquivalent behandelt (Wietfeld 1998, 112).

[296] Zu beachten ist, dass es sich bei dem Zusammenhang zwischen Kundenzufriedenheit und Kundenbindung zwar um eine gleichgerichtete, nicht aber um eine lineare Beziehung handelt (Wietfeld 1998, 114).

7.3.2.5 Kundenzufriedenheitsmessung

Ein zentraler Einflussfaktor psychologischer Kundenbindung bzw. -loyalität ist die Kundenzufriedenheit (Schoenheit/Niedergesäß 1999, 465[297]). Welche Faktoren wiederum die Kundenzufriedenheit beeinflussen und wie man diese grundsätzlich erfassen kann, ist "kein angestammtes Feld von Controllern" (Weber 1997, 29). Nach Weber (ebenda, 29f.) sprechen jedoch einige Gründe dafür, dass Controller nach erfolgter gemeinsamer Aufbauphase das Instrument der Kundenzufriedenheitsmessung ganz von der Marketing-Abteilung übernehmen:

- Kundenzufriedenheit ist als strategischer Erfolgsfaktor in alle Geschäftsfeld- bzw. Unternehmensplanungen zunehmend einzubeziehen.
- Die Marketing- und Vertriebsverantwortlichen sind letztlich für die Kundenorientierung von Unternehmensprozessen und -leistungen und damit für die Kundenzufriedenheit hauptverantwortlich. Sie erhalten häufig eine anreizorientierte Vergütung in Abhängigkeit u. a. von der Kundenzufriedenheit. Evaluierungen sollten nicht von denjenigen Personen vorgenommen werden, die das Evaluierte verantworten.
- Controller können in ihrer "unabhängigen" Steuerungsrolle bei entsprechender Methodenkenntnis außerdem besser auf Konstanz, Vergleichbarkeit, Qualität und Verlässlichkeit von Kundenzufriedenheitsmessungen in den unterschiedlichen Unternehmensteilbereichen achten.

Kundenzufriedenheit wird meist als **Divergenz zwischen erwarteter und wahrgenommener Qualität** der Leistungen und Prozesse eines Unternehmens interpretiert und entsprechend in modellgestützten Befragungen ermittelt (Wietfeld 1998). Im Gegensatz zum SERVQUAL-Ansatz beziehen sich Kundenzufriedenheitsmessungen wie die im Folgenden im Mittelpunkt stehenden Kundenbarometer in der Regel jedoch auf das gesamte Leistungsspektrum eines Unternehmens und nicht nur auf eine immaterielle Dienstleistung. Sie sind nach Wietfeld (ebenda, 112) daher besonders für den Energiesektor geeignet, da es hier oftmals um Systemlösungen geht, die sowohl das Angebot von Endenergie als auch EDL bein-

---

[297] Vgl. auch Schoenheit/Niedergesäß 1999, 465f., sowie Bruhn 1998 und verschiedenste Beiträge in Hinterhuber/Matzler 1999 zu weiteren Einflussfaktoren der Kundenbindung bzw. -loyalität.

halten. Nach einer Entscheiderbefragung von Mummert+Partner, Manager Magazin und FAZ-Institut (2002) haben 36% der befragten Energieunternehmen bis Anfang 2002 eine Kundenzufriedenheitsmessung mittels Kundenbefragung durchgeführt.

Kundenbarometer stellen periodische, unternehmens-, oft auch branchenübergreifende Untersuchungen der Kundenzufriedenheit dar, die den teilnehmenden Unternehmen zusätzlich ein Benchmarking mit Wettbewerbern oder vergleichbaren Unternehmen anderer Branchen über die Zeit ermöglichen. Jede derartige Kundenzufriedenheitsmessung basiert auf einem operationalisierten Modell der Einflussgrößen der Kundenzufriedenheit (vgl. z. B. die in Wietfeld 1998, 113ff., vorgestellten schwedischen, amerikanischen und deutschen, branchenübergreifenden Kundenbarometer). Teilweise sind auch weitergehende Wechselwirkungen zwischen Kundenzufriedenheit und Kundenbindung oder Kundenloyalität oder -beschwerden in das Modell integriert.

Das seit 1992 erhobene **Deutsche Kundenbarometer** bezieht einige Energieunternehmen mit ein. Für EDU wie das "Modell-EDU" ist insbesondere die Teilnahme an den **VDEW-Kundenzufriedenheits-Untersuchungen bzw. -Kundenfoci** (VDEW 1998/1999/2000/2000a, Skerst 1999, Nickel/Weidmann 2000) sowie dem ASEW-Erfolgsbarometer (Imug 2001, Niedergesäß/Heinzelmann 2002, o.V. 2000c) interessant. Alle bisherigen Studien - so u. a. auch die bundesweite Breitenbefragung "**VDEW-Monitor**" (o.V. 2001a) - verdeutlichen, dass es vor der Liberalisierung einen deutlichen Nachholbedarf der Energieunternehmen hinsichtlich einer gesteigerten Kundenorientierung gab, die Kundenzufriedenheit in den letzten Jahren jedoch merklich stieg[298]. Gleichzeitig wird evident, dass umfangreiche Kundenzufriedenheitsanalysen notwendig sind, um die Bedürfnisse der Kunden zu erkennen und somit die einzelnen Geschäftsfelder rentabel zu gestalten (Wietfeld 1998, 124).

---

298 Zu hinterfragen wäre jedoch, inwieweit die festgestellte Erhöhung der Kundenzufriedenheit insbesondere bei Haushaltskunden dadurch hervorgerufen wird, dass Energieunternehmen seit der Liberalisierung in Medien und Öffentlichkeit verstärkt wahrgenommen werden. Es könnte die These aufgestellt werden, dass ein Unternehmen, welches keinen Anlass zu Kundenbeschwerden gibt auch ohne irgendwelche Leistungsänderungen, ohne einen Wandel zu einem kundenorientierteren Handeln allein dadurch in der Kundenzufriedenheitsskala nach oben rückt, dass über das Unternehmen intensiver berichtet wird.

Beispielsweise wurde in der VDEW-Kundenzufriedenheits-Untersuchung bei großen Stromkunden 1997 (VDEW 1998) deutlich, dass ein grundsätzlicher Bedarf der Kunden an zusätzlichen Leistungen insbesondere im Bereich des Energiekostenmanagements besteht, jedoch fast die Hälfte des Bedarfs an zusätzlichen entgeltlichen EDL bei anderen Anbietern gedeckt wird, weil das Angebot der Energieunternehmen oft ein zu geringes Qualitätsniveau aufweist. Verbesserungsbedarf bestehe insbesondere bei den EDL "Energieversorgungskonzepte", "Planung, Bau, Finanzierung und Betrieb von energietechnischen Anlagen" sowie "Ermittlung von Energiesparpotenzialen".

Als Monitor für die Bindung der Kunden an die kommunalen Energieunternehmen wurde 1999 das **ASEW-Erfolgsbarometer** entwickelt und erstmalig von 7 Stadtwerken durchgeführt (o.V. 2000c). In einer telefonischen Umfrage unter 2340 Privat- und Gewerbekunden standen die Gesamtzufriedenheit mit Leistungen und Arbeitsweisen (Prozessen), die Zufriedenheit mit dem Preis-Leistungsverhältnis, das Image der Stadtwerke, aber auch die Wechselabsicht der Kunden zu einem anderen Energieunternehmen sowie die Weiterempfehlungsbereitschaft im Mittelpunkt. Aus Sicht des Kundenbindungs-Controlling ist insbesondere das Ergebnis interessant, dass Serviceleistungen von den Kunden geschätzt werden. So hat die Qualität der Kundenberatung einen wichtigen Einfluss auf die Beurteilung der einzelnen Stadtwerke: Kunden, die die Beratung genutzt haben und die sich kompetent und freundlich beraten fühlten, zeigen sich überdurchschnittlich loyal gegenüber ihrem EDU. Im Jahre 2000 wurden 3512 Kunden von 11 Stadtwerken, im Jahre 2001 bereits annähernd 5000 Kunden von 15 Stadtwerken telefonisch befragt (Imug 2001, Niedergesäß/Heinzelmann 2002). Als Ergebnisse der Befragung im Jahre 2001 konnten eine gesunkene Wechselbereitschaft und eine im Vergleich mit den Vorjahren erhöhte Kundenzufriedenheit festgestellt werden. Die Kunden schätzten vor allem die Versorgungssicherheit und die Qualität der Kundenberatung. Verbesserungsfähig seien allerdings die Verständlichkeit der Abrechnungen sowie die Informationen zu Preisen/Tarifen und zum Leistungsangebot der Unternehmen.

7.3.2.6 Deckungsbeitrags- und Erfolgsrechnungen: Inwieweit können Verbundeffekte quantifiziert werden?

Wie bereits erläutert, reichen rein nicht-monetäre Instrumente zur Analyse und Bewertung von Kundenbindungseffekten als alleinige Entscheidungsgrundlage nicht aus. Da die in Kapitel 7.2.2.3 vorgestellten Deckungsbeitrags- und Erfolgsrechnungen im Prinzip orientiert am gewünschten Bezugsobjekt gestaltet werden können (z. B. Kunde, Produkt/Dienstleistung, Vertriebsgebiet etc.), können sie auch als Kundendeckungsbeitrags- und Kundenerfolgsrechnungen zur vergangenheits- und/oder zukunftsorientierten Kundenwertbestimmung eingesetzt werden (vgl. hierzu insbesondere diverse Beiträge in Fickert 1998 sowie LBD 1999). Ein genauerer Blick auf derartige Deckungsbeitrags- und Erfolgsrechnungen zeigt jedoch schnell, dass die monetäre Bewertung von Kundenbindungseffekten - bzw. allgemein Verbundeffekten (vgl. Kapitel 7.2.3) - im Rahmen eines solchen Instrumenteneinsatzes keinesfalls trivial ist. Bevor eine ausführlichere Erläuterung zu kunden- bzw. kundengruppenbezogenen Analyseinstrumenten unter besonderer Berücksichtigung der Verbundeffekte zwischen Endenergie- und EDL-Bereich in den nachfolgenden Kapiteln erfolgt, wird zunächst eine am Bezugsobjekt "Produkt" bzw. "Dienstleistung" orientierte Möglichkeit zum Umgang mit Verbundeffekten im Hinblick auf ihre Implementierung in Energieunternehmen diskutiert, die ursprünglich für Handelsunternehmen konzipiert worden ist.

In Handelsunternehmen, zum Teil auch in Banken und Versicherungen, werden Verbundeffekte vor allem mit Hilfe von **Strukturanalysen** (insbesondere Verbundmodellierungen mit Hilfe von Kreuzpreis- und Kreuzkostenelastizitäten), **Warenkorbdeckungsbeitragsrechnungen** oder **verbundorientierten Sortimentserfolgsrechnungen** berücksichtigt (vgl. Recht/Zeisel 1998 zu den Vor- und Nachteilen der einzelnen Verfahren). Die Vertriebssituation der EVU und EDU unterscheidet sich jedoch von der Vertriebssituation der Handelsunternehmen in einigen wesentlichen Punkten, siehe Tabelle 44. Von daher stellt sich die Frage, inwieweit das von Recht und Zeisel (1998) für Handelsunternehmen präferierte Instrument der Sortimentserfolgsrechnung in Energieunternehmen sinnvoll anwendbar ist.

Tabelle 44 Vertriebssituation im Vergleich

	Handelsunternehmen	Bank/Versicherung	EVU/EDU
Sortiment	Ge- und Verbrauchsgüter des täglichen Bedarfs	Girokonto, Spar- und Bausparverträge, Wertpapiere, Kredite, Versicherungen	Energie, EDL[299]
Anzahl der Produkte pro Kaufakt	i. d. R. mehrere (Warenkorb)	meistens eins, manchmal auch mehrere (z. B. mehrere Wertpapiere oder Kredit und Bausparen)	i. d. R. eines, wenn auch u. U. ein sehr komplexes
Anzahl der Kaufakte/Jahr	i. d. R. viele	wenige, manchmal auch kein Kaufakt in einem Jahr	Wenige, manchmal auch kein Kaufakt in einem Jahr
Verbundwirkung	innerhalb des Warenkorbes	innerhalb des Warenkorbes und zwischen Kaufakten (aufgebautes Vertrauensverhältnis)	Zwischen Kaufakten (aufgebautes Vertrauensverhältnis)
Entscheidung über Annahme oder Ablehnung eines Kunden	nicht möglich (Sortimentssteuerung über einzelproduktbezogene Entscheidungen)	i. d. R. möglich (Sortimentssteuerung über Kundenselektion)	Beim Energieangebot im Tarifbereich nicht möglich, bei EDL i. d. R. möglich
Vertragsdauer	i. d. R. kurz und bei allen Produkten im Sortiment gleich	i. d. R. je nach Produkt unterschiedlich und eher mittel bis lang, auch wenn relativ kurzfristiger Anbieterwechsel möglich	i. d. R. je nach Produkt unterschiedlich und eher mittel bis lang, auch wenn relativ kurzfristiger Wechsel des Endenergieanbieters möglich
Preisbestandteile	i. d. R. nur variable Preisbestandteile	i. d. R. beschäftigungsfixe und variable Preisbestandteile	i. d. R. beschäftigungsfixe und variable Preisbestandteile
Sortimentserfolgsrechnung sinnvoll?	Ja	?	?

Quelle: Eigene Darstellung.

Die Idee der verbundorientierten Sortimentsrechnung nach Recht und Zeisel (1998) lässt sich wie folgt veranschaulichen: Angenommen, ein Energieunternehmen hat drei Kunden(gruppen) A, B und C mit den zugehörigen Warenkörben A, B und C (0). Insgesamt vertreibt das Energieunternehmen die Produkte Endenergie 1 und 2 sowie die EDL 1 und 2 zu bestimmten Preisen ($Preis_k$). Je Einheit des Produktes bzw. der Dienstleistung k wird der Deckungsbeitrag DB_k erwirtschaftet. Im jeweiligen Warenkorb j wird durch die nachgefragten Produkt- bzw.

---

[299] Zum Teil auch weitere Produkte und Dienstleistungen (z. B. Wasser, Entsorgung, Telekommunikation). Hier stehen jedoch vereinfacht die Verbundbeziehungen innerhalb des EDL-Bereichs und zwischen EDL- und Endenergiebereich im Vordergrund.

Dienstleistungsmengen mit dem Produkt bzw. der Dienstleistung k ein Deckungsbeitrag in Höhe von DB_{jk} und ein Umsatz in Höhe von $Umsatz_{jk}$ erzielt.

Um die Verbundbeziehungen zwischen den einzelnen Produkten und Dienstleistungen in den Warenkörben zu berücksichtigen, wird der Gesamtdeckungsbeitrag eines Warenkorbs DB_j so auf die im Warenkorb enthaltenen Produkte bzw. Dienstleistungen k geschlüsselt, dass (Recht/Zeisel 1998, 469)

- die Schlüsselung sowohl der Verhaltensweise der Konsumenten[300] als auch der Unternehmenssicht[301] gerecht wird,
- positive (negative) Warenkorbdeckungsbeiträge zu positiven (negativen) geschlüsselten Deckungsbeiträgen gDB_{jk} aller im Warenkorb j enthaltenen Produkte und Dienstleistungen k führen und
- die Summe der verrechneten Deckungsbeiträge gDB_{jk} in einem Warenkorb j dem Warenkorbdeckungsbeitrag entspricht.

Dies geschieht letztlich dadurch, dass der Warenkorbdeckungsbeitrag DB_j im Verhältnis der Umsatzanteile der einzelnen Produkte bzw. Dienstleistungen im Warenkorb auf die Produkte bzw. Dienstleistungen verteilt wird:

$$\textit{verrechneter Deckungsbeitrag } gDB_{jk} = DB_j * Umsatz_{jk} / Umsatz_j.$$

Der **Verbundertrag** VE_k des Produktes bzw. der Dienstleistung k ergibt sich aus der Summe der verrechneten Deckungsbeiträge[302]. Aus der Gegenüberstellung der herkömmlichen Kennzahl Deckungsbeitrag (DB_k) und dem so errechneten Verbundertrag (VE_k) in 0 lassen sich folgende Schlussfolgerungen ziehen:

- Wird ausschließlich der Deckungsbeitrag DB_k der einzelnen Produkte und Dienstleistungen als Grundlage für produktpolitische Entscheidungen herangezogen, so könnte dies ceteris paribus, d. h. bei Annahme konstanter Absatz-

---

[300] Sowohl die Preise der einzelnen Produkte und Dienstleistungen im Warenkorb als auch der Gesamtpreis des Warenkorbs haben Einfluss auf das wahrgenommene Preis-Leistungs-Verhältnis. Innerhalb des Warenkorbs nehmen die Konsumenten einen Konsonanz- bzw. Dissonanzausgleich von subjektiv als relativ niedrig bzw. als relativ hoch wahrgenommenen Preisen vor.

[301] Erfolgsmaximierende Mischkalkulation.

[302] Für das in 0 dargestellte Beispiel gilt demnach: $VE_k = gDB_{Ak} + gDB_{Bk} + gDB_{Ck}$.

preise und -mengen, dazu führen, dass beide EDL nicht mehr angeboten werden.

- Unter Berücksichtigung der Verbundbeziehungen (Kundenbindungseffekte) zwischen den angebotenen EDL und Endenergien erzielen jedoch beide EDL einen positiven Verbundertrag, was zu der Empfehlung führen kann, beide EDL weiterhin anzubieten oder zumindest EDL 2, da der Verbundertrag von EDL 1 nahe bei null liegt (Indifferenz).

Ausgehend vom Verbundertrag lassen sich weitere Kennzahlen ableiten, beispielsweise der Verbundertrag pro Produkt- bzw. Dienstleistungseinheit oder der Verbundertrag je geleistete Arbeitsstunde, die dem jeweiligen Produkt bzw. der jeweiligen Dienstleistung zurechenbar ist. Die Verbundsertragsrechnung kann um eine Stufe erweitert werden, indem von der Summe der geschlüsselten Deckungsbeiträge produkt- bzw. dienstleistungsspezifische Fixkosten (Recht/Zeisel 1998, 474f.) bzw. im Rahmen einer Prozesskostenrechnung geschlüsselte Gemeinkosten subtrahiert werden. Dies ist immer dann sinnvoll, wenn von einem Produkt oder einer Dienstleistung insgesamt nur eine geringe Anzahl vertrieben wird, die Bereitstellung dieses Produkts bzw. dieser Dienstleistung jedoch beträchtliche Fixkosten bzw. Gemeinkosten verursacht.

Zwischen der Vertriebssituation von Handels- und Energieunternehmen besteht der entscheidende Unterschied, dass in Handelsunternehmen die Verbundeffekte innerhalb eines Warenkorbes auftreten, d. h. die gleichzeitig oder zumindest in einem engen zeitlichen Zusammenhang erworbenen Produkte erzeugen die Verbundbeziehung, während in Energieunternehmen in der Regel die **Verbundeffekte zwischen verschiedenen Kaufakten**, d. h. zu unterschiedlichen Zeitpunkten abgeschlossenen **Verträgen mit ungleicher Laufzeit** auftreten (z. B. Gaslieferungs- und Contracting-Vertrag oder Verträge über Thermografie und Lastmanagement). Die sich - insbesondere im EDL-Bereich - ggf. über mehrere Perioden erstreckenden Vertragslaufzeiten der einzelnen Produkte und Dienstleistungen wurden in der in 0 dargestellten Sortimentserfolgsrechnung jedoch nicht berücksichtigt. Die Aussagekraft der Rechnung ist daher eingeschränkt. Für Energieunternehmen relevanter sind mehrperiodige Rechnungen bis hin zu denjenigen, die den gesamten Lebenszyklus der jeweiligen Kunden- bzw. Kundengruppenbeziehung und alle auf sie entfallenden Aufwendungen und Erträge berücksichtigen.

Tabelle 45 Veranschaulichung des Prinzips der Sortimentserfolgsrechnung

Produkt$_k$/ Dienstleistung$_k$	**Menge**	**DB_k**	**$Preis_k$**[303]	**DB_{jk}**	**$Umsatz_{jk}$**	**gDB_{jk}**
Warenkorb A:						
Endenergie 1	20.000	0,01	0,05	200,00	1.000,00	6,41
Endenergie 2	15.000	0,01	0,12	150,00	1.800,00	11,54
EDL 2	1	-300,00	5.000,00	-300,00	5.000,00	32,05
			Summe	50,00[304]	7.800,00[305]	50,00
Warenkorb B:						
Endenergie 2	30.000	0,01	0,12	300,00	3.600,00	-7,66
EDL 1	1	-21,50	1.500,00	-21,50	1.500,00	-3,19
EDL 2	1	-300,00	5.000,00	-300,00	5.000,00	-10,64
			Summe	-21,50	10.100,00	-21,50
Warenkorb C:						
Endenergie 1	2.500	0,01	0,05	25,00	125,00	0,27
EDL 1	1	-21,50	1.500,00	-21,50	1.500,00	3,23
			Summe	3,50	1.625,00	3,50

Produkt$_k$/ Dienstleistung$_k$	**DB_k**	**Empfehlung auf Grund DB_k**	**VE_k**	**Empfehlung auf Grund VE_k**
Endenergie 1	0,01	+	6,68	+
Endenergie 2	0,01	+	3,88	+
EDL 1	-21,50	-	0,04	+
EDL 2	-300,00	-	21,41	+

Quelle: Eigene Darstellung in Anlehnung an Recht/Zeisel 1998.

7.3.2.7 Customer Lifetime Value - Monetäre Kundenwertbestimmung unter Berücksichtigung von Verbundeffekten

Bei der zukunftsorientierten Customer Lifetime Value-Rechnung wird mittels des Einsatzes von Investitionsrechnungs-Modellen der Wert eines einzelnen Kunden, einer Kundengruppe oder eines Kundensegments unter Einbezug des gesamten Lebenszyklus der Kundenbeziehung quantitativ bestimmt (Vermögenswert der Kundenbeziehung). Ähnlich wie bei der Abschätzung eines Unternehmenswertes mit Hilfe der Shareholder-Value-Methodik werden zukünftige Geldzu- und -abflüsse

[303] Vereinfachend wird hier davon ausgegangen, dass es keine beschäftigungsfixen Preisbestandteile gibt und der Preis unabhängig von der abgenommenen Menge ist.

[304] = $DB_{j=A}$.

[305] = $Umsatz_{j=A}$.

des Kunden über einen bestimmten Prognosezeitraum geschätzt und ein eventueller Restwert am Ende dieser Betrachtungsperiode berechnet (Fickert 1998, 28). Unter Berücksichtigung kundenspezifischer Investitionen (z. B. auch nicht kostendeckendes Angebot bestimmter EDL oder spezifische Marketingaktivitäten als Investitionen in den Kunden als Endenergieabnehmer) lässt sich auf diese Weise der **Kapitalwert**, d. h. der abgezinste Barwert der zu erwartenden Einnahmeüberschüsse als Entscheidungskriterium kalkulieren (Tabelle 46).

Tabelle 46 Beispiel der Berechnung eines Customer Lifetime Value aus dem Business-to-Business-Bereich (Industriegüterbereich)(ohne Berücksichtigung eines evtl. Restwertes)

	t=0	t=1	t=2	t=3	t=4	Summe
Bruttoumsatz	10.000.000	9.500.000	9.025.000	8.573.750	8.145.063	45.243.813
begleitende Erlöse	80.000	80.000	80.000	80.000	80.000	400.000
technologische Vorlaufkosten	1.300.000					1.300.000
vertriebliche Vorlaufkosten	220.000					220.000
begleitende Kosten	100.000	100.000	300.000	100.000	100.000	700.000
variable Kosten	6.900.000	6.417.000	5.967.810	5.550.063	5.161.559	29.996.432
kundenspezifische Vertriebskosten	750.000	765.000	734.400	660.960	594.864	3.505.224
kundenspezifische fixe Kosten der Fertigung	1.800.000	1.854.000	1.909.620	1.966.909	2.025.916	9.556.444
Folgekosten					250.000	250.000
jährlicher Einnahmeüberschuss	-990.000	444.000	193.170	375.818	92.724	115.712
Einnahmeüberschuss diskontiert	-990.000	403.636	159.645	282.358	63.332	**-81.030**

Quelle: Homburg/Werner 1998, 141.

Eine Weiterentwicklungsmöglichkeit besteht in der Ausgestaltung der Customer Lifetime Value-Rechnung als mehrstufige, lebenszyklusorientierte Kundendeckungsbeitrags- und/oder -ergebnisrechnung, die einen mitlaufenden SOLL-"WIRD"-IST-Vergleich anhand von Kennzahlen wie kumulierter mehrstufiger Deckungsbeitrag, kumulierter ROI, kumulierte Umsatzrentabilität bzw. Ergebniseffizienz ermöglicht, und deren Hilfe die Entscheidung zulässt, wann die Vorlauf, Anlauf- und Folgekosten einer Kundenbeziehung verdient sein werden (Palloks 1999, 296ff.).

Derartige **dynamische Abschätzungen des Kundenwertes** tragen z. B. der empirischen Erkenntnis Rechnung, dass die Rentabilität des Kunden mit zunehmender Dauer der Kundenbeziehung in der Regel steigt (Reichheld/Sasser 1991, Reichheld 1996; vgl. auch Page/Pitt/Berthon 1996): Die kundenspezifischen Betriebskosten sinken, das Geschäftsvolumen wird dagegen erweitert, hinzu kommen Cross-Selling-Effekte, zusätzliche Ergebnisbeiträge aus Preiszuschlägen und Gewinne auf Grund von Weiterempfehlungen. Allerdings handelt es sich hier um Erfahrungen aus einer ganzen Reihe von Branchen, bei denen in jedem Fall sorgfältig zu prüfen wäre, inwieweit der damit beschriebene, quasi gesetzmäßige Verlauf einer langfristigen Geschäftsbeziehung auch auf den Endenergie- und/oder EDL-Bereich zutrifft. In jedem Fall sind Veränderungen in der allgemeinen Bindungsbereitschaft der Kunden und Diskontinuitäten zu berücksichtigen, wie sie beispielsweise die Liberalisierung hervorgerufen hat (vgl. auch Klingebiel 2000).

Tabelle 47 Determinanten des Customer Lifetime Value

Monetäre Determinanten	**Nicht-monetäre Determinanten**
(+) Umsatzerlöse in Abhängigkeit von • Kauffrequenz, • Rechnungsbetrag und • Cross-Selling-Rate (+) Gewinne durch Aktivreferenzen und Weiterempfehlung in Form gesparter Akquisitionskosten (-) Kosten • Kundengewinnungskosten • Kosten im Vorfeld, während und nach der Leistungserstellung	(+)/(-) Informationswert: • Verbesserungsvorschläge/Beschwerden • Beziehungsqualität • Beziehungsintensität (+)/(-) Referenzwert: • Weiterempfehlungsabsicht • Meinungsführerschaft • Aktives Kommunikationsverhalten (+)/(-) Good-Will / Vertrauen / Wiederkaufwahrscheinlichkeit / Abwanderungsgefährdung (+)/(-) Anbieterimage aus Kundensicht (+)/(-) Risikobereitschaft (+)/(-) Preissensibilität (+)/(-) Qualitätsbewusstsein

Quelle: Meyer/Dullinger 1998, 773.

Generell lassen sich die **Determinanten** des dynamischen Customer Lifetime Value - wie in Tabelle 47 dargestellt - in monetäre und nicht-monetäre Determinanten differenzieren. Bei der Anwendung der Customer Lifetime Value-Rechnung in der

Praxis stellt sich zum einen das Prognoseproblem der monetären Determinanten, zum anderen das Problem, die qualitativen, nicht-monetären Aspekte der Kundenbeziehung monetär zu bewerten, um sie dann - beispielsweise in einer zweiten Stufe der Customer Lifetime Value-Rechnung - zusammen mit dem monetären Kundenwert zu einer Gesamtgröße zu aggregieren (Meyer/Dullinger 1998, 773).

Im Folgenden steht im Mittelpunkt, wie die Customer Lifetime Value-Rechnung ausgestaltet werden kann, um Verbundeffekte zwischen dem Endenergie- und dem EDL-Bereich monetär zu bewerten und herauszustellen, welche Probleme damit im einzelnen verknüpft sind. Dabei konzentriert sich die Rechnung vorrangig auf die monetären Determinanten des Kundenwertes.

Das **prinzipielle Vorgehen** bei der Durchführung einer Customer Lifetime Value-Analyse lässt sich wie folgt beschreiben (vgl. Homburg/Werner 1998, 142ff.):

Schritt 1: Definition des zu betrachtenden Entscheidungsobjektes (z. B. Geschäftsbeziehung als Ganzes, wahrgenommener entgangener Kundenauftrag oder einzelne Kundenbindungsmaßnahme; einzelner Kunde oder Kundensegment), des Betrachtungszeitraumes (einperiodig, mehrperiodig, gesamte Dauer der Kundenbeziehung) und des relevanten Entscheidungskriteriums (z. B. Kundendeckungsbeitrag, Kundenprofitabilität).

Schritt 2: Definition der für das jeweilige Entscheidungsproblem relevanten Nutzen- und Kostenkategorien. Die Frage der Relevanz der zugeordneten Kosten und Erlöse lässt sich zum Teil nur schwer beantworten, beispielsweise wenn Verbundbeziehungen zwischen einzelnen Bezugsobjekten zu berücksichtigen sind.

Schritt 3: Quantifizierung der Kategorien. Auf Grund der Prognose- und Monetarisierungsprobleme ist es hier unter Umständen sinnvoll, verschiedenste Szenarien oder Sensitivitäten zu betrachten bzw. verschiedene Simulationsrechnungen durchzuführen.

Schritt 4: Durchführung der Rechnung für den zuvor festgelegten Betrachtungszeitraum und das gewählte Entscheidungsobjekt unter Einbezug der relevanten, quantifizierten Nutzen- und Kostenkategorien.

Schritt 5: Bewertung der Ergebnisse und Entscheidung, z. B. über Aufgabe oder Beibehaltung eines Kunden/einer Kundengruppe oder über die Durchführung einer Kundenbindungsmaßnahme.

Die Anwendung der Customer Lifetime Value-Analyse auf einen bestimmten Typus der in Kapitel 7.2.3 dargestellten Verbundeffekte zwischen Endenergie- und EDL-Bereich - nämlich **Kundenbindungseffekte im Endenergiebereich, die durch die Erbringung einer EDL erzielt werden** - lässt sich wie folgt konkretisieren:

Schritt 1: Untersucht wird die Veränderung des kurzfristigen (einperiodigen) und des langfristigen (lebenszyklusorientierten) Kundendeckungsbeitrages bzw. Kundenerfolgs im Stromverkauf durch Erbringung einer für den Kunden kostenfreien oder vergünstigten (d. h. für das Unternehmen nicht profitablen) Energieeffizienz-Dienstleistung. Eine zu beantwortende Entscheidungsfrage lautet: Lohnt sich die Investition in diese energieeffiziente Kundenbindungsmaßnahme oder nicht? Differenziert wird dabei zwischen dem Angebot einer Energieeffizienz-Dienstleistung an einen bestimmten abwanderungswilligen Kunden, um diesen zu halten, und dem Angebot einer Energieeffizienz-Dienstleistung an eine bestimmte Kundengruppe, um die durchschnittliche Dauer einer Kundenbeziehung in diesem Kundensegment zu verlängern bzw. die durchschnittliche Abwanderungsrate zu verringern.

Schritt 2: Zu den relevanten Nutzen- und Kostenkategorien zählen hier der entsprechende kurzfristige und langfristige Deckungsbeitrag im Stromverkauf und seine Veränderung durch die Kundenbindungsmaßnahme sowie die Umsatzerlöse und Kosten, die direkt mit der Erbringung der Energieeffizienz-Dienstleistung verbunden sind.

Schritt 3: In diesem Zusammenhang zu entscheiden ist vor allem,

- bezogen auf den einzelnen Kunden: Wie hoch ist die Abwanderungsgefahr einzuschätzen? Ist sie beispielsweise plausibel und glaubwürdig angedroht? Gibt die Energieeffizienz-Dienstleistung den Ausschlag für die Nicht-Abwanderung des Kunden? Wie hoch ist die Normalrestlaufzeit der Kundenbeziehung bei Nicht-Abwanderung?

- bezogen auf ein Kundensegment Wie hoch ist die durchschnittliche Abwanderungsrate bzw. als Kehrwert die durchschnittliche Dauer der Kundenbeziehung einzuschätzen? Inwieweit verlängert oder verringert sich die Kundenbeziehung bzw. die Abwanderungsrate durch die Erbringung der EDL ?

- Welche Zusatzeffekte sollen wie weit quantifiziert und einbezogen werden (z. B. Weiterempfehlungen oder Verbesserungsvorschläge des Kunden in der restlichen Vertragslaufzeit)?

- In welcher Höhe und über welchen Zeitraum vermindert die Energiesparmaßnahme den jährlichen Stromverbrauch des Kunden(segments) (inklusive spill over- und rebound-Effekten sowie mit oder ohne Berücksichtigung des Risikos, dass die Einsparung auch tatsächlich erreicht wird)?

- Wäre die Energiesparmaßnahme ohnehin erfolgt (z. B. mit Hilfe anderer Dienstleistungsanbieter)? Können also entgangene Erlöse unberücksichtigt bleiben? Inwieweit sind durch die Energiesparmaßnahme verursachte vermiedene Grenzkosten im Strombereich entsprechend zu berücksichtigen?

- Wird nach Ende der Nutzungsdauer der Einsparmaßnahme das ursprüngliche Stromverbrauchsniveau wieder erreicht (snap back-Effekt)?

- Welche Kosten sind der Einsparmaßnahme zuzurechnen?

Schritt 4: Tabelle 48 und Tabelle 49 zeigen entsprechende idealtypische Beispielrechnungen, in denen allerdings aus Gründen einer anschaulicheren Darstellung auf die Diskontierung zukünftiger Kosten und Erlöse verzichtet wird (Zinssatz = 0%).

Schritt 5: Diese Beispielrechnungen und ihre Ergebnisse werden nachfolgend erläutert und bewertet.

Abbildung 36 Antwortdimensionen zur Frage: Lohnt sich die Investition in eine bestimmte energieeffiziente Kundenbindungsmaßnahme?

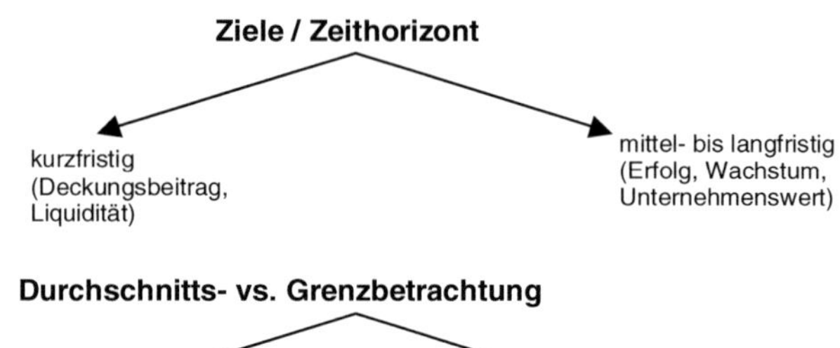

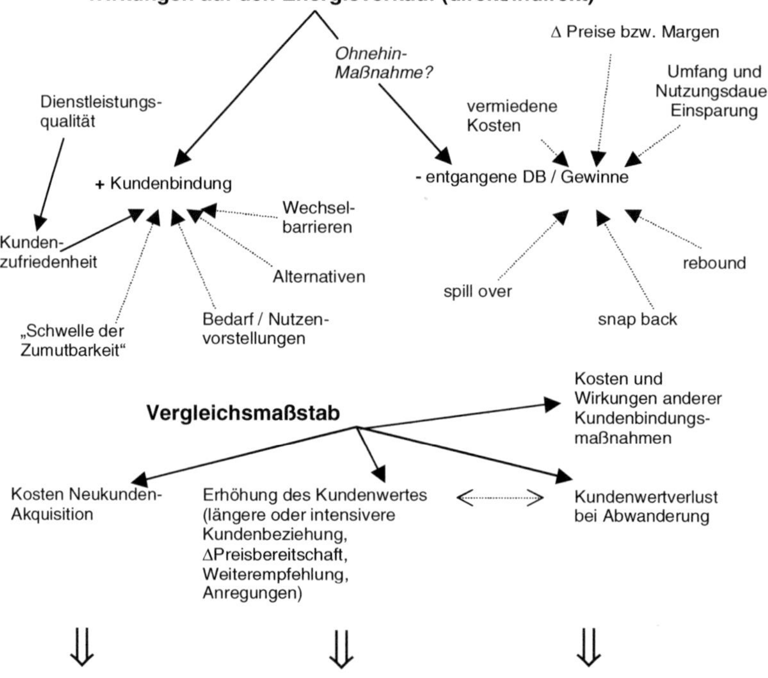

⇓ ⇓ ⇓

Obergrenze für interne Leistungsverrechnung des Kundenbindungseffektes einer energieeffizienten Dienstleistung

Quelle: Eigene Darstellung.

Tabelle 48 Verringerung der Abwanderungswahrscheinlichkeit bzw. Verlängerung der Dauer der Kundenbeziehung in einem Kundensegment durch Erbringen einer Energieeffizienz-Dienstleistung (lebenszyklusorientierte Kundendeckungsbeitragsrechnung; Durchschnittsbetrachtung)

	Einheit	**Segment Haushalts-kunden**	**Segment Industrie-kunden**
Stromlieferung			
Durchschnittliche Abwanderungsrate (inkl. "natürliche" Abwanderung)	%/a	5	10
Durchschnittliche Dauer einer Kundenbeziehung	a	20	10
Erwarteter Stromverbrauch (ohne Energiesparmaßnahme)	kWh/a	4.000	100.000
Erwarteter Durchschnittserlös	EUR/kWh	0,12	0,08
direkt zurechenbare Beschaffungs- bzw. Erzeugungskosten	EUR/kWh	0,04	0,03
direkt zurechenbares Netzentgelt	EUR/kWh	0,05	0,03
direkt zurechenbare Vertriebs- und Marketingkosten	EUR/a	50	250
direkt zurechenbare Mess- und Abrechnungskosten	EUR/a	25	500
Kurzfristiger Kundendeckungsbeitrag Stromverkauf	EUR/a	45	1.250
Langfristiger Deckungsbeitrag je Kunde in Abhängigkeit von der Dauer der Kundenbeziehung	EUR	900	12.500
Zusatzeffekte (z. B. Weiterempfehlung, Verbesserungsvorschläge des Kunden)	EUR	0	0
Langfristiger Deckungsbeitrag je Kunde inkl. Zusatzeffekte	EUR	900	12.500
Energieeffizienz-Dienstleistung		Energiespar-lampen	Energie-analyse
Umsatzerlös durch Energieeffizienz-Dienstleistung	EUR	0	4200
Vollkosten der Energieeffizienz-Dienstleistung (Zielkosten)	EUR	30	4500
Nutzungsdauer der Energieeffizienz-Dienstleistung	a	8	8
Verringert jährlichen Stromverbrauch um x%	%	2	10
Wird Stromverbrauch nach Ende der Nutzungsdauer ursprüngliches Niveau erreichen (snap back-Effekt)?	ja/nein	Nein	Ja
Verbunddeckungsbeitrag			
würde Einsparmaßnahme ohnehin (z. B. mit Hilfe anderer Dienstleistungsanbieter) erfolgen?	ja/nein	Ja	Ja
daher anzurechnender entgangener Erlös abzüglich vermiedener Grenzkosten des Stromverkaufs auf Grund der durchgeführten Einsparmaßnahme (entgangener Deckungsbeitrag)	EUR	0	0
Verlängerung der Kundenbeziehung um x Jahre auf Grund der als Kundenbindungsmaßnahme erbrachten EDL	a	1	1
Entspricht einer Verringerung der Abwanderungsrate um x%	%	4,76	9,09
Zusätzlicher langfristiger Deckungsbeitrag Stromverkauf durch Kundenbindungseffekt (gemindert um Energiesparerfolg, sofern kein snap back-Effekt durchschlägt)	EUR	43	1.250
Zusätzlicher langfristiger Deckungsbeitrag Stromverkauf durch Kundenbindungseffekt abzüglich der EDL-Kosten (netto)	EUR	13	950

Quelle: Eigene Darstellung.

Tabelle 49 Verhinderung der Abwanderung eines konkreten Kunden durch Erbringen einer Energieeffizienz-Dienstleistung (lebenszyklusorientierte Kundenerfolgsrechnung; individuelle Grenzbetrachtung)

	Einheit	Haushalts-kunde	Industrie-kunde
Stromlieferung			
Abwanderung glaubwürdig/plausibel angekündigt? Ist also eine konkrete, hohe Abwanderungsgefahr gegeben?	ja/nein	ja	ja
Normalrestlaufzeit der Kundenbeziehung (Nicht-Abwanderung)	a	10	5
Erwarteter Stromverbrauch (ohne Energiesparmaßnahme)	kWh/a	4.000	100.000
Normalstromverbrauch über restliche Kundenbeziehungs-dauer (Nicht-Abwanderung)	kWh	40.000	500.000
Erwarteter Durchschnittserlös (gemittelt über Dauer der Kundenbeziehung)	EUR/kWh	0,12	0,08
direkt zurechenbare Beschaffungs- bzw. Erzeugungskosten	EUR/kWh	0,04	0,03
direkt zurechenbares Netzentgelt	EUR/kWh	0,05	0,03
direkt zurechenbare Vertriebs- und Marketingkosten	EUR/a	50	250
direkt zurechenbare Mess- und Abrechnungskosten	EUR/a	25	500
Sonstige verrechnete (Gemein-)Kosten	EUR/a	10	300
Kurzfristiger Kundenerfolg Stromverkauf (Nicht-Abwanderung)	EUR/a	35	950
Langfristiger Kundenerfolg in Abhängigkeit von der Dauer der Kundenbeziehung (Nicht-Abwanderung)	EUR	350	4.750
Zusatzeffekte (z. B. Weiterempfehlung, Verbesserungsvorschläge)	EUR	10	500
Langfristiger Kundenerfolg inkl. Zusatzeffekte (Nicht-Abwanderung)	EUR	360	5.250
Energieeffizienz-Dienstleistung		Energiespar-lampen	Energie-analyse
Umsatzerlös durch Energieeffizienz-Dienstleistung	EUR	0	4.200
Vollkosten der Energieeffizienz-Dienstleistung (Zielkosten)	EUR	30	4.500
Nutzungsdauer der Energieeffizienz-Dienstleistung	a	8	8
Verringert jährlichen Stromverbrauch um x%	%	2	10
Wird Stromverbrauch nach Ende der Nutzungsdauer ursprüngliches Niveau erreichen (snap back-Effekt)?	ja/nein	Nein	ja
Verbunderfolg			
Minderung des im Trend bei Nicht-Abwanderung zu erwar-tenden langfristigen Kundenerfolgs durch die EDL-Maßnahme (entgangener Erlös ./. vermiedene Grenzkosten)	EUR	24	1.000
Kann Abwanderungsgefahr durch das Erbringen der Energie-effizienz-Dienstleistung nachhaltig abgewendet werden?	ja/nein	Ja	Ja
Erhaltener Erfolg im Stromverkauf auf Grund Kundenbindungseffekt (inkl. Zusatzeffekte)	EUR	336	4.250
Erhaltener Erfolg unter Einrechnung der EDL-Kosten (netto)	EUR	306	3.950

Quelle: Eigene Darstellung.

Abbildung 36 fasst die wesentlichen **Dimensionen** zusammen, die bei diesen fünf Schritten zu berücksichtigen sind, d. h. diejenigen Perspektiven und Einflussgrößen, von denen die Antwort auf die Kernfrage abhängt, ob sich die Investition des Energieanbieters in eine bestimmte Kundenbindungsmaßnahme lohnt.

Ob letztlich die **Kundenerfolgs- oder die Kundendeckungsbeitragsrechnung** das geeignete Verfahren ist, hängt insbesondere ab von

- **der Entscheidungssituation**:
  z. B., ob es um zusätzliche Deckungsbeiträge bei bestehenden Kunden geht, die durch eine bestimmte Maßnahme kurzfristig erzielt werden sollen, oder um die Annahme oder Ablehnung eines Neukunden in Abhängigkeit von seiner langfristig zu erwartenden Profitabilität geht,

- **der Aussagekraft der ermittelten Deckungsbeiträge**:
  z. B. abhängig davon, ob mit ihnen noch ein großer Teil der Kosten gedeckt werden muss, was bei dem Beispiel von Grevener (1998, 62) mit Deckungsbeiträgen in Höhe von 30 bis 50% des Umsatzes der Fall ist, oder ob bereits die wesentlichsten Kostengrößen in die Rechnung eingeflossen sind und

- **den Schlüsselungsmöglichkeiten**:
  d. h. inwieweit sich Gemeinkosten plausibel, verursachungsgerecht und wirtschaftlich einzelnen Kunden bzw. Kundengruppen zuordnen lassen (vgl. Fickert 1998, 25; zur Kritik an jeglicher Gemeinkostenschlüsselung vgl. Riebel 1994 oder auch Buch 1991).

In den Beispielen in Tabelle 48 und Tabelle 49 ändert das gewählte Verfahren nichts am grundlegenden Ergebnis, dass der Kundenbindungseffekt es in allen vier Fällen rechtfertigt, die ausgewählten kosteneffektiven Energieeffizienz-Dienstleistungen zu erbringen. Dies gilt ganz besonders in dem Fall von Tabelle 49, in dem der Kunde glaubwürdig und plausibel mit einer Abwanderung droht, die Energieeffizienz-Dienstleistung aber ausschlaggebend für den Verbleib des Kunden ist. Inwieweit dies ein realistisches, plausibles Szenario darstellt, muss im Rahmen des dritten Schritts der dargestellten Vorgehensweise beurteilt werden. Die Entscheidungssituationen in Tabelle 48 und Tabelle 49 weichen stark voneinander ab: Tabelle 48 zeigt eine Durchschnittsbetrachtung für ein gesamtes Kundensegment und vergleicht die gemittelten Kosten der Investition in die Kundenbindung mit der entsprechenden durchschnittlichen Erhöhung des Kundenwertes vor Einbezug dieser Kosten, Tabelle 49 verdeutlicht den konkreten Fall eines einzelnen Kunden, bei dem die Investitionskosten der Kundenbindungsmaßnahme ins Verhältnis zum drohenden Kundenwertverlust bei Abwanderung gesetzt werden. Die Energieeffizienz-Dienstleistungen werden in allen vier Fällen nicht (voll)kostendeckend angeboten: Haushaltskunden erhalten Energiesparlampen geschenkt, Industriekunden eine vergünstigte Energieanalyse ihres Betriebes.

Die Senkung der Abwanderungsrate um knapp 5 Prozent wie in der Beispielrechnung in Tabelle 48 für das Segment der Haushaltskunden führt in diesem Fall allerdings nicht zu den immensen Gewinnsteigerungen um 25 bis 85 Prozent wie Reichheld und Sasser (1991) für eine derartige Reduktion der Kundenfluktuation in ihrer Untersuchung ermittelten. Es könnten andere, kostengünstigere Kundenbindungsmaßnahmen existieren, die zu einer stärkeren Erhöhung des Kundenwertes (z. B. einer Verlängerung der Kundenbeziehung um mehr als ein Jahr) und damit zu höheren Gewinnsteigerungen führen können. Die Frage, ob die ausgewählten Kundenbindungsmaßnahmen wirtschaftlich sind, kann zwar auf Grund der Rechenergebnisse unter den getroffenen Annahmen mit "ja" beantwortet werden. Aber weder die Frage, ob diese Kundenbindungsmaßnahmen die geeignesten bzw. wirtschaftlichsten sind, noch die Frage, ob eine verstärkte Akquisition von Neukunden wirtschaftlicher ist als eine derartige Durchführung von Kundenbindungsmaßnahmen bei Bestandskunden, ist damit beantwortet worden. Bevor eine Entscheidung zur Umsetzung einer bestimmten Kundenbindungs- oder Neukundenakquisitionsmaßnahme getroffen wird, sollten Customer Lifetime Value-Rechnungen daher für die verschiedensten alternativen Maßnahmen durchgeführt und die Ergebnisse miteinander verglichen werden.

Ein weiteres Problem besteht steckt in den Annahmen über künftige Verhaltensweisen der Kunden, potenzielle Preis- und Kostenentwicklungen sowie die mit Hilfe der EDL zukünftig erreichbaren Energieeinsparungen, die den in Tabelle 48 und Tabelle 49 dargestellten Rechnungsbeispielen zugrunde liegen. Diese Annahmen sind mit Risiken, Unschärfen und Unsicherheit im engeren Sinne behaftet. Risiko, Unschärfe und Unsicherheit sollten daher auch in den Customer Lifetime Value-Rechungen berücksichtigt werden. Beispielsweise lassen sich verhaltensbezogene Wahrscheinlichkeiten in die Rechnungen direkt einbeziehen und mögliche divergierende Preis- und Kostenentwicklungen in differenzierten Prognose- bzw. Szenario-, Sensitivitäts- oder Simulationsrechnungen abbilden.

7.3.2.8 Integration von Kundenbindungseffekten in die interne Leistungsverrechnung zwischen Endenergie- und EDL-Bereich?

In den vorangegangenen Kapiteln wurde deutlich, dass EDL - insbesondere stärker standardisierte - oft in erster Linie zur Kundenbindung im Endenergiebereich angeboten werden. Der EDL-Bereich (z. B. ein Profit Center "Energiedienstleistungen" des "Modell-EDU") erbringt damit eine Leistung (Kundenbindungseffekt) für den Endenergiebereich (z. B. ein Profit Center Stromvertrieb), die sich im Prinzip – sofern plausible Annahmen über die Ausgangs- und Entwicklungsbedingungen getroffen werden können - mit Hilfe der Customer Lifetime Value-Rechnung monetär bewerten lässt. Die Frage liegt daher auf der Hand, inwieweit nicht ein solcher Kundenbindungseffekt in die **interne Leistungsverrechnung** zwischen beiden Bereichen einbezogen werden könnte bzw. sollte.

Aus Sicht eines Profit Centers "Energiedienstleistungen" erweist sich durch die interne Verrechnung der Dienstleistung "Kundenbindung" ein womöglich (noch) verlustträchtiges EDL-Angebot ggf. als profitabel, was den Aufbau und die Entwicklung des Geschäftsfeldes unterstützt (inklusive der Ausschöpfung von Kostendegressionspotenzialen). Angesichts des zunehmenden Konkurrenzdrucks, der Wechselbereitschaft der Kunden und der zukünftig möglicherweise steigenden Gefahr der Abwanderung von Kunden ist auf der anderen Seite ein Profit Center "Stromvertrieb" daran interessiert, Dienstleistungen zu offerieren, die zur Verbesserung der Kundenbindung beitragen und damit Marktanteile bzw. Deckungsbeiträge sichern oder sogar steigern helfen. Außerdem bietet es sein Vertriebs-Know how und seine Vertriebsleistungen dem Profit Center "Energiedienstleistungen" an und kann dadurch selbst Leistungen intern in Rechnung stellen. Das Zusammenwirken der beiden Profit Center, um den Kunden Energie und EDL "aus einer Hand" anzubieten, nützt daher beiden (Abbildung 37)[306].

---

[306] Nach Angaben der RWE Energie AG lassen sich durch Cross-Selling-Effekte bei Gas, Strom, Wasser, Entsorgung und energienahen Dienstleistungen darüber hinaus bis zu 25% der Kosten sparen (Schneider / Schürmann 2000a).

Abbildung 37 Profit Center - Synergien

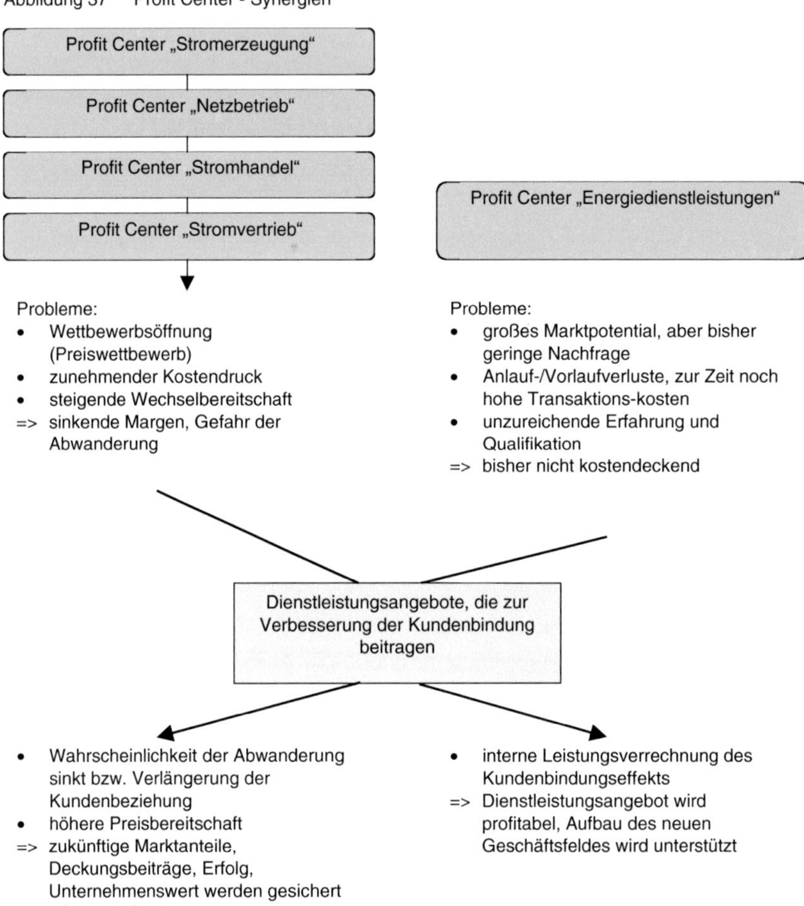

Quelle: Eigene Darstellung.

Wie sich in den Interviews herausgestellt hat, vertreibt nicht nur der Endenergievertrieb EDL mit und erhebt damit Anspruch auf interne Verrechnung seiner Vertriebsleistung, sondern oft vermittelt auch der EDL-Bereich ein Endenergiegeschäft und beansprucht entsprechend Provision.

Art und Umfang bzw. Verfahren zur Verrechnung derartiger Vertriebsleistungen, Kundenbindungs- und weiterer Verbundeffekte zwischen dem Endenergie- und dem EDL-Bereich sind letztlich **Verhandlungssache**. Meist ist eine eindeutige Zurechnung nicht möglich, weil die Quantifizierung der Verbundeffekte mit Risiken, Unschärfen und Unsicherheit im engeren Sinne behaftet ist. Letztlich muss nach Nutzen-Kosten-Überlegungen und mit Blick auf die mit der internen Leistungsverrechnung von Verbundeffekten verfolgten Ziele sowie die Unternehmenssituation individuell abgewogen werden: Die interne Leistungsverrechnung der Kundenbindungseffekte entspricht auf der einen Seite dem Verursachungsprinzip, hebt den Wert des EDL-Bereichs sichtbar hervor und hilft damit den Ausbau bzw. die weitere Entwicklung des Bereiches sichern. Andererseits stellt sich das nicht vollständig lösbare Bewertungs- und Zurechnungsproblem.

Prinzipiell vorstellbar wäre beispielsweise ein zweistufiges Vorgehen: Schließt der Endenergiebereich ohne interne Leistungsverrechnung von Verbundeffekten z. B. mit einem Gewinn und der EDL-Bereich mit einem Verlust ab, so werden die Gründe hierfür näher analysiert, wobei beispielsweise Verfahren zur vergleichenden Quantifizierung der Kundenbindungseffekte angewendet werden. Diese Verbundeffekte könnten dann in einem zweiten Schritt in die interne Leistungsverrechnung einbezogen werden. Die Problematik stellt sich allerdings schärfer dar, wenn nicht zwischen zwei Unternehmensbereichen oder zwischen der Muttergesellschaft und ihrer 100%-igen Tochter verrechnet wird, sondern beispielsweise zwischen einem Energieunternehmen und seiner 50%-igen EDL-Tochter.

Rechnungen wie die im vorangegangenen Kapitel dargestellten Customer Lifetime Value-Rechnungen helfen in jedem Fall, **Obergrenzen für die interne Leistungsverrechnung** zu ermitteln. Dabei sind mit Bezug auf die in Tabelle 50 und Tabelle 51 dargestellten Rechnungen folgende Entscheidungskriterien zu beachten:

- Der Endenergiebereich (hier der Strombereich) "kauft" den Kundenbindungseffekt der Energieeffizienz-Maßnahme nur dann, wenn dies dem Endenergiebereich insgesamt keine langfristige Deckungsbeitrags- bzw. Erfolgsverschlechterung bringt. D.h., maximal wird die durch die Kundenbindungsmaßnahme erzielte lebenszyklusorientierte Kundendeckungsbeitrags- bzw. Kundenerfolgserhöhung verrechnet.

- Kurzfristig dürfen die Kundenbindungsmaßnahmen nicht zu einer Liquiditätsgefährdung führen (auch wenn sie mittel- bis langfristig eine Kundendeckungsbeitrags- bzw. Kundenerfolgssteigerung ermöglichen).
- Der Endenergiebereich nimmt zudem nur dann Kundenbindungskosten in Kauf, wenn diese kleiner sind als die Kosten einer Neukundenakquisition.

Wie die interne Leistungsverrechnung der in Tabelle 48 und Tabelle 49 ermittelten Verbundeffekte konkret aussehen kann, zeigen Tabelle 50 und Tabelle 51. Dabei wird ein **Shared Profit-Ansatz** gewählt (vergleichbar dem Shared-Savings-Ansatz im Contracting-Bereich): Falls der Kundenbindungseffekt größer ist als die Nettokosten der Kundenbindungsmaßnahme (z. B. wenn die EDL kostendeckend erbracht wird und ein Kundenbindungseffekt im Endenergiebereich größer null erzielt wird) und die o.g. Entscheidungskriterien erfüllt sind, wird ein feststehender Anteil des Kundenbindungseffektes zwischen EDL- und Endenergiebereich verrechnet (z. B. hier 75%[307]).

Zu beachten ist ansonsten die **Dynamik der Geschäftsfeldentwicklung,** die dazu führen kann, dass sich das Verrechnen von Kundenbindungseffekten zwischen den Bereichen einmal umkehrt: Geht es in den hier vorgerechneten Beispielen darum, dem EDL-Bereich Kundenbindungseffekte anzurechnen, die er für den Endenergiebereich erbringt, so kann sich dies zukünftig durchaus auch umgekehrt darstellen. Beispielsweise wurden bei Tchibo Artikel, die nichts mit dem Kaffeegeschäft zu tun hatten, ab 1972 (www.tchibo.de) zunächst angeboten, um die Wiederkaufswahrscheinlichkeit von Kaffee zu erhöhen. Mit der Zeit entwickelte sich jedoch das Neben- zum Hauptgeschäft und beim Kaffeegeschäft steht nun der Kundenbindungseffekt im Vordergrund. Die Kunden identifizieren "Tchibo" weiterhin mit Kaffee, so dass ein Wegfall des aus partieller Sichtweise möglicherweise weniger lukrativen Kaffeeangebots, das im Erfolg stark von den jeweiligen, saisonal und je nach Ernte stark schwankenden Weltmarktpreisen abhängt, zu einem sinkenden Gesamtergebnis führen würde.

---

[307] In Tabelle 51 gelten nicht diese 75% als Obergrenze, sondern die Kosten der Akquisition eines Neukunden.

Tabelle 50 Interne Leistungsverrechnung des Kundenbindungseffektes (Kundensegment)

	Einheit	Segment Haushalts-kunden	Segment Industrie-kunden
Verbundeffekt			
Zusätzlicher langfristiger Deckungsbeitrag Stromverkauf durch Kundenbindungseffekt	EUR	43	1.250
Anzurechnender entgangener Deckungsbeitrag abzüglich vermiedener Grenzkosten des Stromverkaufs auf Grund der durchgeführten Einsparmaßnahme	EUR	0	0
Zusätzlicher langfristiger Netto-Deckungsbeitrag (Kundenbindungseffekt netto)	EUR	43	1.250
Akquisitionskosten Neukunde	EUR	200	1.500
Akquisitionskosten Neukunde < Kundenbindungskosten?	Ja/Nein	Nein	Nein
folglich max. zu verrechnender Kundenbindungseffekt netto	EUR	43	1.250
Shared Profit-Verhältnis (Anteil der zusätzlichen langfristigen Netto-Deckungsbeiträge, die dem EDL-Bereich zugerechnet werden)	%	75	75
Anzahl der Perioden, in denen Kundenbindungseffekte verrechnet werden (≤ Nutzungsdauer der EDL)	a	4	2
Anzahl der Perioden, in denen die EDL erbracht wird	a	1	2
Profit Center "Stromvertrieb"			
Zusätzlicher langfristiger Netto-Deckungsbeitrag durch Kundenbindungseffekt	EUR	43	1.250
Langfristige interne Leistungsverrechnung des Kundenbindungseffektes	EUR	-39	-1.000
Zusätzlicher langfristiger Netto-Deckungsbeitrag nach interner Leistungsverrechnung des Kundenbindungseffektes	EUR	4	250
Kurzfristiger Deckungsbeitrag unter Einrechnung der Energieeinsparerfolge	EUR in Periode 1	43	1.050
Kurzfristiger Deckungsbeitrag nach interner Leistungsverrechnung	EUR in Periode 1	33	550
Profit Center "Energiedienstleistungen"		Energiesparlampen	Energieanalyse
Umsatzerlös durch Energieeffizienz-Dienstleistung	EUR	0	4200
Vollkosten der Energieeffizienz-Dienstleistung (Zielkosten)	EUR	30	4500
Langfristiger Gewinn/Verlust ohne interne Leistungsverrechnung	EUR	-30	-300
Kurzfristiger Gewinn/Verlust ohne interne Leistungsverrechnung	EUR in Periode 1	-30	-150
Langfristige interne Leistungsverrechnung des Kundenbindungseffektes	EUR	+39	+1.000
Langfristiger Gewinn/Verlust nach interner Leistungsverrechnung	EUR	9	700
Kurzfristiger Gewinn/Verlust nach interner Leistungsverrechnung	EUR in Periode 1	-20	350

Quelle: Eigene Darstellung, aufbauend auf Tabelle 48.

Tabelle 51 Interne Leistungsverrechnung des Kundenbindungseffektes (konkreter, abwanderungswilliger Kunde)

	Einheit	Segment Haushalts-kunden	Segment Industrie-kunden
Verbundeffekt			
Zu verrechnender, erhaltener Erfolg im Stromverkauf auf Grund Kundenbindungseffekt (inkl. Zusatzeffekte)	EUR	336	4.250
Akquisitionskosten Neukunde	EUR	200	1.500
Akquisitionskosten Neukunde < Kundenbindungskosten?	Ja/Nein	ja	ja
folglich max. zu verrechnender Kundenbindungseffekt netto	EUR	200	1.500
Shared Profit-Verhältnis (Anteil der zusätzlichen langfristigen Netto-Erfolge, die dem EDL-Bereich zugerechnet werden)	%	75	75
Anzahl der Perioden, in denen Kundenbindungseffekte verrechnet werden (≤ Nutzungsdauer der EDL)	a	4	2
Anzahl der Perioden, in denen die EDL erbracht wird	a	1	2
Profit Center "Stromvertrieb"			
Zusätzlicher langfristiger Kundenerfolg durch Kundenbindungseffekt	EUR	336	4.250
Langfristige interne Leistungsverrechnung des Kundenbindungseffektes	EUR	-200	-1.500
Zusätzlicher langfristiger Kundenerfolg durch Kundenbindungseffekt nach interner Leistungsverrechnung	EUR	136	2.750
Kurzfristiger Kundenerfolg unter Einrechnung der Energieeinsparerfolge	EUR in Periode 1	33	750
Kurzfristiger Kundenerfolg nach interner Leistungsverrechnung	EUR in Periode 1	-17	0
Profit Center "Energiedienstleistungen"		Energiesparlampen	Energieanalyse
Umsatzerlös durch Energieeffizienz-Dienstleistung	EUR	0	4200
Vollkosten der Energieeffizienz-Dienstleistung (Zielkosten)	EUR	30	4500
Langfristiger Gewinn/Verlust ohne interne Leistungsverrechnung	EUR	-30	-300
Kurzfristiger Gewinn/Verlust ohne interne Leistungsverrechnung	EUR in Periode 1	-30	-150
Langfristige interne Leistungsverrechnung des Kundenbindungseffektes	EUR	+200	+1.500
Langfristiger Gewinn/Verlust nach interner Leistungsverrechnung	EUR	170	1.200
Kurzfristiger Gewinn/Verlust nach interner Leistungsverrechnung	EUR in Periode 1	20	600

Quelle: Eigene Darstellung, aufbauend auf Tabelle 49.

7.3.2.9 Kundenportfolio- und ABC-Analysen

Mit Hilfe von Kundenportfolio- und ABC-Analysen wird der Kunde anhand monetärer und/oder nicht-monetärer Kundenkriterien, die für die jeweilige Entscheidungssituation relevant sind, bewertet und gleichzeitig entsprechend klassifiziert und die Klassifizierung anschaulich dargestellt (vgl. Meyer/Dullinger 1998, Palloks 1999 sowie verschiedenste Beispiele in Fickert 1998). Die Klassifizierung erlaubt wiederum ein selektives Kundenmanagement entsprechend der Attraktivität des jeweiligen Kundensegments (Palloks 1999, 293). In Zusammenhang mit Kundenbindungsmaßnahmen lautet beispielsweise die Entscheidungsfrage: Bei welchen Kundengruppen soll prioritär in das Erzielen von Kundenbindungseffekten investiert werden? Die Klassifizierung und Segmentierung baut dazu z. B. auf Customer Lifetime Value-Analyseergebnissen auf. In der Praxis erfolgen zwei- oder mehrdimensionale Kundenportfolio- sowie ABC-Analysen jedoch meist vergangenheitsorientiert, häufig anhand vergangener Umsätze (Tabelle 52). In dieser Form sind sie als Instrument der Kundenwertbestimmung nur bedingt geeignet.

Tabelle 52 ABC-Analyse nach Umsatz im Rahmen der Kundenwertbestimmung

Kunde_k	DB_k	EBIT_k	Umsatz_k	ABC-Analyse nach Umsatz
Kunde 1	50	-3	1.125	C
Kunde 2	1.150	340	8.400	B
Kunde 3	400	220	3.000	C
Kunde 4	-1.000	-2.300	50.000	A

Quelle: Eigene Darstellung.

Dabei können zukunftsorientierte Kundenportfolio- und ABC-Analysen sehr anschaulich und aussagekräftig mit entsprechenden Portfolio- und ABC-Analysen der angebotenen Produkte und Dienstleistungen, der gewählten Vertriebskanäle, der Vertriebsgebiete oder der Kundenzufriedenheit verknüpft werden. Ein Beispiel hierfür ist die doppelte Pareto-Analyse von Boutellier und Kobler (1996), bei der durch die Zusammenführung der Betrachtungsebenen Kunde und Produkt deren effektivste Kombinationen identifiziert und in einer entsprechenden Matrix dargestellt werden.

7.3.3 Steuerungsunterstützung des Kundenbeziehungsmanagements

7.3.3.1 Steuerung in Richtung Kundenorientierung und Bedarfslenkung

Das Controlling hat die generelle Aufgabe, Instrumente der Messung und Beurteilung des kundenorientierten Managements bereitzustellen (Fickert 1998, 14). Dies geht über das im vorangegangenen Kapitel erläuterte Kundenbindungs- und das in Kapitel 6.1.2 dargestellte Kundenintegrations-Controlling hinaus.

Die Planung und Durchführung von Kundenbindungs- und Kundenintegrationsmaßnahmen setzt insbesondere eine systematische **Kundensegmentierung** im Rahmen eines umfassenderen Kundenbeziehungsmanagements voraus[308] (CRM, vgl.
z. B. Nollmann 2000, Christianus 2000). Als mögliche Typologie für die Segmentierung der kleinen und mittleren Geschäftskunden (KMU) im EDL-Bereich dient beispielsweise die in Kapitel 3.5.4.1 bereits dargestellte Unterscheidung von Ramesohl (2001) zwischen "Einsteiger", "Einsamer Techniker", "Motiviertes Management" und "Fortgeschrittener", als Typologisierung der Privatkunden im Endenergiebereich beispielsweise die Unterscheidung von Schoenheit und Niedergesäß (1999) zwischen "Fans", "Abwartende" und "Distanzierte". In einem zweiten Schritt sollte der jeweilige Kundentypus dann nach weiteren Kriterien genauer analysiert und differenziert werden (bei den Privatkunden nach Umsatz, Wohnort, Werte, Lebensstil, usw.).

Wie auch die in Kapitel 4.3.3 dargestellten Interviews bestätigten, fehlt insbesondere kleineren Energieunternehmen vielfach das Know how und die Erfahrung, um entsprechende Marktforschung bzw. Marktsegmentierungen zu betreiben, um beispielsweise Marktchancen und erzielbare Marktpreise für bestimmte EDL nach Kundengruppen differenziert herauszufinden, den EDL-Bereich entsprechend kundenorientiert auszurichten und den Kunden entsprechend seiner Bedürfnisse und Eigenschaften anzusprechen. Ein möglicher Lösungsansatz besteht in **horizontalen oder diagonalen Kooperationen**, z. B. in einer gemeinsamen Beauftragung einer unternehmensübergreifenden Marktforschungsstudie mit ggf. unternehmens-

---

[308] "Kundenorientierung verlangt eine Kundensegmentierung, um zielgerichtet führen zu können" (Fickert 1998, 17). Vgl. auch Homburg/Werner 1998 zu den Hauptdefiziten beim Umgang mit

spezifischen Zusatzbausteinen oder Differenzierungen). Derartige Kooperationen reduzieren Marktforschungskosten und erlauben ein Benchmarking bei der Standortbestimmung, ohne unternehmensspezifisches, wettbewerbsrelevantes Kundenwissen preiszugeben. Beispielsweise könnte ein **EDL-Panel** der in der ASEW zusammengeschlossenen, an der Ausweitung des EDL-Angebots besonders interessierten, kommunalen Energieunternehmen eine sinnvolle Ergänzung der VDEW-Kundenfoci (Nickel/Weidmann 2000, VDEW 1999/2000/2000a) und des ASEW-Erfolgsbarometers Kundenberatung (o.V. 2000c, Imug 2001, Niedergesäß/Heinzelmann 2002) darstellen. Eine derartige, regelmäßig und bundesweit durchgeführte, standardisierte Panel-Erhebung hat das Ziel,

- den Marktüberblick über bestehende Angebote und Anbieter zu verbessern,
- belastbare Daten zu den Bedürfnissen der Kunden zu ermitteln (Bedarf an EDL/gewünschte EDL-Palette, Preisbereitschaft, Kommunikation, geeignete Vertriebswege),
- belastbare Daten zur zielgruppenspezifischen Wirkung typischer EDL-Angebote zu erhalten, auf deren Basis EDL erfolgversprechend zielgruppenspezifisch gestaltet werden und
- das Energieverbrauchsverhalten vor und nach Implementierung von Energieeffizienz-Maßnahmen zu analysieren.

Über die zielgruppenspezifische Steuerung der Kundenorientierung hinaus - von der Kontaktaufnahme über die Durchführung von Verkaufs- und Servicemaßnahmen bis hin zum Beschwerdemanagement - kann Steuerung der Kundenbeziehung auch **Bedarfslenkung des Kunden** bedeuten - z. B. mittels entsprechender Gratifikationen, Entlastungen und Aktivierungen (Hansen 1995): Die zur Zeit in vielen Bereichen nur schleppende Nachfrage nach EDL kann mit Hilfe geeigneter Marketing- und Vertriebsinstrumente stimuliert, der Fokus von den Energiepreisen auf die Energiekosten und damit stärker auf energiekostensenkende EDL gelenkt werden, was wiederum einer entsprechenden Steuerung inklusive Erfolgskontrolle bedarf.

---

dem Thema "Kundenorientierung" sowie möglichen Lösungsansätzen.

Auf allgemeine Aspekte des Kundenbeziehungs-Controlling soll hier nicht weiter eingegangen werden. Ein besonderes Problem der Steuerung der Kundenbeziehung im EDL-Bereich besteht in der Analyse und Auswahl geeigneter Vertriebs- und Kommunikationsformen bzw. Ansprechpartner für den Kunden. Hierbei stellt sich beim "Massengeschäft" mit stärker standardisierten EDL insbesondere die Frage, inwieweit Kommunikations- und Vertriebswege im Endenergiebereich genutzt oder eine eigenständige Ansprache und unabhängige Vertriebswege gewählt werden sollten.

7.3.3.2 Steuerung von Kommunikationspolitik und Vertriebsorganisation

Erste Ansprechstationen für die Endenergieabnehmer sind bei Industrie- und Gewerbekunden oft die **Key Account-Manager** (Großkunden, große Bündelkunden[309]) oder die **Segment-Manager** (z. B. für die Segmente Industrie, Handel, Gewerbe, Wohnungswirtschaft, öffentliche Einrichtungen, sonstige Dienstleistungsunternehmen) und bei Privatkunden meistens das **Call Center** oder das **Kunden(beratungs)zentrum** bzw. der **Kunden-Shop**. Door to door-Vertrieb, E-commerce und Vertrieb über den Einzelhandel sind in Deutschland zur Zeit noch nicht so weit verbreitet (vgl. auch Tesch/Dahlhoff/Paul 2000).

Die Idee ist, die Beziehung zum Kunden durch eine gut organisierte Schnittstelle zu stärken, die an zentraler Stelle als "Generalist" (Stadler 1997) alle Kommunikationsfäden in der Hand hält. Dabei sollen größere Kunden nach dem Prinzip "one face to the customer" (MVV Energie AG 2001) einen, evtl. auch zwei (Technik/Vertrieb) **zentrale Ansprechpartner** haben, die durch die persönliche Beziehung zum Kunden mit der Zeit über wettbewerbsentscheidende Informationen verfügen und die durch das jeweilige Fachpersonal umgesetzte Maßnahmen bereichsübergreifend koordinieren, sowie ihre Erfüllung überwachen. Privatkunden sind vor allem daran interessiert,

---

[309] Kriterien, anhand derer Kunden als Schlüsselkunden ("Key Accounts") definiert werden, sind in erster Linie quantitative Größen wie abgegebene Endenergiemenge, Umsatz oder bereitgestellte Leistung. Es können aber auch qualitative Kriterien wie Imagewirkung, Multiplikatorfunktion, besonders hohe Ansprüche und Abwanderungsgefahr zur Auswahl mit herangezogen werden. Die Stadtwerke Hannover AG beispielsweise haben 50 Kunden als Schlüsselkunden klassifiziert, die individuell, persönlich und intensiv betreut werden (Stadler 1997).

- das Energieunternehmen rund um die Uhr erreichen zu können,
- Internet-Services in Anspruch zu nehmen (dies gilt insbesondere für wechselwillige Kunden),
- dass ihre Kundenanfrage ohne Warteschleifen oder Hin- und Herverbundenwerden rasch und effizient bearbeitet wird und
- dass der Mitarbeiter den Kunden sofort identifizieren kann und über alle relevanten Kundeninformationen informiert ist bzw. diese vor Augen hat (vgl. auch SAP AG 2001).

Das Controlling muss sein Augenmerk bei den genannten Kommunikations- bzw. Vertriebsformen vor allem auf die folgenden beiden Spannungsfelder richten:

- Kundenservice vs. Profitabilität und
- Kundenservice vs. Kompetenz.

Eindeutige, gesicherte Aussagen über die **Profitabilität** einzelner kundenbezogener Prozesse (z. B. Gespräch mit dem Kunden im Kundenzentrum), Verbesserungen des Service (z. B. verlängerte Öffnungszeiten des Kundenzentrums oder des Call Centers) oder für den Kundenkontakt verantwortlicher Organisationseinheiten (z. B. das Segment-Management) sind nicht möglich. Ob ein Kunde ohne das Gespräch im Kundenzentrum oder die mehr oder weniger intensive Segmentbetreuung zu einem anderen Energieunternehmen gewechselt wäre oder ob umgekehrt die Bindung eines Kunden ursächlich hierauf zurückzuführen ist, oder ob ein Neukunde bei stärker eingeschränkten Öffnungszeiten des Call-Centers nicht gewonnen worden wäre, ist in der Regel nur – unterstützt durch Befragungsergebnisse etc. - abzuschätzen, nicht exakt zu berechnen. Die Effektivität einer Veränderung des Kundenservice im Hinblick auf die Profitabilitätssicherung oder -steigerung kann daher meist nur indirekt anhand von Indikatoren wie feststellbarer Reaktionsänderungen im Kundenverhalten beurteilt werden, an die wiederum Wirtschaftlichkeitsrechnungen - z. B. Customer Lifetime Value-Rechnungen - anknüpfen können. Dagegen lässt sich die Effizienz des Kundenservice (z. B. eines Call Centers) leichter überprüfen, u. a. anhand statistischer Größen wie dem Service Level oder der Lost-Call-Rate (Henn 2000). Dies ist teilweise auch im Vergleich zu anderen

Unternehmen aus dem Energiebereich oder anderen Branchen möglich, wenn sich das Unternehmen an Benchmarking-Studien beteiligt.

Für einen EDL-Bereich, der sich der genannten Kommunikations- bzw. Vertriebsformen im Endenergiebereich bedient (Key Account- und Segment-Management, Call Center etc.), ist die Beurteilung der Effektivität bzw. Profitabilität des Kundenservice "aus der Ferne" noch schwieriger, beispielsweise auch die Aussage, ob existierende Cross Selling-Potenziale tatsächlich ausgeschöpft werden.

Hinzu kommt, dass das EDL-Geschäft bisher meist nur ein **Nebengeschäft** der Energieunternehmen mit geringem Umsatzanteil ist (vgl. Kapitel 4.3.3.4). Der **Anreiz** ist dementsprechend z. B. für einen Key Account-Manager meist gering, dem Kunden standardisierte oder individuelle EDL anzubieten, sofern dies nicht aus Kundenbindungsgründen notwendig erscheint (Tabelle 53).

Tabelle 53 Differenzierte Tantiemeberechnung für einen Key Account-Manager

Zieldefinition	Zielvorgabe	Zielerreichung
Ziel 1: Umsatzsteigerung bei nicht-strategischen Kunden	+30.000,- (= 8% Tantieme)	+ 15.000,- (= 4%)
Ziel 2: Umsatzsteigerung bei strategischen Kunden	+10.000,- (= 4% Tantieme)	+7.500,- (= 3%)
Ziel 3: Umsatzanteil Dienstleistungen	10% (= 4% Tantieme)	5% (= 2%)
Ziel 4: Senkung der Rabattsätze: z. B. auf Basis einer zuvor durchgeführten ABC-Kundenanalyse	-2% (= 4% Tantieme)	-1,5% (=3%)
= Tantiemeanteil Summe (max. 20% vom Grundgehalt)		12 %
x Grundgehalt		100.000,-
= Tantieme		12.000,-

Quelle: Meyer/Dahlhoff 2000, 288.

Die direkten, zentralen Ansprechpartner der Kunden sind jedoch Dreh- und Angelpunkt dafür, dass nicht nur Endenergie, sondern auch EDL bedarfsgerecht und erfolgsorientiert angeboten werden. Während Endenergie, d. h. Strom, Gas und Wärme, allerdings homogene, standardisierte, schon seit langem angebotene Güter sind, ist das EDL-Angebot neuer, heterogener und differenzierter. Folglich ist hierfür ein spezielles Know how erforderlich, dass selbst bei stärker standardisierten EDL in entsprechenden Schulungen der Key Account-, Segment-Manager und Call Center- sowie Kundenzentrum-Beschäftigten erworben werden muss. Ein kostengünstiger Ausbau des direkten Kundenservice steht u. U. in Konflikt zur notwendigen **Qualifizierung des Kundenkontaktpersonals**. Und schließlich muss die Kundenansprache im EDL-Bereich vielfach anders erfolgen als im Endenergie-Bereich, z. B. sind bei größeren Unternehmen andere Personen anzusprechen.

Aus diesen Gründen sind manche EDL-Bereiche in Energieunternehmen bzw. EDL-Tochterunternehmen insbesondere mit Blick auf die weniger standardisierten EDL dazu übergegangen, Kommunikationspolitik und Vertrieb selbst zu gestalten und entsprechend zu steuern und sich dabei nicht ausschließlich oder nicht vorrangig auf die Kommunikations- und Vertriebsformen des Endenergiebereichs zu verlassen. Auf der anderen Seite lässt sich die Vertriebsorganisation des Endenergiebereichs als Akquisitionsmultiplikator gut einbinden, Synergieeffekte können zudem genutzt werden. Letztlich hängt die **Entscheidung zwischen eher selbständigen oder stärker an den Endenergiebereich angekoppelten Kommunikations- und Vertriebsformen** von mehreren Faktoren ab (z. B. Qualifikation und Handlungsbereitschaft des Vertriebspersonals, Qualität des Kundeninformationssystems, mit dem EDL-Angebot verfolgte Zielsetzungen und Strategien, bestehende persönliche Kundenbeziehungen zwischen EDL-Mitarbeitern und Kunden, Kosten-Nutzen-Abwägungen etc.). Eine generelle Aussage, welcher Weg vorzuziehen ist, ist daher nicht möglich. Mit Blick auf die Betreuung von Industrie- und Gewerbekunden kann ein dritter Weg darin bestehen, EDL-Experten in das Key Account- bzw. Segment-Management-Team zu integrieren, die dann für die ausreichende Berücksichtigung der EDL-Bereichsinteressen in allen Kundenkontakten Sorge tragen (**Kooperations-Ansatz**).

7.3.3.3 Steuerung kundenbezogener Daten- und Informationsflüsse

Voraussetzung für ein aktives Kundenbeziehungsmanagement bzw. -Controlling ist die systematische Sammlung aller kundenbezogenen Daten sowie ihre bedarfsgerechte Aufbereitung und laufende Aktualisierung in Verbindung mit einem **CRM-System** (vgl. auch Kapitel 6.2.2 und 7.2.2.4 sowie VDEW-AK "Controlling" 1998, Henn 2000, Christianus 2000, SAP AG 2001). Hier geht es darum, die zur Zeit in der Einführung befindlichen oder bereits implementierten CRM-Systeme in Energieunternehmen auch auf den EDL-Bereich auszurichten bzw. entsprechend angepasste Systemlösungen zu implementieren.

7.4 Fazit

Ein wesentlicher Unterschied zwischen dem "Massengeschäft" mit stärker standardisierten EDL und individuellen EDL(-Projekten) besteht in der Hauptzielrichtung, die in der aktuellen Marktsituation mit dem Angebot vorrangig verfolgt wird. Während bei individuellen EDL der Aufbau eines eigenständigen Geschäftsfeldes, dessen Umsatzwachstum und die erzielten Renditen meist im Vordergrund stehen, werden "Services" zur Zeit vor allem als Mittel zur Kundenbindung im Endenergiebereich angesehen. Steuerungsaspekte der Kundenperspektive und ihrer Verknüpfung mit der Finanz-/Ergebnisperspektive sind daher für das Controlling des "Massengeschäfts" mit stärker standardisierten EDL zentral. Sie müssen zusätzlich zu den in Kapitel 6 bereits erläuterten Controlling-Schwerpunkten im EDL-Bereich, die auch für die Steuerung stärker standardisierter EDL bedeutsam sind (Potenzialsteuerung, Lern- und Entwicklungssteuerung), besonders berücksichtigt werden.

In der **Finanz-/Ergebnisperspektive** müssen Kostenstellen und Kostenträger(gruppen) erst einmal definiert und der Kontenrahmen der EVU beim Wandel zu EDU entsprechend verändert werden. Geeignete, zur Steuerung des "Massengeschäfts" mit EDL nutzbare Systeme der Kosten-, Leistungs-, Erlös- und Ergebnisrechnung sind

- die Prozesskostenrechnung als begrenzt und fallweise einsetzbare Auswertungsrechnung bei standardisierten EDL-Prozessen oder indirekt bzw. mittelbar der Leistungserstellung dienenden Aktivitäten,
- die Zielkostenrechnung als fallweise Rechnung, um mittel- bis längerfristig zu wettbewerbsfähigen neuen oder nachträglich optimierten EDL zu kommen, sowie
- mehrstufige, mehrdimensionale Deckungsbeitragsrechnungen und darauf aufsetzende Profitablitätsanalysen.

In der **Kundenperspektive** stehen das Kundenbindungs- und Kundenintegrations-Controlling sowie die Steuerungsunterstützung des Kundenbeziehungs-Management im Mittelpunkt. Dabei sollte stets der gesamte Lebenszyklus der Kundenbeziehung berücksichtigt werden, beispielsweise mittels Customer Lifetime Value-Rechnungen.

Eine besondere Rolle spielen **Verbundeffekte**, insbesondere Kundenbindungseffekte, die innerhalb des EDL-Bereichs existieren, sowie Kundenbindungseffekte zwischen dem EDL-Bereich und anderen Unternehmensbereichen, speziell dem Endenergie-Bereich. Die Verbundeffekte beziehen sich auf die angebotenen Leistungen bzw. die Aufträge, die Kundengruppen oder auch das Personal. Ihre Quantifizierung und damit auch ihre Berücksichtigung im Rahmen der internen Leistungsverrechnung ist nur bedingt möglich. Die interne Leistungsverrechnung der Kundenbindungseffekte entspricht auf der einen Seite dem Verursachungsprinzip und hebt ggf. den Wert des EDL-Bereichs sichtbar hervor und dient damit dem Ausbau bzw. der Sicherung der weiteren Entwicklung des Bereiches. Andererseits stellt sich das nicht vollständig lösbare Bewertungs- und Zurechnungsproblem. Letztlich kann hier nur individuell nach Nutzen-Kosten-Abwägungen, Unternehmenssituation und vor dem Hintergrund der mit der internen Leistungsverrechnung und dem EDL-Angebot verfolgten strategischen Ziele entschieden werden, ob die interne Leistungsverrechnung von Verbundeffekten sinnvoll ist oder nicht und wie sie durchgeführt wird. Die Verrechnung der Kundenbindungseffekte zwischen Endenergie- und EDL-Bereich ist letztlich aber auch Verhandlungssache zwischen beiden Bereichen.

Alle genannten Steuerungs- bzw. Rechnungssysteme sollten weniger vergangenheitsorientiert als zwar erfahrungsbasiert, aber **entscheidungs- und damit zukunftsorientiert** eingesetzt werden.

8 Zusammenfassung und Ausblick

Die Energieunternehmen wandeln sich von monopolistischen Energieversorgungsunternehmen (EVU) zu kunden- und wettbewerbsorientierten Energiedienstleistungsunternehmen (EDU), die eine politisch-administrativ zusätzlich stimulierte, zunehmende Nachfrage nach Energieeffizienz-Dienstleistungen erwarten können. Ihnen stehen jedoch bisher keine ausreichend leistungsfähigen Konzepte und Instrumente des Dienstleistungs-Controlling zur Verfügung.

Die **zentralen Fragen** der vorliegenden Arbeit lauten: Inwieweit, in welchen Bereichen und in welcher Richtung muss sich das Controlling-Instrumentarium der Energieunternehmen wandeln bzw. das Instrumentarium ergänzt werden, um einen dynamischen, eigenständigen, umsatzstarken Geschäftsbereich "Energiedienstleistungen" angemessen entwickeln bzw. das Dienstleistungsangebot ausreichend bewerten und steuern zu können? Welche zentralen, übergreifenden Steuerungsanforderungen sind beim Controlling des Energiedienstleistungs- (EDL-)Geschäfts generell zu beachten?

Die **empirisch-analytischen Untersuchungen** verdeutlichen, dass vor dem Hintergrund der Entwicklung des Controlling-Instrumentariums der Energieunternehmen seit Beginn des Liberalisierungsprozesses keine Notwendigkeit besteht, eine theoretische Controlling-Konzeption für den expandierenden EDL-Bereich völlig neu zu schaffen. Vielmehr kommt es darauf an, prinzipiell verfügbare Controlling-Instrumente innerhalb einer sich kunden- und marktorientiert wandelnden Führungs- und Unternehmenskultur kontextangepasst und anforderungsgerecht weiterzuentwickeln und engpass- und zielorientiert zu implementieren. **Neue Schwerpunktsetzungen** im Controlling sowie **neue inhaltliche Ausgestaltungen** auf der Objektebene sind hierzu erforderlich (Tabelle 54).

Tabelle 54 Controlling-Bausteine des in der vorliegenden Arbeit fokussierten "Modell-EDU" - unterschiedliche Schwerpunktsetzungen im Endenergie- und EDL-Bereich

Wesentliche Controlling-Bausteine	**Hauptfokus im Endenergie-Bereich**	**Hauptfokus im EDL-Bereich**
Controlling-Bausteine des EVU nach Thomas (1996):		
Investitions-/Anlagen-/Projekt-Controlling	Erzeugungs- /Netzanlagen	komplexe EDL-Projekte
Auftrags-Controlling	interne Aufträge	interne/externe Aufträge
Ergebnis-Controlling	hohe Renditen erzielen	break-even erreichen
Gemeinkosten-Controlling	Gemeinkosten reduzieren	schlanker Bereichsaufbau
Materialwirtschafts-Controlling	bereitschaftsorientiert	bereitschaftsorientiert
Finanz-Controlling	hohe Liquidität	Anlauf-/Vorlaufverluste
Erweiterung im Zuge des Liberalisierungsprozesses:		
Beschaffungs- inklusive Risiko-Controlling	Energieträger	EDL-Inputfaktoren
Marketing- und Vertriebs-Controlling	Kunden halten/binden/ hinzugewinnen	Interesse wecken/Kunden gewinnen/integrieren
Beteiligungs- und Kooperations-Controlling	Beteiligungen	Kooperationen
Strategisches Controlling	Neupositionierung im liberalisierten Markt	Aufbau und Ausbau des (neuen) Geschäftsfeldes
Zusätzlicher, zunehmend integrierter Baustein:		
Öko-Controlling	Energie- und Stoffströme	Ökoeffizienz-Wirkung von Energiedienstleistungen
Zunehmende Bedeutung durch das EDL-Geschäft::		
Leistungs-/Qualitäts-Controlling	standardisierte, homogene Massenprodukte	individuelle und stärker standardisierte Dienstleistungen
Personal-Controlling	Beschaffung/Abbau	Aufbau/Entwicklung
sogenanntes Wissens-Controlling	bisher geringe Bedeutung	Erfolgsfaktor

Quelle: Eigene Darstellung, aufbauend auf Tabelle 9. Die Darstellung erhebt nicht den Anspruch, vollständig oder überschneidungsfrei zu sein. Vielmehr akzentuiert sie die besonders zu beachtenden und in der vorliegenden Arbeit ausführlicher dargestellten inhaltlichen Steuerungsaspekte beim Wandel vom EVU zum EDU.

Insgesamt sollten die Steuerungsverantwortlichen eines EDU

- Steuerungsleistungen in der **Finanz-/Ergebnisperspektive** als notwendige Basisleistungen verstehen, die nach Bedarf ausgeweitet bzw. differenziert werden können,
- über das **Kundenbindungs-Controlling** hinaus Steuerungsinstrumente zur Unterstützung von **Kundenbeziehungsmanagement** und **Kundenintegration** anbieten bzw. einsetzen,
- sich in Bezug auf die Gestaltung der **internen Geschäftsprozesse** des EDL-Bereichs als Coach bzw. Qualitätssicherer von Selbst-Steuerungsprozessen verstehen,
- besonderes Augenmerk auf die Steuerungsunterstützung von **Personalauswahl, -einsatz, -entwicklung** und die Gestaltung von **Anreizsystemen** legen und dabei die Balance zwischen Ergebnis- und Vertrauensorientierung halten,
- für eine bedarfsgerechte Steuerung der **Informationsversorgung** und ein aktives, sogenanntes **"Wissensmanagement"** sorgen und
- die unterschiedlichen Controllingbereiche und -perspektiven und ihre flexible markt- und kundenorientierte Entwicklung **integrativ** steuern.

Ein Ergebnis der durchgeführten Befragungen war, dass das Verständnis der **zentralen Faktoren** Transparenzverantwortung, Flexibilität, Eingriffsweise-, -stärke und
-tiefe, Organisation, strategische Ausrichtung und operative Fundierung des Controlling die Steuerungsverantwortlichen bei der Aufgabe der erfolgreichen Gestaltung und Anwendung des Controlling-Instrumentariums im EDL-Bereich wesentlich unterstützt.

Zu differenzieren ist zwischen der Steuerung größerer, individueller EDL ("**Projekte**", z. B. Contracting) und stärker standardisierter EDL ("**Services**", z. B. Energieberatung für Haushaltskunden). Die Unterschiede liegen im Komplexitäts- bzw. Individualitäts- und Integrationsgrad sowie in der mit dem Angebot verbundenen, vorrangigen unternehmerischen Zielsetzung. Während bei den Services meist eher die Bindung von Endenergieabnehmern im Vordergrund steht, werden die Geschäfte mit individuellen EDL stärker als eigenständige Geschäftsfelder begriffen, an die bestimmte Wachstums- und Renditeanforderungen gestellt werden.

Die vertiefte Analyse der Geschäftsprozesse einer individuellen EDL ermöglicht (hier am **Beispiel Contracting**) die konkrete Bestimmung des Steuerungsbedarfs und die Konzeption eines anforderungsgerechten Controlling-Instrumentariums für komplexe EDL-Projekte. Untersucht werden dazu Prozess-Outputs und -Inputs, Kostenstrukturen, Performance-Treiber, Kostendegressions- und Qualitätssteigerungspotenziale, kritische Erfolgsfaktoren und Schlüsselprozesse sowie die Mängel herkömmlicher Projekt-Controlling-Systeme in Bezug auf die Steuerungsanforderungen bei Contracting-Projekten.

Die Untersuchung zeigt, dass insbesondere die nachstehend genannten **Charakteristika von Contracting-Projekten**, von denen die ersten drei gleichzeitig typische Merkmale von Dienstleistungen im Allgemeinen sind, **besondere Steuerungsprobleme** hervorrufen, die mit den zur Zeit in der Praxis eingesetzten oder in der Einführung befindlichen Projekt-Controllinginstrumenten nur unzureichend lösbar sind:

- Immaterialität der im Rahmen des Contracting-Projekts erbrachten Dienstleistungen,
- starke Integration externer Faktoren (z. B. Kunde, Nutzer, Kooperationspartner),
- Individualität der erbrachten inhaltlich und zeitlich begrenzten Leistungen,
- hohe Komplexität,
- relativ große partielle Offenheit und Unschärfen zu Projektbeginn bei verhältnismäßig langer Projektlaufzeit,
- vergleichsweise hohe Anlauf- bzw. Vorlaufverluste (Liquiditäts- bzw. Finanzierungsproblem),
- Kostenbudget- und Termineinhaltung alleine garantieren nicht den Projekterfolg; wesentlich ist auch die Beachtung von Leistungs-/Qualitäts- und Erlöszielen (gilt insbesondere für das Einspar-Contracting),

- herausragende Bedeutung "guter" technisch-wirtschaftlich-rechtlicher Projektplanung zu Projektbeginn auf Basis ausreichender Informations- und Kommunikationsflüsse (partielle Irreversibilität).

Das **Controlling der Contracting-Projekte** sollte daher im Vergleich zu herkömmlichen Projekt-Controlling-Systemen beachten,

- mit Risiken, Unsicherheit und Unschärfen umfassender und systematischer umzugehen,
- die Kundenintegration durch Berücksichtigung der Kundeneinflüsse in Wirtschaftlichkeitsrechnungen, mit Hilfe von Instrumenten des Kundenbindungs-Controlling sowie im Rahmen der Dienstleistungsentwicklung zu steuern,
- Anlauf- und Vorlaufverluste zu begrenzen und die Liquidität des gesamten Projektportfolios im Blick zu behalten,
- im Rahmen eines umfassenden, vertrauensorientierten Leistungs- bzw. Qualitäts-Controlling sich auf den Qualitätsengpass Mitarbeiter und deren Führung zu konzentrieren, ein Qualitätshandbuch zu erstellen, die Wirtschaftlichkeit von Qualitätsmaßnahmen zu analysieren und Qualitätskennzahlen u. a. zu Benchmarking-Zwecken zu erheben,
- relevante technische, kaufmännische und rechtliche Aspekte in Planung und Kontrolle systematisch zu verknüpfen,
- die Beziehungen zu Kooperationspartnern vertrauensorientiert, ausgerichtet an einem Regelkreis, zu steuern und
- Lern- und Entwicklungsprozesse bereits im laufenden Projekt zu initiieren, auszuwerten und sowohl in operativer als auch in strategischer Hinsicht zu nutzen.

Das in der Arbeit vorgestellte Steuerungsinstrumentarium berücksichtigt diese Aspekte und integriert sie in ein **Gesamtkonzept** unter Beachtung der projektbezogenen Informationsflüsse, der notwendigen Planungs- (inklusive Prognose-), Durchführungs- und Kontrollprozesse und der geschäftsfeldbezogenen Entwicklungsprozesse. Zur integrativen Steuerung des Geschäftsfeldes "Contracting" und seiner Schnittstellen zu anderen Unternehmensbereichen wird ein Kennzahlen-

und Managementinstrument in Form einer "Balanced Scorecard" vorgeschlagen und beispielhaft konkretisiert.

Zusätzliche Controllingschwerpunkte im "Massengeschäft" mit stärker standardisierten EDL liegen in der Kundenperspektive und ihrer Verknüpfung mit der Finanz-/Ergebnisperspektive. In der Kundenperspektive stehen das Kundenbindungs- und Kundenintegrations-Controlling sowie die Steuerungsunterstützung des Kundenbeziehungsmanagements über den gesamten Lebenszyklus der Kundenbeziehung im Vordergrund. Bei sich zu EDU wandelnden EVU wie dem in der Arbeit fokussierten "Modell-EDU" müssen ergebniswirksame Verbundeffekte besonders beachtet werden (z. B. Kundenbindungseffekte), die innerhalb des EDL-Bereichs, vor allem aber zwischen dem EDL-Bereich und dem Endenergiebereich existieren. Inwieweit diese in der internen Leistungsverrechnung der Energieunternehmen berücksichtigt werden sollten, kann nur individuell nach Nutzen-Kosten-Abwägungen, Unternehmenssituation und strategischen Zielsetzungen entschieden werden.

Die Arbeit bezieht ihren **Novitätscharakter** aus

- der theoretischen Auseinandersetzung mit der Controlling-Funktion und den Aufgaben von Controllern als kritischem Beitrag zur aktuellen, zur Zeit stark von der vallendarschen Schule um Weber geprägten Diskussion um den Controlling-Begriff,
- der erstmaligen, umfassenden Darstellung des aktuellen Stands und der möglichen zukünftigen Entwicklung des EDL-Geschäfts und des Controlling-Instrumentariums im deutschen Energiesektor seit der Liberalisierung,
- der systematischen, empirisch durch eigene Befragungen und Ergebnisse anwendungsnaher Forschungsprojekte gestützten, prozessorientierten Analyse der Steuerungsanforderungen und unzureichend gelösten Steuerungsprobleme im Contracting-Bereich, sowie der Entwicklung eines hierauf aufbauenden Lösungsansatzes einer Projekt-Controlling-Konzeption für das Contracting-Geschäft,

- der Entwicklung genereller Leitlinien für die Gestaltung des Controlling im EDL-Bereich und konkreter Vorschläge zu einzelnen Controlling-Bausteinen und -Instrumenten, die sowohl von Endenergieanbietern mit stark wachsendem EDL-Bereich einsetzbar sind als auch von "reinen" Energiedienstleistern, die keine Endenergien anbieten, und die Antworten auf zum Teil bisher unzureichend gelöste Steuerungsprobleme im Dienstleistungsbereich geben sowie
- dem dabei gleichzeitig geleisteten theoretischen Beitrag zum Controlling in wettbewerbsorientierten Dienstleistungsunternehmen und insbesondere zum Projekt-Controlling komplexer Systemgeschäfte mit hohem Dienstleistungsanteil.

Weitergehender **Forschungsbedarf** besteht vor allem in folgenden Richtungen:

- Die Darstellung des aktuellen Stands und der geplanten Entwicklung des EDL-Geschäfts und des Controlling-Instrumentariums im deutschen Energiesektor seit Beginn der Liberalisierung bleibt notgedrungen ein wenig bruchstückhaft, denn systematische und umfassende, aktuelle quantitative Erhebungen fehlen in diesem Bereich.
- Es fehlt eine von den aktuellen Bedingungen der liberalisierten Energiemärkte ausgehende umfassende quantitative Evaluation der ökologischen, ökonomischen und sozial-kulturellen Potenziale, Bedingungen und Auswirkungen der Entwicklung des EDL-Geschäfts.
- Längsschnittevaluationen über den gesamten Lebenszyklus umgesetzter energiekostensenkender Maßnahmen könnten belastbarere Datengrundlagen für Prognoserechnungen bereitstellen und zur Weiterentwicklung und Standardisierung von Verfahren zur Messung und Verifizierung von Energieeinsparmaßnahmen beitragen.
- Vergleichende Querschnittsanalysen sollten das Controlling bzw. die Controlling-Systeme systematisch in verschiedenen Dienstleistungsbranchen mit Bezug auf die typischen Merkmale von Dienstleistungen untersuchen. Dies könnte einzelne innovative Lösungsansätze weiterentwickeln helfen und zu einer um-

fassenderen theoretischen Darstellung des Controlling im Dienstleistungsbereich beitragen.

- Das in der Arbeit differenziert dargestellte komplexe Controlling(system) der EDU bzw. der individuellen EDL-Projekte von EDU kann weder von sich zu EDU wandelnden EVU noch von neu am Markt auftretenden “reinen” EDU von heute auf morgen umfassend eingesetzt werden. Notwendig ist ein schrittweiser Wandel des Controlling bzw. eine sukzessive Einführung von anforderungsgerechten Controllingsystemen, -bausteinen und -verfahren. Welche Steuerungselemente beim Wandel vom EVU zum EDU bzw. bei der Einführung eines Controllingsystems in einem “reinen” EDU von vorneherein implementiert werden sollten und wie, außerdem welche Steuerungselemente ggf. erst später einzuführen sind, sollte in Folgeuntersuchungen beantwortet werden.
- Die Rolle der Führungs- und Unternehmenskultur für die Gestaltung des Controlling und die Wechselwirkungen zwischen führungs-, unternehmenskultureller, EDL-Bereichs- und Controlling-Entwicklung wurden in der vorliegenden Arbeit nur angerissen und bedürfen einer genaueren Untersuchung. Eine derartige tiefergehende Analyse unter Einbezug psycho-sozialer Ansätze hilft ggf. zu erschließen, warum manche Energieunternehmen bei der Entwicklung des EDL-Geschäfts und der Weiterentwicklung ihres Controlling-Instrumentariums erfolgreicher sind als andere. Letztlich geht es dabei darum, “Models of Change” herauszubilden, die Antworten auf die folgenden Fragestellungen geben: Welche Faktoren sind für eine effektive und effiziente Entwicklung von Führungs- und Unternehmenskultur, Dienstleistungsgeschäft und -controlling entscheidend? Lassen sich notwendige oder/und hinreichende Entwicklungsbedingungen identifizieren? Welche Rolle spielen dabei die Einflüsse der einzelnen Stake- und Shareholdergruppen?
- Die im Vergleich zum kapitalintensiven Energieversorgungsgeschäft erhöhte Bedeutung menschlicher Ressourcen und - damit direkt zusammenhängend - vertrauensbasierter Beziehungen zu Kunden und Nutzern, zu unternehmensinternen und -externen Kooperationspartnern und zu einem motivierten, qualifizierten und kreativ eigenverantwortlich handelnden Personal bedingt und erfordert einen unternehmenskulturellen Wandel und ein verändertes Verständnis von dem, was ein Unternehmen ausmacht und wie es effektiv und effizient zu

steuern ist. Das Unternehmen in Form eines hierarchischen Gebildes erfordert ein anderes Controlling als das Unternehmen in Form eines sozialen Netzwerks, beispielsweise andere Informations- und Kontrollinstrumente. Wie das Controlling effektiv und effizient die Strukturen, Ressourcen und Prozesse im formale Unternehmensgrenzen überschreitenden Netzwerk steuert, wurde in der Arbeit ansatzweise dargelegt und bedarf einer vertieften Analyse.

Anhang 1: Fragebogen Kurzbefragung

Antwort bitte bei der Konferenzleitung abgeben oder per FAX bitte bis zum 31. Mai 2000 an W. Irrek, FAX: 0202 - 2492 - 198 oder per Brief an W. Irrek, c/o Wuppertal Institut, PF 10 04 80; 42004 Wuppertal

Fragebogen zur betriebswirtschaftlichen Bewertung und Steuerung des Angebots energienaher Dienstleistungen

Konferenz "Energienahe Dienstleistungen", Ueberreuter Managerakademie, 22./23.5.2000, Bonn

Sehr geehrte Damen und Herren,

die folgende Befragung wendet sich an Führungskräfte und leitende Mitarbeitende aus Energieunternehmen, die nicht nur Energie, sondern auch energienahe Dienstleistungen anbieten oder in Kürze anbieten wollen. Die anonyme Befragung ist Teil meines Promotionsvorhabens zum Thema *"Kostenrechnung und Controlling der Energiedienstleistungsunternehmen"*. Die Arbeit wird an der Bergischen Universität Gesamthochschule Wuppertal betreut und vom Wuppertal Institut für Klima, Umwelt, Energie im Wissenschaftszentrum NRW unterstützt.

Mit Ihren Antworten tragen Sie zur verbesserten Problemorientierung und größeren Praxisrelevanz des Promotionsvorhabens bei. Ich möchte Ihr Know how, Ihre Meinung und Ihre Praxiserfahrung berücksichtigen. Daher bitte ich um Ihre Mithilfe und würde mich freuen, wenn Sie sich ca. 10 min. Zeit nehmen könnten, um die Fragen zu beantworten. Vielleicht ist mein Promotionsvorhaben auch für Sie von Interesse? Sie möchten nähere Informationen oder evtl. mit mir kooperieren? Dann bitte ich Sie, den an den Fragebogen angehängten Abschnitt ebenfalls auszufüllen.

Bitte geben Sie den Fragebogen nach Möglichkeit zum Ende der Konferenz bei der Konferenzleitung ab oder schicken Sie Ihn bis zum 31. Mai 2000 an die o.g. Fax-Nummer oder Adresse. Sollten Sie noch Fragen haben, stehe ich Ihnen gerne während der Konferenz oder ansonsten telefonisch unter der Rufnummer 0202-2492-164 zur Verfügung.

Vielen Dank für Ihre Mitarbeit!

Dipl.-Ök. Wolfgang Irrek

Doktorand am Wuppertal Institut

Bitte geben Sie zunächst an, wieviele Mitarbeitende in Ihrem Unternehmen in den unten genannten Bereichen tätig sind.

1. Aktuelle Anzahl der Beschäftigten ...	< 100	< 500	< 2000	> 2000
... im gesamten Unternehmen	❏	❏	❏	❏
... im Kerngeschäft “Energie” (“klassische” Energieversorgung)	❏	❏	❏	❏
	< 3	< 10	< 50	> 50
... im Bereich Energieberatung / Energiedienstleistungen*	❏	❏	❏	❏

* Zum Bereich “Energieberatung / Energiedienstleistungen” sollen hier z. B. Energie-Audits, Energieeinspar-Beratung, Energie-Management, Consulting, Contracting, Functional Services, Nutzwärme-, Nutzkälte- und Nutzlichtangebote gezählt werden, also insbesondere energieeffizienzsteigernde Dienstleistungen, die die eingesetzte Energie reduzieren, die notwendig ist, um einen bestimmten Nutzeffekt (z. B. warmer Raum, heller Arbeitsplatz) zu erzielen.

Im folgenden stehen Angaben zur Gestaltung Ihres energienahen Dienstleistungsangebot im Mittelpunkt. Sollten Sie noch keine energienahen Dienstleistungen anbieten, jedoch in Kürze mit einem entsprechenden Angebot auf den Markt gehen, so beziehen Sie Ihre Antworten bitte auf Ihr geplantes Angebot.

Angebotsentscheidung

2. **Wer entscheidet** in Ihrem Unternehmen letztlich, ob und zu welchem Preis eine energienahe Dienstleistung angeboten wird? Bitte kreuzen Sie die für Ihr Unternehmen am ehesten zutreffenden Antworten an.

In unserem Unternehmensalltag bestimmt in der Regel

ob angeboten wird	den Preis, zu dem angeboten wird	
❏	❏	die Energievertriebsabt. (z. B. Key Account-Manager)
❏	❏	die Marketingabteilung
❏	❏	die Controllingabteilung
❏	❏	die Abt./das Team, das die Energiedienstleistung erbringt.
❏	❏	ein Team aus Vertreter/innen des Marketings und des Dienstleistungsbereichs.
❏	❏	ein Team aus Vertreter/innen des Controllings und des Dienstleistungsbereichs.
❏	❏	die Geschäftsführung / der Aufsichtsrat.
❏	❏	andere Personen / Abt. / Teams (welche?): ....

Kalkulation der Angebotspreise

3. Zu welchem **Preis** bieten Sie Ihren Kunden energienahe Dienstleistungen an? Bitte kreuzen Sie die für Ihr Unternehmen am ehesten zutreffenden Antworten an.

Alle Kunden(gruppen) zahlen für eine bestimmte energienahe Dienstleistung prinzipiell denselben Preis. ❑ stimmt ❑ stimmt überwiegend ❑ stimmt weniger ❑ stimmt nicht

→ Falls "stimmt" oder "stimmt überwiegend": Ist der Preis so kalkuliert, dass das Dienstleistungsangebot selbstkostendeckend oder profitabel ist?

❑ in der Regel ja ❑ bei der Mehrheit der Dienstleistungen ja

❑ nur bei etwa der Hälfte der Dienstleistungen ❑ nur bei wenigen Dienstleistungsangeboten

❑ die Preise sind in der Regel nicht kostendeckend

→ Falls "stimmt weniger" oder "stimmt nicht". Von welchen Faktoren hängt die kunden(gruppen)-individuelle Preisgestaltung in der Regel ab? Es kommt darauf an, ...

... ob es sich um einen Kunden handelt, der bislang schon mit Energie beliefert wurde (Altkunde) oder um einen (potenziellen) Neukunden,

❑ stimmt ❑ stimmt nicht

... wie hoch der absolute Energieverbrauch (kWh) oder die abgenommene Leistung (kW) des Kunden ist,

❑ stimmt ❑ stimmt nicht

... zu welchem Preis Konkurrenzunternehmen dem Kunden die gewünschten energienahen Dienstleistungen bereits angeboten haben.

❑ stimmt ❑ stimmt nicht

Sonstiges (bitte benennen): ....

Nun möchte ich Ihnen einige Fragen zur betriebswirtschaftlichen Bewertung und Steuerung des Angebots energienaher Dienstleistungen in Ihrem Unternehmen stellen. Sollten Sie noch keine energienahen Dienstleistungen anbieten, jedoch in Kürze mit einem entsprechenden Angebot auf den Markt gehen, so beziehen Sie Ihre Antworten bitte auf Ihr geplantes Angebot.

Kundenbindung / Kundenwertbestimmung

4. Derzeit geben einige Energieunternehmen an, energienahe Dienstleistungen als ein Mittel zur **Stärkung der Kundenbindung** anzubieten.

Trifft dies auch auf Ihr Unternehmen zu? ❑ ja ❑ teilweise ❑ nein

Falls "nein", bitte weiter mit Frage 7.

5. Falls "ja" oder "teilweise":
Mit Hilfe welcher Verfahren **evaluieren** Sie, ob das Kundenbindungsziel erreicht wird?

- ❑ bisher keinerlei Evaluation
- ❑ Erfahrungswerte, Intuition
- ❑ Beteiligung am VDEW-Kundenfokus
- ❑ andere Kundenzufriedenheitsmessungen
- ❑ Dienstleistungsqualitätsmessungen
- ❑ Evaluation von Stromwechslern
- ❑ Sonstige Verfahren (bitte benennen): ....

6. Werden in Ihrem Unternehmen eines oder mehrere der folgenden Verfahren zur **Kundenwertbestimmung** genutzt? Bitte kreuzen Sie die zutreffenden Antworten an.

- ❑ bisher keine Kundenwertanalysen
- ❑ Erfahrungswerte, Intuition
- ❑ Kundendeckungsbeitragsrechnung
- ❑ Kundenportfolioanalyse
- ❑ Analyse des Customer Lifetime Value
- ❑ ABC-Analyse von Kundenkriterien
- ❑ Sonstige Verfahren (bitte benennen): ....

Informations- und Steuerungsinstrumente

7. Inwieweit halten Sie die folgenden **Verfahren der Kosten- und Leistungsrechnung** zur Informationsunterstützung des Controlling im Bereich energienaher Dienstleistungen für geeignet?

Bitte bringen Sie Ihre Zustimmung bzw. Ablehnung durch Zahlen von 1 bis 5 zum Ausdruck. Geben Sie eine 1, wenn Sie das Verfahren für sehr gut geeignet halten und geben sie eine 5, wenn Sie es für völlig ungeeignet halten.

	SEHR GUT GEEIGNET				VÖLLIG UNGEEIGNET	KANN ICH NICHT BEURTEILEN
Prozesskostenrechnung	1 ❑	2 ❑	3 ❑	4 ❑	5 ❑	❑
Budgetrechnung	1 ❑	2 ❑	3 ❑	4 ❑	5 ❑	❑
Zielkostenrechnung	1 ❑	2 ❑	3 ❑	4 ❑	5 ❑	❑
Projektbezogene Wirtschaftlichkeitsrechnung	1 ❑	2 ❑	3 ❑	4 ❑	5 ❑	❑
Kundendeckungsbeitragsrechnung	1 ❑	2 ❑	3 ❑	4 ❑	5 ❑	❑
andere Deckungsbeitragsrechnungen	1 ❑	2 ❑	3 ❑	4 ❑	5 ❑	❑
Flexible Plankosten-/Grenzplankostenrechnung	1 ❑	2 ❑	3 ❑	4 ❑	5 ❑	❑
Relative Einzelkostenrechnung	1 ❑	2 ❑	3 ❑	4 ❑	5 ❑	❑

Sonstige Verfahren (bitte benennen): ....

8. Falls in Ihrem Unternehmen ein System der **innerbetrieblichen Leistungsverrechnung** existiert: Sind die Bereiche, die energienahe Dienstleistungen erbringen, in die interne Leistungsverrechnung einbezogen?
❑ ja ❑ teilweise ❑ nein

Falls "ja" oder "teilweise":

Werden Kundenbindungseffekte intern verrechnet?
❑ ja ❑ teilweise ❑ nein

Werden entgangene Erlöse im Energieverkauf aufgrund des Erbringens energieeffizienzsteigernder Dienstleistungen intern verrechnet?
❑ ja ❑ teilweise ❑ nein

Sonstige Verrechnungen (bitte benennen): ....

Bitte schätzen Sie nun die Umsatzentwicklung Ihres Dienstleistungsangebots ein.

9. Bitte ergänzen Sie: Der **Umsatz** unseres Unternehmens im Bereich energienaher Dienstleistungen beträgt etwa _______% des Umsatzes der Bereiche Energieerzeugung, -verteilung und -belieferung.

Ich erwarte, dass dieser Umsatzanteil in den nächsten 5 Jahren

❑	❑	❑	❑
sinkt	stagniert	steigt	stark steigt

Zum Abschluß bitte ich Sie um Ihre spontane Einschätzung zu einigen Thesen.

10. Angenommen, der Bereich energienaher Dienstleistungen entwickelt sich zu einem eigenständigen, umsatzstarken Geschäftsfeld Ihres Unternehmens. Versetzen Sie sich bitte in diese Situation und bewerten Sie dann die folgenden Aussagen.

Bitte bringen Sie den folgenden Aussagen den Grad Ihrer Zustimmung bzw. Ablehnung durch Zahlen von 1 bis 5 zum Ausdruck. Geben Sie eine 1, wenn Sie der These voll zustimmen können, und geben Sie eine 5, wenn Sie die Thesen gänzlich ablehnen.

	STIMME VOLL ZU				LEHNE GANZ AB	KANN ICH NICHT BEURTEILEN
Die bisher im Energieunternehmen eingesetzten Verfahren der Kosten- und Leistungsrechnung sind für das neue Geschäftsfeld völlig ausreichend.	1 ❑	2 ❑	3 ❑	4 ❑	5 ❑	❑
Das bisherige Controllinginstrumentarium reicht aus, um auch dieses neue Geschäftsfeld angemessen entwickeln, gestalten und lenken zu können.	1 ❑	2 ❑	3 ❑	4 ❑	5 ❑	❑
Das Kennzahlen- und Managementsystem "Balanced Scorecard" ist zur Steuerung des Bereichs energienaher Dienstleistungen besonders gut geeignet.	1 ❑	2 ❑	3 ❑	4 ❑	5 ❑	❑
Das bisher im Energieunternehmen eingesetzte Personalführungssystem ist auch für den personalintensiveren Dienstleistungsbereich völlig ausreichend.	1 ❑	2 ❑	3 ❑	4 ❑	5 ❑	❑
Für dieses Geschäftsfeld müssen neue Kostenstellen geschaffen und Kostenträger und Kostentreiber (Kosteneinflußfaktoren) erst einmal identifiziert werden.	1 ❑	2 ❑	3 ❑	4 ❑	5 ❑	❑
Wichtig ist die Verknüpfung von Kundenbindungs- mit dem Erfolgs- und Finanzcontrolling.	1 ❑	2 ❑	3 ❑	4 ❑	5 ❑	❑
Planungsunsicherheit und Risiken sind in diesem neuen Geschäftsfeld besonders groß.	1 ❑	2 ❑	3 ❑	4 ❑	5 ❑	❑

11. Raum für weitere Kommentare und Anregungen zu den Bewertungs-, Gestaltungs- und Steuerungsproblemen des Bereichs "Energienahe Dienstleistungen":

Vielen Dank für Ihre Mitarbeit !

----------✂--

Die Befragung ist anonym. Die folgenden Angaben zu Ihrer Person sind daher freiwillig und werden nach Erhalt Ihrer Antwort vom eigentlichen Fragebogen abgetrennt.

Ich habe den Fragebogen ausgefüllt und Interesse, mehr über das Promotionsvorhaben *"Kostenrechnung und Controlling der Energiedienstleistungsunternehmen"* zu erfahren.

❑ Bitte schicken Sie mir nähere Informationen zum Promotionsvorhaben zu.

❑ Bitte informieren Sie mich über die Ergebnisse dieser Befragung.

❑ Bitte rufen Sie mich zwecks einer möglichen Kooperation an.

____________________	______________________________
Name, Vorname	Firma
____________________	______________________________
Telefon	Telefax / Email

Anhang 2: Leitfaden qualitative Interviews

Bewertung und Steuerung des Angebots von Energiedienstleistungen (EDL)

- Leitfaden zur Befragung in EVU/EDU -

Notizen vorher/nachher

Vorgespräche/Zustandekommen des Interviews: ______________________

Rahmenbedingungen, d. h. Datum/Zeit/Dauer/Ort/Unterbrechungen/Interviewte Person und weitere Anwesende:______________________

Weitere Bemerkungen zum Zustandekommen des Interviews, zum Umfeld des Interviewten, zu Auffälligkeiten im Gesprächsverlauf und zur Gesprächsdynamik:

____

Aufzeichnung nicht per Tonband protokollierter Gespräche vorher/nachher:

____

Ablauf

1. Gesprächseinstieg:

Um die Genehmigung der Tonbandaufnahme ersuchen (incl. Begründung der Tonbandaufnahme mit der Präzision der Auswertung und der Konzentration auf das Gespräch selbst und Verweis auf die Gewährleistung der Anonymität) (Achtung: Technik vorab checken und für den Notfall Ersatz bereithalten!)

Ziel des Interviews, Nutzen für die interviewte Person und Auswahl der interviewten Person erläutern.

Gesprächsdauer abschätzen (30-90 Minuten, je nachdem, ob face-to-face oder telefonisch und je nach Ansprechpartner).

Erwartungen an die interviewte Person und Vorgehen beim Interview erläutern. Dabei insbesondere darstellen:

Grundannahmen des Promotionsvorhabens, d. h. die strategische Ausgangssituation des betrachteten "Modell-EDU", die beim Gespräch im Blick bleiben sollte:

- (Starkes) Umsatz-/Auftragswachstum im EDL-Bereich;
- Energieeffizienz spielt für die Kunden zur Zeit kaum eine Rolle (Focus auf den Preisen für Endenergie), wird aber in Zukunft für die Kunden zunehmend wichtiger (Focus auf den Energiekosten);
- EDL-Bereich als originäres, eigenständiges Geschäftsfeld;
- Mission des EDU: Energiekosten senken durch Least-Cost Energy Services!
- Vision des EDU: Wir gehören in unserem Vertriebsgebiet zu den kompetentesten Anbietern einer breiten Palette von Energiedienstleistungen, deren Einsatz zu an den Bedarf der jeweiligen Kunden angepaßten, kostenoptimalen Kombinationen aus zugeführter Energie (Arbeit, Leistung) und Endverbrauchstechnologien und -dienstleistungen führt;
- Entsprechende strategische Zielformulierung für die Perspektiven Kunden, Mitarbeiter/Potenzial, Geschäftsprozesse, Finanzen/Ergebnisse.

2. Haupterzählung:

Ausgangspunkt/Einstiegsfrage: In welchem Energiedienstleistungs(EDL)-Segment erwarten Sie in den nächsten drei bis fünf Jahren das größte Wachstum, in welchem sehen Sie kurzfristig/ mittelfristig/ langfristig die größten Erfolgsaussichten für Ihr Unternehmen? Wie kommen Sie zu dieser Einschätzung?

Zentrale Fragestellung zum Controlling / Controllinginstrumenten des EDL-Bereichs:
Inwieweit sehen Sie Probleme der Bewertung und Steuerung Ihres EDL-Angebots bei einer (starken) Auftragszunahme bzw. Umsatzausweitung? Wo sehen Sie dabei die größten Schwierigkeiten (Priorisierung)?

3. Immanentes Nachfragen und Weitererzählen

In dieser Phase soll an dem Erzählten angeknüpft und nachgebohrt, das bisher Erzählte gedehnt und zugespitzt werden. Diese Phase bietet sich daher an, analyserelevante Fragen einzubringen, die in der Erzählung möglicherweise nicht vorkommen, und die Erzählung hinsichtlich der im Dissertationsvorhaben interessierenden Themen näher zu exemplizifizieren. Leitfragen, an denen sich dabei orientiert werden kann, sind - nach Themenschwerpunkten sortiert - im Folgenden aufgeführt:

Struktur des EDL-Bereichs / der EDL-Prozesse

- Wie ist der EDL-Bereich in Ihrem Unternehmen organisatorisch verankert (akutell/ weitere Planung)? Welche Kostenstellen entsprechen dieser organisatorischen Gliederung?
- Was sind Kostenträger: Aufträge/Projekte, Services, Leistungsmodule/Prozessbausteine, Kundengruppen?
- Inwieweit verfügen Sie über Kosten-/Erlöstreiberhierarchien, also letztlich Ursache-Wirkungs-Ketten im EDL-Bereich?

Bewertung und Steuerung größerer, individueller EDL ("Projekte")

- Akquisitionssteuerung: Instrumente? Teil des Kennzahlensystems (z. B. Akquisitionsgespräche / Auftrag)? wann Akquisition abbrechen, wann weiterverfolgen? Self-Selection fördern (z. B. mittels Bidding/Wettbewerben o.ä.)? Vertriebsweg: Key Account vs. eigener Vertrieb der EDL-Abteilung?
- Projektmanagement-Tools: Was (Kosten, Termine, Qualität) wird wie gesteuert? Wie können bedarfsgerechte, zeitnahe Infos für den Selbst-Steuerungsprozess der dienstleistenden Mitarbeiter als auch für die übergreifende Center- bzw. Unternehmenssteuerung bereitgestellt werden? Mit Hilfe welcher Instrumente können kosteneffiziente Strukturen umgesetzt werden?

- Welche Verfahren der Ist- und Plankosten- und -leistungsrechnung sowie Abweichungsanalysen werden bisher eingesetzt und warum? Welche Verfahren halten Sie für die skizzierte Unternehmenssituation zukünftig für erforderlich, welche für wünschenswert? Berücksichtigung des externen Faktors bei Abweichungsanalysen? falls Prozesskostenrechnung: Welche Prozesse steuern Sie damit im EDL-Bereich? falls dynamische Investitionsrechnungs-/Wirtschaftlichkeitsrechnungsverfahren: Welche Projekte steuern Sie damit im EDL-Bereich? Zielkostenrechnung: Lerneffekte/Erfahrungskurven für einzelne Leistungsmodule? Budgetrechnung?

- Schnittstellen Kostenermittlung im Rahmen der technischen Planung z. B. nach VDI 2067 - Plankostenrechnung - Angebotserstellung - Beschaffung/Auftragsvergabe - Ausführungsüberwachung (Termin-, Kosten- und Qualitätscontrolling) - externe Abrechnung z. B. nach HOAI - interne Nachkalkulation?

- Kooperationsmanagement

- Wissensmanagement

- Anlaufverluste

Bewertung und Steuerung stärker standardisierter EDL ("Services")

- Welche Verfahren der Ist- und Plankosten- und -leistungsrechnung sowie Abweichungsanalysen werden eingesetzt und warum? Berücksichtigung des externen Faktors bei Abweichungsanalysen? falls Prozesskostenrechnung: Welche Prozesse steuern Sie damit im EDL-Bereich? falls dynamische Investitionsrechnungs-/Wirtschaftlichkeitsrechnungsverfahren: Welche Projekte steuern Sie damit im EDL-Bereich? Zielkostenrechnung: Lerneffekte/Erfahrungskurven? Budgetrechnung?

- Wie können bedarfsgerechte, zeitnahe Infos für den Selbst-Steuerungsprozess der dienstleistenden Mitarbeiter bereitgestellt werden?

- Qualitätssicherung -> Prozesscoaching / Wissensmanagement?

- Produktentwicklung: Plattformen? Integration des Kunden? Strategie: Standardisierung vs. Differenzierung? Kooperationsmanagement?

Verknüpfung des Personalführungssystems mit dem Erfolgscontrolling

- Umgang mit Kapazitäts-/Leerkostenproblem?
- Human Resource Management: gezielte Steuerung der Personalentwicklung, Wissensmanagement, Know-how-Investitionsrechnung?
- Entlohnungs-/Anreizsysteme: Gestaltung leistungsorientierter Anreizsysteme (mit/ohne Berücksichtigung des Produktlebenszyklus, individuell/Team/Abteilung, wahlweise oder gezwungenermaßenmit leistungsorientierter Komponente)? Gebundenheit an Tarifverträge?
- Problem des zeitlichen Auseinanderklaffens von Leistungserbringung und Messung & Verifizierung bei Energieeffizienz-Dienstleistungen
- Ergebnis- vs. Prozess- bzw. Vertrauensorientierung? -> internes Coaching (auch Mentoring - nicht nur für Führungsnachwuchs)? Gestaltung des Coachings? Abgrenzung der Aufgaben der Führung/der Personalabteilung/des Controlling?

Verknüpfung der strategischen mit der operativen Ebene

- Eingesetzte Controllinginstrumente: prozessorientierte Instrumente vs. ergebnisorientierte Instrumente? z. B. Kennzahlensystem + Zielvereinbarungen? Einbindung in Führungssystem mittels Balanced Scorecard? Umgang mit Zielkonflikten? Welche Steuerungsgrößen sind dem EDL-Bereich oder einzelnen EDL-Teilbereichen oder gar einzelnen Mitarbeitenden vorgegeben, und wer entscheidet wie über diese Zielgrößen sowie die jeweilige Zielausprägung?
- Wertschöpfungsrechnungen aus Kunden- und Unternehmenssicht? Berechnungen der Wirkungen auf den Unternehmenswert?
- Berücksichtigung von Risiko und Unsicherheit / Umgang mit unscharfen Informationen

4. Exmanente Fragen und Antworten:

Zu diesem Zeitpunkt können Fragen zu Themen gestellt werden, die bisher nicht genannt wurden. Auch eine Evaluierung des Gesagten kann als eine Art Fazit in dieser Phase stattfinden.

5. Gesprächsabschluß, Nachgespräch und Verabschiedung:

Dank für die Interviewbereitschaft

Sind eventuelle Rückfragen nötig?

Abschließend: Klärung der Bereitschaft, **Daten** (Fallbeispiele oder/und umfangreichere, anonymisierte Datenbestände - z. B. zu Einsparcontracting, Energieanalyse, Energieberatung Haushalte - zur Verfügung zu stellen -> für Analyse der Struktur des EDL-Bereichs/der EDL-Prozesse, s.o.). Falls Bereitschaft vorhanden ist: Welcher Art sind die Daten, die zur Verfügung stehen? In welcher Form können sie bereitgestellt werden?

Sind weitere ergänzende Dokumente/Berichte der interviewten Person bzw. der entsprechenden Institution hilfreich/zugänglich?

Tip für weitere kompetente Ansprechpartner, die für ein derartiges Interview zur Verfügung stehen könnten?

Ggf. Zwischenergebnisse (z. B. bei Analyse größerer Datenbestände) sowie Exemplar der Dissertation in Aussicht stellen.

Quellen

Accenture/Justus-Liebig-Universität Giessen (2000): Ergebnisbericht zur Studie "Economics of Culture Change", Berlin, Giessen

ACEEE [American Council for an Energy-Efficient Economy] (Hg.)(2000): ACEEE Summer Study on Energy Efficiency in Buildings, Proceedings, Panel 5: Deregulation of the Utility Industry and Role of Energy Service Companies (ESCOs), Washington

AG Netznutzung [Arbeitsgruppe Netznutzung Strom der Kartellbehörden des Bundes und der Länder] (2001): Bericht über 1. die Reichweite der kartellrechtlichen Eingriffsnormen für die Überprüfung der Höhe der Entgelte für die Nutzung der Stromnetze, 2. Die kartellrechtliche Relevanz von den Netzzugang behindernden Verhaltensweisen der Stromnetzbetreiber, 19.4.2001, Bonn

Ahrend, K. M.; Weinrauch, M.; Franke, V. (2000): Balanced Scorecard - mit System zum Erfolg, Integrierte Unternehmenssteuerung verbessert Wettbewerbsfähigkeit, Elektrizitätswirtschaft 99, 20, 8-12

Andreas, D.; Sauter, B.; Rademacher, G. (1992): Projekt-Controlling und Projekt-Management im Anlagen- und Systemgeschäft, Abteilung Betriebswirtschaft, Verband Deutscher Maschinen- und Anlagenbauer e.V., Frankfurt a. M.

Anger, C. (1998): Customer Costing in der Telekom-Industrie. In: Fickert 1998, a.a.O., 273-365

Ansoff, H. I. (1966): Management-Strategie, München

ASEW [Arbeitsgemeinschaft kommunaler Versorgungsunternehmen zur Förderung rationeller, sparsamer und umweltschonender Energieverwendung und rationeller Wasserverwendung im VKU] (Hg.) (1996): Leitfaden Einspar-Contracting. Theoretische Grundlagen und ASEW-Modell. Erarbeitet vom ASEW-Arbeitskreis 4: Finanzierungsmodelle für Energieeinsparinvestitionen / Energiedienstleistungen, Köln

ASEW [Arbeitsgemeinschaft kommunaler Versorgungsunternehmen zur Förderung rationeller, sparsamer und umweltschonender Energieverwendung und rationeller Wasserverwendung im VKU](1997): Energiedienstleistungen, Ergebnisse der ASEW-Umfrage 1997, Köln

Baetge, J. (1998): Instrumente eines effizienten Risikomanagements und Controlling, in: Reichmann 1998a, a.a.O., 63-88

Balzereit, B. (1997): Öffentliche Aufgabenstellung und Aufgabenerfüllung durch Profit-Center in der Versorgungswirtschaft, Zeitschrift für öffentliche und gemeinwirtschaftliche Unternehmen 20, 4, 379-391

Barth, K.; Medicke, W. (1994): Einführung einer neuen Kostenrechnung bei den Isar-Amperwerken mit SAP-RK, Elektrizitätswirtschaft 93, 11, 598-604

Barthel, C.; Lechtenböhmer, S.; Thomas, S. (2000): GHG Emission Trends of the Internet in Germany, Discussion Paper for the Japanese-German Workshop "International Climate Policy and the IT Sector", Preliminary Version for Release, Wuppertal

Bauer, G. (2000): Prozess-Controlling am Beispiel des Prozesses der Entwicklung von Produkten, Kostenrechnungspraxis (krp) 44, 1, 145-154

BBU [Verband Berlin-Brandenburgischer Wohnungsunternehmen e.V.], PECU [Bundesverband Privatrechtlicher Energie-Contracting-Unternehmen e.V.], VfW [Verband für Wärmelieferung e.V.] (2002): Vereinbarung zum Wärmeliefercontracting, Berlin, Mainz, Hannover

BDI [Bundesverband der Deutschen Industrie e.V.], VDEW [Verband der Elektrizitätswirtschaft e.V.], VIK [Verband der Industriellen Energie- und Kraftwirtschaft e.V.] (1999): Verbändevereinbarung über Kriterien zur Bestimmung von Netznutzungsentgelten für elektrische Energie, 13. Dezember 1999 (VV II), Berlin, Essen, Frankfurt a. M.

BDI [Bundesverband der Deutschen Industrie e.V.], VIK [Verband der Industriellen Energie- und Kraftwirtschaft e.V.], VDEW [Verband der Elektrizitätswirtschaft e.V.], VDN [Verband der Netzbetreiber e.V. beim VDEW], ARE [Arbeitsgemeinschaft regionaler Energieversorgungs-Unternehmen e.V.], VKU [Verband kommunaler Unternehmen e.V.] (2001): Verbändevereinbarung über Kriterien zur Bestimmung von Netznutzungsentgelten für elektrische Energie und über Prinzipien der Netznutzung, 13. Dezember 2001 (VV II plus), Berlin, Essen, Hannover, Köln

BDI [Bundesverband der Deutschen Industrie e.V.], VIK [Verband der Industriellen Energie- und Kraftwirtschaft e.V.], BGW [Bundesverband der deutschen Gas- und Wasserwirtschaft e.V.], VKU [Verband kommunaler Unternehmen e.V.] (2000): Verbändevereinbarung zum Netzzugang bei Erdgas, 4. Juli 2000, Berlin, Essen, Köln

BDI [Bundesverband der Deutschen Industrie e.V.], VIK [Verband der Industriellen Energie- und Kraftwirtschaft e.V.], BGW [Bundesverband der deutschen Gas- und Wasserwirtschaft e.V.], VKU [Verband kommunaler Unternehmen e.V.] (2001): 1. Nachtrag Verbändevereinbarung zum Netzzugang bei Erdgas, 15. März 2001, Berlin, Essen, Köln

BDI [Bundesverband der Deutschen Industrie e.V.], VIK [Verband der Industriellen Energie- und Kraftwirtschaft e.V.], BGW [Bundesverband der deutschen Gas- und Wasserwirtschaft e.V.], VKU [Verband kommunaler Unternehmen e.V.] (2001a): 2. Nachtrag Verbändevereinbarung zum Netzzugang bei Erdgas, 21. September 2001, Berlin, Essen, Köln

BDI [Bundesverband der Deutschen Industrie e.V.], VIK [Verband der Industriellen Energie- und Kraftwirtschaft e.V.], BGW [Bundesverband der deutschen Gas- und Wasserwirtschaft e.V.], VKU [Verband kommunaler Unternehmen e.V.] (2002): Verbändevereinbarung zum Netzzugang bei Erdgas (VV Erdgas II), 3. Mai 2002, Berlin, Essen, Köln

Belzer, V. (1993): Unternehmenskooperationen: Erfolgsstrategien und Risiken im industriellen Strukturwandel, München, Mering

Bemman, U.; Müller, A. (Hg.)(2000): Contracting-Handbuch 2000: Energiekosten einsparen: Strategien - Umsetzung - Anwendung, Köln

Bemman, U.; Schädlich, S. (Hg.)(2002): Contracting-Handbuch 2002: Energiekosten einsparen: Strategien - Umsetzung - Praxisbeispiele, Köln

Bergmasth, M.; Lewald, A.; Nilsson, L. J.; Strid, M. (2000): The Role of Energy Efficiency in the Deregulated Swedish Electricity Market, in: ACEEE 2000, a.a.O., 5.15

BGH [Bundesgerichtshof] (2002): Gemeinde darf Grundstücksverkauf mit Bezug von Fernwärme koppeln - Kein Wettbewerbs- oder Kartellverstoß der Gemeinde Börnsen, Mitteilung der Pressestelle des Bundesgerichtshof Nr. 70/2002 vom 10.07.02, Karlsruhe

BGW/VDEW (Hg.) (1987): Kosten- und Leistungsrechnung der Energie- und Wasserversorgungsunternehmen, 3. Aufl., Frankfurt a. M. und Bonn

BGW/VDEW (Hg.) (1994): Unternehmensplanung, Begriffe der Versorgungswirtschaft, Teil A Betriebswirtschaft, Heft 1, 3. Ausgabe, Frankfurt a. M., Bonn

Bieker, T; Dyllick, T.; Gminder, C.-U.; Hockerts, K. (2001): Management unternehmerischer Nachhaltigkeit mit einer Sustainability Balanced Scorecard - Forschungsmethodische Grundlagen und erste Konzepte, IWÖ-Diskussionsbeitrag Nr. 94, St. Gallen

Bieri, S. (1993): Die Kostenträgerrechnung als Führungsinstrument, Bulletin des Schweizerischen Elektrotechnischen Vereins/des Verbandes Schweizerischer Elektrizitätswerke, 22, 13-14

Bild der Wissenschaft plus (2002): Die Power-Generation, Eine junge Technologie startet durch: Hausenergie aus Brennstoffzellen, Eine Sonderpublikation in Zusammenarbeit mit der Initiative Brennstoffzelle, Stuttgart

Bilen, S. (2000): Wettbewerb und Handel auf dem liberalisierten deutschen Elektrizitätsmarkt, Freie wissenschaftliche Arbeit zur Erlangung des akademischen Grades “Diplom-Betriebswirt”, vorgelegt bei Prof. Dr. G. Koch, Fachbereich Betriebswirtschaft der Georg-Simon-Ohm Fachhochschule Nürnberg, Nürnberg

Billiger-strom-de (2000): Email-Newsletter vom 1.9.2000, o. O.

Bischoff, A.; Selle, K.; Sinning, H. (1995): Informieren, Beteiligen, Kooperieren - Kommunikation in Planungsprozessen, Dortmunder Vertrieb für Bau- und Planungsliteratur, Dortmund

Blazek, A. (1983): Projekt-Controlling: Denken und Handeln in Projekten zur Verwirklichung der Selbstkontrolle, hg. von der Controller-Akademie, Gauting, München

BMU [Bundesministerium für Umwelt, Naturschutz und Reaktorsicherheit] (Hg.)(2002): Geld vom Staat fürs Energiesparen: Weniger Energieverbrauch schont Klima, Umwelt und Geldbeutel, Überblick über zahlreiche Förderprogramme von EU, Bund, Ländern, Kommunen und Energieversorgungsunternehmen, die auf eine nachhaltige Energieversorgung und besseren Klimaschutz zielen, erarbeitet von K. Schlegelmilch, S. Hafner und J. Zöckler, Berlin

BMU/UBA [Bundesministerium für Umwelt, Naturschutz und Reaktorsicherheit/Umweltbundesamt] (Hg.) (2001): Handbuch Umweltcontrolling, 2.Aufl., München

BMWA [Bundesministerium für Wirtschaft und Arbeit] (2003): Bericht des Bundesministeriums für Wirtschaft und Arbeit an den Deutschen Bundestag über die energiewirtschaftlichen und wettbewerblichen Wirkungen der Verbändevereinbarungen (Monitoring-Bericht), 31. August 2003, Berlin

BMWi [Bundesministerium für Wirtschaft und Technologie] (2001): Nachhaltige Energiepolitik für eine zukunftsfähige Energieversorgung, Energiebericht, Berlin

Bochanky, L. (1996): Gesamtheitliche Planung der Verteilungsnetze, Energiewirtschaftliche Tagesfragen 46, 10, 624-629

Böde, U.; Gruber, E. (Hg.)(2000): Klimaschutz als sozialer Prozess: Erfolgsfaktoren für die Umsetzung auf kommunaler Ebene. Band 44 der Schriftenreihe "Technik, Wirtschaft und Politik" des Fraunhofer-Instituts für Systemtechnik und Innovationsforschung (ISI), Heidelberg

Böde, U.; Köwener, D. (2000): Energiedienstleistungen - Marktpotenziale und Erfolgsfaktoren, Tagungsbeitrag, in: EFO Energie Forum GmbH 2000, a.a.O., 111-118

Bolsenkötter, H. (2000): Rechnungslegung nach der Elektrizitätsbinnenmarkt-Richtlinie und nach §9 EnWG, Kommunalwirtschaftliche Forschung und Praxis, Bd. 2, Frankfurt a. M.

Bork, C.; Müller, K.; Petersen, H.-G.; Wirths, S. (1995): Wider den Sachzeitwert - Untersuchung zur Frage des angemessenen Übernahmepreises von Elektrizitätsversorgungsnetzen, Finanzwirtschaftlicher Diskussionsbeitrag Nr. 6 der wirtschafts- und sozialwissenschaftlichen Fakultät der Universität Potsdam

Born, K. (1995): Unternehmensanalyse und Unternehmensbewertung, Stuttgart

Bosse, A. (2001): Kostenrechnung auf dem Prüfstand, Kostenrechnungspraxis (krp) 45, 2, 71

Botschen, G.; Botschen, M. (1999): Kundenintegrierte Neuproduktentwicklung von Dienstleistungen, in: Hinterhuber/Matzler 1999, a.a.O., 337-354

Boulding, K. (1991): What is evolutionary economics?, Journal of Evolutionary Economics, Vol.1 (1991), No.1

Boutellier, R.; Kobler, R. (1996): Vom Kostendenken zur Kundenorientierung, Kundenzufriedenheit durch offensive Logistik als Wertschöpfungsfaktor, Technische Rundschau Transfer, 21, 30-34

Boutellier, R.; Völker, R. (1997): Erfolg durch innovative Produkte, München

Boutellier, R.; Locker, A. (1998): Beschaffungslogistik: mit praxiserprobten Konzepten zum Erfolg, München, Wien

Bozem, K (1995): Integration des Controlling in das reorganisierte Versorgungsunternehmen, Zeitschrift für öffentliche und gemeinwirtschaftliche Unternehmen 18, 4, 488-494

Bozem, K. (1995a): Entwicklungsstand der Controllingpraxis in der Versorgungswirtschaft, Controller Magazin, 4, 206-214

Bozem, K. (1999): Risikomanagement bei Energieunternehmen, Energiewirtschaftliche Tagesfragen 49, 5, 306-311

Brandes, W.; Weise, P. (1995): Motivation, Moral und Arbeitsleistung, in: Gerlach 1995, a.a.O., 233-257

Brass, D. (1995): A Social Network Perspective on Human Resources Management, Research in Personnel and Human Resources Management 13, 39-79

Breid, V. (1994): Erfolgspotenzialrechnung: Konzeption im System einer finanzierungstheoretisch fundierten, strategischen Erfolgsrechnung, Controlling-Entwicklungen, Stuttgart

Brosziewski, H. U. (2000): Wärme- und Stromlieferung in neuer Zeit: Die Liberalisierung des Strommarktes und die VfW-Objektversorgung, in: VfW 2000a, a.a.O., 131-133

Bruhn, M. (1998): Wirtschaftlichkeit des Qualitätsmanagements: Qualitätscontrolling für Dienstleistungen, Berlin, Heidelberg

Brunekreeft, G.; Keller, K. (2000): Netzzugangsregime und aktuelle Marktentwicklung im deutschen Elektrizitätssektor, Zeitschrift für Energiewirtschaft, 3, 155-166

Buch, J. (1991): Entscheidungsorientierte Projektrechnung: Überlegungen zur Gestaltung eines Projekt-Controlling-Systems mit Hilfe der Einzelkosten- und Deckungsbeitragsrechnung, Europäische Hochschulschriften: Reihe 5, Volks- und Betriebswirtschaft, Bd. 1178, zugl. Dissertation Universität Frankfurt a.M., Frankfurt a.M. u. a.

Bühner, R. (1993): Shareholder Value, Eine Analyse von 50 großen Aktiengesellschaften in der Bundesrepublik Deutschland, Die Betriebswirtschaft (DBW) 53, 6, 749-769

Bullinger, H.-J.; Wörner, K.; Prieto, J. (1998): Wissensmanagement - Modelle und Strategien für die Praxis, in: Bürgel 1998, a.a.O., 21-39

Bundesregierung (2000): Das nationale Klimaschutzprogramm: Anspruchsvolle Ziele und wirksame Maßnahmen, Hintergrundpapier der deutschen Bundesregierung, Berlin

Bund-Länder-Ausschuss "Energiepreise" (1996): Arbeitsanleitung zur Darstellung der Kosten- und Erlösentwicklung in der Stromversorgung, Entwurf der Arbeitsgruppe "Betriebswirtschaftliche Fragen der BTO Elt", Vorlage zur 49. Sitzung des Bund-Länder-Ausschusses Energiepreise vom 12./13. November 1996 in Wiesbaden, in: Forum 1996, a.a.O. 1-24

Bürgel, H. (Hg.)(1998): Wissensmanagement: Schritte zum intelligenten Unternehmen, Berlin, Heidelberg

Burger, K.-M. (1998): Risikomanagement beim Einsatz von Handels- und Finanzderivaten, Energiewirtschaftliche Tagesfragen 48, 3, 126-131

Burger, K.-M. (Hg.)(1998a): Risk Management in der Energiewirtschaft: Chancen und Risiken durch liberalisierte Märkte, Wiesbaden

Burns, P.; Davies, J.; Riechmann, C. (1999): Benchmarking von Netzkosten - Data Envelopment Analyse (DEA) am Beispiel der Stromverteiler in Großbritannien, Zeitschrift für Energiewirtschaft, 4, 285-301

Burns, P.; Weyman-Jones, T. G. (1996): Cost functions and cost efficiency in electricity distribution: a stochastic frontier approach, Bulletin of Economic Research 48, 1, 41-65

Busch, J. (1997): Methodologisches Konzept für qualitative sozialpsychologische Untersuchungen, unveröffentlichtes Manuskript, Leverkusen

Chesshire, J. H. (Hg.)(2000): From Electricity Supply to Energy Services: Prospects for Active Energy Services in the EU. Report prepared for the European Commission (Directorate General for Energy and Transport) and the Union of the Electricity Industry - EURELECTRIC, Sussex

Christianus, D. (2000): Customer Relationship Management bei Energieversorgern, Dem Kunden auf der Spur ..., Elektrizitätswirtschaft 99, 5, 44-45

CMG Deutschland GmbH (2000): Versorgungsbetriebe wenig kundenorientiert, Pressemitteilung vom 12.12.2000, Eschborn

Czopka, S. (2002): Kaufmännische Aspekte beim Contractor, Beitrag zur EUROFORUM-Konferenz "Energie-Contracting" am 4./5. Juni 2002 in Köln, Essen

Daube, C. H. (1998): Neue Regeln für ein modernes Risikomanagement, in: Reichmann 1998a, a.a.O., 89-101

Dederichs, J. (1993): Ein computergestütztes Basismodul kollektiver strategischer Controllingsysteme, Reihe Quantitative Ökonomie, Bd. 46, zugl. Dissertation BUGH Wuppertal, Bergisch Gladbach und Köln

Deppe, E. (2000): Stadtwerke 2000: Markt-, Produkt- und Preisdifferenzierung als Mittel zur Absatz- und Erlössicherung, Vortrag, gehalten auf der 4. Euroforum-Konferenz "Stadtwerke 2000", 22.-24.5.2000, Berlin

Diamond, M. S. (1998): Large energy customers - a good business for adept suppliers, Power Economics, 10, 25-27

Dienel, P.C. (1997): Die Planungszelle: der Bürger plant seine Umwelt, eine Alternative zur Establishment-Demokratie, 4. Aufl., Opladen

DOE [U.S. Department of Energy, Office of Energy Efficiency and Renewable Energy] (Hg.) (2002): International Performance Measurement & Verification Protocol (IPMVP), Concepts and Options for Determining Energy and Water Savings, Volume I, Revised March 2002, Oak Ridge u. a. (aktueller Download unter www.ipmvp.org)

Dorprigter, U. (1997): Center-Organisation und "Interner Markt" in der Energiewirtschaft, Controller Magazin, 5, 353-355

Dorprigter, U. (2001): Energiewirtschaft: Die Zuordnung von Eigen- und Fremdkapital sowie von Finanzmitteln in einer Unbundlingrechnung, Controller Magazin, 2, 166-175

Dosi, G.; Nelson, R. (1994): An introduction to evolutionary theories in economics, Journal of Evolutionary Economics, Vol.4 (1994), No.4, S. 153-172

Dosi, G.. (1991) Some thoughts on the promises, challenges and dangers of an "evolutionary perspective" in economics, Journal of Evolutionary Economics, Vol.1 (1991), No.1, S. 5-7

Drillisch, J. (1996): Der Einfluss wettbewerblicher Strukturen in der US-Elektrizitätswirtschaft auf Demand-Side Management, Zeitschrift für Energiewirtschaft (ZfE), 1, 37-52

Dudenhausen, R. A.; Döhrer, A.; Gravert-Jenny, U. (1999): Strom- und Gashandel in Stadtwerken, Energiewirtschaftliche Tagesfragen 49, 5, 302-305

E&M [Energie&Management Verlagsgesellschaft mbH]; Technomar [Technomar GmbH Gesellschaft für Investitionsgütermarktforschung und Unternehmensberatung] (1998): Jahrbuch Energie-Contracting, Erfahrungen - Trends - Markt - Unternehmensportraits, Herrsching, München

E&M [Energie&Management Verlagsgesellschaft mbH]; Technomar [Technomar GmbH Gesellschaft für Investitionsgütermarktforschung und Unternehmensberatung] (2000): Jahrbuch Energie-Contracting 2000, Herrsching, München

Ebert, A. (2000): IT-Lösungen für den Energiehandel entsprechend der VVII, Elektrizitätswirtschaft 99, 25, 46-50

EFO Energie Forum GmbH (2000): Strom im Wettbewerb - Lohnen sich Investitionen in saubere Energien noch? Neue Perspektiven für effiziente Stromnutzung, Kraft-Wärme-Kopplung und Erneuerbare Energien, Tagung des Forum für Zukunftsenergien am 15./16. Juni 2000 in Dortmund, Tagungsband, Bonn

Elektromark AG (2000): Umweltbericht 2000, Hagen

EMAS-Verordnung (2001): Verordnung (EG) Nr. 761/2001 des Europäischen Parlaments und des Rates vom 19. März 2001 über die freiwillige Beteiligung von Organisationen an einem Gemeinschaftssystem für das Umweltmanagement und die Umweltbetriebsprüfung (EMAS), Amtsblatt der Europäischen Gemeinschaften, 24.4.2001, L 114/1-29

Energieagentur NRW (o. J.): Zur Nachahmung empfohlen ... Acht Fälle, in denen mit intelligenter Technik Energie und Kosten gespart werden, Broschüre, Wuppertal

Energy Council (2002): 2465th Council meeting, Transport, Telecommunications and Energy, 25 November 2002, Provisional Version 14337/02 (Press 354), Brussels

Enquete-Kommission [Enquete-Kommission “Schutz der Erdatmosphäre” des 12. Deutschen Bundestages] (Hg.) (1995): Mehr Zukunft für die Erde: Nachhaltige Energiepolitik für dauerhaften Klimaschutz, Schlussbericht, Bonn

Enquete-Kommission [Enquete-Kommission “Nachhaltige Energieversorgung unter den Bedingungen der Globalisierung und der Liberalisierung” des 14. Deutschen Bundestages] (Hg.) (2002): Abschlussbericht, Bundestagsdrucksache 14/9400, Berlin

Eto, J. (1990): An overview of analysis tools for integrated resource planning, Energy 15, 11, 969-977

Eto, J.,;Stoft, S.; Belden, T. (1994): The Theory and Practice of Decoupling, Energy & Environment Division, Lawrence Berkeley Laboratory, Berkeley

EU-Kommission (2000): Action Plan to Improve Energy Efficiency in the European Community, Communication from the Commission to the Council, the European Parliament, the Economic and Social Committee and the Committee of the Regions, COM (2000) 247 final, 26.4.2000, Brüssel

EU-Kommission (2001): Completing the internal energy market, Communication from the Commission to the Council and the European Parliament, Brüssel

EU-Kommission (2001a): First report on the implementation of the internal electricity and gas market, Commission Staff Working Paper, SEC (2001) 1957, Brüssel

EU-Kommission (2002): Zweiter Benchmarkingbericht über die Vollendung des Elektrizitäts- und Erdgasbinnenmarktes, Arbeitsunterlage der Kommissionsdienststellen SEK (2002) 1038, Brüssel

Europäisches Parlament (2002): Internal market in electricity and natural gas ***I, Proposal for a Euro*pean Parliament and Council directive amending Directives 96/92/EC and 98/30/EC concerning common rules for the internal market in electricity and natural gas (COM(2001) 125 - C5-0184/2001 - 2001/0077(COD)), P5_TAPROV(2002)0106, in: Texts adopted at the sitting of Wednesday 13 March 2002, Provisional Edition, Strassbourg, 29-91

Fernandez, A. (1999): Power traders, Electricity International, 12, 23-26

Fickert, R. (Hg.)(1998): Customer Costing, Bern, Stuttgart, Wien

Fickert, R.; Meyer, C. (Hg.)(1995): Management-Accounting im Dienstleistungsbereich, Schriftenreihe der Vereinigung eidgenössisch diplomierter Buchhalter/Controller, Bd. 4, Bern, Stuttgart, Wien

Fickert, R.; Schedler, B. (1995): Trends im Management Accounting für Service-Unternehmen, in: Fickert/Meyer 1995, a.a.O., 381-415

Fiernkranz, K.; Heins, U. (2000): Spezifische Softwarelösungen für die Energiewirtschaft, Elektrizitätswirtschaft 99, 25, 51-53

Fischedick, M.; Hennicke, P.; Kristof, K.; Lechtenböhmer, S.; Thomas, S. (1996): Kernenergie: Rettung aus der drohenden Klimakatastrophe Hemmschuh für effektiven Klimaschutz?, Wuppertal Paper Nr. 55, Wuppertal Institut für Klima, Umwelt, Energie GmbH

Fischedick, M.; et al. (2002): Da ist doch viel mehr drin, Herr Minister!, Nachhaltige Energiepolitik in Deutschland, Eine Antwort auf den Energiebericht des Bundeswirtschaftsministers, Wuppertal Spezial 22 des Wuppertal Instituts, Wuppertal

Flauger, J. (2002): Energie wird in Deutschland zunehmend vor Ort erzeugt, Handelsblatt 203, 22.10.2002, 16

Flick, U. (1995): Qualitative Forschung, Theorie, Methoden, Anwendung in Psychologie und Sozialwissenschaften, Rowohlt Taschenbuch: Reinbek bei Hamburg

Flick, U.; Kardorff, E. von; Keupp, H.; Rosenstiel, L. von; Wolff, S. (Hg.) (1991): Handbuch Qualitative Sozialforschung, München

Forschungsverbund Öko-effiziente Dienstleistungen (1998): BMBF-Verbundprojekt "Öko-effiziente Dienstleistungen als strategischer Wettbewerbsfaktor zur Entwicklung einer nachhaltigen Wirtschaft" (Prioritäre ErstMaßnahme - PEM 4) im BMBF-Projekt "Dienstleistungs 2000 plus", Endbericht, Gesamtkoordination des Forschungsverbundes durch das Wuppertal Institut für Klima Umwelt Energie, Wuppertal

Forschungsverbund Öko-effiziente Dienstleistungen (o. J.): Fallstudie "Energiedienstleistungen für die Wohnungswirtschaft" des BMBF-Verbundprojekts "Öko-effiziente Dienstleistungen als strategischer Wettbewerbsfaktor zur Entwicklung einer nachhaltigen Wirtschaft" (Prioritäre ErstMaßnahme - PEM 4) im BMBF-Projekt "Dienstleistungs 2000 plus", Langfassung des Endberichts, erstellt von Wuppertal Institut für Klima Umwelt Energie (Projektleitung: K. Kristof) und Öko-Institut, Wuppertal, Freiburg

Førsund, F. R.; Kittelsen, S. A. C. (1998): Productivity Development of Norwegin Electricity Distribution Utilities, Resource and Energy Economics 20, 207-224

Forthmann, J. (2001): Stadtwerke leben länger: Jörg Forthmann, mummert + partner, hat seine Meinung differenziert, energie + business, Kundenmagazin der Stadtwerke Hannover AG, Juni 2001, 5

Forum [Forum Institut für Management] (1996): Tarifgenehmigung und Preisaufsicht in der Elektrizitätswirtschaft, Unterlagen zur Tagung am 14./15. November 1996 in Bonn, Heidelberg

Frick, S.; Yavuz, N.; Hinterberger, F. (1996): Endbericht des Arbeitskreises 5 "Öko-effiziente Dienstleistungen", geleitet von Prof. Dr. Friedrich Schmidt-Bleek, BMBF-Forschungsprojekt "Dienstleistungen für das 21. Jahrhundert", Wuppertal, Essen

Friedag, H. (1999): Balanced scorecard - Mehr als ein Kennzahlensystem, Freiburg i. Br.

Friedl, B. (1998): Leistungscontrolling von Dienstleistungs-Anbietern, in: Meyer 1998, a.a.O., 466-482

Fröhling, O. (1998): Zur Ermittlung von Folgekosten auf Grund von Qualitätsmängeln, in: Reichmann/Palloks 1998a, a.a.O., 105-138

Froschauer, U., Lueger, M. (1992): Das qualitative Interview zur Analyse sozialer Systeme, Wien

Gabriel, J.; Haupt, U.; Pfaffenberger, W. (2002): Vergleich der Arbeitsanleitungen nach §12 BTOELT mit dem Kalkulationsleitfaden nach Anlage 3 der Verbändevereinbarung II+, Gutachten des bremer energie instituts, Bremen

Gartner, P. (1999): Die Drei-Punkt-Schätzmethode zur Kalkulation des Projektaufwands, Projektmanagement, 4, 33-37

Gathen, A. von der (2000): Produktentwicklung und Produktmanagement energienaher Dienstleistungen. Beitrag zur Konferenz "Energienahe Dienstleistungen" der Ueberreuter Managerakademie, 22./23.5.2000, Bonn

Gautier, F. (2000): Kommunale Unternehmen als Partner im Wettbewerb, Vortrag auf der VKU-Landesgruppenversammlung Niedersachsen/Bremen, 16./17.11.00 in Hameln, basierend auf einer Benchmarking-Studie der Ruhrgas Energie Beteiligungs-AG, Essen

Gerlach, K.; Schettkat, R. (Hg.)(1995): Determinanten der Lohnbildung, Theoretische und empirische Untersuchungen, Sozialwissenschaftliche Arbeitsmarktforschung, N. F., Bd. 3, Berlin

Giehl, C. (2003): Ergebnisauswertung der Studie „Einsatz von SAP IS-U vor dem Hintergrund sich wandelnder Marktbedingungen", LRT GmbH, Haan

Glaser, B.; Strauss, A. (1967): The Discovery of Grounded Theory, Strategies of Qualitative Research, Chicago

Göllinger, T. (2001): Strategien für eine nachhaltige Energiewirtschaft, Ein Beitrag zur Ökologischen Ökonomie, Schriften zur ökologischen Betriebswirtschaftslehre, hg. von E. Seidel/Institut für ökologische Betriebswirtschaft (IÖB) an der Universität Siegen, Band 1, Aachen

Grevener, H. (1998): Ertragsorientiertes und partnerschaftliches Kundenmanagement, in: Fickert 1998, a.a.O., 57-72

Grossjohann, G. (2000): Energieversorger setzen auf partnerschaftliche Kooperation: Energienahe Dienstleistungen bilden einen entscheidenden Erfolgsfaktor im Wettbewerb, Handelsblatt, 105, 31.5.2000, B2

Grossjohann, G. (2001): Die Kunst der Energiedienstleistung: Dienstleister spüren Schwachstellen im Betrieb auf - Energieeffizienz soll die Kosten senken, VDI Nachrichten, 20 (18.5.01), 24

Grützner, W. (1999): Der erste Schritt in die Bauinvestition. Erfolgssicherung bereits im Projektvorfeld eines Bauvorhabens. Projektmanagement, 3, 14-17

Guserl, R. (1998): Risiko-Management und Controlling in einem projektabrechnenden Unternehmen, in: Reichmann 1998a, a.a.O., 103-115

Gutenberg, E. (1983): Grundlagen der Betriebswirtschaftslehre. Erster Band: Die Produktion. 24. Aufl. Heidelberg, New York.

Gutenberg, E. (1988): Die Unternehmung als Gegenstand betriebswirtschaftlicher Theorie. Nachr. d. Ausg. Berlin, Wien, Industrieverl. Spaetz & Linde, 1929, Vaduz

Haas, R. (1996): Die USA auf dem Weg zum Energy Service Management, Energiewirtschaftliche Tagesfragen 46, 9, 572-575

Hahn, D. (1992): Kostenrechnung und Controlling, in: Männel 1992, a.a.O., 154-166

Hansen, U. (1995): Herausforderungen an ein ökologisches Marketing, Festvortrag, gehalten auf dem ASEW-Forum "Dienstleistungsunternehmen Stadtwerke - Praxis und Perspektiven" am 22.11.95, Hannover

Hansmann, K.-W. (1995): Prognose und Prognoseverfahren, Betriebswirtschaftliche Forschung und Praxis 47, 3, 269-286

Harrison, F.L. (1983): Advanced Project Management, Reprinted Edition, Hants

Hartung, R.; Dohrn, S. (2000): Wir wollen wachsen: Aus alten Stadtwerken werden moderne Dienstleister / Roland Hartung über wirtschaften im Wettbewerb, Vorwärts Spezial 9/2000, 41

Haß, F. (1999): Wenn Strompreise sinken, wird Energiesparen unattraktiv: Je nach Vertrag kommen Contracting-Firmen nicht auf ihre Kosten / Teurer werdender Brennstoff kompensiert Verluste, Frankfurter Rundschau, 11.11.1999

Haupt, U.; Kinnunen, K.; Pfaffenberger, W. (2002): Anwendung der Vergleichsmarktanalyse auf die Netzentgelte in der Stromwirtschaft, Kurzfassung eines Gutachtens im Auftrag der EnBW, Bremer Energie Institut, Bremen

Hausmann, A.; Hoffjan, A. (1996): Die Wertermittlung bei der Ausübung konzessionsvertraglicher Übernahmerechte in der Energieversorgungswirtschaft, Zeitschrift für öffentliche und gemeinwirtschaftliche Unternehmen 19, 2, 145-163

Haußer, K. (1999): Energieberatungsqualität - Anforderungen, Messung und ein Fallbeispiel, Zeitschrift für Energiewirtschaft, 2, 119-136

Heilemann, U.; Hillebrand, B. (2001): Liberalisierung der Strom- und Gasmärkte - Erwartungen und erste Ergebnisse, RWI-Papiere Nr. 73, Essen

Heims, M. (1998): Die Psychologie des offenen Marktes, Umdenken als Herausforderung besonders für die kommunalen Unternehmen, Zeitung für Kommunale Wirtschaft (ZfK), 10, 21

Heims, M. (2001): Stadtwerke - Quo vadis? Eine Neuorientierung als Multi-Utility-Dienstleister vor Ort, Zeitung für Kommunale Wirtschaft (ZfK), 10, 25-26

Hein, L. G.; Blok, K. (1995): Transaction costs of energy efficiency improvement, in: A. Persson (Hg.): Proceedings of the 1995 ECEEE Summer Study: Sustainability and the Reinvention of the Government - A Challenge for Energy Efficiency, The European Council for an Energy-Efficient Economy, Stockholm, Panel 2, 107

Heinen, E. (1970): Zielanalyse als Grundlage rationaler Unternehmenspolitik, Schriften zur Unternehmensführung, 11, Wiesbaden

Heinen, E. (Hg.)(1971): Das Zielsystem der Unternehmung - Grundlagen betriebswirtschaftlicher Entscheidungen, Die Betriebswirtschaft in Forschung und Praxis, Schriftenreihe, Bd. 1, Wiesbaden

Henn, H. (2000): Call Center unter Strom: Kundengewinnung und Kundenbindung, Elektrizitätswirtschaft 99, 19, 36-39

Hennicke, P. (1989): "Least-Cost Planning", Methode, Erfahrungen und Übertragbarkeit auf die Bundesrepublik, Zeitschrift für Energiewirtschaft, 2, 117-128

Hennicke, P. (1999): Wa(h)re Energiedienstleistung, Ein Wettbewerbskonzept für die Energieeffizienz- und Solarenergiewirtschaft, Wuppertal Texte, Berlin, Basel, Boston

Hennicke, P. (2000): Energieeffizienz und Markt - Neue Wege im nationalen Klimaschutz, Tagungsbeitrag, in: EFO Energie Forum GmbH 2000, a.a.O., 27-48

Hennicke, P.; Fischedick, M. (2000): Eckpunktepapier für eine Zielvereinbarung zur nachhaltigen Energieversorgung, Entwurf für ein Eckpunktepapier der Mitglieder der Enquete-Kommission "Nachhaltige Energieversorgung" vom 14.11.2000, Wuppertal

Hennicke, P.; Ramesohl, S.; Dudda, C. (2000): Möglichkeiten und Grenzen eines Energieeffizienz-Protokolls bei der Entwicklung und Förderung von EDL-Märkten, Vorstudie der Arbeitsgruppe Energiedienstleistungen der Landesinitiative Zukunftsenergien NRW, bearbeitet durch das Wuppertal Institut für Klima Umwelt Energie, Wuppertal

Hennicke, P.; Seifried, D. (1996): Das Einsparkraftwerk: eingesparte Energie neu nutzen, Berlin

Hentze, J.; Kammel, A. (1993): Personalcontrolling: eine Einführung in Grundlagen, Aufgabenstellungen, Instrumente und Organisation des Controlling in der Personalwirtschaft, Bern

Henzelmann, T. (1997): Energieversorger als Dienstleistungspartner. Instrumente: Konzepte und Randbedingungen der Energieversorger zur Überwindung der Hemmnisse einer umwelt- und ressourcenschonenden Energiewirtschaft, Regensburg

Herbertz, F. P. (o. J.): Stadtwerke Unna GmbH erster deutscher Energiedienstleister mit Umweltmanagementsystem nach der EG-Öko-Audit-Verordnung: Vorgehensweise und Erfahrungsbericht, Unna

Hinterhuber, H. (1996): Strategische Unternehmensführung, Bd. I: Strategisches Denken, 6. Aufl., Berlin, New York

Hinterhuber, H. (1997): Strategische Unternehmensführung, Bd. II: Strategisches Handeln, 6. Aufl., Berlin, New York

Hinterhuber, H.; Matzler, K. (Hg.)(1999): Kundenorientierte Unternehmensführung: Kundenorientierung, Kundenzufriedenheit, Kundenbindung, Wiesbaden

Hjalmarsson, L.; Veiderpass, A. (1992): Productivity in Swedisch Electricity Retail Distribution, Scandinavian Journal of Economics 94, Supplement, 193-205

HMUEB [Hessisches Ministerium für Umwelt, Energie und Bundesangelegenheiten] (Hg.) (1996): Energie im Hochbau. Leitfaden Energiebewusste Gebäudeplanung. Ein Leitfaden sowie ein Verfahren zur Berechnung des Wärmebedarfs von Gebäuden, Wiesbaden

HMUEJFG [Hessisches Ministerium für Umwelt, Energie, Jugend, Familie und Gesundheit] (Hg.) (1998): Contracting-Leitfaden für öffentliche Liegenschaften. Ein Leitfaden für praxisnahe Verfahren zur Begründung von Energieeinspar-Contracting-Fällen in öffentlichen Liegenschaften im Bundesland Hessen, Wiesbaden

HMUEJFG [Hessisches Ministerium für Umwelt, Energie, Jugend, Familie und Gesundheit] (2000): Leitfaden Elektrische Energie im Hochbau. Entwurf der Endversion, Wiesbaden

HOAI [Honorarordnung für Architekten und Ingenieure] (1995): gültig ab Januar 1996, Nachdruck des Bundesindustrieverbandes Heizungs-, Klima-, Sanitärtechnik e.V. mit freundlicher Genehmigung des Werner-Verlages, Bonn

Hobbs, B. (1991): The Most Value Test, The Energy Journal 12, 2, 67-91

Hofer, R. (2000): Produktportfolio von Stromversorgern - maßgeschneidert nach Kundenbedürfnissen. Beitrag zur Konferenz "Energienahe Dienstleistungen" der Ueberreuter Managerakademie, 22./23.5.2000, Bonn

Hoffmann, O. C. (1998): Hidden Customer Costs im Maschinenbau, in: Fickert 1998, a.a.O., 91-121

Hoitsch, H.-J.; Goes, S.; Burkhard, M. (2001): Zielkosten in der Stromversorgung, Kostenrechnungspraxis (krp), 45, 3, 145-155

Homburg, C. (2000): Quantitative Betriebswirtschaftslehre. Entscheidungsunterstützung durch Modelle, 3. Aufl., Wiesbaden

Homburg, C.; Werner, H. (1998): Kundenorientierung mit System: mit Customer-Orientation-Management zu profitablem Wachstum, Frankfurt a. M., New York

Horváth, P. (1996): Controlling, 6. Aufl., München

Huch, B.; Spitzer, H. (1994): Kostenrechnung in Elektrizitätsversorgungsunternehmen, Teilergebnis einer empirischen Erhebung, Energiewirtschaftliche Tagesfragen 44, 8, 529-533

Hüffer, U.; Tettinger, P. J. (1996): Zur neueren Diskussion um den Begriff "Sachzeitwert" - Ein Statement, Energiewirtschaftliche Tagesfragen 46, 10, 665-669

Huggins, M.; Riechmann, C. (2001): Wettbewerb zwischen den Netzen - die Niederländer machen es uns vor, Wirtschaftswelt Energie, 2, 11-13

Hummel, S.; Männel, W. (1983): Kostenrechnung 2, Moderne Verfahren und Systeme, 3. Aufl., Wiesbaden

Hummel, S.; Männel, W. (1986): Kostenrechnung 1, Grundlagen, Aufbau und Anwendung, 4. Aufl., Wiesbaden

Hungenberg, H. (1995): Strategische Beurteilungs- und Anreizsysteme für Führungskräfte, in: Krystek/Link 1995, a.a.O., 381-397

Imug [Imug Beratungsgesellschaft für sozial-ökologische Innovationen mbH](2001): ASEW Erfolgsbarometer Kundenbindung, Ergebnisse 2000, Kurzfassung, Hannover

Initiative Pro Wettbewerb (2001): Entwurf einer Verordnung über den Zugang zu Elektrizitätsversorgungsnetzen (Netzzugangsverordnung Elektrizität - NZVElt) vom 21. Mai 2001, Berlin, Hamburg, Köln

Initiative Pro Wettbewerb (2001a): Wesentliche Elemente der Netzzugangsverordnung, Berlin, Hamburg, Köln

Initiative Pro Wettbewerb (2001b): Entwurf eines Gesetzes zur Änderung des Energiewirtschaftsgesetz vom 21. Mai 2001, Berlin, Hamburg, Köln

Irrek, W. (1996a): Missbrauchte Pfründe, Stillegungs- und Entsorgungsrückstellungen als Fonds für Energiewende, Energiespektrum, 9, 42-46

Irrek, W. (1996b): Volkswirtschaftliche Vorteile und höhere Finanzierungssicherheit durch einen Stillegungs- und Entsorgungsfonds, Diskussionspapier im Auftrag der Wuppertal Instituts für Klima, Umwelt, Energie GmbH, Wuppertal Paper Nr. 53, Wuppertal

Irrek, W. (2002): Controlling als Rationalitätssicherung der Unternehmensführung? Denkanstöße zur jüngsten Entwicklung der Controllingdiskussion, Kostenrechnungspraxis (krp) 46, 1, 46-51

Irrek, W. (2002a): Reducing market distortions by setting harmonized standards for decommissioning and waste management funds in Europe. In: International Atomic Energy Agency (IAEA)(Hrsg.): International Conference on Safe Decommissioning for Nuclear Activities: Assuring the safe termination of practices involving radioactive materials, 14-18 October 2002, Berlin, Contributed Papers, IAEA-CN-93[88]

Irrek, W.; Hennicke, P.; Timpe, C. (2000): Zur kritischen Kommentierung des Gutachtens "Kernkraftwerksscharfe Analyse" durch Prof. Dr. W. Pfaffenberger in Heft 5/2000 der atw. Atomwirtschaft - Atomtechnik (atw) 45, 7, 476-477

Irrek, W.; Kristof, K.; Seifried, D. (2001): Energieversorger auf dem Prüfstand, Darum prüfe, wer sich (ewig) bindet ..., Konzeptstudie "Versorger-Test", Wuppertal Paper Nr. 116 des Wuppertal Instituts, Wuppertal

Irrek, W.; Kristof, K.; Wagner, O. (2002): Contracting - eine Erfolg versprechende Strategieoption für Stadtwerke im Wettbewerb, in: Bemman/Schädlich 2002, a.a.O., 103-125

Irrek, W.; Thomas, S. (2002): Review of Demand Side Management (DSM) Programmes in the European Union countries, unveröffentlichte Studie des Wuppertal Instituts, Wuppertal

ISI [Fraunhofer-Institut für Systemtechnik und Innovationsforschung], PK/IfP [Projekt Klimaschutz/Institut für Psychologie der Christian Albrechts-Universität zu Kiel], WI [Wuppertal Institut für Klima Umwelt Energie] (1997): Interdisziplinäre Analyse der Umsetzungschancen einer Energiespar- und Klimaschutzpolitik, Hemmende und fördernde Bedingungen der rationellen Energienutzung für private Haushalte und ihr Akteursumfeld aus ökonomischer und sozialpsychologischer Perspektive, Forschungsbericht, Karlsruhe, Kiel, Wuppertal

ISI [Fraunhofer-Institut für Systemtechnik und Innovationsforschung], WI [Wuppertal Institut für Klima Umwelt Energie] (1997): Entwicklung und Bewertung ökologierelevanter Handlungsfelder der Stadtwerke Düsseldorf, Phase I, unveröffentlichter Forschungsbericht (Endbericht), Karlsruhe, Wuppertal

ISI [Fraunhofer-Institut für Systemtechnik und Innovationsforschung], PK/IfP [Projekt Klimaschutz/Institut für Psychologie der Christian Albrechts-Universität zu Kiel], WI [Wuppertal Institut für Klima Umwelt Energie] (1999): Mobilisierungs- und Umsetzungskonzepte für verstärkte kommunale Energiespar- und Klimaschutzaktivitäten, Forschungsbericht, Karlsruhe, Kiel, Wuppertal

ISI [Fraunhofer-Institut für Systemtechnik und Innovationsforschung], PK/IfP [Projekt Klimaschutz/Institut für Psychologie der Christian Albrechts-Universität zu Kiel], WI [Wuppertal Institut für Klima Umwelt Energie] (2000): Klimaschutz als sozialer Prozess, Kurzbericht, Karlsruhe, Kiel, Wuppertal

Jacob, H. (Hg.)(1990): Industriebetriebslehre: Handbuch für Studium und Prüfung. 4. Aufl., Wiesbaden

Jarillo, J. C. (1993): Strategic Networks: Creating the Borderless Organization, Oxford

Johnson, H. T.; Bröms, A. (1998): "The Spirit in the Walls:" Customer Focus and High Performance at Scania, in: Fickert 1998, a.a.O., 73-90

Jones, S. (1998): Germany set for shake-up, Electricity International, May, 12

Joos-Sachse, T. (1997): Controlling: Ist-Zustand, Defizite und Optimierungsansätze, Energiewirtschaftliche Tagesfragen 47, 8, 465-470

Joppe, J. (2000): Teure Köder: Kundenorientierung ist wichtig, aber sie muss bezahlbar bleiben, Handelsblatt, 5./6.5.00, K3

Joppe, J. (2001): Teure Extrawürste, Handelsblatt, 23./24.2.01, K3

Joskow, P.; Marron, D. (1993): What Does a Negawatt Really Cost? Further Thought and Evidence, The Electricity Journal, 7, 14-26

Kaier, U. (2000): Contracting 2000: Wohin geht der Weg? Unverändert richtig sind die seit Mitte der 90er Jahre vielschichtig entwickelten Strategien für Contracting, in: E&M/Technomar 2000, a.a.O., o. S.

Kaplan, R.; Norton, D. (1997): Balanced Scorecard, Stuttgart

Kärkkäinen, S. (2000): Barriers vs. Opportunities in the development of energy services, Folienpräsentation auf dem EURELECTRIC - EC Workshop "The way forward: from electricity supply to energy services?", 10.5.2000, Brüssel

Keller, B. (2000): Kundenbedarfsermittlung und -segmentierung, Beitrag zur Konferenz "Energienahe Dienstleistungen" der Ueberreuter Managerakademie, 22./23.5.2000, Bonn

Kett, I.; Principe, S. (1997): Fit für den Wettbewerb mit einer integralen Steuerungsarchitektur im Versorgungsunternehmen, Controller Magazin, 3, 177-181

Kett, I.; Schmidt, U. (1990): Controlling in Versorgungsunternehmen, Kostenrechnungspraxis (krp), 3, 161-168

Kirsch, W. (1991): Unternehmenspolitik und strategische Unternehmensführung. 2. Aufl., München

Kirsch, W. (1992): Kommunikatives Handeln, Autopoiese, Rationalität. Sondierungen einer evolutionären Führungslehre. Münchener Schriften zur angewandten Führungslehre 66. München

Kirschbauer, P. (1999): mySAP.com for Utilities: What is it about? What can you expect?, Präsentationsfolien zum 3. Internationalen SAP Kongress für die Versorgungsindustrie, 24.-25.11.1999, Düsseldorf

Klandt, H. (1999): Gründungsmanagement: Der integrierte Unternehmensplan, Lehr- und Handbücher der Betriebswirtschaftslehre, München, Wien

Klandt, H.; Finke-Schürmann, T. (1998): Existenzgründung für Hochschulabsolventen: So erstellen Sie einen überzeugenden Business Plan, Frankfurt a. M.

Klassen, R. (1997): Wirtschaftliche Bewertung der Stromsparprogramme, in: ASEW 1997, a.a.O., 127-133

Klemisch, H.; Heuer, P. (2001): "SAFE" - ein Instrument zur nachhaltigen Unternehmensentwicklung, UmweltWirtschaftsForum 9, 1 (März), 27-32

Klingebiel, N. (2000): Marketing-Accounting (I), Das Wirtschaftsstudium, 1, 67-72

Klingebiel, N. (2000a): Marketing-Accounting (II), Das Wirtschaftsstudium, 2, 193-196

Klostermann, U. (1998): Controlling zur Unterstützung von Least-Cost-Planning im Elektrizitätsunternehmen, Reihe Kommunalwirtschaftliche Forschung und Praxis, hg. von Wolf Gottschalk, Bd. 1, Frankfurt a. M., u. a.

Köhler, R. (1989): Marketing-Accounting, in: Specht, G.; Silberer, G.; Engelhardt, W. H. (Hg.): Marketing-Schnittstellen: Herausforderungen für das Management, Stuttgart, 117-139

Kohlgrüber, M.; Klemmer, J. und J. Knauf (1997): Aktives und partizipatives Controlling, Hintergründe, Wirtschaftlichkeit und Implementierung eines dezentralen Controlling-Konzeptes, Controller Magazin, 5, 335-342

Klünder, M. (2000): Least-Cost Planning: Ein energiepolitisches Instrument auf dem Prüfstand, Dissertation, Hannover

Kraus, F. (1997): Fuzzylogische Controlling-Anwendungen, Controller Magazin, 6, 425-431

Kristof, K. (1995): Contracting und rationelle Energienutzung, Städte- und Gemeinderat, 8, 297-302

Kristof, K. (2002): Aktueller Stand des Contracting in Deutschland, Beitrag zur EUROFORUM-Konferenz "Energie-Contracting" am 4./5. Juni 2002 in Köln, Wuppertal

Kristof, K.; Lechtenböhmer, S.; Merten, F. (1998): Pilotprojekte Einspar-Contracting und Intracting in NRW, Endbericht zu Projektteil A: Begleitung und Evaluierung der vom Land NRW initiierten Pilotprojekte zum Einspar-Contracting, Gutachten des Wuppertal Instituts im Auftrag des Ministeriums für Bauen und Wohnen des Landes Nordrhein-Westfalen, Wuppertal

Krystek, U. (1995): Auf dem Weg zum Selbst-Controlling?, Gablers Maganzin, 9, 26-30

Krystek, U. (1995a): Vertrauen oder Misstrauen als Determinanten von Führungserfolg, in: Krystek/Link 1995, a.a.O., 469-499

Krystek, U.; Link, J. (Hg.)(1995): Führungskräfte und Führungserfolg: neue Herausforderungen für das strategische Management; Dietger Hahn zum 60. Geburtstag, Wiesbaden

Krystek, U.; Müller-Stewens, G. (1993): Frühaufklärung für Unternehmen. Identifikation und Handhabung zukünftiger Chancen und Bedrohungen, Stuttgart

Krystek, U.; Zumbrock, S. (1993): Planung und Vertrauen: die Bedeutung von Vertrauen und Misstrauen für die Qualität von Planungs- und Kontrollsystemen, Stuttgart

Krystek, U.; Zur, E. (1991): Projektcontrolling: Frühaufklärung von projektbezogenen Chancen und Bedrohungen, Controlling, 6 (November/Dezember), 304-311

Kummer, W.; Spuehler, R.; Wyssen, R. (1985): Projekt-Management: Leitfaden zu Methode und Teamführung in der Praxis, Zürich

Küpper, H.-U. (1992): Anforderungen an die Kostenrechnung aus Sicht des Controlling, in: Männel 1992, a.a.O., 138-153

Küpper, H.-U. (1994): Paul Riebel - Wichtige Perspektiven für die Kostenrechnung, Kostenrechnungspraxis (krp), 1, 40-41

Küpper, H.-U. (1997): Controlling: Konzeption, Aufgaben, Instrumente, 2. Aufl., Stuttgart

Küpper, H.-U. (1998): Erfolgs- und finanzwirtschaftliches Controlling, in: Meyer 1998, a.a.O., 376-393

Laker, M. (Hg.) (2000): Marketing für Energieversorger, Kunden binden und gewinnen im Wettbewerb, Wien, Frankfurt

Lamnek, S. (1995): Qualitative Sozialforschung, Bd. 1, Methodologie, 3. Aufl., Weinheim

Lamnek, S. (1995a): Qualitative Sozialforschung, Bd. 2, Methoden und Techniken, 3.Aufl., Psychologie Verlags Union, Weinheim

Latkovic, K.; Seiferth, T. (1999): Stromhandel - Charakteristika, Betätigungsfelder und Anforderungen, Elektrizitätswirtschaft 98, 7, 20-26

LBD [LBD Beratungsgesellschaft mbH] (1999): Instrumente des Vertriebscontrollings: Grundlagen, Sofortmaßnahmen und Konzepte, Folienpräsentation zum IIR-Workshop am 3.12.1999, Berlin

LBD [LBD Beratungsgesellschaft mbH] (2000): Analyse zu Durchleitungsentgelten am Beispiel RWE AG, Berlin

LBD [LBD Beratungsgesellschaft mbH] (2001): Studie zu neuen Geschäftsfeldern: Umfrage bei Stadtwerken Mai/Juni 2001, Berlin

LBD [LBD Beratungsgesellschaft mbH & Co. Büro Berlin KG]; et al. (1995): Kostendarlegung der RWE Energie AG, Gutachten im Auftrag der Energieerzeugungs- und Energiebezugs GmbH in Hagen a. T. W., Berlin

LBD [LBD Beratungsgesellschaft mbH & Co. Büro Berlin KG]; et al. (1996a): Marktverhalten VEAG, Gutachten im Auftrag von ca. 60 Stadtwerken und 3 VKU-Landesverbänden, Berlin

LBD [LBD Beratungsgesellschaft mbH & Co. Büro Berlin KG]; et al. (1997): Strompreiskalkulation in Deutschland, Materialsammlung zum Vortrag am 5.3.97 beim Wuppertal Institut, Berlin

Lenhard, U. (1996): Beteiligungscontrolling bei der Energie-Versorgung Schwaben AG, Controlling, 5, 312-319

Leprich, U. (1994): Least cost planning als Regulierungskonzept: neue ökonomische Strategien zur rationellen Verwendung elektrischer Energie, Öko-Institut (Hg.), 2. Aufl., Freiburg

Leprich (2002): Der Sonderweg ist eine Sackgasse, Energie & Management, 1. Oktober 2002, 14-16

Leprich, U.; Irrek, W.; Thomas, S. (2001): Das “Multiple Driver Cap Scheme” als Basis einer schlanken Anreizregulierung der Netzbetreiber im liberalisierten Strommarkt, Zeitschrift für Energiewirtschaft 25, 4, 231-241

Löbbe, S. (1995): Wertschöpfung aus Sicht des Kunden und des Energiedienstleistungsunternehmens, Vortrag, gehalten auf dem ASEW-Forum “Dienstleistungsunternehmen Stadtwerke - Praxis und Perspektiven” am 22.11.95, Hannover

Losch, M. (1995): Wettbewerbsorientierte Regulierung der Elektrizitätswirtschaft, Frankfurt

Ludwig, A. (1999): Entwurf eines ökonomisch-ökologischen Rechnungswesens: integrierte Datenerfassung und Datenverarbeitung ökonomisch und ökologisch relevanter Daten, Europäische Hochschulschriften, Reihe 5, Bd. 2390, Frankfurt a. M.

Madauss, B. J. (2000): Handbuch Projektmanagement: Mit Handlungsanleitungen für Industriebetriebe, Unternehmensberater und Behörden, 6. Aufl., Stuttgart

Mag, W. (1995): Unternehmungsplanung, München

Männel, W. (1995): Entwicklungslinien der Plankostenrechnung und Deckungsbeitragsrechnung, Kostenrechnungspraxis (krp) 39, 1, 53-62

Männel, W. (1998): Auffassungswandel im Rechnungswesen, Editorial, Kostenrechnungspraxis (krp) 42, 1, 1

Männel, W. (Hg.)(1992): Handbuch Kostenrechnung, Wiesbaden

Manstein, C. (1996): Das Elektrizitätsmodul im MIPS-Konzept. Materialintensitäts-Analyse der bundesdeutschen Stromversorgung (öffentliches Netz) im Jahr 1991, Wuppertal Paper Nr. 51 des Wuppertal Instituts für Klima Umwelt Energie, Wuppertal

Masuch, A. (Hg.)(1998): Atomkraftwerke - Unsicher und grundrechtswidrig: Ein Bericht über Kernschmelzgefahr und Umweltbeeinträchtigungen, Arbeitskreis Atom der Bürgerinitiative Umweltschutz e.V. im Umweltschutz-Zentrum, Hannover

Matthes, F.; Timpe, C. (2000): Sustainability and the Future of European Electricity Policy, A policy paper commissioned by the Heinrich Boell Foundation in co-operation with the WWF European Policy Office, Berlin

Matthes, W. (1982): Integrierte Einzelprozessrechnung - Problemprämissen und Grundstruktur, Betriebswirtschaftliches Arbeitspapier Nr. 3, Universität Köln

Matthes, W. (1986): Phasen des Managementprozesses, WISU, 6, 283-290

Matthes, W. (1989): KOLLPROG - Module eines kollektiven Prognosesystems zur Entwicklungsplanung der Unternehmung, in: Beuermann, G.; Wolff, M. (Hg.): Mikrorechnereinsatz in den Wirtschaftswissenschaften, Fachberichte und Referate, Bd. 21. München, Wien, 149-174

Matthes, W. (2001): Gründungscontrolling zur Sicherung des Unternehmenserfolgs. In: Koch, L.; Zacharias, Ch. (Hg.): Gründungsmanagement, München, Wien, 321-339

Matthes, W.; Arendt, V.; Pütz, M. (2001): EDV-gestützte Instrumente des Gründungscontrolling. In: Koch, L.; Zacharias, Ch. (Hg.): Gründungsmanagement, München, Wien, 341-355

Mattis, M. (2000): Alter Wein in neuen Schläuchen?, Vom Querverbund über Multi-Utility zum Multi Service, Zeitung für Kommunale Wirtschaft (ZfK), 1, 9

Maus, S. (1996): Strategiekonforme Kostenrechnung, Eine risiko- und agencytheoretische Erweiterung der investitionstheoretischen Kostenrechnung, zugl. Inaugural-Dissertation an der Katholischen Universität Eichstätt, Stuttgart

Mayring, P. (1996): Einführung in die qualitative Sozialforschung, Eine Anleitung zum qualitativen Denken, 3. Aufl., Weinheim

MBW [Ministerium für Bauen und Wohnen des Landes Nordrhein-Westfalen] (Hg.)(1999): Einspar-Contracting für Fortgeschrittene. Broschüre, erarbeitet von K. Kristof; Lechtenböhmer, S. (Wuppertal Institut), Düsseldorf

Meffert, H. (1998): Marketing, Grundlagen marktorientierter Unternehmensführung, 8. Aufl., Wiesbaden

Meffert, H.; Bruhn, M. (1997): Dienstleistungsmarketing: Grundlagen - Konzepte - Methoden, 2. Aufl., Wiesbaden

Mehrer, T. (2000): Energienahe Dienstleistungen als Erfolgsfaktor in liberalisierten Märkten, Beitrag zur Konferenz "Energienahe Dienstleistungen" der Ueberreuter Managerakademie, 22./23.5.2000, Bonn

Melchers, C. (1993): Beiträge zu einer morphologischen Psychologie, Zwischenschritte 12, 1-2: Wirklichkeit als Ereignis, Köln

Mergenthaler, H. (1984): Kostenträgerrechnungsverfahren in der Elektrizitätswirtschaft - unter gesonderter Berücksichtigung der Ermittlung der Lastanteile der Kundengruppen, Darmstadt

Meyer, A. (Hg.)(1998): Handbuch Dienstleistungs-Marketing, Bd. 1, Stuttgart

Meyer, A.; Dullinger, F. (1998): Methoden zur Planung und Kontrolle von Leistungsprogrammen, in: Meyer 1998, a.a.O., 766-783

Meyer, M.; Lehnerd, A. (1997): The Power of Product Platforms, New York.

Meyer, T.; Dahlhoff, D. (2000): Personalmaßnahmen, in: Laker 2000, a.a.O., 283-300

Ministerium für Finanzen und Energie des Landes Schleswig-Holstein (Hg.)(1998): Gefahren der Atomkraft, Kiel

Monopolkommission (2002): Netzwettbewerb durch Regulierung, Vierzehntes Hauptgutachten der Monopolkommission gemäß §44 Abs. 1 Satz 1 GWB - 2000/2001 -, Kurzfassung, o.O.

Morguet, M. (2000): Der Contracting-Markt - 15 Leitsätze zur zukünftigen Entwicklung, Tagungsbeitrag, in: EFO Energie Forum GmbH 2000, a.a.O., 92-96

Mörsdorf, M. (1998): Konzeption und Aufgaben des Projektcontrolling, Wiesbaden

Möschel, W. (2001): Großfusionen im engen Oligopol: Fusionskontrolle am Beispiel der deutschen Stromwirtschaft, Der Betrieb, 3 (19.1.2001), 131-134

Moskovitz, D.; Swofford, G. B. (1992): Revenue-per-Customer Decoupling, in: Nadel, S.; Reid, M.: Wolcott, D. R. (eds.), Regulatory Incentives for Demand-Side Management, American Council for an Energy-Efficient Economy, Series on Energy Conservation and Energy Policy, Washington D. C., Berkeley

Muders, H. (2000): Von der Dienstleistungsidee zum Geschäft. Beitrag zur Konferenz "Energienahe Dienstleistungen" der Ueberreuter Managerakademie, 22./23.5.2000, Bonn

Müller, A. (1996): Kann die koordinationsbezogene Konzeption eine theoretische Fundierung des Controlling hervorbringen?, Kostenrechnungspraxis (krp) 40, 3, 139-147

Müller, M.; Hennicke, P. (1995): Mehr Wohlstand durch weniger Energie. Einsparkonzepte, Effizienzrevolution und Solarwirtschaft, Darmstadt

Mummert+Partner [Mummert+Partner Unternehmensberatung AG]; Manager Magazin [Manager Magazin Verlagsgesellschaft mbH]; FAZ-Institut [FAZ-Institut für Management-, Markt- und Medieninformationen GmbH] (2002): Branchenkompass Energieversorger, Aktuelle Entscheiderbefragung: Investitionsziele und Markttrends, Hamburg, Frankfurt a.M.

MVV Energie AG (2000): Geschäftsbericht 1998/1999, Mannheim

MVV Energie AG (2001): Struktur der Technik angepasst an Unternehmensstrategie: MVV hat die technischen Bereiche neu strukturiert, Presseinformation vom 21. Juni 2001, Mannheim

MVV Energie AG (2002): Geschäftsbericht 2000/2001, Mannheim

MWMTV [Ministerium für Wirtschaft und Mittelstand, Technologie und Verkehr des Landes Nordrhein-Westfalen] (Hg.) (o. J.): Den Einsatz von Energieeffizienztechnologie ermöglichen. Ein Leitfaden zur Projektabwicklungsform Contracting, Broschüre, erstellt von der Abteilung Contracting der Energieagentur NRW, Düsseldorf

MWMTV [Ministerium für Wirtschaft und Mittelstand, Technologie und Verkehr des Landes Nordrhein-Westfalen] (Hg.) (1998): Evaluation der "Aktion Helles NRW", bearbeitet von Dudda, C.; (Projektleitung); Thomas, S. (Projektleitung); et al., Düsseldorf

MWMTV [Ministerium für Wirtschaft und Mittelstand, Technologie und Verkehr des Landes Nordrhein-Westfalen] (1998a): Arbeitsanleitung zur Erstellung des NRW-Erhebungsbogens für die Prüfung der Netznutzungstarife nach §7 Abs. 3 EnWG, bearbeitet von Berg, H., Düsseldorf

Nakicenovic; Grübler; McDonald (1998): Global Energy Perspectives, Cambridge

Napiwotzki, R. (1997): Strategisches Finanzcontrolling: Entwicklung eines wissensbasierten Prognosesystems zur Unterstützung des strategischen Finanzcontrollings, Reihe Quantitative Ökonomie, Band 83, zugl. Dissertation BUGH Wuppertal, Lohmar, Köln

Neuberg, L. G. (1977): Two issues in the municipal ownership of electric power distribution systems, Bell Journal of Economics 8, Spring, 303-323

Nickel, M.; Weidmann, R. (2000): Die Kunden stehen im Mittelpunkt - Ergebnisse des VDEW-Kundenfokus, Elektrizitätswirtschaft 99, 5, 6-13

Niedergesäß, U.; Heinzelmann, P.J. (2002): Wie loyal sind Privatkunden kommunaler Energieversorger?, Energiewirtschaftliche Tagesfragen, 6, 406-408

Niehoff, A.; Kölle, A. (2001): Mehr als Umweltschutz: Nachhaltigkeit sichert den Unternehmenswert, Handelsblatt 89, 9.5.2001, R3

Nollmann, S. (2000): Ein Muss für moderne EVU: intelligentes CRM, Elektrizitätswirtschaft 99, 19, 64

Nørgård, J. S. (2000): Models of energy saving systems: the battlefield of environmental planning, International Journal of Global Energy Issues 13, 1-3, 102-122

Nørgård, J. S. (2000a): Integrating Energy Demand Side Management into Economic Policy, Paper presented at the Forum of the UNESCO International School of Science for Peace on "Can Advanced Energy Systems cope with Energy Demands of Asia, OECD-Pacific and CIS?", Villa Olmo, Como, Italy, July 5-8, 2000, Will be published in proceedings, Lyngby, Denmark

o.V. (1999a): Wettbewerb überholt die Preisaufsicht, Zeitung für Kommunale Wirtschaft (ZfK), 12, 5

o.V. (2000): Kostendruck auch beim Netz, Doch Versorgungssicherheit ist nicht in Gefahr - Längerfristig wieder ausreichend Investitionsmittel, Zeitung für Kommunale Wirtschaft (ZfK), 2, 16

o.V. (2000a): Visionen für den lokalen Markt, PriceWaterhouseCoopers: Stadtwerke-Strategien zwischen Fragmentierung und Konvergenz, Zeitung für Kommunale Wirtschaft (ZfK), 1, 9

o.V. (2000b): Erfolge für Contracting-Anbieter, Energie & Management, 15.6.00, 12-15

o.V. (2000c): ASEW-Erfolgsbarometer Kundenberatung, ASEW aktuell, 59 (Januar/Februar 2000), 7

o.V. (2001): Der aktuelle Newsletter-Tip: So sichern Sie die Abnahme Ihrer Dienstleistung, pm-Newsletter des Projekt Magazins (www.projektmagazin.de), Ausgabe 05/01

o.V. (2001a): "VDEW-Monitor" 1996/2000: Zufriedenheit der Stromkunden steigt, www.strom-magazin.de, 9.4.2001.

o.V. (2001b): Marktanalyse der Energiedatenmanagementsysteme vorgelegt, www.strom-magazin.de, 11.09.2001

o.V. (2002): Wechselquote bei 3,7 Prozent, VDEW: Haushalte mit Stromversorgern überwiegend zufrieden, Zeitung für Kommunale Wirtschaft (ZfK), 2

o.V. (2002a): Kein Energie-Kartell, Handelsblatt, 11.07.2002

o.V. (2002b): Nachhaltig auf der Erfolgsspur, Stadtwerke-Landschaft fächert sich weiter auf - Vor dem Marktverschluß?, Zeitung für Kommunale Wirtschaft (ZfK), 12, 1

Oecking, G. (1993): Strategisches und operatives Fixkostenmanagement, Controlling, 2 (März/April), 82-90

Oecking, G. (1998): Fixkostenmanagement, Möglichkeiten und Grenzen, in: Reichmann/Palloks 1998a, a.a.O., 35-57

Oesterwind, D.; Pfaffenberger, W.; Hasse, D. (1996): Energieversorgung für eine offene Gesellschaft, Essen

Ohlms, W. (1984): Analyse von Kostenzurechnungen bei Kostenträgerrechnungen in der Elektrizitätswirtschaft, Köln

Ohlms, W.; Grünberg, P.; Lörch, H.; Perlick, D. (1982): Aspekte für die Strompreisgestaltung aus der Analyse praktisch durchgeführter Kostenträgerrechnungen, Zeitschrift für Energiewirtschaft, 4, 220-227

Öko-Institut; Wuppertal Institut [Wuppertal Institut für Klima, Umwelt, Energie] (1995): Integrierte Ressourcenplanung, Die LCP-Fallstudie der Stadtwerke Hannover AG, Ergebnisband, Freiburg, Wuppertal

Öko-Institut; Wuppertal Institut [Wuppertal Institut für Klima, Umwelt, Energie] (1995a): Integrierte Ressourcenplanung, Die LCP-Fallstudie der Stadtwerke Hannover AG, Doku-Band 5, Stromsparprogramme, Freiburg, Wuppertal

Öko-Institut; Wuppertal Institut [Wuppertal Institut für Klima, Umwelt, Energie] (1995b): Integrierte Ressourcenplanung, Die LCP-Fallstudie der Stadtwerke Hannover AG, Doku-Band 6, IT-Hilfsmittel, Freiburg, Wuppertal

Orasch, W.; Wirl, F. (1996): Amerikanische Energiesparprogramme, Theoretische Probleme und kritische Evaluierung, Energiewirtschaftliche Tagesfragen 46, 9, 566-571

Orbach, T.; Liedtke, C.; Duppel, H. (1998): Umweltkostenrechnung - Stand und Entwicklungsperspektiven, in: Lutz, U.; Roth, K. (Hg.)(1998): Umweltmanagement: Grundlagen, Methoden, Praxisbeispiele, Loseblattsammlung, Folgelieferung Ausgabe September 1998, Berlin, Heidelberg

Ostertag, K.; et al. (2000): Energiesparen - Klimaschutz, der sich rechnet: Ökonomische Argumente in der Klimapolitik, Bd. 43 der Schriftenreihe "Technik, Wirtschaft und Politik" des Fraunhofer-Instituts für Systemtechnik und Innovationsforschung (ISI), Heidelberg

Page, M.; Pitt, L.; Berthon, P. (1996): Analysing and Reducing Customer Defections, Long Range Planning 29, 6, 821-834

Palloks, M. (1998): Conjoint-Analysen und modernes Zielkostenmanagement bei Produktentscheidungen, in: Reichmann/Palloks 1998a, a.a.O., 175-196

Palloks, M. (1999): Kundenorientiertes Vertriebsmanagement mit Kennzahlen, in: Reichmann 1999, a.a.O., 283-300

Palloks-Kahlen, M.; Diederichs, M. (2001): Kennzahlengestütztes Umweltmanagement - Teil 1: Grundlagen, UmweltWirtschaftsForum 9, 1, 58-63

Parasuraman, A.; Zeithaml, V.; Berry, L. (1986): SERVQUAL: A multiple-item scale for measuring customer perceptions of service quality, Report No. 86-108, Marketing Science Institute, Cambridge, Massachusetts

Parasuraman, A.; Zeithaml, V.; Berry, L. (1988): SERVQUAL: A multiple-item scale for measuring customer perceptions of service quality, Journal of Retailing, 64, 1 (Spring), 12-40

Pepels, W. (1996): Qualitätscontrolling bei Dienstleistungen, München

Pfaff, D. (1994): Zur Notwendigkeit einer eigenständigen Kostenrechnung, Schmalenbachs Zeitschrift für betriebswirtschaftliche Forschung 46, 12, 1065-1084

Pfaffenberger, W.; Cramer, G. (2000): Ein einfaches Modell für den Netzzugang im Strommarkt, Energiewirtschaftliche Tagesfragen 50, 3, 146-151

Pfaffenberger, W.; Oesterwind, D. (1993): Mehr Wettbewerb in der deutschen Elektrizitätswirtschaft, Energiewirtschaftliche Tagesfragen 43, 1/2, 72-76

Pfaffenberger, W.; Scheele, U.; Salge, K. (1999): Energieversorgung nach der Deregulierung. Entwicklungen, Positionen, Folgen. Modernisierung des öffentlichen Sektors: Sonderband 13, Berlin

Pfahl, S. (2001): Effizienz und Suffizienz als Determinanten von Nachhaltigkeit, Eine akteursbezogene Szenarioanalyse der Bedeutung des privaten Konsums für eine nachhaltige Entwicklung des Energieverbrauchs in Deutschland und weltweit, am Fachbereich Sozialwissenschaften der Universität Osnabrück angenommene, noch unveröffentlichte Dissertationsschrift, Tübingen

Pfeifer, O.; Paul, M. (2000): Kundenbindungscontrolling, in: Laker 2000, a.a.O., 249-265

Piontek, J. (1994): Beschaffungscontrolling, München

Plattfaut, E. (1988): DV-Unterstützung strategischer Unternehmensplanung: Beispiele und Expertensystemansatz, Berlin

Pohl, A. (2000): Marketing- und Vertriebscontrolling, in: Laker 2000, a.a.O., 219-248

Polenz, C. (2000): Wuppertal-Szenario: Industrie und Kleinverbrauch, bisher unveröffentlichter Dissertationsentwurf, Heidelberg

Politecnico di Milano; et al. (2000): DSM pilot actions, DSM bidding and removal of DSM disincentives from price regulation. A joint project in Italy, Germany and Austria financed under the EU-SAVE-Programme. Project final report prepared by Pagliano; L. (Project Overall Scientific Coordinator); et al., Mailand

Porter, M. (1987): Wettbewerbsstrategie, Methoden zur Analyse von Branchen und Konkurrenten, 4. Aufl., Frankfurt/Main, New York

Porter, M. (1992): Wettbewerbsvorteile (Competitive Advantage). Spitzenleistungen erwarten und behaupten, 3. Aufl., Frankfurt

Prior, D. (1997): Nachbildung der Energiebedarfsstruktur der privaten Haushalte - Werkzeug zur Bewertung von Energieeinsparmaßnahmen, Fortschr.-Ber. VDI Reihe 6, Nr. 379, Düsseldorf

Probst, G. (1987): Selbstorganisation - Ordnungsprozesse in sozialen Systemen aus ganzheitlicher Sicht, Berlin, Hamburg

Probst, G.; Raub, S.; Romhardt, K. (1999): Wissen managen, Wie Unternehmen ihre wertvollste Ressource optimal nutzen, 3. Aufl., Wiesbaden

PROGNOS [Europäisches Zentrum für Wirtschaftsforschung und Strategieberatung PROGNOS](2000): Arbeitsplätze durch Klimaschutz, Kurzfassung einer Studie im Auftrag des Umweltbundesamtes (Vorhaben Nr. 298 14 338), beareitet von Scheelhaase, J., Köln

PROGNOS [Europäisches Zentrum für Wirtschaftsforschung und Strategieberatung PROGNOS]; EWI [Energiewirtschaftliches Institut der Universität Köln] (1999): Die längerfristige Entwicklung der Energiemärkte im Zeichen von Wettbewerb und Umwelt, Untersuchung im Auftrag des Bundesministeriums für Wirtschaft und Technologie, bearbeitet von M. Schlesinger (Projektleitung) u. a., Basel und Köln

Prose, F.; Wortmann, K. (1991): Energiesparen: Verbraucheranalyse und Marktsegmentierung der Kieler Haushalte. Forschungsbericht des Instuts für Psychologie, Christian-Albrechts-Universität, Kiel

Pyhrr, P. (1973): Zero-Base-Budgeting: A Practical Management Tool for Evaluating Expenses, New York

Quarg, S.; Rieg, R. (1998): Kalkulation von Durchleitungsaufträgen in der Gaswirtschaft, Controlling, 3 (Mai/Juni), 158-164

Rakoczy, T. (1999): Berechnung der Kosten von Gebäudetechnischen Anlagen, in: VDI-Gesellschaft Technische Gebäudeausrüstung (Hg.): Die neue VDI 2067: Wirtschaftlichkeit gebäudetechnischer Anlagen, Tagung Nürnberg 21.1.99, VDI Berichte 1428, Düsseldorf

Ramesohl, S. (2001): Entwicklungsbedingungen für Energieeffizienzmärkte im industriellen Mittelstand: Eine empirische Untersuchung der Umsetzung von Energieeffizienzmaßnahmen in kleinen und mittleren Unternehmen, Fortschritt-Berichte VDI-Reihe 16 "Technik und Wirtschaft", Nr. 126, Düsseldorf

Ramesohl, D.; Dudda, C. (2001): Mit Vertrauen und Routine den Kunden stärken, Ansatzpunkte zur Förderung von Contractingmärkten, Contracting & Wärmedienst, 2 (März/April), 36-41

Recht, P.; Zeisel, S. (1998): Unterstützung von verbundorientierten Sortimentsentscheidungen durch eine Sortimentserfolgsrechnung, Zeitschrift für betriebswirtschaftliche Forschung 50, 5, 462-478

Reckenfelderbäumer, M. (1998): Marktorientiertes Kosten-Management von Dienstleistungs-Unternehmen, in: Meyer 1998, a.a.O., 394-418

Redaktion Steuernetz.de (2001): Controlling-Lexikon, www.steuernetz.de/controllerlex, Online-Dienst der Verlagsgruppe Praktisches Wissen, Offenburg

Reddy, A. K. N.; Williams, R. H.; Johannson, T. B. (1997): Energy After Rio, Prospects and Challenges, UNDP, New York

Rehäuser, J.; Krcmar, H. (1996): Wissensmanagement in Unternehmen, in: Schreyögg/Conrad 1996, a.a.O., 1-40

Reichheld, F. (1996): The Loyalty Effect: The Hidden Force Behind Growth, Profits, and Lasting Value, Boston

Reichheld, F.; Sasser, W. (1991): Zero-Migration: Dienstleister im Sog der Qualitätsrevolution, HARVARDmanager 13, 4, 108-116

Reichmann, T. (1997): Controlling mit Kennzahlen und Managementberichten: Grundlagen einer systemgestützten Controlling-Konzeption, 5. Aufl., München

Reichmann, T. (1998): Management & Controlling. Gleiche Ziele - unterschiedliche Wege und Instrumente, in: Reichmann/Palloks 1998a, a.a.O., 3-32

Reichmann, T. (Hg.) (1998a): Controlling: Jetzt in die Zukunft denken. 13. Deutscher Controlling Congress DCC am 18. Juni 1998 in Düsseldorf, Dortmund

Reichmann, T. (Hg.) (1999): Controlling: Kompakt, kompetent, konsequent. 14. Deutscher Controlling Congress DCC am 2. Juni 1999 in Düsseldorf, Dortmund

Reichmann, T.; Fröhling, O. (1998): Integration von Prozesskostenrechnung und Fixkostenmanagement, in: Reichmann/Palloks 1998a, a.a.O., 59-86

Reichmann, T.; Palloks, M. (1998): Modernes kennzahlengestütztes Vertriebs-Controlling, in: Reichmann/Palloks 1998a, a.a.O., 231-258

Reichmann, T.; Palloks, M. (Hg.)(1998a): Kostenmanagement und Controlling, Schriften zum Controlling, Bd. 18, Frankfurt a. M.

Reinhardt, P. (2001): EnBW will Einstieg in Spanien mit Krediten finanzieren, Handelsblatt, 70 (9.4.2001), 15

Remmel, M. (2000): "Vom Monopol zum Wettbewerbsmarkt", Herausforderungen für Unternehmensleitung und Controlling ..., Controller Magazin, 5, 391-398

Rentz, O.; Wietschel, M.; Schöttle, H.; Fichtner, W. (1997): Least-Cost Planning/Integrated Resource Planning, Ein Instrument zur umweltorientierten Unternehmensführung in der Energiewirtschaft, Dargestellt am Beispiel baden-württembergischer Energieversorgungsunternehmen, Landsberg

Riebel, P. (1994): Einzelerlös-, Einzelkosten- und Deckungsbeitragsrechnung als Kern einer ganzheitlichen Führungsrechnung, Kostenrechnungspraxis (krp), 1, 9-31

Riechmann, C. (2000): Kostensenkungsbedarf bei deutschen Stromversorgern, Wirtschaftswelt Energie, 6, 6-8

Riechmann, C.; Schulz, W. (1995): Verfahren zur Feststellung der Kosten- und Erlöslage einschließlich Kostenträgerrechnung im Preisgenehmigungsverfahren nach §12 BTO Elt, Vorläufiger Abschlussbericht

Rieg, R. (1997): Leistungssteigerung bei Energieversorgern, Energiewirtschaftliche Tagesfragen 47, 7, 402-406

Rieschel, B. (2000): Risikobegegnung bei Contractingkonzepten durch Versicherungsschutz, in: von Braunmühl, W. (Hg.): Handbuch Contracting, 2. Aufl., Düsseldorf

Rifkin, J. (2000): Access. Das Verschwinden des Eigentums, (Englischer Originaltitel: The Age of Eccess), Frankfurt a. M.

Ritter, W.; Bleher, J.; Haslauer, F.; Zunft, J. (1996): Prozessorientierte Organisation als Voraussetzung für das langfristige Überleben im deregulierten Markt, VEÖ-Journal, 6, 65-74

Rogers, E. (1983): Diffusion of innovations. 3. Aufl., New York, London.

Rohn, H.; Baedeker, C.; Liedtke, C. (2001): SAFE - Sustainability Assessment For Enterprises - die Methodik: Ein Instrument zur Unterstützung einer zukunftsfähigen Unternehmens- und Organisationsentwicklung, Reihe Zukunftsfähige Unternehmen (7), Wuppertal Paper Nr. 112 (März 2001), Wuppertal

Roithmeier, A.; Hartl, P.; Wolfrum, U. (1995): Aufbau eines Controlling- und Kostenrechnungssystems in einem regionalen EVU - ein Erfahrungsbericht, Elektrizitätswirtschaft 94, 6, 280-286

Roos, W. (1999): Zertifizierung von Ökostrom: Der "Label-Boom": Drei Ansätze im Vergleich, Öko-Mitteilungen, Informationen aus dem Institut für angewandte Ökologie e.V. 22, 3+4 (Weihnachten 1999), 10-11

Roß, A.; Schröder, S. (2000): Kostenträger- und Ergebnisrechnung in der Stromwirtschaft. Kostenrechnungspraxis (krp) 44, 6, 365-370

Salber, U. (1969): Strukturen der Verhaltens- und Erlebensbeschreibung, in: Thiel, M. (Hg.): Enzyklopädie der Geisteswissenschaftlichen Arbeitsmethoden, 7. Lieferung: Methoden der Psychologie und Pädagogik, München, 3-52

SAP AG (1997): Europäischer EVU Kongress, CD-Dokumentation einer Tagung am 17.-18.11.97 in Berlin, Walldorf

SAP AG (2001): CRM für die Versorgungswirtschaft, Die Integration von mySAP CRM und mySAP Utilities, Walldorf

Schäffer, U. (1996): Controlling für selbstabstimmende Gruppen?, Wiesbaden

Schäffer, U. (2000): Kontrollieren Controller? - und wenn ja: Sollten sie es tun?, Forschungspapier Nr. 75 (August 2000) der Wissenschaftlichen Hochschule für Unternehmensführung - Otto-Beisheim-Hochschule - Lehrstuhl für Controlling und Logistik, veröffentlicht unter www.whu-koblenz.de/control, Vallendar

Schäffer, U. (2001): Kontrolle als Lernprozess, Schriften des Center for Controlling & Management (CCM), Band 1, Wiesbaden

Schaltegger, S.; Sturm, A. (1995): Öko-Effizienz durch Öko-Controlling, Stuttgart

Schaper, R. (2000): Energienahe Dienstleistungen aus Sicht des Kunden Preussag, Beitrag zur Konferenz "Energienahe Dienstleistungen" der Ueberreuter Managerakademie, 22./23.5.2000, Bonn

Schemuth, J. (1996): Möglichkeiten und Grenzen der Bestimmung des Wertes eines Kunden für ein Unternehmen in der Automobilindustrie, München

Scheuing, E.; Johnson, E. (1989): A proposed model for new service development, The Journal of Consumer Marketing 3, 2 (Spring), 25-34

Schindera, F.; Höhner, M. A. (2000): Die Umsetzung der BSC in Excel mit Datenbankanbindung bei den fischerwerken, Controlling, 1, 37-44

Schlotjunker, S.; Schulten, R. (1998): Modernisierung unternehmensinterner Steuerungselemente, Energiewirtschaftliche Tagesfragen 48, 3, 136-142

Schmalenbach, E. (1930): Grundlagen der Selbstkostenrechnung und Preispolitik, 5.Aufl., Leipzig

Schmalenbach, E. (1963): Kostenrechnung und Preispolitik, 8. Aufl., Köln, Opladen

Schmidt, A. (1986): Das Controlling als Instrument zur Koordination der Unternehmensführung: eine Analyse der Koordinationsfunktion des Controlling unter entscheidungsorientierten Gesichtspunkten, Europäische Hochschulschriften, Reihe 5, Volks- und Betriebswirtschaft, Band 692, Frankfurt a. M., Bern, New York

Schmidt-Bleek, F. (1994): Wie viel Umwelt braucht der Mensch? MIPS - Das Maß für ökologisches Wirtschaften, Berlin, Basel, Boston

Schmitt, F. (1998): Strategisches Kapazitätscontrolling: Entwicklung einer unscharfen interaktiven Mehrzieloptimierungskonzeption zur Unterstützung des Strategischen Kapazitätsentwicklungscontrollings, Reihe Quantitative Ökonomie, Band 93, zugl. Dissertation BUGH Wuppertal, Lohmar, Köln

Schmitz, G. (2000): Die Ermittlung der Kundenanforderungen an industrielle Dienstleistungen, Zeitschrift für Planung 11, 2, 195-215

Schneider, D. (1998): Rechnungszweckwidrige wiederbeschaftungswertorientierte Abschreibung, Kostenrechnungspraxis (krp) 42, 1, 34-36

Schneider, E.; Schürmann, H. J. (2000): Stadtwerke haben vom Stromwettbewerb profitiert: Große kommunale Versorger planen bundesweite Energieallianz - Preisaggressive Konkurrenten bislang wenig erfolgreich, Handelsblatt, 31.1.2000

Schneider, E.; Schürmann, H. J. (2000a): Energieversorgern drohen Übernahmen: Wechselbereitschaft der Stromkunden gering, Handelsblatt, 18.9.2000, 20

Schneider, E.; Schürmann, H. J. (2001): EnBW-Chef ruft nach Regulierung, Goll, G.: Am Strommarkt ist das Monopol der Netzbetreiber ungebrochen, Handelsblatt, 20.2.2001

Schnell, R.; Hill, P. B.; Esser, E. (1989): Methoden der empirischen Sozialforschung, 2. Aufl., München, Wien, Oldenbourg

Schoenheit, I.; Niedergesäß, U. (1999): Kundenbindung bei privaten Haushalten, Energiewirtschaftliche Tagesfragen 49, 7, 464-467

Schreyögg, G.; Conrad, P. (Hg.)(1996): Wissensmanagement, Managementforschung 6, Berlin und New York

Schüepp, P. (1998): Der Shareholder Value gewinnt in der Elektrizitätsbranche an Bedeutung, Bulletin ASE/ UCS/ SEV/ VSE, 4, 20-22

Schulte, C. (Hg.)(1994): Beteiligungscontrolling: Grundlagen, strategische Allianzen und Akquisitionen, Erfahrungsberichte, Wiesbaden

Schulte-Zurhausen, M. (1999): Organisation, 2. Aufl., München

Schumacher, K. S. (1982): Strompreisbildung mit und ohne Kostenträgerrechnung, Positionspapier, Leinfelden-Echterdingen

Scorah, D. (2000): Das Asset Management Modell und seine Anwendung bei EVU rund um die Welt, Elektrizitätswirtschaft 99, 22, 58-63

Seicht, G. (1991): Zur aktuellen Diskussion über die Abschreibungskosten in der österreichischen amtlichen Preisregelung (Energiepreisregelung), Journal für Betriebswirtschaft, 5, 227-245

Seicht, G. (1992a): Die Zinskosten in der amtlichen "Kosten"-Preisadministration, Journal für Betriebswirtschaft, 1, 2-20

Seicht, G. (1992b): Investitionsbegünstigungen oder Verbrauchersubventionierungen?, Journal für Betriebswirtschaft, 3-4, 153-164

Seicht, G. (1992c): Probleme der Kostenträgerrechnung bei Kraft-Wärme-Kupplungen. Ansätze zur Lösung eines speziellen Kuppelproduktkalkulationsproblems, Österreichische Zeitschrift für Rechnungswesen, 10, 307-310 Seicht, G. (1992d): Querverbund und Strompreiskalkulation, Überlegungen zur Kostenrechnung kommunaler Versorgungsunternehmen, Das öffentliche Haushaltswesen in Österreich 33, 1/3, 74-84

Seicht, G. (1992e): "Kosten"-Preise und Abschreibungsdauer, Journal für Betriebswirtschaft, 5, 231-237

Seicht, G. (1993): US-amerikanische Strompreiskalkulationsregeln - Vorbild für Österreich?, in: G. Seicht (Hg.): Jahrbuch für Controlling und Rechnungswesen ´93, Wien, 11-42

Seicht, G. (Hg.) (1994): Kostenrechnung und Preisregelung, Moderne Betriebswirtschaft 9, Wien

Seicht, G. (1995): Moderne Kosten- und Leistungsrechnung, 8. Aufl., Wien

Seifried, D.; Stark, N. (1994): Energiedienstleistungen, Strategien und Marketingansätze für eine ökologische Energieversorgung, Freiburg

Seiler-Hausmann, J.-D. (2001): Optimal produzieren mit weniger Ressourcen: Von Ökoeffizienz zu nachhaltiger Entwicklung in Unternehmen, Handelsblatt 89, 9.5.2001, R3

SIA [Schweizerischer Ingenieur- und Architekten-Verein] 1995: SIA 380/4 Elektrische Energie im Hochbau, Empfehlungen, Ausgabe 1995, Zürich

SIA [Schweizerischer Ingenieur- und Architekten-Verein] 2001: SIA 380/1 Thermische Energie im Hochbau, Empfehlungen, Ausgabe 2001, Zürich

Sieben, G.; Diedrich, R. (1996): Kosten und Erlöse in der Stromversorgung, Gutachten zur Bestimmung der kalkulatorischen Kosten unter besonderer Beachtung der Unternehmenserhaltung, Price Waterhouse Corporate Finance Beratung GmbH, erstellt im Auftrag der Verlags- und Wirtschaftsgesellschaft der Elektrizitätswerke m.b.H. (VWEW), Frankfurt a. M.

Simons, R. (1995): Levers of Control - How Managers Use Innovative Control Systems to Drive Strategic Renewal, Boston

Skerst, B. von (1999): Kundenbindung im liberalisierten Strommarkt, Elektrizitätswirtschaft 98, 7, 14-19

Sonntag, J. und J. Wojaczek (1995): Kostenträgerrechnung der EVS, Elektrizitätswirtschaft 94, 6, 287-289

Specht, G.; Silberer, G.; Engelhardt, W. (Hg.)(1989): Marketing-Schnittstellen: Herausforderungen für das Management, Stuttgart

Spitzer, H. (1993): IT-gestütztes Rechnungswesen in Elektrizitätsversorgungsunternehmen, Auswertung und Ergebnisse einer Umfrage, Arbeitspapiere des Instituts für Betriebswirtschaftslehre 1/1993, Universität Hildesheim

Spitzer, H. (1996): Grundlagen einer entscheidungsorientierten Kostenrechnung in Elektrizitätsversorgungsunternehmen, Wissenschaftliche Schriften Reihe 2, Betriebswirtschaftliche Beiträge Bd. 135, zugl. Dissertation Universität Hildesheim, Idstein

SRC International AIS, et al. (2001): A European Ex-Post Evaluation Guidebook for DSM and EE Service Programmes, A result of two SAVE projects carried out in the period 1997-2001, Birkerod, Dänemark

Stadler, A. (1997): Der neue Schlüsselkundendienst, OE 11: Zielgruppenorganisation und Key-Account-Teams, energiequelle, 11, 10

Stadtwerke Hannover AG (Hg.)(1997): Thermie - Altbau: Umfassende Mobilisierung von CO_2-Reduktionspotenzialen im Wohngebäudebestand durch optimierte energetische Altbausanierung, Endbericht Hannover, erstellt von Stadtwerke Hannover AG, Gertec GmbH und Energie-Cités, Hannover

Stadtwerke Hannover AG (1998): Dokumentation der LCP-Testphase 1995-1997, Hannover

Stadtwerke Hannover AG (1998a): Die LCP-Testphase im Überblick, Hannover

Stadtwerke Hannover AG (1998b): LIZA Leitsätze, Ideen, Ziele, Aktivitäten: Die Unternehmenskonzeption der Stadtwerke Hannover Ag 1998 bis 2005, Ein Unternehmen im Wettbewerb, Anlage 1 zur Drucksache des Rats der Landeshauptstadt Hannover, 25/98, Hannover

Stadtwerke Hannover AG (2000): Aufbruch, Umweltbericht 1999 der Stadtwerke Hannover AG, Hannover

Stadtwerke Hannover AG (2000a): Blick zurück nach vorn, Least-Cost-Planning: Einsparprogramme der Stadtwerke Hannover AG, Hannover

Stadtwerke Hannover AG (2000b): Geschäftsbericht 1999 der Stadtwerke Hannover AG, Hannover

Stadtwerke Hannover AG (2001): Stadtwerke Hannover behaupten sich im liberalisierten Markt, Pressemeldung der Stadtwerke Hannover AG vom 27. März 2001, Hannover

Stadtwerke Hannover AG (2001a): Geschäftsbericht 2000 der Stadtwerke Hannover AG, Hannover

Stadtwerke Karlsruhe (1995): Umwelterklärung 1995 für die Standorte Heizkraftwerk West und Heizkraftwerk Waldstadt, Karlsruhe

Stadtwerke Unna GmbH (1996): Umwelterklärung 1996, Verantwortung mit Konzept, Unna

Stahl, H. (1999): Kundenloyalität kritisch betrachtet, in: Hinterhuber/Matzler 1999, a.a.O., 41-59

Stahlknecht, P.; Hasenkamp, U. (1999): Einführung in die Wirtschaftsinformatik, 9. Aufl., Berlin, Heidelberg

Stark, S. (1999): Implementation der Lokalen Agenda 21 in Verwaltungshandeln am Beispiel Energie, Wuppertal Special 13, Wuppertal Institut für Klima Umwelt Energie, zugl. Dissertaton an der Fakultät Raumplanung der Universität Dortmund

Stauss, B.; Seidel, W. (1998): Beschwerdemanagement: Fehler vermeiden - Leistung verbessern - Kunden binden, 2. Aufl., München Steincke, H. (1985): Kostenrechnung - wohin?, Kostenrechnungspraxis (krp), 1, 13-18

Steinle, C.; Bruch, H. (Hg.)(1998): Kompendium für Controller/innen und ihre Ausbildung, Stuttgart

Stelling, H.-A. (1999): Integrierte Managementsysteme, Vortrag im Rahmen einer Sitzung des VKU-Arbeitskreises “Umweltschutz” am 4.2.1999 in Köln, Hamburg

STERN-Anzeigenabteilung (Hg.)(2000): Die Entwicklung der Wechselbereitschaft bei der Stromversorgung, Zeitreihe August 1999 bis Mai 2000, STERN TrendProfile, Folienpräsentation der Ergebnisse einer Befragung der Ipsos Deutschland, Hamburg

STERN-Anzeigenabteilung (Hg.)(2001): Der Strom-Markt: Marken, Wechselbereitschaft, alternative Energiequellen, Status und Entwicklung, Zeitreihe August 1999 bis März 2001, STERN TrendProfile, Folienpräsentation der Ergebnisse einer Befragung der Ipsos Deutschland, Hamburg

STERN-Anzeigenabteilung (Hg.)(2001a): Der Gas-Markt: Marken und Wechselbereitschaft, Status und Entwicklung, STERN TrendProfile 10/2001, Folienpräsentation der Ergebnisse einer Befragung der Ipsos Deutschland, Hamburg

Steven, M.; Letmathe, P. (2000): Objektorientierte Kostenrechnung, Kostenrechnungspraxis (krp) 44, 4, 237-245

Steyer, F. (2002): Preisentwicklung in den liberalisierten Energiemärkten - Wie weit schwingt das Pendel wieder zurück? Vortragsunterlagen, Berliner Energietage, 13.-15. Mai 2002, Berlin

Strauss, A.; Corbin, J. (1996): Grounded Theory: Grundlagen Qualitativer Sozialforschung, Weinheim

Streim, H. (1993): Humanvermögensrechnung, in: Wittmann, W.; et al. (Hg.): Handwörterbuch der Betriebswirtschaft, Teilband 1, A-H, 5. Aufl., Stuttgart, 1681-1694

Stricker, K. (1993): Kostenrechnung und Preiskalkulation in der Elektrizitätswirtschaft am Beispiel der Oberösterreichischen Kraftwerke AG, Diplomarbeit, J. Kepler Universität Linz

Swisher, J. N.; Jannuzzi, G. M.; Redlinger, R. Y. (1997): Tools and Methods for Integrated Resource Planning, Improving Energy Efficieny and Protecting the Environment, Working Paper No. 7, United Nations Environment Programme (UNEP), UNEP Collaborating Centre on Energy and Environment, Risø National Laboratory, Roskilde

Swoboda, P. (1973): Die Kostenbewertung in Kostenrechnungen, die der betrieblichen Preispolitik oder der staatlichen Preisfestsetzung dienen, Zeitschrift für betriebswirtschaftliche Forschung 25, 353-367

Swoboda, P. (1990): Kostenermittlung und Tarifbildung bei Elektrizitätsversorgungsunternehmen insbesondere hinsichtlich kalkulatorischer Kosten, Journal für Betriebswirtschaft, 2, 66-76

Swoboda, P. (1992a): Zur aktuellen Diskussion über die Abschreibungsregelungen in der österreichischen amtlichen Preisregelung (Energiepreisregelung), Journal für Betriebswirtschaft, 2, 74-85

Swoboda, P. (1992b): Zur Behandlung von Zinskosten und Investitionsbegünstigungen in der staatlichen Preisregelung, Eine Erwiderung zu zwei Aufsätzen von Gerhard Seicht, Journal für Betriebswirtschaft, 6, 268-272

Swoboda, P. (1998): Bewertung zu Wiederbeschaffungspreisen bzw. Anschaffungspreisen, Kostenrechnungspraxis (krp) 42, 1, 37-39

Tesch, A.; Dahlhoff, D.; Paul, M. (2000): Vertriebsorganisation, in: Laker 2000, a.a.O., 175-198

Thiel, K. (1999): Aufbau und Umsetzung einer Centersteuerung, in: Reichmann 1999, a.a.O., 83-109

Thom, N. (1987): Personalentwicklung als Instrument der Unternehmungsführung: konzeptionelle Grundlagen und empirische Studien, Betriebswirtschaftliche Abhandlungen, Neue Folge, Bd. 63, Stuttgart

Thom, N. (1999): Personalmanagement - Entwicklungstendenzen und Zukunftsperspektiven, Die Unternehmung 53, 6, 433-447

Thomas, A. (1996): Controlling in Energieversorgungsunternehmen mit integrierter Standardsoftware, zugl. Dissertation an der Hochschule für Verwaltungswissenschaften in Speyer, Bergisch-Gladbach und Köln

Thomas, S.; Hennicke, P.; Berlo, K. (2000): Energy Services in Germany. In: Chesshire 2000, a.a.O., 75-114

Thomas, S.; Irrek, W.; Kristof, K. (2003): Förderung der Energieeffizienz über die Regulierung der deutschen Elektrizitäts- und Gaswirtschaft, Vorschläge des Wuppertal Instituts, Wuppertal

Thomas, S.; Wissner, M.; Kristof, K.; Irrek, W. (2002): Die vergessene Säule der Energiepolitik: Energieeffizienz im liberalisierten Strom- und Gasmarkt in Deutschland, Vorschläge des Wuppertal Instituts, Wuppertal Spezial 24, Wuppertal

Thompson, J. (1997): Neue Technologien für das Call Center Management und automatisierte Ableseverfahren, in: SAP AG 1997, a.a.O.

Timpe, C. (1999): Gelb, blau, bunt? Welche Farbe hat der Strom?: Ein Gütesiegel für zertifizierten Ökostrom soll Klarheit bringen, Öko-Mitteilungen, Informationen aus dem Institut für angewandte Ökologie e.V. 22, 3+4 (Weihnachten 1999), 4-9

Timpe, C.; Bürger, V. (2002): Electricity Disclosure in Europe: A policy paper prepared as part of the ALTERNER project "Consumer Choice and Carbon Consciousness for Electricity (4C Electricity)", Freiburg

Trittin, J. (2003): Klimaschutz ist ein Markt ungeahnter Größe, Solarthermie und Erdwärme gehört die Zukunft: Eine Wende in den Forschungsprioritäten zu Gunsten der Energieforschung ist überfällig, Dokumentation in der Frankfurter Rundschau, 209, 7

Ulrich, H.; Probst, G. (1991): Anleitung zum ganzheitlichen Denken und Handeln: ein Brevier für Führungskräfte, 3. Aufl., Bern, Stuttgart

Umweltbundesamt (Hg.)(2000): Energiespar-Contracting als Beitrag zu Klimaschutz und Kostensenkung, Ratgeber für Einspar-Contracting in öffentlichen Liegenschaften, bearbeitet durch Öko-Institut e.V. und Berliner Energieagentur GmbH, Berlin

Unzeitig, E. (1994): Beteiligungscontrolling in einer dezentralen Mediengruppe, in: Schulte 1994, a.a.O., 113-135

Urbach, M. (2000): "Der Himmel ist die Grenze", Fritz Vahrenholt und Peter Hennicke streiten über ..., das taz-gespräch, taz, 29./30.7.2000, 4-5

VDEW [Verband der Elektrizitätswirtschaft] (1994): Contracting, Grundlagenpapier, VDEW Publikationen, Frankfurt a. M.

VDEW [Verband der Elektrizitätswirtschaft] (Hg.) (1997): Strategie-Optionen deutscher Elektrizitätsunternehmen im wettbewerblichen Umfeld, Frankfurt a. M.

VDEW [Verband der Elektrizitätswirtschaft] (Hg.)(1997a): Contracting: Fallbeispielsammlung, Frankfurt a. M.

VDEW [Verband der Elektrizitätswirtschaft] (Hg.)(1997b): Contracting: Wirtschaftlichkeitsbeurteilung, Frankfurt a. M.

VDEW [Verband der Elektrizitätswirtschaft] (1997c): Dienstleistungen und DSM-Projekte der deutschen Stromversorger, Ergebnisse der VDEW-Umfragen 1995/96, Frankfurt a. M.

VDEW [Verband der Elektrizitätswirtschaft] (Hg.)(1998): Kundenzufriedenheit bei großen Stromkunden, Ergebnisbericht der VDEW-Kundenzufriedenheits-Untersuchung 1997, bearbeitet von der sample QM - Gesellschaft für Qualitätsmanagement GmbH, Frankfurt a. M.

VDEW [Verband der Elektrizitätswirtschaft] (Hg.)(1999): Kundenzufriedenheit bei großen Stromkunden, Ergebnisbericht des VDEW-Kundenfokus 1999, Frankfurt a. M.

VDEW [Verband der Elektrizitätswirtschaft] (Hg.)(2000): Kundenzufriedenheit bei Haushaltskunden, Ergebnisbericht des VDEW-Kundenfokus 2000, Frankfurt a. M.

VDEW [Verband der Elektrizitätswirtschaft] (Hg.)(2000a): Kundenzufriedenheit bei Gewerbekunden, Ergebnisbericht des VDEW-Kundenfokus 2000, Frankfurt a. M.

VDEW, BGW (Hg.) (1982): Plankostenrechnung der Energie- und Wasserversorgungsunternehmen, Frankfurt a. M.

VDEW, BGW, VKU, BDE und VÖV (Hg.) (1986): Gemeinschaftskontenrahmen für Versorgungs- und Verkehrsunternehmen GKV, 2. Ausgabe, Frankfurt a. M. und Bonn

VDEW, BGW, VKU, BDE und VÖV (Hg.) (1988): Gemeinschaftskontenrahmen für Versorgungs- und Verkehrsunternehmen GKV, Ergänzungen für Eigenbetriebe, 2. Ausgabe, Frankfurt a. M. und Bonn

VDEW-AK "Controlling" (1995a): Controlling in EVU, Ergebnisse einer Umfrage des VDEW-AK "Controlling", Elektrizitätswirtschaft 94, 6, 270-276

VDEW-AK "Controlling" (1995b): Erfahrungen bei der Einführung von Controlling am Beispiel eines Versorgungsunternehmens, Elektrizitätswirtschaft 94, 6, 277-279

VDEW-AK "Controlling" (1995c): Bedeutung von Controlling für ELTVU, Elektrizitätswirtschaft 95, 19, 1209-1216

VDEW-AK "Controlling" (1996): Planung als Controlling-Instrument in EVU, Elektrizitätswirtschaft 94, 6, 266-268

VDEW-AK "Controlling" (1998): Konzept für ein Vertriebs-Controlling-System in einem Elektrizitätsversorgungsunternehmen (EVU), Elektrizitätswirtschaft 97, 6, 12-19

VDEW-AK "Controlling" (1999): Innerbetriebliche Leistungsverrechnung, Elektrizitätswirtschaft 98, 26, 14-16

VDEW-AK "Controlling" (2000): Das Zusammenspiel von Projekt-, Investitions- und Anlagen-Controlling, Elektrizitätswirtschaft 99, 10, 13-20

VDEW-AK "Kostenrechnung" (1980): Der Ansatz kalkulatorischer Kosten in der Kostenrechnung der Elektrizitätsversorgungsunternehmen, Elektrizitätswirtschaft 79, 6, 214-223

VDEW-AK "Kostenrechnung" (1981): Kostenträgerrechnung in der Elektrizitätswirtschaft nach dem differenzierten Höchstleistungsverfahren mit charakteristischen Lastganglinien, Elektrizitätswirtschaft 80, 23, 841-849

VDEW-AK "Kostenrechnungs-Empfehlungen" (1997): Zielkostenrechnung - ein geeigneter Ansatz für Energieversorger?, Elektrizitätswirtschaft 96, 13, 662-667

VDEW-AK "Kostenrechnungs-Empfehlungen" (1998): Prozesskostenrechnung - eine Alternative für das Kostenmanagement?, Elektrizitätswirtschaft 97, 1-2, 38-47

VDEW-AK "Kostenrechnungs-Empfehlungen" [VDEW-AK "Kostenrechnungs-Empfehlungen" in Zusammenarbeit mit dem gleichnamigen Arbeitskreis des BGW] (1999): Kosten- und Leistungsrechnung als Instrument des Controlling in Unternehmen der Energiewirtschaft, Elektrizitätswirtschaft 98, 17-18, 44-49

VDEW-Projektgruppe "Unbundling" (1998): Unbundling im Rechnungswesen - Leitfaden zur praktischen Umsetzung im EVU, VDEW Materialien M-02/98, Frankfurt a. M.

VDI (1994) VDI-Richtlinie 3807: Energieverbrauchskennwerte für Gebäude; Heizenergie- und Stromverbrauchskennwerte, Grundlagen, Blatt 1, Heizenergie- und Stromverbrauchskennwerte, Blatt 2, Düsseldorf

VDI (1996): VDI-Richtlinie 6025: Betriebswirtschaftliche Berechnungen für Investitionsgüter und Anlagen, VDI-Richtlinie, hg. vom Verein Deutscher Ingenieure/VDI-Gesellschaft Technische Gebäudeausrichtung, November 1996, Düsseldorf

VDI (1999): VDI-Richtlinie 2067: Wirtschaftlichkeit gebäudetechnischer Anlagen: Grundlagen und Kostenermittlung, VDI-Richtlinie, hg. vom Verein Deutscher Ingenieure/VDI-Gesellschaft Technische Gebäudeausrichtung, Entwurf vom Februar 1999, Düsseldorf

VfW [Verband für Wärmelieferung] (Hg.)(2000): Leitfaden für die Ausschreibung von Energielieferung (Contracting). Arbeitshilfe für die richtige Durchführung von Ausschreibungen objektbezogener Energielieferung (Wärme, Strom, Kälte), Stand: 9.8.00, Hannover

VfW [Verband für Wärmelieferung] (Hg.)(2000a): VfW-Jahrbuch Energielieferung 2000, Hannover

VfW [Verband für Wärmelieferung] (Hg.)(2002): VfW-Jahrbuch Energielieferung 2002/2003, Hannover

Viefhues, D. (1982): Mehrzielorientierte Projektplanung: Methodologie und Entscheidungskalküle zur Projektablauf und -anpassungsplanung, Europäische Hochschulschriften, Reihe 5, Volks- und Betriebswirtschaft, Bd. 351, Frankfurt a. M.

VIK [Verband der Industriellen Energie- und Kraftwirtschaft e.V.](2002): Neuer VIK-Strompreisindex: Leichter Anstieg der Strompreise von Januar bis August 2002, Pressemitteilung des VIK

Vikas, K. (1992): Besonderheiten der Kosten-, Leistungs-, Erlös- und Ergebnisrechnung in Dienstleistungsbetrieben, in: Männel 1992, a.a.O., 1053-1056

VKU [Verband kommunaler Unternehmen e.V.] (1998): VKU-Argumentationspapier zum Umweltaudit, vorläufige Endfassung, Köln

VKU-ad-hoc-AK (1998): Entflechtung im Rechnungswesen vertikal und horizontal integrierter Elektrizitätsunternehmen, in: Anlage zum VKU-Nachrichtendienst , Folge 589, 1/98

Vogel, J. (1998): Marktwertorientiertes Beteiligungscontrolling: Shareholder Value als Maß der Konzernsteuerung, Wiesbaden

Völker, R.; Voit, E. (2000): Planung und Bewertung von Produktplattformen, Kostenrechnungspraxis (krp) 44, 3, 137-143

Volland, I. (2002): Der lange Weg der Liberalisierung des Energiemarktes in Berlin - Stolpersteine und Lösungsansätze aus Sicht der Verwaltung [Senatsverwaltung für Wirtschaft, Arbeit und Frauen], Unterlage zum Vortrag auf den Berliner Energietagen, 13. Mai 2002, Berlin

Vollmuth, H. J. (1992): Controlling-Instrumente von A-Z, Planegg/München

Vorholz, F. (2001): Regierung schützt Monopole, Interview mit Michael Zerr, Geschäftsführer der EnBW-Tochter Yello, Die Zeit, 19 (3. Mai 2000)

Wagner, O. (2000): Ausbau energienaher Dienstleistungen kommunaler Energieversorgungsunternehmen als Strategieoption im wettbewerblichen Umfeld - Bieten Kooperationen eine Chance zur Erschließung neuer Geschäftsfelder? Diplomarbeit an der Bergischen Universität / Gesamthochschule Wuppertal

Wagner, O.; Kristof, K. (2001): Strategieoptionen kommunaler Energieversorger im Wettbewerb. Energienahe, ökoeffiziente Dienstleistungen und kommunale Kooperationen. Wuppertal Paper Nr. 115, Wuppertal

Wall, F. (2000): Koordinationsfunktion des Controlling und Organisation, Überlegungen zur Eigenständigkeit eines koordinationsorientierten Controlling, Kostenrechnungspraxis (krp)44, 5, 295-303

WBCSD [World Business Council for Sustainable Development] (Hg.) (1996): Eco-Efficient Leadership, Genf

Weber, J. (Hg.) (1993): Zur Neuausrichtung der Kostenrechnung, Entwicklungsperspektiven für die 90er Jahre, Schriftenreihe der Wissenschaftlichen Hochschule für Unternehmensführung Koblenz, Forschung/17, Stuttgart

Weber, J. (1995): Kostenrechnung-(s-)Dynamik - Einflüsse unternehmensex- und -interner Veränderungen auf die Gestaltung der Kostenrechnung, Betriebswirtschaftliche Forschung und Praxis 47, 6, 565-581

Weber, J. (1996): Selektives Rechnungswesen - Schlankes Controlling durch selektive Führungsinformation, Kostenrechungpraxis (krp) 40, 4, 197-201

Weber, J. (1997): Marktorientiertes Controlling, Bd. 4 der Schriftenreihe "Advanced Controlling", Vallendar

Weber, J. (1999): Einführung in das Controlling, 8. Aufl., Stuttgart

Weber, J. (2000): Neue Perspektiven des Controlling, Forschungspapier Nr. 77 (September 2000) der Wissenschaftlichen Hochschule für Unternehmensführung - Otto-Beisheim-Hochschule - Lehrstuhl für Controlling und Logistik, veröffentlicht unter www.whu-koblenz.de/control, Vallendar

Weber, J.; Knorren, N. (1998): Sicherung der Rationalität durch wertorientierte Planung, Forschungspapier Nr. 59 (November 1998) der Wissenschaftlichen Hochschule für Unternehmensführung - Otto-Beisheim-Hochschule - Lehrstuhl für Controlling und Logistik, veröffentlicht unter www.whu-koblenz.de/control, Vallendar

Weber, J.; Schäffer, U. (1998): Balanced Scorecard - Gedanken zur Einordnung des Konzepts in das bisherige Controlling-Instrumentarium, Zeitschrift für Planung, 9, 341-365

Weber, J.; Schäffer, U. (1999a): Sicherstellung der Rationalität von Führung als Aufgabe des Controlling?, Die Betriebswirtschaft (DBW) 59, 6, 731-746

Weber, J.; Schäffer, U. (1999b): Balanced Scorecard & Controlling: Implementierung - Nutzen für Manager und Controller - Erfahrungen in deutschen Unternehmen, Wiesbaden

Weber, J.; Schäffer, U. (2000): Controlling als Koordinationsfunktion?, Kostenrechnungspraxis (krp) 44, 2, 109-118

Weber, J.; Schäffer, U.; Langenbach, W. (1999): Gedanken zur Rationalitätskonzeption des Controlling, Forschungspapier Nr. 70 der Wissenschaftlichen Hochschule für Unternehmensführung - Otto-Beisheim-Hochschule - Lehrstuhl für Controlling und Logistik, veröffentlicht unter www.whu-koblenz.de/control, Vallendar

Weber, J.; Schäffer, U.; Prenzler, C. (2001): Zur Charakterisierung und Entwicklung von Controlleraufgaben, Zeitschrift für Planung 12, 1, 25-46

Weber, J.; Weißenberger, B. (1996): Rechnungslegungspolitik und Controlling: Zur Gestaltung der Kostenrechnung, Forschungspapier Nr. 39 (November 1996) der Wissenschaftlichen Hochschule für Unternehmensführung - Otto-Beisheim-Hochschule - Lehrstuhl für Controlling und Logistik, veröffentlicht unter www.whu-koblenz.de/control, Vallendar

Weisbrodt, T. (2000): Einführung und Verwendung der Balanced Scorecard als integriertes Managementsystem insbesondere zur Strategie- und Zielformulierung sowie zur Steuerung der operativen Geschäftsabläufe am Beispiel der Geschäftseinheit Energiedienstleistungen der MVV Energie AG, Diplomarbeit in der Fachrichtung Industrie des Ausbildungsbereichs Wirtschaft der Berufsakademie Mannheim, Niederkirchen

Wenzel, W. (2001): VA 2001: Die neuen Anbieter im Strommarkt: Die Zielgruppe 'Yello', Vortragsunterlage zur Pressekonferenz zur Verbraucher-Analyse 2001 im Auftrag der Trägerverlage Axel Springer Verlag AG und Bauer Verlagsgruppe, Hamburg

Widder, G. (2000): Trotz Handicaps gut im Rennen: Trend zur horizontalen Kooperation - Einengende Gemeindegrenzen lockern, Zeitung für Kommunale Wirtschaft (ZfK), 11, 13/16

Wietfeld, A.M. (1998): Energie-Marketing, Evaluierung von Demand-Side Management Programmen unter dem besonderen Aspekt von Dienstleistungskriterien, Cottbuser Forschungshefte Energie, Essen

Wietschel, M.; et al. (1997): Konzeption eines Umweltcontrollings bei einem Energiedienstleister, Zeitschrift für Energiewirtschaft, 4, 329-340

Williamson, O. E. (1985): The Economic Institutions of Capitalism - Firms, Markets, Relational Contracting, New York

Wind, J. (1997): Die großen Gretchenfragen, Serie "Mastering Management", Folge 22: Marketing, Handelsblatt Nr. 235, 5./6.12.97, K8

Wirl, F. (1994): Sind Energiesparmaßnahmen von Versorgungsunternehmen wirtschaftlich?, Wien, New York

Wirl, F. (1997): The Economics of Conservation Programs, Boston, Dordrecht, London

Wirl, F. (1999): Buchbesprechung zu Klostermann 1998, Zeitschrift für öffentliche und gemeinwirtschaftliche Unternehmen 22, 2, 222-224

Witt, U. (1987): Individualistische Grundlagen der evolutorischen Ökonomik, Tübingen

Wölfing, P. (1995): Instandhaltungskostenrechnung bei einem Energieversorger, Controlling, 6 (November/Dezember), 346-352

Wolle, D.; Kett, I.; Spitzer, H.; Franke, V. (1997): Fit für den Wettbewerb mit der Center-Erfolgs-Rechnung, Energiewirtschaftliche Tagesfragen 47, 7, 394-401

Wollschläger, J. (2002): Kein Saft in der Marke?: Viel Geld in Marken stecken - oft lohnt das nicht, Eine neue Studie räumt auf mit alten Marketingweisheiten, Handelsblatt, 09./10.08.2002, K1

Wolters, D. (2001): Akteurs- und strukturorientierte Szenarioanalyse eines nachhaltigen deutschen Energiesystems im internationalen Kontext, Dissertation am Fachbereich Sozialwissenschaften der Universität Osnabrück, Wuppertal

Wunderer, R.; Jaritz, A. (1999): Unternehmerisches Personalcontrolling: Evaluation der Wertschöpfung im Personalmanagement, Neuwied, Kriftel

Wuppertal Institut [Wuppertal Institut für Klima, Umwelt, Energie] (1997): Energy Services of Electric Utilities in different national regulatory contexts: The present situation in Germany and the possible changes, Report to Rogaland Research and to the Norwegian Energy Research Council, bearbeitet von Thomas, S.; Barthel, C., Wuppertal

Wuppertal Institut [Wuppertal Institut für Klima, Umwelt, Energie] (1998): Ökologische Aspekte einer Fusion der Stadtwerke in der Region Bergisches Städtedreieck, Stellungnahme zu den Vorschlägen der WIBERA und deren Fundierung sowie Handlungsvorschläge aus ökologischer Sicht, unveröffentlichtes Gutachten im Auftrag der Wuppertaler Stadtwerke AG, bearbeitet von Richter, N. (Projektleitung); et al., Wuppertal

Wuppertal Institut [Wuppertal Institut für Klima, Umwelt, Energie] (1998a): Der Beitrag des Sektors Bauen und Wohnen für den Klimaschutz, Endbericht im Auftrag des Ministeriums für Bauen und Wohnen des Landes Nordrhein-Westfalen, bearbeitet von Fischedick, M.; Lechtenböhmer, S.; et al., Wuppertal

Wuppertal Institut [Wuppertal Institut für Klima, Umwelt, Energie] (2000): Selling a Function Instead of a Product: Renting White Goods via Functional Service Contracts (FUNSERVE), SAVE Intermediate Report, bearbeitet von Thomas, S. (Projektleitung); et al., Wuppertal

Wuppertal Institut [Wuppertal Institut für Klima, Umwelt, Energie] (2000a): Studie über LED als Beleuchtungstechnik: Stand der Technik, Marktüberblick und Entwicklungsmöglichkeiten, unveröffentlichter Bericht zu Händen des Ministeriums für Schule, Wissenschaft und Forschung des Landes Nordrhein-Westfalen, bearbeitet von Dudda, C., Wuppertal

Wuppertal Institut [Wuppertal Institut für Klima, Umwelt, Energie] (2002): Der Beitrag regenerativer Energien und rationeller Energienutzung zur wirtschaftlichen Entwicklung in Nordrhein-Westfalen: Analyse und Bewertung von Zukunftstechnologien, deren Auswirkungen auf die Wirtschaftsstruktur und Ableitung technologiepolitischer Handlungsempfehlungen, Endbericht, Darstellung der Ergebnisse (Band I), unveröffentlichte Studie im Auftrag des Ministeriums für Wirtschaft und Mittelstand, Energie und Verkehr des Landes Nordrhein-Westfalen, bearbeitet von Fischedick, M., Ramesohl, S., et al., Wuppertal

Wuppertal Institut / ASEW [Arbeitsgemeinschaft kommunaler Versorgungsunternehmen zur Förderung rationeller, sparsamer und umweltschonender Energieverwendung und rationeller Wasserverwendung im VKU](Hg.)(2003): Energieeffizienz im liberalisierten Strom- und Gasmarkt, Wie Energieunternehmen und andere Akteure Energieverbraucher beim Energiesparen unterstützen können und wie die Politik dies fördern kann, Broschüre mit finanzieller Unterstützung der Europäischen Kommission, Generaldirektion Energie und Verkehr, SAVE Programm, Wuppertal, Köln

Wuppertal Institut [Wuppertal Institut für Klima, Umwelt, Energie] / BEM [Beratungsgruppe Energie + Marketing] (1995): Evaluierung des KesS-Programms der RWE Energie AG, Endbericht, Gutachten im Auftrag von RWE Energie AG, Wuppertal, Icking

Wuppertal Institut [Wuppertal Institut für Klima Umwelt Energie] / DLR [Deutsches Zentrum für Luft- und Raumfahrt e.V.] (2001): Langfristszenarien für eine nachhaltige Energienutzung in Deutschland, Endbericht im Auftrag des Umweltbundesamtes (Vorhaben Nr. 200 97 104), Bearbeitet von Fischedick, M., Nitsch, J. (Projektleitung), et al., Wuppertal , Stuttgart.

Wuppertal Institut [Wuppertal Institut für Klima Umwelt Energie] / ebök (2001): Klimaschutz durch Minderung von Leerlaufverlusten bei Elektrogeräten im Bereich Haushalt und Kleinverbrauch - Instrumente, Endbericht im Auftrag des Umweltbundesamtes (Vorhaben Nr. 298 97 345), Bearbeitet von Lechtenböhmer, S. (Projektleitung), et al., Wuppertal , Tübingen.

Wuppertal Institut [Wuppertal Institut für Klima Umwelt Energie] / Energiestiftung Schleswig-Holstein (2000): Nutzen statt Besitzen: Der Functional Service für Weiße Ware als neue Energiedienstleistung. Zwischenbericht, gefördert durch die Europäische Kommission (SAVE) und Bremer Energiekonsens GmbH, bearbeitet von Thomas, S. (Projektleitung), et al., Wuppertal, Kiel.

Wuppertal Institut [Wuppertal Institut für Klima Umwelt Energie] / Öko-Institut (2000): Kernkraftwerksscharfe Analyse. Teil I des Zusatzauftrages “Kraftwerks- und unternehmensscharfe Analyse” im Rahmen des Projekts “Bewertung eines Ausstiegs aus der Kernenergie aus klimapolitischer und volkswirtschaftlicher Sicht”, Endbericht im Auftrag des Bundesministeriums für Umwelt, Naturschutz und Reaktorsicherheit (BMU), bearbeitet von Irrek, W. (Projektleitung); Hennicke, P. (Projektsupervision); et al., Wuppertal, Freiburg, Berlin

Wuppertal Institut [Wuppertal Institut für Klima Umwelt Energie] / Öko-Institut (2000a): Analyse der möglichen Wirkungen eines vorzeitigen Aus- bzw. Umstiegs aus der Kernenergie auf der Betreiber- bzw. Gesellschafterebene, Teil II des Zusatzauftrages "Kraftwerks- und unternehmensscharfe Analyse" im Rahmen des Projekts "Bewertung eines Ausstiegs aus der Kernenergie aus klimapolitischer und volkswirtschaftlicher Sicht", Endbericht im Auftrag des Bundesministeriums für Umwelt, Naturschutz und Reaktorsicherheit (BMU), bearbeitet von Irrek, W. (Projektleitung); Hennicke, P. (Projektsupervision), Wuppertal, Freiburg, Berlin

Wuppertal Institut et al. [Wuppertal Institut für Klima Umwelt Energie; et al.] (2000): Completing the market for least-cost energy services. Strengthening energy efficiency in the changing European electricity and gas markets. A study under the EU-SAVE-Programme, Project final report prepared by Thomas, S. (Co-ordinator); et al., Wuppertal

Wüstenhagen, R. (1996): Integration ökologischer Dienstleistungen in Umweltmanagement und Umwelt-Audit eines kommunalen Energieversorgungsunternehmens, Diplomarbeit, TU Berlin

Zimmermann, G. (2003): Die kalkulatorischen Kosten bei der Kalkulation von Netznutzungsentgelten, Gutachten im Auftrag des Bundeskartellamtes, 15. Oktober 2003, Universität Oldenburg

AUSGEWÄHLTE VERÖFFENTLICHUNGEN

PLANUNG, ORGANISATION UND UNTERNEHMUNGSFÜHRUNG

Herausgegeben von Prof. Dr. Dr. h. c. Norbert Szyperski, Köln, Prof. Dr. Winfried Matthes, Wuppertal, Prof. Dr. Udo Winand, Kassel, Prof. (em.) Dr. Joachim Griese, Bern, PD Dr. Harald F. O. von Kortzfleisch, Kassel, Prof. Dr. Ludwig Theuvsen, Göttingen, und Prof. Dr. Andreas Al-Laham, Stuttgart

Band 32
Hans-Jürgen Witschke
Die Informationsfunktion des Produktes in der Wertanalyse – Ein Ansatz zur Wertsteigerung von Produkten
Bergisch Gladbach – Köln 1990 • 212 S. • € 23,- (D) • ISBN 3-89012-184-5

Band 54
Axel Ullrich Wielpütz
Verhaltensorientiertes Controlling
Lohmar – Köln 1996 • 360 S. • € 41,- (D) • ISBN 3-89012-517-4

Band 55
Susanne Höfer
Strategische Allianzen und Spieltheorie – Analyse des Bildungsprozesses strategischer Allianzen und planungsunterstützender Einsatzmöglichkeiten der Theorie der strategischen Spiele
Lohmar – Köln 1997 • 256 S. • € 36,- (D) • ISBN 3-89012-557-3

Band 56
Dirk Dreher
Logistik-Benchmarking in der Automobil-Branche – Ein Führungsinstrument zur Steigerung der Wettbewerbsfähigkeit
Lohmar – Köln 1997 • 220 S. • € 35,- (D) • ISBN 3-89012-520-4

Band 57
Sonja Fleischer
Strategische Kooperationen – Planung - Steuerung - Kontrolle
Lohmar – Köln 1997 • 404 S. • € 43,- (D) • ISBN 3-89012-567-0

Band 58
Anja Dürselen
Integrationspotentiale in kleinen und mittleren Unternehmen – Eine organisationstheoretische Analyse am Beispiel des deutschen Maschinenbaus
Lohmar – Köln 1998 • 292 S. • € 43,- (D) • ISBN 3-89012-607-3

Band 59
Jens Müffelmann
Change Management im internationalen Vergleich – Komparative Intensitäts- und Erfolgsevaluierung der auf die Prozeßoptimierung ausgerichteten organisatorischen Transformationsprozesse in deutschen und US-amerikanischen Unternehmen
Lohmar – Köln 1998 ♦ 388 S. ♦ € 48,- (D) ♦ ISBN 3-89012-629-4

Band 60
Christoph Zacharias
Dynamische Unternehmensarchitektur – Ein Ansatz zur Führung flexibler Strukturen im Zeitwettbewerb
Lohmar – Köln 1998 ♦ 308 S. ♦ € 45,- (D) ♦ ISBN 3-89012-640-5

Band 61
Alfred Oetker
Stakeholderkonflikte in Familienkonzernen
Lohmar – Köln 1999 ♦ 296 S. ♦ € 44,- (D) ♦ ISBN 3-89012-673-1

Band 62
Harald Meinhövel
Defizite der Principal-Agent-Theorie
Lohmar – Köln 1999 ♦ 264 S. ♦ € 42,- (D) ♦ ISBN 3-89012-687-1

Band 63
Michael Du Mont
Change-Management – Japanische Erfolgskonzepte für turbulente Umwelten
Lohmar – Köln 1999 ♦ 320 S. ♦ € 45,- (D) ♦ ISBN 3-89012-709-6

Band 64
Martin Müser
Ressourcenorientierte Unternehmensführung – Zentrale Bestandteile und ihre Gestaltung
Lohmar – Köln 2000 ♦ 320 S. ♦ € 44,- (D) ♦ ISBN 3-89012-719-3

Band 65
Thomas Brandstätt
Prozeßmanagement in der kommunalen Verwaltung – Möglichkeiten und Grenzen für die Übertragung eines Organisationskonzeptes
Lohmar – Köln 2000 ♦ 340 S. ♦ € 45,- (D) ♦ ISBN 3-89012-748-7

Band 66
Frank Schmidt
Strategisches Benchmarking – Gestaltungskonzeptionen aus der Markt- und der Ressourcenperspektive
Lohmar – Köln 2000 ♦ 304 S. ♦ € 43,- (D) ♦ ISBN 3-89012-757-6

Band 67
Stephan Jakoby
Erfolgsfaktoren von Management Buyouts in Deutschland – Eine empirische Untersuchung
Lohmar – Köln 2000 ♦ 460 S. ♦ € 51,- (D) ♦ ISBN 3-89012-784-3

Band 68
Friedemann Baisch
Implementierung von Früherkennungssystemen in Unternehmen
Lohmar – Köln 2000 ♦ 320 S. ♦ € 45,- (D) ♦ ISBN 3-89012-810-6

Band 69
Thomas Netzer
Das Partnerschaftsmodell als Erfolgsfaktor wissensintensiver Dienstleistungsunternehmungen
Lohmar – Köln 2000 ♦ 332 S. ♦ € 46,- (D) ♦ ISBN 3-89012-820-3

Band 70
Jochen Kleinertz
Kennzahlenorientiertes Prozeß- und Kundenmanagement – Dargestellt am Beispiel der Konsumgüterindustrie
Lohmar – Köln 2001 ♦ 338 S. ♦ € 46,- (D) ♦ ISBN 3-89012-827-0

Band 71
Jörg Stratmann
Bedarfsgerechte Informationsversorgung im Rahmen eines produktlebenszyklusorientierten Controlling
Lohmar – Köln 2001 ♦ 310 S. ♦ € 45,- (D) ♦ ISBN 3-89012-846-7

Band 72
Christian Schäfer
Prozeßorientiertes Zeitmanagement – Konzeption und Anwendung am Beispiel industrieller Beschaffungsprozesse
Lohmar – Köln 2001 ♦ 560 S. ♦ € 56,- (D) ♦ ISBN 3-89012-857-2

Band 73
Hajo Hippner
Wissensmanagement in der Langfristprognostik
Lohmar – Köln 2001 ♦ 388 S. ♦ € 49,- (D) ♦ ISBN 3-89012-869-6

Band 74
Birgit Block
Gestaltung und Steuerung einer Hersteller-Händler-Kooperation in der Lebensmittelbranche
Lohmar – Köln 2001 ♦ 406 S. ♦ € 49,- (D) ♦ ISBN 3-89012-876-9

Band 75
Markus A. Happel
Wertorientiertes Controlling in der Praxis – Eine empirische Überprüfung
Lohmar – Köln 2001 ♦ 296 S. ♦ € 44,- (D) ♦ ISBN 3-89012-909-9

Band 76
Martin Kupp
Kooperationen zwischen Umweltschutzorganisationen und Unternehmen
Lohmar – Köln 2001 ♦ 200 S. ♦ € 38,- (D) ♦ ISBN 3-89012-914-5

Band 77
Andreas Lasar
Dezentrale Organisation in der Kommunalverwaltung
Lohmar – Köln 2001 ♦ 308 S. ♦ € 45,- (D) ♦ ISBN 3-89012-920-X

Band 78
Mathias Luhn
Flexible Prozeßrechnung für ein Geschäftsprozeßmanagement
Lohmar – Köln 2002 • 350 S. • € 48,- (D) • ISBN 3-89012-927-7

Band 79
Martin Hermesch
Die Gestaltung von Interorganisationsbeziehungen – Theoretische sowie empirische Analysen und Erklärungen
Lohmar – Köln 2002 • 322 S. • € 46,- (D) • ISBN 3-89012-928-5

Band 80
Achim Korten
Wirkung kompetenzorientierter Strategien auf den Unternehmenswert – Eine simulationsbasierte Analyse mit System Dynamics
Lohmar – Köln 2002 • 334 S. • € 47,- (D) • ISBN 3-89012-937-4

Band 81
Thorsten Peske
Eignung des Realoptionsansatzes für die Unternehmensführung
Lohmar – Köln 2002 • 278 S. • € 43,- (D) • ISBN 3-89012-941-2

Band 82
Clemens Odendahl
Cooperation Resource Planning – Planung und Steuerung dynamischer Kooperationsnetzwerke
Lohmar – Köln 2002 • 228 S. • € 41,- (D) • ISBN 3-89012-962-5

Band 83
Yven Schmidt
Verbesserungsprozeßmanagement – Entwicklung eines Werkzeuges für die koordinierte Verbesserung von Geschäftsprozessen
Lohmar – Köln 2002 • 232 S. • € 44,- (D) • ISBN 3-89012-975-7

Band 84
Gerrit Andreas Marx
Wertorientiertes Management einer Region – Regional Resident Value und Corporate Shareholder Value als Management-Missionen einer Public-Private-Partnership auf Aktien
Lohmar – Köln 2002 • 304 S. • € 48,- (D) • ISBN 3-89012-982-X

Band 85
Felix Zimmermann
Vertrauen in Virtuellen Unternehmen
Lohmar – Köln 2003 • 272 S. • € 46,- (D) • ISBN 3-89936-077-X

Band 86
Beate Degen
Responsible Care© in Investments
Lohmar – Köln 2003 • 314 S. • € 48,- (D) • ISBN 3-89936-087-7

Band 87
Harald Wüllenweber
Mehr Kundenbindung durch Organisationales Lernen – Konzept – Modellierung – empirische Befunde
Lohmar – Köln 2003 • 354 S. • € 52,- (D) • ISBN 3-89936-106-7

Band 88
Carolina Catrin Schnitzler
Unternehmenskultur in Internet-Unternehmen – Gestaltungsmöglichkeiten durch Gründer und Führungskräfte
Lohmar – Köln 2003 • 284 S. • € 48,- (D) • ISBN 3-89936-111-3

Band 89
Jens Kiefel
Unternehmenssteuerung im Informationszeitalter – Gestaltung zwischen systemischer Machbarkeit und ökonomischer Rationalität
Lohmar – Köln 2003 • 360 S. • € 53,- (D) • ISBN 3-89936-134-2

Band 90
Matthias Kern
Lean Information System – Problemorientierte Gestaltung von Informationssystemen unter besonderer Berücksichtigung von Lean Management
Lohmar – Köln 2003 • 372 S. • € 54,- (D) • ISBN 3-89936-141-5

Band 91
Jochen Großpietsch
Supply Chain Management in der Konsumgüterindustrie
Lohmar – Köln 2003 • 254 S. • € 46,- (D) • ISBN 3-89936-145-8

Band 92
Stefan Sekul
Ökologisches Konfliktmanagement
Lohmar – Köln 2003 • 286 S. • € 48,- (D) • ISBN 3-89936-163-6

Band 93
Bernd Bräuer
Wissensmanagementstrategietypen in temporär intendierten Unternehmensnetzwerken
Lohmar – Köln 2003 • 410 S. • € 56,- (D) • ISBN 3-89936-179-2

Band 94
Frank Czymmek
Ökoeffizienz und unternehmerische Stakeholder
Lohmar – Köln 2003 • 266 S. • € 47,- (D) • ISBN 3-89936-180-6

Band 95
Florian Kelber
Turnaround Management von Dotcoms
Lohmar – Köln 2004 • 432 S. • € 56,- (D) • ISBN 3-89936-203-9

Band 96
Wolfgang Irrek
Controlling der Energiedienstleistungsunternehmen
Lohmar – Köln 2004 • 552 S. • € 65,- (D) • ISBN 3-89936-219-5

Weitere Schriftenreihen:

UNIVERSITÄTS-SCHRIFTENREIHEN

- Reihe: Steuer, Wirtschaft und Recht

Herausgegeben von vBP StB Prof. Dr. Johannes Georg Bischoff, Wuppertal, Dr. Alfred Kellermann, Vorsitzender Richter (a. D.) am BGH, Karlsruhe, Prof. (em.) Dr. Günter Sieben, Köln, und WP StB Prof. Dr. Norbert Herzig, Köln

- Reihe: Wirtschaftsinformatik

Herausgegeben von Prof. (em.) Dr. Dietrich Seibt, Köln, Prof. Dr. Hans-Georg Kemper, Stuttgart, Prof. Dr. Georg Herzwurm, Stuttgart, und Prof. Dr. Dirk Stelzer, Ilmenau

- Reihe: Schriften zu Kooperations- und Mediensystemen

Herausgegeben von Prof. Dr. Volker Wulf, Siegen, Prof. Dr. Jörg Haake, Hagen, Prof. Dr. Thomas Herrmann, Dortmund, Prof. Dr. Helmut Krcmar, München, Prof. Dr. Johann Schlichter, München, Prof. Dr. Gerhard Schwabe, Zürich, und Dr.-Ing. Jürgen Ziegler, Stuttgart

- Reihe: Telekommunikation @ Medienwirtschaft

Herausgegeben von Prof. Dr. Dr. h. c. Norbert Szyperski, Köln, Prof. Dr. Udo Winand, Kassel, Prof. (em.) Dr. Dietrich Seibt, Köln, Prof. Dr. Rainer Kuhlen, Konstanz, Dr. Rudolf Pospischil, Bonn, Prof. Dr. Claudia Löbbecke, Köln, und Prof. Dr. Christoph Zacharias, Köln

- Reihe: Electronic Commerce

Herausgegeben von Prof. Dr. Dr. h. c. Norbert Szyperski, Köln, Prof. Dr. Beat F. Schmid, St. Gallen, Prof. Dr. Dr. h. c. August-Wilhelm Scheer, Saarbrücken, Prof. Dr. Günther Pernul, Regensburg, und Prof. Dr. Stefan Klein, Münster

- Reihe: E-Learning

Herausgegeben von Prof. (em.) Dr. Dietrich Seibt, Köln, Prof. Dr. Freimut Bodendorf, Nürnberg, Prof. Dr. Dieter Euler, St. Gallen, und Prof. Dr. Udo Winand, Kassel

- Reihe: InterScience Reports

Herausgegeben von Prof. Dr. Dr. h. c. Norbert Szyperski, Köln, PD Dr. Harald F. O. von Kortzfleisch, Kassel, und Prof. (em.) Dr. Dietrich Seibt, Köln

- Reihe: FGF Entrepreneurship-Research Monographien

Herausgegeben von Prof. Dr. Heinz Klandt, Oestrich-Winkel, Prof. Dr. Dr. h. c. Norbert Szyperski, Köln, Prof. Dr. Michael Frese, Gießen, Prof. Dr. Josef Brüderl, Mannheim, Prof. Dr. Rolf Sternberg, Köln, Prof. Dr. Ulrich Braukmann, Wuppertal, und Prof. Dr. Lambert T. Koch, Wuppertal

- Reihe: Technologiemanagement, Innovation und Beratung

Herausgegeben von Prof. Dr. Dr. h. c. Norbert Szyperski, Köln, vBP StB Prof. Dr. Johannes Georg Bischoff, Wuppertal, und Prof. Dr. Heinz Klandt, Oestrich-Winkel

- Reihe: Kleine und mittlere Unternehmen

Herausgegeben von Prof. Dr. Jörn-Axel Meyer, Flensburg

- Reihe: Wissenschafts- und Hochschulmanagement

Herausgegeben von Prof. Dr. Detlef Müller-Böling, Gütersloh, und Dr. Reinhard Schulte, Dortmund

- Reihe: Personal und Organisation

Herausgegeben von Prof. Dr. Fred G. Becker, Bielefeld, und Prof. Dr. Jürgen Berthel, Siegen

- Reihe: Finanzierung, Kapitalmarkt und Banken

Herausgegeben von Prof. Dr. Hermann Locarek-Junge, Dresden, Prof. Dr. Klaus Röder, Münster, und Prof. Dr. Mark Wahrenburg, Frankfurt

- Reihe: Marketing

Herausgegeben von Prof. Dr. Heribert Gierl, Augsburg, und Prof. Dr. Roland Helm, Jena

- Reihe: Marketing, Handel und Management

Herausgegeben von Prof. Dr. Rainer Olbrich, Hagen

- **Reihe: Produktionswirtschaft und Industriebetriebslehre**
  Herausgegeben von Prof. Dr. Jörg Schlüchtermann, Bayreuth

- **Reihe: Katallaktik – Quantitative Modellierung menschlicher Interaktionen auf Märkten**
  Herausgegeben von Prof. Dr. Otto Loistl, Wien, und Prof. Dr. Markus Rudolf, Koblenz

- **Reihe: Europäische Wirtschaft**
  Herausgegeben von Prof. Dr. Winfried Matthes, Wuppertal

- **Reihe: Quantitative Ökonomie**
  Herausgegeben von Prof. Dr. Eckart Bomsdorf, Köln, Prof. Dr. Wim Kösters, Bochum, und Prof. Dr. Winfried Matthes, Wuppertal

- **Reihe: Internationale Wirtschaft**
  Herausgegeben von Prof. Dr. Manfred Borchert, Münster, Prof. Dr. Gustav Dieckheuer, Münster, und Prof. Dr. Paul J. J. Welfens, Wuppertal

- **Reihe: Studien zur Dynamik der Wirtschaftsstruktur**
  Herausgegeben von Prof. Dr. Heinz Grossekettler, Münster

- **Reihe: Versicherungswirtschaft**
  Herausgegeben von Prof. (em.) Dr. Dieter Farny, Köln, und Prof. Dr. Heinrich R. Schradin, Köln

- **Reihe: Wirtschaftsgeographie und Wirtschaftsgeschichte**
  Herausgegeben von Prof. Dr. Ewald Gläßer, Köln, Prof. Dr. Josef Nipper, Köln, Dr. Martin W. Schmied, Köln, und Prof. Dr. Günther Schulz, Bonn

- **Reihe: Wirtschafts- und Sozialordnung: FRANZ-BÖHM-KOLLEG – Vorträge und Essays**
  Herausgegeben von Prof. Dr. Bodo B. Gemper, Siegen

- **Reihe: WISO-Studientexte**
  Herausgegeben von Prof. Dr. Eckart Bomsdorf, Köln, und Prof. (em.) Dr. Dr. h. c. Dr. h. c. Josef Kloock, Köln

- **Reihe: Kunstgeschichte**
  Herausgegeben von Prof. Dr. Norbert Werner, Gießen

FACHHOCHSCHUL-SCHRIFTENREIHEN

- **Reihe: Institut für betriebliche Datenverarbeitung (IBD) e. V. im Forschungsschwerpunkt Informationsmanagement für KMU**
  Herausgegeben von Prof. Dr. Felicitas Albers, Düsseldorf

- **Reihe: FH-Schriften zu Marketing und IT**
  Herausgegeben von Prof. Dr. Doris Kortus-Schultes, Mönchengladbach, und Prof. Dr. Frank Victor, Gummersbach

- **Reihe: Medienmanagement**
  Herausgegeben von Prof. Dr. Thomas Breyer-Mayländer, Offenburg

- **Reihe: FuturE-Business**
  Herausgegeben von Prof. Dr. Michael Müßig, Würzburg-Schweinfurt

- **Reihe: Controlling Forum – Wege zum Erfolg**
  Herausgegeben von Prof. Dr. Jochem Müller, Ansbach

- **Reihe: Unternehmensführung und Controlling in der Praxis**
  Herausgegeben von Prof. Dr. Thomas Rautenstrauch, Bielefeld

- **Reihe: Economy and Labour**
  Herausgegeben von EUR ING Prof. Dr.-Ing. Hans-Georg Nollau MBCS, Regensburg

- Reihe: Institut für Regionale Innovationsforschung (IRI)
Herausgegeben von Prof. Dr. Rainer Voß, Wildau

- Reihe: Interkulturelles Medienmanagement
Herausgegeben von Prof. Dr. Edda Pulst, Gelsenkirchen

PRAKTIKER-SCHRIFTENREIHEN

- Reihe: Transparenz im Versicherungsmarkt
Herausgegeben von *ASSEKURATA* GmbH, Köln

- Reihe: Betriebliche Praxis
Herausgegeben von vBP StB Prof. Dr. Johannes Georg Bischoff, Wuppertal

- Reihe: Regulierungsrecht und Regulierungsökonomie
Herausgegeben von Piepenbrock ♦ Schuster, Düsseldorf

EINZELSCHRIFTEN